U0161239

谨以此书献给我国瞬态光学事业的开拓者侯洵院士！

“先进光电子科学与技术丛书”编委会

先进光电子科学与技术丛书

超快激光原理与技术

魏志义　韩海年　著

科 学 出 版 社

北 京

内 容 简 介

本书系统介绍了超快激光的相关原理与技术、常用器件及典型应用。全书共 12 章，第 1 和第 2 章概述了超快激光的发展与特性，使读者能够快速地对超快激光有大致了解；第 3 章叙述了测量飞秒激光脉冲的主要方法；第 4 和第 5 章讲述了激光锁模的原理与技术及典型的超快激光光源，通过该内容读者可进一步增强对超快激光的认识；第 6 和第 7 章介绍超快激光的频率变换与展宽，通过该技术不仅可极大地丰富超快激光可覆盖的波段，也能有效地扩宽光谱宽度；第 8 和第 9 章是有关飞秒激光的非线性脉宽压缩、相位锁定、同步及相干控制与合成的内容，是实现少周期及光波电场可控极端脉冲的重要技术；第 10 章介绍了基于啁啾脉冲放大原理的飞秒超强激光技术与装置；第 11 章是目前超快科学的最前沿 —— 阿秒脉冲的原理与技术；最后一章结合典型案例介绍了超快激光的多学科应用。

本书较为全面地涵盖了超快激光的相关内容，取材上不仅参考了国内外研究的大量文献和重要进展，也结合了作者及团队 20 多年来的研究工作和成果，可读性强，可供原子分子物理、光物理、激光技术、超快动力学、强场物理、精密测量等专业的高年级本科生、研究生、青年科技人员参考。

图书在版编目(CIP)数据

超快激光原理与技术/魏志义，韩海年著. —北京：科学出版社，2023.6
(先进光电子科学与技术丛书)
ISBN 978-7-03-075741-8

Ⅰ. ①超… Ⅱ. ①魏… ②韩… Ⅲ. ①超短光脉冲–研究 Ⅳ. ①TN781

中国国家版本馆 CIP 数据核字(2023)第 102060 号

责任编辑：刘凤娟 孔晓慧／责任校对：杨聪敏
责任印制：吴兆东／封面设计：无极书装

科学出版社 出版
北京东黄城根北街 16 号
邮政编码：100717
http://www.sciencep.com
北京中科印刷有限公司 印刷
科学出版社发行 各地新华书店经销
*
2023 年 6 月第 一 版 开本：720 × 1000 B5
2023 年10月第二次印刷 印张：30
字数：583 000

定价：199.00 元
(如有印装质量问题，我社负责调换)

“先进光电子科学与技术丛书”序

近代科学技术的形成与崛起, 很大程度上来源于人们对光和电的认识与利用。进入 20 世纪后, 对于光与电的量子性及其相互作用的认识以及二者的结合, 奠定了现代科学技术的基础并成为当代文明最重要的标志之一。1905 年爱因斯坦对光电效应的解释促进了量子论的建立, 随后量子力学的建立和发展使人们对电子和光子的理解得以不断深入。电子计算机问世以来, 人类认识客观世界主要依靠视觉, 视觉信息的处理主要依靠电子计算机, 这个特点促使电子学与光子学的结合以及光电子科学与技术的迅速发展。

回顾光电子科学与技术的发展, 我们不能不提到 1947 年贝尔实验室成功演示的第一个锗晶体管、1958 年德州仪器公司基尔比展示的全球第一块集成电路板和 1960 年休斯公司梅曼发明的第一台激光器。这些划时代的发明, 不仅催生了现代半导体产业的诞生、信息时代的开启、光学技术的革命, 而且通过交叉融合, 形成了覆盖内容广泛, 深刻影响人类生产、生活方式的多个新学科与巨大产业, 诸如半导体芯片、计算机技术、激光技术、光通信、光电探测、光电成像、红外与微光夜视、太阳能电池、固体照明与信息显示、人工智能等。

光电子科学与技术作为一门年轻的前沿基础学科, 为我们提供了发现新的物理现象、认识新的物理规律的重要手段。其应用渗透到了空间、能源、制造、材料、生物、医学、环境、遥感、通信、计量及军事等众多领域。人类社会今天正在经历通信技术、人工智能、大数据技术等推动的信息技术革命。这将再度深刻改变我们的生产与生活方式。支持这一革命的重要技术基础之一就是光电子科学与技术。

近年来, 激光与材料科学技术的迅猛发展, 为光电子科学与技术带来了许多新的突破与发展机遇。为了适应新时期人们对光电子科学与技术的需求, 我们邀请了部分在本领域从事多年科研教学工作的专家学者, 结合他们的治学经历与科研成果, 撰写了这套“先进光电子科学与技术丛书”。丛书由 20 册左右专著组成, 涵盖了半导体光电技术 (包括固体照明、紫外光源、半导体激光、半导体光电探测等)、超快光学 (飞秒及阿秒光学)、光电功能材料、光通信、超快成像等前沿研究领域。它不仅包含了各专业近几十年发展积累的基础知识, 也汇集了最新的研究成果及今后的发展展望。我们将陆续呈献给读者, 希望能在学术交流、专业知识参考及人才培养等方面发挥一定作用。

丛书各册都是作者在繁忙的科研与教学工作期间挤出大量时间撰写的殚精竭

虑之作。但由于光电子科学与技术不仅涉及的内容极其广泛，而且也处在不断更新的快速发展之中，因此不妥之处在所难免，敬请广大读者批评指正!

侯　洵

中国科学院院士

2020 年 1 月

前　言

激光是 20 世纪人类科学史上最伟大的发明之一, 超快激光作为重要的研究方向, 自激光出现后不久一直是科学家关注的热点内容。相比其他激光, 超快激光具有两个显著的特征: 一是极高的时间分辨率, 由于其超短的脉宽, 因此是人们研究探索微观粒子瞬态动力学行为的唯一手段, A. Zewail 教授由于首次采用飞秒激光研究化学反应动力学的工作而获得 1999 年诺贝尔化学奖; 二是极高的峰值功率, 随着啁啾脉冲放大 (CPA) 技术的出现, 目前的最高峰值功率及最强物理现象正是由超快激光产生的, 其瞬间所迸发的场强远高于核爆中心, 从而为高能物理、加速器物理等学科注入了前沿的研究内容, 该技术的发明者 G. Mourou 及 D. Strickland 教授也因此获得了 2018 年的诺贝尔物理学奖。

超快激光是指脉冲宽度短于分子弛豫时间的脉冲激光, 内容覆盖了皮秒、飞秒及阿秒的范畴。伴随 1981 年碰撞脉冲锁模 (CPM) 技术发明所带来的飞秒激光研究热潮, 人们不仅逐渐用“超快激光”代替“超短脉冲激光”这一传统术语, 并进一步通过腔外压缩技术相继获得了 8fs 及 6fs 的最快闪光世界纪录, 将激光脉冲推进到了前所未有的周期量级电磁振荡, 创造了超快激光的飞秒时代。1990 年, 随着掺钛蓝宝石 (钛宝石) 晶体被越来越多地用作激光增益介质, 人们意外触发了自锁模 (克尔透镜锁模, KLM) 的出现和持续运行, 不仅使长期以来复杂的锁模激光结构得以大大简化, 而且输出功率也大大超过了染料飞秒激光, 结合 CPA 技术, 在约十年的时间里将峰值功率从最初约吉瓦 (GW) 的水平提高到了 1.5 拍瓦 (PW), 同时太瓦 (TW) 级的桌面钛宝石激光也成为许多大学实验室广泛使用的标准产品, 创造了超快激光的超强时代。2001 年, F. Krausz 教授等基于少周期飞秒钛宝石激光与惰性气体相互作用产生的高次谐波及振幅选通与测量技术, 首次实现了单个阿秒脉冲的测量, 得到了 650as 的结果, 开启了超快激光的阿秒时代, 成为激光历史上具有里程碑意义的重要进展之一。回顾近十年来超快激光的研究与应用, 飞秒、超强、阿秒交相辉映, 不仅相互依赖, 而且也相互促进, 如平均功率数百瓦量级的全固态少周期脉冲、峰值功率大于 10PW 的超强激光、脉宽小于 100as 的极紫外及软 X 射线阿秒激光等, 不断创造了极端光场的新纪录, 极大地促进了超快科学、极端光学在多学科领域的前沿应用, 孵化了飞秒精密加工、高分辨成像、激光医疗等高新技术产业, 也建造了以超快激光为主体的新一类大科学装置, 如欧洲的极端光学设施 (ELI)。有鉴于此, 出版一本专门系统介绍超快激光原理技术与最新进展的专著, 就显得十分必要。

作者在研究生学习期间, 有幸赶上以 CPM 染料激光为代表的飞秒时代, 在导师侯洵院士的安排与指导下, 不仅参与了中国科学院西安光学精密机械研究所(简称西安光机所) 首台飞秒激光器的工作, 也研制了一台主动锁模皮秒 Nd:YAG 激光器, 倍频后作为泵浦光, 实现了同步泵浦染料激光的混合锁模, 填补了国内该锁模激光的空白, 产生了 59fs 的激光脉冲。在六年多的研究生生涯中, 经历了维修旧式激光电源、建造染料喷流等工作的痛苦, 也体验了获得高功率皮秒绿光、飞秒染料激光等成果的喜悦。其间通过对光学谐振腔设计、主被动锁模、色散补偿、高效率倍频、光纤中飞秒激光非线性效应等内容的研究和经验积累, 促使有了撰写一本超快激光专著的信心。记得我带着完成的部分手稿向侯老师汇报时, 他不仅给了我极大的鼓励, 还详细指点写作提纲和行文注意事项。但随着毕业离所后开始新的研究工作, 专著一直未能完成。2018 年, 鉴于激光与光电子科学与技术的不断发展, 在多位学者的倡议下, 成立了以侯院士为主编的“先进光电子科学与技术丛书”编委会, 由我和韩海年负责撰写超快激光的内容, 在科学出版社的支持下, 有了重拾三十多年前梦想的机会。

从超快激光快速发展的研究成果及浩如烟海的文献资料, 要凝练一本既能概括最新前沿, 又能自成体系的专著, 深感不易。已有张志刚教授再版的《飞秒激光技术》、张杰院士主编的“光物理研究前沿系列丛书”中由笔者联合多位教授共同完成的《超快光学研究前沿》、王清月教授撰写的《飞秒激光在前沿技术中的应用》、曾志男教授与李儒新院士合著的《阿秒激光技术》等书, 如何避免撰写重复, 也是颇难的事情。为此, 韩海年协助我在全书结构安排、内容撰写及组稿校对等方面共同做了大量工作, 各章节的撰稿和资料收集也得到多位同事和研究生的参与支持, 其中, 李德华、汪礼锋、王兆华分别参与了第 1~3 章的工作, 田金荣、刘文军除了参与第 4 章的工作外, 也和田文龙、蒋建旺、常国庆共同参与了第 5 章的工作, 杨金芳及孟祥昊共同参与了第 6 章的工作, 苏亚北参与了第 7 和第 8 章的工作, 邵晓东、宋贾俊、钟诗阳、王羡之分别参与了后四章的工作。此外, 常国庆还参与了第 7 和第 12 章的部分工作, 第 10 章采用了沈忠伟整理提供的部分素材。全书图文公式的编辑及格式调整由胡悦完成。从另一个侧面而言, 本书也是二十多年来研究组部分成果及研究生论文的凝练汇总。感谢聂玉昕、沈乃澂、张治国、滕浩、王兆华、韩海年、贺新奎、赵昆、方少波、常国庆、李德华等同事及博士后和研究生所做的贡献, 在此也要感谢令维军、朱江峰、王军利等的长期合作。

在书稿即将付印之际, 禁不住回想起从第一次写书冲动一路走来领我前行的前辈和挚友。师从侯洵院士, 结缘超快激光, 是我一生的幸运。难忘西安光机所王水才研究员、史珂研究员对我的指导和帮助。中山大学余振新教授、周建英教授在我博士后及工作期间给予的关照, 至今让我怀念不已。特别感谢张杰院士将我引进中国科学院物理研究所, 正是物理所这块沃土, 使得超快激光事业得以快速发展壮大, 与张杰院士合作的几年, 也是我科研发展道路上值得自豪的重要阶段。

我也要感谢英国卢瑟福·阿普尔顿实验室激光中心的 Ian Ross 博士、香港中文大学的李荣基教授、香港科技大学的黄锦圣教授、荷兰格罗宁根大学的 D. A. Wiersma 教授、日本产业技术综合研究所 (AIST) 的鸟塚健二博士、德国马克斯·普朗克量子光学研究所的 F. Krausz 教授等合作者。他们提供给我的工作和访问机会, 使我在当时国内条件还比较艰苦的情况下, 不仅接触到先进的设备, 也融入到了国际前沿的研究工作中, 积累了宝贵的经验, 取得了欣喜的结果, 为我在新岗位上开展研究工作奠定了重要基础。

感谢科学出版社对本书的支持。最后我要感谢我的父母和家人, 正是他们无怨无悔的支持和付出, 才使得我能够将几乎全部的精力和时间投入到超快激光这一让我钟爱的工作中。

本书撰写中部分参考了 *Ultrafast Optical Pulse Phenomena* (J. Diels 和 W. Rudolphp)、*Ultrafast Optics* (A. Weiner)、*Ultrafast Nonlinear Optics* (R.Thomson, C. Leburn 和 D. Reid)、*Few Cycle Laser Pulse Generation and Its Applications* (F. X. Kärtner)、*Fundamentals of Attosecond Optics* (Z. Chang)、*Attosecond Physics* (L. Plaja, R.Torres 和 A. Zaïr) 及译著《阿秒物理》(赵环、赵研英、叶蓬译) 等国际及前述国内同行学者的著作, 谨此对本书引用和参考的众多作者致以衷心的感谢! 由于超快激光不断创新的进展和极其丰富的相关应用, 因此很难由一本书囊括所有的重要内容, 加之作者水平有限, 存在问题, 在所难免, 敬请专家读者谅解, 并批评指正!

魏志义
2023 年 6 月于松山湖材料实验室

目　　录

"先进光电子科学与技术丛书"序
第 1 章　超快激光发展概述 …… 1
1.1　激光的原理特性与发展历程 …… 1
1.1.1　光的自发辐射与受激辐射 …… 1
1.1.2　脉冲激光的速率方程 …… 4
1.1.3　光的相干性及光子简并度 …… 7
1.1.4　激光的发明与发展 …… 9
1.2　超快激光发展简述 …… 10
1.2.1　超快激光产生技术的发展 …… 10
1.2.2　超快激光放大技术的发展 …… 12
1.3　超快激光的主要应用 …… 14
参考文献 …… 15
第 2 章　超快激光的特性 …… 17
2.1　超快激光的基本特性 …… 17
2.2　超快激光在介质中的传播方程 …… 19
2.2.1　麦克斯韦波动方程 …… 19
2.2.2　非线性薛定谔方程 …… 22
2.2.3　高斯光束及贝塞尔光束 …… 26
2.3　傅里叶变换关系 …… 31
2.3.1　超短脉冲时域与频域的对应关系 …… 32
2.3.2　时间带宽积 …… 33
2.3.3　超短脉冲的峰值功率 …… 35
2.4　群延迟及色散 …… 36
2.4.1　超快激光的啁啾 …… 37
2.4.2　色散的一般原理 …… 39
2.4.3　典型的色散介质及元件 …… 41
参考文献 …… 56
第 3 章　超快激光测量原理与技术 …… 59
3.1　双光子荧光技术 …… 59

3.2 高速示波器脉宽测量 ······ 61
3.3 条纹相机的原理及脉冲测量 ······ 62
3.4 超快激光脉冲相关测量原理与方法 ······ 64
3.4.1 强度自相关仪原理 ······ 64
3.4.2 干涉自相关仪原理 ······ 65
3.4.3 单次测量的原理与技术 ······ 71
3.4.4 三阶相关仪测量原理与技术 ······ 73
3.4.5 单次三阶自相关仪测量技术 ······ 76
3.5 FROG 脉冲测量原理与技术 ······ 78
3.5.1 典型 FROG 测量原理与技术 ······ 78
3.5.2 SHG-FROG 测量原理与技术 ······ 79
3.5.3 PG-FROG 测量原理与技术 ······ 82
3.5.4 几种测量结果比较 ······ 86
3.6 SPIDER 脉冲测量原理与技术 ······ 92
参考文献 ······ 98
第 4 章 激光锁模原理与技术 ······ 100
4.1 激光锁模的一般原理 ······ 101
4.1.1 基模纵模的锁定 ······ 101
4.1.2 高阶横模的纵模锁定 ······ 104
4.1.3 锁模的物理过程及探测 ······ 106
4.1.4 锁模的分类 ······ 106
4.2 主动锁模激光的原理与技术 ······ 107
4.2.1 主动锁模原理 ······ 107
4.2.2 调幅锁模 ······ 108
4.2.3 调频锁模 ······ 111
4.2.4 声光锁模 Nd:YAG 激光器 ······ 113
4.3 被动锁模激光的原理与技术 ······ 114
4.3.1 被动锁模的原理 ······ 114
4.3.2 可饱和吸收体 ······ 117
4.3.3 被动锁模染料激光器 ······ 126
参考文献 ······ 129
第 5 章 几种典型的超快激光光源 ······ 133
5.1 碰撞脉冲锁模染料激光器 ······ 133
5.1.1 碰撞脉冲锁模的原理 ······ 133
5.1.2 碰撞脉冲锁模染料激光及色散补偿 ······ 135

5.1.3 抗共振碰撞脉冲锁模 Nd:YAG 激光 …… 137
5.2 同步泵浦混合锁模激光器 …… 138
5.2.1 同步泵浦锁模染料激光器 …… 139
5.2.2 同步泵浦飞秒钛宝石激光器 …… 139
5.3 耦合腔锁模 (加成脉冲锁模) 激光器 …… 142
5.4 克尔透镜锁模钛宝石激光器 …… 145
5.4.1 KLM 原理 …… 145
5.4.2 KLM 钛宝石激光器 …… 147
5.4.3 色散补偿技术及亚 10 fs 脉冲的产生 …… 152
5.4.4 高能量 KLM 钛宝石激光器 …… 156
5.4.5 高重复频率 KLM 钛宝石激光器 …… 160
5.4.6 飞秒钛宝石激光的直接泵浦技术 …… 162
5.5 全固态锁模超快激光器 …… 164
5.5.1 掺镱全固态飞秒锁模激光器 …… 165
5.5.2 掺铬全固态飞秒锁模激光器 …… 180
5.5.3 钕离子掺杂的锁模超快激光器 …… 186
5.6 光纤锁模激光器 …… 190
5.6.1 光纤锁模激光的原理 …… 190
5.6.2 几种典型的光纤锁模激光器 …… 195
5.6.3 典型波段的飞秒光纤激光器 …… 200
参考文献 …… 204
第 6 章 超快激光在固体介质中的非线性效应及频率变换 …… 212
6.1 超快激光三波相互作用过程 …… 213
6.2 超快激光的非线性混频 …… 216
6.2.1 飞秒激光的腔内及腔外倍频 …… 217
6.2.2 飞秒激光的三倍频 …… 220
6.2.3 深紫外超快激光产生 …… 222
6.3 超快激光的差频 …… 225
6.4 超快激光的参量振荡 …… 228
6.4.1 飞秒钛宝石激光同步泵浦的 OPO …… 229
6.4.2 锁模 Yb:KGW 激光同步泵浦的 OPO …… 230
6.4.3 腔内倍频的超快 OPO …… 233
6.4.4 飞秒可见光同步泵浦的 OPO …… 236
6.5 超快激光的参量放大 …… 238
6.6 四波混频产生的极紫外飞秒激光脉冲 …… 241

参考文献 243
第 7 章　飞秒激光光谱的超连续展宽 248
7.1　超快激光在致密介质中的自相位调制效应 248
7.2　飞秒激光在光纤中的传输及光谱展宽 250
7.3　光子晶体光纤及拉锥光纤中的光谱展宽 254
7.3.1　光子晶体光纤中的光谱展宽 254
7.3.2　拉锥光纤中的光谱展宽 257
7.4　飞秒激光在充气波导中的光谱展宽 260
7.5　飞秒激光在固体薄片组中的光谱展宽 263
7.6　飞秒激光在大气中的光谱展宽 265
7.7　啁啾极化的非线性晶体中级联产生的白光超连续光谱 266
7.7.1　准相位匹配的原理 266
7.7.2　准相位匹配器件设计 267
参考文献 270
第 8 章　飞秒激光脉冲压缩技术 273
8.1　少周期激光脉冲的关键技术 273
8.2　染料 CPM 激光脉冲的压缩 273
8.3　腔倒空飞秒激光脉冲的压缩 274
8.4　高能量飞秒激光脉冲的压缩 276
8.5　参量放大激光脉冲的压缩 278
8.6　液晶光阀空间调制器及声光可编程色散滤波器脉冲压缩 279
8.6.1　液晶光阀空间调制器 279
8.6.2　声光可编程色散滤波器 283
参考文献 285
第 9 章　超快激光的相干控制与合成 287
9.1　飞秒激光脉冲的载波包络相位及相移 287
9.2　CEO 的测量方法与技术 291
9.2.1　时域互相关测量技术 291
9.2.2　自参考测量技术 292
9.2.3　自差频测量技术 295
9.3　CEO 的高精度控制 297
9.3.1　f_{ceo} 噪声来源和抑制 298
9.3.2　锁相伺服反馈控制 f_{ceo} 技术 298
9.3.3　前置反馈控制 f_{ceo} 技术 299
9.4　飞秒激光腔长及重复频率锁定技术 301

9.5 光学频率梳与频率综合器 ······ 302
9.6 超快激光的高精度同步 ······ 304
9.6.1 超快激光的主动同步和被动同步 ······ 304
9.6.2 被动同步的物理机制 ······ 305
9.6.3 双波长同步激光器 ······ 308
9.7 飞秒激光的相干合成 ······ 309
9.7.1 光谱相干合成的关键参数 ······ 310
9.7.2 亚周期光场相位控制技术 ······ 311
9.7.3 亚周期光场相干合成 ······ 317
9.7.4 串联光谱相干合成 ······ 321
9.7.5 多路飞秒光纤激光功率相干合成 ······ 322
参考文献 ······ 324
第 10 章 超快激光的放大与超强激光装置 ······ 328
10.1 激光强度的提高及瓶颈 ······ 328
10.2 啁啾脉冲放大的原理与结构 ······ 329
10.2.1 CPA 的一般原理 ······ 329
10.2.2 脉冲展宽器 ······ 330
10.2.3 再生放大器 ······ 335
10.2.4 多通放大器 ······ 338
10.2.5 泵浦激光技术 ······ 344
10.2.6 放大过程中的自发辐射放大及寄生振荡 ······ 347
10.2.7 脉冲压缩器 ······ 349
10.3 参量啁啾脉冲放大的原理 ······ 354
10.3.1 CPA 与 OPCPA 的比较 ······ 354
10.3.2 参量放大中的脉冲同步与脉冲匹配 ······ 356
10.3.3 参量增益与参量带宽 ······ 358
10.4 波前校正与控制 ······ 362
10.4.1 夏克–哈特曼传感器 ······ 362
10.4.2 变形镜 ······ 364
10.4.3 信号处理和控制系统 ······ 364
10.5 放大脉冲对比度的增强 ······ 368
10.5.1 纳秒预脉冲的抑制 ······ 369
10.5.2 高能量高对比度种子注入抑制 ASE ······ 370
10.5.3 利用交叉偏振滤波技术提高脉冲对比度 ······ 370
10.5.4 利用可饱和吸收体以及交叉偏振滤波的双 CPA 系统 ······ 371

10.5.5 利用短脉冲泵浦的 OPA 技术提高脉冲对比度 ······ 372
10.5.6 利用等离子镜技术提高压缩后激光对比度 ······ 373
10.6 基于 CPA 技术和 OPCPA 技术的典型飞秒超强激光装置 ······ 374
参考文献 ······ 383
第 11 章 阿秒激光的原理与技术 ······ 387
11.1 高次谐波产生原理与阿秒脉冲 ······ 387
11.2 固体高次谐波原理和技术 ······ 392
11.3 产生阿秒激光脉冲的典型技术 ······ 396
11.3.1 振幅选通技术 ······ 396
11.3.2 偏振选通技术 ······ 397
11.3.3 双光选通技术 ······ 398
11.3.4 灯塔选通技术 ······ 399
11.3.5 多路相干合成阿秒产生技术 ······ 400
11.4 阿秒激光测量原理与技术 ······ 401
11.4.1 阿秒互相关测量技术 ······ 401
11.4.2 双光子跃迁干涉阿秒重建法 (RABBIT) ······ 402
11.4.3 激光辅助侧向 X 射线光电离 ······ 403
11.4.4 阿秒条纹相机 ······ 404
11.4.5 阿秒 SPIDER ······ 405
11.4.6 非对称光电离法 ······ 406
11.4.7 阿秒自相关法 ······ 406
11.4.8 阿秒脉冲完全重建的频率分辨光学选通法 ······ 407
11.4.9 PROOF 算法 ······ 408
11.5 阿秒激光脉冲未来发展趋势 ······ 409
11.5.1 高通量阿秒激光—阿秒强场物理 ······ 409
11.5.2 双色场驱动的阿秒脉冲产生 ······ 412
11.5.3 高重复频率阿秒高次谐波 ······ 413
11.5.4 短波长超快激光驱动的高次谐波 ······ 414
11.5.5 长波长超快激光驱动的阿秒脉冲 ······ 415
参考文献 ······ 416
第 12 章 超快激光典型应用 ······ 423
12.1 时间分辨超快动力学 ······ 423
12.2 超快激光医学 ······ 427
12.3 超快激光加工 ······ 430
12.4 超快激光精密测量 ······ 434

12.5 飞秒激光成丝及等离子通道 …… 437
12.6 超快太赫兹产生技术 …… 439
12.7 凝聚态材料的超快电学特性及超快开关 …… 443
12.8 飞秒激光尾波场加速及次级辐射 …… 447
12.9 基于超快激光的新型科学仪器 …… 450
参考文献 …… 454

第 1 章　超快激光发展概述

1960 年，美国加利福尼亚州休斯航空公司实验室的工程师梅曼 (T. Maiman) 在制造并运转世界上第一台激光器的激烈竞赛中拔得头筹，利用红宝石激光器产生了人类第一束激光——波长为 694.3nm 的红光激光，从此开启了激光时代。随后人们相继在一系列的介质中实现了光的受激发射，包括固体、液体、气体、等离子体、准分子、半导体等。自 1965 年人们用红宝石激光获得皮秒级脉冲以来，激光技术进入超短超快脉冲范围，并得到十分迅速的发展，不仅脉宽到了今天的阿秒 (as, 10^{-18}s) 量级，而且也引领了激光在超强、频率扩展、相干合成等方面的发展。纵观激光的发展历史，超快激光一直是激光研究领域最耀眼的明珠。在介绍超快激光的主要内容之前，本章首先对激光的原理特性、发展历史及超快激光的发展作简要概述。为了本书的完整性，以方便读者阅读，本章参考摘录了有关文献 [1] 的部分内容，在此对原文献作者表示谢意，感兴趣的读者可以查阅相关原始文献。

1.1　激光的原理特性与发展历程

在 19 世纪末到 20 世纪初期，人们在研究光与物质相互作用时，陆续发现了黑体辐射、原子线状光谱、光电效应、康普顿散射等一系列实验现象，这些涉及光与物质的能量和动量交换的特征实验，已经无法用当时的经典理论来解释，这些实验规律与经典理论存在诸多矛盾，必须有一个突破经典理论的崭新理论框架来加以解释。

1.1.1　光的自发辐射与受激辐射

为了从理论上解释实验所得的黑体辐射密度 ρ_ν 随温度 T 和频率 ν 的分布规律，人们从经典物理学出发所做的一切努力尝试都归于失败。1900 年，普朗克 (Max Planck) 提出了与经典概念完全不相容的辐射能量量子化假设，才成功地得到了与实验结果完全相符的黑体辐射普朗克公式：

$$\rho_\nu = \frac{8\pi h\nu^3}{c^3} \cdot \frac{1}{\mathrm{e}^{\frac{h\nu}{k_\mathrm{b}T}} - 1} \tag{1.1-1}$$

式中，k_b 为玻尔兹曼常量，其数值为 $k_\mathrm{b}=1.38062\times10^{-23}\mathrm{J/K}$；$h$ 为普朗克常量，其数值为 $h=6.626\times10^{-34}\mathrm{J{\cdot}s}$；$c$ 为真空中的光速。

1905 年，爱因斯坦进一步把普朗克的量子化概念推广，提出了光量子的概念并成功解释了光电效应，他特别指出，不仅黑体与辐射场的能量交换是量子化的，而且辐射场本身也是由不连续的光量子 (或者简称为光子) 组成的。每一个光子具有固定的能量 $\varepsilon = h\nu$，其中 ν 是辐射场的频率，也就是说光子的能量只与光子的频率有关，而与振幅或强度无关。爱因斯坦也因建立光量子理论并成功解释了光电效应而获得 1921 年的诺贝尔物理学奖。普朗克的辐射能量量子化假说与爱因斯坦的光量子假说成为量子力学的基石。

1913 年，玻尔 (N. Bohr) 提出了原子中电子运动状态量子化假设，1917 年，爱因斯坦以此为基础，从光量子的概念出发，重新推导了黑体辐射的普朗克公式，并在推导中针对辐射而提出了两个极为重要的概念：受激辐射和自发辐射，并指出辐射场与原子相互作用时应该包含原子的自发辐射跃迁、受激辐射跃迁和受激吸收跃迁三种过程，第一次从理论上预言了受激辐射的存在。爱因斯坦首先提出的受激辐射概念，成为激光器的物理基础。为简化问题起见，只考虑原子的两个能级 E_2 和 E_1，它们之间的能级差为 $E_2 - E_1 = h\nu$，单位体积内处于这两个能级的原子数分别为 n_2 和 n_1。

1. 自发辐射

处于高能级 E_2 的一个原子会自发地向低能级 E_1 跃迁，并发射一个能量为 $h\nu$ 的光子，这种过程称为自发跃迁，而这个过程发出的光波就称为自发辐射。自发跃迁过程可用自发跃迁几率 A_{21} 描述，它定义为单位时间内高能态原子中向低能级 E_1 发生自发跃迁的原子数与 n_2 的比值 [1]：

$$A_{21} = \left(\frac{\mathrm{d}n_{21}}{\mathrm{d}t}\right)_{\mathrm{sp}} \cdot \frac{1}{n_2} \tag{1.1-2}$$

自发辐射过程只与原子本身的性质有关，而与辐射场 ρ_ν 无关。因此，A_{21} 只取决于原子本身的性质，其大小为在无外场情况下原子在能级 E_2 上的平均寿命 τ_{s} 的倒数，即 $A_{21} = 1/\tau_{\mathrm{s}}$，它也称为自发辐射爱因斯坦系数。

2. 受激吸收

爱因斯坦指出，在黑体物质原子与辐射场的相互作用中，如果要维持由式 (1.1-1) 所表示的腔内辐射场的稳定性，除了包含上述自发跃迁过程外，还必然存在一种在辐射场作用下的反向跃迁过程，即在频率为 ν 的辐射场激励作用下，处于低能态 E_1 的原子吸收能量为 $h\nu$ 的光子并向高能级 E_2 跃迁，这种过程就称为受激吸收跃迁。可用受激吸收跃迁几率 W_{12} 来描述这一过程 [1]，即

$$W_{12} = \left(\frac{\mathrm{d}n_{12}}{\mathrm{d}t}\right)_{\mathrm{st}} \cdot \frac{1}{n_1} \tag{1.1-3}$$

受激吸收跃迁几率 W_{12} 不仅与原子性质有关，还与辐射场成正比，即 $W_{12} = B_{12}\rho_\nu$，这个比例系数 B_{12} 称为受激吸收跃迁爱因斯坦系数，B_{12} 只与原子性质有关。

3. 受激辐射

与受激吸收跃迁类似，原子与外加辐射场之间还存在着另一种受激相互作用，它是受激吸收跃迁的反过程。一个处于高能级 E_2 的原子在频率为 ν 的辐射场作用下，受激地跃迁至低能态 E_1，并辐射出一个能量为 $h\nu$ 的光子，该过程称为受激辐射跃迁。受激辐射跃迁发出的光波称为受激辐射。受激辐射跃迁几率为 [1]

$$W_{21} = \left(\frac{\mathrm{d}n_{21}}{\mathrm{d}t}\right)_{\mathrm{st}} \cdot \frac{1}{n_2} \tag{1.1-4}$$

与受激吸收同理，可将其表示为 $W_{21} = B_{21}\rho_\nu$，式中比例系数 B_{21} 称为受激辐射跃迁爱因斯坦系数，它也只与原子性质有关。

需要强调的是，自发跃迁与受激吸收跃迁、受激辐射跃迁有着本质不同，从跃迁几率上来看，自发跃迁几率 A_{21} 只与原子本身性质有关；而两个受激跃迁几率 W_{12} 及 W_{21} 不仅与原子性质有关，还与辐射场成正比。我们知道，物质处于热平衡状态时，各能级上的粒子数 (或称集居数) 服从玻尔兹曼统计分布：

$$\frac{n_2}{n_1} = \frac{f_2}{f_1}\mathrm{e}^{-\frac{E_2-E_1}{k_\mathrm{b}T}} \tag{1.1-5}$$

式中，f_2 和 f_1 分别为能级 E_2 和 E_1 的统计权重因子。由此就可以知道，高能级的集居数小于低能级的集居数，也就是说，处于热平衡状态下的物质只会吸收光子。很显然，如果要实现光放大，就必须创造条件来实现 $n_2 > n_1$，称为集居数反转，或者称为粒子数反转。这只有通过激励或泵浦过程，向物质提供额外能量，从而打破热平衡状态才可能实现，因此，激励 (或泵浦) 过程是光放大的必要条件。

而三个爱因斯坦系数均只与原子本身性质有关，通过分析空腔黑体的热平衡过程，就可以推导出爱因斯坦三系数之间的关系 [1]：

$$\begin{gathered} B_{12}f_1 = B_{21}f_2 \\ \frac{A_{21}}{B_{21}} = \frac{8\pi h\nu^3}{c^3} = n_v h\nu \end{gathered} \tag{1.1-6}$$

4. 受激辐射的相干性

需要强调指出，受激辐射与自发辐射极为重要的区别就在于其相干性。如前所述，自发辐射是原子在不受外界辐射场控制情况下的自发过程。因此，大量原子的自发辐射场的相位就是无规律分布的，从而是不相干的。此外，自发辐射场的传播方向和偏振方向也是无规律分布的。

而受激辐射则是在外界辐射场控制下的发光过程，因而各原子的受激辐射的相位具有与外界辐射场相同的相位。已经证明，受激辐射光子与入射激励光子属于同态光子，也就是说，受激辐射场与入射场具有相同的频率、相位、波矢 (传播方向) 和偏振，因而它们属于同一模式。特别地，大量原子在同一辐射场激发下产生的受激辐射处于同一光波模或者说同一光子态，因而是相干的。受激辐射的这一重要特性是激光与微波激励的理论基础，激光就是一种受激辐射相干光。

1.1.2 脉冲激光的速率方程

表征激光器增益介质各有关能级上的粒子数和激光腔内的光子数随时间变化的一组微分方程，称为激光器速率方程。很显然它与参与产生激光过程的能级结构和工作粒子在这些能级间的跃迁特性有关。一般常用所谓的三能级系统和四能级系统作为简化模型来描述。激光器速率方程理论的出发点是原子的自发辐射、受激辐射和受激吸收几率的基本关系式。在 1.1.1 节中已经给出爱因斯坦采用唯象方法得到的这些关系式，但是由于自发辐射并不是单色的，而激光是一种准单色辐射场，它有一定的频谱宽度，所以需要用线型函数对这些关系式进行必要的修正，线型函数就是跃迁几率按频率的分布函数。虽然激光器速率方程属于半经典理论，但我们从速率方程出发可以对激光腔内振荡过程中的起振阈值及腔内损耗进行分析，能够方便地得到一些比较重要的参数。

对于三能级系统来说，有三个能级参与了激光产生过程：激光下能级 E_1 实际上就是基态 E_0，激光上能级 E_2 一般为亚稳态能级，E_3 为抽运高能级。在激励泵浦的作用下，基态 E_1 上的粒子被抽运到能级 E_3 上，抽运几率为 W_{13}。到达高能级 E_3 的粒子数 n_3 将主要以无辐射跃迁的形式迅速转移到激光上能级 E_2，其几率为 S_{32}。激光上能级 E_2 的粒子 n_2 寿命较长，在未形成集居数反转之前将主要以自发跃迁形式返回 E_1。当抽运速率足够高时，就可能形成集居数反转状态，这时在 E_2 和 E_1 之间的受激辐射和受激吸收跃迁 (W_{21} 和 W_{12}) 将会占绝对优势。世界上第一台激光器所使用的红宝石晶体就是三能级系统的典型例子，由于在热平衡状态下绝大多数粒子都处于基态，必须把超过一半的粒子抽运到激光上能级，才能形成集居数反转状态，所以三能级系统的激光运转阈值比较高。

假设腔内只有第 l 个模式存在，经过适当的推导，就可以得到三能级系统的速率方程组 [1]：

$$\frac{\mathrm{d}n_3}{\mathrm{d}t} = n_1 W_{13} - n_3 \left(S_{32} + A_{31}\right) \tag{1.1-7a}$$

$$\frac{\mathrm{d}n_2}{\mathrm{d}t} = -\left(n_2 - \frac{f_2}{f_1} n_1\right) \sigma_{21}\left(v, v_0\right) v N_l - n_2 \left(A_{21} + S_{21}\right) + n_3 S_{32} \tag{1.1-7b}$$

$$n_1 + n_2 + n_3 = n \tag{1.1-7c}$$

$$\frac{\mathrm{d}N_l}{\mathrm{d}t} = \left(n_2 - \frac{f_2}{f_1}n_1\right)\sigma_{21}(\nu_l, \nu_0)\,\nu N_l - \frac{N_l}{\tau_{Rl}} \tag{1.1-7d}$$

其中，第 l 个模式的频率、光子数密度、光子寿命分别为 ν_l、N_l 及 τ_{Rl}；而 $\sigma_{21}(\nu, \nu_0)$ 是工作物质的发射截面；ν_0 是辐射的中心频率。

常见的大多数激光工作物质都属于四能级系统，因为这种系统的激光下能级 E_1 处在基态 E_0 之上，在热平衡状态下处于 E_1 的粒子数非常少，可以忽略不计，所以很容易在激光上下能级之间形成集居数反转状态。

对于激光器腔内有多个振荡模式存在的情况下，例如有 m 个模振荡，由于每个模式的频率、损耗、对应的发射截面不同，则必须建立 m 个光子数密度的速率方程，而 E_2 能级的粒子数密度变化也应该是各个模式光子引起的受激跃迁之和，其速率方程改写为

$$\frac{\mathrm{d}n_2}{\mathrm{d}t} = -\sum_l \left(n_2 - \frac{f_2}{f_1}n_1\right)\sigma_{21}(v_l, v_0)\,vN_l - n_2(A_{21} + S_{21}) + n_3 S_{32} \tag{1.1-8}$$

速率方程组的解一般比较困难，但在处理连续激光及长脉冲激光时，如果不关心激光的建立过程，只关心最终状态，则此时激光达到一种稳定状态，有 $\mathrm{d}N/\mathrm{d}t = 0$ 及 $\mathrm{d}n/\mathrm{d}t = 0$，这时微分方程组就变成了代数方程组，比较容易求解。而对于短脉冲激光这类的非稳态问题就比较复杂，一般需要采用数值求解或者其他近似处理方法来解决。但在处理一些实际问题时，可以根据实际情况做一些合理的近似假设，在这种简化模型情况下，就比较容易得出一些有用的指导性结论。

在简化模型条件下，假设各个模式的损耗相同，线型函数用适当的矩形代替，四能级多模振荡的速率方程就可写为 [1]

$$\frac{\mathrm{d}N}{\mathrm{d}t} = \left(n_2 - \frac{f_2}{f_1}n_1\right)\sigma_{21}\nu N - \frac{N}{\tau_{\mathrm{R}}} \tag{1.1-9a}$$

$$\frac{\mathrm{d}n_3}{\mathrm{d}t} = n_0 W_{03} - \frac{n_3 S_{32}}{\eta_1} \tag{1.1-9b}$$

$$\frac{\mathrm{d}n_2}{\mathrm{d}t} = -\left(n_2 - \frac{f_2}{f_1}n_1\right)\sigma_{21}\nu N - \frac{n_2 A_{21}}{\eta_2} + n_3 S_{32} \tag{1.1-9c}$$

$$\frac{\mathrm{d}n_0}{\mathrm{d}t} = n_1 S_{10} - n_0 W_{03} \tag{1.1-9d}$$

$$n_0 + n_1 + n_2 + n_3 = n \tag{1.1-9e}$$

其中，N 为各模式光子数密度的总和；σ_{21} 为中心频率处的发射截面；$\eta_1 = \dfrac{S_{32}}{S_{32}+A_{30}}$ 为 E_3 能级向 E_2 能级无辐射跃迁的量子效率；$\eta_2 = \dfrac{A_{21}}{A_{21}+S_{21}}$ 为 E_2 能级向 E_1 能级跃迁的荧光效率。$\eta_F = \eta_1\eta_2$ 为总量子效率，因为抽运到 E_3 能级的粒子只有一部分通过无辐射跃迁到达激光上能级 E_2，其余途径对激光发射没有贡献；而到达 E_2 能级的粒子，也只有一部分通过受激辐射跃迁到达 E_1 能级而对激光发射有贡献，其余粒子则通过无辐射跃迁到达 E_1 能级。

这里 τ_R 是光子在腔内的平均寿命，取决于光学谐振腔的损耗大小，是评价谐振腔质量的一个重要指标，决定了激光振荡的阈值和激光的输出能量。但对于像可饱和吸收体 (saturable absorber, SA) 等元件，由于其损耗是随时间变化的，所以还需要把它单独列出来，只能采用数值求解。

此外，还有一类激光器属于所谓的准三能级系统，其特性介于三、四能级系统之间。其特点就是激光的下能级属于基态的一个子能级，由于下能级始终存在少量的粒子数集居，因此这种激光器存在再吸收造成的损耗，这使得激光开始振荡的阈值相对于四能级高些。Fan 等针对运转于准三能级系统的 Nd^{3+} 掺杂晶体，从速率方程出发对激光在腔内振荡过程中的腔内损耗和阈值进行了分析 [2]，考虑到了泵浦光与振荡激光的分布交叠情况带来的影响，假设在晶体内部的激光模式大小为 ω_0，泵浦光模式大小为 ω_p，晶体长度为 L，在激光运转的时候，因为激光的上能级和下能级分别属于 $^4F_{3/2}$ 和 $^4I_{11/2}$ 能级的一个子能级，它们的粒子数占 $^4F_{3/2}$ 和 $^4I_{11/2}$ 能级的粒子数集居的比例值分别为 f_a 和 f_b，激光下能级的粒子集居数为 N_a。根据速率方程方法就可以推导出激光起振的阈值条件 [2]：

$$P_{\rm th}^{ab} = \frac{\pi h\nu_{\rm p}}{2(f_a+f_b)\eta_{\rm p}\tau}\left(\omega_0^2+\omega_{\rm p}^2\right)\left(\frac{\delta}{2\sigma}+N_a^0 L\right) \tag{1.1-10}$$

$$P_{\rm th} = P_{\rm th}^{ab}/[1-\exp(-\alpha L)] \tag{1.1-11}$$

其中, ν_p 为泵浦光频率；η_p 为泵浦效率；τ 为激光上能级粒子寿命；σ 为受激辐射截面；α 为激光晶体的吸收系数；δ 为谐振腔内的总损耗；P_{th}^{ab} 是指所吸收的泵浦光阈值功率；而 P_{th} 是指入射的泵浦光阈值功率。

对于一个理想的四能级激光系统而言，P. Laporta 等还建立了基于基横模空间分布的速率方程 [3]，同样考虑到了泵浦光的分布和振荡激光的分布带来的影响，获得了基模振荡需要满足的稳态方程，给出泵浦速率与腔内光子数之间的关系。可以得到需要的阈值泵浦功率、输出的斜效率等重要参数，为了使得泵浦效率最高，需要尽量做到模式匹配，即腔内激光模式与泵浦光模式大小尽可能接近、空间重合，同时降低腔内的其他损耗。由于公式比较多，在此不再重复列出，感兴趣的读者可以查阅原文。

1.1.3 光的相干性及光子简并度

按照量子电动力学概念，光子态与光波模式是两种完全等效的物理概念，是描述电磁场运动状态的两种等效提法。

光的相干性可以理解为在不同的空间点上、在不同时刻的光波场的某些特性的相关性，分为空间相干性和时间相干性。空间相干性是指同一时刻，两个不同空间点上光波场之间的相干性。一般使用光场的相干函数作为相干性的度量，属于同一状态的光子或同一模式的光波是相干的，而不同状态的光子或不同模式的光波是不相干的。作为一种粗略描述，经常使用相干体积的概念，即假如在空间体积 V_c 内各点的光波场都具有明显的相干性，则 V_c 就称为相干体积。V_c 还可表示为垂直于光传播方向截面上的相干面积 A_c 和沿传播方向的相干长度 L_c 的乘积，$V_c = A_c L_c$，光沿传播方向通过相干长度 L_c 所需的时间 $\tau_c = L_c/c$，称为相干时间，其中 c 为光速。

时间相干性是指同一空间点上，两个不同时刻 t_1 和 t_2 的光波场之间的相干性；实际上，时间相干性与光源的单色性等价，光源的单色性越好，即谱线宽度越窄，则相干时间或相干长度越长，时间相干性就越高。

我们知道，普通光源发出的光是大量独立振子的自发辐射，每个振子发出的光波是由持续一段时间 Δt 或者说是在空间占有长度 $c\Delta t$ 的波列所组成，对于原子发光谱线来说，Δt 即为原子的激发态寿命。由于不同振子发出光波的相位是随机变化的，普通光源的时间相干性很差。

在相干光的技术应用中，具有相干性的光波场的强度，即相干光强是描述光的相干性的重要参量之一。对于普通光源来说，增大相干面积、相干时间和增大相干光强是相互矛盾的。相干光强取决于具有相干性的光子数目或同态光子数目，这种处于同一光子态的光子数就称为光子简并度。很显然，光子简并度具有以下几种相同的含义：同态光子数、同一模式内的光子数、处于相干体积内的光子数、处于同一相格内的光子数。

激光与普通光的根本不同就是具有三个主要属性：相干性、单色性和方向性，此外还具有极高亮度。正是由于受激辐射的本性以及光学谐振腔的选模作用，所以激光具有极高的光子简并度和单色亮度，也就是说，激光可以在很大的相干体积内具有很高的相干光强。充分利用激光器的所有特性，可以将激光的巨大能量聚焦到直径为光波波长量级的光斑上，可形成极高的功率密度。

我们知道，工作物质、泵浦系统、光学谐振腔是激光振荡器的三个组成部分。工作物质提供适当的能级结构，最常见的就是各种稀土掺杂晶体，一般要求是其具有合适的泵浦能级，激光上能级具有较长的寿命，使得通过泵浦比较容易在某两个能级间形成粒子数反转，能够输出需要的激光波长。泵浦系统提供必要的激励泵浦手段，使得工作物质实现粒子数反转而变成激活介质。光学谐振腔提供正反馈，因为工作物质的单次增益有限，只有通过多次激活介质才能得到足够的受激辐射放大，从而在腔内建立和维持稳定的振荡。如果没有谐振腔的反馈，一般只能得到放大的自发辐射，其相干性和方向性都很差。此外，谐振腔还对激光的横模和纵模起到滤波的作用，腔的结构决定了腔内可能存在的电磁场本征态，即激光模式，每一个本征态将具有一定的振荡频率和一定的空间分布，同一模式内的光子具有完全相同的状态。只有某些特定波长的激光才能在腔里振荡，即腔长为半波长的整数倍，满足相干叠加条件而形成驻波。

激光束的空间相干性和方向性都与激光的横模结构相联系。方向性越好，空间相干性程度就越高。理想激光器的输出光束应只有一个模式，然而如果不采取适当的选模、选频措施，大多数激光器往往会工作在多模状态。含有高阶横模的激光束光强分布不均匀，光束发散角较大，聚焦性能不佳。含有多纵模及多横模的激光束单色性及相干性也比较差。如果激光是 TEM_{00} 单横的模式结构，则其光波场是空间相干的，而另一方面，单横模结构又具有最好的方向性和聚焦性能，因此一般应尽量使激光器工作在基横模 TEM_{00} 模式下。

对于连续运转的激光而言，激光的相干时间和单色性存在简单的反比关系，即单色性越高，相干时间就越长。对于 TEM_{00} 单横模激光器而言，其单色性取决于它的纵模结构和模式的频带宽度。我们知道，激光谐振腔除了决定激光的横模模式外，也对激光波长具有滤波的作用，它只允许那些符合相干相长条件的频率模式存在于腔内，这些模式称为纵模，它们两两之间的频率间距称为纵模间隔 $\Delta\nu_{\mathrm{q}}$，它是由谐振腔的有效腔长决定的。对于自由运转的普通激光器而言，由于各个纵模模式之间的增益竞争关系，通常只有少数几个纵模能够在竞争中胜出而生存下来。如果激光是在多个纵模上振荡，则输出激光将由多个不同频率的纵模光所组成，故其单色性比较差。由于各纵模振荡基本上互不相关，各纵模之间的相位没有确定的关系，因此它们之间的时间相干性相对较差。假如在激光腔内加入选模元件等，使得激光器运转于单纵模上，其时间相干性大大增强，而这时其单色性则由激光频率稳定性决定，它主要取决于激光腔长的稳定性和环境噪声大小。通过锁定腔长等稳频技术，就可以改善激光器的频率稳定性，从而获得一个稳频的 TEM_{00} 基横模单纵模激光输出，这时激光将接近于理想的单色光波，即完全相干光，这种激光在激光冷却、光学频标等领域有着重要的应用。

而对于锁模激光而言，情况正好相反，一般希望其输出光谱越宽越好，这样就可以支持极短的脉宽。锁模激光的脉冲宽度反比于它的光谱带宽，显然，在一般情况下锁模激光输出的光谱带宽不可能超过工作物质的增益带宽，这就给锁模激光脉冲带来一定的限制。通常锁模是利用各种调制方法 (比如电光调制器、可饱和吸收体等) 的周期性损耗变化而带来的边带激发调制作用，使得原本处于竞争不利地位的大量纵模也得以成功起振，并且各纵模被这些调制机制耦合在一起，使所有纵模都具有相同的初相位，即各纵模的相位被锁定，因而各纵模之间的相干性得到极大增强，使各纵模得以实现相干叠加的效果，这样就获得了脉宽很短、峰值功率很高的锁模脉冲输出。为了获得超过工作物质增益带宽的输出光谱，还可以利用各种非线性效应对锁模激光的光谱进一步展宽，以获得更短的脉宽。而像钛宝石这样的晶体本身就具有很强的非线性系数，因此其振荡器的输出激光就可以达到很宽的光谱，脉冲宽度可达近单个光学周期量级。

1.1.4 激光的发明与发展

我们知道，由于受激辐射与受激吸收同时存在，粒子数反转是辐射放大的必要条件，它首先是在微波波段得以实现。从 1940 年 V. A. Fabrikant 在其博士论文中提出了产生粒子数反转的实现方法 [4]，到 1951 年 C. H. Townes 提出受激辐射微波放大即 maser 的概念 [5]，直到 1954 年首次成功实现了粒子数反转，第一台氨分子 maser 建成 [6]，其主要作用是放大无线电信号，以便研究宇宙微波背景辐射，得到了受激放大的微波信号。1958 年，A. L. Schawlow 和 C. H. Townes 在 *Physical Review Letters* 上发表论文 “Infrared and Optical Maser”[7]，进一步将受激辐射的概念推广到了光学波段。1959 年，G. Gould 首次提出了 LASER (light amplification by stimulated emission of radiation) 这一术语 [8]。1960 年 5 月，美国休斯航空公司实验室的工程师梅曼利用红宝石作为增益介质，在实验上获得了 694.3nm 的激光输出，这是世界上公认的第一台激光器 [9]。此后不久，IBM 实验室的 P. P. Sorokin 和 M. J. Stevenson 利用 CaF_2 中掺杂的三价铀制成了第一台四能级固体激光器 [10]。同年底，Bell 实验室成功研制了第一台氦氖气体激光器 [11]。1961 年，E. Snitzer 报道了第一台钕玻璃激光器 [12]，这种激光器因为其优异的性能而成为激光武器研究的第一种候选方案，至今仍被作为可控核聚变的主要候选光源。P. A. Franken 等将红宝石激光器发出的光脉冲通过石英晶体后同时得到了 347nm 的紫外光，首次实现了非线性光学效应产生的谐波输出 [13]。1964 年，第一台掺钕钇铝石榴石 (Nd:YAG) 激光器在 Bell 实验室诞生 [14]，这种固体激光器至今仍然在材料加工等各种领域有着广泛的应用。1962 年，F. J. McClung 和 R. W. Hellwarth 提出了激光调 Q 技术，从而获得了具有短脉宽的高能量激光脉冲 [15]。1966 年，A. J. DeMaria 报道了第一台利用钕玻璃激光器及可饱和吸收体产生皮秒级脉冲的激光器 [16]。各种调 Q 技术、锁模技术、放大技术的相继出现，使得可获得的激光脉冲持续时间不断缩短，已压缩到极小的数值，脉冲峰值功率不断增大，已经可以获得极高的数值，使得人们能够产生飞秒 (fs, 10^{-15} s) 级脉冲的超快超强激光器，并已得到了广泛的应用。

1.2 超快激光发展简述

自从世界上第一台激光器问世以来，人们就一直致力于研究如何产生能量更高、脉宽更短、峰值功率更高的激光，特别是脉宽作为激光的一个重要指标，引起了人们的广泛重视。从染料激光器到克尔透镜锁模 (Kerr lens mode-locking, KLM) 的钛宝石飞秒激光器，以及二极管泵浦的全固态飞秒激光器和飞秒光纤激光器，脉冲宽度、峰值功率和能量的纪录在不断刷新。作为标志性的成果，目前人们已经实现了脉宽短至阿秒的超快脉冲和峰值功率高达 10PW($1PW=10^{15}W$) 量级的超强激光。前者使得探测电子在原子尺度的运动成为可能；后者则已经应用于实验室天体物理、激光电子加速和质子加速等强场物理实验中。超快激光的发展使得人们对于小至原子、大至天体的物理现象有了更深刻的认识。

超快激光脉冲的产生和放大的发展主要分为三个阶段。

20 世纪 70 至 80 年代，基于染料的可饱和吸收体效应是产生超短脉冲激光的主要方式，染料激光器可以产生亚皮秒的脉冲。后来基于对撞脉冲锁模的方式，染料激光器可以输出 27 fs 的脉冲。在一段时间内，染料激光器成为物理与化学领域超快激光光谱学发展的主要推动力。但是由于染料激光器的固有缺点，其难以广泛推广使用。

20 世纪 90 年代以来，在钛宝石激光器中发现了克尔透镜锁模效应，使得飞秒激光器能够直接输出亚 10 fs 乃至周期量级的飞秒脉冲，钛宝石激光器迅速地取代了染料激光器的地位。钛宝石晶体的损伤阈值高、发射光谱宽，适合作为激光放大的增益介质。结合啁啾脉冲放大 (chirped pulse amplification, CPA) 技术，可以将钛宝石激光脉冲能量提升到焦耳量级，产生 $10^{22}W/cm^2$ 的聚焦峰值功率密度。但是，在高功率泵浦下，钛宝石晶体的热效应和增益窄化效应都变得严重，使得钛宝石激光器不能够输出高重频的大能量激光脉冲。而且钛宝石激光器使用的泵浦源多为调 Q 倍频激光器，其成本较高，不易实现高重频、大能量的输出，往往飞秒强激光系统的大部分成本用在泵浦光系统的建立上，这使得开展钛宝石激光放大技术研究的成本整体上升。

近年来，随着半导体激光器制作工艺和耦合技术的进步，基于二极管泵浦的全固态超快激光器得到了迅猛的发展。基于全固态超快激光器的光参量放大 (optical parametric amplification, OPA) 技术以其参量过程无热效应、增益带宽大且无增益窄化效应以及成本较低等特点，成为产生超快超强激光的新一代技术。

1.2.1 超快激光产生技术的发展

如何获得更窄脉宽的脉冲光源是人们不断追逐的目标之一。采用调 Q 方式可以获得脉冲宽度接近纳秒量级的激光输出，但是受脉宽压缩机制的制约，要想获得更窄的激光脉冲变得非常艰难，必须寻求其他方法，而锁模技术就是一种更为有效的超短激光脉冲产生技术。飞秒激光的出现要追溯到 1981 年，R. L. Fork 等在染料激光器中采用碰撞锁模方式首次获得了 90 fs 的锁模激光脉冲 [17]。随后几年，科学家们为了获得脉冲宽度更短的飞秒激光，采用了色散补偿技术将飞秒激光脉冲宽度进一步缩短。1985 年，R. L. Fork 小组在之前实验的基础上，在环形染料激光器中采用了棱镜对进行色散补偿，最终获得了 27 fs 的锁模飞秒激光脉冲 [18]。两年之后，他们在腔内设计了光纤–棱镜–光栅压缩系统，进一步将锁模激光脉冲宽度压缩到 6 fs[19]，这是染料激光器能够获得锁模激光的最短脉冲宽度，这一纪录维持了长达十年之久。染料激光器作为第一代飞秒激光光源，是当时仅有的能够产生飞秒脉冲的激光器，在 20 世纪 80 年代仍然是研究超快现象的主要工具。然而，由于染料激光器运行状态比较差，日常维护操作非常不便，所以没有获得广泛应用。

在染料激光器发展的同时，人们也在不断地探索新的增益介质，以实现锁模激光的新突破。随后钛宝石 (Ti:sapphire)、掺铬镁橄榄石 (Cr:forsterite)、掺铬钇铝石榴石 (Cr:YAG)、掺铬六氟铝锶锂 (Cr:LISAF)、掺镱钇铝石榴石 (Yb:YAG) 等一系列性能优良的固体激光增益介质的出现，为超快飞秒激光器的实用化发展奠定了坚实的基础。在这些晶体材料中，钛宝石晶体以其优良的光学性质，备受人们青睐，更是引领了飞秒超快激光研究的快速发展与广泛应用的繁荣时代。目前，钛宝石激光由于宽的调谐范围、高的激光增益、极短的激光脉宽及可靠的稳定性能，成为超快激光最广泛使用的激光种类。首先，钛宝石不仅具有比较宽的吸收谱，可以支持多种光源泵浦，更重要的是，其上能级寿命长 (约为 3.2 μs)，具有非常宽的荧光发射谱，覆盖 660~1200 nm 范围，理论上可以支持短至 2.7 fs 的锁模脉冲宽度。其次，钛宝石具有高硬度、高热导率等优良的物化性质。钛宝石晶体的出现，给飞秒激光领域带来了突飞猛进的进展，开创了全固态超短脉冲激光领域的新纪元。1991 年，D. E. Spence 等利用 KLM 技术，在腔内使用棱镜对补偿色散的条件下，获得了 60 fs 的锁模激光输出 [20]，之后 Haus 等从理论上成功解释了 KLM 现象，它是利用工作物质的非线性克尔效应实现自锁模，其原理是材料的折射率变化与光强有关，从而造成折射率的横向分布，产生自聚焦效应，其焦距也随脉冲时间而变化，其作用与可饱和吸收体类似。此后的几年，钛宝石激光器的锁模脉冲宽度纪录不断被刷新，直到 1999 年，T. Tschudi 等采用棱镜对和啁啾镜相结合的方式进行色散补偿，最终获得了 5.4 fs 的超短脉冲 [21]，打破了由染料激光器保持的长达十二年的最短脉冲纪录。2004 年，M. Yamashita 等又通过腔外压缩的方式，将脉冲宽度压缩到接近钛宝石光学周期的 2.8 fs[22]。在色散补偿技术不断发展的同时，半导体可饱和吸收镜的出现，使人们不仅可以获得周期量级的飞秒激光脉冲，同时还可以实现锁模激光的自启动。与此同时，啁啾镜色散补偿技术的不断进步为高重复频率的钛宝石振荡器的发展提供了契机。高重复频率的飞秒激光器在时间分辨光谱学、光学频率梳等领域有着重要的应用。1999 年，A. Bartels 等利用钛宝石振荡器成功获得了重复频率为 2 GHz 的飞秒激光输出，脉冲宽度为 23 fs。随后钛宝石激光器锁模脉冲重复频率不断被提升，至今已有 10 GHz 的相关报道。但是，对于重复频率在 GHz 的钛宝石激光器，其腔长尺寸限制了谐振腔内部元件的种类和数量，同时腔内的单脉冲能量比较低，这些因素不利于实现最初的 KLM。对于产生高重频的飞秒激光，超短脉冲激光泵浦可以提高自启动实现方式，当重复频率在几百 MHz 到几 GHz 范围内时，采用超短脉冲激光泵浦可以克服高重频条件下的自启动模式较弱的缺点，增加了钛宝石激光器的锁模稳定性。近些年来，利用超短脉冲同步泵浦钛宝石获得自启动的飞秒锁模激光备受人们关注。2005 年，E. Richard 等利用锁模 Nd:YVO_4 激光器倍频后的皮秒绿光作为泵浦源，在钛宝石晶体中获得了自启动的 6 fs 锁模激光输出。2017 年，Didenko 等将 Yb:KGW 飞秒振荡器作为泵浦源，利用同步泵浦的方式实现了钛宝石飞秒激光输出。与常规泵浦源相比，采用超短脉冲同步泵浦钛宝石，不需要在腔内引入扰动或者使用可饱和吸收体，就可以实现自启动的锁模飞秒激光输出。

在全固态超短脉冲领域，除了追求更短的脉冲宽度和更高的重复频率外，扩大激光光谱的覆盖范围也非常重要。由于不同的激光增益介质具有不同的荧光发射谱线，通过合理地选择激光增益介质，就可以获得不同波段的激光输出。20 世纪 80 年代后期，随着半导体工艺水平的改进和日益成熟，各种结构的激光二极管 (LD) 得到了快速发展，为飞秒激光器实现全固化、小型化奠定了基础。半导体激光器的迅速发展使得选择合适的增益介质以获得期望的激光输出波长成为可能。超短脉冲激光技术已经经历了将近四十年的发展历程，目前全固态飞秒激光器发展已经相当成熟，其重复频率、脉冲宽度和峰值功率等激光参数都比较优越，已经广泛地应用到各研究领域。

1.2.2 超快激光放大技术的发展

锁模振荡器由于各种因素的限制，比如，大能量振荡器需要有大体积的晶体、输出光束质量较差、腔内功率密度太高容易损坏元件等，从而其输出能量一般比较低，往往需要进行后续放大，第一放大级通常采用再生放大器，再根据需求进一步采用多通行波放大，或者是在能量较大时采用单通放大。

激光脉冲的峰值功率可以通过脉冲宽度的变短和进一步提高激光功率来实现。KLM 已经可以使激光振荡器产生小于 10fs 的脉冲。随着 KLM 和啁啾脉冲放大 (CPA)[23] 等多种放大技术的发明，近几年激光的峰值功率已经达到拍瓦级别的实验结果。这样的激光聚焦后的峰值功率密度已经可以实现在相对论下研究光与物质的相互作用。

CPA 原理简单说就是先展宽、后放大、再压缩。即先给待放大的超短脉冲施加色散，使得脉冲宽度进行展宽，即引入啁啾，而后对展宽后的脉冲进行放大，这样就避免了放大过程中损坏元件，最后再给放大后的脉冲施加反号的色散量，使其又压缩回超短的脉宽，这样就获得了高能量的超短脉冲输出。

再生放大器可以使振荡器输出的重复频率降低，能量得到放大。一般是将振荡器输出的种子脉冲光经过光隔离系统 (法拉第旋光器，FR)，透过格兰棱镜或者薄膜偏振片 (TFP) 导入再生腔中。此时给腔内的泡克耳斯 (Pockels) 盒施加高电压，它等效于半波片的效果，往返通过泡克耳斯盒后脉冲的偏振态不变，这样便实现了种子脉冲被锁定在再生腔内，可以在腔内持续振荡、放大任意需要的次数。当种子脉冲放大到满意的程度时，便将泡克耳斯盒上的高压撤去，此时泡克耳斯盒就相当于四分之一波片，放大的脉冲往返经过泡克耳斯盒后，其偏振态旋转 90°，就会被再生腔的偏振元件导出。另外，再生腔的参数设计还需要与振荡器的输出激光参数进行匹配，它实际上就是一种注入锁定放大。

目前，利用非线性效应已成为拓展激光光谱范围的重要手段，基于该效应已经能够实现深紫外激光到中红外激光的产生。在各种非线性效应中，最常使用且最重要的是二阶非线性效应，由二阶非线性效应引入的三波混频过程，是二次谐波产生 (second harmonics generation, SHG)、光参量差频产生 (difference frequency generation, DFG)、光参量振荡 (optical parametric oscillation, OPO) 和光参量放大 (OPA) 的基础，OPA 是目前产生宽带新波段放大激光脉冲的主要方式。而光参量啁啾脉冲放大技术 (optical parametric chirped pulse amplification, OPCPA) 则是 OPA 与 CPA 技术的结合，它首先是将飞秒超短脉冲展宽成纳秒级的啁啾脉冲作为信号脉冲，再以纳秒级的强激光脉冲作为泵浦脉冲，利用三硼酸锂 (LBO) 或偏硼酸钡 (BBO) 等合适的非线性晶体作为光参量放大晶体进行 OPA，最后通过压缩得到高的峰值功率。它具有极高的增益，保持了参量光优良的光束质量，同时它是一个非线性过程，放大不受介质增益带宽的限制，可以支持很宽的光谱，可以获得很高的信噪比。

通过 CPA 后放大的脉冲由于增益窄化效应而脉宽变宽，在使用非线性材料或者空心光纤进行光谱展宽的情况下，已经可以得到近一个周期的飞秒脉冲。近几年使用空心光纤展宽后的光谱利用相干合成压缩脉冲，已经可以直接得到 975as 的脉冲 [24]。而利用高次谐波截止区的连续谱也已经得到 50as 左右的脉冲。不过由于越短的脉冲对于色散的敏感程度越高，以及各种光谱展宽及脉冲压缩效率的问题，所以只能通过提高激光的功率得到高的峰值功率。目前克服多种技术难关，通过多级的 CPA 放大脉冲的峰值功率已经可以达到 10PW。

我们知道，随着激光功率密度的逐步提高我们就可以利用它探索一些新奇的物理现象。当激光的功率密度到达 $10^6 \sim 10^{13}\text{W/cm}^2$ 时为分子非线性区域，在这个区域内激光与物质相互作用，材料的光学性质会被光场改变，形成的非线性效应反作用于激光，激光本身的光谱、相位等发生改变而引起一系列激光的非线性变换，例如双光子吸收、阈上电离、受激拉曼散射、布里渊散射、自相位调制、和频与倍频、四波混频、成丝等非线性现象。

随着功率密度的继续增加，就进入束缚态电子引起的非线性区。当激光功率密度达到 $10^{14} \sim 10^{15}$ W/cm^2 时，核外电子在激光场的作用下挣脱了库仑势的束缚。在这样的强度下激光和原子库仑势的相互作用改变了电子的动力学过程，可以产生等离子体、软 X 射线、极紫外光 (XUV) 高次谐波、阿秒脉冲等，这个区域已经能够研究原子外壳层电子动力学过程、激光等离子体相互作用、强激光场中的团簇动力学过程。

当功率密度提高到 $10^{16} \sim 10^{18}$ W/cm^2 时，进入了激光与物质相互作用中一个重要的区域，即相对论区域。在这样的强电磁场中，电子已经可以在一个激光周期内达到相对论速度，由激光电场力和磁场产生的洛伦兹力是相当的，此时电子的运动随着激光电磁场的变化而变得高度非线性，这种强激光场中电子的高度非线性运动是等离子体中相对论自聚焦和激光尾场加速等众多新效应的起源，同样可用于研究康普顿 (Compton)、莫特 (Mott) 和穆勒 (Møller) 散射中的电动力学过程，以及相对论下固体高次谐波的产生。此外，在研究激光电子加速和天体物理中正负电子对产生的过程中起着重要作用。

当功率密度超过 10^{21} W/cm^2 时，将超过相对论的讨论范围，这个能量足以产生等离子体镜高效率的反射及压缩脉冲，以及 X 射线和伽马 (γ) 射线。进一步提高能量将可以进行核聚变反应。

1.3　超快激光的主要应用

自从锁模技术提出以来，超短脉冲激光的发展非常迅速，脉冲宽度从皮秒缩短到飞秒量级，脉冲峰值功率不断提高。特别是随着 KLM 技术的完善和啁啾脉冲放大技术的提出，超强激光更是得到了阶跃式的发展，脉宽可以达到周期量级，目前的峰值功率已经攀升到了 10PW 量级。近些年来，随着激光脉冲宽度的缩短和脉冲能量的增加，大量的超强激光装置不断涌现，其应用领域也不断发展和深入，为各领域的研究提供了强有力的工具，飞秒激光在物理学、生物学、化学控制反应、光通信、精密加工等领域中已经得到了广泛应用，进入微观超快过程领域。基于超强激光的各类研究也都获得了丰硕的成果，例如超快光谱学、太赫兹波产生、光频率精密测量、精密激光加工、精密激光手术等。其中，利用超强飞秒激光驱动高阶非线性频率转化，从而获得高次谐波及阿秒脉冲，成为近十年来一个新的研究热点。其近软 X 射线波段的输出波长、阿秒量级的脉宽，将为更快时间尺度的微观动力学过程探测提供全新工具。

众所周知，物质中的微观粒子都在快速地运动着，这是微观世界的一个基本属性。飞秒激光的出现使人类第一次在原子和电子的层面上观察到这一超快运动过程。飞秒脉冲激光最直接的应用是作为光源，形成多种时间分辨光谱技术和泵浦/探测技术。物质在高强度飞秒激光的作用下会出现非常奇特的现象，瞬息间变成等离子体，而这种等离子体可以辐射出各种波长的射线激光。高功率飞秒激光与电子束碰撞能够产生硬 X 射线飞秒激光，产生 β 射线激光，产生正负电子对。

飞秒脉冲激光与纳米显微术的结合，使人们可以研究半导体的纳米结构中的载流子动力学过程。在生物学方面，利用飞秒激光技术所提供的差异吸收光谱、泵浦/探测技术，研究光合作用反应中心的传能、转能与电荷分离过程。超短脉冲激光还被应用于信息的传输、处理与存储方面。第一台利用啁啾脉冲放大技术实现的台式太瓦激光的成功运转始于 1988 年，这一成果标志着在实验室内飞秒超强及超高强光物理研究的开始。在这一领域研究中，由于超短激光场的作用已相当于或者大大超过原子中电子所受到的束缚场，微扰论已不能成立，新的理论处理有待于发展。在 $10^{20}\mathrm{W/cm^2}$ 的光强下，可以实现模拟天体物理现象的研究。

高功率飞秒激光在医学、超精细微加工等方面都有着很好的应用前景。高功率飞秒激光还可以将大气击穿，从而制造放电通道，实现人工引雷，可避免重要场所因天然雷击而造成灾难性破坏。利用飞秒激光还能够非常有效地加速电子，使加速器的规模得到上千倍的压缩。

参 考 文 献

[1] 周炳琨, 高以智, 陈倜嵘, 等. 激光原理 [M]. 6 版. 北京: 国防工业出版社，2009.

[2] Fan T Y, Byer R L. Modeling and CW operation of a quasi-three-level 946nm Nd:YAG laser[J]. IEEE J. Quantum Electron, 1987, 23: 605-612.

[3] Laporta P, Brussard M. Design criteria for mode size optimization in diode-pumped solid-state lasers[J]. IEEE J. Quantum Electron, 1991, 27:2319-2326.

[4] Fabrikant V A. “The emission mechanism of a gas discharge” in Trudy (Proceedings) of VEI (The All-Union Electro-Technical Institute) [J]. Electronic and Ionic Devices, 1940, 41: 236-296.

[5] Gordon J P, Zeiger H J, Townes C H. The maser—new type of microwave amplifier, frequency standard, and spectrometer[J]. Physical Review, 1955, 99: 1264.

[6] Gordon J P, Zeiger H J, Townes C H. Molecular microwave oscillator and new hyperfine structure in the microwave spectrum of NH_3[J]. Physical Review, 1954, 95: 282.

[7] Schawlow A L, Townes C H. Infrared and optical masers[J]. Physical Review, 1958, 112(6): 1940.

[8] Gould R G. The LASER, light amplification by stimulated emission of radiation[C]//The

Ann Arbor Conference on Optical Pumping, the University of Michigan, 1959, 15: 92.
[9] Maiman T H. Stimulated optical radiation in ruby[J]. Nature, 1960, 187: 493-494.
[10] Sorokin P P, Stevenson M J. Stimulated infrared emission from trivalent uranium[J]. Physical Review Letters, 1960, 5: 557.
[11] Javan A, Bennett W R Jr, Herriott D R. Population inversion and continuous optical maser oscillation in a gas discharge containing a He-Ne mixture[J]. Physical Review Letters, 1961, 6: 106.
[12] Snitzer E. Optical maser action of Nd^{3+} in a barium crown glass[J]. Physical Review Letters, 1961, 7(12): 444.
[13] Franken P A, Hilla E, Peters C W, et al. Generation of optical harmonics[J]. Physical Review Letters, 1961, 7: 118.
[14] Geusic J E, Marcos H M, van Uitert L G. Laser oscillations in Nd-doped yttrium aluminum, yttrium gallium and gadolinium garnets[J]. Applied Physics Letters, 1964, 4: 182-184.
[15] McClung F J, Hellwarth R W. Giant optical pulsations from ruby[J]. Journal of Applied Physics, 1962, 33: 828-829.
[16] DeMaria A J, Stetser D A, Heynau H. Self mode-locking of lasers with saturable absorbers[J]. Applied Physics Letters, 1966, 8: 174-176.
[17] Fork R L, Greene B I, Shank C V. Generation of optical pulses shorter than 0.1 psec by colliding pulse mode locking[J]. Appl. Phys. Lett., 1981, 38:671.
[18] Valdmanis J A, Fork R L, Gordon J P. Generation of optical pulses as short as 27 femtoseconds directly from a laser balancing self-phase modulation, group-velocity dispersion, saturable absorption, and saturable gain[J]. Opt. Lett., 1985, 10:131.
[19] Fork R L, Brito Cruz C H, Becker P C, et al. Compression of optical pulses to six femtoseconds by using cubic phase compensation[J]. Opt. Lett., 1987, 12:483.
[20] Spence D E, Kean P N, Sibbett W. 60-fsec pulse generation from a self mode locked Ti:sapphire laser[J]. Opt. Lett., 1991, 16:42.
[21] Morgner U, Kärtner F X, Cho S H, et al. Sub-two-cycle pulses from a Kerr-lens mode-locked Ti: sapphire laser[J]. Opt. Lett., 1999, 24: 411-413.
[22] Yamane K, Kito T, Morita R, et al. 2.8-fs transform-limited optical-pulse generation in the monocycle region[J]. Conference on Lasers and Electro-Optics, 2004, 2:1045.
[23] Strickland D, Mourou G. Compression of amplified chirped optical pulses[J]. Opt. Commun., 1985, 55:447-449.
[24] Hassan M Th, Luu T T, Moulet A, et al. Optical attosecond pulses and tracking the nonlinear response of bound electrons[J]. Nature, 2016, 530:66.

第 2 章　超快激光的特性

2.1　超快激光的基本特性

科学的进展是与人类如何观察和认识世界紧密相连的。自然界诸多现象所发生的时间尺度超过了人类的感知极限，比如，在生物学中的光合作用、视觉成像、蛋白质折叠等；化学过程中的分子振动、分子重组、液相碰撞过程等；物理学中的激发态跃迁、光电离、光子–空穴弛豫等，这些过程都在飞秒时间尺度。因此提高测量动力学过程的时间分辨能力就成为科学发展的一个重要需求，而飞秒激光提供了解决这一问题的方法和工具。随着超快激光技术的发展，目前已经能够产生阿秒时间尺度的超快脉冲，可以实现在超快时间尺度上测量物质的特性。在超快激光中目前使用最广泛的超快光源是飞秒超快光源，所以本章主要讨论飞秒脉冲激光的特性。

飞秒脉冲激光在物理上是一个超短的电磁场脉冲，在数学上，当只考虑线偏振电场的时间部分时，一束飞秒脉冲激光可以表示为 [1]

$$E(t) = \frac{1}{2}\sqrt{I(t)}\exp\left\{\mathrm{i}\left[\omega_0 t - \phi(t)\right]\right\} + \mathrm{c.c.} \tag{2.1-1}$$

其中，t 为时间；ω_0 是载波圆频率；而 $I(t)$ 和 $\phi(t)$ 分别是脉冲的含时包络和相位。

由式 (2.1-1) 可以看出，飞秒激光的第一个特性就是具有飞秒尺度的脉冲宽度，因而可以作为泵浦探测技术的工具，对超快运动过程进行测量。分子中原子的运动，包括化学键的断裂与形成，正是在飞秒时间尺度。因此想要观察化学、生物学中的分子形成过程必须使用飞秒激光脉冲。首先使用一束飞秒激光作为泵浦光，激励所感兴趣的过程，在一个特定的时间延迟之后，使用另一束飞秒激光作为探测光，测量随着延迟变化的物理量，从而对超快过程进行研究。在过去的几十年，随着超宽带可调飞秒激光的发展，催生了一个新的研究领域：飞秒化学，极大地丰富了人们对许多化学和生物学过程的理解。该领域的先驱人物 A. H. Zewail 教授于 1999 年获得诺贝尔化学奖 [2]。

超快激光的脉冲宽度越短，对其做傅里叶变换之后的光谱就越宽 (见 2.3 节)，因为飞秒激光一般具有宽光谱成分。由于不同光谱在介质中传播具有不同速度，飞秒激光在介质传播过程中会发生脉冲宽度的改变，利用这一特点可以实现脉冲的展宽和压缩。一个重要的飞秒激光技术就是 CPA：首先将能量很低 (纳焦量级)

的飞秒激光展宽，然后将脉冲能量放大 (毫焦量级)，由于脉冲已经被展开，所以可以降低其在放大过程中对光学材料的损伤，最后再利用脉冲压缩技术，获得高能量飞秒激光脉冲。2018 年诺贝尔物理学奖颁发给 CPA 技术的发明人 G. Mourou 和 D. Strickland，以表彰该技术给激光带来的革命性进展和广泛应用 [3]。

飞秒激光的第二个特性是可以实现对电场结构的精确控制，从而探索许多新的研究领域，发现新的物理现象。当飞秒激光脉冲宽度被压缩到近周期量级时，一个重要的物理量：载波包络相位 (carrier envelope phase, CEP)，就显示出其特殊的作用。CEP 指的是脉冲内的载波峰值与包络峰值之间的相位差，图 2.1-1 所示是 5 fs(半峰全宽) 的激光脉冲在载波包络相位为 0、π/2 和 π 时的电场结构。通过精确控制激光电场振荡结构，可以调制许多超快过程，比如太赫兹 (THz) 辐射、成丝中的等离子体密度、高次谐波产生 (high-order harmonics generation, HHG)[4-6] 等。尤其是利用 CEP 锁定的超短脉冲通过高次谐波的方式实现单阿秒脉冲的产生 [7]，开辟了阿秒物理研究领域，从而革命性地改变了原子分子物理学，并进一步影响材料科学 [8]、信息技术等前沿领域 [9]。

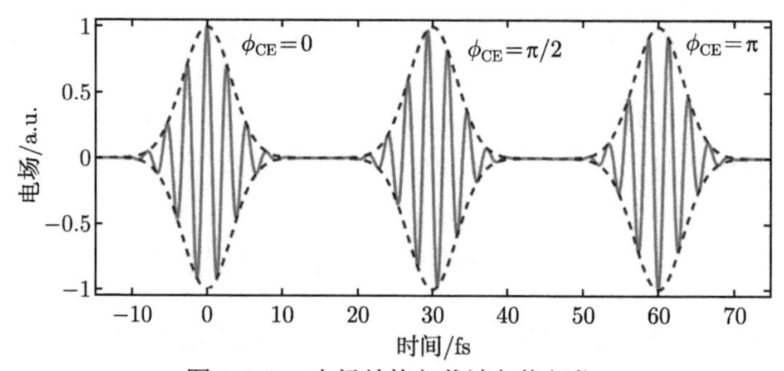

图 2.1-1　电场结构与载波包络相位

飞秒激光的第三个特性是可以获得极高的峰值功率。因为飞秒激光的脉冲很短，所以将飞秒激光聚焦在焦点处可以获得极高的峰值功率。对于高斯型激光束，其脉冲能量为 ε，脉冲宽度为 τ，在焦点处的光斑半径为 w_0 的激光脉冲，其峰值功率的表达式为 (推导见 2.2 节)

$$I_0 = \frac{1.88\varepsilon}{\pi w_0^2 \tau} \tag{2.1-2}$$

由式 (2.1-2) 可以看出，提高激光的峰值功率有三种方法：提高单脉冲能量，减小焦点处光斑半径和压缩脉冲宽度。激光聚集到不同的峰值功率下，可以研究不同非线性过程，包括飞秒激光冷切割、自相位调制、光参量放大、阿秒脉冲高次谐波产生 [10−13] 等。实验上飞秒激光的峰值功率已经可以达到 $10^{23}\mathrm{W/cm^2}$，实现超快相对论光学 (ultra-relativistic optics) 研究。未来随着激光峰值功率的进一步提升，超快激光有望揭示非线性量子电动力学效应 (nonlinear QED effects)[14]。

2.2 超快激光在介质中的传播方程

飞秒激光在介质中传播遵从麦克斯韦方程组，同时需要考虑介质对激光场的极化响应。为了推导超快激光在介质中的传播方程，需要从麦克斯韦方程组入手 [15]。

2.2.1 麦克斯韦波动方程

在国际单位制下，麦克斯韦方程组写成

$$\nabla\cdot\widetilde{\boldsymbol{D}}=\tilde{\rho} \tag{2.2-1}$$

$$\nabla\cdot\widetilde{\boldsymbol{B}}=0 \tag{2.2-2}$$

$$\nabla\times\widetilde{\boldsymbol{E}}=-\frac{\partial\widetilde{\boldsymbol{B}}}{\partial t} \tag{2.2-3}$$

$$\nabla\times\widetilde{\boldsymbol{H}}=\frac{\partial\widetilde{\boldsymbol{D}}}{\partial t}+\widetilde{\boldsymbol{J}} \tag{2.2-4}$$

其中，带 $\sim$ 的符号表示随时间改变的物理量。首先考虑没有自由电荷和自由电流的空间，也就是

$$\tilde{\rho}=0 \tag{2.2-5}$$

$$\widetilde{\boldsymbol{J}}=\boldsymbol{0} \tag{2.2-6}$$

同时，假设材料是非磁性的，也就是

$$\widetilde{\boldsymbol{B}}=\mu_0\widetilde{\boldsymbol{H}} \tag{2.2-7}$$

考虑在电场下，材料具有非线性相应，$\widetilde{\boldsymbol{D}}$ 与 $\widetilde{\boldsymbol{E}}$ 的关系可以表示为

$$\widetilde{\boldsymbol{D}}=\epsilon_0\widetilde{\boldsymbol{E}}+\widetilde{\boldsymbol{P}} \tag{2.2-8}$$

其中，极化矢量 $\widetilde{\boldsymbol{P}}$ 与局域电场强度 $\widetilde{\boldsymbol{E}}$ 具有非线性关系。

接着推导光学波动方程。对式 (2.2-3) 中的电场取两次旋度，再将式 (2.2-4)~式 (2.2-7) 代入，用 $\mu_0(\partial\widetilde{\boldsymbol{D}}/\partial t)$ 替换 $\nabla\times\widetilde{\boldsymbol{B}}$，得到方程：

$$\nabla\times\nabla\times\widetilde{\boldsymbol{E}}+\mu_0\frac{\partial^2}{\partial t^2}\widetilde{\boldsymbol{D}}=0 \tag{2.2-9a}$$

使用式 (2.2-8) 替换 $\widetilde{\boldsymbol{D}}$，可以得到

$$\nabla \times \nabla \times \widetilde{\boldsymbol{E}} + \frac{1}{c^2}\frac{\partial^2}{\partial t^2}\widetilde{\boldsymbol{E}} = -\frac{1}{\epsilon_0 c^2}\frac{\partial^2 \widetilde{\boldsymbol{P}}}{\partial t^2} \tag{2.2-9b}$$

公式右侧使用 $1/\epsilon_0 c^2$ 代替 μ_0。

以上公式就是波动方程的一般形式。在特定条件下，该公式可以简化。使用矢量计算方法，公式左侧可以改写成

$$\nabla \times \nabla \times \widetilde{\boldsymbol{E}} = \nabla(\nabla \cdot \widetilde{\boldsymbol{E}}) - \nabla^2 \widetilde{\boldsymbol{E}} \tag{2.2-10}$$

考虑在线性光学中各向同性无源介质，等号右边第一项消失。然而在非线性光学中，对于各向同性介质，这一项一般为非零项。幸运的是在非线性光学中，对于某些特定情况，式 (2.2-10) 中等号右边第一项可以忽略。比如，当 $\widetilde{\boldsymbol{E}}$ 为横向时，无穷大平面波，$\nabla \cdot \widetilde{\boldsymbol{E}}$ 为零。更一般的情况，当使用慢变振幅近似时，即使第一项非零，但是很小，可以忽略。接下来，我们假定式 (2.2-10) 中等号右边第一项是可以忽略的，从而得到

$$\nabla^2 \widetilde{\boldsymbol{E}} - \frac{1}{c^2}\frac{\partial^2}{\partial t^2}\widetilde{\boldsymbol{E}} = \frac{1}{\epsilon_0 c^2}\frac{\partial^2 \widetilde{\boldsymbol{P}}}{\partial t^2} \tag{2.2-11}$$

其中，$\widetilde{\boldsymbol{D}} = \epsilon_0 \widetilde{\boldsymbol{E}} + \widetilde{\boldsymbol{P}}$。将 $\widetilde{\boldsymbol{P}}$ 表示成线性和非线性两部分是比较方便的：

$$\widetilde{\boldsymbol{P}} = \widetilde{\boldsymbol{P}}^{(1)} + \widetilde{\boldsymbol{P}}^{\mathrm{NL}} \tag{2.2-12}$$

式中，$\widetilde{\boldsymbol{P}}^{(1)}$ 是线性项。同样也可以把电位移矢量 $\widetilde{\boldsymbol{D}}$ 分解为线性和非线性部分：

$$\widetilde{\boldsymbol{D}} = \widetilde{\boldsymbol{D}}^{(1)} + \widetilde{\boldsymbol{P}}^{\mathrm{NL}} \tag{2.2-13a}$$

线性部分表示为

$$\widetilde{\boldsymbol{D}}^{(1)} = \epsilon_0 \widetilde{\boldsymbol{E}} + \widetilde{\boldsymbol{P}}^{(1)} \tag{2.2-13b}$$

从而可以将式 (2.2-11) 表示为

$$\nabla^2 \widetilde{\boldsymbol{E}} - \frac{1}{\epsilon_0 c^2}\frac{\partial^2 \widetilde{\boldsymbol{D}}^{(1)}}{\partial t^2} = \frac{1}{\epsilon_0 c^2}\frac{\partial^2 \widetilde{\boldsymbol{P}}^{\mathrm{NL}}}{\partial t^2} \tag{2.2-14}$$

为了能看出为什么式 (2.2-14) 这个形式是有用的，我们首先考虑无损耗、无色散的介质，将 $\widetilde{\boldsymbol{D}}$ 表示成 $\widetilde{\boldsymbol{E}}$ 的非频率相关的介电张量的关系：

$$\widetilde{\boldsymbol{D}}^{(1)} = \epsilon_0 \boldsymbol{\epsilon}^{(1)} \cdot \widetilde{\boldsymbol{E}} \tag{2.2-15a}$$

对于各向同性介质，式 (2.2-15a) 可以简单表示为标量形式：

$$\widetilde{\boldsymbol{D}}^{(1)}=\epsilon_0\epsilon^{(1)}\widetilde{\boldsymbol{E}} \tag{2.2-15b}$$

其中，$\epsilon^{(1)}$ 是一个标量。注意到，自由空间介电常数 $\epsilon_0=8.85\times10^{-12}\mathrm{F/m}$ 是一个基本常数，$\epsilon^{(1)}$ 是一个无量纲，对于不同材料具有不同数值的相对介电常数。对于各向同性、无色散材料，式 (2.2-14) 可以写成

$$-\nabla^2\widetilde{\boldsymbol{E}}+\frac{\epsilon^{(1)}\partial^2\widetilde{\boldsymbol{E}}}{\partial t^2}=-\frac{1}{\epsilon_0c^2}\frac{\partial^2\widetilde{\boldsymbol{P}}^{\mathrm{NL}}}{\partial t^2} \tag{2.2-16}$$

从式 (2.2-16) 的形式可以清楚看出：材料的非线性响应作为等号右侧的源项。如果这一项为零，式 (2.2-16) 所求解的就是以速度 c/n 自由传播的波方程，其中 n 是材料的线性折射率，满足 $n^2=\epsilon^{(1)}$。

对于具有色散性质的材料，我们必须分别考虑电场中的每一个频率成分。将电场 $\widetilde{\boldsymbol{E}}$、线性电极化矢量 $\widetilde{\boldsymbol{D}}^{(1)}$、非线性极化矢量 $\widetilde{\boldsymbol{P}}^{\mathrm{NL}}$ 表示成不同频率成分求和的形式：

$$\widetilde{\boldsymbol{E}}(\boldsymbol{r},t)=\sum_n{}'\widetilde{\boldsymbol{E}}_n(\boldsymbol{r},t) \tag{2.2-17a}$$

$$\widetilde{\boldsymbol{D}}^{(1)}(\boldsymbol{r},t)=\sum_n{}'\widetilde{\boldsymbol{D}}_n^{(1)}(\boldsymbol{r},t) \tag{2.2-17b}$$

$$\widetilde{\boldsymbol{P}}^{\mathrm{NL}}(\boldsymbol{r},t)=\sum_n{}'\widetilde{\boldsymbol{P}}_n^{\mathrm{NL}}(\boldsymbol{r},t) \tag{2.2-17c}$$

其中求和是对所有的正频率成分进行的，并且将每一个频率成分都表示成复振幅的形式：

$$\widetilde{\boldsymbol{E}}_n(\boldsymbol{r},t)=\boldsymbol{E}_n(\boldsymbol{r})\mathrm{e}^{-\mathrm{i}\omega t}+\mathrm{c.c.} \tag{2.2-18a}$$

$$\widetilde{\boldsymbol{D}}_n^{(1)}(\boldsymbol{r},t)=\boldsymbol{D}_n^{(1)}(\boldsymbol{r})\mathrm{e}^{-\mathrm{i}\omega t}+\mathrm{c.c.} \tag{2.2-18b}$$

$$\widetilde{\boldsymbol{P}}_n^{\mathrm{NL}}(\boldsymbol{r},t)=\boldsymbol{P}_n^{\mathrm{NL}}(\boldsymbol{r})\mathrm{e}^{-\mathrm{i}\omega t}+\mathrm{c.c.} \tag{2.2-18c}$$

在不考虑损耗的情况下，$\widetilde{\boldsymbol{D}}_n^{(1)}$ 和 $\widetilde{\boldsymbol{E}}_n$ 可以表示为

$$\widetilde{\boldsymbol{D}}_n^{(1)}(\boldsymbol{r},t)=\epsilon_0\boldsymbol{\epsilon}^{(1)}(\omega_n)\cdot\widetilde{\boldsymbol{E}}_n(\boldsymbol{r},t) \tag{2.2-19}$$

将式 (2.2-17)~ 式 (2.2-19) 代入式 (2.2-13)，我们可以得到对于电场中每一个频率成分都有效的公式：

$$\nabla^2\widetilde{\boldsymbol{E}}_n-\frac{\epsilon^{(1)}(\omega_n)}{c^2}\frac{\partial^2\widetilde{\boldsymbol{E}}_n}{\partial t^2}=\frac{1}{\epsilon_0c^2}\frac{\partial^2\widetilde{\boldsymbol{P}}_n^{\mathrm{NL}}}{\partial t^2} \tag{2.2-20}$$

对于一般情况有损耗的介质，可以将介电张量表示成复数形式：

$$\boldsymbol{D}_n^{(1)}(r)=\epsilon_0\epsilon^{(1)}\left(\omega_n\right)\cdot\boldsymbol{E}_n(r) \tag{2.2-21}$$

将以上公式和式 (2.2-16)、式 (2.2-17) 代入式 (2.2-14) 中可以得到

$$\nabla^2\boldsymbol{E}_n(\boldsymbol{r})+\frac{\omega_n^2}{c^2}\boldsymbol{\epsilon}^{(1)}\left(\omega_n\right)\boldsymbol{E}_n(\boldsymbol{r})=-\frac{\omega_n^2}{\epsilon_0c^2}\boldsymbol{P}_n^{\mathrm{NL}}(\boldsymbol{r}) \tag{2.2-22}$$

式 (2.2-22) 可以用于求解诸多非线性过程，比如和频、差频、光参量放大等。

2.2.2　非线性薛定谔方程

在这里我们介绍一个超快激光脉冲在非线性效应、非线性耗散的光学介质中的传播方程，该方程称为非线性薛定谔方程，是用于描述脉冲传播的一般性方程。首先使用频率域内的波方程，将式 (2.2-14) 表示为

$$-\nabla^2\widetilde{\boldsymbol{E}}+\frac{1}{c^2}\frac{\partial^2\widetilde{\boldsymbol{D}}^{(1)}}{\partial t^2}=-\frac{1}{\epsilon_0c^2}\frac{\partial^2\widetilde{\boldsymbol{P}}}{\partial t^2} \tag{2.2-23}$$

其中，非线性极化矢量 $\widetilde{\boldsymbol{P}}^{\mathrm{NL}}$ 简写成 $\widetilde{\boldsymbol{P}}$。我们将场表示为其傅里叶变换形式:

$$\widetilde{\boldsymbol{E}}(\boldsymbol{r},t)=\int\frac{\boldsymbol{E}(\boldsymbol{r},\omega)\mathrm{e}^{-\mathrm{i}\omega t}\mathrm{d}\omega}{2\pi} \tag{2.2-24a}$$

$$\widetilde{\boldsymbol{D}}^{(1)}(\boldsymbol{r},t)=\int\boldsymbol{D}^{(1)}(\boldsymbol{r},\omega)\mathrm{e}^{-\mathrm{i}\omega t}\mathrm{d}\omega/2\pi \tag{2.2-24b}$$

$$\widetilde{\boldsymbol{P}}(\boldsymbol{r},t)=\int\boldsymbol{P}(\boldsymbol{r},\omega)\mathrm{e}^{-\mathrm{i}\omega t}\mathrm{d}\omega/2\pi \tag{2.2-24c}$$

其中，所有的积分上下限从 $-\infty$ 到 ∞。我们假定 $\boldsymbol{D}^{(1)}(\boldsymbol{r},\omega)$ 和 $\boldsymbol{E}(\boldsymbol{r},\omega)$ 可以表示为

$$\boldsymbol{D}^{(1)}(\boldsymbol{r},\omega)=\epsilon_0\epsilon^{(1)}(\omega)\boldsymbol{E}(\boldsymbol{r},\omega) \tag{2.2-25}$$

代入式 (2.2-23) 中，得到频率域内的波方程：

$$\nabla^2\boldsymbol{E}(\boldsymbol{r},\omega)+\epsilon_0\epsilon^{(1)}(\omega)\left(\omega^2/c^2\right)\boldsymbol{E}(\boldsymbol{r},\omega)=-\left(\omega^2/\epsilon_0c^2\right)\boldsymbol{P}(\boldsymbol{r},\omega) \tag{2.2.26}$$

我们的目标是得出在慢变包络近似下的波方程，慢变包络近似：

$$\widetilde{\boldsymbol{E}}(\boldsymbol{r},t)=\widetilde{\boldsymbol{A}}(\boldsymbol{r},t)\mathrm{e}^{\mathrm{i}(k_0z-\omega_0t)}+\mathrm{c.c.} \tag{2.2-27}$$

其中，$\widetilde{\boldsymbol{A}}(\boldsymbol{r},t)$ 是慢变包络；ω_0 是载波频率；k_0 是载波频率对应的波矢。同样 $\widetilde{\boldsymbol{A}}(\boldsymbol{r},t)$ 将表示成傅里叶变换形式：

$$\widetilde{\boldsymbol{A}}(\boldsymbol{r},t)=\int \boldsymbol{A}(\boldsymbol{r},\omega)\mathrm{e}^{-\mathrm{i}\omega t}\mathrm{d}\omega/2\pi \tag{2.2-28}$$

考虑到慢变包络中不含高频成分，所以可以将 $\boldsymbol{E}(\boldsymbol{r},\omega)$ 表示为

$$\boldsymbol{E}(\boldsymbol{r},\omega)\cong \boldsymbol{A}(\boldsymbol{r},\omega-\omega_0)\,\mathrm{e}^{\mathrm{i}k_0 z} \tag{2.2-29}$$

进一步，可以将式 (2.2-26) 表示为

$$\nabla_\perp^2\boldsymbol{A}+\frac{\partial^2\boldsymbol{A}}{\partial z^2}+2\mathrm{i}k_0\frac{\partial\boldsymbol{A}}{\partial z}+\left[k^2(\omega)-k_0^2\right]\boldsymbol{A}=-\frac{\omega^2}{\epsilon_0 c^2}\boldsymbol{P}(r,\omega)\mathrm{e}^{-\mathrm{i}k_0 z} \tag{2.2-30}$$

其中，$\boldsymbol{A}(r,\omega)$ 是在频率域内的慢变包络，波矢 k 满足

$$k^2(\omega)=\epsilon(\omega)\left(\omega^2/c^2\right) \tag{2.2-31}$$

接着，我们将 $k(\omega)$ 以频率差 $\omega-\omega_0$ 展开成指数形式：

$$k(\omega)=k_0+k_1(\omega-\omega_0)+D \tag{2.2-32}$$

其中，$D=\sum\limits_{n=2}^{\infty}\frac{1}{n!}k_n(\omega-\omega_0)^n$。

所以 $k^2(\omega)$ 可以表示为

$$\begin{aligned}k^2(\omega)=&\,k_0^2+2k_0k_1(\omega-\omega_0)+2k_0D\\&+2k_1D(\omega-\omega_0)+k_1^2(\omega-\omega_0)^2+D^2\end{aligned} \tag{2.2-33}$$

其中，D 表示的是高阶色散。将展开形式代入式 (2.2-30) 可以得到

$$\begin{aligned}&\nabla_\perp^2\boldsymbol{A}+\frac{\partial^2\boldsymbol{A}}{\partial z^2}+2\mathrm{i}k_0\frac{\partial\boldsymbol{A}}{\partial z}+2k_0k_1(\omega-\omega_0)\boldsymbol{A}\\&+2k_0D\boldsymbol{A}+2k_1D(\omega-\omega_0)\boldsymbol{A}+k_1^2(\omega-\omega_0)^2\boldsymbol{A}=-\frac{\omega^2}{\epsilon_0 c^2}\boldsymbol{P}(\boldsymbol{r},\omega)\mathrm{e}^{-\mathrm{i}k_0 z}\end{aligned} \tag{2.2-34}$$

将 D^2 忽略，因为高阶项的贡献很小。接着再将以上公式转换回时间域。在公式两边乘以 $\exp\left[-\mathrm{i}(\omega-\omega_0)t\right]$ 并对所有的 $\omega-\omega_0$ 进行积分，得到

$$\left[\nabla_\perp^2+\frac{\partial^2}{\partial z^2}+2\mathrm{i}k_0\left(\frac{\partial}{\partial z}+k_1\frac{\partial}{\partial t}\right)+2\mathrm{i}k_1\widetilde{D}\frac{\partial}{\partial t}+2k_0\widetilde{D}-k_1^2\frac{\partial^2}{\partial t^2}\right]\widetilde{\boldsymbol{A}}(r,t)$$

$$= \frac{1}{\epsilon_0 c^2} \frac{\partial^2 \widetilde{\boldsymbol{P}}}{\partial t^2} \mathrm{e}^{-\mathrm{i}(k_0 z - \omega_0 t)} \tag{2.2-35}$$

其中，$\widetilde{D}$ 表示的是差分算子:

$$\widetilde{D} = \sum_{n=2}^{\infty} \frac{1}{n} k_n \left(\mathrm{i}\frac{\partial}{\partial t}\right)^n = -\frac{1}{2} k_2 \frac{\partial^2}{\partial t^2} + \cdots \tag{2.2-36}$$

接着将极化矢量也表示成慢变包络的形式:

$$\widetilde{\boldsymbol{P}}(\boldsymbol{r},t) = \widetilde{\boldsymbol{p}}(\boldsymbol{r},t)\mathrm{e}^{\mathrm{i}(k_0 z - \omega_0 t)} + \text{c.c.} \tag{2.2-37}$$

比如对于材料中的瞬时三阶响应，极化强度的慢变包络可以表示为

$$\widetilde{\boldsymbol{p}}(\boldsymbol{r},t) = 3\epsilon_0 \chi^{(3)} |\widetilde{\boldsymbol{A}}(r,t)|^2 \widetilde{\boldsymbol{A}}(r,t) \tag{2.2-38}$$

由此，可以将极化矢量 $\widetilde{\boldsymbol{P}}(\boldsymbol{r},t)$ 表示为

$$\begin{aligned} \frac{\partial \widetilde{\boldsymbol{P}}}{\partial t} &= \left(-\mathrm{i}\omega_0 \widetilde{\boldsymbol{p}} + \frac{\partial \widetilde{\boldsymbol{p}}}{\partial t}\right) \mathrm{e}^{\mathrm{i}(k_0 z - \omega_0 t)} + \text{ c.c.} \\ &= -\mathrm{i}\omega_0 \left[\left(1 + \frac{\mathrm{i}}{\omega_0}\frac{\partial}{\partial t}\right)\widetilde{\boldsymbol{p}}\right] \mathrm{e}^{\mathrm{i}(k_0 z - \omega_0 t)} + \text{ c. c.} \end{aligned} \tag{2.2-39a}$$

和

$$\frac{\partial^2 \widetilde{\boldsymbol{P}}}{\partial t^2} = -\omega_0^2 \left[\left(1 + \frac{\mathrm{i}}{\omega_0}\frac{\partial}{\partial t}\right)^2 \widetilde{\boldsymbol{p}}\right] \mathrm{e}^{\mathrm{i}(k_0 z - \omega_0 t)} + \text{ c.c.} \tag{2.2-39b}$$

将式 (2.2-39b) 代入式 (2.2-35)，得到

$$\begin{aligned} &\left[\nabla_\perp^2 + \frac{\partial^2}{\partial z^2} + 2\mathrm{i}k_0\left(\frac{\partial}{\partial z} + k_1\frac{\partial}{\partial t}\right) + 2\mathrm{i}k_1\widetilde{D}\frac{\partial}{\partial t} + 2k_0\widetilde{D} - k_1^2\frac{\partial^2}{\partial t^2}\right]\widetilde{\boldsymbol{A}}(\boldsymbol{r},t) \\ &= -\frac{4\pi\omega_0^2}{c^2}\left(1 + \frac{\mathrm{i}}{\omega_0}\frac{\partial}{\partial t}\right)^2 \widetilde{\boldsymbol{p}} \end{aligned} \tag{2.2-40}$$

接着我们将这个公式进行坐标轴变化，其中时间和空间关系为

$$z' = z \text{ 和 } \tau = t - \frac{1}{v_\mathrm{g}} z = t - k_1 z \tag{2.2-41}$$

得到

$$\frac{\partial}{\partial z} = \frac{\partial}{\partial z'} - k_1 \frac{\partial}{\partial \tau} \text{ 和 } \frac{\partial}{\partial t} = \frac{\partial}{\partial \tau} \tag{2.2-42}$$

式 (2.2-40) 的波方程可以表示为

$$\left[\nabla_\perp^2+\frac{\partial^2}{\partial z'^2}-2k_1\frac{\partial}{\partial z'}\frac{\partial}{\partial\tau}+k_1^2\frac{\partial^2}{\partial\tau^2}+2\mathrm{i}k_0\left(\frac{\partial}{\partial z'}-k_1\frac{\partial}{\partial\tau}+k_1\frac{\partial}{\partial\tau}\right)\right.$$

$$\left.+2k_0\widetilde{D}+2\mathrm{i}k_1\widetilde{D}\frac{\partial}{\partial\tau}-k_1^2\widetilde{D}\frac{\partial^2}{\partial\tau^2}\right]\widetilde{\boldsymbol{A}}(rt)$$

$$=-\frac{\omega_0^2}{\epsilon_0c^2}\left(1+\frac{\mathrm{i}}{\omega_0}\frac{\partial}{\partial\tau}\right)^2\widetilde{\boldsymbol{p}} \tag{2.2-43}$$

利用慢变包络近似 (我们可以忽略 $\partial^2/\partial z'^2$)，从而得到

$$\left[\nabla_\perp^2-2k_1\frac{\partial}{\partial z'}\frac{\partial}{\partial\tau}+2\mathrm{i}k_0\frac{\partial}{\partial z'}+2k_0\widetilde{D}+2\mathrm{i}k_1\widetilde{D}\frac{\partial}{\partial\tau}\right]\widetilde{\boldsymbol{A}}(r,t)$$

$$=-\frac{\omega_0^2}{\epsilon_0c^2}\left(1+\frac{\mathrm{i}}{\omega_0}\frac{\partial}{\partial\tau}\right)^2\widetilde{\boldsymbol{p}} \tag{2.2-44}$$

或者写成

$$\left[\nabla_\perp^2-2\mathrm{i}k_0\frac{\partial}{\partial z'}\left(1+\frac{\mathrm{i}k_1}{k_0}\frac{\partial}{\partial\tau}\right)+2k_0\widetilde{D}\left(1+\frac{\mathrm{i}k_1}{k_0}\frac{\partial}{\partial\tau}\right)\right]\widetilde{\boldsymbol{A}}(r,t)$$

$$=-\frac{\omega_0^2}{\epsilon_0c^2}\left(1+\frac{\mathrm{i}}{\omega_0}\frac{\partial}{\partial\tau}\right)^2\widetilde{\boldsymbol{p}} \tag{2.2-45}$$

从式 (2.2-45) 中可以看出，其中有两项与 k_1/k_0 的比例有关。将这个比例近似为 $k_1/k_0=v_\mathrm{g}^{-1}/(n\omega_0/c)=n_\mathrm{g}/(n\omega_0)$。忽略色散关系，$n_\mathrm{g}=n$，此时 $k_1/k_0=1/\omega_0$，在这个近似下，方程变为

$$\left[\nabla_\perp^2-2\mathrm{i}k_0\frac{\partial}{\partial z'}\left(1+\frac{\mathrm{i}}{\omega_0}\frac{\partial}{\partial\tau}\right)+2k_0\widetilde{D}\left(1+\frac{\mathrm{i}}{\omega_0}\frac{\partial}{\partial\tau}\right)\right]\widetilde{\boldsymbol{A}}(r,t)$$

$$=-\frac{\omega_0^2}{\epsilon_0c^2}\left(1+\frac{\mathrm{i}}{\omega_0}\frac{\partial}{\partial\tau}\right)^2\widetilde{\boldsymbol{p}} \tag{2.2-46}$$

或者

$$\left[\left(1+\frac{\mathrm{i}}{\omega_0}\frac{\partial}{\partial\tau}\right)^2\nabla_\perp^2+2\mathrm{i}k_0\frac{\partial}{\partial z'}+2k_0\widetilde{D}\right]\widetilde{\boldsymbol{A}}(r,t)$$

$$= -\frac{\omega_0^2}{\epsilon_0 c^2}\left(1+\frac{\mathrm{i}}{\omega_0}\frac{\partial}{\partial\tau}\right)^2 \widetilde{\boldsymbol{p}} \tag{2.2-47}$$

式 (2.2-46) 和式 (2.2-47) 就是非线性薛定谔方程的一般形式。其中包含了高阶色散效应 (含有 $\widetilde{D}$ 的部分)，时空间耦合 (公式左边的差分算子)，以及脉冲的自陡峭效应 (公式右边的差分算子)。该公式于 1997 年由 T. Brabec 和 F. Krausz 推导得出，可以用于处理许多非线性效应过程。比如，对于具有瞬时三阶和五阶效应的材料，$\widetilde{\boldsymbol{p}}$ 可以表示为 $\widetilde{p} = 3\epsilon_0\chi^{(3)}|\widetilde{\boldsymbol{A}}|^2\widetilde{\boldsymbol{A}} + 10\epsilon_0\chi^{(5)}|\widetilde{\boldsymbol{A}}|^4\widetilde{\boldsymbol{A}}$。

接着我们对式 (2.2-46) 进行简单分析以获得一定的物理图像。忽略修正项 $(\mathrm{i}/\omega_0)\,\partial/\partial\tau$，并且只考虑高阶色散中的最低项的贡献 (也就是只考虑二阶色散)，可以将式 (2.2-46) 简化为

$$\frac{\partial\widetilde{\boldsymbol{A}}(\boldsymbol{r},t)}{\partial z'} = \left[\frac{\mathrm{i}}{2k_0}\nabla_\perp^2 - \frac{\mathrm{i}}{2}k_2\frac{\partial^2}{\partial\tau^2} + \frac{3\mathrm{i}\omega_0}{2n_0 c}\chi^{(3)}(\omega_0)\,|\widetilde{\boldsymbol{A}}|^2\right]\widetilde{\boldsymbol{A}} \tag{2.2-48}$$

式 (2.2-48) 的物理意义是，电场的慢变包络 $\widetilde{\boldsymbol{A}}$ 随着传播距离 (z') 的改变来源于等号右边所对应的三种物理效应。第一项描述的是由衍射导致的激光脉冲在空间中发散，第二项是由群延迟色散导致的脉冲在时间上发散，而第三项描述的是非线性累积的相位。对于这三种效应可以分别引入对应的特征距离，来说明在何种距离上其效应是显著的。定义这三种距离如下：

$$L_{\mathrm{dif}} = \frac{1}{2}k_0 w_0^2 \quad (\text{衍射长度}) \tag{2.2-49a}$$

$$L_{\mathrm{dis}} = T^2/\,|k_2| \quad (\text{色散距离}) \tag{2.2-49b}$$

$$L_{\mathrm{NL}} = \frac{2n_0 c}{3\omega_0\chi^{(3)}|A|^2} = \frac{1}{(\omega_0/c)\,n_2 I} \quad (\text{非线性距离}) \tag{2.2-49c}$$

其中，ω_0 是光束的半径的特征尺寸；T 是脉冲的宽度。这些特征距离表示的是在给定的物理条件下，各自所对应的物理效应起主要作用时所对应的最短距离。比如，对于熔石英材料，其在 800 nm 处的 $n_2 = 3.5\times10^{-20}\mathrm{m}^2/\mathrm{W}$ 和 $k_2 = 446\mathrm{fs}^2/\mathrm{cm}$。所以，当 20 fs 激光脉冲在熔石英中传播时，其对应的 L_{dis} 大约是 0.9 cm，也就是说传播 0.9 cm 的熔石英后，20 fs 的脉冲由于色散大约会展宽一倍。

2.2.3 高斯光束及贝塞尔光束

这里我们将使用解析公式来分析超快激光的传播。当一束飞秒激光在各向同性的介质中传播时，许多激光参数会发生改变，比如光斑尺寸、径向强度分布等。在此，主要分析两种形式的超快激光：高斯光束和贝塞尔光束。

为了简单起见，假定激光沿着 z 方向传播而且是轴对称空间分布。在柱坐标下，一束线偏振单色光的电场分布可以表示为 [16]

$$\varepsilon(r,z,t)=\widetilde{E}(r,z)\mathrm{e}^{\mathrm{i}(\omega t-kz)} \tag{2.2-50}$$

其中，ω 和 k 分别是圆频率和传播常数；r 是径向参数；t 是时间。对于单色光，其时间部分可以表示为 $\mathrm{e}^{\mathrm{i}\omega t}$，而 $\widetilde{E}(r,z)$ 描述的是激光束在给定位置 z 处的径向空间分布，可以给出许多重要的激光参数，比如光束尺寸。对于一束脉冲激光，当然不是单色的，但是当非线性效应可以忽略时，我们即将要讨论的内容对于脉冲激光中的每一个频率成分都是适用的。

在傍轴近似下，假定激光束的发散角很小 (远小于 1 rad)，这样的激光满足傍轴波动方程：

$$2\mathrm{i}k\frac{\partial}{\partial z}\widetilde{E}(r,z)=\frac{1}{r}\frac{\partial}{\partial r}\left[r\frac{\partial}{\partial r}\widetilde{E}(r,z)\right] \tag{2.2-51}$$

这个公式说明，激光场沿着 z 方向传播时强度变化是来源于场强沿着 r 方向的改变，这个效应正是衍射。

式 (2.2-51) 的一个解就是高斯函数，高斯函数也正是用于描述激光传播的最常用的模型。高斯函数是指数函数，从其数学表达式中可以清晰地了解到激光的诸多特性：

$$\widetilde{E}(r,z)=\sqrt{\frac{2P}{c\epsilon_0}}\sqrt{\frac{2}{\pi}\frac{1}{w(z)}}\mathrm{e}^{-\frac{r^2}{w^2(z)}}\mathrm{e}^{-k\frac{r^2}{2R(z)}}\mathrm{e}^{\mathrm{i}\psi(z)} \tag{2.2-52}$$

其中，c 是真空中光速；ϵ_0 是真空介电常数；P 是激光功率；$w(z)$ 是光束尺寸 ($1/\mathrm{e}^2$ 半径)。

激光的强度可以表示为

$$I(r,z)=\frac{2}{\pi}\frac{P}{w^2(z)}\mathrm{e}^{-\frac{2r^2}{w^2(z)}}=\frac{2}{\pi}\frac{P}{w_0^2}\frac{1}{1+\left(\dfrac{Z}{z_{\mathrm{R}}}\right)^2}\mathrm{e}^{-\frac{2r^2}{w^2(z)}} \tag{2.2-53}$$

引入瑞利距离公式：

$$z_{\mathrm{R}}=\frac{\pi w_0^2}{\lambda} \tag{2.2-54}$$

其中，w_0 是光腰位置 ($z=0$) 的光束尺寸。我们可以使用三个参数来描述一束高斯激光：

$$w(z)=w_0\sqrt{1+\left(\frac{z}{z_{\mathrm{R}}}\right)^2} \tag{2.2-55}$$

$$R(z) = z + \frac{z_{\mathrm{R}}^2}{z} \tag{2.2-56}$$

$$\psi(z) = \arctan\left(\frac{z}{z_{\mathrm{R}}}\right) \tag{2.2-57}$$

其中，$R(z)$ 是波前的曲率半径。比如，一束焦点尺寸为 60μm、中心波长为 800 nm 的激光，其瑞利距离为 14.1 mm。另一个用于描述高斯光束的物理量为共聚焦参数，其定义为 $b = 2z_{\mathrm{R}}$，在共聚焦参数内光束尺寸变化为 $\sqrt{2}$，所以强度变化为 2。第三个物理量是 Gouy 相移 $\psi(z)$，表示的是高斯光束和平面波之间的相位差。从 $z = -\infty$ 到 $z = +\infty$ 的范围内，Gouy 相位从 $-\pi/2$ 改变到 $\pi/2$。

高斯激光的发散角定义为

$$\Theta = \lim_{z\to\infty} \frac{w(z)}{z} = \frac{w_0}{z_{\mathrm{R}}} = \frac{\lambda}{\pi w_0} \tag{2.2-58}$$

例如，对于光腰为 60 μm、中心波长为 800 nm 的高斯光束，其发散角是 4.2 mrad，也就是 0.25°。

考虑时间和空间都具有高斯形状的线偏振激光脉冲，其电场表达式为

$$\widetilde{E}(r,z,t) = E_0 \boldsymbol{x} \frac{w_0}{w(z)} \mathrm{e}^{-2\ln 2\left(\frac{t}{\tau}\right)^2} \mathrm{e}^{-k\frac{r^2}{2R(z)}} \mathrm{e}^{-\frac{r^2}{w^2(z)}} \mathrm{e}^{\mathrm{i}\psi(z)} \mathrm{e}^{-\mathrm{i}(\omega_0 t - kz)} \tag{2.2-59}$$

对应的光强表达式为

$$\widetilde{I}(r,z,t) = \frac{1}{2}c\varepsilon_0 |\widetilde{E}|^2 = \frac{1}{2}c\varepsilon_0 \left|E_0\right|^2 \mathrm{e}^{-4\ln 2\left(\frac{t}{\tau}\right)^2} \mathrm{e}^{-k\frac{r^2}{R(z)}} \mathrm{e}^{-\frac{2r^2}{w^2(z)}} \tag{2.2-60}$$

考虑光腰处 $z = 0$ 电场分布，可以得到

$$\widetilde{I}(r,t) = \frac{1}{2}c\varepsilon_0 \left|E_0\right|^2 \mathrm{e}^{-4\ln 2\left(\frac{t}{\tau}\right)^2} \mathrm{e}^{-\frac{2r^2}{w_0^2}} \tag{2.2-61}$$

将式 (2.2-61) 对空间积分也可以得到功率表达式：

$$\begin{aligned} P(t) &= \int_0^\infty \widetilde{I}(r,t) r^2 \mathrm{d}r = I_0 \mathrm{e}^{-4\ln 2\left(\frac{t}{\tau}\right)^2} \int_0^\infty \mathrm{e}^{-\frac{2r^2}{w_0^2}} r^2 \mathrm{d}r \\ &= I_0 \mathrm{e}^{-4\ln 2\left(\frac{t}{\tau}\right)^2} \times \frac{\pi w_0^2}{2} \end{aligned} \tag{2.2-62}$$

对于高斯脉冲，其瞬时功率表达式为

$$P(t) = P_0 \mathrm{e}^{-4\ln 2\left(\frac{t}{\tau}\right)^2} \tag{2.2-63}$$

其中，P_0 是峰值功率，与脉冲能量 ε 的关系为

$$P_0=\frac{\varepsilon}{\int_{-\infty}^{+\infty}\mathrm{e}^{-4\ln 2\left(\frac{t}{\tau}\right)^2}\mathrm{d}t}=\sqrt{\frac{4\ln 2}{\pi}}\frac{\varepsilon}{\tau}\cong 0.94\frac{\varepsilon}{\tau} \tag{2.2-64}$$

将式 (2.2-64) 代入式 (2.2-63)，得到

$$P(t)=0.94\frac{\varepsilon}{\tau}\mathrm{e}^{-4\ln 2\left(\frac{t}{\tau}\right)^2} \tag{2.2-65}$$

比较式 (2.2-65) 和式 (2.2-62)，可以得到激光在焦点处的峰值功率：

$$I_0=\frac{1.88\varepsilon}{\pi w_0^2\tau} \tag{2.2-66}$$

该公式中脉冲能量 ε、脉冲宽度 τ 以及焦点处半径 w_0 都是实验测量，由此可以计算焦点的峰值功率，并以此估计激光与物质相互作用所发生的区域以及对应的非线性过程，式 (2.2-66) 具有广泛的应用和指导意义。

另一种被广泛研究和讨论的光束是贝塞尔光束 (Bessel beam)，因为在传播过程中具有无衍射和自愈的特性，贝塞尔光束在诸多领域，包括光学成像、光传导、微加工、高次谐波产生等有很重要的应用。在这一部分，首先介绍单色贝塞尔光束空间分布的推导过程 [17]，然后分析脉冲贝塞尔光束的传播特性。

假定一束单色光的电场分布为

$$E(\boldsymbol{r})=A(x,y)\mathrm{e}^{-\mathrm{j}\beta z} \tag{2.2-67}$$

将式 (2.2-67) 代入单色光的亥姆霍兹 (Helmholtz) 方程：

$$\left[\nabla^2+k^2\right]\hat{E}(x,y,z,w)=0 \tag{2.2-68}$$

得到

$$\nabla_{\mathrm{T}}^2A+k_{\mathrm{T}}^2A=0 \tag{2.2-69}$$

其中，$k_{\mathrm{T}}^2+\beta^2=k^2$ 和 $\nabla_{\mathrm{T}}^2=\partial^2/\partial x^2+\partial^2/\partial y^2$ 是横向拉普拉斯算符 (transverse Laplacian operator)。式 (2.2-69) 称为二维 Helmholtz 方程，可以用分离变量的方法进行求解。在极坐标系下 $(x=\rho\cos\phi, y=\rho\sin\phi)$，可以得到最后的结果为

$$A(x,y)=A_m\mathrm{J}_m\left(k_{\mathrm{T}}\rho\right)\mathrm{e}^{-\mathrm{j}\beta z},\quad m=0,\pm 1,\pm 2,\cdots \tag{2.2-70}$$

其中，$\mathrm{J}_m(\cdot)$ 是第一类 m 阶贝塞尔函数 (Bessel function)；A_m 是常数。当 $m=0$ 时，波函数的复振幅表示为

$$E(\boldsymbol{r})=A_0\mathrm{J}_0\left(k_{\mathrm{T}}\rho\right)\mathrm{e}^{-\mathrm{j}\beta z} \tag{2.2-71}$$

其波前是平行平面，也就是说波前的法线方向是与 z 方向平行的。对应的强度分布 $I(\rho,\phi,z)=|A_0|^2\,\mathrm{J}_0^2(k_{\mathrm{T}}\rho)$ 是圆对称分布，强度随着 ρ 发生改变。由于该光束的强度分布独立于激光传播方向 z，所以在传播过程中其功率不会发生扩散，这样的光束称为贝塞尔光束。

接着，我们给出脉冲贝塞尔光束的传播公式 [18]。对于脉冲中的每一个频率成分，都满足单色光的 Helmholtz 方程 (在式 (2.2-68) 中忽略了激光频率部分)：

$$\left[\nabla^2+k(\omega)^2\right]\hat{E}(x,y,z,\omega)=0 \tag{2.2-72}$$

其中，$\nabla^2=\partial_x^2+\partial_y^2+\partial_z^2$, x,y,z 是笛卡儿坐标；ω 是单色激光圆频率。$\hat{E}(x,y,z,\omega)$ 是单色光的傅里叶变换，$k(\omega)$ 表示的是与折射率 $n(\omega)$ 相关的波数，两者关系由真空中光速 c 相联系：

$$k(\omega)=n(\omega)\omega/c \tag{2.2-73}$$

对于 $z>0$ 的空间范围内，可以推导出贝塞尔函数 J_n 是式 (2.2-72) 的一个解，再考虑初始脉冲，脉冲电场表达式为

$$\hat{E}(r,z,\omega)=\mathrm{J}_n(\alpha r)\exp[\mathrm{i}\beta(\omega)z+\mathrm{i}n\phi]S(\omega) \tag{2.2-74}$$

其中，$r=(x^2+y^2)^{1/2}$ 是柱坐标下的半径；ϕ 是方位角；J_n 是 n 阶贝塞尔函数；$S(\omega)$ 是初始时轴上脉冲的光谱。传播常数 $\beta(\omega)$ 可以表示为

$$\beta(\omega)=\left[k^2(\omega)-\alpha^2\right]^{1/2} \tag{2.2-75}$$

其中，α 是一个不依赖于频率的固定值。

根据脉冲传播的理论，可以在 $z=0$ 平面对 $\beta(\omega)$ 在初始载波频率 ω_0 做泰勒展开，表示为

$$\beta(\omega)=\beta_0+\sum_{m=1}^{\infty}\frac{\beta_m}{m!}(\omega-\omega_0)^m \tag{2.2-76}$$

其中，

$$\beta_m=\left.(\mathrm{d}^m\beta/\mathrm{d}\omega^m)\right|_{\omega=\omega_0},\quad m=0,1,2,\cdots \tag{2.2-77}$$

将式 (2.2-76) 代入式 (2.2-74)，可以得到电场表达式为

$$\hat{E}(r,z,\omega)=\mathrm{J}_n(\alpha r)S(\omega)\exp(\mathrm{i}n\phi)\times\exp\left\{\mathrm{i}z\left[\beta_0+\sum_{m=1}^{\infty}\frac{\beta_m}{m!}(\omega-\omega_0)^m\right]\right\} \tag{2.2-78}$$

从以上公式可以看出，在色散介质中传播的贝塞尔光束的光谱是不发生改变的。对式 (2.2-78) 做傅里叶逆变换，我们可以得到时间域内的电场表达式：

$$\begin{aligned}E(r,z,t)=&\frac{1}{\sqrt{2\pi}}\mathrm{J}_n(\alpha r)\exp(\mathrm{i}n\phi)\\&\times\int_{-\infty}^{+\infty}\exp\left\{\mathrm{i}z\left[\beta_0+\sum_{m=1}^{\infty}\frac{\beta_m}{m!}(\omega-\omega_0)^m\right]\right\}\\&\times S(\omega)\exp(-\mathrm{i}\omega t)\mathrm{d}\omega\end{aligned}\tag{2.2-79}$$

式 (2.2-79) 是超快贝塞尔脉冲在时域空间中的传播方程。

引入脉冲包络的表达式：

$$E(r,t,z)=A(r,t,z)\exp\left[\mathrm{i}\left(\beta_0 z-\omega_0 t\right)\right]\tag{2.2-80}$$

与式 (2.2-79) 比较，可以得到包络的表达式为

$$\begin{aligned}A(r,z,t)=&\frac{1}{\sqrt{2\pi}}\mathrm{J}_n(\alpha r)\exp(\mathrm{i}n\phi)\\&\times\int_{-\infty}^{+\infty}\exp\left\{\mathrm{i}z\left[\beta_0+\sum_{m=1}^{\infty}\frac{\beta_m}{m!}(\omega-\omega_0)^m\right]\right\}\\&\times S\left(\Delta\omega+\omega_0\right)\exp(-\mathrm{i}\omega t)\mathrm{d}\omega\end{aligned}\tag{2.2-81}$$

其中，$\Delta\omega=\omega-\omega_0$。以上公式可以重新表示为

$$A(r,z,t)=\mathrm{J}_n(\alpha r)\psi(z,t)\tag{2.2-82}$$

其中，

$$\begin{aligned}\psi(z,t)=&\frac{1}{\sqrt{2\pi}}\exp(\mathrm{i}n\phi)\int_{-\infty}^{+\infty}\exp\left\{\mathrm{i}z\left[\sum_{m=1}^{\infty}\frac{\beta_m}{m!}\Delta\omega^m\right]\right\}\\&\times S\left(\Delta\omega+\omega_0\right)\exp(-\mathrm{i}\omega t)\mathrm{d}\Delta\omega\end{aligned}\tag{2.2-83}$$

从式 (2.2-80)、式 (2.2-82)、式 (2.2-83) 可以看出，当 α 是一个不依赖频率的常数时，超快贝塞尔光束的时间和空间部分的表达式是可以分离的，其空间部分在传播过程中不发生改变，而其时间部分由于色散和衍射效应会出现复杂的改变。

2.3 傅里叶变换关系

超短脉冲本质上为一种时间上周期变化的复色电磁波，因此其时间特性与频率特性具有特定的对应关系，这种对应关系由傅里叶变换描述。超短脉冲的产生

与传输过程，都可以看成脉冲所包含的频率成分经历各种强度及相位变化，最后再合成时域脉冲的过程。下面将讨论超短脉冲时域及频域的关系。

2.3.1 超短脉冲时域与频域的对应关系

假设超短脉冲的时域电场强度为 $E(t)$，首先通过傅里叶变换得到光谱分布：

$$G(\omega)=\int_{-\infty}^{\infty}E(t)\mathrm{e}^{-\mathrm{i}\omega t}\mathrm{d}t=g(\omega)\mathrm{e}^{\mathrm{i}\eta(\omega)} \tag{2.3-1}$$

其中，$g(\omega)$ 为频谱成分的振幅；$\eta(\omega)$ 为频谱成分对应的相位。

同理，如果已知脉冲的频谱强度及相位分布，亦可通过傅里叶逆变换求出对应的时域波形，即

$$E(t)=\frac{1}{2\pi}\int_{-\infty}^{\infty}g(\omega)\mathrm{e}^{\mathrm{i}\eta(\omega)}\cdot\mathrm{e}^{\mathrm{i}\omega t}\,\mathrm{d}\omega \tag{2.3-2}$$

式 (2.3-2) 反映了脉冲时域波形与频域成分的关系，即时域脉冲为脉冲中各频率成分相干叠加而成。

实验中利用光谱仪很容易测得脉冲的光谱，将其换算至频域即可得到脉冲中各频率成分的强度分布 $g(\omega)$。如果直接令其中的初相$\eta(\omega)$ 为常量，则相当于默认各频谱成分的初相都相同，即无啁啾情形。此时计算得到的脉冲时域波形的半峰全宽最小，称为傅里叶变换极限脉冲。

但在实际情况下，超短脉冲总会通过光学系统，其频谱振幅与相位都经历变化，频谱振幅的变化函数为 $s(\omega)$，相移为 $\sigma(\omega)$，则经该系统后脉冲的频域电场为

$$G'(\omega)=g(\omega)s(\omega)\mathrm{e}^{\mathrm{i}[\eta(\omega)+\sigma(\omega)]} \tag{2.3-3}$$

将频域电场作傅里叶逆变换，即可得到出射脉冲在时域的电场 [19]：

$$E'(t)=\frac{1}{2\pi}\int_{-\infty}^{\infty}g(\omega)s(\omega)\mathrm{e}^{\mathrm{i}[\eta(\omega)+\sigma(\omega)]}\cdot\mathrm{e}^{\mathrm{i}\omega t}\,\mathrm{d}\omega \tag{2.3-4}$$

由式 (2.3-4) 可见，若想得到脉冲在经过一个光学系统后的变化，其频谱成分的振幅和相位的确定是必要的。超短脉冲经过任何系统，都可以视为对其频率的强度及相位进行了调制。只要获得频谱强度及相位的分布信息，就可以通过式 (2.3-4) 进行傅里叶逆变换获得时域的波形。这也是对超短脉冲传输过程进行模拟的基本依据。

对常用的高斯脉冲、双曲正割脉冲、洛伦兹脉冲及非对称双曲正割脉冲，其时域波形具有解析表达式，傅里叶变换对应的频谱也具有解析或固定的结果。但对于实际的脉冲，其时域波形或频谱分布往往偏离标准的典型脉冲，且传输过程

中的频谱成分的强度及相位变化也无法写成简单的公式，此时就不能解析求解。只能借助于离散傅里叶变换、分步傅里叶算法等数值解法，通过式 (2.3-1) 及式 (2.3-4) 确定脉冲的时间与频率特性。

在实验上，确定超短脉冲的频谱分布是较为容易的，只需要通过光谱仪测量即可。但是相位确定比较麻烦，需要借助频率分辨光学开关 (frequency-resolved optical gating, FROG) 法或自参考光谱相位相干直接电场重建 (self-referencing spectral phase interferometry for direct electric reconstruction, SPIDER) 法等探测手段，其难度甚至超过了利用自相关法直接对脉冲的时域特性进行探测。因此傅里叶变换常用于对系统或传输过程的理论分析或预测。但傅里叶变换给出了超短脉冲的时域和频域的对应关系，对超短脉冲的物理本质给出了明确的阐述，为超短脉冲的传输过程分析奠定了理论基础, 具有非常重要的意义。

2.3.2 时间带宽积

从式 (2.3-2) 可以看出，超短脉冲可以看成一系列单色波的相干叠加。假定脉冲频谱强度 $g(\omega)$ 已知，则最后叠加的结果就取决于频谱的相位 $\eta(\omega)$。考虑 $t=0$ 时刻，若 $\eta(\omega)$ 为常量 (即没有啁啾的情形)，则各频率成分的电场均达到最大，合成的脉冲的强度最大，半峰全宽最小。反之，若 $\eta(\omega)$ 为随 ω 而变的函数，则不同频率成分电场强度达到最大值的时间是不同的，其合成的脉冲在 $t=0$ 时刻的强度一定弱于 $\eta(\omega)$ 为常量的情形，其半峰全宽要变大。这说明，在频谱确定的情况下，无啁啾的脉冲时域的半峰全宽最小。

超短脉冲在时域的半峰全宽称为脉冲宽度，在此用 Δt 表示，超短脉冲在频域的半峰全宽称为频谱宽度，用 $\Delta\nu$ 表示。脉冲宽度 Δt 与频谱宽度 $\Delta\nu$ 之积称为时间带宽积 (time-bandwidth product)。由上述分析可知，给定光谱，超短脉冲的时间带宽积必大于或等于一个常数。用公式表示为

$$\Delta t\cdot\Delta\nu\geqslant K \tag{2.3-5}$$

其中，K 对应的就是色散为零时的时间带宽积。

对于不同波形的脉冲，常数 K 不尽相同。常见的脉冲波形有高斯型、双曲正割型、非对称双曲正割型和洛伦兹型。其中高斯型与双曲正割型均可用于振荡器输出脉冲的拟合，这与飞秒脉冲光孤子在振荡器中的形成有关。放大器输出脉冲的拟合常采用高斯型，这是由于放大中的增益窄化效应，造成中心波长处光谱成分较尖锐，对应傅里叶变换极限的脉冲形状也接近高斯型。

以高斯脉冲为例分析时间带宽积。假设高斯脉冲的脉冲宽度为 τ，载波角频率为 ω_0 的高斯脉冲，其归一化的时域电场为

$$E(t)=\exp\left[-2\ln 2\frac{t^2}{\tau^2}+\mathrm{i}\omega_0 t\right] \tag{2.3-6}$$

傅里叶变换可以得出对应的频谱振幅分布为

$$E(\omega)=\frac{\tau}{\sqrt{4\ln 2}}\exp\left[\frac{-\tau^{2}\left(\omega-\omega_{0}\right)^{2}}{8\ln 2}\right] \tag{2.3-7}$$

频率的强度分布为

$$I(\omega)\propto E(\omega)^{2}=\frac{\tau^{2}}{4\ln 2}\exp\left[\frac{-\tau^{2}\left(\omega-\omega_{0}\right)^{2}}{4\ln 2}\right] \tag{2.3-8}$$

式 (2.3-8) 半峰全宽所对应的角频率间距为

$$\Delta\omega=\frac{4\ln 2}{\tau} \tag{2.3-9}$$

则高斯脉冲的时间带宽积为

$$\Delta t\cdot\Delta\nu=\tau\cdot\frac{\Delta\omega}{2\pi}=\frac{4\ln 2}{2\pi}\approx 0.441 \tag{2.3-10}$$

注意，式 (2.3-6) 中假设脉冲的相位为 $\omega_0 t$，意味着脉冲为无啁啾脉冲。如果相位项包含时间 t 的更高次幂，则脉冲具有啁啾，计算出来的结果应该大于 0.441。

同理可计算其他脉冲的时间带宽积。表 2.3-1 列出了常用脉冲无啁啾时的时间带宽积。

表 2.3-1 常用脉冲的时域、频域表达式及时间带宽积

脉冲类型	强度形状	光谱形状	带宽 (FWHM)	时间带宽积
双曲正割型	$\mathrm{sech}^2\{1.763\,(t/\tau_\mathrm{p})\}$	$\mathrm{sech}^2\left[(\pi\omega\tau_\mathrm{p})/3.526\right]$	$1.947/\tau_\mathrm{p}$	0.315
高斯型	$\exp\left\{-1.385\,(t/\tau_\mathrm{p})^2\right\}$	$\exp\left\{-(\omega\tau_\mathrm{p})^2/4\ln 2\right\}$	$2.355\sqrt{2\ln 2}/\tau_\mathrm{p}$	0.441
洛伦兹型	$\left[1+1.656\,(t/\tau_\mathrm{p})^2\right]^{-2}$	$\exp\{-2\lvert\omega\rvert\tau_\mathrm{p}\}$	$0.891/\tau_\mathrm{p}$	0.142
非对称双曲正割型	$\left[\exp\{t/\tau_\mathrm{p}\}+\exp\{-3t/\tau_\mathrm{p}\}\right]^{-2}$	$\mathrm{sech}\left[(\pi\omega\tau_\mathrm{p})/2\right]$	$1.749/\tau_\mathrm{p}$	0.278

理想情况下，当脉冲达到最短，即 $\Delta t\cdot\Delta v\geqslant K$ 中等号成立时，对应的脉冲宽度即称为傅里叶变换极限脉宽 (transform-limited pulse width)。若已知光谱宽度与中心波长，则对应变换极限脉宽为

$$\Delta t_{\mathrm{TLP}}=\frac{K}{\Delta\nu}\approx K\cdot\frac{\lambda_0^2}{c\cdot\Delta\lambda} \tag{2.3-11}$$

时间带宽积从侧面反映了脉冲残余啁啾的大小。脉冲的时间带宽积越接近傅里叶变换极限，则表明脉冲中各频率成分之间的色散越小。

规则脉冲的时间带宽积可以通过理论计算得出。对于不规则的脉冲，如脉冲出现光谱不规则的情形 (如目前所获得的超连续谱)，则光谱宽度或频率宽度都无法精确确定，因此其时间带宽积也不会出现统一的极限，只能根据光谱成分通过傅里叶变换求解。

2.3.3 超短脉冲的峰值功率

在目前的专业文献中，计算脉冲激光的峰值功率公式为 [20]

$$P_{\text{peak}} = \frac{E}{\tau} \tag{2.3-12}$$

其中，P_{peak} 代表峰值功率；E 为脉冲能量；τ 为脉冲宽度 (半峰全宽)。该公式逻辑清楚，计算简单，成为计算峰值功率使用范围最广的公式。但实际上，P_{peak} 并非脉冲时域波形中功率最大的值，其最大值可以通过脉冲的时间表达式求取。为区分常用峰值功率和实际峰值功率 (实际功率最大值)，把通过式 (2.3-12) 计算的功率 P_{peak} 称为标称峰值功率，把实际的峰值功率记为 $P_{\max}$。

对脉冲宽度为 τ 的高斯脉冲的强度包络波形，其时域电场强度可写为

$$E(t) = \frac{E_0}{2} \exp\left[\frac{-(2\ln 2)\cdot t^2}{\tau^2}\right] \mathrm{e}^{\mathrm{i}\omega_0 t} \tag{2.3-13}$$

其中，E_0 为电场振幅，ω_0 为载波的角频率。

由于光的功率与电场的平方成正比，由式 (2.3-13) 可得脉冲的功率为

$$P(t) = P_{\max} \exp\left[\frac{-(4\ln 2)\cdot t^2}{\tau^2}\right] \tag{2.3-14}$$

脉冲能量为功率对时间的积分，而式 (2.3-14) 为偶函数，故脉冲能量可写为

$$E = 2\int_0^{\infty} P(t)\mathrm{d}t \tag{2.3-15}$$

将式 (2.3-14) 代入式 (2.3-15) 积分可得

$$E = P_{\max}\cdot\tau\sqrt{\frac{\pi}{4\ln 2}} \tag{2.3-16}$$

所以对高斯脉冲来说，实际峰值功率与标称峰值功率的关系为

$$P_{\max} = \frac{E}{\tau}\sqrt{\frac{4\ln 2}{\pi}} \approx 0.939 P_{\text{peak}} \tag{2.3-17}$$

可以看出，对高斯脉冲来说，标称峰值功率比实际峰值功率大 6.3%左右，误差较小。因此，对于高斯脉冲或接近高斯脉冲的脉冲激光来说，采用式 (2.3-12) 计算峰值功率不失为一个简单精确的好办法。

同理，可求得其他脉冲类型实际峰值功率与标称峰值功率的关系，如表 2.3-2 所示。可以看出，常用的四种脉冲，其实际最大功率均小于通过式 (2.3-12) 计算的峰值功率，其误差分别为 6.3%、13.6%、22.1%、20.9%，但结果均在一个数量级，表明常用的峰值功率计算公式还是比较方便且准确的。

表 2.3-2 不同脉冲类型实际峰值功率与标称峰值功率的关系 [21]

脉冲类型	电场强度包络	最高功率 $P_{\max}$
高斯	$E(t)=\frac{E_0}{2}\exp\left[\frac{-(2\ln 2)t^2}{\tau^2}\right]$	$P_{\max}=\frac{E}{\tau}\sqrt{\frac{4\ln 2}{\pi}}\approx 0.939P_{\text{peak}}$
双曲正割	$E(t)=\frac{E_0}{2}\text{sech}\left[\frac{2\ln(1+\sqrt{2})t}{\tau}\right]$	$P_{\max}=\frac{E}{\tau}\ln(1+\sqrt{2})\approx 0.881P_{\text{peak}}$
洛伦兹	$E(t)=\frac{E_0}{2}\frac{1}{1+4(\sqrt{2}-1)t^2/\tau^2}$	$P_{\max}=\frac{E}{\tau}\cdot\frac{4\sqrt{\sqrt{2}-1}}{\pi}\approx 0.819P_{\text{peak}}$
非对称双曲正割	$E(t)=\frac{E_0}{2}\cdot\frac{\exp\left(\frac{\ln 3}{4}\right)+\exp\left(-\frac{3\ln 3}{4}\right)}{\exp\left(\frac{t}{\tau}\right)+\exp\left(-\frac{3t}{\tau}\right)}$	$P_{\max}=\frac{E}{\tau}\cdot\frac{8}{\pi\left[\exp\left(\frac{\ln 3}{4}\right)+\exp\left(-\frac{3\ln 3}{4}\right)\right]^2}\approx 0.827P_{\text{peak}}$

对规则的高斯脉冲、双曲正割脉冲、洛伦兹脉冲和非对称双曲正割脉冲来说，由于具有解析的电场表达式，其标称峰值功率与实际峰值功率的关系是确定的。但对于不规则的脉冲来说，则标称峰值功率和实际峰值功率的关系要视具体的脉冲波形而定，两者的数量和大小关系并不确定。这种情形往往出现在激光脉冲的光谱较宽且调制比较剧烈的情形。此时通过公式 $P_{\text{peak}}=E/\tau$ 计算峰值功率会具有较大的误差，准确的结果可以通过脉冲的时域波形进行数值计算。

2.4 群延迟及色散

在超短脉冲的产生与传输过程中，群延迟及色散是非常重要的物理量。群延迟表示光通过某个光学系统所需要的时间，色散为超短脉冲内部各频率成分在时间或空间上的分离，它对脉冲的脉冲宽度及空间模式有重要的影响。可以说，超短脉冲的主要工作之一就是对群延迟及色散的控制，因此本节将对群延迟及色散进行详细讨论。

2.4.1　超快激光的啁啾

啁啾 (chirp) 是指波的瞬时频率随时间而变化的现象，其概念最初源自通信与雷达技术。为了在增大探测距离的同时保持探测精度，雷达装置往往对其发射微波的频率在时间上进行调制，使其频率随时间改变，称之为对微波进行啁啾。超短脉冲与微波本质上都是电磁波，在某些情况下超短脉冲的载波频率随时间也会发生变化，我们也把其称为啁啾。啁啾可以是线性的，也可以是非线性的。如果振动频率随时间增大，称为上啁啾，反之为下啁啾。图 2.4-1 表示了超短脉冲的电场强度及载波频率随时间的变化关系。图 2.4-1(a)~(c) 分别描述了下啁啾、无啁啾、上啁啾情形下的电场强度变化。图 2.4-1(d)~(f) 分别描述了下啁啾、无啁啾、上啁啾情形下载波频率的变化。可以看出图 2.4-1(a)~(c) 中两个脉冲的包络几乎一致，但对应的波形却不一样：图 2.4-1(a) 中振荡周期逐渐变长，频率越来越低，为下啁啾的情形；图 2.4-1(b) 中振荡周期保持不变，频率也不变，为无啁啾的情形；图 2.4-1(c) 中振荡的周期越来越短，对应的频率越来越高，为上啁啾的情形。

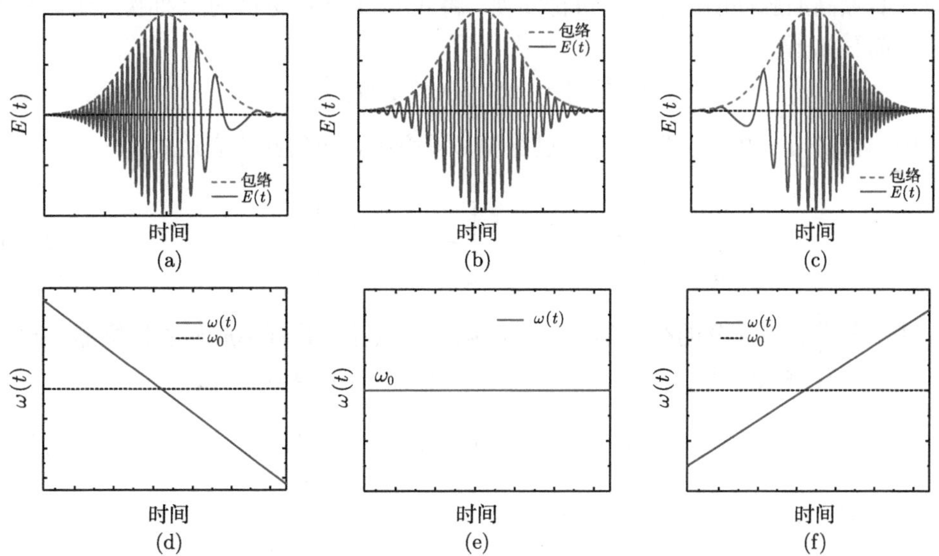

图 2.4-1　超短脉冲的啁啾。电场强度的变化：(a) 下啁啾；(b) 无啁啾；(c) 上啁啾。载波频率的变化：(d) 下啁啾；(e) 无啁啾；(f) 上啁啾

可以从超短脉冲的相位对啁啾进行理解。众所周知，超短脉冲由一系列波长不同且具有固定相位差的光波相干叠加而成。对于包含多个振荡周期的脉冲波形 $E(t)$，可以将其在时域上粗略表示为

$$E(t) = A(t)\mathrm{e}^{\mathrm{i}\varphi(t)} \tag{2.4-1}$$

其中，$A(t)$ 为脉冲的包络；$\varphi(t)$ 为振荡的相位因子。这里 $A(t)$ 相对$\varphi(t)$ 而言是个缓慢变化的量，即当载波振荡一个准周期 T 时，包络 $A(t)$ 变化很小，满足慢变振幅近似条件，因此快速振荡的准周期只与相位因子$\varphi(t)$ 有关。图 2.4-1(a)~(c) 中振动的不同正是由相位$\varphi(t)$ 的变化导致的。

振动的周期可以通过角频率求取，将 $\varphi(t)$ 对时间 t 求导可得瞬时角频率 $\omega(t)$：

$$\omega(t)=\frac{\partial\varphi(t)}{\partial t} \tag{2.4-2}$$

从上式可以看出，不同时刻的瞬时角频率取决于相位因子 $\varphi(t)$ 对时间的变化率。如果 $\varphi(t)$ 为常量或者是时间的线性函数，则 $\omega(t)$ 为常量，此时的脉冲振动周期保持不变。对于其他情形 $\varphi(t)$，$\omega(t)$ 将随时间变化，称时域上载波的频率受到调制，或称带有啁啾。如果 $\omega(t)$ 具有 $\omega(t)=\omega_0+\beta t$ 的形式 (ω_0 与 β 均为常量)，则瞬时频率与时间线性相关，称为线性啁啾。图 2.4-1(d)、(f) 即线性啁啾的情形。

时间相位 $\varphi(t)$ 的变化必然导致频率相位的变化。为此，考虑无啁啾高斯脉冲及含啁啾高斯脉冲的频谱。为讨论简便，将式 (2.3-6) 中标准的无啁啾高斯脉冲表达式简写如下：

$$E(t)=\exp\left[-at^2+\mathrm{i}\omega_0 t\right] \tag{2.4-3}$$

其中，常量 $a>0$。对式 (2.4-3) 进行傅里叶变换，可得频谱表达式：

$$E(\omega)\propto\exp\left[-\frac{(\omega-\omega_0)^2}{4a}\right] \tag{2.4-4}$$

上式中各个频率成分的初相都相同。可见无啁啾脉冲其频率成分的相位都相同。

考虑有啁啾的情形。将式 (2.4-3) 中的相位增加一项，写为

$$E(t)=\exp\left[-at^2+\mathrm{i}\left(\omega_0 t+bt^2\right)\right] \tag{2.4-5}$$

根据式 (2.4-2)，其瞬时角频率为

$$\omega(t)=\frac{\partial\varphi(t)}{\partial t}=\omega_0+2bt \tag{2.4-6}$$

其瞬时角频率随时间变化，为存在啁啾的情形。

考虑其频谱分布，将式 (2.4-5) 进行傅里叶变换得

$$E(\omega)\propto\exp\left[-\frac{a\left(\omega-\omega_0\right)^2}{4\left(a^2+b^2\right)}\right]\cdot\exp\left[-\mathrm{i}\frac{b\left(\omega-\omega_0\right)^2}{4\left(a^2+b^2\right)}\right] \tag{2.4-7}$$

对比式 (2.4-4) 及式 (2.4-7)，明显可以看出，对有啁啾的脉冲来说，其频谱成分的相位不再相同，而是随频率而变的函数，也就是各个频率成分之间出现了相位差。也就是说，在一个脉冲周期内，这些频率成分不再同步达到最大，而是有先有后，这势必会导致脉冲持续时间的延长，并降低最大的电场。

如果考虑各个频率成分相位相同时 (即无啁啾时) 合成的时域电场。为此将式 (2.4-7) 中的相位项舍去，直接进行傅里叶逆变换得

$$E(t) \propto \exp\left[-\frac{(a^2+b^2)\,t^2}{a}+\mathrm{i}\omega_0 t\right] \tag{2.4-8}$$

式 (2.4-5) 及式 (2.4-8) 分别为相同强度频谱在有啁啾及无啁啾情况下的电场。很明显，无啁啾时脉冲的电场强度的半峰全宽小，即脉冲宽度短。因此为了获得最短的脉冲宽度，需要尽量减小超短脉冲内各频谱成分的啁啾，实际就是减小其相位差。

超短脉冲同时包含了许多频率成分的光学振荡，时域电场实际是由各个频率成分的电场叠加而成。当某一时刻所有频率成分同时抵达波峰或波谷时，即所有的振荡处于同相位，此时脉冲达到最短，也就是傅里叶变换极限脉冲。当各频率成分到达波峰或波谷的时间不同，也就是相位不同时，低频成分 (长波) 走在脉冲前沿称为正啁啾，高频成分 (短波) 走在前面则称为负啁啾。这使得超短脉冲的啁啾与微波的啁啾有所区别——后者是可以通过调频直接产生的，而前者是本身就包含了各个频谱成分，但在传播中造成了各个频谱成分的相位变化，导致叠加光场载波的瞬时频率出现变化，使脉冲中出现啁啾。而载波只是超短脉冲这个“波包”整体行进的表现，超短脉冲内部的各个频率成分的频率并未发生变化，啁啾体现在各个频率成分的相位上。

值得注意的是，除时间啁啾外，也存在空间啁啾的概念。空间啁啾是指不同频率成分的光在空间有规律散开，从而导致峰值波长的空间位置发生变化的现象。但是空间啁啾的大小不容易量化，并且在激光器中空间啁啾相对来说容易消除，因此对时间啁啾的讨论要远多于空间啁啾。

2.4.2 色散的一般原理

色散是光学中极为重要的概念，最初指的是复色光在空间上分解为单色光并形成光谱的现象。现在即使不同光谱成分在空间不分离，但在时间上分离，也称为色散。因此，由于介质对波长的响应不同，不同波长成分在时间或空间上的分离都可称为色散。常用的色散元件有材料、棱镜和光栅等。对超短光脉冲而言，其包含了非常丰富的光谱成分，因此兼具脉冲光与复色光的传播特性。色散是一种重要的物理现象，其本质在于光与物质的相互作用随光的波长改变。如果传播过

程中长波部分超前，短波部分落后，则称为正色散；反之，长波部分落后，短波部分超前，称为负色散。

色散会导致超短脉冲中的频率成分相位经历不同的相移，使超短脉冲产生啁啾。但啁啾却未必由色散引起，例如雷达中对微波进行调制，并不需要色散。另外，主动锁模中的相位调制锁模，采用相位调制器件对光波进行调制，可使激光产生啁啾，也不必利用色散。

但在超短脉冲的传播过程中，其所经历的色散等同于在各个频率成分加上与频率有关的相移，根据 2.4.1 节的分析，必然会导致脉冲中存在啁啾。这种关系一一对应，因此在超快激光技术中这两个名词经常通用。

超短脉冲的一个重要研究内容就是如何消除脉冲中的色散，从而获取最短脉冲，提高峰值功率。超快激光技术中多数场景可以抽象为使超短脉冲的频谱及相位发生改变的光学系统。尽管使相位改变的因素很多，但色散是相位改变的主要原因之一。因此研究传播过程中色散对超短脉冲的影响有重要的意义。

下面讨论色散的定量描述。假定超短脉冲经过一个光学系统后，各频率成分产生的相移为 $\varphi(\omega)$，将 $\varphi(\omega)$ 对角频率在中心角频率 ω_0 附近进行泰勒展开：

$$\begin{aligned}\varphi(\omega)=&\varphi\left(\omega_0\right)+\varphi^{(1)}\left(\omega_0\right)\left(\omega-\omega_0\right)+\frac{1}{2}\varphi^{(2)}\left(\omega_0\right)\left(\omega-\omega_0\right)^2\\&+\frac{1}{6}\varphi^{(3)}\left(\omega_0\right)\left(\omega-\omega_0\right)^3+\frac{1}{24}\varphi^{(4)}\left(\omega_0\right)\left(\omega-\omega_0\right)^4+\cdots\end{aligned}\tag{2.4-9}$$

其中，$\varphi^{(n)}(\omega_0)(n=1,2,3,\cdots)$ 代表 $\varphi(\omega)$ 对 ω 在角频率 ω_0 处的 n 阶导数。$\varphi^{(1)}(\omega_0)$ 称为群延迟 (group delay, GD)，代表该频率光波通过系统的时间；$\varphi^{(2)}(\omega_0)$ 代表群延迟色散 (group delay dispersion, GDD)；$\varphi^{(3)}(\omega_0)$ 及 $\varphi^{(4)}(\omega_0)$ 分别称为脉冲在 ω_0 处的三阶色散 (third order dispersion, TOD) 和四阶色散 (fourth order dispersion, FOD)。群延迟色散、三阶色散、四阶色散的大小决定了脉冲经过光学系统后产生的色散。多数情况下 (脉冲宽度在 100 fs 以上时)，群延迟色散是主要的。因此讨论主要集中于群延迟色散。在脉冲宽度介于 10 ~100 fs 时，需要考虑残余三阶色散。当脉冲宽度短于 10 fs 时，需要考虑残余四阶色散。脉冲宽度越短，需要考虑的色散阶数越高。

如果只考虑至群延迟色散而舍弃其他高阶色散，则式 (2.4-9) 与式 (2.4-7) 具有相同的相位关系，将其进行傅里叶变换可得出其瞬时角频率与式 (2.4-6) 类似，因此群延迟色散带来的是线性啁啾。同理可推知三阶及更高阶色散带来的是非线性啁啾。

群延迟色散对高斯脉冲的脉宽的影响可以解析计算。考虑一个无啁啾的高斯脉冲，其归一化的频谱为

$$E(\omega)=\frac{\tau}{\sqrt{4\ln 2}}\exp\left[-\frac{\tau^2\left(\omega-\omega_0\right)^2}{8\ln 2}\right] \tag{2.4-10}$$

式中，τ 为脉冲宽度；ω_0 为中心角频率。

只考虑至群延迟色散，该脉冲经过系统引入的相位为

$$\varphi(\omega)=\varphi\left(\omega_0\right)+\varphi^{(1)}\left(\omega_0\right)\left(\omega-\omega_0\right)+\frac{1}{2}\varphi^{(2)}\left(\omega_0\right)\left(\omega-\omega_0\right)^2 \tag{2.4-11}$$

从该系统出射的脉冲的时域电场为

$$E(t)=\frac{1}{2\pi}\int_{-\infty}^{\infty}E(\omega)\mathrm{e}^{\mathrm{i}\varphi(\omega)}\cdot\mathrm{e}^{\mathrm{i}\omega t}\,\mathrm{d}\omega \tag{2.4-12}$$

将式 (2.4-10) 及式 (2.4-11) 代入式 (2.4-12) 积分得

$$E(t)\propto\exp\left[\frac{(2\ln 2)t^2\left[-\tau^2-\mathrm{i}(4\ln 2)\varphi^{(2)}\left(\omega_0\right)\right]}{\tau^4+\left[4\ln 2\cdot\varphi^{(2)}\left(\omega_0\right)\right]^2}+\mathrm{i}\left[\omega_0 t+\varphi\left(\omega_0\right)\right]\right] \tag{2.4-13}$$

考虑脉冲的强度分布，可得

$$I(t)\propto E(t)E^*(t)=\exp\left[\frac{-(4\ln 2)\tau^2\cdot t^2}{\tau^4+\left[4\ln 2\cdot\varphi^{(2)}\left(\omega_0\right)\right]^2}\right] \tag{2.4-14}$$

可解出其半峰全宽对应的时间间隔，即脉冲宽度为

$$\tau'=\tau\left[1+\left(4\ln 2\cdot\frac{\varphi^{(2)}\left(\omega_0\right)}{\tau^2}\right)^2\right]^{\frac{1}{2}} \tag{2.4-15}$$

由此可见，初始的脉冲宽度越短，群延迟色散对脉宽的影响越显著。对于无啁啾的高斯脉冲，只要能够求出系统产生的群延迟色散，就可以求出脉冲的脉宽。

当然，对超短脉冲来说，色散也并非都是不利因素。在高峰值功率激光放大中，需要人为引入色散使脉冲在时域展宽，从而降低其峰值功率以利于后续放大。展宽的幅度可以根据目标脉宽通过式 (2.4-15) 估算所需的色散量，从而对色散元件的参量进行控制。色散元件的色散特性将在 2.4.3 节讨论。

2.4.3 典型的色散介质及元件

色散的控制是超快激光技术中的重要研究内容。由 2.4.2 节内容可知，超短脉冲的脉冲宽度主要取决于其包含的光谱成分及各光谱成分之间的色散。因此，为了获得更短的脉冲，就需要使脉冲的光谱尽量宽，并利用色散补偿元件对色散进行精确的补偿。

色散控制既包括对振荡器腔内色散进行精确的补偿以获得更短的脉冲宽度，也包括在啁啾脉冲放大系统中引入色散对超短脉冲进行展宽，降低脉冲的峰值功率，以利于后续放大。从物理上说，就是对脉冲中不同的光谱成分通过光学系统的时间进行控制。实现此目标的光学元件称为色散元件。常用色散元件包括材料、棱镜对、光栅对、啁啾镜、GTI(Gires-Tournois interferometer) 镜，下面将对此类元件逐一进行介绍。

1. 材料

材料是人们最早利用的色散元件，其原因在于材料对于不同波长的光的响应不同，体现为材料对光的折射率为波长的函数 $n(\lambda)$，此函数常称为 Sellmeier 方程。假定光脉冲经过长度为 L、折射率为 $n(\lambda)$ 的材料时，不同波长成分经历的光程为 $P(\lambda)=n(\lambda)\cdot L$，对应的相移为 $\varphi(\lambda)$，则各阶色散为 [19]

$$\mathrm{GD}=\frac{\mathrm{d}\varphi}{\mathrm{d}\omega}=\frac{L}{c}\left[n(\lambda)-\lambda\frac{\mathrm{d}n(\lambda)}{\mathrm{d}\lambda}\right] \tag{2.4-16}$$

$$\mathrm{GDD}=\frac{\mathrm{d}^2\varphi}{\mathrm{d}\omega^2}=\frac{\lambda^3 L}{2\pi c^2}\frac{\mathrm{d}^2 n(\lambda)}{\mathrm{d}\lambda^2} \tag{2.4-17}$$

$$\mathrm{TOD}=\frac{\mathrm{d}^3\varphi}{\mathrm{d}\omega^3}=\frac{-\lambda^4 L}{4\pi^2 c^3}\left[3\frac{\mathrm{d}^2 n(\lambda)}{\mathrm{d}\lambda^2}+\lambda\frac{\mathrm{d}^3 n(\lambda)}{\mathrm{d}\lambda^3}\right] \tag{2.4-18}$$

$$\mathrm{FOD}=\frac{\mathrm{d}^4\varphi}{\mathrm{d}\omega^4}=\frac{\lambda^5 L}{8\pi^3 c^4}\left[12\frac{\mathrm{d}^2 n(\lambda)}{\mathrm{d}\lambda^2}+8\lambda\frac{\mathrm{d}^3 n(\lambda)}{\mathrm{d}\lambda^3}+\lambda^2\frac{\mathrm{d}^4 n(\lambda)}{\mathrm{d}\lambda^4}\right] \tag{2.4-19}$$

其中，GD 为群延迟，即光通过系统的时间；GDD 为群延迟色散；TOD 为三阶色散；FOD 为四阶色散；更高阶色散亦可算出，但一般不再考虑。可以看出，只要知道材料的 Sellmeier 方程，总可以通过上述公式计算材料的各阶色散。

下面以熔石英及空气为例说明常用材料色散的特性。

熔石英的 Sellmeier 方程为 [22]

$$n_{\mathrm{fs}}^2-1=\frac{0.6961663\lambda^2}{\lambda^2-0.0684043^2}+\frac{0.4079426\lambda^2}{\lambda^2-0.1162414^2}+\frac{0.8974794\lambda^2}{\lambda^2-9.896161^2} \tag{2.4-20}$$

空气的 Sellmeier 方程为 [23]

$$(n-1)\times 10^8=8060.51+\frac{2480990}{132.274-\dfrac{1}{\lambda^2}}+\frac{17455.7}{39.32957-\dfrac{1}{\lambda^2}} \tag{2.4-21}$$

图 2.4-2 为熔石英及空气在 0.6~1 μm 波段的色散。以 800 nm 为例，1 mm 长的熔石英的群延迟色散约为 36 fs^2，1 m 长的空气的群延迟色散约为 21 fs^2。同

等长度空气的色散量较熔石英差 3 个量级，因此通常空气色散可以忽略，只有当脉冲宽度短于 10 fs 时才会考虑。从色散随波长的变化可以看出，熔石英的群延迟色散为正，随波长的增加而减小；三阶色散为正，随波长的增加而增大；四阶色散为负，随波长的增加其绝对值增大。事实上，激光器中用到的多数材料均符合此特征，且色散量与熔石英也处于同一数量级。

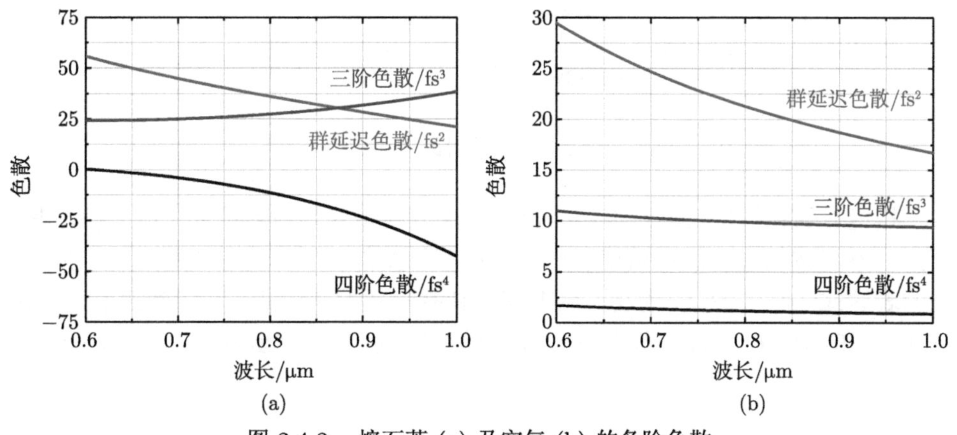

图 2.4-2 熔石英 (a) 及空气 (b) 的各阶色散

材料作为色散元件的好处是只需要将光注入材料即可，不需要复杂的准直过程。但由于与已知的色散元件相比，材料的色散较小，所以如果想利用材料作为色散元件，对脉冲进行展宽，则往往需要较长的材料才能达到所需的色散量。例如，1988 年，P. Maine 等采用 1.3 km 的光纤将 55 ps 的脉冲展宽至 300 ps[24]，1991 年，C. Sauteret 等利用 2.5 km 的光纤将 120 ps 的脉冲展宽至 600 ps[25]。这样长的光纤引入的色散量非常大。如果飞秒脉冲具有超宽的光谱，则情况要容易，需要的材料就短得多。例如，2000 年，M. Hentschel 等采用 10 cm 长的 SF57 玻璃将 10 fs 的种子脉冲直接展宽至 20 ps[26]。

在振荡器或放大器中，材料色散通常是需要被动进行补偿的部分，将其作为色散元件对脉冲主动进行展宽与压缩并不多见。

2. 棱镜对

棱镜 (prism) 是常用的色散元件，其用途非常广泛。单个棱镜即可将复色光在空间上分开，使不同波长的光经历不同路径，各波长成分之间就会产生色散。但单个棱镜会使各波长成分在空间中发散，在腔外不利于激光的准直与聚焦，在腔内发散的波长成分入射至反射镜的入射角不同，造成较大的损耗，不利于维持较宽的光谱。因此在超快激光中棱镜通常采用如图 2.4-3 所示的反平行放置结构，称为棱镜对。可以看出，不同波长成分经棱镜 1 色散展开, 经棱镜 2 形成平行光。

然后经高反镜反射后，再次经过棱镜对，重新在空间上复合。经棱镜对往返可消除不同波长成分在空间上的发散，但其中各个波长成分的时间色散并没有被消除，而是变为一次通过棱镜对的两倍。

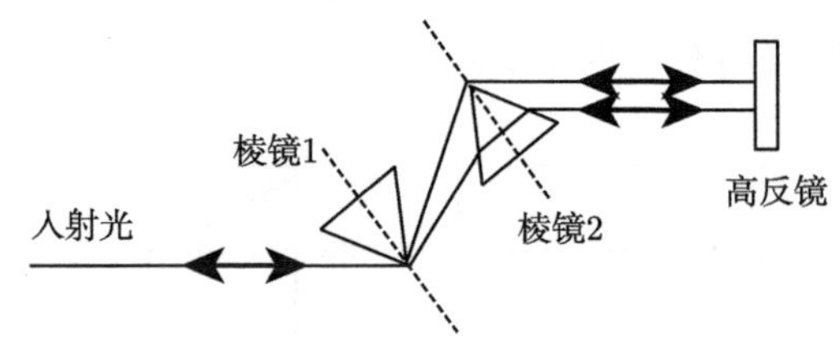

图 2.4-3　棱镜对的空间结构

棱镜对的色散也可通过理论得出。考虑到棱镜对与材料都为色散元件，其共同点是不同波长成分经过系统后产生了相移。虽然两者产生的光程 $P(\lambda)$ 具有不同的表达式，但从 $P(\lambda)$ 的层面两者应该具有一致的表达式。注意到式 (2.4-16)~式 (2.4-19) 中 $L \cdot n(\lambda)$ 即为 $P(\lambda)$，棱镜对的色散很容易就可以写出，形式如下 [19]：

$$\mathrm{GD} = \frac{\mathrm{d}\varphi}{\mathrm{d}\omega} = \frac{1}{c}\left[P(\lambda) - \lambda\frac{\mathrm{d}P(\lambda)}{\mathrm{d}\lambda}\right] \tag{2.4-22}$$

$$\mathrm{GDD} = \frac{\mathrm{d}^2\varphi}{\mathrm{d}\omega^2} = \frac{\lambda^3}{2\pi c^2}\frac{\mathrm{d}^2P(\lambda)}{\mathrm{d}\lambda^2} \tag{2.4-23}$$

$$\mathrm{TOD} = \frac{\mathrm{d}^3\varphi}{\mathrm{d}\omega^3} = \frac{-\lambda^4}{4\pi^2 c^3}\left[3\frac{\mathrm{d}^2P(\lambda)}{\mathrm{d}\lambda^2} + \lambda\frac{\mathrm{d}^3P(\lambda)}{\mathrm{d}\lambda^3}\right] \tag{2.4-24}$$

$$\mathrm{FOD} = \frac{\mathrm{d}^4\varphi}{\mathrm{d}\omega^4} = \frac{\lambda^5}{8\pi^3 c^4}\left[12\frac{\mathrm{d}^2P(\lambda)}{\mathrm{d}\lambda^2} + 8\lambda\frac{\mathrm{d}^3P(\lambda)}{\mathrm{d}\lambda^3} + \lambda^2\frac{\mathrm{d}^4P(\lambda)}{\mathrm{d}\lambda^4}\right] \tag{2.4-25}$$

只要分析出光经过棱镜对的光程 $P(\lambda)$，即可根据上述公式求得各阶色散。

1984 年，R. L. Fork 等对棱镜对的色散进行了理论分析，其思路如图 2.4-4 所示 [27]。假定两个棱镜顶端连线 $\overline{BC}$ 长度为 l，将其作为参考光线。波长为 λ 的光与 $\overline{BC}$ 夹角为β，则光路 $\overline{CDE}$ 的光程为 $P(\lambda)=l\cos\beta$。因为 $\overline{FG}$ 及 $\overline{BH}$ 均与入射光平行，且 $\overline{BE}$ 与 $\overline{GH}$ 为两个波阵面，所以 $\overline{EFG}$ 与 $\overline{BH}$ 之间有相同的相位差，对色散没有贡献。因此只考虑 $\overline{CDE}$ 的光程引起的色散即可。

在实际激光器中，激光需要往返通过棱镜对，因此引起的光程为

$$P(\lambda) = 2l\cos\beta \tag{2.4-26}$$

$P(\lambda)$ 对于波长 λ 的二阶导数为

$$\frac{\mathrm{d}^2P}{\mathrm{d}\lambda^2}=4l\left\{\left[\frac{\mathrm{d}^2n(\lambda)}{\mathrm{d}\lambda^2}+\left(2n-\frac{1}{n^3}\right)\left(\frac{\mathrm{d}n(\lambda)}{\mathrm{d}\lambda}\right)^2\right]\sin\beta-2\left(\frac{\mathrm{d}n(\lambda)}{\mathrm{d}\lambda}\right)^2\cos\beta\right\} \tag{2.4-27}$$

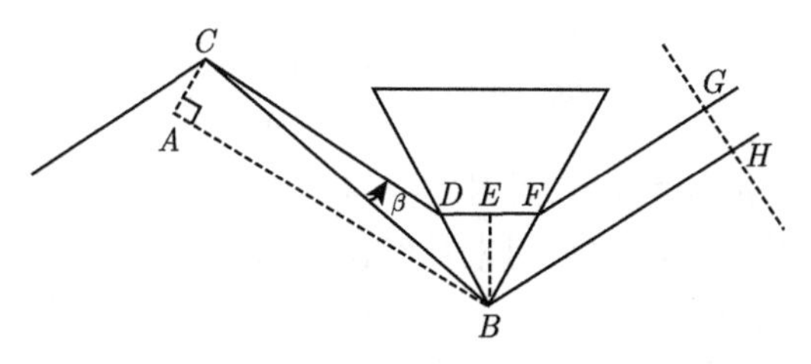

图 2.4-4 光经过棱镜对的色散分析示意图

$P(\lambda)$ 对于波长 λ 的三阶导数比较复杂，但可以进行某些近似从而得到如下近似解析表达式：

$$\frac{\mathrm{d}^3P}{\mathrm{d}\lambda^3}\approx 4l\left[\frac{\mathrm{d}^3n(\lambda)}{\mathrm{d}\lambda^3}\sin\beta-6\frac{\mathrm{d}n(\lambda)}{\mathrm{d}\lambda}\frac{\mathrm{d}^2n(\lambda)}{\mathrm{d}\lambda^2}\cos\beta\right] \tag{2.4-28}$$

将式 (2.4-27) 及式 (2.4-28) 代入式 (2.4-23) 及式 (2.4-24)，就可计算棱镜对的群延迟色散及三阶色散。

图 2.4-5 为 SF18 棱镜对产生的群延迟色散与棱镜间距的关系，说明棱镜对在一定间距以上时才可以提供负色散。棱镜对的色散量既与间距有关，也与棱镜材料有关。由式 (2.4-27) 可以得出，对于产生负色散的情形，棱镜间距越大，提供的负色散量绝对值越大；棱镜材料色散能力越强，提供的负色散量绝对值越大。

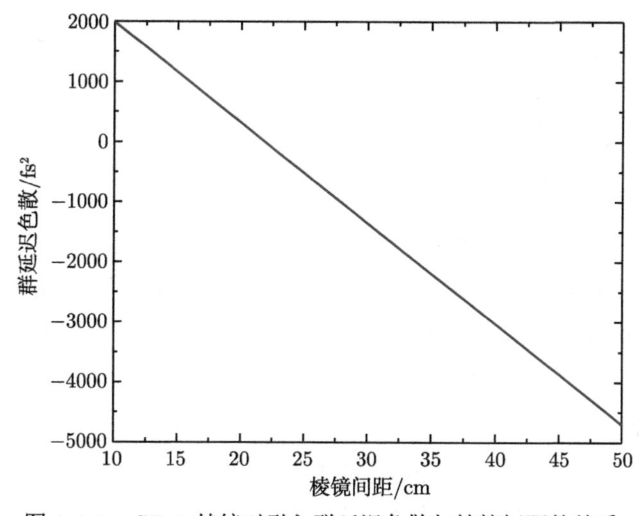

图 2.4-5 SF18 棱镜对引入群延迟色散与棱镜间距的关系

为了降低激光腔中棱镜对激光的损耗，激光通常需要以布儒斯特 (Brewster) 角入射至棱镜，同时以布儒斯特角出射，这意味着要求棱镜对布儒斯特角入射的激光偏折角最小。因此需要对棱镜顶角进行设计，对于等腰棱镜，其顶角 A 可经简单计算得出，由下式决定：

$$A = 2\arcsin\left[\frac{\sin\left(\arctan n(\lambda)\right)}{n(\lambda)}\right] \tag{2.4-29}$$

只要得到棱镜材料对激光波长的折射率 $n(\lambda)$，即可求出棱镜所需要的顶角。

棱镜对作为色散元件，通常用来补偿振荡器内外的残余色散。其优势非常明显：色散可调、损耗较小、易加工、造价低。故而在超快激光从皮秒迈向飞秒领域时，棱镜对发挥了重要作用。1987 年，R. L. Fork 等通过光栅对与棱镜对在腔外联合补偿碰撞锁模染料激光器锁模脉冲的色散，使脉宽缩短到 6fs[28]，这是超快激光技术的一个里程碑。1991 年，D. E. Spence 等首次报道钛宝石锁模激光器 [29]，利用 SF14 棱镜对进行腔内色散补偿，获得 60fs 的脉冲输出。1993 年，M. T. Asaki 等采用熔石英棱镜对来补偿钛宝石激光器的腔内色散，获得的脉宽达到 11fs[30]。至今，在脉冲宽度超过 20fs 的各种固体飞秒激光器中，棱镜对仍然是主流的腔内色散补偿元件，即使在稳定性要求较高的各种商用飞秒激光器中也经常采用。

在激光技术中，还有一种双棱镜对进行色散补偿的结构。如图 2.4-6 所示。Z. Cheng 等对此结构的色散进行了理论分析 [31]。可以证明，该双棱镜对引入的群延迟色散是相同间距单棱镜对色散的 9 倍，并引入较小的三阶色散。更多棱镜的引入造成的损耗，使得该方案只适用于在腔外进行色散补偿。

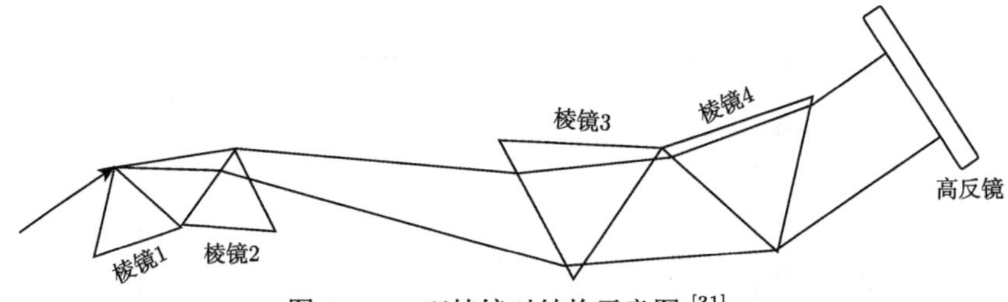

图 2.4-6 双棱镜对结构示意图 [31]

棱镜对的缺点是两个棱镜需放置一定间距以上时才能获得负色散，这限制了其在高重复频率激光器中的应用。并且棱镜对在补偿群延迟色散的同时，会引入三阶色散，这使其在获得 10fs 以下超短脉冲的研究中受到限制。

3. 光栅对

光栅是另一类常用的色散元件。在超快激光中，为了避免不同波长成分的空间走离，需要将两个光栅平行放置，因此称为光栅对。

图 2.4-7 为光栅对的色散示意图。可以看到，两个不同波长的光经由光栅 1 衍射后，长波所经历的延时要大于短波，即此时平行放置的光栅对引入的是负色散，可以用来对正色散进行补偿。但是一束飞秒激光一次通过光栅对后，在输出光束中所有波长成分都会在横向上分开，相互平行传播。为了解决这个问题，可以引入爬高镜 (roof reflector)，使超短脉冲在改变高度的同时，再一次平行通过光栅对，就能使各个波长成分重新聚合在一起。

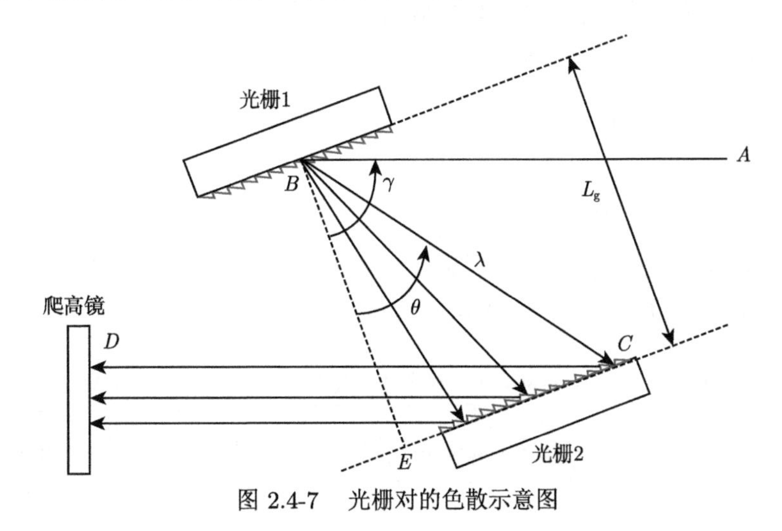

图 2.4-7　光栅对的色散示意图

1969 年，E. B. Treacy 证明了平行放置的光栅对可以产生负色散 [32]。考虑如图 2.4-7 所示的一对平行放置的光栅，两者垂直间隔为 L_{g}，光栅常数为 d，对应的刻线密度为 $1/d$。波长为 λ 的波长成分单次穿过两光栅后产生的光程为

$$P=\frac{L_{\mathrm{g}}[1+\cos(\gamma-\theta)]}{\cos\theta} \tag{2.4-30}$$

入射角 γ 与反射角 θ 满足光栅方程：

$$d(\sin\gamma+\sin\theta)=\lambda \tag{2.4-31}$$

联立式 (2.4-30) 及式 (2.4-31) 即可得到光程与波长的关系 $P(\lambda)$。但此处不能像材料及棱镜对那样通过 $P(\lambda)$ 利用式 (2.4-22)~ 式 (2.4-25) 直接求取延迟及色散。因为光入射至两个光栅不同的周期上，所以还存在一个相位修正因子，即

$$\varphi_C(\lambda)=\frac{2\pi\overline{CE}}{d}=\frac{2\pi L_{\mathrm{g}}\tan\theta}{d} \tag{2.4-32}$$

由光程引起的相移为

$$\varphi_p(\lambda)=\frac{2\pi P(\lambda)}{\lambda}=\frac{2\pi L_{\mathrm{g}}[1+\cos(\gamma-\theta)]}{\lambda\cos\theta} \tag{2.4-33}$$

将两个相移相加，即波长为 λ 的波长成分一次经过光栅对的总相移，然后就可以利用总相移对角频率的各阶导数求取色散了。

O. E. Martinez 等于 1984 年给出了一个总相移的简洁表达式 [33]：

$$\varphi(\omega)=\frac{2\omega L_{\mathrm{g}}}{c}\sqrt{1-\left(\frac{2\pi c}{\omega d}-\sin\gamma\right)^{2}} \tag{2.4-34}$$

通过此式可求得光栅对的各阶色散为

$$\mathrm{GDD}=\frac{-L_{\mathrm{g}}\lambda^{3}}{2\pi c^{2}d^{2}}\frac{1}{\left[1-\left(\dfrac{\lambda}{d}-\sin\gamma\right)^{2}\right]^{\frac{3}{2}}} \tag{2.4-35}$$

$$\mathrm{TOD}=\frac{3L_{\mathrm{g}}\lambda^{4}}{4\pi^{2}c^{3}d^{2}}\frac{1+\dfrac{\lambda}{d}\sin\gamma-\sin^{2}\gamma}{\left[1-\left(\dfrac{\lambda}{d}-\sin\gamma\right)^{2}\right]^{\frac{5}{2}}} \tag{2.4-36}$$

$$\mathrm{FOD}=\frac{-3d^{2}L_{\mathrm{g}}\lambda^{5}\left[d^{2}(3+\cos4\gamma)+6\lambda^{2}+4\left(d^{2}-\lambda^{2}\right)\cos2\gamma+4d\lambda(\sin\gamma+\sin3\gamma)\right]}{2\pi^{3}c^{4}\left[d^{2}-2\lambda^{2}+d^{2}\cos2\gamma+4d\lambda\sin\gamma\right]^{3}\sqrt{1-\left(\dfrac{\lambda}{d}-\sin\gamma\right)^{2}}} \tag{2.4-37}$$

由式 (2.4-35) 可见，超短脉冲在光栅对中经历的色散与平行光栅对间距 L_{g} 成正比，并随入射角的增大而减小。从其他公式也可看出，光栅对的各阶色散都与光栅对间距成正比。从符号来看，光栅对产生的群延迟色散为负，三阶色散为正，四阶色散为负。

光栅对产生的群延迟色散为负色散。O. E. Martinez 的研究表明，如果将光栅镜面对称放置，并在光栅之间放置两个透镜组成的 1:1 成像系统，如图 2.4-8 所示，则系统会产生可调的正色散，色散的符号与光栅对相反。这正是常用的展宽器的结构 [34]，并衍生了多种结构。它的色散可以近似等效于间距相等的光栅对，只是色散的符号需要取反。

平行光栅对作为色散补偿元件，通常在腔外使用。目前标准的啁啾脉冲放大系统，最后大多通过光栅对进行色散补偿，实现脉冲的压缩。由于光栅的衍射损耗较大，所以压缩脉冲在光栅的入射角应该位于利特罗 (Littrow) 角附近，以获取最大的衍射效率。光栅的利特罗角是指入射光与衍射光角度相同的情形，它也是衍射效率最大时对应的入射角，其计算方式如下 [19]：

$$\gamma_{\mathrm{Littrow}}=\arcsin\left(\frac{\lambda}{2d}\right) \tag{2.4-38}$$

其中，λ 为中心波长；d 为光栅常数。但是入射光与衍射光同向，在调节上不好操作。同时照顾到扩大衍射带宽，需要让衍射光的中心波长在第 2 个光栅的中心附近，对高阶色散的补偿也需要考虑另外的角度。因此实际的入射角往往是对这些因素综合权衡，需要根据研究目标确定 [35]。

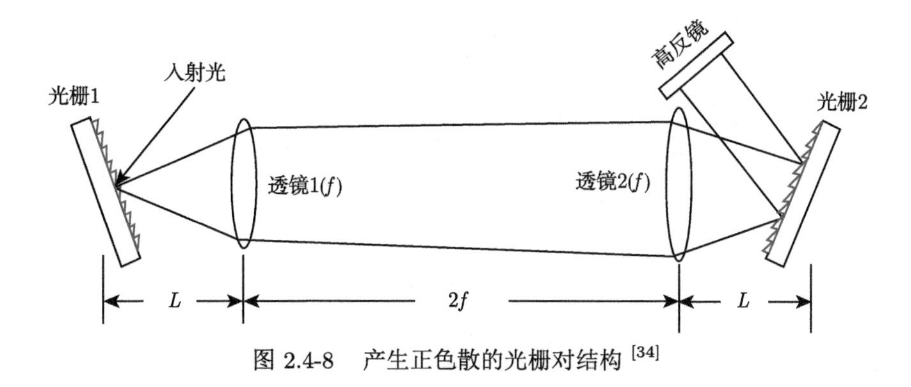

图 2.4-8 产生正色散的光栅对结构 [34]

光栅对作为色散补偿元件放置于腔内比较罕见。这是因为激光的增益介质往往长度较短，增益有限，而光栅的衍射损耗使得激光很难起振，更不用说色散补偿了。但近年来，光纤激光器由于可以使用较长的增益光纤，增益较大，也有将光栅对置于腔内进行色散补偿及滤波的报道 [36,37]。

4. 啁啾镜

啁啾镜 (chirped mirror, CM) 是目前飞秒激光技术中的重要色散元件，它不仅可以用来补偿飞秒振荡器腔内的色散，也可以对脉冲进行腔外压缩。啁啾镜有两个明显的优势。① 啁啾镜具有很宽的反射波段。对于啁啾镜来说，高反射带宽达到 200 nm 是常规参量，针对钛宝石特殊设计的啁啾镜高反射波段可覆盖 600~1200 nm[38]，这一带宽要远远超过传统的介电布拉格 (Bragg) 镜的反射带宽。② 啁啾镜可以在提供宽波段反射率的同时提供负色散，使其可以取代棱镜对进行腔内色散补偿，而不必像棱镜对那样必须间隔一定距离放置，也避免了棱镜对的损耗，提高了激光的输出功率。这对要求结构紧凑并且高重复频率的飞秒激光器非常有利。没有啁啾镜，飞秒激光做到 10 fs 以下非常困难，因为棱镜对的三阶色散阻止了脉冲的进一步缩短。

啁啾镜只用于对脉冲宽度有较高要求的飞秒激光器。对于脉冲宽度在 100 fs 以上的飞秒激光器或皮秒激光器，既不需要很宽波段的反射率，也不需要严格的色散补偿，就没有必要使用啁啾镜。

啁啾镜的概念于 1994 年由 R. Szipöcs 等首次提出 [39]，它实际上是双膜系反射镜和多层膜系反射镜的延伸。其基本思路是，利用多层镀膜技术，使不同波长的光谱成分入射到镜片上透射的厚度不同，从而实现不同波长经历不同光程，使脉冲中出现啁啾，因此称为啁啾镜。图 2.4-9 显示了布拉格镜、啁啾镜、双啁啾镜的膜层结构。

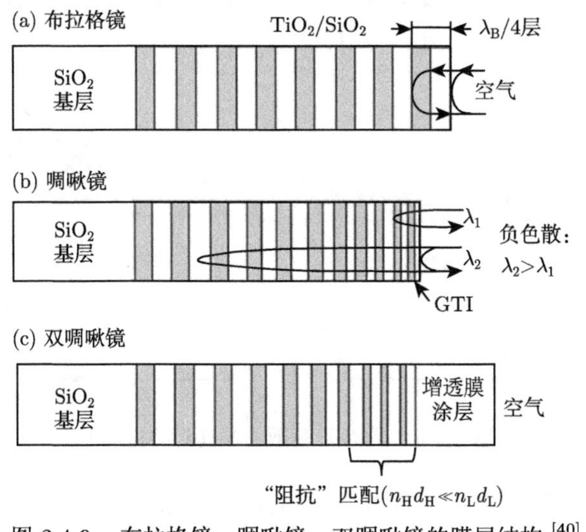

图 2.4-9　布拉格镜、啁啾镜、双啁啾镜的膜层结构 [40]

图 2.4-9(a) 为传统介电 Bragg 镜的膜层结构，它采用厚度相同 (厚度为 $\lambda_B/4$)、折射率不同的两种介质相间镀膜的形式，其反射带宽为

$$r_B = \frac{\Delta f}{f_c} = \frac{n_H - n_L}{n_H + n_L} \tag{2.4-39}$$

其中，f_c 为镜片的中心波长。常用的镀膜材料为 SiO_2 和 TiO_2，其折射率分别为 $n_{SiO_2}=1.48$，$n_{TiO_2}=2.4$。若中心波长为 800 nm，则采用 SiO_2 和 TiO_2 的布拉格反射镜的最高反射带宽约为 180 nm，在此带宽以外的波长就会有相当的透过率而使反射失效，这对于光谱宽度超过 200 nm 甚至一个倍频程 (~500 nm) 的超宽谱短脉宽振荡器来说是远远不够的。

啁啾镜改进了这种设计，它使两个膜层的厚度成对地单调增长，如图 2.4-9(b) 所示。这就使得膜层厚度的设计多了一个变量，大大增加了高反射波段设计的灵活性。从理论上来说，当介质的布拉格波长缓慢变化，并且膜层数没有限制时，可以获得任意的高反射带宽。更吸引人的是，可以通过膜层设计控制不同波长的穿透深度。如果设计成长波穿透得深，而短波穿透得浅，则短波将先于长波出射，从而产生负色散，恰好可以取代棱镜对用于腔内的色散补偿。

啁啾镜的色散没有统一的解析表达式，这是因为其色散需要根据具体的膜层排布方式进行计算。设计不同，产生的色散也不同。图 2.4-10(a) 为一组啁啾镜的色散曲线。可以看出，其群延迟色散的平均值为负值。群延迟色散平均值为一条水平曲线，表明引入的三阶色散非常小。与图 2.4-10(b) 中棱镜对的色散对比，显然棱镜对的色散曲线不水平，存在明显的三阶色散。因此啁啾镜可以在引入群延迟色散的同时引入很少的更高阶色散，这一优点棱镜对是做不到的。

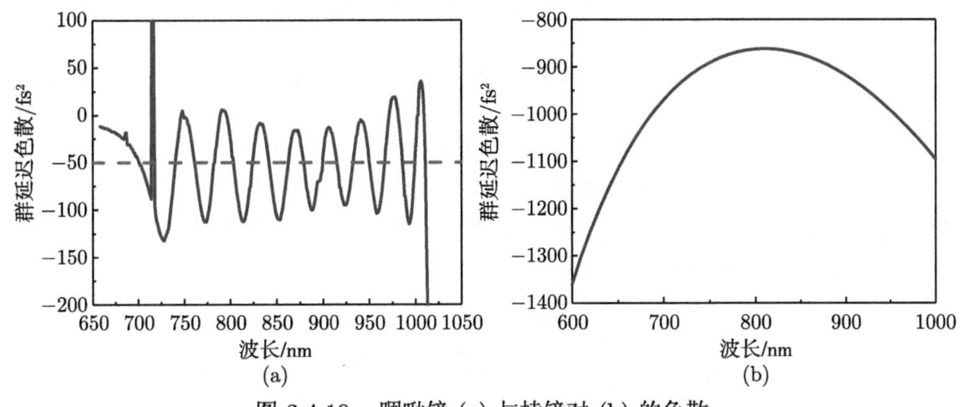

图 2.4-10 啁啾镜 (a) 与棱镜对 (b) 的色散

但也可以看出，啁啾镜的群延迟色散呈现快速的振荡，这是由于啁啾镜前表面膜层的部分反射与基质的反射相互干涉导致 GTI 效应而产生的。快速的振荡使输出脉冲的光谱受到较大的调制，并且色散补偿也不够彻底。因此人们经常采用两个设计波长不同的啁啾镜组成啁啾镜对减轻这种色散的振荡，其原理如图 2.4-11 所示。图 2.4-11(a) 为啁啾镜对的摆放方式；图 2.4-11(b) 显示了两个啁啾镜的色散及总色散。可以看出，在设计时让一个波长处于色散峰时，另一个波长处于色散谷。两个啁啾镜的色散加在一起，就可以将色散的振荡明显削弱。早期的啁啾镜对方法用来进行色散补偿。

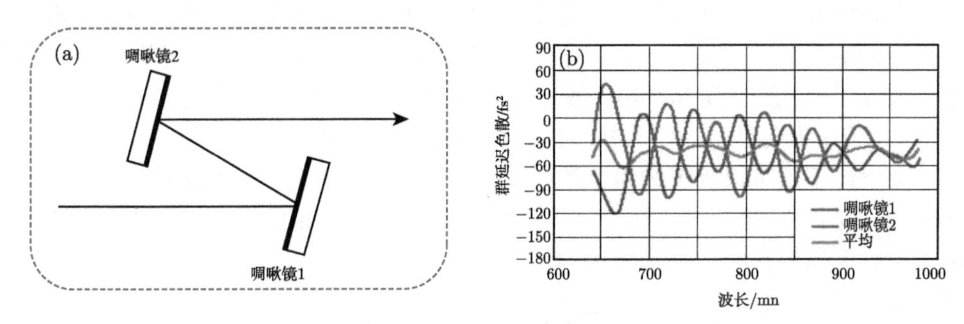

图 2.4-11 啁啾镜对的结构及色散 [41](彩图请扫封底二维码)

1997 年，F. X. Kärtner 等在啁啾镜的基础上进行了改进 [42]，也可以削弱这种色散振荡，他们的设计思路让膜层分布采用如图 2.4-9(c) 的结构，即令高折射率的膜层厚度单独变化，这样相当于又增加了一个设计维度。这样的设计既可以对波长进行啁啾，也可以对膜层厚度进行啁啾，因此称为双啁啾镜。为了进一步削弱 GTI 效应，在膜层的最外侧额外设计了增透膜 (AR)，以降低原膜层向基质的反射。双啁啾镜设计所依据的方程即著名的耦合模方程 [42]：

$$\begin{aligned}\frac{\mathrm{d}A}{\mathrm{d}m} &= -\mathrm{i}\delta(m)A(m) - \mathrm{i}k(m)B(m) \\ \frac{\mathrm{d}B}{\mathrm{d}m} &= +\mathrm{i}\kappa(m)A(m) - \mathrm{i}\delta(m)B(m)\end{aligned} \tag{2.4-40}$$

式中，A，B 分别为在膜层内正、反向传输的光场强度；$\delta(m)$ 为失谐系数；$\kappa(m)$ 为耦合系数。对方程的简化与数值求解可得优化的膜层设计。图 2.4-12 显示了双啁啾镜的一组反射率及群延迟曲线。从群延迟曲线看出，双啁啾镜的群延迟比单啁啾镜平缓许多，说明色散振荡被明显抑制。

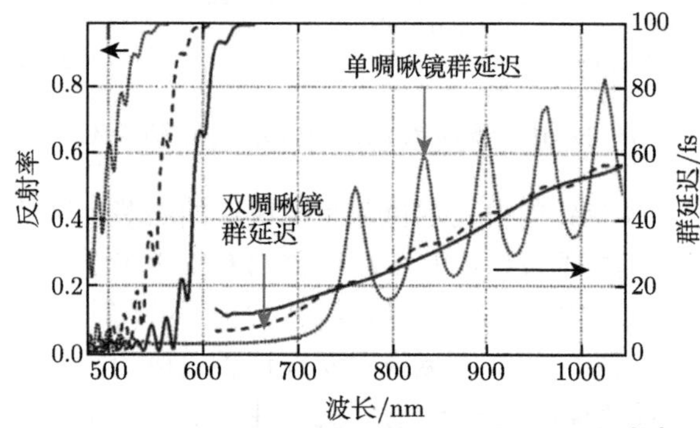

图 2.4-12　双啁啾镜的反射率及群延迟曲线 [42]

啁啾镜及双啁啾镜作为色散元件，为结构紧凑的短脉宽飞秒激光器创造了非常有利的条件。迄今为止，脉冲宽度低于 10 fs 的飞秒激光器都采用了啁啾镜作为色散补偿元件。利用缩短腔长或者折叠腔等手段，飞秒激光器的结构非常紧凑。例如，2009 年，A. Bartels 等研制了高重频飞秒钛宝石激光器 [43]，激光器可放置于一枚硬币上，腔长仅 30 mm，重复频率 10 GHz，图 2.4-13(a) 为激光器示意图，图 2.4-13(b) 为飞秒脉冲注入非线性光纤获得的超连续谱。

啁啾镜不仅可以用于腔内色散补偿，也可在腔外对飞秒脉冲进行压缩。例如，1997 年，利用啁啾镜已将钛宝石飞秒激光腔外压缩至 5 fs[44]；2003 年，利用啁啾镜腔外压缩获得的飞秒脉冲达到 3.8 fs[45]。

啁啾镜的不利之处在于其色散不能更改。因此在许多飞秒激光器中，需要在腔内插入尖劈或棱镜对微调色散。在腔外也可结合棱镜对或光栅进行色散补偿。

5. GTI 镜

GTI 镜 (GTI mirror) 利用了 GT(Gires-Tournois) 干涉仪的结构，它可以视为一个高反镜上加一个 GT 干涉仪。GT 干涉仪为薄膜结构，包括两个平行平面，其中一个平面的反射率等于 1，另一个平面的反射率小于 1，光在入射并反射时会经历负色散。1969 年，M. A. Duguay 等首次在实验上利用薄膜 GT 干涉仪对 He-Ne 激光器输出的锁模脉冲进行了压缩 [46]。因为 GT 干涉仪的一个平面的反射率需要等于或接近于 1，所以恰好可以在高反射率的布拉格反射镜上面加上 GT 干涉仪，从而做成产生色散为负且反射率高的 GTI 镜。GTI 镜在固体激光器、半导体激光器中经常采用。下面我们讨论 GTI 镜的色散。因为色散主要由 GT 干涉仪产生，所以仅讨论 GT 干涉仪的色散。图 2.4-14 给出了 GT 干涉仪的结构。

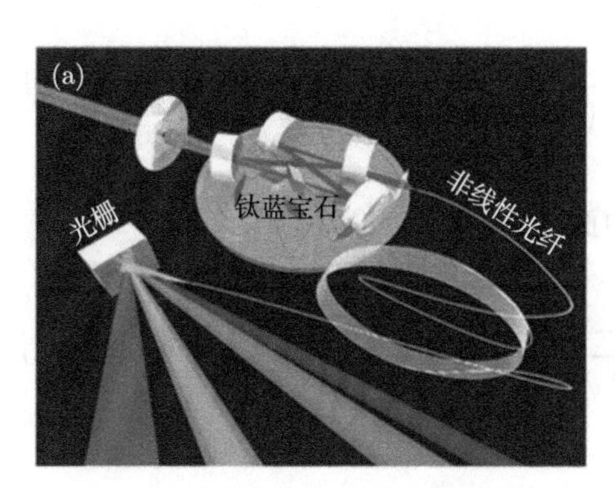

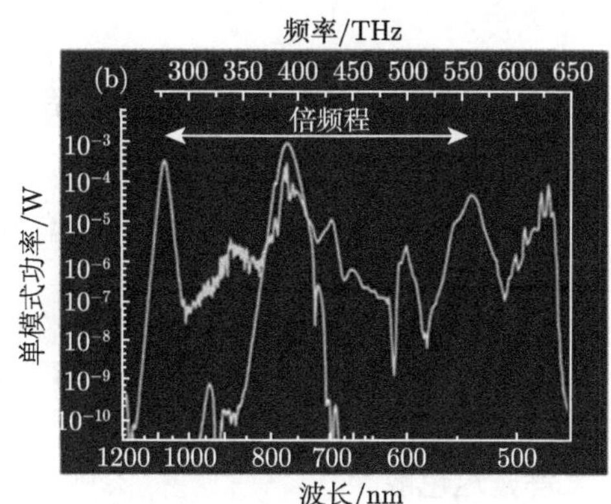

图 2.4-13 重频 10GHz 飞秒钛宝石激光器 [43]：(a) 激光器结构；(b) 超连续谱

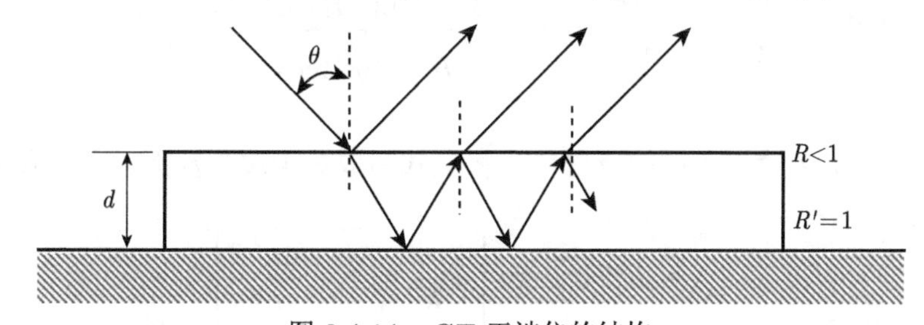

图 2.4-14 GT 干涉仪的结构

1986 年，J. Kuhl 与 J. Heppner 对 GTI 镜的设计进行了研究，并导出其色散公式。下面简要介绍其推导过程 [47]。

考虑光在 GTI 材料内一次往返的时间 t_0，可以写为

$$t_0 = \frac{2nd}{c}\sqrt{1 - \frac{\sin^2\theta}{n^2}} \tag{2.4-41}$$

其中，n 为 GTI 膜层的折射率；d 为 GTI 膜层厚度；c 为真空光速；θ 为入射角。

假定入射光角频率为 ω，振幅为 1，则从 GTI 镜反射的平面波可写为

$$\varPsi \cdot \mathrm{e}^{\mathrm{i}\omega t} = \frac{-\sqrt{R} + \mathrm{e}^{-\mathrm{i}\omega t_0}}{1 - \sqrt{R}\cdot \mathrm{e}^{-\mathrm{i}\omega t_0}}\mathrm{e}^{\mathrm{i}\omega t} \tag{2.4-42}$$

其中，$\varPsi$ 代表反射过程中振幅与相位的变化。因为色散与反射过程中的相位变化有关，所以我们考虑 $\varPsi$ 的相位。因为反射过程中损失极小，所以 $\varPsi$ 的绝对值为 1，可得 $\varPsi$ 的相位 $\varPhi$ 满足

$$\tan\varPhi = -\frac{(1-R)\sin(\omega t_0)}{2\sqrt{R}-(1+R)\cos(\omega t_0)} \tag{2.4-43}$$

群延迟为

$$T = -\frac{\mathrm{d}\varPhi}{\mathrm{d}\omega} = \frac{1-R}{1+R-2\sqrt{R}\cos(\omega t_0)}\left(t_0+\omega\frac{\mathrm{d}t_0}{\mathrm{d}\omega}\right) \tag{2.4-44}$$

因为 $\omega\dfrac{\mathrm{d}t_0}{\mathrm{d}\omega} \ll t_0$，所以式 (2.4-44) 中此项可忽略。

$$T = \frac{(1-R)t_0}{1+R-2\sqrt{R}\cos(\omega t_0)} \tag{2.4-45}$$

群延迟色散为

$$\mathrm{GDD} = \frac{\mathrm{d}T}{\mathrm{d}\omega} = -\frac{\mathrm{d}^2\varPhi}{\mathrm{d}\omega^2} = -\frac{(1-R)2\sqrt{R}\sin(\omega t_0)}{\left(1+R-2\sqrt{R}\cos(\omega t_0)\right)^2}t_0^2 \tag{2.4-46}$$

其中，R 为 GTI 镜上表面的反射率。将上式写成关于波长及折射率的表达式为

$$\mathrm{GDD} = -\frac{(1-R)2\sqrt{R}\sin\left[\dfrac{4\pi nd}{\lambda}\sqrt{1-\dfrac{\sin^2\theta}{n^2}}\right]}{\left(1+R-2\sqrt{R}\cos\left[\dfrac{4\pi nd}{\lambda}\sqrt{1-\dfrac{\sin^2\theta}{n^2}}\right]\right)^2}t_0^2 \tag{2.4-47}$$

从式 (2.4-47) 可以看出，群延迟色散随入射角 θ 和 GTI 镜膜层厚度 d 变化。图 2.4-15(a) 为不同厚度下 GTI 镜产生的色散。首先可以看出，GTI 镜产生的色散比较大，呈现正色散和负色散的巨大变化，而且与波长呈非线性关系。并且 GTI 镜膜层厚度越大，产生的最大色散越大。图 2.4-15(b) 显示了色散与入射角的关系。可以看出，有些波长的色散随入射角变化很大，而有些波长的色散随入射角变化较小。因此可以通过调节入射角的方法来调节色散，但不同波长的色散其调谐范围不同。

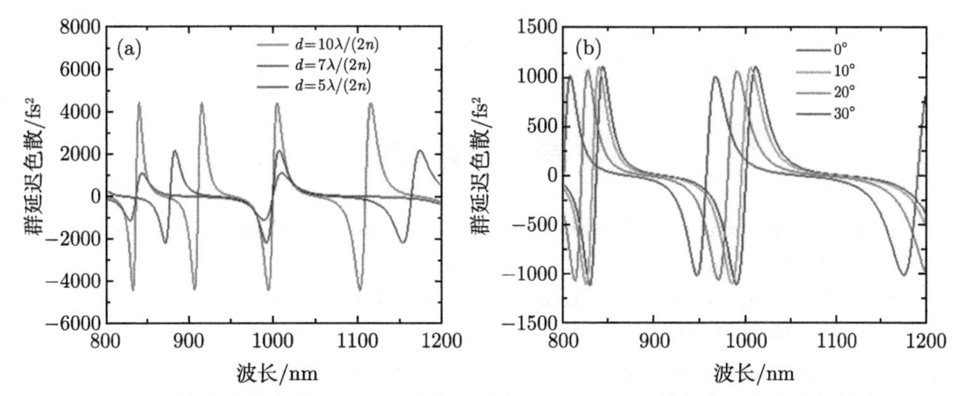

图 2.4-15　GTI 镜产生的色散：(a) 不同膜层厚度；(b) 不同入射角度 (彩图请扫封底二维码)

早期的 GT 干涉仪与高反镜是分离的 [46]。现代工艺可以通过镀膜实现两者的集成，这样就给使用带来了极大的方便。图 2.4-16 显示了典型的 GTI 镜的膜层结构。其制备过程为：首先在基片上交替镀厚度为四分之一波长、高低折射率间隔分布的膜层，层数为 20~30，此结构是标准的四分之一膜系，保证高反射率。然后再向外交替镀 10 层以下厚度不等的膜作为 GTI 腔。此部分膜层厚度起初要求低折射率材料的半波长厚度，但后续不再要求。通过计算机对 GTI 腔膜层进行优化，保证产生需要的色散量及反射带宽。

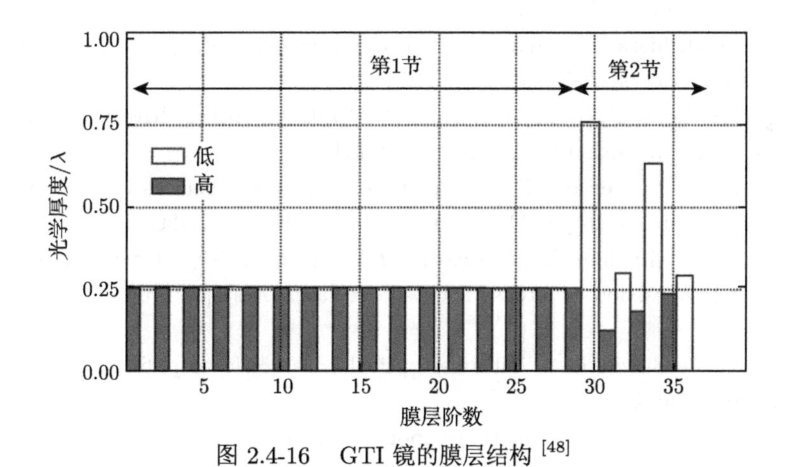

图 2.4-16　GTI 镜的膜层结构 [48]

在使用上，GTI 镜与啁啾镜一样，既可以当反射镜，也可以取代棱镜对实现色散补偿，从而使超快激光器结构非常紧凑。GTI 镜的优势在于它的反射损耗比较小，设计简单，单次提供的色散量较大。而不足之处在于其带宽较窄，不能实现精细的色散补偿，因此 GTI 镜一般在几十飞秒以上的激光器中使用。因为这些激光器的光谱不宽，在其光谱范围内色散的变化不剧烈。对于 10 fs 以下的飞秒激光振荡器，其光谱非常宽，剧烈的色散调制会导致光谱出现调制及色散补偿不彻底，使脉冲很难压缩，因此 GTI 镜很难应用。

参 考 文 献

[1] Trebino R. Frequency-Resolved Optical Grating: The Measurement of Ultrashort Laser Pulses[M]. New York: Springer, 2000.

[2] Zewail A H. Femtochemistry: atomic-scale dynamics of the chemical bond using ultrafast lasers (Nobel lecture)[J]. Angew. Chem. Int. Edn.,2000, 39: 2587.

[3] Asplund M C, Johnson J A, Patterson J E. The 2018 Nobel Prize in Physics: optical tweezers and chirped pulse amplification[J]. Anal. Bioanal. Chem., 2019, 411: 5001.

[4] Kreß M, Löffler T, Thomson M D, et al. Determination of the carrier-envelope phase of few-cycle laser pulses with terahertz-emission spectroscopy[J]. Nat. Phys., 2006, 2: 327.

[5] Wang L F, Lu X, Teng H, et al. Carrier-envelope phase-dependent electronic conductivity in an air filament driven by few-cycle laser pulses[J]. Phys. Rev. A, 2016, 94: 013827.

[6] Haworth C A, Chipperfield L E, Robinson J S, et al. Half-cycle cutoffs in harmonic spectra and robust carrier-envelope phase retrieval[J]. Nat. Phys., 2007, 3: 52.

[7] Goulielmakis E, Loh Z H, Wirth A, et al. Real-time observation of valence electron motion[J]. Nature, 2010, 466: 739.

[8] Ghimire S, Dichiara A D, Sistrunk R, et al. Observation of high-order harmonic generation in a bulk crystal[J]. Nat. Phys., 2011,7: 138.

[9] Mashiko H, Oguri K, Yamaguchi T, et al. Petahertz optical drive with wide-bandgap semiconductor[J]. Nat. Phys., 2016, 12(8): 741.

[10] Ashforth S A, Oosterbeek R N, Bodley O L C, et al. Femtosecond lasers for high-precision orthopedic surgery[J]. Lasers Med. Sci., 2020, 35: 1263.

[11] Mironov S Y, Ginzburg V N, Yakovlev I V, et al. Using self-phase modulation for temporal compression of intense femtosecond laser pulses[J]. Quantum Electon, 2017, 47: 614.

[12] Cerullo G, de Silvestria S. Ultrafast optical parametric amplifiers[J]. Rev. Sci. Instrum.,2003, 74: 1.

[13] Wang L F, Li H, Zhang Y. Spatio-temporal dependence of high harmonic generation in noble gas[J]. Opt. Express, 2019, 27: 33898.

[14] Mourou G A, Labaune C L, Dunne M, et al., Relativistic laser-matter interaction: from attosecond pulse generation to fast ignition[J]. Plasma Phys. Control. Fusion, 2007, 49: B667.

[15] Boyd R W. Nonlinear Optics[M]. Burlington, MA: Academic Press, 2008.

[16] Chang Z H. Fundamentals of Attosecond Optics[M]. New York: CRC Press, 2011.

[17] Saleh B E A, Teich M C. Fundamentals of Photonics[M]. New York: Wiley Press, 2019.

[18] Lü B, Liu Z J. Propagation properties of ultrashort pulsed Bessel beams in dispersive media[J]. J. Opt. Soc. Am. A.,2003, 20(3): 582.

[19] Backus S, Durfee C G, Murnane M M, et al. High power ultrafast lasers[J]. Rev. Sci. Instrum., 1998, 69(3): 1207-1223.

[20] 克希耐尔 W. 固体激光工程 [M]. 孙文, 江泽文, 程国祥, 译. 北京: 科学出版社, 2002：414.

[21] 田金荣, 宋晏蓉, 王丽. 常用激光峰值功率公式误差的分析 [J]. 中国光学, 2014, 7(2): 253-259.

[22] Malitson I H. Interspecimen comparison of the refractive index of fused silica[J]. J. Opt. Soc. Am., 1965, 55(10): 1205-1209.

[23] Peck R, Reeder K. Dispersion of air[J]. J. Opt. Soc. Am., 1972, 62(8): 958-962.

[24] Maine P, Strickland D, Bado P, et al. Generation of ultrahigh peak power pulses by chirped pulse amplification[J]. IEEE J. Quantum Electron., 1988, 24(2): 398-403.

[25] Sauteret C, Husson D, Thiell G, et al. Generation of 20-TW pulses of picosecond duration using chirped-pulse amplification in a Nd:glass power chain[J]. Opt. Lett., 1991, 16(4): 238-240.

[26] Hentschel M, Cheng Z, Krausz F, et al. Generation of 0.1-TW optical pulses with a single-stage Ti:sapphire amplifier at a 1-kHz repetition rate[J]. Appl. Phys. B, 2000, 70, S161-S164.

[27] Fork R L, Martinez O E, Gordon J P. Negative dispersion using pairs of prisms[J]. Opt. Lett., 1984, 9(5): 150-152.

[28] Fork R L, Cruz C H B, Becker P C, et al. Compression of optical pulses to six femtoseconds by using cubic phase compensation[J]. Opt. Lett., 1987, 12(7): 483-485.

[29] Spence D E, Kean P N, Sibbett W. 60-fsec pulse generation from a self-mode-locked Ti:sapphire laser[J]. Opt. Lett., 1991, 16(1): 42-44.

[30] Asaki M T, Huang C P, Garvey D, et al. Generation of 11-fs pulses from a self-mode-locked Ti:sapphire laser[J]. Opt. Lett., 1993, 18(12): 977-979.

[31] Cheng Z, Krausz F, Spielmann C H. Compression of 2 mJ kilohertz laser pulses to 17.5fs by pairing double-prism compressor: analysis and performance[J]. Opt. Commun., 2002, 201:145-155.

[32] Treacy E B. Optical pulse compression with diffraction gratings[J]. IEEE J. Quantum Electron., 1969, 5(9): 454-458.

[33] Martinez O E, Gordon J P, Fork R L. Negative group-velocity dispersion using refraction[J]. J. Opt. Soc. Am. A, 1984, 1(10): 1003-1006.

[34] Martinez O E. 3000 times grating compressor with positive group velocity dispersion: application to fiber compensation in 1.3-1.6 μm region[J]. IEEE J. Quantum Electron., 1987, 23(1):59-64.

[35] 田金荣, 孙敬华, 魏志义, 等. Öffner 展宽器高倍率展宽脉冲的理论及实验研究 [J]. 物理学报, 2005, 54(3): 1200-1207.

[36] Liu G Y, Jiang X H, Wang A M, et al. Robust 700 MHz mode-locked Yb:fiber laser with a biased nonlinear amplifying loop mirror[J]. Opt. Express, 2018, 26(20):26003-26009.

[37] Chen L Y, Huynh J, Zhou H, et al. Generating 84 fs, 4 nJ directly from an Yb-doped fiber oscillator by optimization of the net dispersion[J]. Laser Phys., 2019, 29: 065105.

[38] Ell R, Morgner U, Kärtner F X, et al. Generation of 5-fs pulses and octave spanning spectra directly from a Ti:sapphire laser[J]. Opt. Lett., 2001, 26(6): 373-375.

[39] Szipöcs R, Ferencz K, Spielmann C H, et al. Chirped multilayer coatings for broadband dispersion control in femtosecond lasers[J]. Opt. Lett., 1994, 19(3): 201-203.

[40] Schibli T R, Kuzucu O, Kim J W, et al. Toward single-cycle laser systems[J]. IEEE J. Select Top Quantum Electron., 2003, 9(4): 990-1001.

[41] http://www.layertec.com.

[42] Kärtner F X, Matuschek N, Schibli T, et al. Design and fabrication of double-chirped mirrors[J]. Opt. Lett., 1997, 22(11): 831-833.

[43] Bartels A, Heinecke D, Diddams S A. 10-GHz self-referenced optical frequency comb[J]. Science, 2009, 326(5953):681.

[44] Baltŭska A, Wei Z Y, Pshenichnikov M S, et al. Optical pulse compression to 5 fs at a 1-MHz repetition rate[J]. Opt. Lett., 1997, 22(2): 102-104.

[45] Schenkel B, Biegert J, Keller U, et al. Generation of 3.8-fs pulses from adaptive compression of a cascaded hollow fiber supercontinuum[J]. Opt. Lett., 2003, 28(20):1987-1989.

[46] Duguay M A, Hansen J W. Compression of pulses from a mode-locked He-Ne laser[J]. Appl. Phys. Lett., 1969, 14(1):14-16.

[47] Kuhl J, Heppner J. Compression of femtosecond optical pulses with dielectric multilayer interferometers[J]. IEEE J. Quantum Electron., 1986, 22(1):182-185.

[48] Golubovic B, Austin R R, Steiner-Shepard M K, et al. Double Gires-Tournois interferometer negative-dispersion mirrors for use in tunable mode-locked lasers[J]. Opt. Lett., 2000, 25(4):275-277.

第 3 章　超快激光测量原理与技术

超短脉冲激光具有极短的时间尺度、极宽的光谱带宽以及极强的峰值功率等与其他激光不同的特性，如何对其进行准确的时间测量描述，也成了一个具有重要意义的研究内容。由于其脉冲宽度已经超出了传统的电子学测量范围，不能用电子学测量方法对其直接进行测量，人们相继发展出了一系列间接测量方法，例如，利用非线性效应和相关测量原理发展出了双光子荧光测量方法、条纹相机、自相关、FROG、SPIDER 等多种测量手段。本章将对这些不同的测量方法进行详细的阐述。

3.1　双光子荧光技术

双光子荧光技术也称作 TPF(two photon fluorescence) 法，属于非线性相关法的一种。其通过测量荧光的空间长度间接得到二次自相关波形，从而得到脉冲宽度的信息。

在一般的荧光现象中，由于激发光的光子密度低，一个荧光分子只能同时吸收一个光子，再通过辐射跃迁发射一个荧光光子，这就是单光子荧光。图 3.1-1 为双光子荧光的原理示意图。当激发光的光子密度较高时，有可能发生基态粒子同时吸收两个光子，从而跃迁到能级 3，再通过无辐射跃迁到能级 2，最后由自发辐射从能级 2 跃迁到能级 1，发出荧光。双光子荧光的强度与激发光强度的平方成正比。

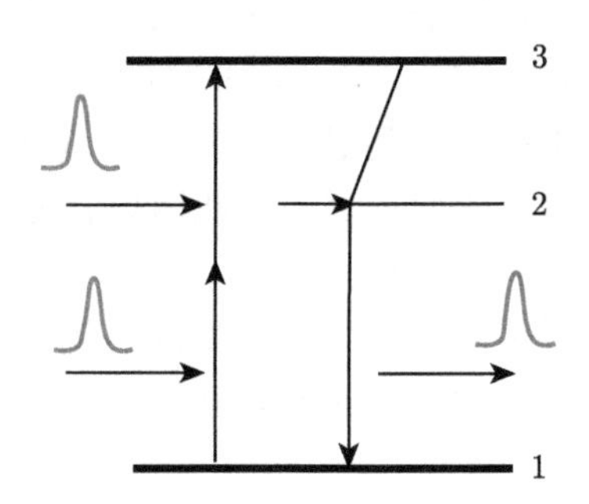

图 3.1-1　双光子荧光原理示意图

J. A. Giordmaine 等在 1967 年首次演示了双光子荧光的脉冲测量技术 [1]，后来该方法由于其可以利用单发脉冲实现测量的特性得到了一定的应用。图 3.1-2

是双光子荧光法的测量光路图。入射脉冲经过 50% 的分束镜分成两束，经过两个反射镜等距离反射后，让两个脉冲在装有荧光染料的样品盒中相向而行并相遇。染料对于输入脉冲的光子没有吸收，但是在光子密度较高时可以产生双光子荧光。因此在两束光相遇的地方，光强更大，产生的荧光也更强。由于双光子荧光的强度与激发光强度的平方成正比，所以在被测光脉冲峰峰重叠的地方荧光强度最大。用相机从侧面拍摄染料的荧光图样，根据光强分布便可以得出入射脉冲的自相关波形。

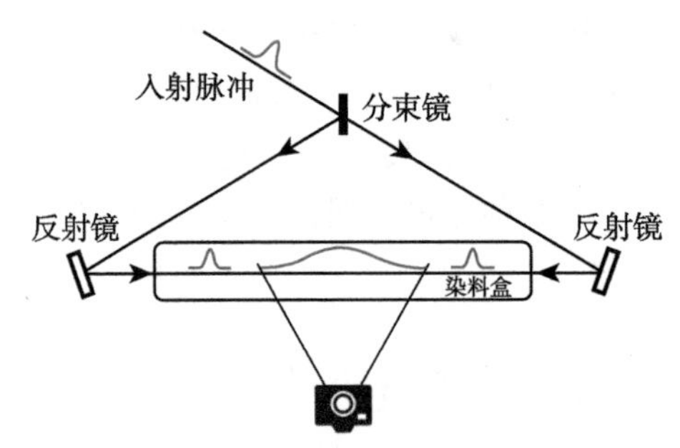

图 3.1-2　双光子荧光法测量光路图

双光子荧光法的荧光分布正比于

$$f(\tau)=1+2G^2(\tau)+r(\tau) \tag{3.1-1}$$

其中，

$$G^2(\tau)=\frac{\displaystyle\int_{-\infty}^{+\infty}I(t)I(t-\tau)\mathrm{d}t}{\displaystyle\int_{-\infty}^{+\infty}I^2(t)\mathrm{d}t} \tag{3.1-2}$$

当 $\tau=0$，即两束光完全重叠时，$G^2(\tau)=1$，此时荧光强度最强。而当 τ 很大，即两束光完全不重叠时，$G^2(\tau)=0$，此时的荧光是两束光分别产生的荧光，为背景光。而式 (3.1-1) 中 $r(\tau)$ 是迅速变化的条纹状分量，它在数个光周期中平均值为零, 并且在实验中通常观察不到。因此两束强度相同的入射光脉冲完全重叠时和完全不重叠时的荧光强度之比为 3:1。

图 3.1-3 是一个双光子荧光强度分布随空间变化的示意图。当测量得到荧光波形空间分布的半峰全宽 Δz 之后，换算即可得到时间域自相关函数的半峰全宽 $\Delta\tau_{\mathrm{p}}$ 与脉冲宽度 $\Delta\tau$：

$$\begin{cases}\Delta\tau_{\mathrm{p}}=\dfrac{n\Delta z}{c}\\[2ex]\Delta\tau=\dfrac{\Delta\tau_{\mathrm{p}}}{\alpha}\end{cases} \tag{3.1-3}$$

其中，α 为输入光脉冲的波形系数。入射脉冲为方波时，$\alpha=1/2$；入射光为高斯波形时，$\alpha=\sqrt{2}$；入射光脉冲为洛伦兹波形时，$\alpha=1$。n 为染料溶液的折射率，这样，就可以通过荧光波形的实际空间距离换算而得到输出光脉冲的宽度。

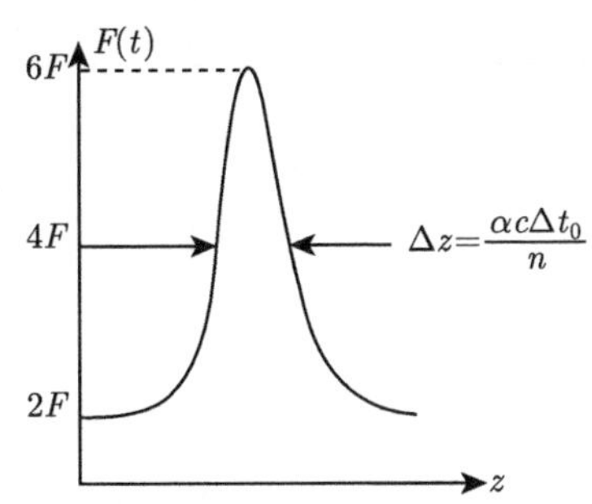

图 3.1-3　双光子荧光强度分布随空间变化示意图

双光子荧光法由于其相机一次拍摄可以记录完整的空间自相关分布，所以可以实现单发测量光脉冲信号的宽度。虽然原理很简单，但是实际操作中会有一些困难，这有多方面的原因。首先，实验衬比度受到入射两束光强度之差与介质吸收的影响。而且在某些染料中，荧光猝灭现象的发生急剧地改变了测量的衬比度。其次，在拍摄过程中，相机没有经过校准、感光元件的动态范围不够等，都会导致对实验结果的分析不准确，因此每次拍摄前都应校准感光度与曝光量。还有，由于背景光的存在，在有强短脉冲的情况下，对于低功率信号非常不敏感，需要进行附加的测量来保证总信号能量的大部分落在短脉冲内。最后，通过双光子荧光法测量脉冲宽度，只能确定自相关波形，则这种方法所能提供的关于激光脉冲宽度的实际形状的信息是有限的。

3.2　高速示波器脉宽测量

对于脉冲宽度在百皮秒以上的情况，二次自相关法通常需要的延迟线或空间距离会很长，对测量结果的稳定性造成一定影响。这个时候可以使用高速示波器配合极短上升沿的光电探头来测量。相对于自相关这种间接测量的手段，高速示波器属于直接测量脉冲宽度，其结构与步骤简单，结果明了。

通过高频响应的高速光电探头，可以将光脉冲信号转化为电脉冲信号。通常采用高速响应的光电探头，其上升沿一般在 35ps 左右。再通过高速示波器来探测其电信号，便可得到脉冲宽度的信息。对于示波器来说，希望有更快的上升沿，就对应更宽的带宽。通常对于信号从 10%上升到 90%的上升沿时间来说，容忍 20%误差的情况下，

$$\tau=\frac{0.5}{f_{\mathrm{BW}}} \tag{3.2-1}$$

式中，τ 为上升沿时间；f_{BW} 为示波器带宽。对于 1 GHz 带宽的示波器来说，上升沿时间为 500 ps，而更宽带宽就意味着更快的上升沿。图 3.2-1 是使用 8 GHz 带宽的示波器，配合上升沿 35 ps 的光电探头，测得 193 ps 的脉冲宽度。

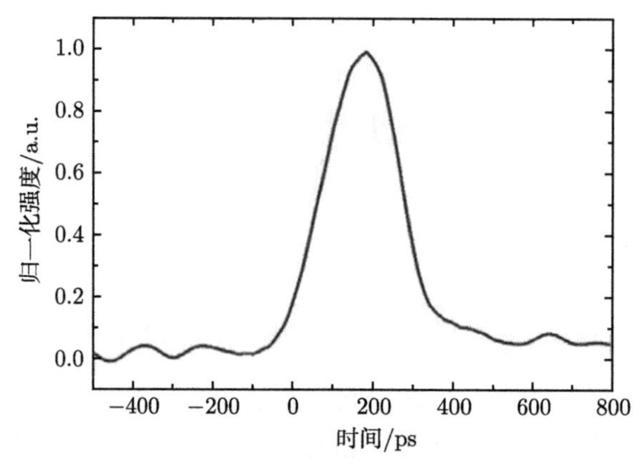

图 3.2-1　采用高速示波器进行测量

这种方式由于示波器带宽和光电探头上升沿的限制，难以测量 100 ps 以下脉冲宽度，但是十分适合测量 100 ps 至纳秒量级的脉冲宽度，具有结构简单、操作方便的特点。

3.3　条纹相机的原理及脉冲测量

条纹相机的原理是通过将超短脉冲产生的电子经过高速扫描电场，从而让不同时间发射的电子打在荧光屏的不同位置，测量荧光屏上的空间分布来换算得到脉冲时间宽度。图 3.3-1 为条纹相机测量脉冲宽度原理图。

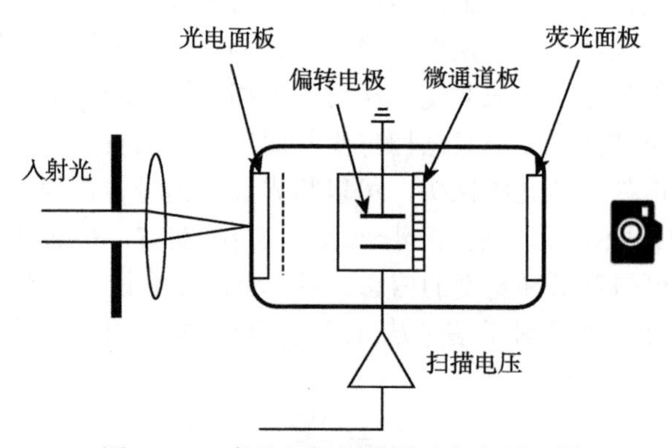

图 3.3-1　条纹相机测量脉冲宽度原理图

使要测量的光脉冲信号在条纹相机的入射狭缝后聚焦至光电面板上，被测脉冲的光子依照时间顺序通过光电转换产生相应的二次电子。这样便将超快的光信号转化为易被调控的电信号。电子经过网状阳极加速，之后穿过偏转电极打在微通道板 (MCP) 上放大电信号，最后打在荧光面板上，被相机记录。如果在偏转电极上电压不同，则电子的偏转角度不同，也就是最终的荧光位置不同。当偏转电极之间加上超快变化的扫描电压时，不同时刻发出的电子就打在了荧光板的不同位置。根据事先设定的扫描速度及空间位置信息可计算出入射的时间间隔。而条纹相机前面的狭缝像也导致了记录到的信息为一条一条的条纹，因此这种超快成像仪器称为条纹相机。图 3.3-2 为条纹相机测量得到的数据图。纵轴为空间分布，而横轴对应着时间分布。

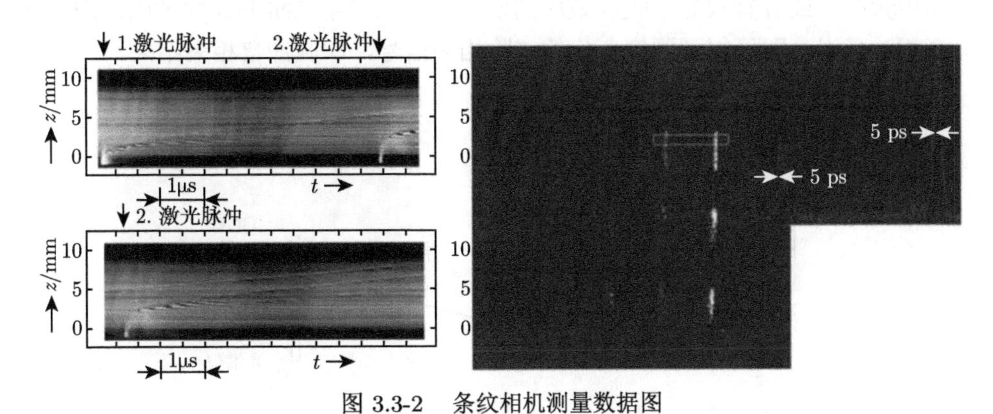

图 3.3-2　条纹相机测量数据图

中间电子产生、加速、放大、荧光部分是条纹相机的核心部件，叫作条纹变像管。它的性能最终决定了一台条纹相机所能具有的时间分辨率。影响条纹变像管时间分辨率的因素有很多，主要包括由光电子运行状态 (初时间、发射角度、初能量运行路径以及电子之间的空间电荷效应) 的差异导致的物理时间弥散 τ_{phy}，以及由扫描速度及动态空间分辨能力的有限导致的技术时间弥散 τ_{tech}。后者反映了扫描偏转引入的时间弥散，定义为

$$\tau_{\text{tech}} = (v\sigma)^{-1} \tag{3.3-1}$$

式中，σ 表示静态偏转条件下扫描方向的空间分辨率；$v = KP$ 表示扫描速度，这里 K 表示偏转系统上所加扫描电压随时间变化的斜率，P 表示偏转系统的动态偏转灵敏度。所以当扫描电压变化速率越大，偏转系统灵敏度越大的时候，就能够将电子在空间中分开得越大，对应于越高的时间分辨率。

条纹相机的分辨率高达亚皮秒，并能够快速而精确地直接测量光强的空间分布，这一独特性能使其长期以来一直应用于化学、生物及物理等领域的皮秒现象

研究中。国内中国科学院西安光学精密机械研究所在条纹相机研制方面具有完备的技术，能够提供多类应用研究。

3.4　超快激光脉冲相关测量原理与方法

尽管人们已经发展了包括条纹相机在内的多种诊断设备以测量快速时间过程，但对于飞秒激光而言，由于其极短的脉冲宽度，目前还没有可直接测量其时间特性的仪器，自相关测量技术仍是一个行之有效的间接测量方法。这种测量技术的实质是将时间的测量转化为空间的测量，基本的过程如图 3.4-1 所示，首先把入射光分为两束，让其中一束光通过一个延迟线，然后再把这两束光合并，并借助倍频晶体或者有双光子吸收效应的发光介质以产生二阶非线性效应。均匀地改变相对延迟，即可得到强度变化的二阶相关信号，即脉冲自相关结果。

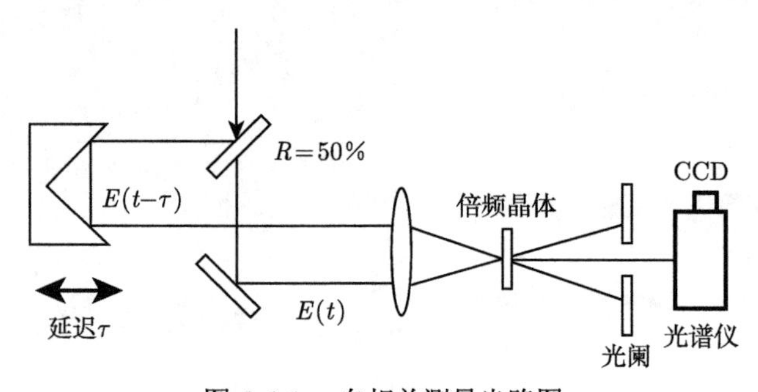

图 3.4-1　自相关测量光路图

这种自相关测量方法得到的自相关曲线代表了两个脉冲时间上重合产生二次谐波效应的过程，间接代表了飞秒脉冲的脉冲宽度。根据工作方式的不同，脉冲自相关技术可分为强度自相关和干涉自相关。下面详细介绍这两种技术的原理和测量方法。

3.4.1　强度自相关仪原理

强度自相关可用下式表示：

$$G(\tau)=\int_{-\infty}^{\infty} I(t)I(t-\tau)\mathrm{d}t \tag{3.4-1}$$

其中，$I(t)$ 和 $I(t-\tau)$ 分别为两束光的强度，τ 为其中一束光的时间延迟。对于给定的脉冲波形，此积分可以积出来。如对于高斯脉冲，其强度可表示为

$$I(t)=\mathrm{e}^{-\frac{4\ln 2t^2}{\tau_{\mathrm{p}}^2}} \tag{3.4-2}$$

其中，τ_{p} 为脉冲宽度。

其自相关波形为

$$G(\tau) = \mathrm{e}^{-\frac{2\ln 2\tau^2}{\tau_{\mathrm{p}}^2}} \tag{3.4-3}$$

由此可以看出，自相关波形的半峰全宽 (FWHM) 是脉冲宽度的 $\sqrt{2}$ 倍。

同样，对于双曲正割脉冲，脉冲强度为

$$I(t) = \mathrm{sech}^2(t) \tag{3.4-4}$$

自相关波形为

$$A_I(\tau) = \frac{3[\tau\,\mathrm{ch}(\tau) - \mathrm{sh}(\tau)]}{\mathrm{sh}^3(\tau)} \tag{3.4-5}$$

它的自相关波形的半峰全宽是脉冲宽度的 1.543 倍。

在实际的测量中，记录到的信号强度正比于

$$I = 1 + 2\frac{\displaystyle\int_{-\infty}^{\infty} I(t)I(t-\tau)\mathrm{d}t}{\displaystyle\int_{-\infty}^{\infty} I^2(t)\mathrm{d}t} = 1 + 2I' \tag{3.4-6}$$

其中，I 为有背景时的相关信号强度，I' 为无背景时的相关信号强度。由上式可以看出，信号与背景强度之比为

$$\frac{I(0)}{I(\infty)} = \frac{3}{1} \tag{3.4-7}$$

实际测到的即为 I'。

强度自相关虽能给出脉冲宽度的信息，但是它不含有给出脉冲的相位、脉冲的形状等信息，因而不能完整地描述飞秒脉冲 [2-4]。

3.4.2 干涉自相关仪原理

考虑两入射光束的电场，其可表述为

$$E_1(t) = E_0\varepsilon_1(t)\mathrm{e}^{[\mathrm{i}\omega t + \phi_1(t)]} \tag{3.4-8}$$

$$E_2(t) = E_0\varepsilon_2(t)\mathrm{e}^{[\mathrm{i}\omega t + \phi_2(t)]} \tag{3.4-9}$$

让其中一束光经过延迟，其时间间隔为 τ，则相应的光场表示为

$$E_1(t-\tau) = E_0\varepsilon_1(t-\tau)\mathrm{e}^{[\mathrm{i}\omega(t-\tau) + \phi_1(t-\tau)]} \tag{3.4-10}$$

在两束光共线的情况下，它们相干叠加后的光强为

$$I(\tau) = \int_{-\infty}^{\infty} [E_1(t-\tau) + E_2(t)]^2 \, \mathrm{d}t \tag{3.4-11}$$

让这束光再通过一块倍频晶体，因为倍频信号的强度与基频光强的平方成正比，所以相关信号可表示为

$$s(\tau) = \int_{-\infty}^{\infty} \left\{ [E_1(t-\tau) + E_2(t)]^2 \right\}^2 \mathrm{d}t \tag{3.4-12}$$

展开积分号内括号中的项，则倍频自相关信号可以改写为

$$s(\tau) = A(\tau) + \mathrm{Re}\left\{4B(\tau)\mathrm{e}^{\mathrm{i}\omega\tau}\right\} + \mathrm{Re}\left\{2C(\tau)\mathrm{e}^{\mathrm{i}2\omega\tau}\right\} \tag{3.4-13}$$

其中，

$$A(\tau) = E_0^4 \int_{-\infty}^{\infty} \left\{ \varepsilon_1^4(t-\tau) + \varepsilon_2^4(t) + 4\varepsilon_1^2(t-\tau)\varepsilon_2^2(t) \right\} \mathrm{d}t \tag{3.4-14}$$

$$B(\tau) = E_0^4 \int_{-\infty}^{\infty} \left\{ \varepsilon_1(t-\tau)\varepsilon_2(t) \left[\varepsilon_1^2(t-\tau) + \varepsilon_2^2(t) \right] \mathrm{e}^{\mathrm{i}[\phi_1(t-\tau)-\phi_2(t)]} \right\} \mathrm{d}t \tag{3.4-15}$$

$$C(\tau) = E_0^4 \int_{-\infty}^{\infty} \left\{ \varepsilon_1^2(t-\tau)\varepsilon_2^2(t)\mathrm{e}^{\mathrm{i}2[\phi_1(t-\tau)-\phi_2(t)]} \right\} \mathrm{d}t \tag{3.4-16}$$

由上式可以看出，$A(\tau)$ 是背景光与强度相干项，与相位无关；$B(\tau)$ 和 $C(\tau)$ 与相位有关，是由相位干涉相关引起的。若已知脉冲的形状和相位，就可以将上述积分积出，得到有关脉宽的信息。

作为进一步分析，假定两束光的电场振幅包络满足关系：

$$\begin{aligned} &\varepsilon_1(t) = \varepsilon(t) \\ &\frac{\varepsilon_2(t)}{\varepsilon_1(t)} = k \quad (k\ \text{为常数}) \end{aligned} \tag{3.4-17}$$

对于慢速扫描测量过程，由于相位在测量过程中有足够大的变化，所以探测器无法响应 B、C 项，此种情况对应于共线强度自相关，其强度相关项仅与 $A(\tau)$ 有关，则由式 (3.4-14) 知：

在 $\tau=0$ 时，两束光完全相关，信号强度最大，有

$$A(0) = \left(1 + k^4 + 4k^2\right) E_0^4 \int_{-\infty}^{\infty} \varepsilon^4(t)\mathrm{d}t \tag{3.4-18}$$

在 $\tau=\infty$ 时，两束光不再相关，交叉项消失，两束光不再相关，相关信号消失，仅有背景光强度。此时，有

$$A(\infty)=\left(1+k^4\right)E_0^4\int_{-\infty}^{\infty}\varepsilon^4(t)\mathrm{d}t \tag{3.4-19}$$

由此可见

$$\frac{A(0)}{A(\infty)}=\frac{1+k^4+4k^2}{1+k^4} \tag{3.4-20}$$

对于两分束光完全相等的情况，此时 $k=1$, 有

$$\frac{A(0)}{A(\infty)}=\frac{1+k^4+4k^2}{1+k^4}=\frac{3}{1} \tag{3.4-21}$$

这意味着，信号强度与背景光强度之比为 3:1，而且无论对于什么样的脉冲，这一关系都严格成立。

对于快速扫描测量过程，可以认为测量过程中相位基本上没有发生变化，这样探测器将同时响应 $B(\tau)$ 和 $C(\tau)$ 项，此时得到的相关信号 $s(\tau)$ 完全由式 (3.4-13) 决定。由式 (3.4-14)~ 式 (3.4-16) 知：

在 $\tau=0$ 时，两束光完全相关，信号强度最大，有

$$s(0)=\left(1+4k+6k^2+4k^3+k^4\right)E_0^4\int_{-\infty}^{\infty}\varepsilon^4(t)\mathrm{d}t \tag{3.4-22}$$

在 $\tau=\infty$ 时，两束光完全不相关，无相关信号，仅有背景光。此时，有

$$s(\infty)=\left(1+k^4\right)E_0^4\int_{-\infty}^{\infty}\varepsilon^4(t)\mathrm{d}t \tag{3.4-23}$$

由此可见

$$\frac{s(0)}{s(\infty)}=\frac{1+4k+6k^2+4k^3+k^4}{1+k^4} \tag{3.4-24}$$

对于两分束光完全相等的情况，此时 $k=1$, 有

$$\frac{s(0)}{s(\infty)}=\frac{8}{1} \tag{3.4-25}$$

这意味着信号强度与背景光强度之比为 8:1，这一关系也是严格成立的。从以上的分析可以看出，只有当两束光的强度完全相同，即 $k=1$ 时，慢速扫描测

量中的 3:1 以及快速扫描测量中的 8:1 关系才能成立；当两束光的强度不相同时，以上关系将不再成立。

在上面的讨论中，没有谈及脉冲形状，只是讨论了一些共同的性质。然而对于不同的脉冲形状，它们之间会有一些差别。如对于高斯脉冲，其强度为

$$I(t) = \mathrm{e}^{-t^2} \tag{3.4-26}$$

强度相关项 $A(\tau)$ 为

$$A(\tau) = \mathrm{e}^{-\frac{\tau^2}{2}} \tag{3.4-27}$$

干涉相关波形包络为

$$g(\tau) = 1 + 3\mathrm{e}^{-\frac{\tau^2}{2}} \pm 4\mathrm{e}^{-\frac{3}{8}\tau^2} \tag{3.4-28}$$

干涉波形为

$$s(\tau) = 1 + \mathrm{e}^{-\frac{\tau^2}{2}} + 4\mathrm{e}^{-\frac{3}{8}\tau^2}\cos(\omega\tau) + 2\mathrm{e}^{-\frac{\tau^2}{2}}\cos(2\omega\tau) \tag{3.4-29}$$

对于双曲正割脉冲，其强度为

$$I(\tau) = \mathrm{sech}^2(t) \tag{3.4-30}$$

强度相关项 $A(\tau)$ 为

$$A(\tau) = \frac{3[\tau\cosh(\tau) - \sinh(\tau)]}{\sinh^3(\tau)} \tag{3.4-31}$$

干涉相关波形包络为

$$g(\tau) = 1 + 3\frac{3[\tau\cosh(\tau) - \sinh(\tau)]}{\sinh^3(\tau)} \pm \frac{3[\sinh(2\tau) - 2\tau]}{\sinh^3(\tau)} \tag{3.4-32}$$

干涉波形为

$$\begin{aligned} s(\tau) =& 1 + \frac{3[\tau\cosh(\tau) - \sinh(\tau)]}{\sinh^3(\tau)} + 4\frac{3[\sinh(2\tau) - 2\tau]}{\sinh^3(\tau)}\cos(\omega\tau) \\ & + 2\frac{3[\tau\cosh(\tau) - \sinh(\tau)]}{\sinh^3(\tau)}\cos(2\omega\tau) \end{aligned} \tag{3.4-33}$$

表 3.4-1 列出了不同脉冲形状下的自相关信息。

表 3.4-1 不同脉冲形状下的自相关信息

$I(t)$	Δt	$A(\tau)$	$\Delta\tau$	$\Delta\tau/\Delta t$	$g(\tau)$
e^{-t^2}	1.665	$e^{-\frac{\tau^2}{2}}$	2.355	1.414	$1+3A(\tau)\pm 4e^{-\frac{3}{8}\tau^2}$
$\sinh^2(t)$	1.763	$\dfrac{3[\tau\cosh(\tau)-\sinh(\tau)]}{\sinh^3(\tau)}$	2.720	1.543	$1+3A(\tau)\pm\dfrac{3[\sinh(2\tau)-2\tau]}{\sinh^3(\tau)}$
$\dfrac{1}{\left(e^{\frac{t}{1+A}}+e^{-\frac{t}{1-A}}\right)^2}$ $A=1/4$	1.715	$\dfrac{1}{\cosh^3\left(\frac{8}{15}\tau\right)}$	2.648	1.544	$1+3A(\tau)\pm 4\dfrac{\cosh^3\left(\frac{4}{15}\tau\right)}{\cosh^3\left(\frac{8}{15}\tau\right)}$
$A=1/2$	1.565	$\dfrac{3\sinh\left(\frac{8}{3}\tau\right)-8\tau}{4\sinh^3\left(\frac{4}{3}\tau\right)}$	2.424	1.549	$1+3A(\tau)\pm X(\tau)$
$A=3/4$	1.278	$\dfrac{2\cosh\left(\frac{16}{7}\tau\right)+3}{5\cosh^3\left(\frac{8}{7}\tau\right)}$	2.007	1.570	$1+3A(\tau)\pm Y(\tau)$

表 3.4-1 中，

$$X(\tau)=4\frac{\tau\cosh(2\tau)-\frac{3}{2}\cosh^2\left(\frac{2}{3}\tau\right)\sinh\left(\frac{2}{3}\tau\right)\left[2-\cosh\left(\frac{4}{3}\tau\right)\right]}{\sinh^3\left(\frac{4}{3}\tau\right)} \tag{3.4-34a}$$

$$Y(\tau)=4\frac{\cosh^3\left(\frac{4}{7}\tau\right)\left[6\cosh\left(\frac{8}{7}\tau\right)-1\right]}{5\cosh^3\left(\frac{8}{7}\tau\right)} \tag{3.4-34b}$$

表 3.4-2 列出了不同脉冲形状下的光谱信息及其时间带宽积。

表 3.4-2 不同脉冲形状下的光谱信息及其时间带宽积

$I(t)$	Δt	$I(\omega)$	$\Delta\omega$	$\Delta\nu\Delta t$
e^{-t^2}	1.665	$e^{-\omega^2}$	1.665	0.441
$\mathrm{sech}^2(t)$	1.763	$\mathrm{sech}^2\left(\frac{\pi\omega}{2}\right)$	1.122	0.315
$\dfrac{1}{\left(e^{\frac{t}{1+A}}+e^{-\frac{t}{1-A}}\right)^2}$ $A=1/4$	1.715	$\dfrac{1+1/\sqrt{2}}{\cosh\left(\frac{15\pi}{16}\omega\right)+1/\sqrt{2}}$	1.123	0.306
$A=1/2$	1.565	$\mathrm{sech}\left(\frac{3\pi}{4}\omega\right)$	1.118	0.278
$A=3/4$	1.278	$\dfrac{1-1/\sqrt{2}}{\cosh\left(\frac{7\pi}{16}\omega\right)-1/\sqrt{2}}$	1.088	0.221

干涉自相关波形不仅可以表达脉宽信息，也可以反映出脉冲的啁啾信息，对于具有啁啾的高斯脉冲，其电场可表示为

$$E(t)=\mathrm{e}^{-\frac{4\ln 2}{\tau_{\mathrm{p}}^2}\left(\frac{t}{\omega}\right)^2(1+\mathrm{i}a)} \tag{3.4-35}$$

干涉自相关波形为

$$\begin{aligned}s(\tau)=&1+2\mathrm{e}^{-\frac{4\ln 2\tau^2}{\tau_{\mathrm{p}}^2}}+\mathrm{e}^{-\frac{\ln 2\left(a^2+3\right)\tau^2}{\tau_{\mathrm{p}}^2}}\cos\left(\frac{2\ln 2a\tau^2}{\tau_{\mathrm{p}}^2}\right)\cos(\omega\tau)\\&+\mathrm{e}^{-\frac{4\ln 2\left(1+a^2\right)\tau^2}{\tau_{\mathrm{p}}^2}}\cos(2\omega\tau)\end{aligned} \tag{3.4-36}$$

参数 a 反映了脉冲的啁啾量。对于不同的 a，干涉自相关波形会有很大的差别。图 3.4-2 给出了 10 fs 的高斯脉冲对于不同的啁啾参数 a 所得到的干涉自相关波形的包络。

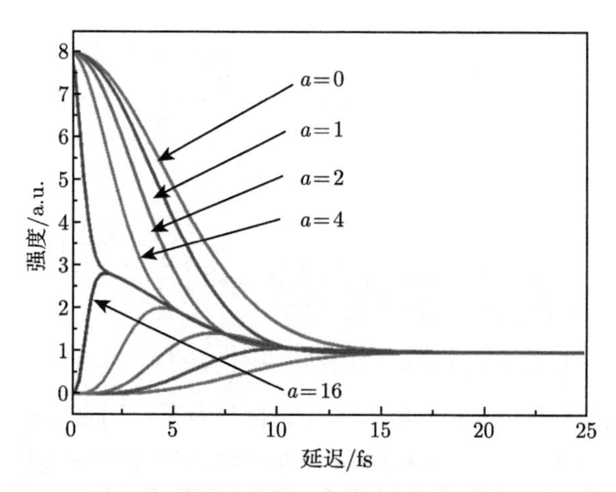

图 3.4-2　高斯脉冲对于不同啁啾参数所得到的干涉自相关波形

图 3.4-3 给出了不同啁啾参数 a 时 10 fs 的高斯脉冲的干涉自相关波形，可以看出：随着 a 的数值的增加，整个自相关波形变小了，条纹数也变少了。

由此可以看出，在实验中测到较少的干涉条纹数不一定就意味着得到了窄脉冲，必须要有更为准确的相位信息或者光谱信息才能准确地描述飞秒脉冲。自相关法虽能给出脉宽信息，却不能给出相位信息。对于脉宽接近光周期的极短光脉冲，仅从脉冲自相关波形不足以精确判断实际的脉宽，还必须结合实际的光谱曲线及相位信息，通过傅里叶变换及迭代得到比较接近实际的脉冲时域形式，从而计算出脉冲宽度。

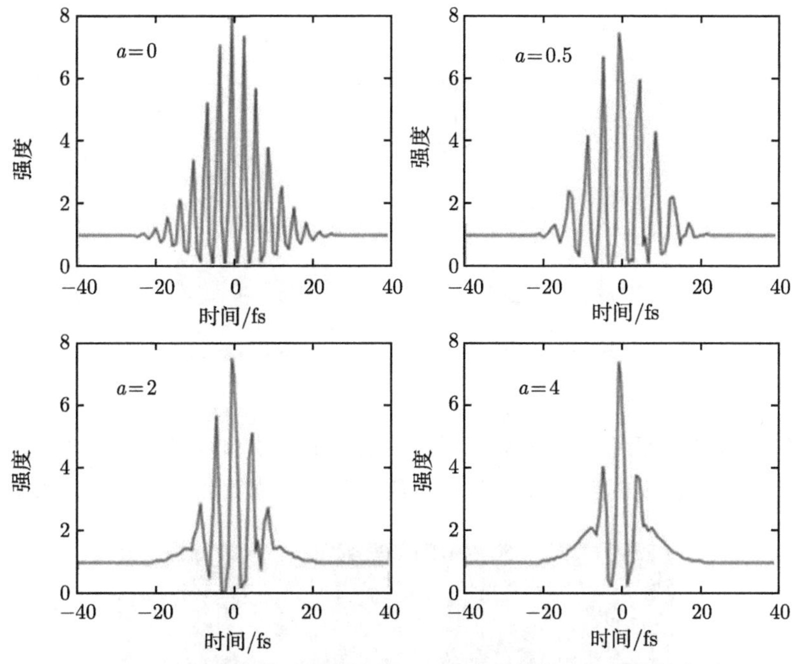

图 3.4-3 有啁啾的脉冲宽度为 10 fs 的高斯脉冲的干涉自相关波形

3.4.3 单次测量的原理与技术

无论是强度自相关仪还是干涉自相关仪，只适用于测量高重复频率激光脉冲，如 MHz 或者是 kHz。但对于低重复频率，如 10 Hz 或者是单次的激光脉冲，就显得无能为力了。因为重复频率太低，飞秒脉冲间隔时间过长，不同飞秒脉冲之间的抖动会导致记录到的信号信噪比不高，因此需要采用单次自相关仪对低重复频率的激光脉冲进行实时、单次测量，尤其是针对放大后的 Hz 量级的飞秒激光脉冲。图 3.4-4 为单次自相关仪的结构原理图，与强度和干涉自相关仪结构类似，仍然是采用双路脉冲进行倍频，探测倍频光信号。不同之处在于单次自相关仪没有扫描装置，只是利用一个手动延迟线来调节两个脉冲的重合，探测方式也可以是采用一个光电倍增管 (PMT)，或者采用电荷耦合器件 (CCD) 记录倍频光的空间尺寸。理论上，倍频光的空间尺寸大小对应于脉冲的宽度。

在强度自相关仪的慢速扫描过程中，我们可以记录扫描的步长来估算自相关波形所反映的时间宽度。快速扫描的干涉自相关法中，可以通过干涉自相关波形中的条纹数目来估算脉冲的宽度。而在单次自相关法中，由于没有扫描过程，我们不能直接从自相关波形中读出脉冲的宽度信息，因此在单次自相关法中，采用对自相关波形标定的方法确定脉冲的宽度。

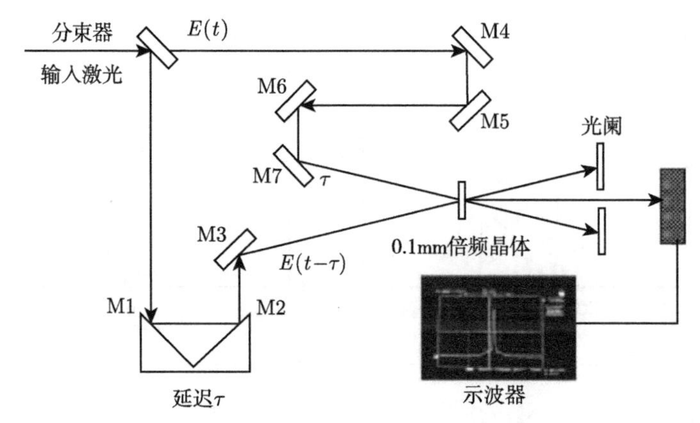

图 3.4-4　单次自相关仪结构原理图

我们可以使用平移台上的螺旋测微头来标定单次自相关波形。首先移动螺旋测微头，将示波器上的自相关波形移动到一个容易读数的位置，如图 3.4-5 所示。

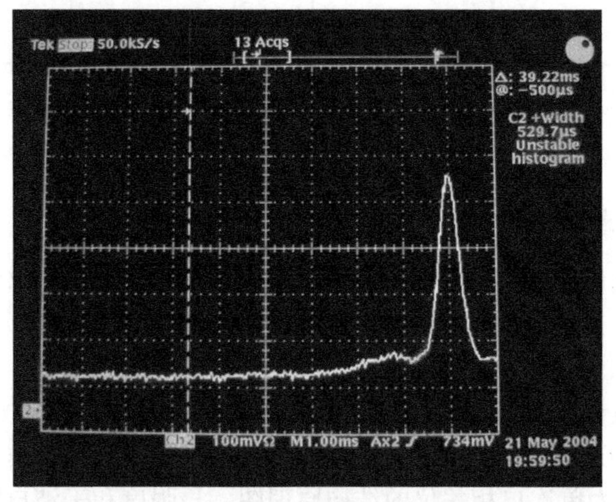

图 3.4-5　标定时自相关波形在示波器上的初始位置

记下螺旋测微头的读数和自相关波形在示波器上的位置，然后缓慢移动螺旋测微头，自相关波形在示波器上就会发生移动，当其停止在一个比较容易读数的位置时 (图 3.4-6)，停止旋转螺旋测微头，记下自相关波形的位置，读出螺旋测微头的数值，计算出螺旋测微头移动的距离以及自相关波形移动的距离；由于螺旋测微头移动的距离对应着时间尺度，将其与自相关波形移动的距离相比较，就可以估算出在示波器上单位距离所对应的时间尺度，这样就完成了对自相关波形的时间标定。

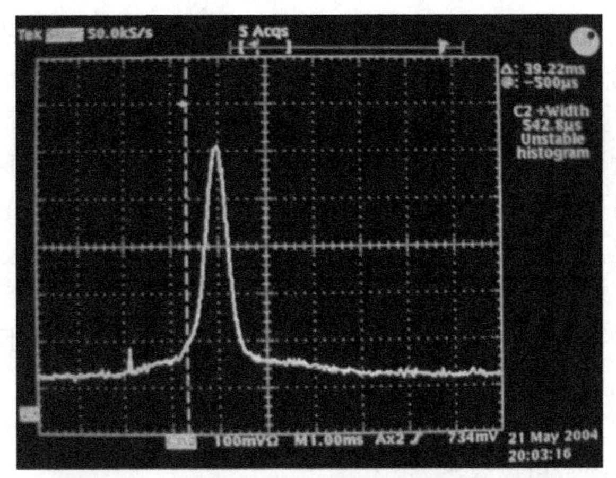

图 3.4-6 自相关波形在示波器上的停止位置

完成对自相关波形的标定后，就可以从示波器上判断出脉冲宽度的数值，例如，自相关波形从图 3.4-5 的位置移动到图 3.4-6 的位置，移动了约 5 ms；移动螺旋测微头对应的距离约为 134 μm，这样示波器上每毫秒宽度对应的时间宽度约为 62.5 fs。可以读出示波器上显示的脉冲的半宽度约为 0.523 ms，对应的自相关波形的脉冲宽度为 33 fs；最终结果由计算机处理后如图 3.4-7 所示。

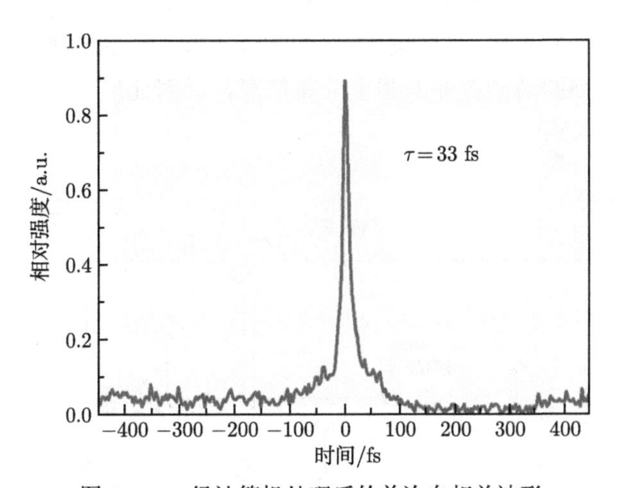

图 3.4-7 经计算机处理后的单次自相关波形

3.4.4 三阶相关仪测量原理与技术

三阶相关的测量实际上是一种三次谐波的产生和时间测量过程，是利用其自身的倍频信号作为时间探针对待测脉冲进行扫描的过程。主要用于对脉冲时域细节分布的测量，比如放大自发辐射 (amplified spontaneous emission, ASE) 产生的预脉冲，通过三阶相关扫描可以看到主脉冲与预脉冲的强度对比，因此是放大激光中的常用测量技术。具体的方法通常是先将待测的入射激光经过一非线性晶体进行倍频以产生二次谐波，在频率转换过程中，会有剩余的基频光，使用二向色性元件将二次谐波光与基频光分开，并在两者之间引入一个可控时间延迟线后，再聚焦耦合至另一块非线性晶体中进行和频产生三次谐波。改变基频光与倍频光之间的相对延迟，所产生的三次谐波在强度上就会发生变化，使用光电测量器件记录三次谐波，就可以测量到随时间变化的三阶相关信号，然后对三阶相关信号进行处理就可以得到待测脉冲的强度对比度信息。与二阶相关不同，由于三阶相关信号是基频光与倍频光两束不同波长的激光相互作用的结果，所以三阶相关测量实际上是一种互相关过程。如果用 $I_1(t)$ 表示基频光强度，用 $I_2(t)$ 表示倍频光强度，则互相关函数可以表示为 [5,6]

$$I_{\mathrm{CC}}(\tau)=\int_{-\infty}^{\infty} I_1(t-\tau)\times I_2(t)\mathrm{d}t \tag{3.4-37}$$

与自相关不同，在这个过程中，相互作用的两个脉冲是不相同的，同时两者之间又有一定的关联，探测脉冲是由被测脉冲中提取出来并被细化的脉冲，在作用过程中，探测脉冲就像探针一样对被测脉冲进行逐点扫描，扫描的结果是将被测脉冲的每一个细节都反映出来。同时由于三阶相关信号利用了两次非线性频率转换，所以它对强度的变化非常敏感，这样经过逐点扫描得到的三阶相关信号曲线就带有了很详细的被测脉冲的强度分布信息，即对比度信息。图 3.4-8 是一个典型的三阶相关仪实验原理图。

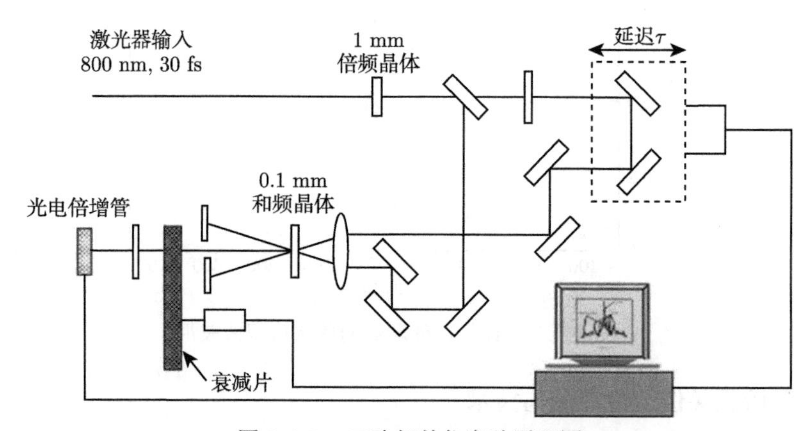

图 3.4-8　三阶相关仪实验原理图

在开始测量过程中, 由于激光脉冲的前沿会持续到纳秒量级，它在离主脉冲几十皮秒以外的地方，强度变化非常缓慢，而且幅度也小，在这种情况下，没有必要对脉冲进行精细扫描，只要进行粗略的扫描就可以了；而在离主脉冲几十皮秒以内的地方，激光脉冲的对比度信息会变化十分剧烈，有几个数量级的变化，在这个范围内，平移台轻微地移动，就会使三阶相关信号的幅度急剧变化；因此在扫描的过程中，既需要一个长程的平移台，又要在一个小的范围内具有很高的测量精度，显然仅仅使用一个平移台是不能够满足要求的。为了解决这个问题，使用了两个平移台，一个小的精细调节平移台，一个大的粗调节平移台，将两个平移台叠放在一起，在进行粗调节时使用大平移台，在进行精细调节时使用小平移台。在测量前，先将两个平移台都设置到初始位置，然后启动计算机上的数据采集和控制程序，先移动大平移台进行粗略扫描，在扫描的同时用光电倍增管和数据采集卡接收采集信号，此时，由于信号幅度较小，衰减片处于衰减倍率为 1 的位置上，当大平移台移动到距离主脉冲只有几十皮秒的位置上时，就停止移动大平移台，而使用微精细平移台进行扫描，扫描的间隔有 5 fs 左右，在小平移台移动过程中，信号幅度会急剧变化，当信号幅度超过设定的上限值时，计算机就会发出指令，要求与转轮相连接的步进电机朝衰减倍率增大的方向转动，这样光电倍增管接收到的信号幅度就会减小，而在处理时，计算机要将采集到的信号幅度乘上衰减片的衰减倍率才是真正的信号幅度，完成这一过程后，步进电机继续向前移动，直到信号幅度再次超过上限，此时，衰减片的衰减倍率又增大一个数量级，像这样逐次采集，直到达到主脉冲的零点位置，此时的信号幅度最大，衰减片的衰减倍率也最大；接下来，小平台继续移动，就向脉冲的另外一侧扫描过去，在扫描的过程中，信号的幅度会逐渐地减小，载有衰减片的转轮会向着相反的方向旋转，衰减片的衰减倍率会逐渐地减小，直到小平移台离开主脉冲几十皮秒以后，信号的幅度就会变得很小，衰减片的衰减倍率又回到 1 的状态；然后就停止移动小平移台，继续移动大平移台，直到扫描过程结束。在这一过程中，改变延迟时，三次谐波的强度发生了变化，经历着一个由弱到强又到弱的过程，用光电倍增管接收信号时，比较强的光会导致其饱和，使用一组不同透过率的衰减片改变入射到光电倍增管上的三次谐波的强度；当采集过程结束时，用实际测量到的信号强度乘上衰减倍率就可以得到真实的三阶相关信号。图 3.4-9 是经过处理后得到的激光强度对比度曲线。

从图 3.4-9 中的对比度曲线中可以看出，在离主脉冲 40~50 ps 的位置上，该激光系统输出激光脉冲的对比度在 10^6 左右；在 5~40 ps 的时间宽度内，在脉冲的前沿和后沿有很强的 ASE，并且延续了一段时间，对比度信息由 10^6 变化到 10^4。在强场物理实验中，该系统输出的激光在聚焦后可以达到 $10^{17}\sim10^{18}\ \mathrm{W/cm^2}$，而 ASE 聚焦后的强度也可以达到 $10^{11}\sim10^{12}\ \mathrm{W/cm^2}$，这样的强度已经可以产生等离子体，这些等离子体的存在会改变主激光脉冲与物质相互作用时的等离子体的初始状态，从而严重影响实验结果的处理和分析，对强场物理实验造成十分不利的影响。

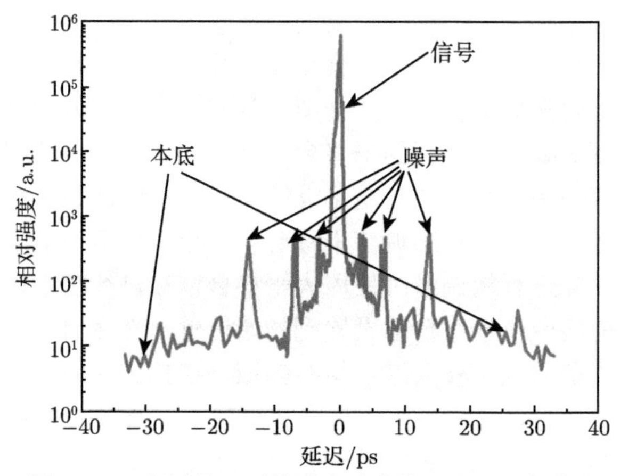

图 3.4-9　经过处理后的激光脉冲的强度对比度曲线

3.4.5　单次三阶自相关仪测量技术

传统的三阶自相关仪采用扫描方式，只适用于较高重复频率的激光系统，而大型的超强激光装置，如神光装置，是单发运行，不能用扫描的方式进行测量，只能采用单发模式，因此，人们改变了时间信号的记录方式，将扫描测量改变为单发测量，研制了单次三阶相关测量技术。图 3.4-10 是一种典型的单次三阶自相关仪测量原理图 [27]。

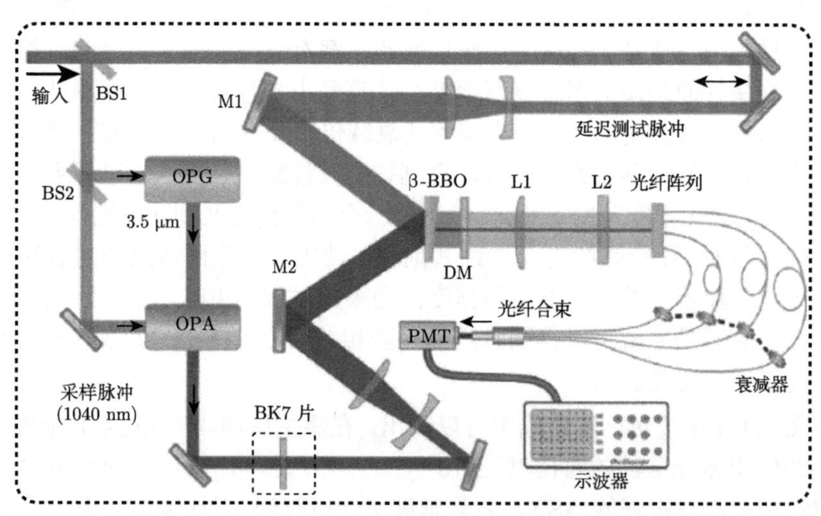

图 3.4-10　大动态范围单次三阶相关仪光路示意图 [27]

其基本原理如下所述。第一步，时间 → 空间：在 BBO 晶体中进行大角度互相关，待测脉冲的前沿和后沿在晶体的不同位置产生非线性效应，用阵列光纤在晶体后收集相关信号，相邻光纤之间的距离对应脉冲的时间分辨率为 700fs；第二步，空间 → 时间：相邻阵列光纤之间的长度相差约 1m，对应的时间差约为 5ns，这样就将示波器无法分辨的 700fs 转换成了可分辨的 5ns。于是，可以按照测纳米对比度的方法 (加衰减片，用示波器观察强度比) 测量皮秒对比度。

测量过程中，注入的 800 nm 激光经过分束片分为取样光源以及泵浦光源，其中取样光源即是被探测光源，而泵浦光源注入 OPG-OPA 过程产生 1040 nm 激光与 800 nm 激光在 BBO 晶体上进行互相关。互相关产生的 452 nm 和频信号经过准直、成像及耦合透镜注入光纤阵列并传输到示波器进行分析。在示波器上找到主峰位置，调节待测光一路的延迟，使主峰在时间窗口最末端，对主峰进行衰减。如果对于再生放大器，对比度不会很高，所以 10^5 的单点衰减片不必放入光路中，使用 10× 的单点衰减和合适倍数的光纤衰减器即可；对幅值较高的预脉冲进行衰减，此过程只能通过加入光纤衰减器实现，逐步增加衰减量，直到看到脉冲的本底 (在示波器上表现为每 5ns 都有一个明显尖峰)。图 3.4-11 是一个典型的单次三阶自相关仪测量原始数据图。

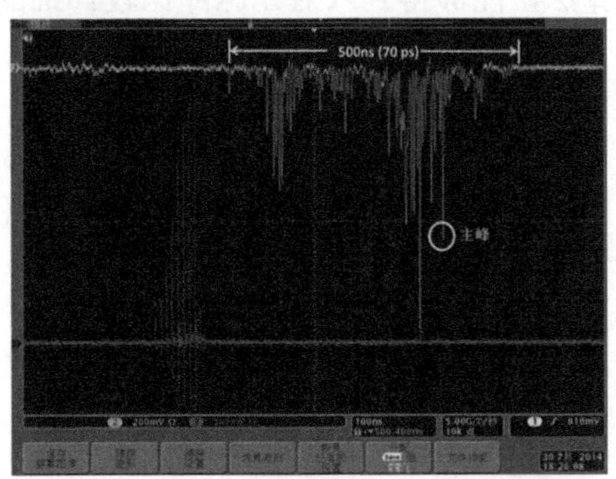

图 3.4-11 单次三阶自相关仪测量原始数据

对数据进行处理后，把对应的衰减强度加入原始信号中，就可以得到超强飞秒激光的对比度信息，如图 3.4-12 所示。

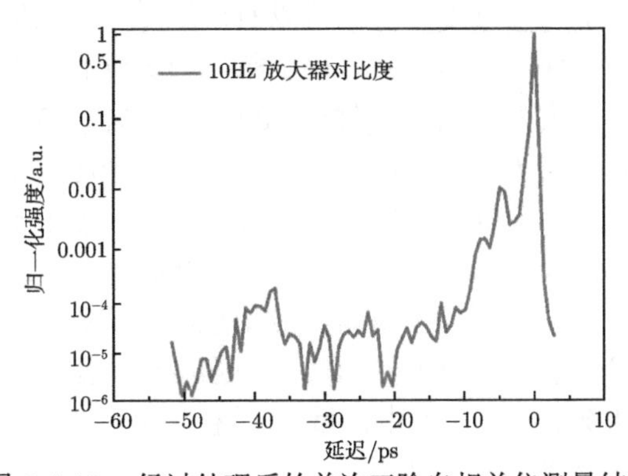

图 3.4-12 经过处理后的单次三阶自相关仪测量结果

3.5 FROG 脉冲测量原理与技术

虽然自相关法能够给出脉冲宽度信息，但不能够确定脉冲的电场形状、光谱结构以及它们的相位分布等信息，不能给出一个详细的、全面的描述。为此，人们积极探索各种新的测量方法，先后出现了频率域相位测量 (FDPM)、频域和时域分辨转换技术 (STRUT)、光谱成分的时域分析 (TASC)、频率分辨光学开关 (FROG) 法等方法，其中研究最多、最成功的就是 FROG 法 [7−11]。

FROG 法最早是由 D. J. Kane 和 R. Trebino 在 1993 年提出的一种测量超短脉冲的方法 [12]，它能给出如光谱带宽、脉冲宽度、相位等比较详细的脉冲信息。其基本方法是将入射光脉冲分为两束，一束作为探测光，一束作为光开关，并且让作为开关的光束引入一个时间延迟 τ，然后再让两束光通过非线性介质产生相互作用，经光谱仪进行光谱展开后，用 CCD 进行测量，得到相互作用后的光强信息。利用脉冲迭代算法，能够得到入射光脉冲比较详细的信息。

3.5.1 典型 FROG 测量原理与技术

在 FROG 法中，脉冲迭代算法的目的就是找到入射光脉冲的电场 $E(t)$，以得到脉冲的详细信息。在实验中，将入射光分为探测光 $E(t)$ 和光开关 $g(t-\tau)$，探测光与光开关相互干涉产生信号光 $E_{\mathrm{sig}}(t,\tau)$，有

$$E_{\mathrm{sig}}(t,\tau)=KE(t)g(t-\tau) \tag{3.5-1}$$

做傅里叶变换后有

$$I_{\mathrm{FROG}}(\omega,\tau)=\left|\int_{-\infty}^{\infty}E_{\mathrm{sig}}(t,\tau)\exp(-\mathrm{i}\omega)\mathrm{d}t\right|^2 \tag{3.5-2}$$

此即为实际探测到的信号光强度分布，可以看出这是一个与时间和频率有关的二维函数，对此结果的迭代运算即可同时得出脉冲的宽度和光谱信息 [12−14]。

上面的方程给了我们两个约束条件式 (3.5-1) 和式 (3.5-2)。在相位迭代算法中，如果已知开关函数 $g(t-\tau)$，我们可以先假定一个脉冲电场 $E(t)$ (如高斯脉冲)，利用约束条件 (3.5-1) 得到信号场，将信号场代入约束条件 (3.5-2)，可以算出强度分布 $I_{\mathrm{FROG}}(\omega,\tau)$，然后再与实验测量到的强度分布 $I(\omega,\tau)$ 比较，修改由计算得到的强度分布 $I_{\mathrm{FROG}}(\omega,\tau)$，再将其做傅里叶逆变换得到一个新的脉冲电场 $E(t)$，完成一次迭代傅里叶变换得到的实部为强度值，虚部为相位；然后再将新得到的电场代入约束条件 (3.5-1) 中，重复上述步骤直到计算出的强度分布与测量得到的强度分布之间的均方根误差小到能接受的程度 (如 10^{-4})。如此经过多

次迭代，最终能得到一个非常接近实际脉冲形状的电场。整个迭代算法的示意图如图 3.5-1 所示。

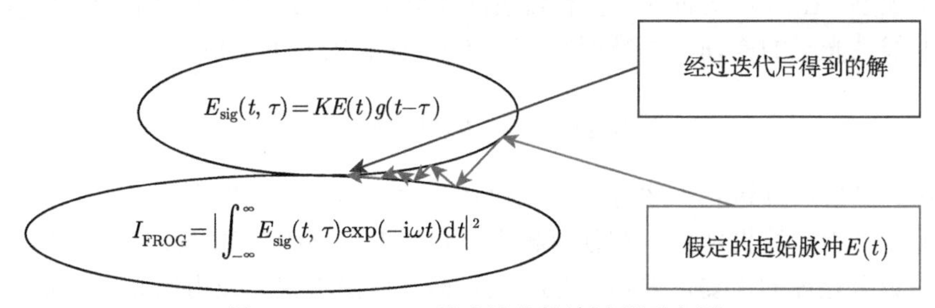

图 3.5-1 FROG 技术迭代算法过程示意图

3.5.2 SHG-FROG 测量原理与技术

二次谐波频率分辨光学开关 (SHG-FROG) 法是利用飞秒脉冲本身作为光学开关函数，利用非线性倍频过程中产生的倍频信号作为自相关信号，用光谱仪对其进行频率分辨，然后用 FROG 迭代程序进行运算，对自相关信号进行分析的一种方法。图 3.5-2 为 SHG-FROG 实验装置光路图。

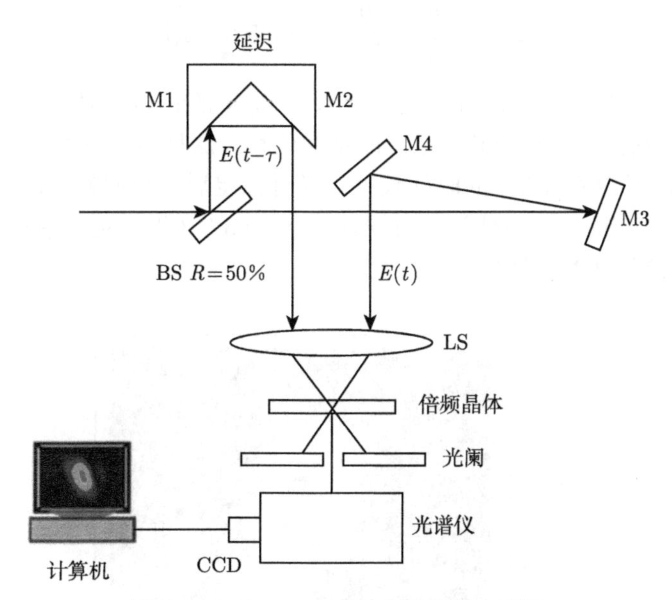

图 3.5-2 SHG-FROG 实验装置光路图

待测的飞秒激光脉冲入射到分束器 (BS) 上，被等分成两束 (反射光和透射光)，反射光经过直角反射角锥，反射到聚焦透镜上，作为开关光 $E(t-\tau)$；透射光经过平面反射镜的反射，也入射到聚焦透镜上，作为探测光 $E(t)$；用聚焦透镜将透射光和反射光同时聚焦到 BBO 晶体里；旋转倍频晶体角度，在探测器的荧光屏上观察，直到两束光都有微弱的倍频信号出现为止；此时移动平移台，在荧光屏上观察，在两束光的中间会有蓝色的和频信号出现，此即为信号光 $E_{\mathrm{sig}}(t,\tau)$，根据非线性光学的原理，不难理解 $E_{\mathrm{sig}}(t,\tau)$ 应满足如下关系：

$$E_{\mathrm{sig}}(t,\tau) \propto E(t)E(t-\tau) \tag{3.5-3}$$

用光谱仪对其进行频率分辨，同时用 1024×252 像元的面阵 CCD 接收自相关信号，并用计算机观察，在计算机上就可以看到 SHG-FROG 踪迹。为了迭代算法中数据处理的需要，要对 CCD 进行标定；由于我们使用的光谱仪是波长已经标定好的标准商用产品，所以不需要再进行频率域的标定；需要标定的仅是时间延迟 τ。在实验中，我们在开关光路上引入 20μm 的空间延迟，由自相关法的时间空间关系：

$$\text{时间延迟} = \frac{\text{空间延迟}}{\text{光速}} \times \text{强度自相关积分因子}$$

可以得到

$$\Delta\tau = \frac{20\times10^{-6}}{3\times10^{8}} \times 0.65 \approx 43(\mathrm{fs})$$

这样在两束光作用的过程中就会引入约 43fs 的时间延迟，相应的信号光在 CCD 像面上就会有大约 29 个像元的空间位移，这样就意味着 CCD 像面上的每个像元大约对应着 1.5fs 的时间尺度。经过标定后，我们就可以根据信号光在 CCD 像面上分布的像元数估算出时间延迟 τ。图 3.5-3 为在实验中探测到的 SHG-FROG 信号光强度的典型分布之一。

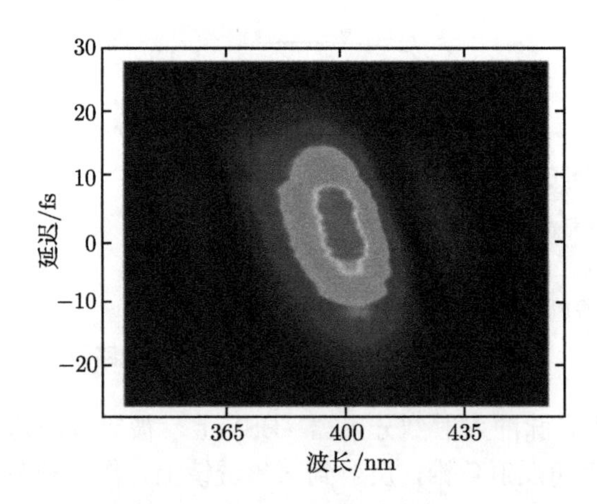

图 3.5-3　实验中探测到的 SHG-FROG 信号光强度分布 (彩图请扫封底二维码)

将信号光的强度分布输入迭代程序中进行迭代运算，经过多次迭代运算，就可以得到有关探测光的电场强度及相位分布、光谱强度及相位分布、脉冲宽度、光谱宽度等信息。图 3.5-4 为我们经过迭代后得到的电场强度及其相位分布图。

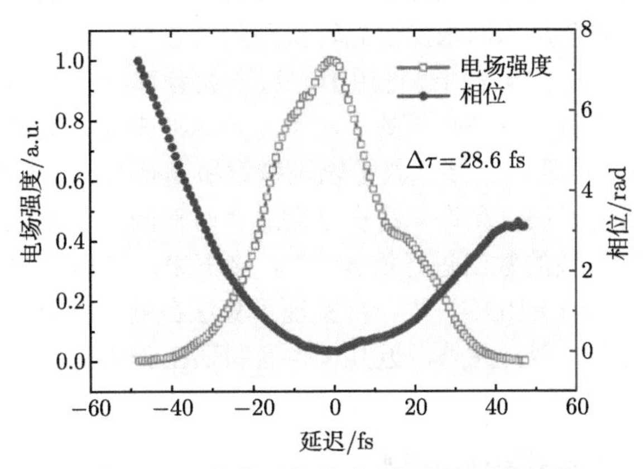

图 3.5-4 迭代后的脉冲电场强度及其相位

图 3.5-4 中显示，待测的飞秒激光电场并不是十分严格的高斯脉冲或者双曲正割脉冲，而是带有一些波形畸变；脉冲内部各部分的相位分布并不一致，随时间呈现出近似线性的变化，这也就是通常所说的线性啁啾。它可能是由于腔内的色散补偿不够完全，也可能是激光通过倍频晶体引起的色散展宽。图中还显示脉冲宽度大约 28.6 fs，这是由迭代程序直接给出的结果。图 3.5-5 为迭代计算出的对应的光谱信息，结果表明光谱的半峰全宽为 58.8 nm，中心波长光谱分布在 810 nm 附近，光谱分布近似为高斯形，各光谱组元的相位基本呈线性变化，表现出线性啁啾，与电场中反映出的啁啾信息基本一致。

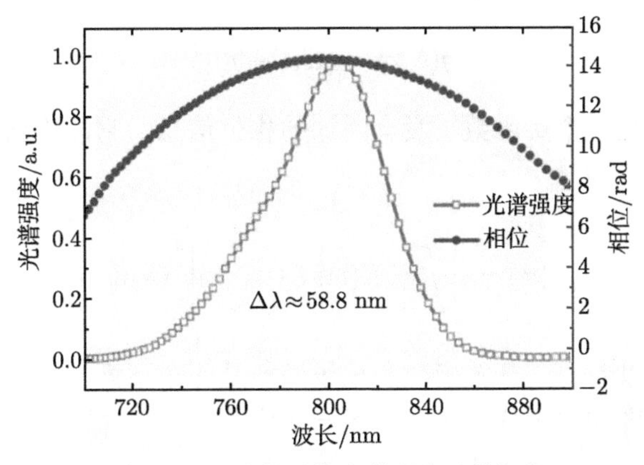

图 3.5-5 迭代后的光谱强度及其相位

由高斯型飞秒激光时间带宽积的关系，我们可以估算出对于 58.8nm 的光谱，其能够支持大约 16fs 的理想脉冲宽度，而实际的测量结果却是 28.6fs，究其原因，可能是由色散没有完全补偿所致，从图 3.5-4 和图 3.5-5 中的相位关系中也可以看出这一点。我们在振荡器中增加了三片折叠镜以追求器件的紧凑性，由此所导致的色散补偿得不完全是脉冲未能达到转换极限的主要原因。

2019 年，R. Jafari 等提出一种用于二次谐波频率分辨光学门控超短脉冲测量技术的新算法，该算法总是收敛的，对于复杂脉冲来说，速度也快得多。它利用了 Paley-Wiener 定理，直接从测量轨迹检索所需信息一半的精确脉冲谱。它还使用了一种多网格方法，允许算法在早期迭代时对较小的数组进行操作，而在最后几次迭代时对完整的数组进行操作 [15]。接下来，该研究组也将上述方法拓展到偏振门和瞬态光栅 FROG，进一步验证了算法在处理含有噪声迹图时依旧具有很强的重建能力 [16−18]。此外，近几年也有科研工作者提出神经网络算法，如 ptychographic 等 [19−22]。

3.5.3 PG-FROG 测量原理与技术

二次谐波法是由两个对称的脉冲产生的二次非线性效应，不能有效地区分脉冲的前沿和后沿，也不能给出脉冲是正啁啾分布还是负啁啾分布，因此具有一定的局限性 [23,24]。为了解决这一问题，利用非对称的三阶非线性效应对激光脉冲进行测量分析，可以得到比较全面的信息。频率分辨偏振光学开关 (PG-FROG) 法利用激光的偏振特性，先将探测光通过一对正交偏振片，同时让开关光通过一个波片，将其偏振方向改变 45°，然后开关光与探测光在非线性光学介质中交叠。由于光学克尔效应，开关光会在介质中引起双折射，当开关光与探测光在时间上重合时，这种效应会使得探测光的偏振方向发生改变，这样就会有一部分光通过正交的偏振片，此即为信号。

在这种方法中，开关函数为

$$g(t,\tau)=|E(t-\tau)|^2 \tag{3.5-4}$$

光开关函数是一个实函数，没有附加的相位信息，它能给出比较真实的脉冲信息。其光强分布为

$$I_{\text{FROG}}(\omega,\tau)=\left|\int_{-\infty}^{\infty}E(t)\left|E(t-\tau)\right|^2\exp(-\mathrm{i}\omega t)\mathrm{d}t\right|^2 \tag{3.5-5}$$

从公式中可以看出，开关函数和电场函数是两个不同的函数，在相互作用过程中，能够比较详细地区分出光脉冲每一部分的信息。

图 3.5-6 为我们采用的 PG-FROG 实验装置图。

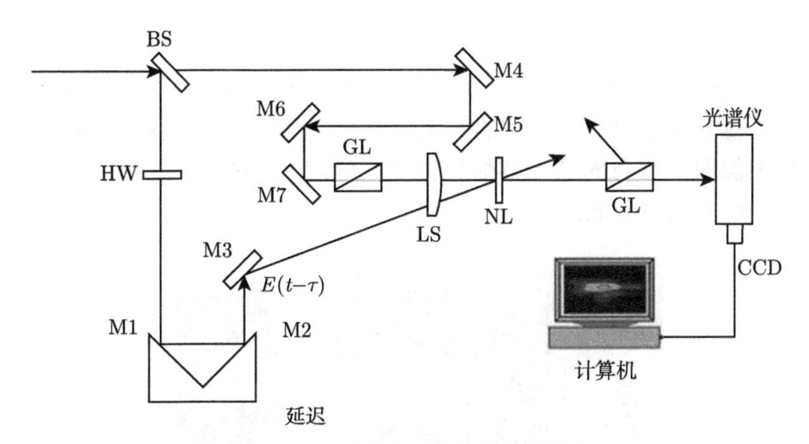

图 3.5-6 PG-FROG 实验装置图

待测的飞秒激光脉冲入射到分束器 (BS) 上，让其中的一束通过一个波片和一个延迟线，作为开关光 $|E(t-\tau)|^2$；另外一束光经过一对正交的偏振片 (GL)，作为探测光 $E(t)$；然后用柱面透镜将这两束光聚焦到一块薄的非线性材料上；先调节两个偏振片，使得第二个偏振片后面没有激光输出，然后调节开关光延迟时间以及空间位置让两束光在时间和空间上完全重合在非线性材料中，此时在第二个偏振片后面会有微弱的激光出现，此即为信号光 $E_{\text{sig}}(t,\tau)$。根据非线性光学的原理，不难理解 $E_{\text{sig}}(t,\tau)$ 应满足如下关系：

$$E_{\text{sig}}(t,\tau) \propto E(t)|E(t-\tau)|^2 \tag{3.5-6}$$

将信号光入射到光谱仪中，并用 1024×252 像元的面阵 CCD 进行探测，就得到了随频率分布的信号光强度。在该实验中，我们利用激光的偏振特性作为开关，因此该实验方法称为频率分辨偏振光学开关法。

用 CCD 探测到信号光强度分布后，为了迭代算法中数据处理的需要，和 SHG-FROG 一样，要对 CCD 进行标定；由于光谱仪的波长已经标定好，所以不需要再进行频率域的标定；需要标定的仅是时间延迟 τ。在实验中，我们在开关光路上引入 20 μm 的空间延迟，由自相关法的时间空间关系：

$$\text{时间延迟} = \frac{\text{空间延迟}}{\text{光速}} \times \text{强度自相关积分因子} \tag{3.5-7}$$

其中，强度自相关积分因子是在自相关积分过程中出现的归一化常数，对于不同的脉冲形状对应于不同的数值，如对于双曲正割脉冲，其数值约为 0.65。

因此，可以得到

$$\Delta\tau = \frac{20\times10^{-6}}{3\times10^{8}} \times 0.65 \approx 43(\text{fs}) \tag{3.5-8}$$

这样在两束光作用的过程中就会引入约 43fs 的时间延迟，相应的光信号在 CCD 像面上就可以观察到大约有 14 个像元的空间位移，这样就意味着 CCD 像面上的每个像元对应着大约 3fs 的时间尺度。经过标定后，我们就可以根据信号光在 CCD 像面上分布的像元数估算出时间延迟 τ。图 3.5-7 是在实验中探测到的信号光强度的典型分布之一。

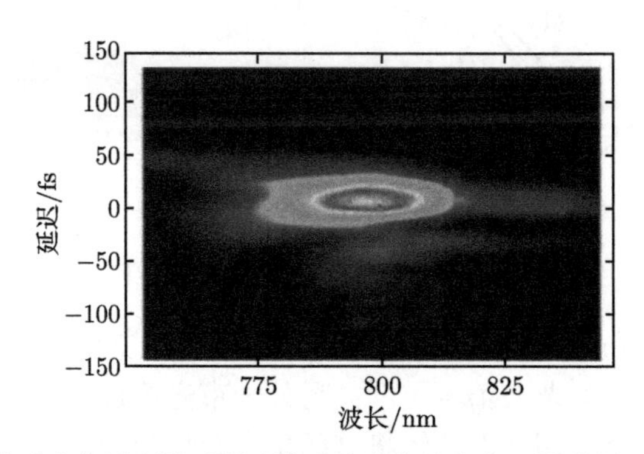

图 3.5-7　实验中探测到的零啁啾激光脉冲信号分布 (彩图请扫封底二维码)

将上述实验数据引入迭代算法，输入迭代程序中，经过多次迭代运算，就可以得到有关探测光的电场强度及相位分布、光谱强度及相位分布、脉冲宽度、光谱宽度等信息。图 3.5-8 为我们经过迭代后得到的电场强度和光谱强度以及它们的相位分布图。

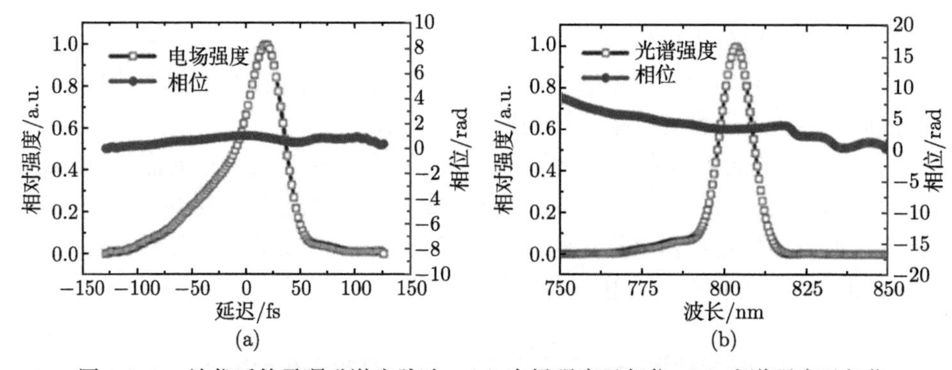

图 3.5-8　迭代后的零啁啾激光脉冲：(a) 电场强度及相位; (b) 光谱强度及相位

图 3.5-8 中显示，当该激光系统工作在零啁啾状态时，输出的飞秒激光电场并不是十分严格的高斯脉冲或者双曲正割脉冲，而是带有一些波形畸变；脉冲内部各部分的相位分布却非常一致，各个位置都处于零相位状态；光谱分布比较规则，虽然相位有一些变化，但在有效的光谱区域内还是非常一致的。图 3.5-8(a) 中还显示脉冲宽度大约 42fs，这是由迭代程序直接给出的结果。图 3.5-8(b) 为迭

代计算出的对应的光谱信息，结果表明光谱的半峰全宽约为 27nm，中心波长光谱分布在 800nm 附近。

当改变压缩器中光栅对的距离时，系统的工作状态就发生了改变，输出的激光脉冲出现了啁啾变化，甚至无规则分布状态，当用 PG-FROG 监测系统时，就能反映出系统的这些变化。图 3.5-9 为测量得到的带啁啾信息的激光脉冲信号分布图。

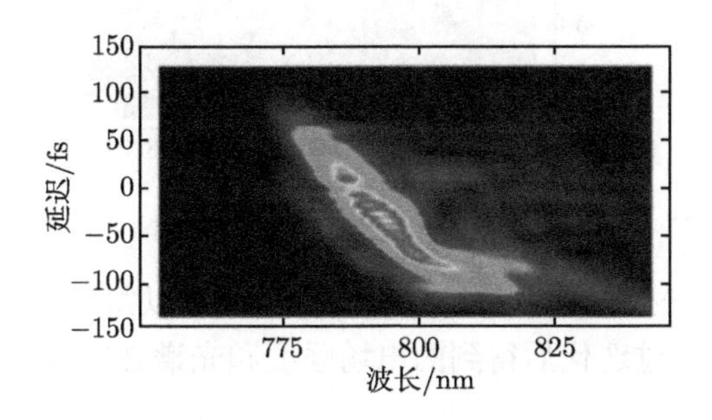

图 3.5-9 带啁啾信息的激光脉冲信号分布图 (彩图请扫封底二维码)

将上述实验数据输入迭代程序中，经过多次迭代运算，就可以得到在这种情况下有关探测光的一些详细信息。图 3.5-10 为经过迭代后得到的电场强度和光谱强度以及它们的相位分布图。

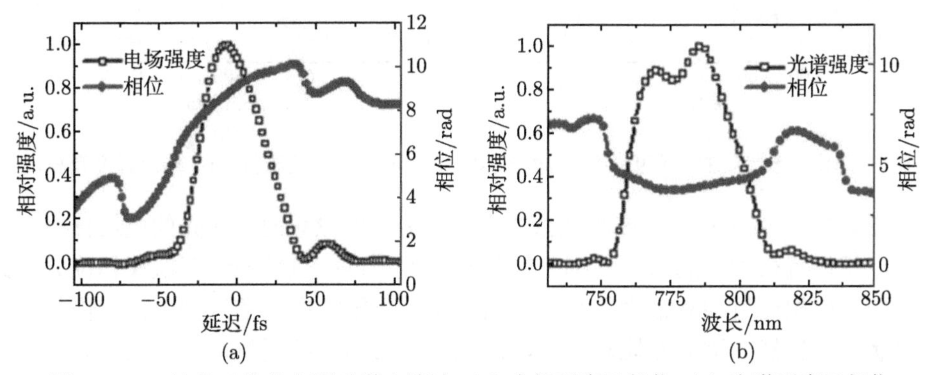

图 3.5-10 迭代后的带有啁啾激光脉冲: (a) 电场强度及相位; (b) 光谱强度及相位

图 3.5-10 中显示，当该激光系统工作在有啁啾状态时，虽然输出的飞秒激光的电场分布变得比较规则，但相位却有很大的变化，各部分的分布不再一致，而有了先后的区分；相位的不一致也使得两束光在非线性材料中发生频率转换时，相互作用后的光谱变宽，同时偏离了中心波长的位置。此时的激光脉冲虽然带有啁啾，但相位还是呈现出一定的线性分布，具有一定的规则可循；当激光脉冲携带更多的啁啾量时，电场及相位分布就变得不是很规则了。我们进一步改变压缩器

参数，得到了带有更多啁啾量的脉冲，图 3.5-11 是在这种情况下得到的激光脉冲信号分布图。

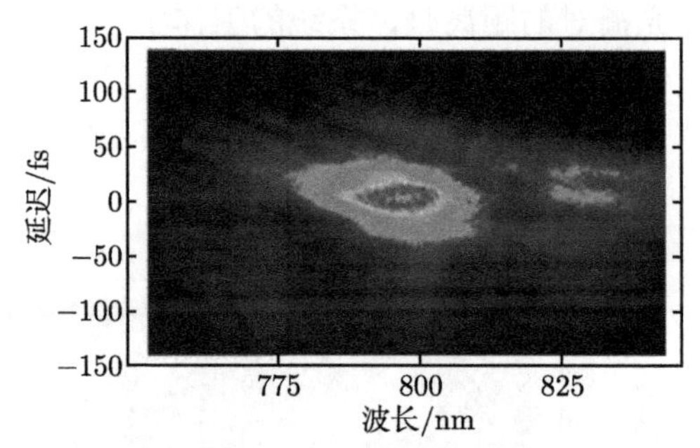

图 3.5-11　带有更多啁啾量的激光脉冲信号分布图 (彩图请扫封底二维码)

将该数据输入迭代程序中进行迭代运算，就可以得到有关探测光的一些详细信息。图 3.5-12 为经过迭代后得到的电场强度和光谱强度以及它们的相位分布图。

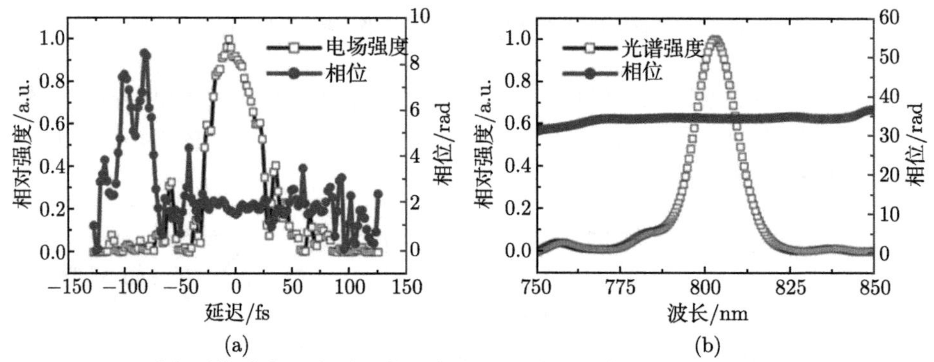

图 3.5-12　迭代后的带有更多啁啾激光脉冲: (a) 电场强度及相位; (b) 光谱强度及相位

图 3.5-12 中显示，当该激光脉冲带有更多的啁啾量时，激光的电场分布也不规则，相位有很大的起伏，各部分的分布很不一致；虽然光谱形状和相位分布比较规则，但相位量却有很大的数值；这说明激光脉冲在压缩过程中没有恢复到零啁啾状态，虽然光谱分布比较一致，但电场分布却杂乱无章，此时的激光工作状态很差。

因此，利用 PG-FROG 对激光系统进行监测分析，可以清楚地知道激光系统的详细工作状况，这对于激光系统的维护运行和物理实验工作的开展具有十分重要的意义。

3.5.4　几种测量结果比较

从迭代程序中可以看出，光开关函数 $g(t,\tau)$ 起着非常重要的作用，而对于不同的设计方案，光开关函数有不同的形式，对应着不同的测量光路和不同的数据图样。上面主要介绍了二次谐波法和偏振法，下面介绍其他几种 FROG 的设计方案，并对其测量结果进行比较。

1. 自衍射光开关法

自衍射光开关法利用两束偏振方向相同的光，让它们在非线性介质中重叠发生相互作用，产生一个正弦分布的光强，使得介质成为一个光栅，将两束光衍射。其实验装置与偏振光开关法基本相同 (图 3.5-13)。

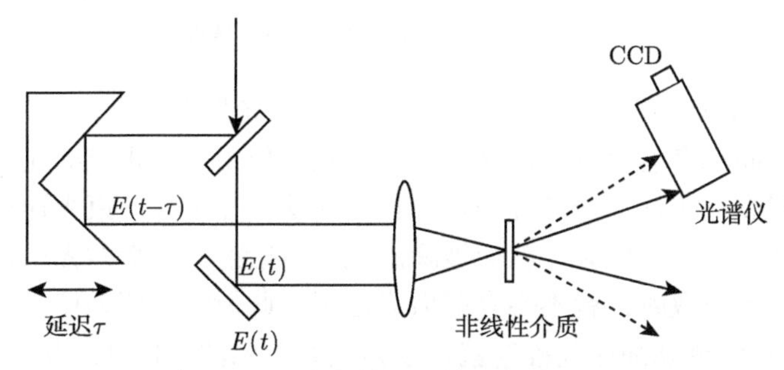

图 3.5-13 自衍射光开关法实验装置图

在实验中没有用波片和偏振片，仅将待测光用 50%的分束镜分成两束，让其中一束通过延迟，作为开关光，另一束作为探测光，然后让它们重叠到非线性介质中，发生相互作用，使介质成为一个光栅，将自身衍射。当两束光在时间上一致时，就有衍射光出现；当两束光在时间上不一致时，就没有衍射光出现。用光谱仪和 CCD 探测衍射光，再经过迭代程序就可得到关于脉冲的信息。其开关函数为

$$g(t,\tau)=E'(t)E(t-\tau)^* \tag{3.5-9}$$

光强分布为

$$I_{\mathrm{FROG}}(\omega,\tau)=\left|\int_{-\infty}^{\infty}E(t)^2E^*(t-\tau)\exp(-\mathrm{i}\omega t)\mathrm{d}t\right|^2 \tag{3.5-10}$$

与偏振光开关法比较而言，自衍射法中不需要偏振片，因此可用于深紫外区或者脉宽非常短的脉冲；但是实验中用的非线性介质要很薄，而且两束光之间的夹角也不能太大，否则会由于两束光之间的相位失配过大而得不到信号。

2. 瞬态光栅法

瞬态光栅法是将入射光分为三束，其中两束光在光学克尔介质上重叠，形成衍射光栅，如同自衍射法，第三束光经过可变的时间延迟，与前两束光重叠在介质上，被瞬态光栅所衍射。其实验装置如图 3.5-14 所示。

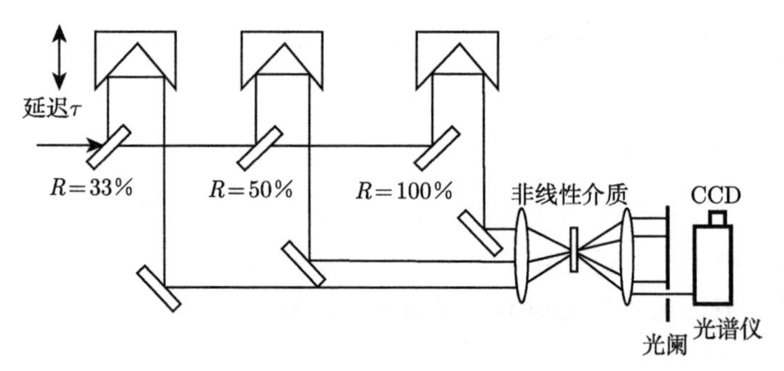

图 3.5-14 瞬态光栅法实验装置图

在实验中，将待测光等分为三束，让其中两束光先聚焦在光学克尔介质上，并且让它们在时间和空间上重叠，这样两束光相互作用形成正弦的光强分布，使介质成为一个瞬态光栅，这个过程类似于自衍射法。让另外一束光通过介质，当它与前两束光在时间上一致时，就会被瞬态光栅所衍射，有衍射光出现；当它前两束光在时间上不一致时，就不会有衍射光出现。此衍射光即为信号，用光谱仪和 CCD 探测，再经过脉冲迭代程序就可以得到有关脉冲的信息。其开关函数为

$$g(t,\tau)=E_1(t)E_2^*(t-\tau)E_3(t) \tag{3.5-11}$$

由于三束光是不可区分的，所以光开关函数可写为

$$g(t,\tau)=E(t)^2E^*(t-\tau) \tag{3.5-12}$$

其光强分布为

$$I_{\mathrm{FROG}}(\omega,\tau)=\left|\int_{-\infty}^{\infty}E(t)^3E^*(t-\tau)\exp(-\mathrm{i}\omega t)\mathrm{d}t\right|^2 \tag{3.5-13}$$

在瞬态光栅法中，不需要偏振片，可以用于脉宽非常短的脉冲，也可以用于紫外区；而且它不会由非线性介质太厚或者光束之间的夹角过大而引起相位失配。但是，瞬态光栅法要求三束光在时间和空间上重合，这在调节的过程中是非常困难的。

2019 年，笔者团队提出了一种改进型的瞬态光栅频率分辨光学开关 (TG-FROG) 法用于测量飞秒脉冲 [25]。该方法结合四波混频和频率分辨光学开关法，其基本过程是将待测脉冲分为三束，其中两束脉冲经过精密的延迟控制并聚焦在光学介质上达到时空重合，利用三阶非线性效应产生稳定的瞬态光栅作为开关光；另一束脉冲作为探测光与产生的瞬态光栅进行相互作用产生一个信号光，使用光谱仪对该信号光的光谱与延迟时间进行测量，并通过反演迭代算法处理而获取待测飞秒脉冲的光谱与电场信息。该方法只需要待测光的功率密度达到三阶非线性

效应时就可以实现测量，因此可以应用于任意中心波长的飞秒脉冲测量。利用该方法对中心波长分别为 800 nm、400 nm 的飞秒脉冲，以及超连续亚 10 fs 的周期量级超宽光谱飞秒脉冲进行了测量，并与常规的干涉自相关仪器测量结果进行了比较，所得测量结果基本一致。实验结果表明，基于 TG-FROG 法对不同中心波长、不同脉冲宽度的飞秒脉冲测量是十分有效的。当周期量级脉冲之间的相对延迟接近数十飞秒时，常见的飞秒脉冲测量手段已无法满足脉冲之间相对相位的精确调控需求。因此，该课题组提出一种基于瞬态光栅频率分辨光学开关装置，精确反演出脉冲之间的相对相位。此方案不仅有助于直接产生亚周期 (亚飞秒) 脉冲，还可应用于二维相干光谱学等相关领域 [26]。

3. 三次谐波法

还可以利用能产生三次谐波的非线性光学过程来进行脉冲测量。其实验装置类似于二次谐波法 (图 3.5-15)。

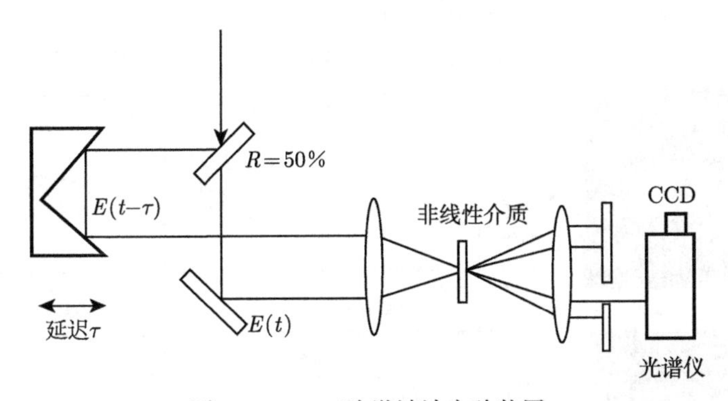

图 3.5-15 三次谐波法实验装置

将待测光分为两束，在其中一束中加入延迟，然后将两束光聚焦在具有三阶非线性效应的介质上。当两束光在时间上重合时，就会有三次谐波的产生；当两束光在时间上不重合时，就不会有三次谐波的产生。此三次谐波就是信号。相应的光开关函数为

$$g(t,\tau)=E(t)E(t-\tau) \tag{3.5-14}$$

其光强分布为

$$I_{\mathrm{FROG}}(\omega,\tau)=\left|\int_{-\infty}^{\infty}E^2(t)E(t-\tau)\exp(-\mathrm{i}\omega t)\mathrm{d}t\right|^2 \tag{3.5-15}$$

同其他利用三阶非线性效应的方法一样，三次谐波法也能克服二次谐波法中在时间上的双值性。它的灵敏度虽然比二次谐波法要弱，但比其他的三阶非线性效应 (如自衍射法、瞬态光栅法) 要强，可用于能量较低的脉冲。

在上面讨论了脉冲迭代算法和几种可实行的实验方案，用实验中得到的光斑，再经过迭代程序运算，就可得到脉冲的时间宽度、光谱宽度、相位等信息。下面就用几个具体的实例进行说明。

在时间域里面，脉冲电场可用以下形式来描述：

$$E(t) = \sqrt{I(t)}\exp\left[\mathrm{i}\left(\mathrm{chirp}\ \times t^2 + \mathrm{SPM}\times|\varepsilon(t)|^3 + \mathrm{TCP}\times t^3\right)\right] \tag{3.5-16}$$

其中，chirp 代表二阶色散；SPM 代表自相位调制；TCP 代表时间域里的三阶相位项。

利用傅里叶变换将其变换到频率域里面，又引入频率域中的附加的相位信息，有

$$E_{\mathrm{new}}(\omega) = E_{\mathrm{old}}(\omega)\exp\left[\mathrm{i}\left(\mathrm{SCP}\omega^3 + \mathrm{SQP}\omega^4\right]\right. \tag{3.5-17}$$

其中，SCP 代表附加的二阶相位项；SQP 代表附加的三阶相位项。

在没有啁啾的理想情况下 (以脉宽为 10fs 的高斯脉冲为例)，采用不同的实验方法所得到的实验结果如图 3.5-16 所示。

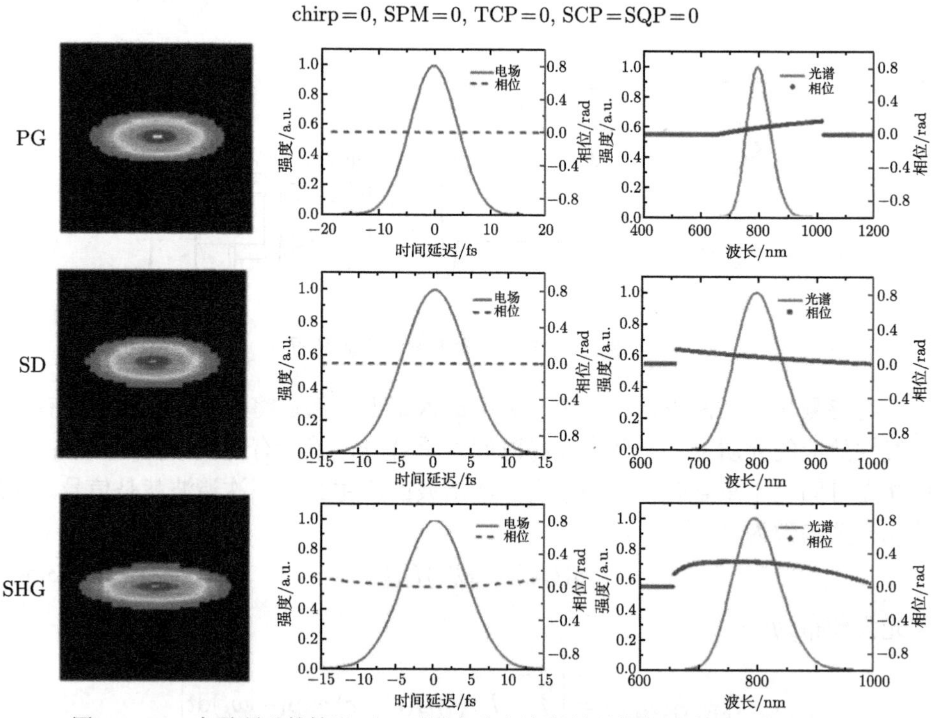

图 3.5-16　在零啁啾的情况下，不同实验方法应得到的实验光斑及实验结果 (彩图请扫封底二维码)

图 3.5-16 中，PG 为偏振光学开关法，SD 为自衍射光学开关法，SHG 为二次谐波光学开关法。从图中可以看出，对于不同的实验方法，所得到的 FROG 踪迹

略不相同，但通过迭代算法运算后所得到的结果是一致的；在下面的讨论中，这一现象会更加明显。

对于带有啁啾的脉冲，所得到的 FROG 踪迹与没有啁啾的就完全不一样，啁啾的正负对其也有影响，如图 3.5-17 所示。

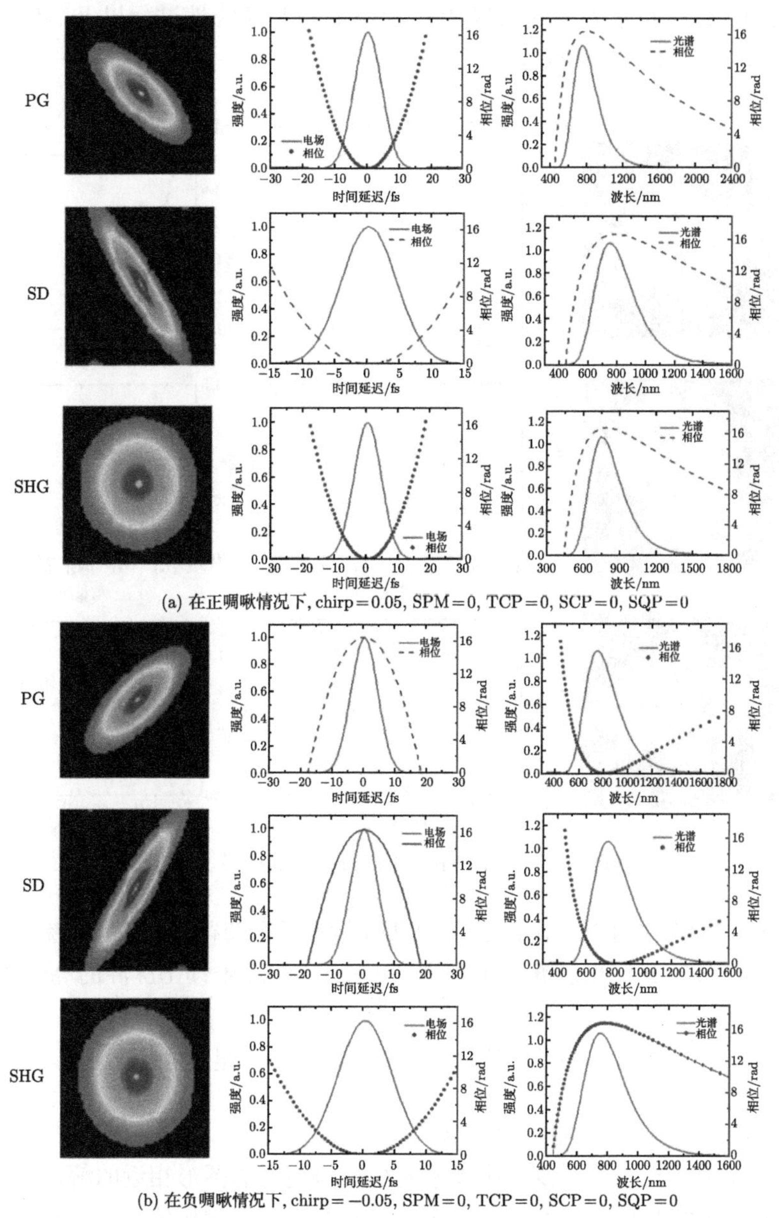

(a) 在正啁啾情况下, chirp = 0.05, SPM = 0, TCP = 0, SCP = 0, SQP = 0

(b) 在负啁啾情况下, chirp = −0.05, SPM = 0, TCP = 0, SCP = 0, SQP = 0

图 3.5-17 带有线性啁啾的 FROG 踪迹图及其结果 (彩图请扫封底二维码)

由图 3.5-17 中可以看出，FROG 踪迹图本身就可以反映出脉冲的啁啾信息；如对于 PG-FROG 和 SD-FROG，我们能通过它们的踪迹图直接判断出啁啾信息，同时能区分出啁啾的正负，而对于 SHG-FROG，虽然也能读出啁啾信息，由于其相关过程采用的是二阶过程，所以它不能够区分啁啾的正负。

FROG 踪迹也能够直接反映出自相位调制等非线性过程以及高阶相位对脉冲的影响，如图 3.5-18 所示。

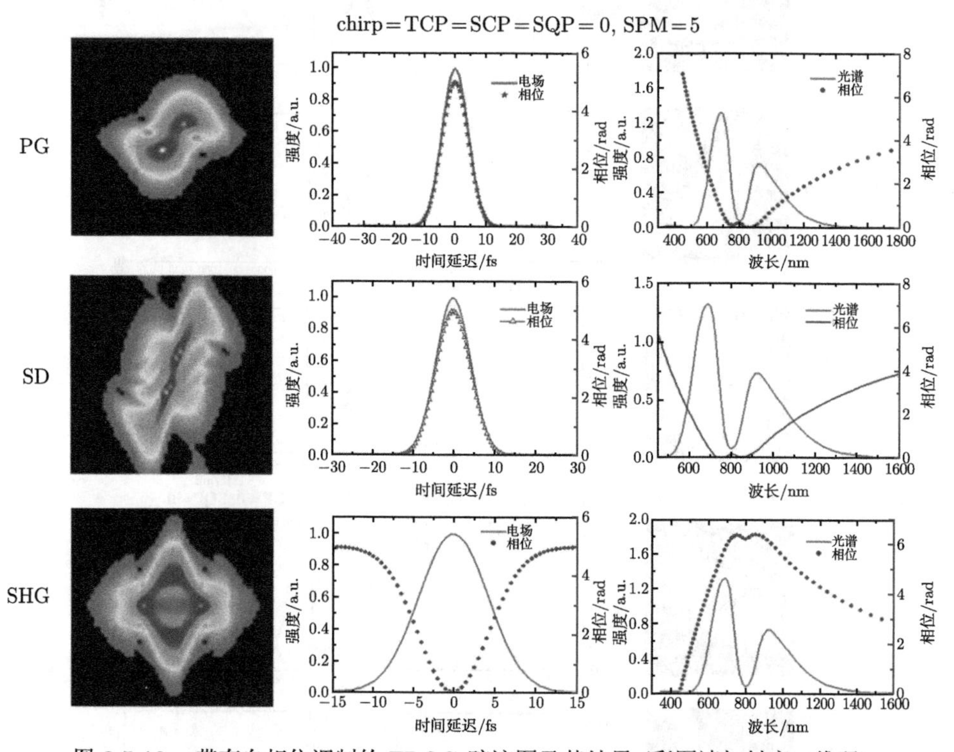

图 3.5-18 带有自相位调制的 FROG 踪迹图及其结果 (彩图请扫封底二维码)

从图 3.5-18 中可以看出，脉冲的高阶相位已经使得其 FROG 踪迹图变得极不规则，反过来，我们也能够从不规则的 FROG 踪迹中读出脉冲的高阶相位信息。

3.6 SPIDER 脉冲测量原理与技术

虽然用 FROG 方法测量超短脉冲的相位已经成为一种标准方法，但是它的缺陷在于计算时间长，需要多次迭代才能得到与测得的图形相近的解，这种做法有时不能满足人们的需要。于是人们又基于光谱相干法测相位的原理发明了一种新的方法，这就是自参考光谱相位相干直接电场重建 (SPIDER) 法 [28,29]。与 FROG

相比，它的最大优点是计算速度快 [30]，不需要迭代计算，只要一般的傅里叶变换就可以直接得到所需要的结果，而且它的灵敏度还很高，可以用于测量比较弱的脉冲。

测量相位的最简单的方法就是相干法。相干法基于两束相位不同的光场混合时在检测器上产生的强度调制，一般的实验装置是让波长相同的两束光在 x-y 平面内按不同的方向传播，如波矢为 K、R 的两束光，它们混合后在屏上产生简单的正弦调制的干涉条纹，条纹的周期为

$$\varDelta = \frac{2\pi}{|KX - RX|} \tag{3.6-1}$$

这样两束光之间的相位差表现为干涉条纹沿 x 方向的移动，两束光的任何空间相位的偏离反映为条纹间距的变化。

由于近轴传播的光场的时间和空间的相似性，我们可以用干涉法测量脉冲的相位，利用时间 t 来代替波矢 K，用 ω 代替 X。这样，两个不同时刻 t 和 $t+\tau$ 到达一点的脉冲会在合成的光谱上产生干涉条纹，条纹的频率间隔与延迟 τ 成反比，即 $2\pi/\tau$。两个脉冲间的任何光谱相位差将表现为条纹的畸变，这就是光谱相干的概念，是由法国人 C. Froehly 在 1973 年提出的。

假定存在两个光脉冲 $E_1(\omega)\mathrm{e}^{-\mathrm{i}\varphi_1(\omega)}$ 和 $E_2(\omega)\mathrm{e}^{-\mathrm{i}\varphi_2(\omega)}$，让它们通过分束镜合成一束入射到光谱仪中，并设法使它们之间有一个固定的时间差 τ，由此引起频移 $\omega\tau$，于是干涉条纹就是光谱调谐分量 ω 的函数，可写为

$$\begin{aligned}
S(\omega,\tau) &= \left|E_1(\omega)\mathrm{e}^{-\mathrm{i}\varphi_1(\omega)} + E_2(\omega)\mathrm{e}^{-\mathrm{i}\varphi_2(\omega)}\mathrm{e}^{-\mathrm{i}\omega\tau}\right|^2 \\
&= \left|E_1(\omega)\mathrm{e}^{\mathrm{i}\varphi_1(\omega)} + E_2(\omega)\mathrm{e}^{\mathrm{i}\varphi_2(\omega)}\mathrm{e}^{\mathrm{i}\omega\tau}\right| * \left|E_1(\omega)\mathrm{e}^{-\mathrm{i}\varphi_1(\omega)} + E_2(\omega)\mathrm{e}^{-\mathrm{i}\varphi_2(\omega)}\mathrm{e}^{-\mathrm{i}\omega\tau}\right| \\
&= |E_1(\omega)|^2 + |E_2(\omega)|^2 + |E_1(\omega)| * |E_2(\omega)| \\
&\quad * \left(\mathrm{e}^{-\mathrm{i}(\varphi_1(\omega)-\varphi_2(\omega)+\omega\tau)} + \mathrm{e}^{\mathrm{i}(\varphi_1(\omega)-\varphi_2(\omega)+\omega\tau)}\right) \\
&= |E_1(\omega)|^2 + |E_2(\omega)|^2 + 2\,|E_1(\omega)| * |E_2(\omega)| * \sin(\varphi_1(\omega) - \varphi_2(\omega) + \omega\tau) \\
&= |E_1(\omega)|^2 + |E_2(\omega)|^2 + 2\,|E_1(\omega)| * |E_2(\omega)| \\
&\quad * \cos\left(\varphi_1(\omega) - \varphi_2(\omega) + \omega\tau + \frac{\pi}{2}\right)
\end{aligned} \tag{3.6-2}$$

用光谱仪探测信号，就可以得到干涉谱。谱中条纹的间隔为 $\dfrac{2\pi}{\tau}$，然后用傅里叶变换可求出各个频率点两个脉冲之间的相位差 $\theta(\omega) = \varphi_1(\omega) - \varphi_2(\omega)$。在这种

方法中，需要知道参考脉冲的相位 $\varphi_2(\omega)$，而实际上参考脉冲的相位也是未知的。因此人们又提出了自参考光谱相干。

所谓自参考光谱相干，就是将一束光分成两束，让它们通过一些调制器，然后重叠在一起产生相互作用，得到干涉光谱。在这里人们发明了一种叫作光谱剪裁相干的方法，其基本思想是：将一束入射光分成两束，让其中一束通过一个线性光谱相位调制器，让另一束通过一个线性时域相位调制器，然后再将它们重叠在一起。线性光谱相位调制器的传递函数为

$$S = \exp(\mathrm{i}\tau\omega) \tag{3.6-3}$$

线性时域相位调制器的传递函数为

$$N = \exp(-\mathrm{i}\varOmega t) \tag{3.6-4}$$

它将输入脉冲在频率域中产生一个小的频移 $\varOmega$。此时，干涉光谱可表示为

$$\begin{aligned} S(\omega,\tau) &= \left|E_1(\omega-\varOmega)\mathrm{e}^{-\mathrm{i}\varphi_1(\omega-\varOmega)} + E_2(\omega)\mathrm{e}^{-\mathrm{i}\varphi_2(\omega)}\mathrm{e}^{-\mathrm{i}\omega\tau}\right|^2 \\ &= \left|E_1(\omega-\varOmega)\mathrm{e}^{\mathrm{i}\varphi_1(\omega-\varOmega)} + E_2(\omega)\mathrm{e}^{\mathrm{i}\varphi_2(\omega)}\mathrm{e}^{\mathrm{i}\omega\tau}\right| \\ &\quad * \left|E_1(\omega-\varOmega)\mathrm{e}^{-\mathrm{i}\varphi_1(\omega-\varOmega)} + E_2(\omega)\mathrm{e}^{-\mathrm{i}\varphi_2(\omega)}\mathrm{e}^{-\mathrm{i}\omega\tau}\right| \\ &= |E_1(\omega-\varOmega)|^2 + |E_2(\omega)|^2 + |E_1(\omega-\varOmega)| * |E_2(\omega)| \\ &\quad * \left(\mathrm{e}^{-\mathrm{i}(\varphi_1(\omega-\varOmega)-\varphi_2(\omega)+\omega\tau)} + \mathrm{e}^{\mathrm{i}(\varphi_1(\omega-\varOmega)-\varphi_2(\omega)+\omega\tau)}\right) \\ &= |E_1(\omega-\varOmega)|^2 + |E_2(\omega)|^2 + 2\,|E_1(\omega-\varOmega)| * |E_2(\omega)| \\ &\quad * \sin(\varphi_1(\omega-\varOmega) - \varphi_2(\omega) + \omega\tau) \\ &= |E_1(\omega-\varOmega)|^2 + |E_2(\omega)|^2 + 2\,|E_1(\omega-\varOmega)| * |E_2(\omega)| \\ &\quad * \cos\left(\varphi_1(\omega-\varOmega) - \varphi_2(\omega) + \omega\tau + \frac{\pi}{2}\right) \end{aligned} \tag{3.6-5}$$

还可以将其记为

$$S(\omega,\tau) = D^{\mathrm{dc}}(\omega) + D^{-\mathrm{ac}}(\omega)\exp(-\mathrm{i}\omega\tau) + D^{\mathrm{ac}}(\omega)\exp(\mathrm{i}\omega\tau) \tag{3.6-6}$$

式中，

$$D^{\mathrm{dc}}(\omega) = |E(\omega-\varOmega)|^2 + |E(\omega)|^2 \tag{3.6-7}$$

其中不含有相位信息，仅表示直流成分。

$$D^{-\mathrm{ac}} = |E(\omega-\varOmega)E(\omega)|\mathrm{e}^{\mathrm{i}[\phi(\omega-\varOmega)-\phi(\omega)]} \tag{3.6-8}$$

$$D^{\mathrm{ac}} = |E(\omega - \varOmega)E(\omega)|\mathrm{e}^{-\mathrm{i}[\phi(\omega-\varOmega)-\phi(\omega)]} \tag{3.6-9}$$

其中含有相位信息。

在这种方法中，最重要的是要找到能够制造出大到足以测量飞秒脉冲的频移，传统的调制技术不能够制造出足够大的频移；于是 I. A. Walmsley 等提出了一种用非线性介质展宽脉冲以覆盖足够宽的频谱的频移方法 [29]，其基本原理如图 3.6-1 所示。

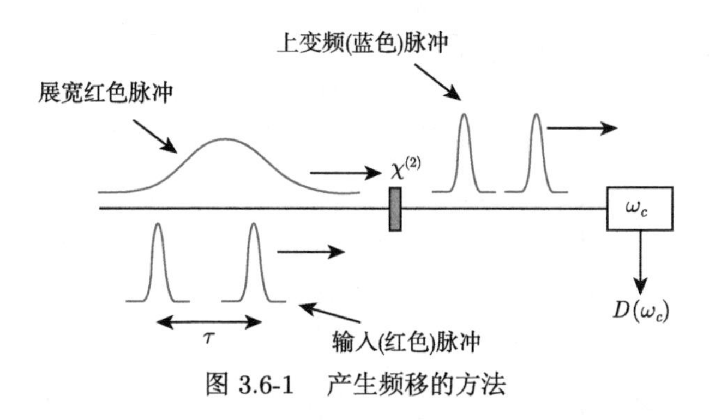

图 3.6-1 产生频移的方法

先用色散介质将脉冲展宽，再与具有相对时间延迟的一对脉冲在非线性介质中进行相互作用，实现频率转换，在作用过程中，两个窄脉冲与展宽后的脉冲的不同位置相互作用，而展宽脉冲不同位置处的频率是不同的，因此它们在非线性介质中经过频率转换后，所产生的两个新的脉冲之间的频率是不相同的，具有一定的频率差，这样就实现了频率移动；这种技术与光谱相干法配合使用就形成了 SPIDER 测量技术。

在 SPIDER 测量技术中，要还原相位，具体地说需要三个步骤：第一步, 用傅里叶变换和滤波技术把光谱干涉条纹中的交流分量分离出来, 即 $\phi(\omega - \varOmega) - \phi(\omega) + \omega\tau$; 第二步, 把交流部分中的快速变化部分减掉; 第三步, 用联结相位差的方法还原相位。

第一步，先将交流成分分离出来。

将待测激光入射到 SPIDER 测量装置中，经过频率上转换和光谱干涉，用光谱仪进行测量可以得到两束光的光谱干涉信号，如图 3.6-2 所示。

为了把交流分量分离出来, 先对数据进行傅里叶变换,变换到时间域,可以得到

$$\begin{aligned} D(t) =& \mathrm{FT}\left\{D^{\mathrm{dc}}\left(\omega_{\mathrm{c}}\right);\omega_{\mathrm{c}} \to t\right\} + \mathrm{FT}\left\{D^{-\mathrm{ac}}\left(\omega_{\mathrm{c}}\right);\omega_{\mathrm{c}} \to t+\tau\right\} \\ &+ \mathrm{FT}\left\{D^{+\mathrm{ac}}\left(\omega_{\mathrm{c}}\right);\omega_{\mathrm{c}} \to t-\tau\right\} \end{aligned} \tag{3.6-10}$$

傅里叶变换后在时间域中的光谱干涉信号如图 3.6-3 所示。

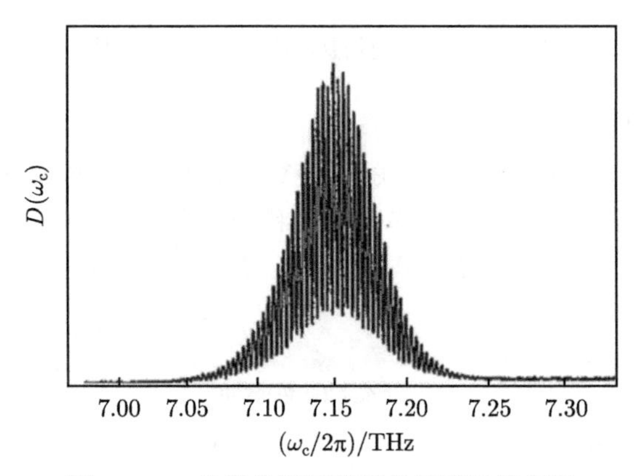

图 3.6-2　光谱仪测量得到的光谱干涉信号

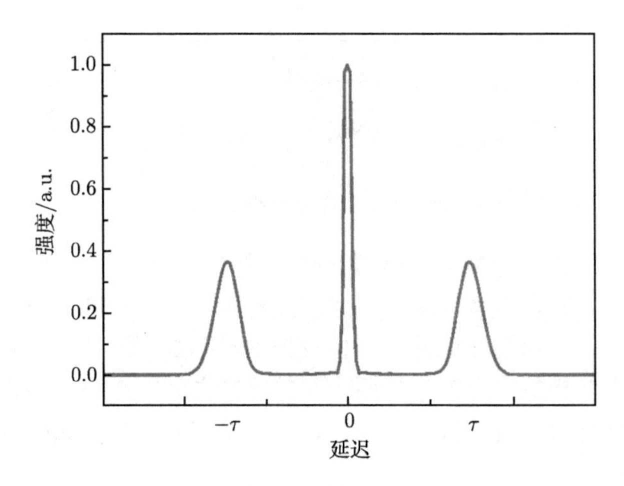

图 3.6-3　干涉条纹经过傅里叶变换后的波形

由图 3.6-3 中也可以看出：中间的脉冲为不含有相位信息的直流成分 D^{dc}，两侧的脉冲为含有相位信息的交流成分 $D^{-\mathrm{ac}}$ 和 D^{ac}。两个交流成分中都含有相同的相位信息，我们只需要将其中的一个提取出来进行处理就可以了。

使用超高斯滤波函数就可以将所需要的交流成分提取出来，提取后的交流成分如图 3.6-4 所示。

将交流成分提出来以后，则所要的相位差为

$$\phi(\omega)-\phi(\omega-\Omega)+\tau\omega=\arccos\left[D^{\mathrm{ac}}(\omega)\right] \tag{3.6-11}$$

其中含有快速变化部分，或者说是直流项 $\tau\omega$，在接下来的过程中，就要将其去掉。

第二步，将交流部分中所含有的直流部分减掉。

直流项 $\tau\omega$ 可以直接被测量出来，首先把没有经过频移的两个相同脉冲射入

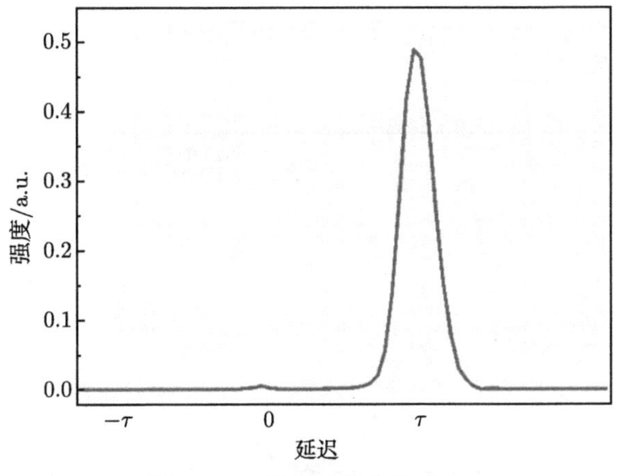

图 3.6-4 提取后的交流成分

干涉仪, 得到只与直流项 $\tau\omega$ 有关的干涉条纹，然后通过一系列傅里叶变换就可以直接计算出相应的直流项 $\tau\omega$。

第三步, 用联结相位差的方法还原相位。定义相位差为

$$\theta(\omega)=\varphi(\omega)-\varphi(\omega-\Omega) \tag{3.6-12}$$

$\varphi(\omega)$ 就可以从光谱相位差 $\theta(\omega)$ 的迭代中导出。实际上，$\theta(\omega)$ 中总会有一个未知的相位常数 θ_0, 其对 $\theta(\omega)$ 仅仅是一个线性的贡献, 并反映在时域上一个不重要的时间延迟。尽管这个时间延迟不重要, 我们最好在重建相位 $\varphi(\omega)$ 之前把所有的相位数据都减去 $-\theta(\omega)$, 使得线性相位的贡献最小。

迭代联结的结果是还原了一个在谱域内以 Ω 为间隔的取样相位。令同样频率如 ω_0 的取样相位为零, 使得 $\varphi\left(\omega_0-\Omega\right)=-\theta_0\left(\omega_0\right)$，所有频率光谱的相位就是偏离 ω_0 的光谱频移的倍数, 也就是

$$\begin{aligned}
&\varphi(\omega_0-2\Omega)=-\theta_0(\omega_0-\Omega)-\theta_0(\omega_0)\\
&\varphi(\omega_0-\Omega)=-\theta_0(\omega_0)\\
&\varphi(\omega_0)=0\\
&\varphi(\omega_0+\Omega)=\theta_0(\omega_0+\Omega)\\
&\varphi(\omega_0+2\Omega)=\theta_0(\omega_0+2\Omega)+\theta_0(\omega_0+\Omega)
\end{aligned} \tag{3.6-13}$$

注意在迭代中 $\theta\left(\omega_0\pm n\Omega\right)$ 是已知量。简单地将这些相位差合起来, 我们就得到了重建的间隔为光谱剪裁的脉冲相位，图 3.6-5 为联结后得到的光谱相位分布。这个结果甚至对于复杂的脉冲形状也成立。它使得我们可以从单一的光谱干涉条

纹重建脉冲的相位 $\varphi(\omega_0 \pm n\Omega)$。事实上，它可以做到实时再现脉冲的相位，便于啁啾脉冲放大器的优化。

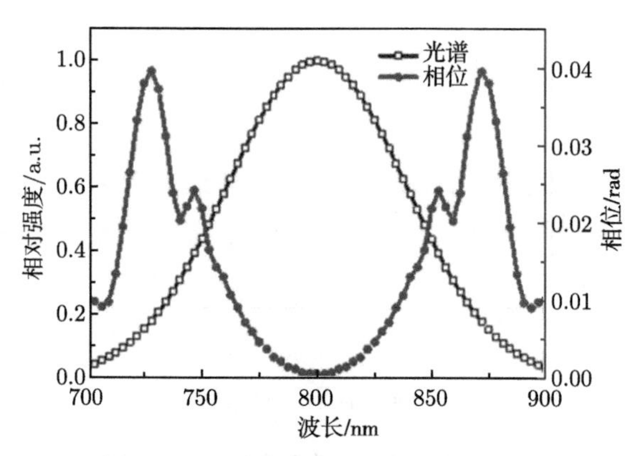

图 3.6-5 联结后得到的光谱相位分布

参考文献

[1] Giordmaine J A, Rentzepis P M, Shapiro S L, et al. Two-photon excitation of fluorescence by picosecond light pulses[J]. Appl. Phys. Lett., 1967, 11(7): 216-218.

[2] Peatross J, Rundquist A. Temporal decorrelation of short laser pulses[J]. J. Opt. Soc. Am. B, 1998, 15(1): 216-222.

[3] Chung J H, Weiner A M. Ambiguity of ultrashort pulse shapes retrieved from the intensity autocorrelation and the power spectrum[J]. IEEE J. Sel. Top Quantum Electron., 2001, 7(4): 656-666.

[4] Blount E I. Recovery of laser intensity from correlation data[J]. J. Appl. Phys., 1969, 40(7): 2874.

[5] Baronavski A P. Analysis of cross correlation, phase velocity mismatch, and group velocity mismatches in sum-frequency generation[J]. IEEE J. Quantum Electron., 1993, 29: 580-589.

[6] Zhang P, Zhang J, Chen D B, et al. Effects of a prepulse on γ-ray radiation produced by a femtosecond laser with only 5-mJ energy[J]. Phys. Rev. E, 1998, 57(4): R3746-R3748.

[7] 王兆华. 超短超强激光脉冲测量诊断的研究 [D]. 北京: 中国科学院物理研究所, 2004.

[8] 陈天第. 二次谐波频率分辨光学开关法测量超短脉冲研究 [D]. 济南: 山东大学, 2020.

[9] 刘青青. 基于频率分辨光学快门法的超短脉冲测量技术研究 [D]. 武汉: 华中科技大学, 2018.

[10] 黄杭东. 高功率超快光纤激光及脉冲测量研究 [D]. 西安: 西安电子科技大学, 2019.

[11] 黄沛. 周期量级光脉冲的相干控制与合成研究 [D]. 西安: 中国科学院西安光学精密机械研究所, 2019.

[12] Kane D J, Trebino R. Charterization of arbitrary femtosecond pulses using frequency-resolved optical gating[J]. IEEE J. Quantum Electron., 1993, 29(2): 571-579.

[13] Delong K W, et al. Frequency-resolved optical gating with the use of second-harmonic generation[J]. J. Opt. Soc. Am. B, 1994, 11(11): 2206-2215.

[14] Lepetit L, Joffre M. Two-dimensional nonlinear optics using Fourier-transform spectral interferometry[J]. Opt. Lett., 1996, 21(8): 564-566.

[15] Jafari R, Jones T, Trebino R, et al. 100% reliable algorithm for second-harmonic-generation frequency-resolved optical gating[J]. Opt. Express, 2019, 27(3): 2112-2124.

[16] Jafari R, Trebino R. Highly reliable frequency-resolved optical gating pulse-retrieval algorithmic approach[J]. IEEE J. Quantum Electron., 2019, 55(4): 8600107.

[17] Jafari R, Trebino R. Extremely robust pulse retrieval from even noisy second-harmonic-generation frequency-resolved optical gating traces[J]. IEEE J. Quantum Electron., 2019, 56(1): 8600108.

[18] Wu P Y, Lu H H, Weng C Z, et al. Dispersion-corrected frequency-resolved optical gating[J]. Opt. Lett., 2016, 41(19):4538-4541.

[19] Sidorenko P, Lahav O, Avnat Z, et al. Ptychographic reconstruction algorithm for frequency-resolved optical gating: super-resolution and supreme robustness[J]. Optica, 2016, 3(12): 1320-1330.

[20] Jafari R, Trebino R. Volkov transform generalized projection algorithm for attosecond pulse characterization[J]. New J. Phys., 2016, 18: 073009.

[21] Zahavy T, Dikopoltsev A, Moss D, et al. Deep learning reconstruction of ultrashort pulses[J]. Optica, 2018, 5(5): 666.

[22] Chu K C, et al. Temporal interferometric measurement of femtosecond spectral phase[J]. Opt. Lett., 1996, 21(22):1842-1844.

[23] Tokunaga E, Terasaki A, Kobayashi T. Femtosecond phase spectroscopy by use of frequency-domain interference[J]. J. Opt. Soc. Am. B, 1995, 12(5): 753-771.

[24] Walker B, Toth C, Fittinghoff D, et al. A 50 EW/cm^2 Ti:sapphire laser system for studying relaticistic light-matter interactions[J]. Opt. Express, 1999, 5(10): 196-202.

[25] 黄杭东, 滕浩, 詹敏杰, 等. 基于瞬态光栅频率分辨光学开关法测量飞秒脉冲的研究 [J]. 物理学报, 2019, 68(7): 8.

[26] 黄沛, 方少波, 黄杭东, 等. 基于瞬态光栅频率分辨光学开关装置的阿秒延时相位控制 [J]. 物理学报, 2018, 67(21):7.

[27] Wang Y, Ma J, Wang J, et al. Single-shot measurement of >1010 pulse contrast for ultra-high peak-power lasers [J]. Scientific Reports, 2014, 4: 3818.

[28] Iaconis C, Anderson M E, Walmsley I A. Spectral phase interferometry for direct electric field reconstruction of ultrashort optical pulses[J]. Opt. Lett., 1998, 23(10): 792-794.

[29] Iaconis C, Walmsley I A. Self-referencing spectral interferometry for measuring ultrashort optical pulses[J]. IEEE J. Quantum Electron., 1999, 35(4): 501-509.

[30] Shuman T, Walmsley I A, Waxer L, et al. Real-time SPIDER: ultrashort pulse characterization at 20 Hz[J]. Opt. Express, 1999, 5(6): 1.

第 4 章　激光锁模原理与技术

自从激光器问世以来，脉冲激光一直是激光技术领域研究的重点，向更短脉冲宽度及更高峰值功率激光进步的目标也是激光技术的主要推动力之一。虽然采用增益开关、调 Q 技术可以获得脉冲激光输出，但是增益开关获得的光脉冲宽度在微秒量级，显然太长。1962 年，科学家们首次利用调 Q 方式得到了脉冲宽度为 10^{-7}s 量级的激光输出。后续几年相继出现了声光调 Q、电光调 Q 等多种调 Q 方式，压缩的脉冲宽度也取得了显著的进展，激光的输出功率呈直线上升。但是，由于在 Q 开关激光器中建立起脉冲需要一定时间，即使是结合腔倒空技术，得到的调 Q 脉冲最短脉宽也仅为纳秒量级。对于很多应用领域来说，这一脉宽仍嫌太长。为了进一步压缩脉冲宽度，锁模技术应运而生。

采用锁模技术获得的光脉冲与连续光及调 Q 脉冲有本质的不同。连续光及调 Q 脉冲内部的纵模之间相位是随机的，锁模脉冲内部的纵模之间相位是锁定的。这一特性使得锁模脉冲的脉冲宽度更短，在各个研究领域展现了巨大的优势。

锁模技术是比调 Q 技术更为有效的超短激光脉冲产生技术，应用锁模技术，就可以直接从固体激光器中获得皮秒甚至飞秒量级的超短脉冲。1981 年，R. L. Fork 等利用碰撞脉冲锁模染料激光器获得了 90 fs 的锁模激光输出 [1]，1987 年，通过光栅对与棱镜对联合补偿色散的方式使脉宽进一步缩短到 6 fs[2]。但是染料激光器结构复杂，不易维护，因此很难普及。与此同时，人们也在探索新的增益介质，以实现锁模激光的脉宽的新突破。直到 1991 年，D. E. Spence 等利用 KLM 钛宝石激光器，获得了 60 fs 的超短脉冲 [3]。此后各种不同增益介质如 Cr:LiSAF[4]、Li:CAF[5,6]、Cr:forsterite[7] 和 Cr:YAG[8] 等飞秒激光器纷纷出现，通过锁模技术直接从激光器中输出的脉冲宽度在 2001 年已经达到 5 fs[9]。20 世纪 90 年代开启了飞秒超快激光研究的快速发展与广泛应用的繁荣时代。

随着锁模理论的提出，先后出现了多种锁模技术，这些技术可以分为主动锁模 (active mode-locking) 与被动锁模 (passive mode-locking) 两大类。主动锁模是指将电光或者声光调制器 (acoustic-optic modulator, AOM) 置于激光器谐振腔内，并加以适当的调制频率，使得谐振腔的损耗发生周期性变化。由于损耗的改变，每个模式的振幅也发生周期性变化，最后当腔内的增益大于损耗时，就可以得到较短的脉冲激光。主动锁模的优点是可靠性高、复现性好，缺点是主动锁模器件成本较高，且调制频率与腔长需实现精准的匹配，否则就会失锁。被动锁模技术主要依靠饱和吸收效应引起的自振幅调制作用实现锁模。当光场强度较弱时饱和吸收体对激光吸收损耗比较大，而光场强度较强时吸收损耗比较小，当达到某个特定值时吸收达到饱和，这时激光透过率达到 100%，吸收损耗降低为零。这样光从强度的随机增强将会逐步放大，而随机减弱的光由于损耗逐渐消失，最终形成脉冲激光输出。这种可饱和吸收效应可以利用真正的可饱和吸收体来实现，例如半导体可饱和吸收镜 (semiconductor saturable absorption mirror, SESAM)、石墨烯或者黑磷等；也可以通过虚拟的可饱和吸收体产生，例如克尔透镜效应。被动锁模的优点是锁模器件响应速度快、容易制备、成本低、适用范围广，并且可以获得更短脉冲宽度。本章将对主动锁模及被动锁模进行介绍。

4.1 激光锁模的一般原理

4.1.1 基模纵模的锁定

在自由运转的激光器中，纵模和横模同时振荡，模式之间无固定的相位关系，输出功率为各模式的功率之和。如果只考虑 TEM_{00} 模 (这也是绝大多数激光器的情况)，则一般的激光器腔内振荡有大量频率间隔一定但相位随机分布的纵模。

对于驻波腔，相邻纵模频率间隔为

$$\Delta\nu = \nu_{q+1} - \nu_q = \frac{c}{2L^*} \tag{4.1-1}$$

式中，q 为纵模序数，其为分立的整数；c 代表真空中光速；L^* 为谐振腔的光学长度。当腔内材料的长度较小时，其光学长度约等于其几何长度。各纵模的频率间隔恒定，又同时在腔轴线形成驻波，当各纵模间相位差恒定且偏振方向相同时就会合成得到超短脉冲序列。

对于行波腔，相邻纵模频率间隔为

$$\Delta\nu = \nu_{q+1} - \nu_q = \frac{c}{L^*} \tag{4.1-2}$$

由式 (4.1-1) 与式 (4.1-2) 可以看到，对于相等的腔长，驻波腔纵模的频率间隔为行波腔纵模频率间隔的 2 倍。

现在分析相位纵模间相位锁定前后的激光特性，这分别对应自由运转与调 Q 及锁模的情形。在自由运转与调 Q 激光器中，其纵模的相位未实现锁定，呈现随机分布。在锁模激光器中，其纵模的相位是锁定的，即纵模间的相位差为定值。

如果中心纵模的角频率为 ω_0，且各个纵模振幅相等，那么第 n 个纵模的含时电场为

$$E_n(t) = E_0 e^{i[(\omega_0 + n\omega)t + \varphi_n]} \tag{4.1-3}$$

式中，E_0 为振幅；$\omega = 2\pi \cdot \Delta\nu$；$\varphi_n$ 为第 n 个纵模的初相位。

考虑 n 为 $[-N, N]$ 区间内的整数，即考虑 $2N+1$ 个纵模的合成。令这些纵模的初相位都有确定值，为简单起见，都为 0，即 $\varphi_n = 0$。则合成的电场强度为

$$E(t) = \sum_{-N}^{N} E_n(t) = \sum_{-N}^{N} E_0 e^{i(\omega_0 + n\omega)t} = E_0 \frac{\sin \dfrac{(2N+1)\omega t}{2}}{\sin \dfrac{\omega t}{2}} e^{i\omega_0 t} \tag{4.1-4}$$

当 $t = 0$，$2\pi/\omega$，$4\pi/\omega, \cdots$ 时，有

$$\frac{\sin \dfrac{(2N+1)\omega t}{2}}{\sin \dfrac{\omega t}{2}} = 2N+1$$

代入式 (4.1-4)，则电场强度为

$$E = (2N+1) E_0 \tag{4.1-5}$$

可见锁模后的电场强度振幅为单个纵模振幅的 $2N+1$ 倍。

峰值光强 I_L 为

$$I_L \propto E \cdot E^* = (2N+1)^2 E_0^2 \tag{4.1-6}$$

锁模后的峰值光强为单个纵模光强的 $(2N+1)^2$ 倍。

式 (4.1-5) 及式 (4.1-6) 常被用来说明振幅相等的 $2N+1$ 个纵模以相等的初相锁定后峰值电场强度及峰值光强成倍增加的行为。如果参与锁定的纵模数量众多，则锁模后峰值电场强度及峰值光强的增大非常可观。但各个纵模振幅相等只是理想的假设。在实际激光器中，由于激光介质的增益特性不同，不同波长获得的增益不等，所以振荡的纵模的振幅并不相等。

考虑实际的激光介质。假设振荡的纵模的强度符合高斯分布或 sech^2 分布更为合理。为方便比较，我们假设两种模式下纵模的光谱是相同的，其光谱为标准的高斯分布。图 4.1-1 为相位随机分布的纵模合成的激光。可以看出，由于相位随机分布，纵模合成的激光强度呈现随机的起伏。

图 4.1-2 为相位锁定的纵模合成的结果。其相位我们取为固定值 0(对应的是无色散的情形，即傅里叶变换极限)，可以看出，实现相位锁定后，合成的激光将以脉冲的形式出射。而相邻脉冲之间的时间间隔为纵模频率间隔的倒数。并且，锁定的模式数越多，形成的脉冲宽度越短。对于相等的脉冲能量，其峰值功率显然越高。

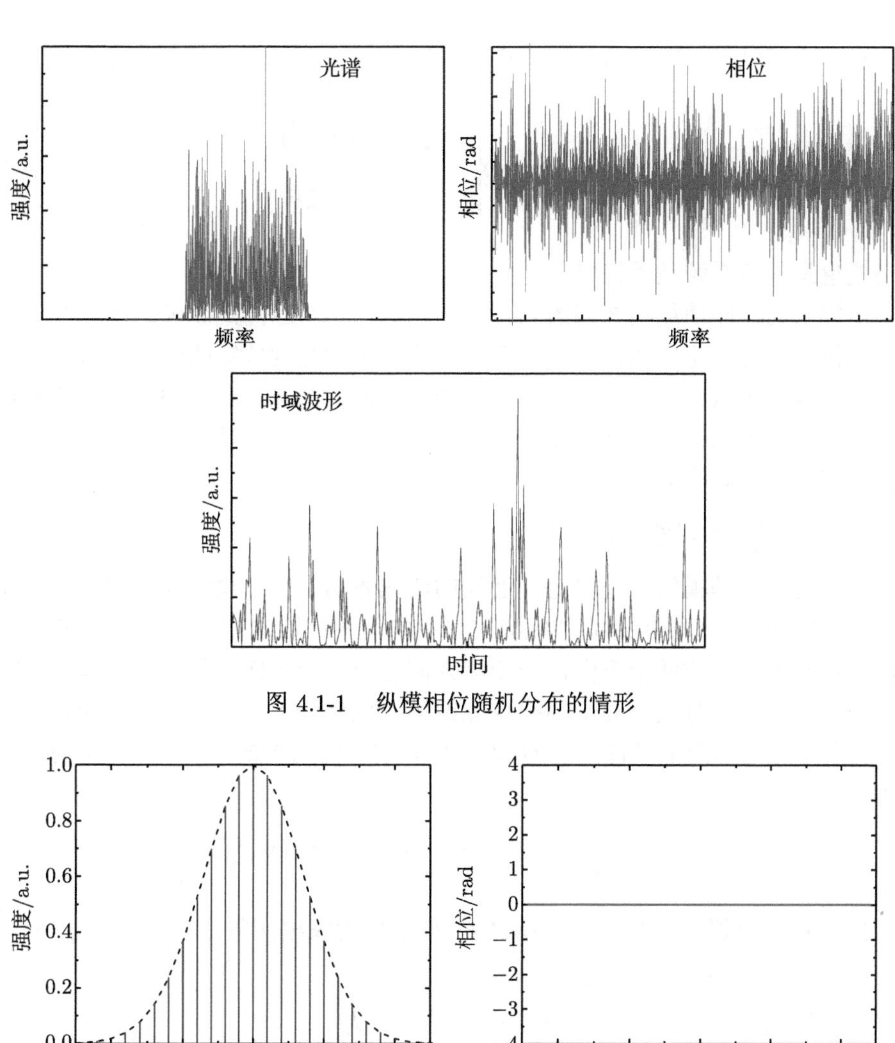

图 4.1-1 纵模相位随机分布的情形

图 4.1-2 纵模相位锁定的情形

进一步可以得出锁模后脉冲的重复频率 f_{rep} 等于相邻的纵模频率间隔，即

$$f_{\text{rep}} = \Delta\nu = \begin{cases} \dfrac{c}{L^*} & (\text{行波腔}) \\ \dfrac{c}{2L^*} & (\text{驻波腔}) \end{cases} \tag{4.1-7}$$

该公式也是判断系统是否锁模的重要公式。

研究表明，即使纵模之间的相位差不相等，这对应的是纵模之间存在色散的情形，但只要有固定的相位，其仍然能够形成脉冲宽度较短的脉冲，只不过形成的脉冲宽度与色散量有关。一般色散量越大，形成的脉冲宽度越大。因此补偿纵模之间的色散可以使得脉冲宽度变窄。现代的激光技术正是采用锁模技术继续缩短脉冲宽度、提高峰值功率的。

4.1.2 高阶横模的纵模锁定

前面讨论了基模的纵模锁定。近期的研究表明，在纵模锁定基础上，谐振腔内存在高阶横模时，横模之间的纵模也可以实现相位锁定 [10]。横模与纵模实质上体现了电磁场模式的两个方面，一个模式同时属于一个横模和一个纵模。在振荡的纵模实现锁定的时候，高阶横模也能够同时振荡。考虑一个最简单的两镜驻波腔，两面反射镜的曲率半径分别为 R_1、R_2，则腔内高阶横模 $\text{TEM}_{n,m,l}$ 的谐振频率为 [11]

$$\nu_{n,m,l} = \frac{c}{2L^*}\left[l + \frac{1}{\pi}(n+m+1)\arccos\sqrt{g_1 g_2}\right] \tag{4.1-8}$$

谐振腔内相邻两个纵模的频率之差 $\Delta\nu_l$ 称为纵模间隔, 其值为 $\Delta\nu_l = \dfrac{c}{2L^*}$，其中 L^* 为谐振腔的光学长度。

同一纵模的相邻横模之间的模间距 $\Delta\nu_{n,m}$ 为

$$\Delta\nu_{n,m} = \frac{c}{2\pi L^*}\arccos\sqrt{g_1 g_2} = \Delta\nu_l \frac{1}{\pi}\arccos\sqrt{g_1 g_2} \tag{4.1-9}$$

其中，$\Delta\nu_l$ 为同一横模的相邻纵模间距，$g_1 = 1 - L/R_1$，$g_2 = 1 - L/R_2$。

2014 年，H. C. Liang 等在自锁模的半导体薄片激光器中观测到了横模锁定的现象 [12]。图 4.1-3 为其实验装置及锁模后的射频频谱。

从频谱结果可以看出，其频谱并非基模实现纵模锁定时所呈现的间隔相等的频率序列，而是在纵模序列之间出现新的边频成分，这一现象显然不能解释为纵模的锁模 (即使纵模的谐波锁模也不会出现此种现象)。作者将此种现象归结于高阶横模的锁定。泵浦功率越高，出现的边频越多，说明锁定的横模越多。对输出脉冲的光束质量进行测试也反映了高阶横模的存在。

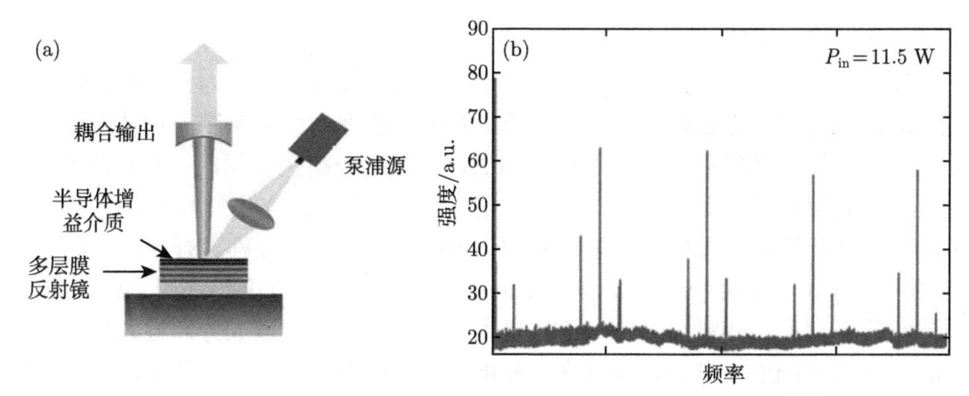

图 4.1-3 半导体薄片激光器实验装置 (a) 及锁模的结果 (b)[12]

2015 年，C. H. Tsou 等以半导体薄片激光器为基础对高阶横模锁定进行了研究 [13]，他们利用 ABCD 矩阵对孔径内高阶横模能量和孔径尺寸与腔模尺寸的关系，并给出了锁定高阶横模与射频频谱的关系。可以利用此关系分析锁模脉冲的频谱，推断锁定的横模模式。

高阶模的本征频率为

$$f_{n,m,l} = l\Delta f_{\mathrm{L}} + (n+m+1)\,\Delta f_{\mathrm{T}} \tag{4.1-10}$$

其中，Δf_{L} 为纵模间距，即前文中的 $\Delta\nu_l$；l 为纵模指数；Δf_{T} 为横模间距，即前文中的 $\Delta\nu_{n,m}$。对于半导体薄片激光器所使用的平凹腔，横模间距 Δf_{T} 为

$$\Delta f_{\mathrm{T}} = \Delta f_{\mathrm{L}}\left[\frac{1}{\pi}\arctan\frac{L^*}{R_{\mathrm{OC}}}\right] \tag{4.1-11}$$

其中，$\Delta f_{\mathrm{L}} = c/(2L^*)$；$L^*$ 为腔的光学长度；R_{OC} 为输出耦合器的曲率半径。

我们可以用此理论结果分析图 4.1-3 所示的频谱。可以看出，峰值频率对应于纵模间距 $\Delta f_{\mathrm{L}} = 1.8$ GHz 的谐波，在射频频谱中伴随着纵模间距的谐波有两个拍峰，测得的拍频为 375 MHz，与横模间距 Δf_{T} 完全对应。射频频谱中的所有频率峰值都是在 $f = q\cdot\Delta f_{\mathrm{L}} \pm p\cdot\Delta f_{\mathrm{T}}$ 处，其中 q 和 p 是整数。频谱结果与理论符合得很好，表明在输出光束中存在高阶横模并实现了模式锁定。由此可见，并非只有基模可以实现锁模，高阶横模也可以实现锁模。

值得注意的是，一般所说的锁模默认为基模的锁模，因为基模从光束质量、能量聚集度、发散角方面均优于高阶模，所以一般的激光器都追求基模输出，锁模就自然默认为基模锁模了。而高阶模的优势是光束尺寸大，能够高效利用增益介质，因此锁模后易获得高平均功率的超短脉冲输出。

4.1.3 锁模的物理过程及探测

20 世纪 60 年代激光问世不久就实现了激光的锁模，迄今为止人们已经在理论上对锁模进行了诸多研究。但是实验上对锁模物理过程的探测一直是个非常棘手的问题，其原因有两个：① 锁模启动的过程是一个超快过程，一般的设备无法对此实现足够迅速的反应；② 锁模的激光无法对探测的光进行反应，这就使得人们无法像超快化学那样利用超短脉冲作为探针光对锁模过程进行探测。这一问题在色散傅里叶变换 (dispersive Fourier transformation, DFT) 技术应用于锁模的探测后得到了部分解决 [14]。DFT 技术将激光的不同光谱成分通过大色散介质 (如一段很长的光纤) 分开，使其通过光电探测器转变为电信号，并由高速示波器进行测量，从而得到不同时刻不同光谱的强度的信息，记录锁模初期光谱的演化。2016 年，G. Herink 等利用 DFT 技术对钛宝石飞秒激光器的锁模过程进行了探测 [15]。图 4.1-4 显示了测量的原理与结果。可以看到，图中显示了在锁模初期脉冲经历了光谱扩展的辅助脉冲锁模 (auxiliary pulse mode-locking) 过程。DFT 技术后续广泛用于探测固体激光器及光纤激光器锁模初期的光谱演化，结果表明锁模启动初期虽然时间很短，但是过程很复杂，可能包含弛豫振荡、调 Q、呼吸孤子、耗散孤子、类噪声等过程。这些重要的研究结果，极大地丰富了锁模启动动力学的研究，为锁模理论提供了有力的实验证据。

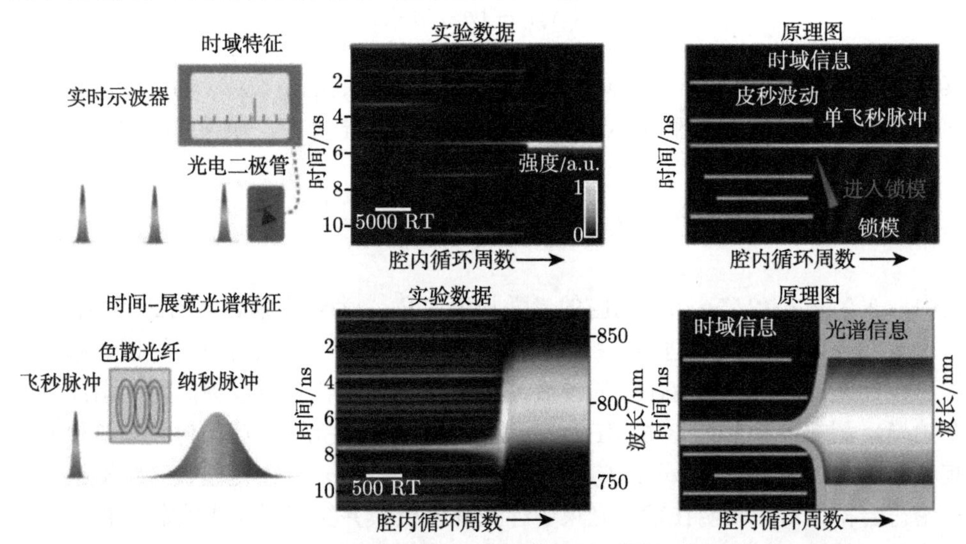

图 4.1-4 钛宝石飞秒激光器锁模初期的光谱演化 [15](彩图请扫封底二维码)

4.1.4 锁模的分类

凡是包含了主动调制元件或是被动调制元件的激光谐振腔，都有可能产生超短脉冲。经过多年的研究，人们已经采用多种方式实现了激光的锁模。依据锁模的原理与方法的不同，可以将锁模分为主动锁模和被动锁模，并进一步细分为更多的锁模方式。锁模方式的分类如图 4.1-5 所示。随着激光术研究的进步，新的锁模技术也在不断出现。后续章节将分别对主动锁模与被动锁模予以介绍。

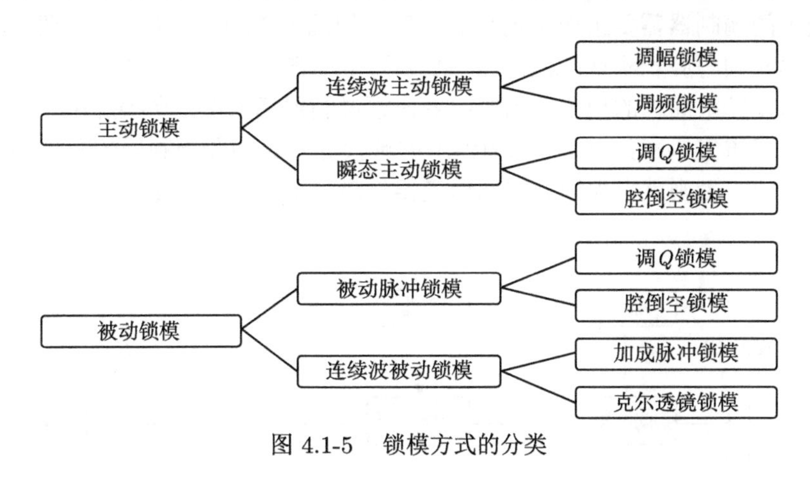

图 4.1-5 锁模方式的分类

4.2 主动锁模激光的原理与技术

主动锁模是指将调制器器件置于激光器谐振腔内，并加以适当的调制频率，使得谐振腔的损耗发生周期性变化，从而获得锁模输出。

人们很早就实现了激光的主动锁模。1964 年，L. E. Hargrove 利用声光调制器实现了 He-Ne 气体激光器的主动锁模 [16]。1966 年，M. DiDomenico 等研制出主动锁模 Nd:YAIG 固体激光器 [17]，四年后 D. J. Kuizenga 和 A. E. Siegman 提出了主动锁模理论 [18]。1978 年，P. T. Ho 等在 GaAlAs 半导体激光器中实现主动锁模 [19]。1989 年，J. D. Kafka 等实现了掺铒光纤激光器的主动锁模 [20]。可见各种类型激光器的主动锁模均已实现。此后各种类型的主动锁模激光器相继问世，工作稳定的高平均功率主动锁模固体激光器也有商业产品提供。主动锁模器件工作比较稳定，因此主动锁模激光器具有可靠性高、复现性好的优势。

从激光技术上看，实现锁模需要较快的光开关。理论研究表明，系统最终获得的锁模脉冲宽度取决于调制器的响应速率。调制器响应越快，可以获得的脉冲越短。从目前的技术水平看，主动锁模的调制器件不如被动锁模器件的响应快，因此整体上主动锁模获得的脉冲宽度比被动锁模的脉冲宽度要宽。通常，使用主动锁模产生的超短脉冲，其最窄的脉冲宽度约为皮秒量级。

4.2.1 主动锁模原理

主动锁模所利用的调制器一般为电光调制器或声光调制器。通过对谐振腔内的损耗进行周期性的调制而实现超短脉冲输出。

事实上，电光调制器与声光调制器也都可以用于实现调 Q，但是调 Q 与锁模的调制器要求是不一样的。用于调 Q 的频率在 kHz 量级，也不需要与腔长匹配。而锁模用的调制器需要工作于更高的频率，如几十 MHz 量级，并且调制器所施加的频率必须与腔长实现匹配。图 4.2-1 为主动锁模原理示意图。将一个驱动频率恰为纵模频率间隔的相位调制器或者振幅调制器插入激光谐振腔中，就能够使激光器输出重复频率为 $f_{\rm rep} = c/(2L)$ 的锁模脉冲。因此调制器的驱动频率必须与腔长适应，否则就会失锁。主动锁模器件最重要的两个参量是调制频率及调制深度。

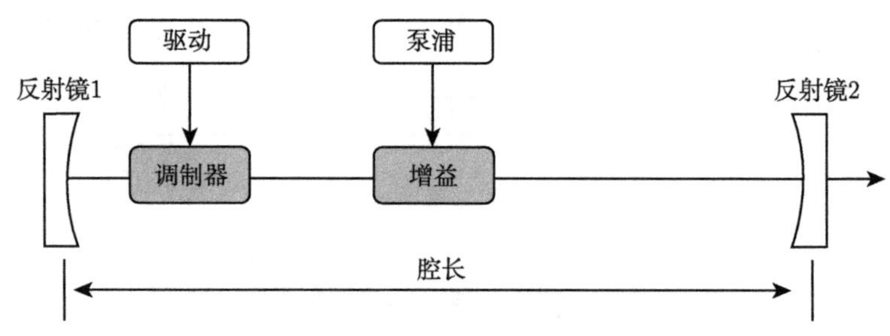

图 4.2-1　主动锁模原理

根据调制方式的不同，主动锁模分为调幅锁模和调频锁模两种。常见的主动锁模激光器都是以振幅调制方式工作的，下面简单介绍一下两种锁模原理。

4.2.2　调幅锁模

在主动锁模中，调幅 (amplitude modulation, AM) 锁模是最常见的锁模形式。当声光调制器为主动锁模器件时，实现的就是调幅锁模，锁模通过加在调制器上的调制信号所引起的周期性损耗而实现。图 4.2-2 为调幅锁模 Nd:YAG 激光器的结构示意图。对 Nd:YAG 晶体采用布儒斯特角切割。在理想情况下，脉冲在调制器出现最大透过率瞬间通过调制器。在调制信号的每个周期内这种情况会出现两次，因而调制器的驱动频率应等于激光器纵模间隔的二分之一，即为重复频率的一半。多次调制后，脉冲从时间上将大幅度缩短，最终实现锁模。

从时域的观点看，如果调制器的调制周期等于振荡腔内往返渡越时间 $2L/c$，那么腔内调制元件就能够使腔内每次连续的内部循环场重新整形。如果振荡光于某一时刻入射到调制器上，在激光腔中经历一个往返之后，会于下一个周期的同一点再次入射到调制器上。某一时刻受到损耗的振荡光在下一个往返中会再次损耗。光在这些低损耗的位置容易实现增强，而较宽的前后边沿在腔中损耗较大，最终被损耗掉，从而变成窄脉冲。

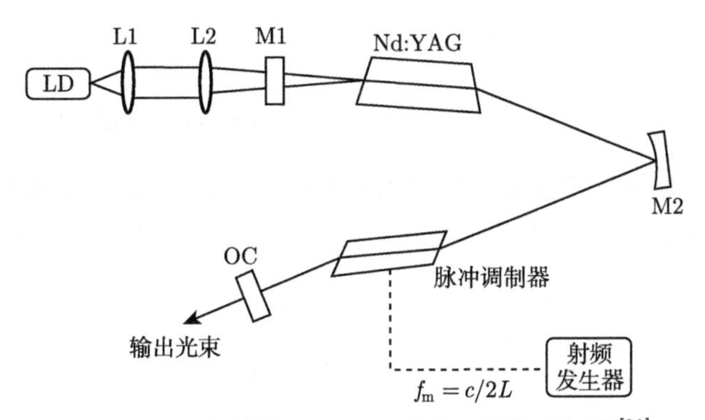

图 4.2-2 调幅锁模 Nd:YAG 激光器结构示意图 [21]

对于工作在布拉格区的声光调幅器和电光调幅器，往返的振幅透过率为

$$T(t) \approx \cos^2(\delta_{\mathrm{AM}} \sin \omega_{\mathrm{m}} t) \tag{4.2-1}$$

其中，δ_{AM} 为调制深度；$\omega_{\mathrm{m}}=2\pi f_{\mathrm{m}}$ 为调制角频率，这里 f_{m} 即为谐振腔的相邻纵模间距，如式 (4.1-7) 所示。

图 4.2-3 显示了腔内往返不同次数的透过率曲线。可以看到，随着往返次数的增加，透过率曲线在迅速变窄，连续的激光被分割成许多较窄的脉冲。理论及实验表明，达到锁模稳定需要振荡光在腔内往返 10 万 ~100 万次，可以想见，获得的将是非常窄的脉冲。

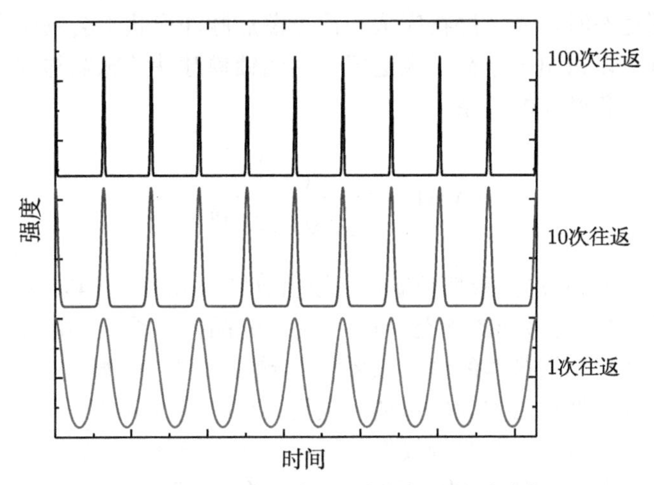

图 4.2-3 激光在腔内往返的透过率

从频域的观点来看，如果激光谐振腔中调幅器的透过率随时间变化，相当于

其振幅有一个周期性变化的增量，则合电场为

$$E(t) = (E_0 + E_{\mathrm{m}}\cos\omega_{\mathrm{m}}t)\cos(\omega_0 t + \phi_0) \tag{4.2-2}$$

其中，E_0 为中心频率的振幅；E_{m} 为调制频率的振幅；ω_{m} 为调制频率对应的角频率；ω_0 为中心频率对应的角频率；ϕ_0 为中心频率的初相。展开上式，可得

$$\begin{aligned} E(t) =& E_0\cos(\omega_0 t + \phi_0) + E_{\mathrm{m}}\cos[(\omega_0 + \omega_{\mathrm{m}})t + \phi_0] \\ &+ E_{\mathrm{m}}\cos[(\omega_0 - \omega_{\mathrm{m}})t + \phi_0] \end{aligned} \tag{4.2-3}$$

由式 (4.2-3) 可以看出，周期性的调制会在每个纵模上产生边频带 (对应的角频率为 $\omega_0 \pm \omega_{\mathrm{m}}$)，而边频带又与相邻的纵模交叠。假设离激光增益曲线峰值最近的模 (频率为 ν_0) 首先振荡，如果将工作频率为 f_{m} 的损耗调制器插入谐振腔，载波频率 ν_0 就会形成 $\pm f_{\mathrm{m}}$ 的边频带。如果选择的调制频率等于纵模的频率间隔 $f_{\mathrm{m}} = c/(2L)$，则上边频带 $(\nu_0 + f_{\mathrm{m}})$ 和下边频带 $(\nu_0 - f_{\mathrm{m}})$ 与相邻的纵模重合，因此，使频率为 $(\nu_0 + f_{\mathrm{m}})$ 和 $(\nu_0 - f_{\mathrm{m}})$ 的纵模以完全确定的相位和振幅进行耦合。当频率为 $(\nu_0 + f_{\mathrm{m}})$ 和 $(\nu_0 - f_{\mathrm{m}})$ 的纵模通过调制器时，它们被调制，其边频带使 $(\nu_0 \pm 2f_{\mathrm{m}})$ 模与前述的三个模耦合在一起，直到激光谱线宽度内所有的纵模耦合后，这一过程才结束。当然，这只是理想的结果。实际上，由于色散及激光介质增益特性的影响，大部分情况下只有中心纵模周围部分的纵模可以实现耦合，增益曲线边缘的频率部分往往会因增益小、损耗大及色散而无法与其他纵模耦合在一起。

当锁模达到稳态时，光脉冲在完成一次振荡后脉冲形状不会发生变化。由高斯脉冲的自洽解可以得出一个简单表达式，阐明锁模脉冲的脉宽与线宽、调制频率、调制深度和饱和增益的关系：

$$t_{\mathrm{p}}(\mathrm{AM}) = \gamma \frac{(gl)^{\frac{1}{4}}}{(\delta_{\mathrm{AM}} f_{\mathrm{m}} \Delta\nu)^{\frac{1}{2}}} \tag{4.2-4}$$

式中，对布拉格偏转和拉曼–奈斯调制，γ 取值分别为 0.53、0.45；g 为谱线中心的饱和增益系数；$\Delta\nu$ 为激光的增益带宽；l 为激光晶体的长度。由上式可以看出，加大调制深度或者提高锁模器的调制频率，就能够缩短脉宽。脉宽与增益带宽 $\Delta\nu$ 也成反比，因此选择增益带宽大的材料或采用光谱扩展技术扩大脉冲的光谱，也会获得更短的脉冲宽度。在声光锁模激光器中，腔内元件的标准具效应会减小激光的带宽，使脉冲变宽，因此，如果要获得更短的锁模脉冲，应尽量避免调制器、晶体表面以及光学元件的标准具效应，以获取更大的增益带宽。当然，在有些情况下人们会在锁模激光器中插入不同厚度、倾斜的标准具，能够人为地调节脉宽。

在实际的锁模系统中，另外必须考虑的因素之一就是消除激光腔内残余的反射和光学干涉效应，这些因素都会造成锁模的不稳定。

常用的连续锁模调幅元件为声光调制器。声光调制器的结构及工作原理如图 4.2-4 所示，它主要包括声光材料、高频电源、换能器。声光材料通常各向同性，不产生双折射现象，但当它们受到应力时，就会变成各向异性而显示出双折射性质。超声波 (纵向应力波) 穿过声光材料时，声光材料会受到周期性的应力作用，导致介质密度交替变化，使得折射率交替变化，从而使声光材料类似于光学的“相位光栅”，对穿过的光束产生衍射。高频电路产生周期性的电流，驱动换能器 (通常为压电陶瓷) 产生超声波，超声波使得声光晶体对通过的光束进行周期性的衍射，从而达到周期性地调节激光损耗的目的。

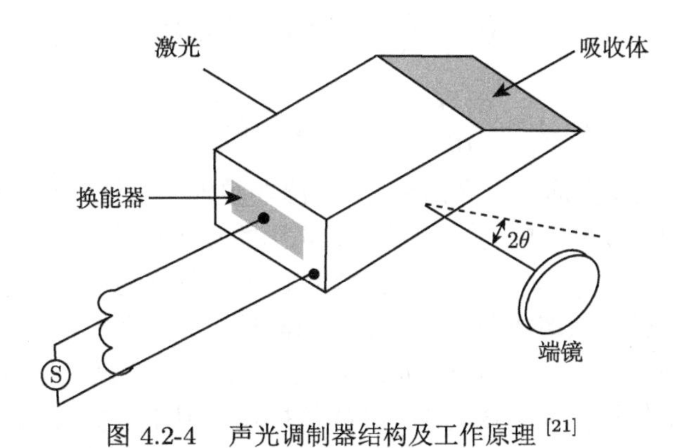

图 4.2-4 声光调制器结构及工作原理 [21]

振荡光在腔内往返时经历的衍射损耗频率是声波频率的两倍，也就是说声光调制器的射频频率为$\nu_{\mathrm{rf}} = c/(4L)$。与行波器件相比，谐振工作的调制器需要的射频功率较低。

环境的影响会导致激光谐振腔腔长变化，结果是腔长与声光调制器施加的频率不匹配，导致失锁。为了维持锁模的稳定性，可以把一个腔镜固定在压电陶瓷上，再加上一个反馈电路，动态地调整腔长，使得声光调制器驱动频率与激光器固有的频率精确同步，建立非常稳定的锁模。

主动锁模应用的声光调制器既可用来锁模，也可用来实现调 Q。用于调 Q 的声光调制器驱动频率较低，约在 kHz 量级。而用于锁模的声光调制器驱动频率往往在几十 MHz 量级。声光调制器还可以用来实现腔内脉冲的倒空，其驱动频率更高，约在几百 MHz 量级。

4.2.3 调频锁模

调频 (frequency modulation, FM) 锁模，也称为相位调制锁模，常用于电光调制器充当主动锁模器件的情形 [22]。它利用的是电光晶体的横向泡克耳斯效应。

若对电光晶体施加电场，则电光晶体对 e 光的折射率为

$$n'_z = n_{\mathrm{e}} - \frac{1}{2} n_{\mathrm{e}}^3 \gamma_{33} E_z \tag{4.2-5}$$

其中，n_{e} 为 e 光折射率；γ_{33} 为电光晶体的电光系数；E_z 为所加电场的电场强度。

如果所加的电场为周期性的调制信号，则

$$E_z = E_0 \cos(\omega_{\mathrm{m}} t) \tag{4.2-6}$$

其中，E_0 为晶体内所加电场的电场强度；ω_{m} 为角频率。

光束通过电光晶体产生的相移为

$$\delta(t) = \frac{\pi l}{\lambda} n_{\mathrm{e}}^3 \gamma_{33} E_0 \cos(\omega_{\mathrm{m}} t) \tag{4.2-7}$$

$$\Delta\omega(t) = \frac{\mathrm{d}\delta(t)}{\mathrm{d}t} = \frac{-\pi l}{\lambda} n_{\mathrm{e}}^3 \gamma_{33} E_0 \omega_{\mathrm{m}} \sin(\omega_{\mathrm{m}} t) \tag{4.2-8}$$

可以看到，当激光通过电光调制器时，除非腔内的相位调制 $\delta(t)$ 固定在极值，否则都会引起向上或向下的与 $\mathrm{d}\delta(t)/\mathrm{d}t$ 成正比的多普勒频移。只有特定时间 t 通过的频率 (即令 $\sin(\omega_{\mathrm{m}}t)=0$ 对应的时刻) 可以维持频移为零，从而始终维持着增益。其他时刻通过的频率成分连续通过调制器时，反复产生的多普勒频移最终将使其频率漂移到激光介质的增益带宽之外，结果就是由于缺乏增益而耗尽。因此，相位调制的作用与损耗调制器类似，调幅的损耗调制在这里也适用。由于脉冲能够出现在两个频率相等的调制信号的任何一个相位上，所以每个周期存在两个相位极值，使得锁模脉冲位置的相位不确定。由于 $\delta(t)$ 与脉冲到达调制器的时间成二次方，所以在短的锁模脉冲中也会产生“啁啾”。在调频情况下，腔内相位调制器产生正弦变化的相位起伏 $\delta(t)$，因此，通过调制器的透过率函数

$$T(t) \approx \exp\left(\pm \mathrm{j} \delta_{\mathrm{FM}} \omega_{\mathrm{m}}^2 t^2\right) \tag{4.2-9}$$

式中，δ_{FM} 为产生的峰值相位延迟；符号 “±” 对应着上述的两个可能的相位位置。已知这些参数后，就可以根据下式计算锁模脉冲的脉宽：

$$t_{\mathrm{p}}(\mathrm{FM}) = 0.54 \frac{(gl)^{1/4}}{\left[\delta_{\mathrm{FM}} f_{\mathrm{m}}^2 (\Delta\nu)^2\right]^{1/4}} \tag{4.2-10}$$

其中，g 为谱线中心的饱和增益系数；$\Delta\nu$ 为激光的增益带宽；l 为激光晶体的长度。

在电光相位调制器中，相位延迟与调制电压成正比，即 $\delta_{\mathrm{FM}} \propto P^{1/2}$，其中 P 为调制器的驱动功率。由式 (4.2-10) 可以得出缩短脉冲宽度的几种方式：① 增大调制器的驱动功率；② 增大调制器的调制频率；③ 缩短谐振腔的腔长。

4.2.4 声光锁模 Nd:YAG 激光器

这里介绍笔者团队在主动锁模 Nd:YAG 激光器方面的工作 [23]。图 4.2-5 为实验搭建的声光锁模 Nd:YAG 激光器结构示意图。谐振腔采用平平腔设计。增益介质的尺寸为 ϕ3 mm×63 mm，掺杂浓度为 0.6 at.%。泵浦源及增益介质为标准商用泵浦模块 (CEO 公司，型号 RB-33)，它由 3 只呈 120° 放置且中心发射波长为 808 nm 的二极管激光棒对 Nd:YAG 进行环形径向侧面泵浦。这种均匀侧面泵浦的结构简单紧凑、增益均匀，并且热不均匀性低。M1 为平面镜，对 1064 nm 反射率大于 99.8%。M2 为平面输出镜，对 1064 nm 的透过率为 30%。

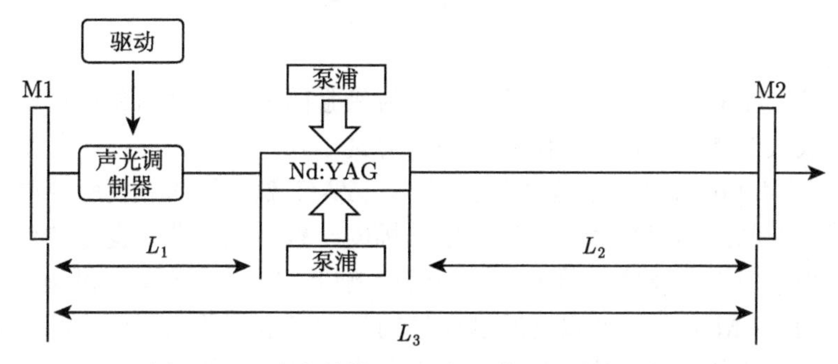

图 4.2-5 声光锁模 Nd:YAG 激光器结构示意图

为了最大限度地利用增益介质并抑制高阶模振荡，必须保证在 Nd:YAG 棒中振荡光的模体积较大。激光增益介质的口径决定了增益介质中振荡光斑的最大值，并在谐振腔中充当选模光阑的作用。相关研究表明，增益介质半径与振荡光腰半径的最佳比值在 1.2~2，在实验中，振荡光束腰的大小对平平腔中增益介质的位置比较敏感，当增益介质的前端面到 M1 的距离 L_1 为 446 mm 时，振荡光腔模与增益介质匹配最好，这时增益介质半径与振荡光腰半径的比值约为 1.5。

实验采用的锁模器为光谱物理公司生产的 AOM，声光介质是光学吸收小、抗损伤阈值高的熔石英，有利于在高输出功率下实现稳定锁模。为了获得最佳的锁模效果，首先通过计算确定实际的腔长 L 为 1.76 m，通过 ABCD 矩阵计算最佳匹配时增益介质的位置，并且保证热不灵敏区域足够长。

实验中把 AOM 放置在紧靠全反镜 M1 的地方，并将全反镜置于可以精密调节的一维平移台上。AOM 驱动源的频率为 41 MHz，经过频谱仪的测量，输出信号噪声较小，信噪比比较高。调制器采用驻波工作方式，所以，加于腔内振荡光的调制频率为 82 MHz。由锁模条件 $f_{\mathrm{m}} = c/(2L)$ 可求得所需要的光学腔的空间长度约为 1.83 m。考虑到谐振腔中插入长为 63 mm 的激光棒 (折射率 $n = 1.823$@1064 nm) 及长度为 30 mm 的声光晶体 (折射率 $n = 1.45$@1064 nm)，经折射率修正后，实际上腔的光学长度约为 1.76 m。其中 L_1 约为 0.750 m，L_2 为 0.950

m。声光介质中的声速 v_{s}=3.76×10^5 cm/s, 可求得超声波长为 $\lambda_{\mathrm{s}} = 75\ \mu\mathrm{m}$，根据布拉格衍射条件：

$$G = \frac{2\pi\lambda l}{n\lambda_{\mathrm{s}}^2} \tag{4.2-11}$$

代入以上参数以后，可求得 $G = 24.5$，满足布拉格衍射的判据。布拉格衍射的工作效率高，有利于锁模启动。考虑到声光锁模的声波是以驻波形式注入介质的，在声光介质内形成等间隔的“相位光栅”，这种光栅的位置在空间上是固定的，所以只有当振荡光以特定的角度入射到声光介质中时，才能形成布拉格衍射，这个入射角 θ 必须满足关系式:

$$\theta = \arcsin\frac{\lambda}{2\lambda_{\mathrm{s}}} \tag{4.2-12}$$

代入有关参数后，求得布拉格角为 0.40°。

调整锁模器的位置，使它对应一级衍射最强的方位，然后将锁模器驱动源的功率开在较大的挡位。优化腔结构，最终得到了稳定的锁模脉冲，其平均功率超过 2 W。图 4.2-6(a) 为示波器观察到的 Nd:YAG 激光器的锁模脉冲序列。可以看出，锁模的脉冲形状均匀，序列稳定，幅度一致，处于非常良好的连续锁模状态。重复频率使用安捷伦公司生产的频谱仪测量，图 4.2-6(b) 为射频频谱，表明重复频率为 82 MHz。脉冲宽度通过自建的长脉宽自相关仪测量，结果显示其脉冲宽度随 AOM 的驱动功率及插入角度变化而变化，范围在 140 ~ 328 ps。

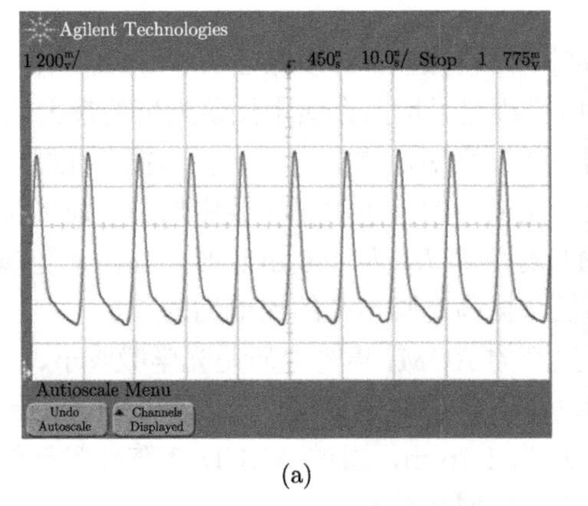

(a)

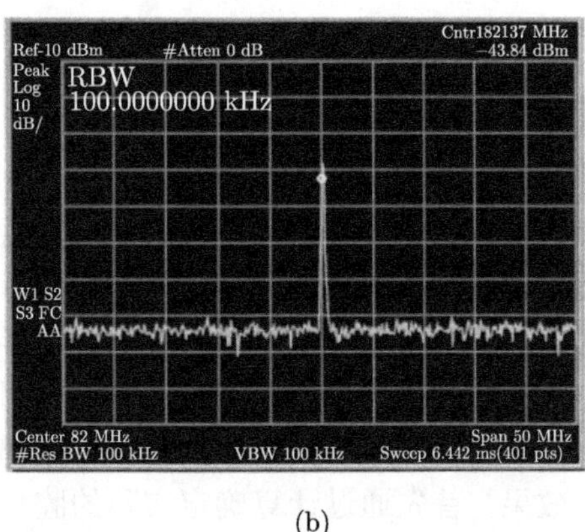

(b)

图 4.2-6　声光锁模激光器输出的锁模脉冲序列 (a) 及频谱 (b)

4.3　被动锁模激光的原理与技术

4.3.1　被动锁模的原理

被动锁模技术自诞生之时起，因其独特的作用机制和有效的作用效果，被科研工作者寄予了获得飞秒脉冲的期望。被动锁模技术是当今超快激光领域里一件不可或缺的利器，尤其是在讨论如何实现飞秒级激光输出的问题时，被动锁模是众多研究人员所首选的技术思路。可以说，科研工作者对更窄脉宽锁模脉冲不懈追求的过程，就是被动锁模技术飞速发展的过程。被动锁模技术使得激光器在微结构加工、生物医疗、军事国防以及通信遥感等领域都有了更加切实的应用效果，直接支持了非线性光学在现代工业体系中产学研一体化的发展。

有别于主动锁模，被动锁模技术无须在谐振腔中加入有源的光调制器，技术核心就是依靠增益介质自身的非线性或可饱和吸收体 (SA) 的饱和吸收作用来对脉冲进行时域上的压缩。对有源调制器件的取代，不仅避免了谐振腔中的周期性损耗，使光腔的物理结构更加紧凑，也将激光脉冲压缩至较主动锁模技术来说更加理想的程度。

一般来说，SA 技术由于较低的成本以及较高质量飞秒激光的产出，成为被动锁模技术应用于超快激光器设计时的主流选择。在讨论锁模脉冲产生的机理之前，首先对 SA 的饱和吸收效应进行介绍：饱和吸收效应，顾名思义，是一种饱和与吸收作用并存的特殊状态，饱和与吸收作用依据激光脉冲的光强大小分界，光强高于分界强度 (饱和阈值) 时，SA 对脉冲表现出较高的透过性，反之则会由巨大的吸收作用导致光的损失。SA 对激光脉冲所谓的“漂白”作用，正是由于其对于脉冲较高功率部分的透过以及较低功率部分的吸收，而在时域维度上直观地表现为脉冲宽度的窄化。

锁模脉冲在基于 SA 技术超快激光器中的产生过程，主要可以分为三个部分来进行理解。

1) 线性放大过程

由于 SA 饱和吸收效应的存在，一个脉冲中功率较高部分可以以较高的透过率通过，功率较低部分则面临巨大的衰减。而我们知道：光脉冲在谐振腔中会以一个固定的周期做循环往复的运动，在往复运动的过程中，激光因为数次经过增益介质而在幅值上被数遍放大。这里所提到的放大过程，主要是指数次近似相同程度的放大，放大过程呈现出线性规律，故将此过程称为线性放大过程。高、低功率部分脉冲的差距也在线性放大过程中更加明显，简而言之，脉冲的时域形状在此过程中被“压扁”。

2) 非线性吸收过程

由于 SA 对脉冲中高、低功率部分有着不同的作用效果，激光脉冲在经过其时受到显著的调制表现。吸收作用和饱和作用通过脉冲的强弱来进行划分：脉冲强度越高，则饱和效应愈加明显；反之则吸收效应更胜一筹。由于对脉冲的作用表现出非线性的特征，所以这一个过程称为非线性吸收过程。非线性吸收过程的存在，使得脉冲宽度实现了有效的窄化；相应地，激光频谱则被展宽。

3) 非线性放大过程

由于脉冲的前沿和后沿分别在两个不同的时刻经过增益介质 (此处所述前、后沿指的是脉冲时域波形的前、后边沿)，故会受到不同的放大作用。前沿首先经过增益介质进行放大，而脉冲后沿在经过增益介质时，由于增益介质已处于粒子数反转的状态，表现出较前沿而言较弱的放大效果。结合前述两个过程可知，对于一个脉冲来说，SA 的引入使其经历了一个非线性放大的过程，这一过程集中表现在两个方面：脉冲前沿相对于后沿放大明显、功率较高部分相对于较低部分放大明显。

对于被动锁模过程原理的讨论，为更好地理解被动锁模机制的分类提供了坚实的理论基础。根据 SA 的弛豫时间，可将被动锁模机制分类归结为如图 4.3-1 所示的三种。

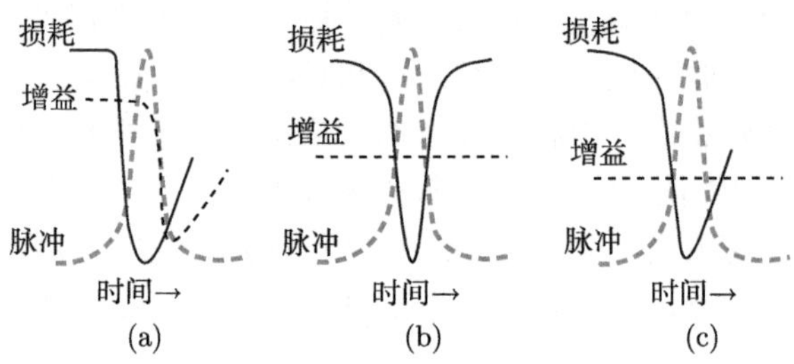

图 4.3-1　三种不同的被动锁模机制：(a) 慢饱和吸收; (b) 快饱和吸收; (c) 孤子锁模

不同的锁模机制各具特色，也各自对应独特的应用环境，有着不同的应用价值。下面分别对三种锁模机制进行讨论。

1) 慢饱和吸收

慢饱和吸收体对脉冲的作用方式如图 4.3-1 (a) 所示。对慢饱和吸收锁模机制的理解，着眼点需要落在“慢”字上，这里说的“慢”，主要针对 SA 的恢复时间。SA 的恢复时间若低于光在谐振腔中传播的周期，则将其称为慢饱和吸收体。此种机制需要在 SA 及增益介质的协同下形成一个适宜超短脉冲产生的、动态的增益窗口，这个增益窗口使得脉冲后沿受到很小的吸收作用而发生非对称的形变。超短脉冲在此窗口的作用下逐渐稳定。这种机制主要出现在基于有机染料 SA 的激光器中，这一点我们也会在后文中进行详细说明及论述。

2) 快饱和吸收

快饱和吸收中的“快”字，也是相对于慢饱和吸收而言的。如图 4.3-1(b) 所示，快饱和吸收在光束经过 SA 的瞬间，以脉冲幅值的高低为直接依据，进行了一个完整的响应。与慢饱和吸收相比最为明显的差异，在于其对脉冲后沿也具有明显吸收效果的表现上。其本质原因还是 SA 的弛豫时间较短。一般而言，快饱和吸收在超短脉冲的产生方面，较慢饱和吸收更受研究人员的青睐。这种机制则主要出现在脉宽为皮秒量级的固体激光器中。关于固体锁模激光器的介绍，也会于后文中进行展开。

3) 孤子锁模

孤子锁模机制诞生于对飞秒脉冲的实验探究中，研究人员在实验过程中发现：全固态激光器中存在一种使得脉宽远小于 SA 恢复时间的锁模方式，其核心技术手段在于对谐振腔中色散及非线性两方面因素 (分别对应群延迟色散及自相位调制效应) 的控制及平衡。基于此种锁模机制，研究人员获得了飞秒量级且状态较为稳定的增益窗口。

4.3.2 可饱和吸收体

作为构成被动锁模脉冲激光器谐振腔的重要调制器件，SA 自身非线性光学特性的性能表现影响甚至决定了激光器输出脉冲的状态及质量；因此，对 SA 基材的寻找和结构的设计也一直是非线性光学领域中备受关注的课题。SA 主要通过对弱光高吸收、对强光高透过特性所表现出的饱和吸收效应，对经过其的脉冲进行压缩窄化。

1. 染料可饱和吸收体

相较于无机材料而言，基于有机材料的染料 SA 最先受到学者的关注，相关的技术也最为成熟。有机材料所具备的非线性光学特性，主要受其自身分子结构的影响。从微观角度来看，组成有机物材料分子的原子在共价键的作用下结合成小分子，虽然分子之间同时存在范德瓦耳斯力的作用，但分子间作用力要远小于共价键作用力，所以可将每个小分子看作一个个独立的非线性极化源，每个分子与其相邻的分子间存在耦合作用。而从宏观角度来看，有机物可饱和吸收体非线性极化率较大、响应时间较快，薄膜状的有机物可饱和吸收体对光的透过性也有着较好的表现。微观与宏观之间确定等价关系的对应，使得有机材料可以根据应用环境的不同，实现可控设计及制备。

光电器件中的有机物主要以薄膜的方式应用，此种方式有效地增加了激光与材料的作用面积 (将较高功率的激光光斑在材料表面匀化处理)，使得材料在充分发挥其调制作用的同时，也具有一定水平的损伤阈值。一般来说，有机染料薄膜的制备方法主要依靠传统的非真空技术，例如浸涂法、旋涂法、喷涂法、电化学沉积法、朗谬尔–布洛杰特 (LB) 法、电子束蒸发法、脉冲激光沉积 (PLD) 法以及有机分子束外延 (MBE) 法等。

最常见的有机染料莫过于花菁染料，早在 1856 年，这种染料就开始出现在科学家的研究中，C. H. G. Williams 等曾将喹啉与含碘戊烷进行反应，制备出了蓝花菁 [24]。而十余年后 Vogel 等发现花菁染料具备极强的光谱增感特性，使得花菁染料在材料领域大放异彩 [25]。其后的研究工作者陆续发现了花菁染料的多种非线性光学特性，使得花菁染料开始出现在可饱和吸收材料的备选名单之中。

花菁染料 SA 的研究大多集中在通过直接改变其分子结构，或引入不同的官能团等方式，使 SA 的性质发生改变。中国科学院大气物理研究所的赵燕曾等就曾研究过将隐花菁染料作为调 Q 激光器调制器件的可行性，并对不同溶剂条件下隐花菁材料所表现出的非线性光学特性进行了对比研究 [26]。如图 4.3-2 所示，来自法国的 Sahraoui 等提出了一种将喹啉基团引入花菁染料后得到的二甲基半菁染料，并对其进行了部分非线性光学表征；该染料薄膜以 PLD 法制备，结果证明该材料具备较为明显的饱和吸收效应 [27]。

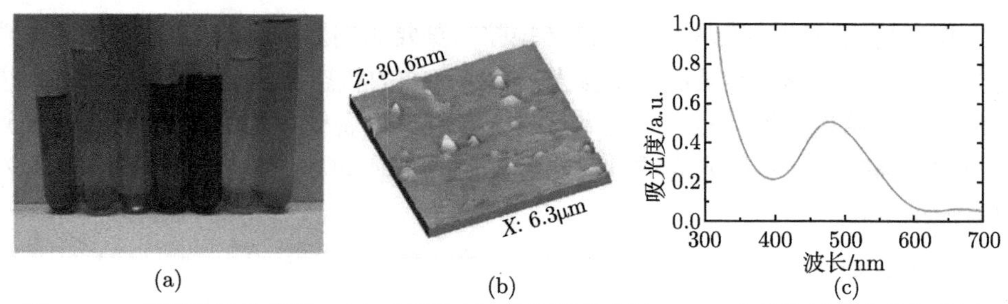

图 4.3-2　花菁染料的表征：(a) 花菁染料在不同的溶剂中；(b) 花菁染料的电镜扫描图；(c) 花菁染料在不同波段下的吸收效应 [27]

染料 SA 虽有着较长的研究历史，但遗憾的是，由于其以有机物组成的本质，染料 SA 在实际应用中的稳定性存在巨大问题，此缺陷直接影响到染料 SA 在工业及其他实体加工领域中的应用。

2. 布拉格及 SESAM 可饱和吸收体

SESAM 结构是 SA 最常见的一种表现形式，对其的研究最早始于 20 世纪 90 年代。1992 年，U. Keller 等首次提出了一种新型半导体可饱和吸收镜结构，并将这种结构作为光调制器，在 Nd:YLF 晶体作为增益介质的固体激光器中成功实现了稳定的连续锁模激光输出 [28]。SESAM 结构将饱和吸收基材利用分子束外延的方法，直接生长在一块表面平整光滑的半导体布拉格反射镜上，是一种将 SESAM 和反射镜结合在一起的新型锁模器件，只要合理地设计 SESAM 的宏观参数 (饱和通量、调制深度和载流子寿命等)，就可以获得稳定的锁模脉冲激光输出。

SESAM 可以用作激光器谐振腔中的锁模器件，主要原因是其具备的高速时间特性。它包含两个特征弛豫时间：带内热平衡及带间跃迁时间。如图 4.3-3 所示，当激光的功率密度较高时，价带上的粒子吸收能量后被激发到导带，并且达到饱和状态，这一过程就是带内热平衡过程，特征时间极短 (仅有 100~200fs)。而达到此平衡时的宏观表现为对激光的高透过性；当脉冲经过可饱和吸收体后，载流子会发生诱捕以及重新复合，最终回到初态，从而引起吸收的完全恢复，这一过程称为带间跃迁过程，特征时间在皮秒甚至纳秒量级。在 SESAM 锁模过程中，带间跃迁形成了纳秒到皮秒量级的脉冲，而带内热平衡则将脉冲压缩到飞秒量级。

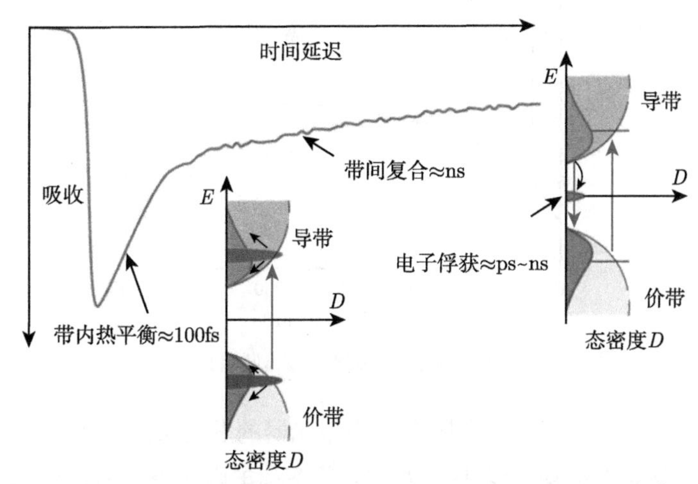

图 4.3-3 半导体可饱和吸收体的时间特性以及物理机制 [29]

由于 SESAM 具有以上的高速时间特性，所以可以将其用作实现自启动锁模的可饱和吸收器件。另外，通过对 SESAM 表面可饱和吸收材料厚度及反射率的调整，还可以有效改变器件的调制深度及工作带宽。对于 SESAM 来说，宏观描述其性能指标的参数主要有：调制深度 ΔR；非饱和损耗 ΔR_{ns}；饱和通量 $F_{\mathrm{sat,A}}$；饱和光强 $I_{\mathrm{sat,A}}$；脉冲响应时间 τ_{A} 等。图 4.3-4 给出了 SESAM 宏观参数的物理意义 [29]，这些参数决定了被动锁模激光器的特性。可饱和吸收体的吸收率为 $A=\Delta R+\Delta R_{\mathrm{ns}}$，透过率为 $T=1-R-A$，其中 R 为可饱和吸收体对入射光的反射率。

饱和通量 $F_{\mathrm{sat,A}}$ 的定义为

$$F_{\mathrm{sat,A}}=\frac{h\nu}{2\sigma_{\mathrm{A}}} \tag{4.3-1}$$

其中，$h\nu$ 为光子能量；σ_{A} 为吸收截面。

饱和光强 $I_{\mathrm{sat,A}}$ 的定义为

$$I_{\mathrm{sat,A}}=\frac{F_{\mathrm{sat,A}}}{\tau_{\mathrm{A}}} \tag{4.3-2}$$

其中，τ_{A} 为脉冲响应时间。

需要注意：饱和通量 $F_{\text{sat,A}}$ 和饱和光强 $I_{\text{sat,A}}$ 影响着锁模脉冲的建立和稳定性，而脉冲响应时间 τ_{A} 则决定了锁模的主要机制。

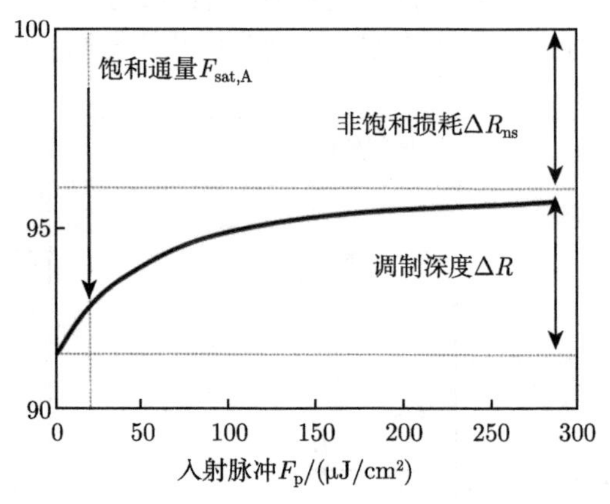

图 4.3-4　SESAM 宏观特性

SESAM 的出现，标志着全固态锁模激光器的发展进入了飞速前进的新阶段，到目前为止，SESAM 锁模技术与 KLM 技术是全固态激光器实现被动锁模的两套主流方案，两者的特征对比如表 4.3-1 所示。近年来，随着材料技术的不断演进发展，SESAM 技术愈发成熟，并且在不同增益介质的固体激光器中都获得了较为优秀的研究成果 [30−32]。

表 4.3-1　KLM 技术与 SESAM 技术的对比

锁模特性	锁模类型	
	KLM	SESAM
SA 的类型	虚拟的 SA	真实的 SA
波长依赖性	不依赖波长	依赖波长
光子吸收性	不存在双光子吸收	存在双光子吸收
脉冲响应时间	较短 (<10fs)	较长 (<1ps)
调制深度	较大 (>5%)	较为有限 (>2%)
造价成本	无须特殊定制，价格较低	生产工艺复杂，价格较高
损伤阈值	较高	较低
谐振腔调节	较困难	较容易
自启动特性	无法实现自启动	可以实现自启动

3. 量子点可饱和吸收体

从这里起，我们以可饱和吸收材料微观结构中电子运动的维度为划分依据，分别介绍零维、一维以及二维纳米材料 SA 的结构及非线性光学特性。

常见的零维结构包括量子阱 (QW)、量子线 (QL) 以及量子点 (QD) 等。量子点激光器 (QDL) 以高重复频率、稳定质量的脉冲输出而在半导体激光器领域中脱颖而出，而其组成结构则主要可划分为有源区和吸收区两部分，其中有源区包含一个正向偏置的增益界面，而吸收区则包含一个反向偏置的可饱和吸收体。

QD 结构指的是长、宽、高三个维度的尺寸均可控制在几纳米量级的材料结构 (电子因受“禁锢”而无法实现有效的运动)。QD 结构的三维尺寸可对标载流子的德布罗意波长，两者的数值大小极为接近；这一特性使得 QD 有了局限载流子的能力，使得载流子只能在纳米量级的范围内移动，进而使具有此种结构的材料具备极佳的化学稳定性。而由于极其细微的结构，QD 的制备更多依赖于纳米级别的制备工艺，当前较为常见 QD 材料的制备手段莫过于分子束外延 (MBE) 法。

利用 MBE 法，研究人员有效地制备出了高性价比的 InAs/ GaAs 异质结 QD 材料，通过对异质结材料生长过程中参数的优化设计，可以得到非线性光学性质极为优秀的量子点半导体可饱和吸收镜 (QD-SESAM)，基于 QD-SESAM 搭建出输出性能指标优异的锁模激光器 [33,34]。

QD-SA 的工作波段主要集中在 1.3μm 以下，但仍有部分研究工作实现了 1.55μm 波段 (掺铒光纤的激发波段) 的结构设计，如图 4.3-5 所示，研究人员通过在制备 QD-SESAM 的过程中引入 SiO_2 层的设计，实现了中心波段在 1540nm、脉冲宽度 2ps、重复频率 16.5MHz 的锁模脉冲输出 [35]。

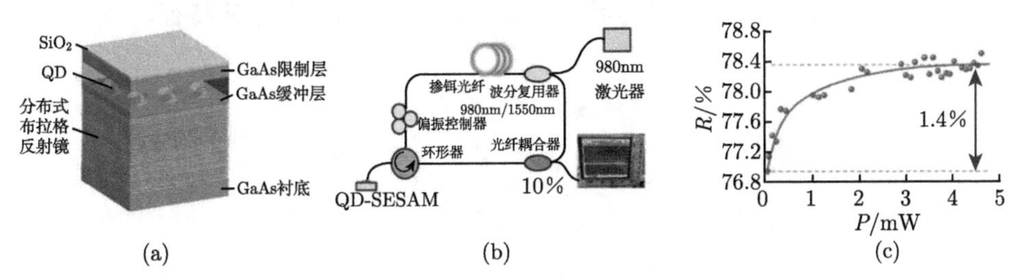

图 4.3-5 QD-SA 的表征：(a) QD-SESAM 的结构示意图；(b) 基于 QD-SESAM 的光纤激光器；(c) QD-SESAM 的非线性光学特性 [35]

当前阶段，QD-SA 技术面临的主要发展难点集中在三个方面：如何生长出均匀的 QD 阵列、如何增加 QD 的面密度及体密度以及如何优化 QD 激光器的参数，随着纳米技术的发展及迭代，相信上述三个方面的问题必然会得到相应的优化。事实证明，随着光子器件的集成化发展趋势的演进，以 QD-SESAM 为代表的微纳光电器件将会在通信、医疗、传感以及加工等领域产生较大的影响。

4. 碳纳米管可饱和吸收体

紧随零维材料进行介绍的，是一种常见的一维可饱和吸收材料，这款材料是 2002 年由 Y. C. Chen 等报道的碳纳米管 (CNT)[36]，CNT 作为一种锁模阈值较低、响应时间较快、可以实现自启动的可饱和吸收材料，一经报道就受到大批科研人员的持续关注。早在一百年前，CNT 就在石油化工厂中以丝状碳的形式被人们所注意到，但对其深入的研究是在 21 世纪才开始进行的。

本质上说，CNT 由层状石墨烯单片卷曲所得，根据卷曲石墨烯的层数，则可将 CNT 分为单壁和多壁 (或单层和多层)，两者的典型直径分别为 0.6~2nm 和 2~100nm。由于分子间作用力的存在，相较于单壁 CNT 而言，多壁 CNT 的表面形态更加难以控制 (容易形成洞状缺陷)。CNT 的制备成本较低，制作工艺成熟简易，同时具有较强的鲁棒性，在环境因素发生扰动时，能够较好地保持自身的性质不发生改变。但与此同时, 也不应忽视其制备过程中因管壁缺陷所带来的不确定性，CNT-SA 制备过程中出现的不确定性，会与输出锁模脉冲的质量直接相关。

在 CNT 的制备过程中，首先需要注意对卷曲直径的调控，因为 CNT 的卷曲直径决定其自身的工作波段；其次就是对其表面形貌的监测，需要注意，CNT 表面并不是光滑的平面，作为柱体结构无法避免对入射激光产生较大的散射效应，散射使得激光功率大幅度衰减，另外还可能出现信号串扰等情况，上文所提到的洞状缺陷就是其中一种不佳的状况，它使得 CNT 非饱和损耗处于较高数值。一般来说，CNT 的制备方法包括激光烧蚀、固相热解、化学气相沉积 (CVD)、电弧放电法等多种，制作手段极为灵活。图 4.3-6 为 CNT 的结构特征。

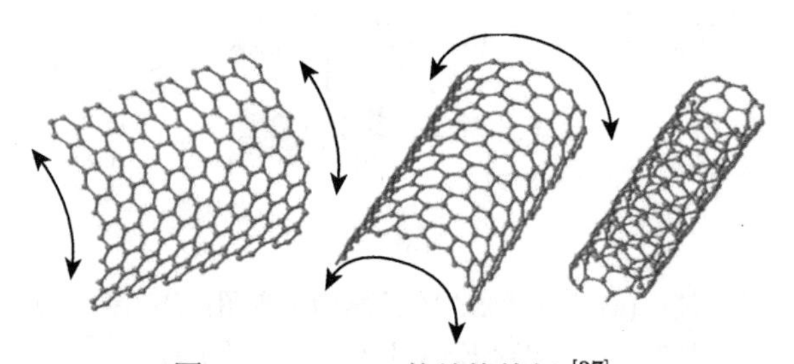

图 4.3-6　CNT 的结构特征 [37]

作为一种较为成熟的可饱和吸收材料，CNT 在基于 SA 的锁模激光器中有着优秀的研究成果。截至今日，应用 CNT-SA 的锁模激光器，在 1.55μm 的工作波段上取得了 66fs 的最窄脉宽记录 [38]；近年来，更多的成果逐渐证明 CNT 在近红外甚至中红外波段作为可饱和吸收材料的优秀非线性光学性质。但遗憾的是，作为一种参数需要根据应用场景进行设计的材料结构，CNT 无法实现可调谐脉冲输出，同一个 CNT 无法工作在多个不同的波段下。已有的解决方案是将不同直径的 CNT 组合在一起，实现工作波段的拓展，但多个 CNT 组合的过程必然伴随非饱和损耗的增加，会对激光器的输出功率产生较为明显的影响。

5. 二维材料可饱和吸收体

在“二维材料”一词中，“二维”的含义是指可使电子受自身结构限制，只能在二维平面上运动。要做到将电子的运动限制在二维，则材料自身的厚度尺寸必然是纳米量级。有别于 QD 结构，二维材料结构使得载流子的活动区域相对来说大了许多 (可理解为从点扩展到面)，这种结构出现在不同种类的物质上，表现出了十分不同的非线性光学性质。

如图 4.3-7 所示，石墨烯、黑磷 (BP)、过渡金属硫化物 (TMDs) 和拓扑绝缘体 (TIs) 均可生长或制备出单层及少层的二维结构。需要明确的是，不同种类的材料，带隙宽度、化学稳定性、调制深度等参数往往都不相同。前文也曾提到，非线性光学发展过程中一个值得关注的课题，就是如何根据实际需求选取合适的可饱和吸收材料。在选材的过程中，另一种新型的技术手段也逐渐出现在备选方案之中：二维材料异质结技术。该技术将两种或多种二维材料合而为一，从物理层面来说，多种材料在 z 轴方向上实现了紧密的耦合；从可饱和吸收体的角度来说，二维材料组成的异质结结构集成了各种材料的优秀光学特性，例如石墨烯-拓扑绝缘体异质结，不仅具有石墨烯极佳的热稳定性，同时具备拓扑绝缘体的大调制深度，使得在输出较窄脉宽锁模脉冲的同时，也保证了激光器在较高功率下稳定工作的可能性。可以说异质结结构实现了多种可饱和吸收材料性质上的互补，既可表现出独特性，又能体现出较为优秀的互补特性。

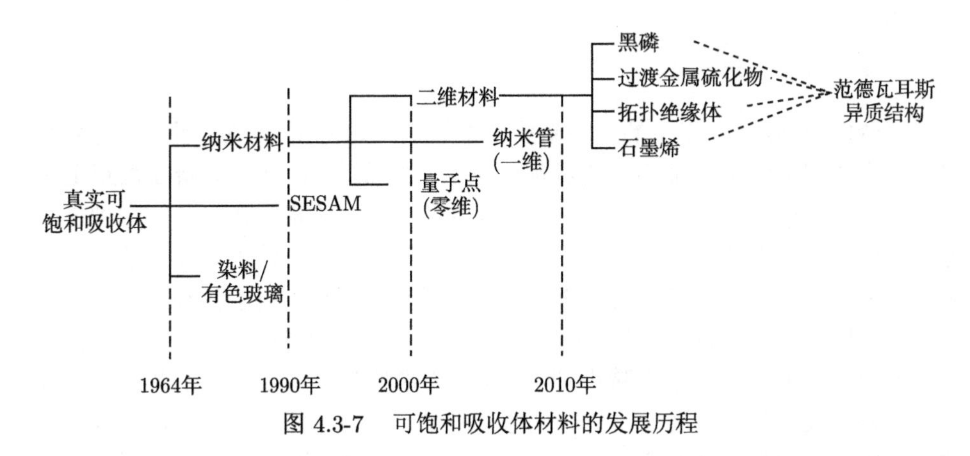

图 4.3-7 可饱和吸收体材料的发展历程

二维材料制备技术的发展，为可饱和吸收体材料的选取范围实现了较大的拓展，在激光器越做越小、功率越做越大的技术背景下，二维材料可饱和吸收体愈发具有深刻的研究价值和意义，为超快光电器件宏观尺度上的发展提供了直接而有效的支持。

6. 石墨烯可饱和吸收体

石墨烯的研究历程与 CNT 几乎重合，2004 年，K. S. Novoselov 等通过剥离，成功得到单层石墨烯薄膜 [39]，单层石墨烯薄膜的获得，使得石墨烯成为光电领域中的一颗新星。石墨烯具有较短的电子弛豫时间、较高的损伤阈值以及较强的热稳定性，这些性质在宏观层面昭示出其作为可饱和吸收材料的可能性；而从微观角度来看，石墨烯的导带与价带之间存在十分有趣的联系：两者在布里渊区的 K 点相交，其间几乎不存在带隙；零带隙结构的重要意义在于说明单层石墨烯具有几乎在任何波段工作的能力，极其适合构建超宽带可调谐锁模激光器。更加有趣的是，由于石墨烯对光的吸收率相对较低，所以单层石墨烯对光的调制深度只有 2.3%，而将多层石墨烯相叠加，每增加一层，所组成的多层结构调制深度便会增加 2.3%，理论上可以通过石墨烯的层数调控来实现对多层结构的有效调控 [40]。2016 年 J. Sotor 等的工作，利用石墨烯-SA 获得了 88fs 的锁模脉冲，这一数据是石墨烯可饱和吸收体所产生出的最佳结果 [41]。

上文中提到的石墨烯层数调控技术，将石墨烯在非线性光学领域中的地位推向了一个高峰，但这项技术也有其自身的缺陷：效率较差。以单层调制深度 2.3% 的水准将石墨烯薄膜相叠加，需要叠加较多的层数才可达到理想调制深度的水平，但随着层数的增加，石墨烯薄膜叠加结构所体现出的性质，逐渐由面材料向体材料过渡，这就意味着材料本身对光束能量愈加严重的损耗，这一点是我们不希望看到的。

7. 黑磷可饱和吸收体

黑磷作为 2014 年诞生的一种新型二维材料，如图 4.3-8 (a) 所示，有着与石墨烯极为相似的结构特征——两者都由单原子组成 [42]；其次黑磷在微观上表现出有褶皱的六边形，这一形状与单层石墨烯的原子结构极为相似，而这种极其相近的组成方式也不禁令人猜测两者是否具有相似的特性，结论是显然的，与石墨烯类似，黑磷作为可饱和吸收材料有着载流子迁移率高、电子弛豫时间较短等较为明显的优势；而与石墨烯不同的是，黑磷具有一定的带隙宽度，且带隙宽度会随着材料厚度的增加而不断减小 [43]。较小的带隙宽度直接说明了黑磷在近红外及中红外波段具备巨大潜力，更令人惊喜的是，相较于石墨烯来说，黑磷对于光的吸收率更高一些，这就意味着黑磷在对光的调制效果方面要优于石墨烯。上述黑磷的特征与优势，表明这种材料在超快光学领域有着较大的发展价值。

相关的研究结论表明，相较于石墨烯及其他二维可饱和吸收材料而言，黑磷的环境稳定性表现相对较差。最显著的就是黑磷的亲水性：类似于一块吸水后膨胀的海绵，黑磷的体积也会在吸水后迅速膨胀。这一点对于实际的基于黑磷可饱和吸收体的激光器来说是十分致命的——光束因黑磷体积变化而表现出无序的状态，同时较大的体积也意味着更大的衰减效应。目前最佳的解决方案莫过于对黑磷可饱和吸收体本身进行真空封装，以真空的环境条件，使其避免与水蒸气发生接触，但定制真空的封装装置、抽制真空等流程，又为其实际应用带来过于繁杂的操作步骤，不利于较大规模的生产制造。

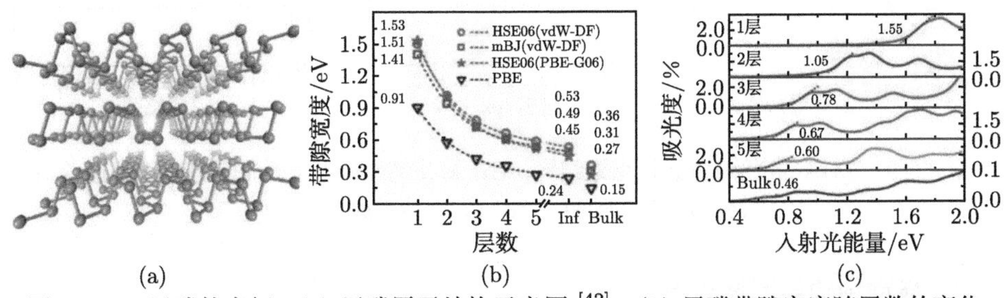

图 4.3-8 黑磷的表征：(a) 黑磷原子结构示意图 [42]；(b) 黑磷带隙宽度随层数的变化；(c) 黑磷的吸收谱 [43](彩图请扫封底二维码)

8. 拓扑绝缘体作为可饱和吸收体

拓扑绝缘体材料，顾名思义，是一种在微观结构上有着拓扑电子特性的材料，如图 4.3-9 所示 [44]。与石墨烯类似的是，这种材料也具有狄拉克锥 (意味着其具有较高载流子迁移率及其他与石墨烯相似的优秀物理特性)，这种结构使得拓扑绝缘体在二维材料层面，有着近零的带隙宽度，相关的研究结果表明，拓扑绝缘体的带隙宽度在 0.2~0.3eV 的范围内 [45]。窄带隙宽度意味着拓扑绝缘体在宽带可调谐激光器的设计中有极大的用武之地 [46]。而与石墨烯材料不同的是，拓扑绝缘体的调制深度极大，以 Bi_2Te_3 为例，C. J. Zhao 等的实验结果表明，此材料的调制深度最高可达到 95%[47]。极高的调制深度意味着拓扑绝缘体拥有远远超越石墨烯的非线性光学特性，而实际实验也表明拓扑绝缘体是最有希望取代石墨烯的二维材料。2016 年，W. J. Liu 等基于 Bi_2Te_3 可饱和吸收体，结合混合锁模的方法实现了脉冲宽度仅为 70fs 的锁模脉冲输出 [48]。这项数据在同类型数据中至今仍保持着最佳的水准。拓扑绝缘体在非线性光学领域还有着许多其他优秀的研究成果，限于篇幅，恕不一一列举。

拓扑绝缘体作为一种化合物，往往由两种元素组成。化合物的制备流程较单元素晶体来说更加复杂，这就使得拓扑绝缘体对制备条件的要求相对较高。而制备流程复杂也仅仅是拓扑绝缘体大规模应用所要面临的第一个难题；普遍地，拓扑绝缘体损伤阈值都相对较低，较低的损伤阈值使其无法应用于较高功率的激光器中，而锁模脉冲激光器输出的峰值功率极高，在长时间的工作中有很大概率将拓扑绝缘体可饱和吸收材料烧蚀破坏，进而影响激光器输出光束的质量。当前较为有效的解决方案是将石墨烯和拓扑绝缘体组合成异质结结构，使两者的优势形成互补，以对激光器输出脉冲实现优化。

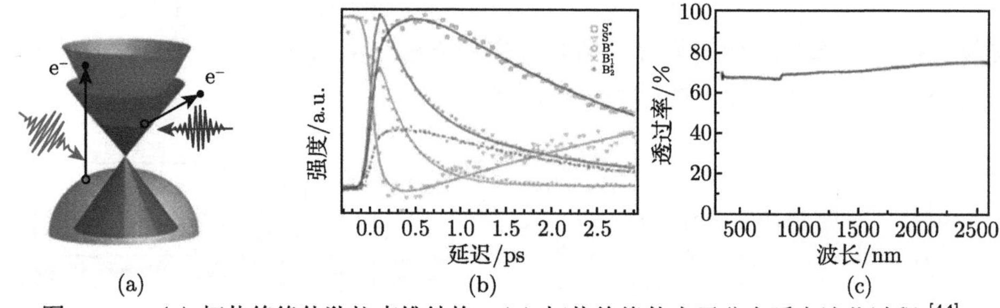

图 4.3-9　(a) 拓扑绝缘体狄拉克锥结构；(b) 拓扑绝缘体电子分布瞬态演化过程 [44]；(c) Bi_2Te_3 的透射光谱 (彩图请封底二维码)

4.3.3　被动锁模染料激光器

从 20 世纪 60 年代中期开始，染料激光器因其独特的操作灵活性，成为相干可调谐光源的优质选择。染料激光器能够以脉冲和连续波的形式，结合各种激发泵浦，输出平均功率及单脉冲能量均具备一定水准的激光。对数百种染料的研究，证明染料激光器能覆盖自紫外至红外超宽范围的波段。这些特性使得染料激光器风靡一时，在基础物理学、光谱学以及工业医疗等学科及应用方面产生了很多的成果。

染料激光器中可饱和吸收体的组成物质是有机染料分子 [49]，将激光分子溶于相应溶剂获得相关溶液。溶剂会决定染料分子粒子的荧光活性、粒子弛豫过程等。根据染料种类的不同选取溶剂，以满足激光的多调谐范围。常见的染料、溶剂及相应的激光波长如表 4.3-2 所示。

表 4.3-2　染料、溶剂和激光波长

有机染料	溶剂	激光调谐范围/nm
1,4-双 (5-苯基噁唑) 苯	四氢呋喃	410~448
聚对苯撑苯并二噁唑	甲苯	355~486
四甲基伞形酮	乙醇	410~448
二苯砜	二烷	395~416
香豆素	乙醇	390~540
荧光素钠	乙醇	515~543
二氯荧光素	乙醇	539~574
罗丹明 6G	乙醇	564~607
罗丹明 B	乙醇	595~643
甲酚紫	乙醇	647~693
耐尔蓝	乙醇	647~712
隐花青	甘油	$\lambda_{峰}$：745
氯铝酞菁	二甲基亚砜	$\lambda_{峰}$：761.5
噁嗪	乙醇	725~775
碘化 1,1'-二乙基-4,4'-喹啉三碳花青	醋酸	$\lambda_{峰}$：1000

通俗来说，有机染料本质上是一类有色物质。经过数十年的研究和发展，这个定义被扩大到在较宽波段上都保有强吸收效应的有机化合物 [50]。具有这种性质的有机化合物往往包含一个扩展的共轭键体系 (交替的单键和双键)。常见有机染料分子的结构式如图 4.3-10 所示。

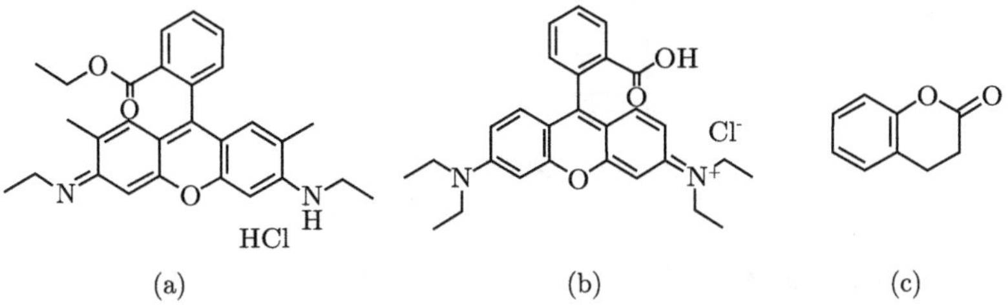

(a) (b) (c)

图 4.3-10 常见有机染料分子的结构式：(a) 罗丹明 6G；(b) 罗丹明 B；(c) 香豆素

染料对激光的调制作用最早是由 Sorokin 等在 1966 年发现的，他们观察了氯铝酞菁溶液中的激光状态的变化。同年，Schaefer 等成功发现了红外激光在一些花菁染料中传播时受到的调制作用。具体地，被动锁模染料激光器可通过在谐振腔中某一束腰位置上直接喷涂染料溶液而获得。合适的染料浓度及喷流厚度更有助于获得较稳定的亚微秒脉冲序列。

染料激光器包括单重态 S 和三重态 T 在内的两种能级状态，如图 4.3-11 所示，每个能级状态均由若干连续的转动能级组成。染料分了最低的能量吸收源丁电子单基态向第一个能态 S_0 过渡时能量的吸收，这种强吸收通常发生在光谱的可见区域，能够表现出染料的主要特性。染料粒子在吸收能量后由 S_0 能态向上随机跃迁至 S_1 能态的某个振转转动能级，在此过程中，染料粒子与溶剂分子在跃迁的过程中发生碰撞，致使染料粒子将自身能量不断地传递给溶剂分子，染料粒子将从 S_1 能态下较高能量对应的能级向下跃迁至能量较低的振动转动能级。染料粒子在跃迁过程中发出荧光，S_0 内部染料粒子将发生无辐射跃迁至最低能级。特别要注意：并不是所有的染料分子都会发射出明显的荧光，对染料有效性的衡量，可通过量子效率的对比得到。

根据以上的分析可知，尽管有着较宽的增益面，但由于染料分子上能级寿命较短 (对光脉冲的调制效果相较于其他 SA 更弱)，故染料锁模激光器输出脉冲的脉宽十分受限。染料 SA 自身较慢的恢复速度，与单脉冲能量的升高而增益效果下降的特殊属性相结合，使染料 SA 也可形成一个可保证稳定锁模状态的动态增益窗口。

染料激光器能以输出激光的形式 (连续或脉冲) 进行分类 [51]。连续染料激光器主要包括三镜折叠腔激光器，以及可调谐环形腔激光器等，由于其应用环境十分有限，故不再展开说明。而脉冲染料激光器的分析，更多集中在能带跃迁的过

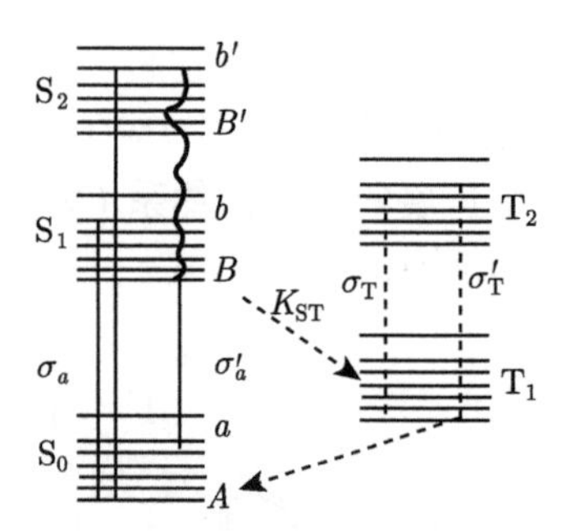

图 4.3-11　染料分子能级结构图

程上。这里列出了受激发射光子密度 I_{L} 的速率方程，设染料粒子第一激发态为 S_1，第一激发态粒子数为 N_1，三重态为 T_1，三重态粒子数为 N_{T}，则可得

$$\frac{\mathrm{d}N_1}{\mathrm{d}t}=N_0\left(\sigma_{\mathrm{AP}}I_{\mathrm{P}}+\sigma_{\mathrm{AL}}I_{\mathrm{L}}\right)-N_1\tau_1^{-1}-N_1\sigma_{\mathrm{E}}I_{\mathrm{L}}-N_{\mathrm{L}}\left(\sigma'_{\mathrm{AP}}+\sigma_{\mathrm{AL}}I_{\mathrm{L}}\right)+N_2\tau_{\mathrm{T}}^{-1} \tag{4.3-3}$$

$$\frac{\mathrm{d}N_{\mathrm{T}}}{\mathrm{d}t}=N_1K_{\mathrm{ST}}+N_{\mathrm{T}}\tau_{\mathrm{T}}^{-1} \tag{4.3-4}$$

$$N_0+N_1+N_{\mathrm{T}}=N \tag{4.3-5}$$

$$\frac{\mathrm{d}I_{\mathrm{L}}}{\mathrm{d}t}=\left(N_1\sigma_{\mathrm{E}}+N_0\sigma_{\mathrm{AL}}+N_1\sigma_{\mathrm{AL}}\right)I_{\mathrm{L}} \tag{4.3-6}$$

此外，根据泵浦方式的不同，也可将染料激光器分为由闪光灯脉冲泵浦和由激光泵浦的两种 [52]。

染料激光器一般为可调谐激光器, 从紫外光到近红外波段范围内均能实现快速可调谐激光的输出，而通常激光染料的调谐范围会受到短波长侧重叠吸收效应的限制 [53]。此外，染料激光器也可通过光栅、棱镜、双折射滤光片等方式进行调谐，比如图 4.3-12，就是在腔内加入双折射滤光片进行调谐。以光栅调谐为例说明：此方法将具备扩束能力和色散特性的光栅和反射镜搭建成谐振腔，再利用谐振腔中所包含的波长选择器件就可以实现对波长的调谐。

通过多年的研究，人们对染料激光器技术的研究和认知水平均取得了极大的进展。依赖染料宽频带的特点，被动锁模染料激光器可以输出超窄脉冲。以罗丹明 6G 作为 SA 基材，研究人员实现了脉冲宽度在飞秒级的超短脉冲。同时染料激光器的窄线宽及可调谐特性也使其成为高分辨率光谱学的理想光源，在同位素的分离以及光化学方面均具有广阔的发展前景 [54]。

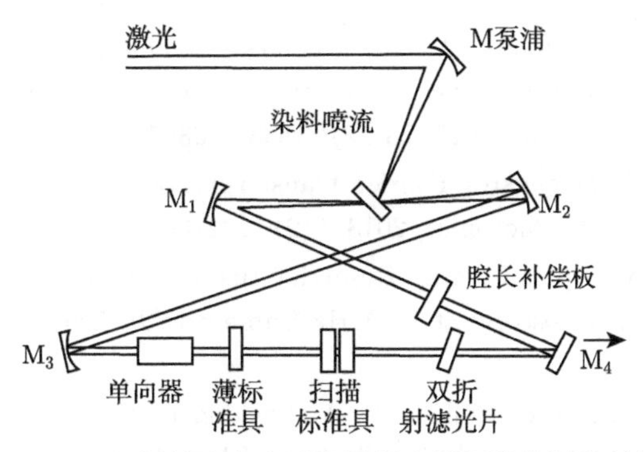

图 4.3-12 双折射滤光片对染料激光器调谐作用的结构图

参 考 文 献

[1] Fork R L, Greene B I, Shank C V. Generation of optical pulses shorter than 0.1 psec by colliding pulse mode locking[J]. Appl. Phys. Lett., 1981, 38(9): 671-672.

[2] Fork R L, Cruz C H B, Becker P C, et al. Compression of optical pulses to six femtoseconds by using cubic phase compensation[J]. Opt. Lett., 1987, 12(7): 483-485.

[3] Spence D E, Kean P N, Sibbett W. 60-fsec pulse generation from a self-mode-locked Ti: sapphire laser[J]. Opt. Lett., 1991, 16(1): 42-44.

[4] Kopf D, Weingarten K J, Brovellil R, et al. Diode-pumped 100-fs passively mode-locked Cr:LiSAF laser with an antiresonant Fabry-Perot saturable absorber[J]. Opt. Lett., 1994, 19(24): 2143-2145.

[5] Wagenblast P C, Morgner U, Grawert F, et al. Generation of sub-10-fs pulses from a Kerr-lens mode-locked Cr^{3+}:LiCAF laser oscillator by use of third-order dispersion-compensating double-chirped mirrors[J]. Opt. Lett., 2002, 27(19): 1726-1728.

[6] Au J A, Spühler G J, Südmeyer T, et al. 16.2-W average power from a diode-pumped femtosecond Yb:YAG thin disk laser[J]. Opt. Lett., 2000, 25(11): 859-861.

[7] Yanovsky V, Pang Y, Wise F, et al. Generation of 25-fs pulses from a self-mode-locked Cr:forsterite laser with optimized group-delay dispersion[J]. Opt. Lett., 1993, 18(18): 1541-1543.

[8] Tong Y P, Sutherland J M, French P M W, et al. Self-starting Kerr-lens mode-locked femtosecond Cr^{4+}:YAG and picosecond Pr^{3+}:YLF solid-state lasers[J]. Opt. Lett., 1996, 21(9): 644-646.

[9] Ell R, Morgner U, Kärtner F X, et al. Generation of 5-fs pulses and octave-spanning spectra directly from a Ti:sapphire laser[J]. Opt. Lett., 2001, 26(6): 373-375.

[10] Auston D. Transverse mode locking[J]. IEEE J. Quantum Electron., 1968, 4(6): 420-422.

[11] 邹英华, 孙駒亨. 激光物理学 [M]. 北京: 北京大学出版社, 1991: 90.

[12] Liang H C, Tsou C H, Lee Y C, et al. Observation of self-mode-locking assisted by high-order transverse modes in optically pumped semiconductor lasers[J]. Laser Phys. Lett., 2014, 11(10): 105803.

[13] Tsou C H, Liang H C, Wen C P, et al. Exploring the influence of high order transverse modes on the temporal dynamics in an optically pumped mode-locked semiconductor disk laser[J]. Opt. Express, 2015, 23(12): 16339-16347.

[14] Goda K, Jalali B. Dispersive Fourier transformation for fast continuous single-shot measurements[J]. Nat. Photonics, 2013, 7(2): 102-112.

[15] Herink G, Jalali B, Ropers C, et al. Resolving the build-up of femtosecond mode-locking with single-shot spectroscopy at 90 MHz frame rate[J]. Nat. Photonics, 2016, 10(5): 321-326.

[16] Hargrove L E, Fork R L, Pollack M A. Locking of He-Ne laser modes induced by synchronous intracavity modulation[J]. Appl. Phys. Lett., 1964, 5(1): 4-5.

[17] DiDomenico M, Jr, Geusic J E, Marcos H M, et al. Generation of ultrashort optical pulses by mode locking the YAlG:Nd laser[J]. Appl. Phys. Lett., 1966, 8(7): 180-183.

[18] Kuizenga D J, Siegman A E. FM and AM mode locking of the homogeneous laser-Part I: theory[J]. IEEE J Quantum Electron., 1970, 6(11): 694-708.

[19] Ho P T, Glasser L A, Ippen E P, et al. Picosecond pulse generation with a cw GaAlAs laser diode[J]. Appl. Phys. Lett., 1978, 33(3): 241-242.

[20] Kafka J D, Baer T, Hall D W. Mode-locked erbium-doped fiber laser with soliton pulse shaping[J]. Opt. Lett., 1989, 14(22): 1269-1271.

[21] Koechner W. Solid-State Laser Engineering[M]. 6th ed. Berlin: Springer, 2006: 520, 561.

[22] Maker G T, Ferguson A I. Frequency-modulation mode locking of a diode-pumped Nd: YAG laser[J]. Opt. Lett., 1989, 14(15): 788-790.

[23] 贾玉磊. 全固态超短脉冲激光及其再生放大的研究 [D]. 北京: 中国科学院物理研究所, 2005:45.

[24] Williams C H G. Transformations of old colony mennonties: the making of a trans-statal community[J]. Transactions of the Royal Society of Edinburgh, 1856, 21:377-401.

[25] Mishra A, Behera R K, Behera P K, et al. Cyanines during the 1990s: a review[J]. Chem. Rev., 2000, 100(6): 1973-2012.

[26] 赵燕曾, 伍少明. 红宝石激光器的被动式隐花菁染料调 Q[J]. 激光, 1979, (12): 23-28.

[27] Ouazzani H E, Dabos-Seignon S, Gindre D, et al. Novel styrylquinolinium dye thin films deposited by pulsed laser deposition for nonlinear optical applications[J]. J. Phys. Chem. C, 2012, 116(12): 7144-7152.

[28] Keller U, Miller D A B, Boyd G D, et al. Solid-state low-loss intracavity saturable absorber for Nd:YLF lasers: an antiresonant semiconductor Fabry-Perot saturable absorber[J]. Opt. Lett., 1992, 17(7): 505-507.

[29] Keller U. Recent developments in compact ultrafast lasers[J]. Nature, 2003, 424: 831-838.

[30] Dannecker B, Beirow F, Weichelt B, et al. SESAM mode-locked Yb:YAB thin-disk oscillator delivering an average power of 19 W[J]. Opt. Lett., 2021, 46(4): 912-915.

[31] Stanislav L, Frolov M P, Korostelin Y V, et al. Bound soliton formation in a SESAM mode-locked Cr:ZnSe laser with birefringent plates[J]. Appl. Phys.B, 2021, 127(4): 56.

[32] Heidrich J, Gaulke M, Golling M, et al. 324-fs pulses from a SESAM modelocked backside-cooled 2-μm VECSEL[J]. IEEE Photon. Technol. Lett., 2022, 34(6): 337-340.

[33] Abouelez A E, Eldiwany E A, Mashade M B. Design and analysis of passively mode-locked all-quantum-dot electrically-driven VECSEL[J]. Opt. Commun., 2019, 446: 1-9.

[34] Jiang C, Ning J Q, Li X H, et al. Development of a 1550nm InAs/GaAs quantum dot saturable absorber mirrorwith a short-period superlattice capping structure towards femtosecond fiber laser applications[J]. Nanoscale Res. Lett., 2019, 14: 362.

[35] Wang H P, Wang X, Wang S, et al. Mode-locked laser based on quantum dot saturable absorption mirror[J]. Semiconductor Devices, 2021, 46(6): 456-460.

[36] Chen Y C, Raravikar N R, Schadler L S, et al. Ultrafast optical switching properties of single-wall carbon nanotube polymer composites at 1.55 μm[J]. Appl. Phys. Lett., 2002, 81(6): 975-977.

[37] Geim A K, Novoselov K S. The rise of graphene[J]. Nat. Mater., 2007, 6(3): 183-191.

[38] Yu Z H, Wang Y G, Zhang X, et al. A 66 fs highly stable single wall carbon nanotube mode locked fiber laser[J]. Laser Phys., 2014, 24(1): 015105.

[39] Novoselov K S, Geim A K, Morozov S V, et al. Electric field effect in atomically thin carbonfilms[J]. Science, 2004, 306(5696): 666-669.

[40] Bao Q L, Zhang H, Ni Z H, et al. Monolayer graphene as a saturable absorber in a mode-locked laser[J]. Nano Research, 2011, 4(3): 297-307.

[41] Sotor J, Pasternak I, Krajewska A, et al. Sub-90 fs a stretched-pulse mode-locked fiber laser based on a graphene saturable absorber[J] .Opt. Express, 2016, 23(21): 27503-27508.

[42] Li L K, Yu Y J, Ye G J, et al. Black phosphorus field-effect transistors[J]. Nat. Nanotechnol., 2014, 9(5): 372-377.

[43] Qiao J S, Kong X H, Hu Z X, et al. High-mobility transport anisotropy and linear dichroism in few-layer black phosphorus[J]. Nat. Commun., 2014, 5: 5475.

[44] Hajlaoui M, Papalazarou E, Mauchain J, et al. Ultrafast surface carrier dynamics in the topological insulator Bi_2Te_3[J]. Nano Lett., 2012, 12(7): 3532-3536.

[45] Zhang H J, Chao X L, Xiao L Q, et al. Topological insulators in Bi_2Se_3, Bi_2Te_3 and Sb_2Te_3 with a single Dirac cone on the surface[J]. Nat. Phys., 2009, 5(6): 438-442.

[46] Chen S Q, Zhao C J, Li Y, et al. Broadband optical and microwave nonlinear response in topological insulator[J]. Opt. Mater. Express, 2014, 4(4): 587-596.

[47] Zhao C J, Zou Y H, Yu C, et al. Wavelength-tunable picosecond soliton fiber laser with topological insulator: Bi_2Se_3 as a mode locker[J]. Opt. Express, 2012, 20(25): 27888-27895.

[48] Liu W J, Pang L H, Han H N, et al. 70fs mode-locked erbium-doped fiber laser with topological insulator[J]. Sci. Rep., 2016, 6: 19997.

[49] Shank C V. Physics of dye lasers[J]. Rev. Mod. Phys., 1975, 47(3): 649.

[50] Schäfer F P. Dye Lasers[M]. Berlin: Springer Science & Business Media, 2013.

[51] Papadavid E, Markey A, Bellaney G, et al. Carbon dioxide and pulsed dye laser treatment of angiofibromas in 29 patients with tuberous sclerosis[J]. Br. J. Dermatol., 2002, 147(2): 337-342.

[52] Pavlopoulos T G. Scaling of dye lasers with improved laser dyes[J]. Prog. Quantum. Electron., 2002, 26(4-5): 193-224.

[53] Duarte F J, Hillman L W. Dye Laser Principles, with Applications[M]. Salt Lake City: Academic Press, 1990.

[54] Demtröder W. Laser Spectroscopy: vol. 2: Experimental Techniques[M]. Berlin: Springer Science & Business Media, 2008.

第 5 章　几种典型的超快激光光源

自 1965 年首次实现锁模以来，超快激光得到了长足的发展。锁模原理与技术的深入研究，结合新型激光材料的研发、新型锁模器件及色散补偿器件的研制，使得超快激光器的种类迅速丰富起来。从激光器形态上看，气体、液体、固体、半导体、光纤、激光器中都已实现超短脉冲输出。从时间尺度上说，直接从超快激光器输出的脉冲长至纳秒，短至飞秒量级，通过与物质相互作用可推进至阿秒量级。从输出光谱范围上分析，通过各种激光技术手段，超短脉冲可覆盖 X 射线、紫外、可见光、红外甚至太赫兹波段。超快激光器的发展，早已不再局限于激光技术本身，其应用已拓展至各种非线性、瞬态、极端现象的研究，成为相关领域的基础工具，极大地推动了科学研究及工程应用的发展。

在超快激光技术的发展中，有几种典型的激光器，它们的出现将超快激光技术大大推进了一步，并引领了后续激光器的研究，是激光技术发展的里程碑。与这些激光器相关联的，不仅仅是技术指标的突破，更重要的是，它们所采用的技术时至今天仍能为超快激光物理及技术研究提供重要的参考。因此，本章将对这几种典型的超快激光器的工作原理、技术方案及输出特性进行介绍。

5.1　碰撞脉冲锁模染料激光器

碰撞脉冲锁模 (colliding pulse mode-locking, CPM)，又称对撞脉冲锁模，它于 1981 年由美国贝尔 (Bell) 实验室的 R. L. Fork 等 [1] 在染料激光器中首次实现，并获得脉冲宽度 90 fs 的锁模脉冲输出。碰撞脉冲锁模染料激光器使人类获得的最短脉冲宽度首次推进到飞秒量级，在激光技术发展史上有重要的地位。碰撞脉冲锁模技术作为一种获得超短激光脉冲的锁模方式，首先大量应用于各种类型的染料激光器，随后也被应用于固体激光器、氩离子激光器及半导体激光器。该锁模技术既能压缩锁模脉冲宽度，也能提高锁模激光器的输出功率和稳定度，在超短脉冲技术中具有重要作用。

5.1.1　碰撞脉冲锁模的原理

碰撞脉冲锁模既可采用环形腔，也可采用直腔。典型的碰撞脉冲锁模染料激光器结构如图 5.1-1 所示，泵浦源为氩离子激光器，谐振腔内包含六面反射镜 M1~M6、增益介质 (G) 为罗丹明 6G 染料，可饱和吸收介质 (A) 为 DODCI

染料。由于腔内不包含单向隔离器件，所以腔内会同时存在顺时针与逆时针运行的两束激光。这两束激光在腔内对向传输。通过控制两束光的光程，使两束光在不同时刻到达增益介质获得相同的增益，并在进入可饱和吸收介质前某处相遇而发生相干叠加。相干叠加的光场将使可饱和吸体介质的上、下能级粒子数呈空间周期分布，使介质成为瞬态载流子光栅。当两束光完全同步时，可饱和吸收介质上的瞬态光强将是一束光单独传输时的四倍。光强越强，则可饱和吸收介质达到饱和时间越短，从而实现脉冲窄化。

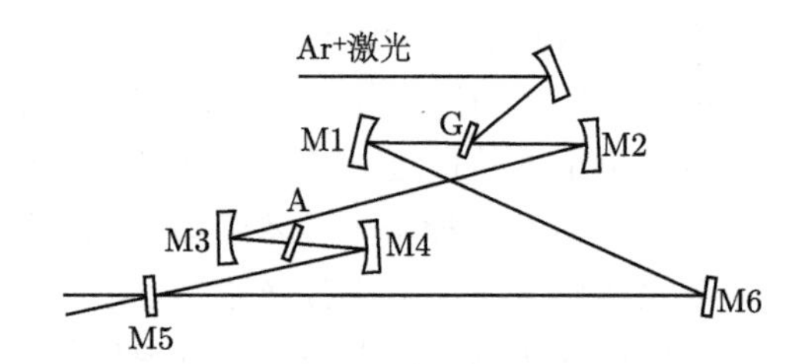

图 5.1-1 碰撞脉冲锁模染料激光器实验结构图

在实际的碰撞锁模染料激光器中，腔内各种元器件对锁模脉冲的影响是较为复杂的。此处仅讨论激光器腔型和增益介质、可饱和吸收体对锁模脉冲的影响。

1) 非对称环形光学谐振腔

以图 5.1-1 所示的腔型为例，整个谐振腔中存在两个束腰位置，第一个位置为凹面镜 M1 与 M2 的焦点，另一个位置为凹面镜 M3 与 M4 的焦点。在碰撞染料激光器中，通常将增益介质、可饱和吸收体分别放置于这两个束腰位置。理想情况下，两束对向传输的光脉冲在可饱和吸收体中相遇，发生干涉而被同步，进而实现相位锁定。但是若不严格控制增益介质和可饱和吸收体之间的距离，则会导致两个脉冲在增益介质中获得的增益不对称。因此，为保证两个光脉冲在增益介质中获得相同的增益，必须满足可饱和吸收体和增益介质之间的光学长度等于腔长光学长度的四分之一 [2]。

2) 增益介质和可饱和吸收体

对于碰撞染料激光器，脉冲每通过一个元件，光场都会发生变化，而增益介质和可饱和吸收介质决定了激光器能否实现锁模脉冲输出。影响脉冲锁模的参数主要有如下三个。

(1) 增益介质罗丹明 6G 的增益系数:

$$g = g_0 \exp\left[\left(\int_{-\infty}^{t} E^2(t')\,\mathrm{d}t'\right)/(\sigma\cdot s)\right] \tag{5.1-1}$$

式中，g_0 为线性增益；σ 为光斑面积；s 为与分子稳定性及饱和能量有关参数；E 为入射光场的场强。

(2) 可饱和吸收介质的吸收特性:

$$\alpha = -\varepsilon_0 \exp\left(-\frac{\mu s_1}{s_0}\right) \tag{5.1-2}$$

式中，ε_0 为可饱和吸收介质的线性吸收；s_1、s_0 为与所用物质分子稳定性有关的参数；μ 可表示为

$$\mu = \left(\int_{-\infty}^{t} E^2(t')\,\mathrm{d}t'\right)/(\sigma \cdot \mu_\mathrm{s}) \tag{5.1-3}$$

其中，σ 为光斑面积；μ_s 为可饱和吸收介质的饱和吸收能量密度。

(3) 乙二醇溶剂引起的自相位调制效应：

$$\delta\varphi_\mathrm{s}(t) = \frac{-n_2\omega l}{c} \cdot \frac{E^2(t)}{\sigma} \tag{5.1-4}$$

式中，n_2 为非线性折射率系数；ω 为脉冲中心角频率；l 为染料的喷流厚度；c 为光速。

20 世纪 70~80 年代，碰撞脉冲锁模染料激光器得到了广泛研究。但由于增益介质及可饱和吸收体均使用有毒且易变质的染料，碰撞脉冲锁模染料激光器面临较多的实验困难。因此碰撞脉冲锁模也被扩展至其他类型激光器，例如，1987 年，N. Langford 等在色心激光器中实现碰撞脉冲锁模，可饱和吸收体为 IR 140 染料 [3]；1988 年，Y. L. Wang 等在氩离子激光器中实现了碰撞脉冲锁模，可饱和吸收体为罗丹明 6G 染料 [4]；2016 年，A. Laurain 等在垂直外腔面发射激光器中实现碰撞脉冲锁模，可饱和吸收体为 SESAM[5]。

5.1.2 碰撞脉冲锁模染料激光及色散补偿

在染料激光器中，若要获得最窄的锁模脉冲输出，要注意在不改变可饱和吸收体的喷流位置的情况下寻找最佳色散点。理论研究已经表明，腔内合适的负色散有利于实现稳定的锁模，因此腔内总色散最好为负。但是负色散量并非越大越好，色散量过大将会导致失锁。因此为了找到最佳色散量，必须在染料激光器引入一种能够提供负色散且色散可调的器件。最常见的这种器件就是棱镜对。

为了获得最短脉宽，首先需要对腔内的元件的色散进行综合分析。在激光器中，除了像散补偿之外，对于设计为垂直入射的反射镜，应该使入射光的入射角尽量小。否则，首先反射率会受到影响，影响激光的输出效率；其次入射光与反射光的大角度分开会产生严重的像散。而且当反射镜的中心反射波长与激光的中心波长有偏差时，也会产生色散。如果谐振腔中反射镜为金属镜，其产生的色散极小，对脉冲的影响可忽略；如果反射镜镀有常见的高反介质膜，其产生的色散量约在 100 fs^2，会对脉冲宽度产生影响。同时，为了灵活调节腔内色散，可以如

图 5.1-2 所示在染料激光器内引入棱镜对以方便连续地调节腔内色散量，从而获得最短的脉冲输出 [6]。

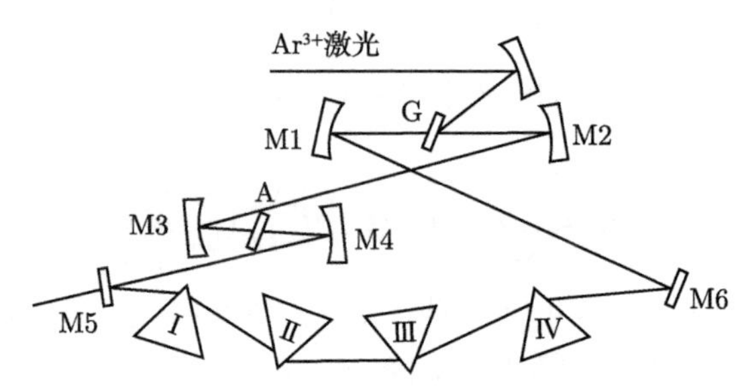

图 5.1-2　腔内压缩 CPM 染料激光器结构示意图

棱镜对色散的解析公式已经由 R. L. Fork 等于 1984 年给出 [7]。计算结果表明，反平行放置的棱镜对提供的色散与棱镜间距有关。在间距较小时，棱镜对提供正色散。当间距超过一定值时，棱镜对就会提供负色散了。因此为了获得负色散，棱镜对须以一定间距放置。

棱镜色散补偿系统既可用来调节腔内色散，也可实现波长调谐。其调节过程如下：在调试激光时，光线以布儒斯特角入射至棱镜表面，以布儒斯特角从另一表面出射，并且光线处于最小偏向角位置上，这样的设计可以将棱镜系统对激光的损耗降至最低。各个棱镜的调整装置设计成能够沿着各自棱镜顶角平分线方向平动。平动棱镜 I 或棱镜 Ⅲ 中的任何一个即可改变色散量，平动另一个则改变激光器的波长。整个系统能产生的最大负色散与棱镜 I、Ⅱ(或棱镜 Ⅲ、Ⅳ) 的距离有关，与棱镜 Ⅱ、棱镜 Ⅲ 之间的距离无关。棱镜对后来几乎成为各种飞秒固体激光器腔内色散补偿的标准器件，在飞秒激光器的研究中发挥了重要作用。

如果腔内色散补偿不够彻底，可以对激光脉冲进行腔外色散补偿。1987 年，R. L. Fork 等在腔外联合利用光栅对及棱镜对，同时对染料激光器输出脉冲的群速度色散中的三阶色散进行了补偿，获得了创纪录的 6 fs 的锁模脉冲输出 [8]。图 5.1-3 为其所使用的结构。文献 [8] 同时给出了棱镜对、光栅及材料的色散计算公

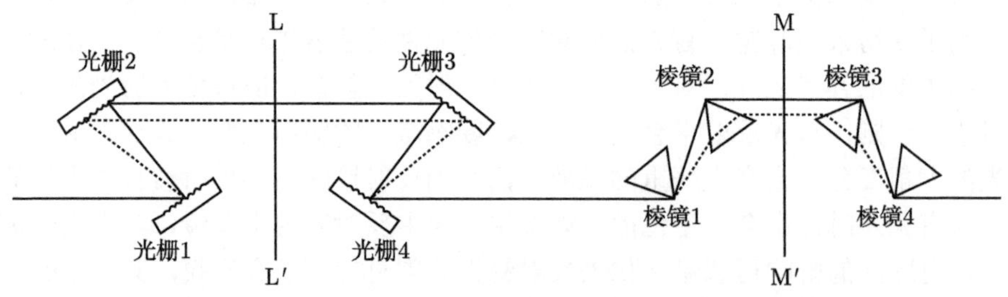

图 5.1-3　碰撞脉冲锁模染料激光器的腔外色散补偿 [8]

式。该公式为后续精确的色散补偿提供了重要参考。

5.1.3 抗共振碰撞脉冲锁模 Nd:YAG 激光

为进一步优化碰撞脉冲锁模的腔结构，A. E. Siegman 于 1981 年提出了带抗共振环的半共焦腔结构，并在 Nd:YAG 激光器中实现碰撞锁模 [9]，实验结构如图 5.1-4 所示。抗共振环由一个分束器及两面反射镜组成。激光束经过分束器，会分成两束，在一个环路中对向传输。在两束光干涉增强的地方放置可饱和吸收体，就可以实现锁模。

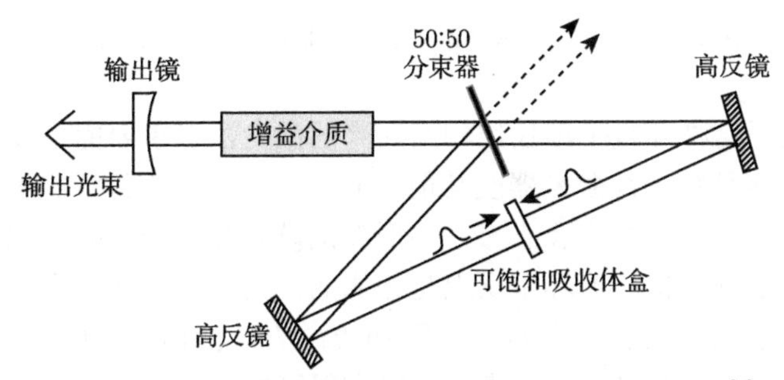

图 5.1-4　带抗共振环的半共焦腔碰撞脉冲锁模结构图 [9]

抗共振环的结构，本质上看是一个环路干涉仪。分束器的分束比为 50:50 时，反射光与透射光分得相等的能量，抗共振环相当于一个反射率 100%的全反射镜。如果分束比不等于 50:50，则会有部分能量反射至腔外，抗共振环就可以充当输出镜使用。

后来，国内研究人员又提出了带抗共振环的非稳腔 Nd:YAG 激光器碰撞脉冲锁模 [10], 该结构既具有凹面抗共振环稳腔脉冲窄的优点，又具有虚共焦非稳腔脉冲能量大的优点，其结构如图 5.1-5 所示，M3 为凸透镜，增益介质为 Nd:YAG，BS1 和 BS2 为 50:50 的分束器，A 为可饱和吸收染料。其中，BS2、M1、M2 和可饱和吸收染料组成抗共振环，BS2 将外部输出的光束分成两路分别传输，可饱和吸收介质位于共振环的中心位置，随后两束光再次通过 BS2 合束。这种相比于 5.1.1 节和 5.1.2 节中的腔结构，带抗共振环的结构有三个优势：① 只有一个脉冲参与腔内循环，而不是两个脉冲；② 脉冲前后两次通过增益介质，大大提高锁模脉冲能量；③ 提高了谐振腔的灵活性，可以增加其他电光器件实现腔倒空技术。他们对非稳腔的结构进行了理论分析，实验上获得 10 ps 的脉冲输出，单脉冲能量最大 25 mJ。结果证明，抗共振环能够明显压窄锁模脉冲宽度，而脉冲能量的提高则主要是由非稳腔结构引起的。两个作用结合起来可使峰值功率比通常采用的驻波式稳腔锁模结构提高一个数量级。

对染料激光器或固体激光器而言，抗共振环简化了碰撞脉冲锁模的谐振腔。

但从技术上看，其锁模仍然要依靠对向传输的激光在可饱和吸收体内引发的非线性效应实现。因此抗共振环是对光路的改进，本质上仍然属于碰撞脉冲锁模。

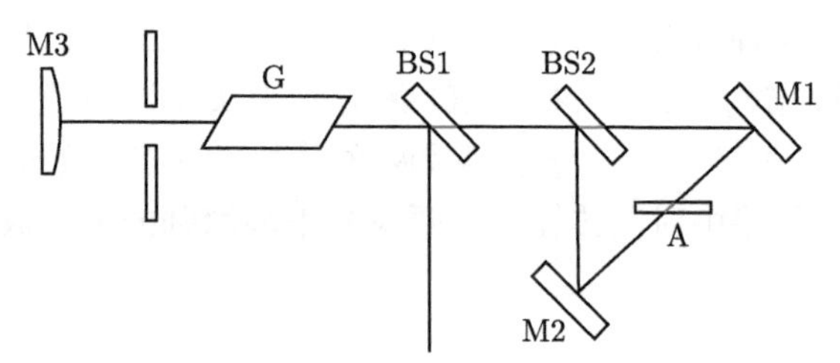

图 5.1-5 带抗共振环的非稳腔碰撞脉冲锁模结构图 [10]

但抗共振环这种环状干涉仪结构给后来的激光器以重要的启发。光纤激光器中著名的 “8” 字型腔光纤激光器及其衍生的 “9” 字型腔光纤激光器，部分结构和抗共振环类似。图 5.1-6 显示了 “8” 字型腔锁模光纤激光器的结构，可以看出图中虚线圈出的部分与抗共振环本质上是相同的，只不过传光介质由自由空间变成了光纤。同时依靠偏振控制器 (PC1 及 PC2) 挤压光纤提供非线性效用，就不再需要其他实际的可饱和吸收体，直接可以实现锁模。

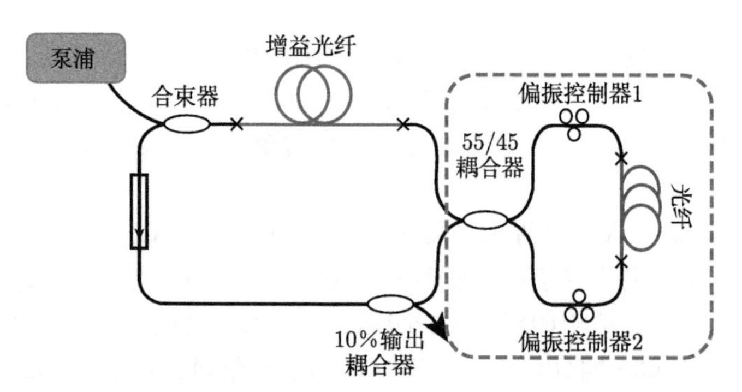

图 5.1-6 “8” 字型腔锁模光纤激光器结构示意图

5.2 同步泵浦混合锁模激光器

同步泵浦锁模激光器是指利用超短脉冲激光器对激光器进行同步泵浦，实现激光器锁模。所谓同步泵浦是指泵浦光脉冲与振荡光脉冲始终在晶体内相遇，使振荡光能够持续不断地与泵浦光通过增益介质进行能量交换。泵浦光与振荡光始终在晶体内相遇就要求泵浦激光器的腔长与振荡激光器的腔长匹配，即两者的腔长相等 (这是最普遍的情况) 或者互为整数倍。同步泵浦是对泵浦源为锁模激光器情形时所采用的泵浦方式，不仅增益介质激光器可以采用同步泵浦，光参量振荡器也可以利用锁模激光器进行同步泵浦。同步泵浦为激光波长的转换提供了新的选择。同时被泵浦的激光器可能获得比泵浦脉冲更短的脉冲宽度。

同步泵浦对两个激光器的腔长匹配提出了较高的要求。由于环境的影响，两个激光器的腔长经常会失谐。因此，如果要维持同步泵浦的稳定，就需要对被泵浦的激光器的腔长进行精确的持续的控制，这对激光器的反馈机制提出了比较高的要求。因此，从实用角度来讲，这一缺陷使得同步泵浦锁模激光器与自锁模激光器相比具有明显的劣势，因为后者对腔长几乎没有要求。

5.2.1　同步泵浦锁模染料激光器

同步泵浦锁模染料激光器早期具有非常大的优势，主要是因为染料激光器可以实现大范围的调谐，实现锁模后可以获得宽波段调谐的超短脉冲输出。对染料激光器进行同步泵浦的泵浦源最常用的就是锁模氩离子激光器或 Nd:YAG 激光器。图 5.2-1 为早期典型的同步泵浦锁模染料激光器结构示意图 [11]。泵浦源为声光调制器锁模的氩离子激光器，输出脉冲宽度为 150~200 ps，中心波长为 514.5 nm，重复频率为 100 MHz。染料激光器的增益介质为罗丹明 6G，高反镜 1、2 与输出镜组成谐振腔，双折射滤光片用于调节波长。当染料激光器的腔长等于氩离子激光器的腔长时，染料激光器就会实现锁模。最终获得的脉冲宽度为 10 ps，中心波长在 570~650 nm 连续可调。

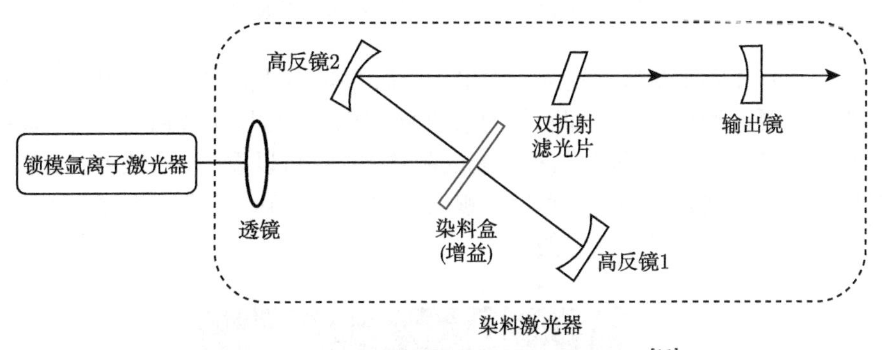

图 5.2-1　同步泵浦锁模染料激光器示意图 [11]

5.2.2　同步泵浦飞秒钛宝石激光器

钛宝石激光器也可以实现同步泵浦。下面介绍笔者团队在同步泵浦飞秒钛宝石激光器方面的研究 [12]。图 5.2-2 为飞秒激光同步泵浦钛宝石激光器的实验装置。泵浦源为锁模 Yb:KGW 激光器，输出脉冲的重复频率为 75.5 MHz，脉冲宽度为 92 fs，中心波长为 1030 nm。将 1030 nm 的激光倍频后作为泵浦源对钛宝石激光器进行同步泵浦，倍频后的平均功率为 3.6 W，中心波长为 515 nm。透镜 L3 的焦距 $f = 75$ mm，钛宝石激光器腔型为线性腔，C1 和 C2 为凹面镜，焦距

$f = 100$ mm，双面镜有 550~1100 nm 的高反介质膜 ($R > 99.9\%$)，其中 C1 对 515 nm 高透 ($T > 99\%$)。HR1、HR2 和 HR3 为平面高反镜，对 620~1080 nm 高反。为了减少腔内材料引起的色散，选用一个比较薄的 OC 作为输出镜，输出率为 3%，放置在一维精密平移台上，用来匹配腔长。钛宝石晶体的尺寸为 4 mm×4 mm×4 mm，其通光面按照布儒斯特角切割，为了达到较好的散热效果，我们将其控温于 12℃。钛宝石激光器的腔长为 0.993 m，对应的重复频率为 151 MHz，是泵浦源的 2 倍。

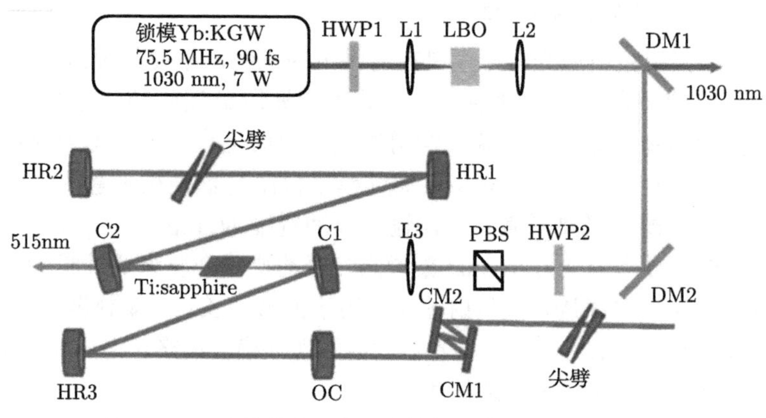

图 5.2-2　飞秒激光同步泵浦钛宝石激光器装置示意图

实验上首先实现钛宝石连续光输出。之后改变 OC 的位置，使得钛宝石谐振腔的腔长与泵浦源相匹配，即腔长为泵浦源一半时，可以实现稳定的自启动锁模激光输出。图 5.2-3 为泵浦光与振荡光的脉冲序列。可以看到，当钛宝石实现稳定锁模输出后，示波器上显示的钛宝石锁模脉冲序列与泵浦光匹配得比较精确，不同之处在于重复频率是泵浦源的 2 倍。

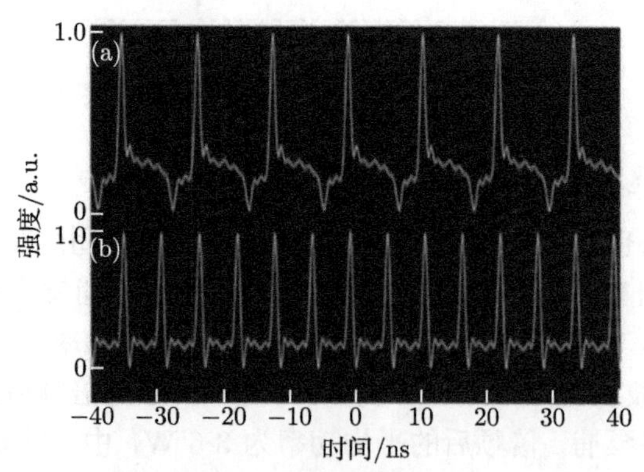

图 5.2-3　钛宝石激光器与泵浦源的锁模脉冲序列 (分辨率为 10 ns/div)

实验中，钛宝石锁模脉冲序列比较平稳，反映出锁模状态比较稳定。值得注意的是，钛宝石锁模一旦建立，改变 OC 的前后位置，在几十微米范围内，对锁模状态不会造成影响。但是，受到周围空气的扰动，锁模状态只能维持几个小时。这也是同步泵浦锁模激光器的缺陷之一。幸运的是，当锁模状态消失以后，只需要轻微改变 OC 的位置就可以重新获得自启动的锁模激光输出。

对于飞秒激光同步泵浦的钛宝石锁模激光器，如果钛宝石激光器的腔长和泵浦源的腔长完全匹配，那么前者锁模脉冲的频谱序列中不会含有其他的调制频率。而实际过程中，两者的腔长并不能实现完全匹配，即重复频率不可能完全一致。如图 5.2-4 所示，在高分辨率条件下，当分辨率带宽 (RBW) 为 100 Hz 时，可以发现在基频信号 151 MHz 两侧出现了其他频率的调制信号，这种高频信号是同步泵浦锁模激光器的固有特性之一，它反映的是泵浦光和振荡光激光器重复频率的相对抖动，实际对应的是腔长的失谐。从图 5.2-4 可以看出，151 MHz 时的信噪比为 70 dB, 而两侧的调制信号约为 18 dB，钛宝石激光器重复频率的失谐量为 6 kHz，对应腔长的失谐量为 39 μm，与前面实验结果相吻合。经过类比发现，飞秒同步泵浦钛宝石激光器腔长的失谐量要比皮秒泵浦小得多。

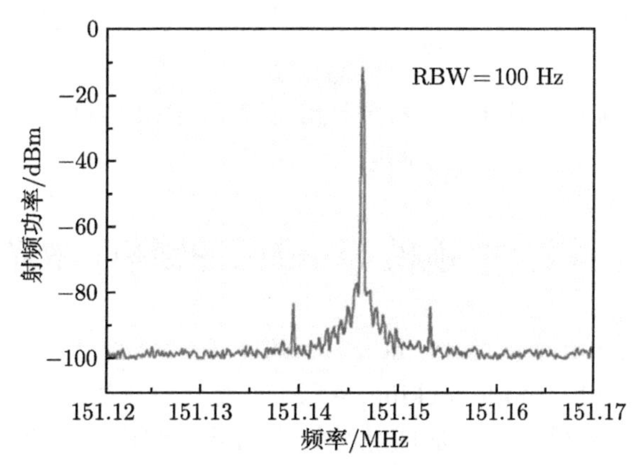

图 5.2-4　分辨率为 100 Hz 时，钛宝石锁模基频信号

同步泵浦激光器也可以进行精确的色散补偿，以获得更短的脉冲输出。在飞秒激光器中，对脉冲相位造成影响的因素主要来自于谐振腔内各个介质引起的材料色散。为了获得较短的飞秒激光输出，需要考虑腔内增益介质 (钛宝石晶体)、空气、色散补偿元件 (啁啾镜、尖劈、棱镜等)、输出镜 OC 引起的材料色散。精确计算可得腔内的净色散以负色散为主，色散量大约在 $-30\ \mathrm{fs}^2$。为了获得接近傅里叶极限变换的飞秒脉冲，采用了腔外色散补偿方式，利用一对啁啾镜和尖劈，通过改变啁啾镜上激光的反射次数和尖劈对的插入量，可以进行精确的色散补偿。采

用腔外压缩的另一个好处在于，在使用干涉自相关仪测量脉宽时，自相关仪内的分束片、倍频晶体等也会引入必要的材料色散，利用腔外压缩可以起到预补偿作用。图 5.2-5 为钛宝石激光器输出脉冲的自相关轨迹，在 sech^2 近似下的脉冲宽度为12.7 fs。图5.2-5插图为此时的光谱，光谱比较平坦，覆盖范围在690~930 nm，半峰全宽为 156 nm，光谱支持的傅里叶极限变换脉宽为 7.6 fs。没有得到极限变换脉宽的原因一来自于测量引起的误差，另一方面是腔内的色散补偿并没有达到理想状态，激光脉冲还存在一定的啁啾。

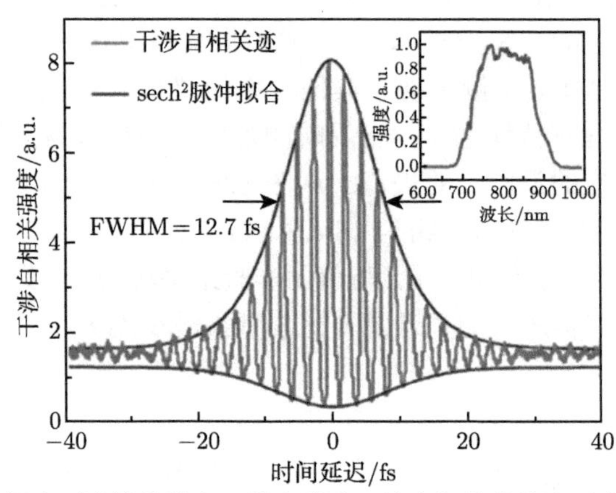

图 5.2-5 同步泵浦锁模钛宝石激光脉冲干涉自相关曲线和对应的光谱曲线(插图为对应的光谱)

5.3 耦合腔锁模 (加成脉冲锁模) 激光器

耦合腔锁模 (coupled-cavity mode-locking, CCML)，更多时候被称为加成脉冲锁模 (additive-pulse mode-locking, APM)，是一种利用外部谐振腔非线性相互作用的被动锁模激光器技术。加成脉冲锁模的外腔结构于 1984 年由 L. F. Mollenauer 等提出 [13]，并用于产生孤子，但他们并未意识到此结构可以实现锁模，因此其主腔仍为同步泵浦锁模的色心激光器。1989 年，J. Mark 等从时域上对该结构外腔与内腔脉冲的干涉进行了理论分析，提出不需要额外增加锁模调制器件，只需要内外腔匹配就可实现锁模的设想，并将其应用于色心激光器获得了 127 fs 的锁模脉冲输出 [14]。由于不需要任何内腔调制器就可以实现自启动工作，其在当时环境下成为具有极大诱惑力的锁模技术。

加成脉冲锁模的原理可以理解为通过脉冲在单模光纤中的非线性相移，获得人造的可饱和吸收体。如图 5.3-1 所示，利用主腔脉冲在外腔 (也可称为辅助腔) 中单模光纤传输时的自相位调制，再次返回主腔时与主腔脉冲发生干涉。在这里，辅助腔的关键作用不是脉冲的时间整形，而是在重新注入主腔的脉冲上产生一个相位啁啾。当外腔啁啾脉冲和未啁啾激光脉冲在输出耦合器上适当地重组时，脉冲两翼发生相消干涉而损失掉。而脉冲峰值处由于其在光纤的非线性相移实现相长干涉，最后脉冲窄化实现锁模。

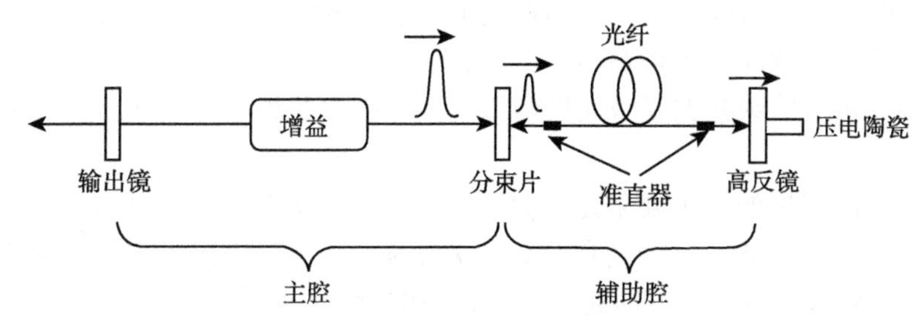

图 5.3-1 加成脉冲锁模原理示意图

为了保证外腔返回的脉冲与主腔脉冲相遇发生干涉，实验上要求外腔中的脉冲飞行时间为主激光腔的整数倍。为了维持锁模的稳定，要求主腔长度与外腔长度必须稳定在几分之一波长的范围。而为了维持腔长稳定，经常需要将辅助腔远端的反射镜置于压电陶瓷 (PZT) 上，从而动态调整腔长，维持锁模。

加成脉冲锁模理论早期由 E. P. Ippen 等给出 [15]。该种激光器可简化为如图 5.3-2 所示的数学模型，它由主腔和辅助腔组成。M_0 为输出耦合镜。脉冲在耦合镜 M_0 上相互加成，a_i 和 b_i 分别代表入射波及反射波的振幅分量。

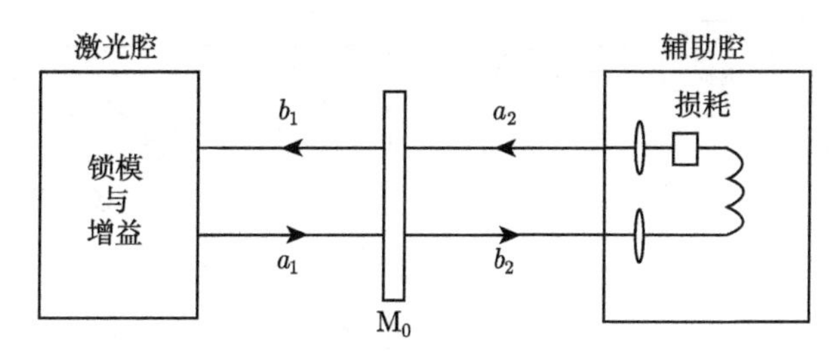

图 5.3-2 加成脉冲锁模的简化结构模型 [15]

在 M_0 表面的波振幅方程可写为

$$
\begin{aligned}
b_1 &= r a_1 + \sqrt{1-r^2} a_2 \\
b_2 &= \sqrt{1-r^2} a_1 - r a_{21}
\end{aligned}
\tag{5.3-1}
$$

其中，r 为耦合镜 M_0 上的振幅反射率。在这里，假设介质的损耗为 L。如果激光通过光纤时的非线性相移 $\varPhi$ 较小，最终可导出耦合镜上的反射系数 $\varGamma$ 为

$$
\varGamma = r + L\left(1-r^2\right) \mathrm{e}^{-\mathrm{j}\varphi}\left(1-\mathrm{j}\varPhi\right) \tag{5.3-2}
$$

这里，φ 是指辅助腔失谐导致的载波相移。由式 (5.3-2) 可见，当 $\varphi = -\pi/2$ 时，$|\Gamma| \approx r + L(1-r^2)\Phi$。此时 $|\Gamma|$ 相对于 Φ 为增函数，即脉冲峰值处的光强大时，自相位调制 Φ 量也大，于是 $|\Gamma|$ 值也大。而脉冲两翼光强小，自相位调制 Φ 量也小，于是 $|\Gamma|$ 值也小。所以脉冲窄化，产生等效于可饱和吸收体的效果。

深入的理论分析表明，介质的群速度色散 (group velocity dispersion, GVD) 对加成脉冲锁模脉冲窄化影响不大。但是反常 GVD 可能更有利于系统的稳定性。这一点和克尔透镜锁模的要求比较类似。具体推导此处不再赘述，详情可参阅文献 [15]。

加成脉冲锁模的一个要求是外腔长度应为主腔的整数倍 (现在看来应该是对线性外腔的要求)。但王清月等的理论研究表明，如果外腔采用抗共振环的环形腔结构，则在腔长即使不匹配时也有实现锁模的可能，如图 5.3-3 所示 [16]。利用对向传输的光在光纤 (或其他非线性介质) 内的非线性相移，适当控制两光脉冲振幅及非线性介质的长度，使脉冲顶部干涉相长，两翼干涉相消，也可以实现锁模。这种结构中，在抗共振环中对向传输的两个脉冲因为走的光程相等，所以回到分束器时总是相干的，因此对外腔的腔长要求并不严格。1993 年进行的实验证实了该种外腔的辅助锁模作用 [17]。值得一提的是，这种结构设想已经很类似于如今 “8” 字型腔光纤激光器中的外腔了 (参考图 5.1-6)。

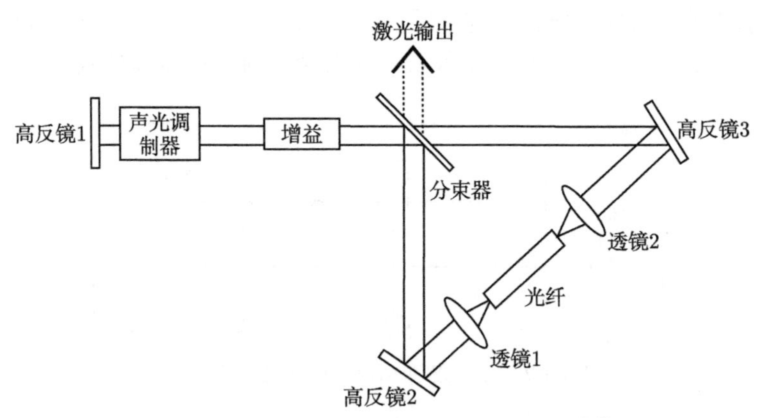

图 5.3-3 环形外腔加成脉冲锁模示意图 [16]

国外对于加成脉冲锁模研究较早。1989 年，C. P. Yakymyshyn 等在色心激光器 [18] 中实现加成脉冲锁模，获得 75 fs 的超短脉冲，波长可从 1.51 μm 调谐到 1.65 μm。1990 年，J. Goodberlet 等将该技术应用于二极管泵浦的 Nd:YAG 固体激光器 [19]，实现了 1.7 ps 的自启动锁模脉冲输出，这是当时 Nd^{3+} 锁模激光器输出的最窄脉冲，其实验装置如图 5.3-4 所示。随后的几年里，加成脉冲锁模技术相继应用于 $Ti:A1_2O_3$[20]、Nd:Glass[21]、Nd:YLF[22]、Nd:LMA[23]、$Nd^{3+}:YVO_4$[24] 等固体激光器。而国内对于加成脉冲锁模技术的研究不多，1997 年，天津大学 [25] 与中国科学院西安光学精密机械研究所 [26] 分别报道了在 Nd:YAG 及 Nd:YLF 激光器中实现加成脉冲锁模；1999 年，中国科学院上海光学精密机械研究所 (上海光机所) 报道了在 Nd:YLF 激光器中实现加成脉冲锁模相关的结果 [27]。

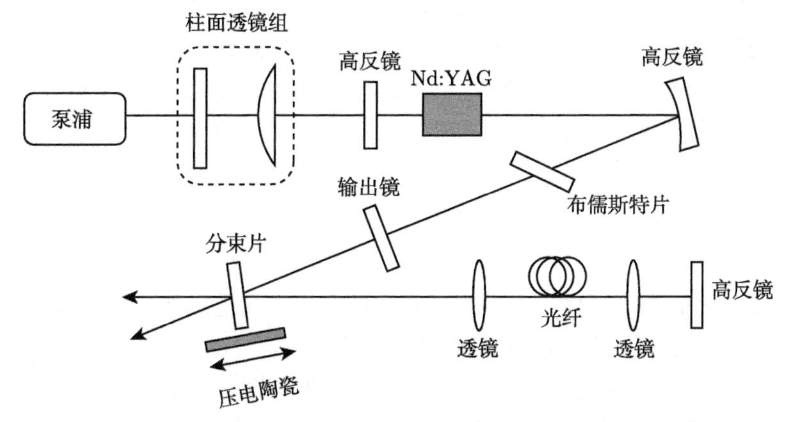

图 5.3-4 二极管泵浦的 Nd:YAG 固体激光器实验装置图 [19]

随着光纤技术的发展，加成脉冲锁模也被应用于锁模光纤激光器。M. P. Srensen 等于 1992 年理论模拟了加成脉冲锁模光纤激光器的动态演化，结果表明了全光纤加成脉冲锁模的可行性 [28]。多年来，国内外对加成脉冲锁模光纤激光器也有了充分的报道。实际上，现阶段被动锁模光纤激光器中常用的非线性偏振旋转技术及非线性环路反射镜技术也可以看作加成脉冲锁模。非线性偏振旋转虽然不含有一个外部谐振腔，但在光路中两个偏振模通过非线性效应耦合并产生干涉从而实现脉冲窄化。非线性环路发射镜靠环路内双向传输的光因非线性相移在分束器输出臂造成的干涉增强效应而实现脉冲窄化。

总之，加成脉冲锁模技术起源及流行于 20 世纪 90 年代初期的固体锁模激光器中，其衍生结构仍在被动锁模光纤锁模激光器广泛应用，为超短脉冲的获取发挥了重要作用，是影响最为广泛的锁模技术之一。

5.4 克尔透镜锁模钛宝石激光器

5.4.1 KLM 原理

克尔透镜锁模 (KLM) 的物理机制是激光介质的三阶非线性光克尔效应引起的光束自聚焦。在谐振腔内，当脉冲的峰值功率超过一定值时，激光介质的折射率则具有光强依赖性，表示为

$$n(I) = n_0 + n_2 I \tag{5.4-1}$$

其中，n_0 和 n_2 分别是激光介质的线性和非线性折射率，在一般的固体光学介质中，n_0 和 n_2 均大于 0；I 为谐振腔内的激光光强。假设谐振腔内的振荡激光脉冲在时间和空间上的强度分布均为高斯型，从式 (5.4-1) 可以得到，在横向方向，脉冲中心部分的折射率大于边缘的折射率，导致激光脉冲通过激光介质之后，波前产生畸变发生自聚焦作用，相当于经过了一个正透镜，称为克尔透镜效应。在时域上，脉冲中心部分的功率密度大于前后沿的功率密度，对应的脉冲中心部分的折射率大于脉冲前后沿的折射率，这导致脉冲前后延和中心部分的屈光度不同，可用式 (5.4-2) 表示：

$$\frac{1}{f_{\mathrm{NL}}} = \frac{4n_2 l}{\pi}\frac{P}{\omega^4} \tag{5.4-2}$$

其中，P 是脉冲的峰值功率；l 是激光介质的长度；ω 是模式半径, 需要注意的是，式 (5.4-2) 仅适用于 $\omega_x = \omega_y = \omega$ 的圆形光束，对于 $\omega_x \neq \omega_y$ 的非圆形光束，切平面和弧矢面的屈光度是不同的，这两个平面的屈光度一般性描述参见文献 [29]。由式 (5.4-2) 可知，脉冲前后沿自聚焦的焦距较大，而脉冲中心部分自聚焦的焦距较小，如果在脉冲中心部分的焦点位置放置一个光阑，仅使高功率密度的脉冲中心部分无损耗地通过，则脉冲前后沿被光阑阻挡而损耗掉。当激光脉冲在谐振腔内往返振荡时，高功率密度部分得到不断放大，低功率密度的脉冲前后沿则不断被损耗掉，相当于对激光脉冲的振幅进行调制，称为自振幅调制 (self-amplitude modulation, SAM)，使得激光脉冲在时域上被不断窄化，最终得到稳定的超短脉冲输出。光克尔效应的响应时间约为 2 fs，与光阑结合则等效于一个快可饱和吸收体，可支持短至几飞秒的超短脉冲，图 5.4-1 是 KLM 的原理示意图。

上面提到折射率的光强依赖性在空间上体现为自聚焦。而在时域上，折射率的光强依赖性会引入附加相移，在忽略衍射和色散作用时，附加相移可表示为

$$\phi_{\mathrm{NL}} = \frac{\omega_0}{c} n_2 I(t)\, z \tag{5.4-3}$$

则光脉冲的瞬时频率为

$$\omega(t) = \omega_0 - \frac{\partial \phi_{\mathrm{NL}}}{\partial t} = \omega_0 - \frac{\omega_0 n_2}{c} z \frac{\partial I(t)}{\partial t} \tag{5.4-4}$$

其中，ω_0 为载波频率，等式右面第二项是频率的瞬时增量。由式 (5.4-4) 可知，时域内光强或相位的周期性调制必然会在频域内产生新的频率成分。$n_2 > 0$ 时，高斯光束的脉冲前沿发生红移产生新的低频成分，脉冲后沿发生蓝移产生新的高频成分，这一过程称为自相位调制 (self-phase modulation, SPM)，自相位调制过程

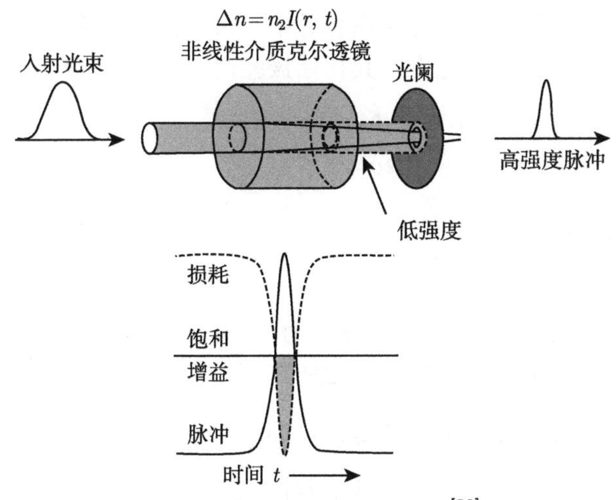

图 5.4-1 KLM 原理示意图 [30]

会不断拓宽脉冲的频谱。因此，自聚焦引起的自振幅调制和非线性相移引起的自相位调制分别是脉冲窄化和频谱扩宽的物理机制。这两种过程会受到色散补偿和增益带宽的限制，最终形成稳定的类孤子脉冲。

5.4.2 KLM 钛宝石激光器

飞秒激光作为研究超快过程的重要实验工具，直接得到更短的脉冲宽度就显得尤为重要。要想获得飞秒激光脉冲的直接输出，在搭建钛宝石振荡器之前就需要对其进行全面的设计，包括振荡器的腔型和稳区选择、像散和色散补偿等。如果没有上述各个方面的综合考量，即使是如钛宝石晶体这样超宽带的增益介质也无法直接输出亚 10 fs 的超短激光脉冲。

1. 线性腔锁模钛宝石激光器

线性腔锁模钛宝石振荡器具有易于搭建和优化的特点，在重复频率 GHz 量级以下的锁模钛宝石振荡器均采用线性腔结构，下面介绍线性腔锁模钛宝石振荡器的特性。

线性腔克尔透镜锁模钛宝石振荡器使用的腔型如图 5.4-2 所示，为了降低泵浦阈值和提高克尔透镜自聚焦的强度，通常采用紧聚焦的方式将振荡激光和泵浦激光聚焦到钛宝石晶体上，再加上两个准直臂组成谐振腔 (虽然光束在腔内的任何位置都不是准直的，但仍然称之为准直臂)。在像散得到完全补偿的情况下，线性腔可等效为图 5.4-3 所示的结构，两个焦距分别为 f_1 和 f_2 的凹面镜 M1、M2 等效为相同焦距的薄透镜，用于将激光模式聚焦到晶体中，端镜 EM1 到 M1 的距离为 d_1，端镜 EM2 到 M2 的距离为 d_2。在傍轴近似条件下，将光学系统表示为 2×2 的 ABCD 矩阵是分析光学谐振腔中光束特性最简单有效的方法。对于一个能够稳定起振的基模高斯光束，其在谐振腔内往返一周能够实现自再现，用复 $\tilde{q}$ 参数表示为

$$\tilde{q}=\frac{A\tilde{q}+B}{C\tilde{q}+D} \tag{5.4-5}$$

考虑到 $AD-BC=1$，可得

$$\frac{1}{\tilde{q}}=\frac{1}{R}-\mathrm{i}\frac{\lambda}{\pi\omega^2}=-\frac{A-D}{2B}-\mathrm{i}\frac{\sqrt{1-\left(\dfrac{A+D}{2}\right)^2}}{B} \tag{5.4-6}$$

稳定条件要求复 $\tilde{q}$ 参数没有非零的虚部，即

$$\left|\frac{A+D}{2}\right|\leqslant 1 \tag{5.4-7}$$

由复 $\tilde{q}$ 参数可知基模高斯光束在参考面处的波前曲率半径为

$$R=-\frac{2B}{A-D} \tag{5.4-8}$$

光束在参考面处的半径由下式给出：

$$\frac{\pi\omega^2}{\lambda}=\frac{|B|}{\sqrt{1-\left(\dfrac{A+D}{2}\right)^2}} \tag{5.4-9}$$

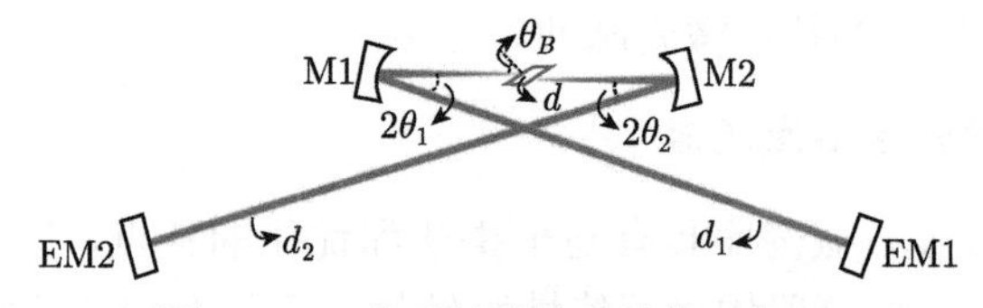

图 5.4-2　典型的线性腔结构示意图

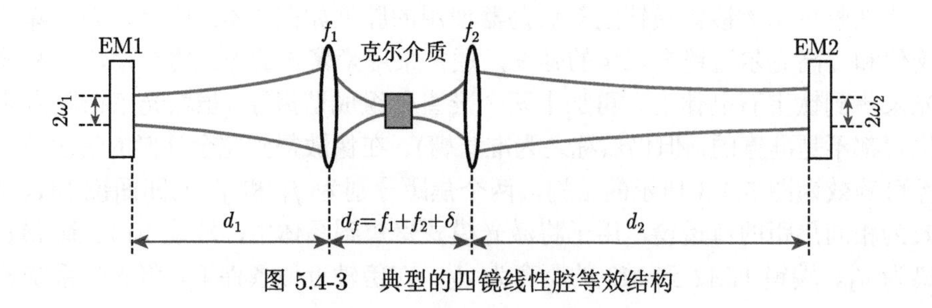

图 5.4-3　典型的四镜线性腔等效结构

两聚焦透镜之间的距离控制谐振腔的空间模式和稳区范围，为了使这种四镜腔能够支持稳定的基横模高斯光束，两聚焦透镜之间的距离 d_f 必须接近并且略大于 f_1+f_2，使用较小的稳定参数 δ 可方便地定义这种关系，即 $d_f=f_1+f_2+\delta$，则谐振腔的稳区范围由下式给出：

$$\delta_0<\delta<\delta_1 \text{ 和 } \delta_2<\delta<\delta_{\max} \tag{5.4-10}$$

其中，$\delta_0=0$，$\delta_1=f_2^2/(d_2-f_2)$，$\delta_2=f_1^2/(d_1-f_1)$，$\delta_{\max}=\delta_1+\delta_2$。在不失一般性和简化模型复杂度的前提下，假设 $\delta_2\geqslant\delta_1$，并且忽略晶体的厚度。这里分别以端镜 EM1 和 EM2 为参考面，计算了稳定参数 δ 对两端镜处高斯光束光斑半径的影响，如图 5.4-4 所示。稳区分为两个不同的区域，这些区域由非稳区隔开，非稳区的宽度随着谐振腔不对称参数 $\gamma=\delta_2/\delta_1\geqslant 1$ 的增大而增加。当不对称参数 $\gamma=1$ 时，则不存在非稳区。

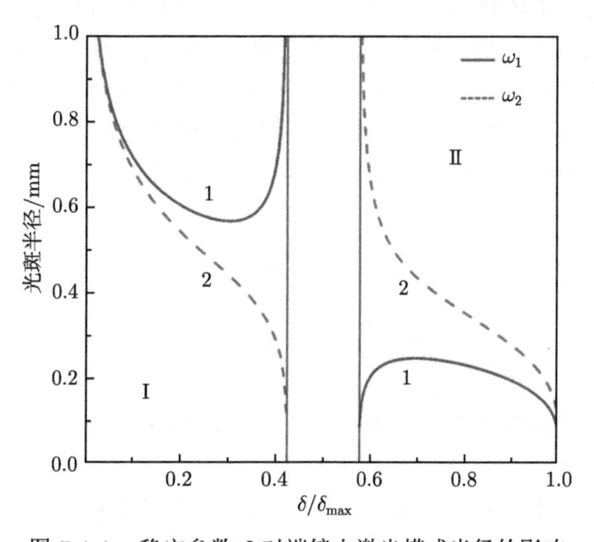

图 5.4-4 稳定参数 δ 对端镜上激光模式半径的影响

在上述给出的四个稳区边缘，可以使用几何光学直观地描述谐振腔内的激光模式分布，如图 5.4-5 所示。可以根据端镜上的模式大小来命名四个稳区边缘，如下所述。图 5.4-5(a) 平面–平面边界：两凹面镜 (图示为透镜) 之间的距离为 f_1+f_2，形成一个标准的望远镜系统，在两准直臂产生准直光束。图 5.4-5(b) 平面–点边界：两凹面镜之间的距离为 $f_1+f_2+\delta_1$，使得凹面镜之间的焦点成像到端镜 EM2 上。图 5.4-5(c) 点–平面边界：两凹面镜之间的距离为 $f_1+f_2+\delta_2$，使得凹面镜之间的焦点成像到端镜 EM1 上。图 5.4-5(d) 点–点边界：两凹面镜之间的距离为

$f_1 + f_2 + \delta_{\max}$，凹面镜之间的焦点成像到两个端镜上。克尔透镜锁模通常发生在稳区边缘附近，因为稳区边缘附近能够获得更加强烈的自振幅调制效应，更容易形成窄脉冲，同时更强的自振幅调制也有利于在较宽的泵浦功率范围内实现稳定的克尔透镜锁模，可以用克尔透镜灵敏度 δ_κ 表示 [31]：

$$\delta_\kappa = -\frac{1}{\omega}\frac{\mathrm{d}\omega}{\mathrm{d}p}\bigg|_{p=0} \tag{5.4-11}$$

$$p = \frac{P}{P_{\text{crit}}} \tag{5.4-12}$$

其中，ω 为光阑所在平面的激光模式尺寸；p 为归一化功率；P 为腔内瞬时激光功率；P_{crit} 为临界自陷功率，$P_{\text{crit}} = \alpha\lambda^2/(8\pi n_0 n_2)$，这里 α 为修正系数，由实验给出。克尔灵敏度参数描述的是小信号增益下，非线性光克尔效应 (自聚焦) 在增益介质中诱导的功率依赖的激光模式尺寸和束腰位置的相对变化，改变了腔模的共焦参数，δ_κ 值越大，自振幅调制效应越强。在特定条件下，此变化能够导致振荡激光与泵浦激光更好地重叠 (软光阑)，或者通过在腔内适当位置放置硬孔光阑增加光束高功率部分的透射率，类似于快可饱和吸收体的作用，而光阑引入的小信号损耗可以有效地通过腔内往返增益的变化来表征：

$$\Delta g = \kappa P(t) \tag{5.4-13}$$

$$\kappa = -2\sqrt{\frac{2}{\pi}}\exp\left[-2(a/w)^2\right]\frac{a}{P_{\text{crit}}}\delta_\kappa \tag{5.4-14}$$

其中，κ 为非线性损耗系数；$P(t)$ 为腔内的瞬时功率；$2a$ 为光阑或者狭缝的宽度；ω 为光阑或狭缝处的光斑尺寸；在腔内瞬时功率小于临界自陷功率 P_{crit} 的情况下，上式均适用，对于钛宝石晶体，其临界自陷功率 $P_{\text{crit}} \approx 2.6\text{MW}$，实现锁模的条件是 $\kappa > 0$。图 5.4-6 给出了下稳区时，不同不对称参数 γ 下的腔内增益变化与稳定参数 δ 的关系，从图中可以看出，虽然近似对称的谐振腔 ($\gamma \to 1$) 具有更高的 κ 值，甚至可以实现锁模的自启动运转 [32]，但 $\kappa > 0$ 的条件要求接近稳区的边界 δ_1，这样稳定参数 δ 的变化范围较小，锁模运转状态对腔长的变化非常敏感，抗环境干扰的能力较差。在硬光阑 KLM 的实验中，$1.5<\gamma<2$ 能够实现自振幅调制和稳定锁模运转之间的良好平衡。对于软光阑 KLM，将谐振腔调整到上稳区边缘 (对应于较大的两凹面镜间隔)，非对称的谐振腔具有更强的自振幅调制，同时上述针对硬光阑 KLM 的最佳不对称参数 γ 值的范围也可在软光阑 KLM 的情况下适用。

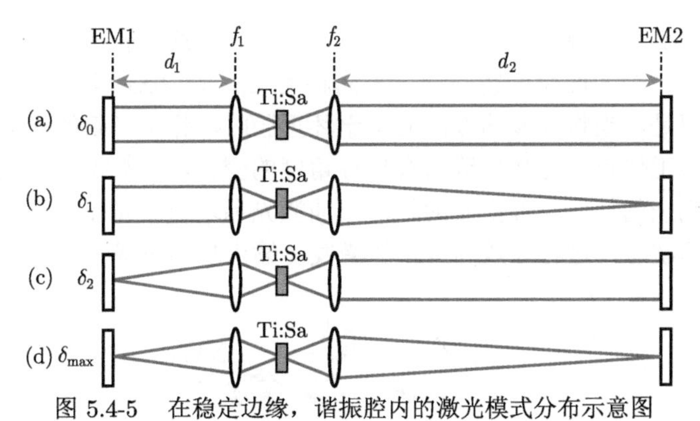

图 5.4-5 在稳定边缘，谐振腔内的激光模式分布示意图

(a) 平面–平面边界；(b) 平面–点边界；(c) 点–平面边界；(d) 点–点边界

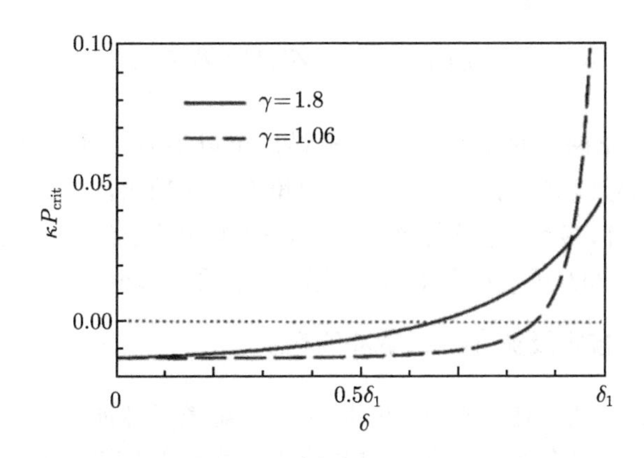

图 5.4-6 硬光阑 KLM 中，谐振腔往返增益随稳定参数的变化关系 [33]

2. 环形腔锁模钛宝石激光器

在频域中，重复频率达几 GHz 的高平均功率飞秒激光对应着更高功率的频率梳齿，这在直接频率梳光谱 [34]、长度计量 [35] 以及光钟 [36] 和低噪声微波产生 [37,38] 等方向有着重要的应用，而重复频率达几 GHz 的高平均功率飞秒激光一般采用环形腔锁模获得。

环形腔对准并不像线性腔那样简单，因为环形腔具有由所有型腔组件一起定义的闭合光束路径。线性腔可以在双臂中独立控制两个凹面反射镜的折叠角度来补偿钛宝石晶体引入的像散，以及调整钛宝石晶体与曲面镜之间距离实现稳区边缘的 KLM，但是不同于线性腔，调整环形腔中的任何一个器件都会导致整个光束路径的变化。例如，图 5.4-7 显示了环形谐振腔的理想光束路径。为了获得最佳激光效率，泵浦激光必须与增益激光在钛宝石晶体内实现模式匹配。假设我们要使光束腰部变小，观察激光性能是否可以提高。在线性腔体中，这可以通过将钛宝石晶体和一个凹面反射镜向同一方向移动 Δx 和 $2\Delta x$ 实现最佳的锁模和激光器状态。但是，当将类似的方法应用于环形腔时，将定义新的光束路径并改变每个元件上的工作点，这将导致所有折叠角度的变化，使得钛宝石晶体引入的像散不再得到完全的补偿。最重要的是，泵浦激光和增益激光在钛宝石晶体内不再是模式匹配的状态，这将导致高阶模的激发，输出功率下降。

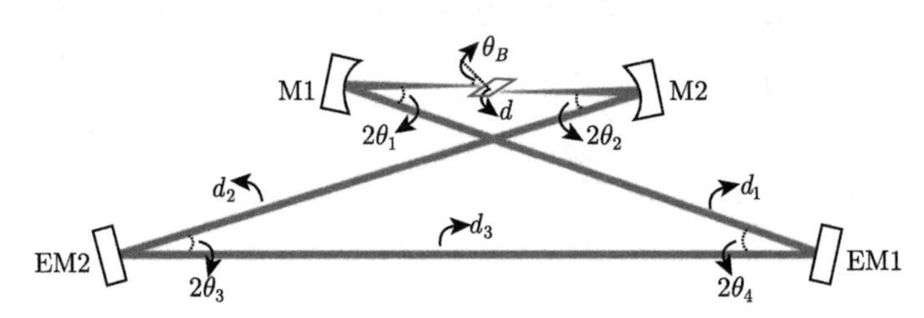

图 5.4-7 典型的环形腔结构示意图

通过同时调整两个平面反射镜的倾斜角可以很好地解决环形腔对准的问题，当两个平面反射镜均顺时针旋转一个小的角度，像散再次补偿得到时，除了平面反射镜 EM2 之外，行波腔模将再次打到每个组元件上的原始位置。为了增加环形腔的稳定性，EM1 可使用凸面反射镜取代平面反射镜。

5.4.3 色散补偿技术及亚 10 fs 脉冲的产生

为了获得脉冲宽度达到亚 10 fs 量级的超短激光脉冲，色散补偿是最为关键的技术之一，如果没有对激光器色散补偿进行完善的控制，即使激光器能够直接输出超宽带的光谱，也难以实现亚 10 fs 脉冲的直接输出。因此，亚 10 fs 超短脉冲激光器腔内色散补偿理论至关重要。

1. 棱镜色散管理的钛宝石激光器

1984 年，R. L. Fork 等首先提出棱镜对可用于色散补偿的思路。因为棱镜对具有腔内插入损耗小、色散连续可调、成本低廉等优点，早期的飞秒脉冲振荡器均采用棱镜对补偿腔内色散。其色散补偿基本原理如图 5.4-8 所示，第一个棱镜对入射的光脉冲引入角色散，使不同的光谱成分在空间上分开，第二个棱镜使出射光平行输出，再经过一对镜像放置的棱镜使之在空间上合束，这样不同的波长成分经历的光程不同从而补偿群延迟，如图 5.4-8(a) 所示，棱镜对提供的色散量由棱镜的插入量以及两棱镜顶点之间的距离决定。为了降低成本、光路搭建的难度以及缩小激光器尺寸，通常在图 5.4-8(a) 所示的虚线处插入平面反射镜，使出射光原路返回，如图 5.4-8(b) 所示。使用棱镜对补偿色散的方法虽然灵活，但是占用空间较大，不利于进一步提高振荡器的重复频率，而且材料本身引入的高阶色散难以补偿，无法得到最短脉宽的脉冲输出。

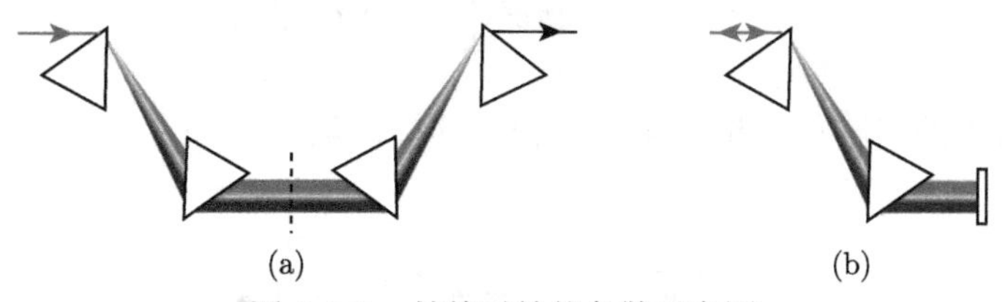

图 5.4-8 棱镜对补偿色散示意图

其基本原理和光线追迹如图 5.4-9 所示，第一个棱镜对入射的光脉冲引入角色散，使不同的光谱成分在空间上分开，第二个棱镜使出射光平行输出，这样不同的波长成分经历的光程不同从而补偿群延迟，棱镜对提供的色散量由棱镜的插入量以及两棱镜之间的距离决定。而且，棱镜对的色散量能够实现由正到负的连续可调，对补偿块材料展宽器在 800 nm 中心波长附近均为正的二阶和三阶色散是非常合适的。通过对棱镜对压缩器的顶角进行设计，使放大脉冲以布儒斯特角入射以减小损耗，出射脉冲为最小偏向角，这样容易判断棱镜对压缩器的状态是否合适，提高压缩器的压缩效率。

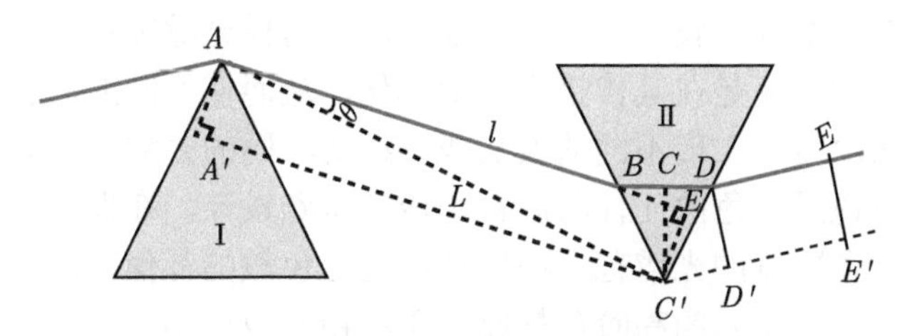

图 5.4-9 棱镜对色散补偿原理和光线追迹图

在文献 [39] 中给出了棱镜对补偿色散的理论分析和计算公式，下面采用光线追迹法对棱镜对引入的色散进行简单的分析。各个光谱成分经棱镜 I 引入角色散后在空间上分开，再经棱镜 II 对不同路径的光束进行准直，不同波长光谱成分在棱镜对中所传输的路径不同：长波光谱成分传输距离长，短波光谱成分传输距离短，从而引入负色散。棱镜对引入的负色散与棱镜对之间的距离成正比，光束在棱镜对中传输也会相应地引入正的二阶材料色散，通过调节棱镜对在光路内的插入量，棱镜对引入的总的色散量可以由正到负灵活地调节，这也给实验留下了足够的灵活性。L 为两棱镜顶角之间的距离，θ 代表光束在经过第一个棱镜后被散开的角度，不同波长成分对应的角度 θ 不同，x 为第二个棱镜的插入量，激光光束的等相位面为 AA' 和 CC'，因此光束传输路径 ABC 的光程与 $A'C'$ 相等，容易得到 $ABC = L\cos\theta$。经过一系列计算得到，这一部分光程引入的二阶色散量

可表示为

$$\frac{\mathrm{d}^2\varphi(\omega)}{\mathrm{d}\omega^2}=\frac{\lambda^3}{2\pi c^2}\left[-4L\left(\frac{\mathrm{d}n}{\mathrm{d}\lambda}\right)^2\right] \tag{5.4-15}$$

光程 CD 引入的二阶色散量由第二个棱镜的插入量 x 来表示：

$$\frac{\mathrm{d}^2\varphi'(\omega)}{\mathrm{d}\omega^2}=\frac{x\lambda^3}{2\pi c^2}\tan\frac{\alpha}{2}\frac{\mathrm{d}^2n}{\mathrm{d}\lambda^2} \tag{5.4-16}$$

所以棱镜对引入的总的色散量为

$$\mathrm{GDD}=\frac{\lambda^3}{2\pi c^2}\left[-4L\left(\frac{\mathrm{d}n}{\mathrm{d}\lambda}\right)^2\right]+\frac{x\lambda^3}{2\pi c^2}\tan\frac{\alpha}{2}\frac{\mathrm{d}^2n}{\mathrm{d}\lambda^2} \tag{5.4-17}$$

2. 啁啾镜色散管理的钛宝石激光器

1994 年，R. Szipöcs 和 Ferencz K 等提出啁啾镜的概念 [40]。啁啾镜是一种电介质色散镜，其设计的基本思想如图 5.4-10 所示，将不同中心波长、不同厚度的高低折射率布拉格反射膜层交替叠加在一起，这样光脉冲在其内传输时，布拉格波长不是恒定的，而是在其传播方向上变化，从而使不同的波长成分在啁啾镜内入射到不同的深度，实现不同的波长成分经历不同的光程，达到补偿群延迟色散的目的。啁啾镜采用色散元件与腔镜集成的特殊设计，在保证镜片本身高反射率的同时，能够在更宽的光谱范围内实现群延迟色散的补偿，而且进一步减小了整个激光器的尺寸，引入的高阶色散相比于棱镜对也更小，更利于振荡器腔内的色散补偿。但是，由于前表面 (与空气接触的表面) 存在菲涅耳反射和各膜层之间的阻抗失配，无可避免地会导致色散曲线形成振荡，最终致使无法得到平滑的色散补偿，更严重的甚至会形成脉冲分裂。而要想得到趋缓的色散振荡曲线，就需要牺牲掉啁啾镜的一部分色散补偿带宽，这对获得亚 10 fs 超短激光脉冲的直接输出明显是不利的。

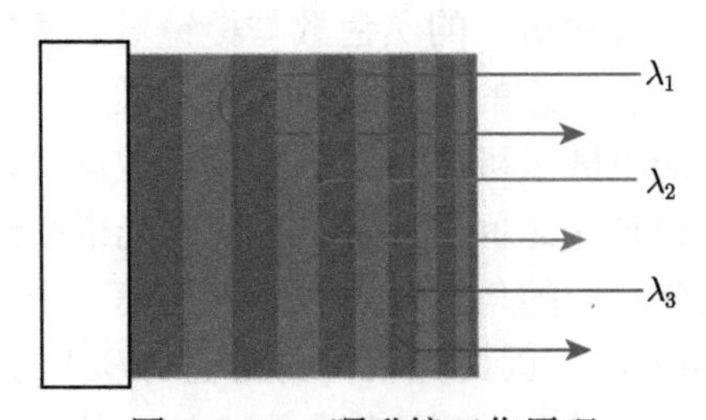

图 5.4-10　啁啾镜工作原理

3. SESAM 色散管理的钛宝石激光器

宽带 SESAM 提供了可靠的锁模机制 [41]，其锁模建立时间低至 60 ms[42]。此外,SESAM 辅助 KLM 放松了纯 KLM 腔对齐所需的严格限制，并且能够实现更高的平均功率和亚 10 fs 的脉冲宽度。1999 年，D. H. Sutter 等报道了基于 SESAM 辅助 KLM，棱镜对色散补偿的钛宝石振荡器，输出平均功率为 300 mW，脉冲宽度达亚 6 fs，光谱覆盖 630~950 nm，如图 5.4-11 所示 [43]。谐振腔是一个标准的 X 型线性腔，腔长 1.5 m，对应 100 MHz 的重复频率，带有 10 cm 半径的折叠镜和布儒斯特角切割的厚度为 2.3 mm 的钛宝石晶体放置在两个曲率半径为 100 mm 的凹面反射镜中间，钛宝石晶体的掺杂率为 0.25 %。除 OC 外，谐振腔内仅使用超宽带的双啁啾镜对，因此输出光谱将不会受到反射镜有限带宽的限制。除此之外，使用了具有平坦透射曲线的新型超宽带 OC 或专门设计用于光谱整形的 OC，最终获得了超宽的光谱输出。双啁啾镜对与一对用于调节的布儒斯特角插入的熔融石英棱镜一起补偿了腔内的材料色散，使用宽带 SESAM 启动谐振腔内稳定的 KLM。

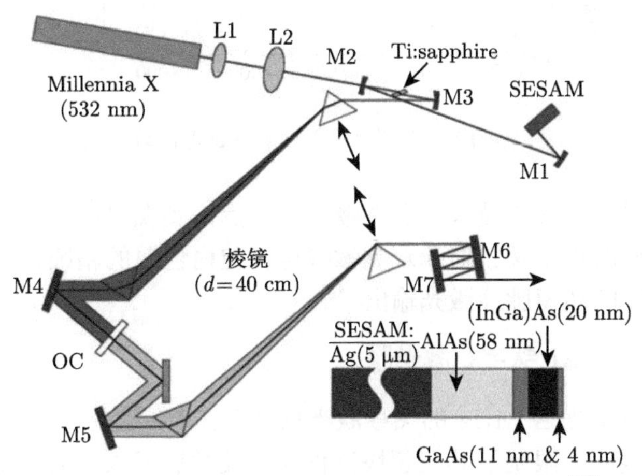

图 5.4-11 SESAM 辅助 KLM 的钛宝石振荡器 [43]

4. 双啁啾镜色散补偿钛宝石激光器

1997 年，瑞士联邦工业大学的 U. Keller 等引入了双啁啾镜的概念[44]，在原来啁啾镜的膜层表面再镀一层抗反射膜消除菲涅耳反射。啁啾镜的成对使用解决了膜层之间阻抗匹配的难题，能够得到更加平坦的群延迟色散曲线，如图 5.4-12 所示。随着啁啾镜镀膜技术的进步，啁啾镜在提供负二阶色散的同时，还可以在极宽的波长范围内补偿高阶色散获得倍频程的光谱输出 [45]。由于每次通过啁啾镜提供的色散量是固定的，可在谐振腔内以布儒斯特角插入薄的楔形窗口片微调腔内色散，需要注意的是布儒斯特角放置的窗口片也会引入像散，需要微调两凹面镜的折叠角，以重新补偿腔内的整体像散。啁啾镜的主要缺点是制造成本相对较高，提供的色散量较小且不可调，另外啁啾镜的设计色散量是相对于入射光束的入射角而言的，实验中为补偿介质材料引入的像散，需要将凹面的啁啾镜偏离光轴放置，这样啁啾镜实际提供的色散曲线会与设计值有所偏差，从而导致实验结果与设计参数的偏离。因此，实验中必须根据需要使用合适的啁啾镜，再在腔内插入薄的楔形材料精细调谐腔内色散，这样才能获得最佳的色散补偿效果。

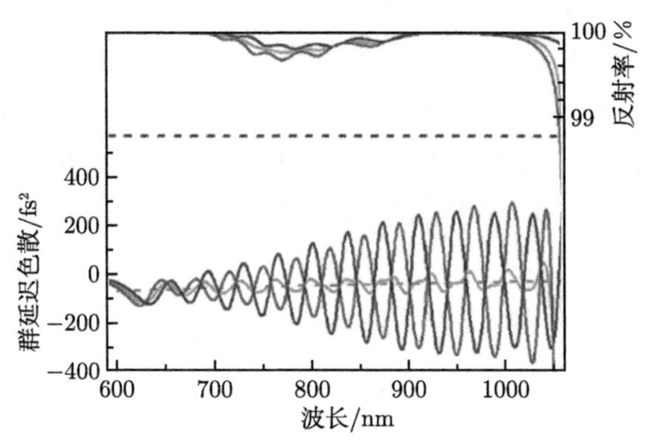

图 5.4-12　双啁啾镜的二阶群延迟色散曲线

为了能够灵活地应用棱镜对和啁啾镜的优点，实现尽可能短的飞秒脉冲激光输出，也有人同时使用棱镜对和双啁啾镜进行腔内色散的精细补偿，得到了脉冲宽度短至 4.8 fs 的超短脉冲激光输出 [46]。

5.4.4　高能量 KLM 钛宝石激光器

常规重复频率为百 MHz 的飞秒激光振荡器，有限的单脉冲能量及高重复频率所导致的热效应，限制了其在超快过程探测及微加工领域的应用。因此，获得单脉冲能量达微焦、重复频率合理的飞秒激光光源，已成为超快现象探测及精密微加工等应用研究领域最感兴趣的工作之一。

1. 腔倒空飞秒钛宝石激光器

腔倒空是一种早期的超快激光脉冲生成技术 [47]，可以将 Q 开关和锁模结合，实现的脉冲能量通常比普通锁模激光器高出约一个数量级，脉冲重复率可以是几十 kHz 到几 MHz，脉冲宽度短至亚 15 fs。但是，由于寄生谐振腔损耗的影响，腔倒空激光器的平均输出功率通常明显小于没有腔倒空的锁模激光器。腔倒空的基本思想是在一段时间内将激光谐振腔的光损耗保持在尽可能低的水平，以便在谐振腔内形成一个高能量的光脉冲，当脉冲达到最大强度或稳定的脉冲参数时，使用一种光学开关，例如声光调制器或电光 Q 开关单元，在大约一个腔内脉冲往返时间内将该高能量脉冲耦合出腔外。利用声光调制器实现腔倒空振荡器的优点是可实现较高的重复频率，可达几 MHz[48]，而且声光器件的价格更低，能够降低整个系统的成本，但是获得的脉冲对比度不高 (约 350:1)[49]，倒空效率小于 80%，而且声光晶体内的光斑大小也受到限制。利用电光 Q 开关腔实现倒空振荡器的优点是脉冲对比度较高 (约 2000:1)，倒空效率可达 90% 以上，理论上腔内的能量能够维持锁模运转即可，但是电光晶体的半波电压达 2~4 kV(取决于电光晶体)，受限于高压驱动源和电光 Q 开关的振铃效应，电光腔倒空的重复频率一般低于 50 kHz。图 5.4-13 给出了声光腔倒空和电光腔倒空的结构示意图，下面简单介绍两者的工作原理。

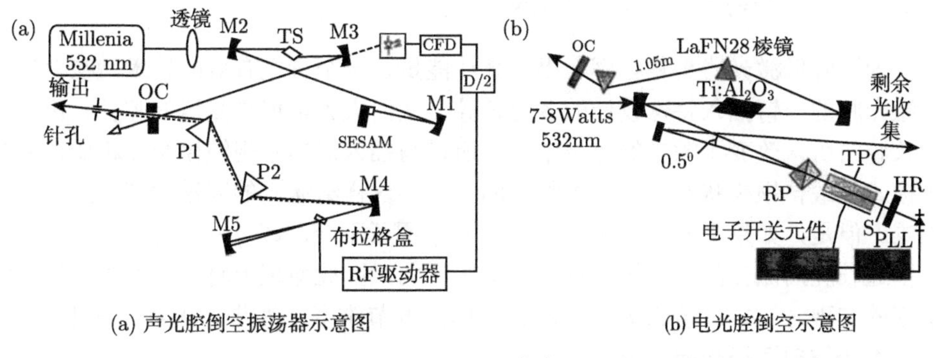

(a) 声光腔倒空振荡器示意图 (b) 电光腔倒空示意图

图 5.4-13 (a) 声光腔倒空振荡器示意图 [49]；(b) 电光腔倒空示意图 [50]

图 5.4-13(a) 是声光腔倒空振荡器的示意图，声光腔倒空是在谐振腔内以布儒斯特角插入声光晶体，但是声光晶体内超声波场的工作区有限，晶体内的光束是聚焦的，这样声光晶体两侧使用凹面反射镜，因此需要考虑像散补偿。采用 KLM 或者 SESAM 锁模方式实现锁模，使用快速光电二极管测量输出耦合镜 (OC) 或者其他镜片泄漏的弱脉冲信号，触发声光 RF 驱动器使用此信号在正确的时间给声光晶体施加超声波场，在脉冲位于谐振腔的另一端时，超声波场在声光晶体内形成折射率周期性改变的类光栅结构，选择合适的重复频率和 RF 功率进行开关操作，将腔内高能量脉冲以小角度衍射出腔外。在这种情况下，可实现的脉冲持续时间不受往返时间的限制，较长的往返时间甚至是有益的，因为它减少了对声光调制器开关时间的要求，也可实现更高的重复频率。电光腔倒空 (图 5.4-13(b)) 则是选择合适的偏振器 (如 Rochon 型偏振器)，使 p 偏振光在腔内几乎无损耗地往返振荡，与声光腔倒空类似，使用快速光电二极管测量输出耦合镜或者其他镜片泄漏的弱脉冲信号，触发电光晶体驱动器使用此信号在正确的时间给电光晶体施

加半波或者 $\lambda/4$ 波电压，改变腔内激光偏振为 s 偏振，将腔内最高能量的脉冲提取出谐振腔，电光腔倒空振荡器的工作原理与此一致，只是为了增加输出脉冲的稳定性，提取效率不能做到 100%，而是留一部分能量在谐振腔内维持锁模状态。电光腔倒空还需考虑以下几点：为了降低 p 偏振光和 s 偏振光的损耗，需要在偏振器的表面镀增透介质膜，同时偏振器的偏振对比度要足够高，达到 10^4；另外，为了支持尽可能短的脉冲输出，对偏振器的带宽色散也要控制，带宽需大于 100 nm，引入的材料色散尽可能小等。使用腔倒空的钛宝石振荡器获得的脉冲宽度可达 13 fs。为了进一步提高腔倒空的脉冲能量，设计振荡器运转在正色散区有利于提升脉冲能量，但是需要在腔外使用棱镜对或者啁啾镜压缩脉冲宽度。通过腔倒空方案可获得中等脉冲能量激光输出，脉冲能量可达几微焦，峰值功率密度可达几兆瓦，在微加工、非线性频率变化、白光光源产生中都有着重要的应用 [51−53]。

2. 长腔结构的飞秒钛宝石激光器

为了降低激光器重复频率，提高脉冲能量，一个行之有效的技术是在普通锁模激光腔的一臂插入特殊设计的多通长腔，从而大大扩展激光器的腔长。由于多通长腔的引入改变了激光的腔型结构，所以与插入前的常规锁模激光相比，其光斑模式及最佳锁模状态都将发生相应的变化，这样给激光的锁模调节带来较大的困难。但是，如果引入的多通长腔是一个 q 因子不变，即 $q=1$ 的结构，那么置入多通长腔后激光的腔结构与置入前是等价的，因此原理上将不影响光斑模式及锁模的实现，这样就能大大简化激光锁模的调节难度。为此，就需要设计一个 q 因子不变的望远镜长腔系统。

根据参考文献 [54]~[56] 的分析，通过在激光腔内插入如图 5.4-14 所示的多通望远镜子腔，就可以维持谐振腔的 $q=1$，这样在原腔型特性不变的情况下，激光的有效腔长能够得到大大加长。图中构成望远镜长腔的两凹面镜的曲率半径分别为 R_1 和 R_2，其间距为 L。当入射光线偏离中心光轴入射，并且 R_1、R_2 满足一定条件时，腔镜对光线的多次反射使得光线每经过一次镜面反射就有一个旋转角，改变入射光线相对光轴的角度，在每一个镜面上的反射光斑则组成一个椭圆或圆。根据激光的传输特性，光束在望远镜长腔内往返一次的 ABCD 传输矩阵是

$$M_{\mathrm{T}}=\begin{pmatrix} 1-\dfrac{2L}{R_2}-\dfrac{4L}{R_1}\left(1-\dfrac{L}{R_2}\right) & 2L\left(1-\dfrac{L}{R_2}\right) \\ \dfrac{2}{R_1}\left(\dfrac{2L}{R_2}-1\right)-\dfrac{2}{R_2} & 1-\dfrac{2L}{R_2} \end{pmatrix} \tag{5.4-18}$$

根据文献 [55] 可知，传输矩阵 $M_{\mathrm{T}}=\begin{pmatrix} A & B \\ C & D \end{pmatrix}$ 经过 n 次往返后为

$$M_{\mathrm{T}}^{n}=\begin{pmatrix} A & B \\ C & D \end{pmatrix}^{n}=\begin{pmatrix} \dfrac{A-D}{2}\dfrac{\sin n\theta}{\sin\theta}+\cos n\theta & B\dfrac{\sin n\theta}{\sin\theta} \\ C\dfrac{\sin n\theta}{\sin\theta} & \dfrac{D-A}{2}\dfrac{\sin n\theta}{\sin\theta}+\cos n\theta \end{pmatrix} \tag{5.4-19}$$

其中，

$$\cos\theta=\frac{A+D}{2}=1-\frac{2L}{R_2}-\frac{2L}{R_1}\left(1-\frac{L}{R_2}\right) \tag{5.4-20}$$

这里 θ 正好为每次反射的旋转角。要保证高斯光束经过多通长腔后，q 因子保持不变，则需要满足 $M_{\mathrm{T}}^{n}=(-1)^{m}$。分析表明: 只要在 $n\theta=m\pi$ 的条件下，等式 (5.4-19) 才能满足 $M_{\mathrm{T}}^{n}=(-1)^{m}$。这里 n 代表光线在腔内往返的次数，$m\pi$ 代表光线绕光轴旋转的角度，n、m 均为整数。这就为多通长腔的设计提供了必要的依据。

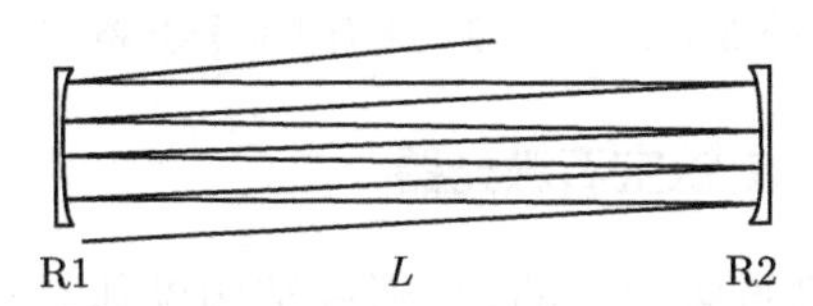

图 5.4-14 凹面反射镜 R1，R2 组成的多通长腔示意图

对于高能量飞秒激光振荡器，一大难点是其极高的峰值能量导致晶体内强烈的非线性效应，脉冲直流背景以及双脉冲、多脉冲非常严重，导致脉冲极不稳定，严重降低脉冲对比度，因此脉冲的稳定性是高能量激光振荡器的最大难题。解决激光器不稳定问题的关键就是将非线性介质内部的光脉冲能量降低，从而降低晶体非线性效应。目前有两种方法来抑制直流背景和双脉冲等带来的不稳定问题: 一种方法是腔内引入过多的负色散，这种方法产生的脉冲无啁啾，脉宽接近转换极限，由于脉宽短，所以脉冲峰值功率高，脉冲能量受到一定限制; 另一种方法是腔内净色散呈少量正色散，此时输出光谱不再是高斯型，而是 Π 型、M 型，输出脉宽很长，在百飞秒甚至皮秒，且脉宽展宽随着能量增加而增加，因此对于脉冲能量的增加没有限制。通过腔外压缩可以使得脉宽压缩到接近转换极限，长腔钛宝石振荡器的基本光路如图 5.4-15 所示 [57]。

3. 正啁啾腔内飞秒钛宝石激光器

正啁啾的飞秒钛宝石振荡器一般出现在腔倒空或者长腔的钛宝石振荡器，在这两种钛宝石振荡器腔内色散维持在正色散，可降低腔内的峰值功率密度，从而降低钛宝石晶体内的非线性效应，显著增大振荡器的输出功率或者脉冲能量，具体内容参见 5.4.4 节 1. 和 2.。

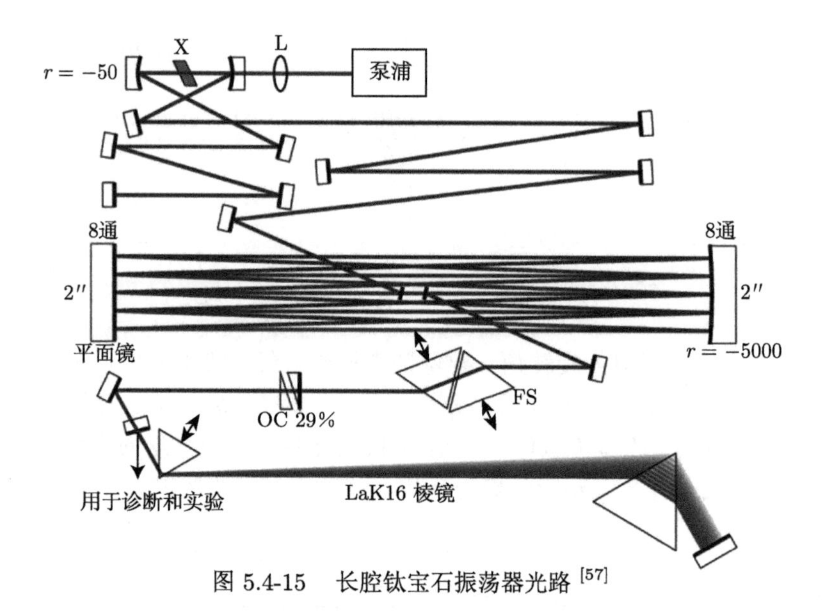

图 5.4-15　长腔钛宝石振荡器光路 [57]

5.4.5　高重复频率 KLM 钛宝石激光器

为了实现短腔长、高重频的目的，环形腔结构以其诸多优势成为必然之选。众所周知，脉冲激光重复频率由激光器腔长决定，对于线形腔而言，脉冲重复频率为 $f_{\text{rep}}=c/2L$，对于环形腔而言，脉冲重复频率为 $f_{\text{rep}}=c/L$，显而易见，同样尺寸的激光器，环形腔在缩短腔长、提高重复频率方面有显著的优势。除此之外，与线形腔相比，环形腔在激光器性能参数本身及激光器的进一步应用方面还有诸多不可比拟的优势。首先，线形腔激光器中，为了消除返回光对种子光锁模状态的干扰，所产生的脉冲激光在应用之前通常要加一级或多级磁光隔离器进行单向隔离，对于宽光谱激光脉冲而言，冗杂的光学器件无疑会引入更多的材料色散，从而极大地影响输出光的脉冲宽度；而在环形腔激光器中，连续光输出沿两个相反方向，以一定夹角同时出现，一旦实现稳定可靠的锁模状态，则只有一个方向的锁模光脉冲输出，此时，沿原方向返回的光对激光器的锁模干扰非常小。其次，与线形腔相比，环形腔中光脉冲在腔内传输过程中，只通过晶体一次，因此引入的色散减少一半，腔内不易补偿的高阶色散减少一半，这对于获得宽光谱激光脉冲所必须考虑的色散补偿有极大的优势。第三，环形腔中没有空间烧孔效应，而自相位调制现象及群速度色散现象在整个腔内能够自动同性分布，且不对称腔型结构使得高功率工作状态下，腔内双脉冲及多脉冲效应能够得到很大的抑制。因此，环形腔小巧的结构及其独特的优势为获得高重复频率的飞秒脉冲激光提供了可能性，然而，也正是因为这样，腔内色散补偿技术的选择性受到了一定的限制，啁啾镜色散补偿技术成为唯一的选择。

如何从高重频钛宝石振荡器获得亚 10 fs 的超短脉冲，是其要考虑的重点内容，利用厚度较大的熔融石英镜片作为输出耦合镜并进行腔外补偿，将使输出脉冲宽度有很大程度的展宽。而采用腔内尖劈作为输出耦合元件，避免了输出镜片引入的色散，同时减少腔外补偿镜片上的反射次数，从而能够得到更短的脉冲宽度，结构如图 5.4-16 所示。目前，已报道的基于钛宝石晶体的高重复频率振荡器的重频可达 10 GHz[58]，其光路图和参数如图 5.4-17 所示，并实现双光梳锁定应用到太赫兹光谱测量 [59]，但是其脉冲宽度仅达到 42 fs。

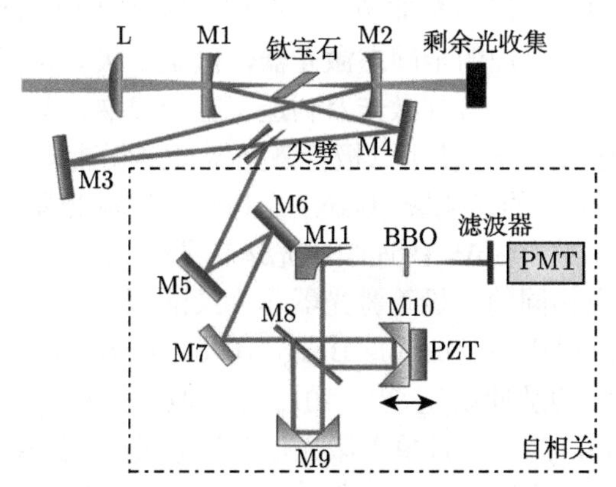

图 5.4-16 重复频率为 1.1 GHz 的超短脉冲激光振荡器示意图

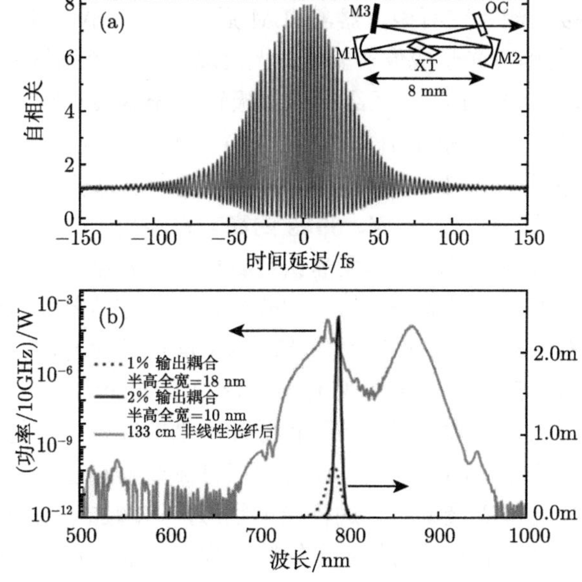

图 5.4-17 10 GHz 高重频钛宝石振荡器光路图、脉宽和光谱结果 [58]

5.4.6 飞秒钛宝石激光的直接泵浦技术

在钛宝石激光器输出脉冲宽度纪录被不断刷新的同时，钛宝石激光器的泵浦方式也有了长足发展。20 世纪 80 年代末 90 年代初，钛宝石激光器中最为常见的泵浦源是氩离子激光器，可以在蓝、绿光波段获得较高功率的连续激光输出，恰好覆盖钛宝石晶体的吸收谱线，但是制作氩离子激光器的器件结构复杂、成本较高，而且能量转换效率较低，因此其逐渐被二极管泵浦的全固态激光器取代。二极管泵浦的全固态激光器具有高光束质量、低噪声、高稳定性等众多优点，成为钛宝石振荡器中应用最广泛的泵浦源，目前倍频程亚 10 fs 钛宝石振荡器的泵浦源绝大多数采用二极管泵浦的全固态激光器，但是二极管泵浦的全固态激光器成本很高，体积较大。随着二极管激光器制造工艺的成熟，蓝、绿光二极管激光器的单管功率最高可达 2.5 W，使用二极管激光器直接泵浦钛宝石振荡器成为可能。2009 年，1 W、452 nm 的氮化镓 (GaN) 二极管单管激光器被首次用来直接泵浦钛宝石振荡器，获得了 19 mW 的连续激光运转 [60]。2011 年，P. W. Roth 和 A. J. Maclean 等又利用相同的二极管激光器作为泵浦源，在熔融石英棱镜对色散补偿和可饱和布拉格反射镜 (saturable Bragg reflector, SBR) 辅助锁模下，最终获得了 13 mW、114 fs 的脉冲激光 [61]。2012 年，他们分别采用一个 1 W、450 nm 和一个 1 W、454 nm 的二极管单管激光器双端泵浦相同的钛宝石振荡器，最终获得 100 mW、111 fs 的脉冲激光输出 [62]；同年，C. G. Durfee 等使用一对 1.2 W、445 nm 二极管单管激光器泵浦钛宝石振荡器，采用 KLM 获得了 30 mW、15 fs 的脉冲激光 [63]；2013 年，M. D. Young 等使用一对 2 W、445 nm 的二极管单管激光器直接泵浦钛宝石振荡器，KLM 后实现 70 mW、12 fs 的超短脉冲输出 [64]，并将其应用到双光子成像实验中，大大降低了整个系统的成本，其实验装置如图 5.4-18 所示。2014 年，瓦级绿光二极管激光器被首次用来直接泵浦钛宝石振荡器，采用 SESAM 辅助锁模，得到 23.5 mW、62 fs 的脉冲激光 [65]。2015 年，K. Gurel 等使用一对 1.5 W、520 nm 二极管单管激光器双端泵浦钛宝石振荡器，实现 KLM 后得到 350 mW、39 fs 的高功率输出 [66]。2017 年，S. Backus 等使用 45 W 的二极管多管激光器泵浦钛宝石再生放大器，在 250 kHz 的高重复频率下得到 950 mW 的放大激光 [67]。2020 年，笔者团队刘寒等使用蓝光二极管激光器泵浦钛宝石激光器，获得了 27 mW、8.1 fs 的超短脉冲，这是利用二极管激光器泵浦钛宝石振荡器首次实现亚 10 fs 的实验结果 [68]。蓝、绿光二极管直接泵浦钛宝石激光器的方案大大降低了飞秒脉冲产生的成本，但是二极管激光器的单管功率较低，需要多个同时泵浦，而且二极管激光器输出光束质量差，需要使用非球面透镜、柱面镜等透镜组合进行光束整形，这增加了泵浦激光系统的复杂程度。另外，因为 450 nm 泵浦的量子缺陷较大，为避免产生热积累，需要使用低掺杂的钛宝石晶体。近些年 976 nm 连续的光纤激光器也得到了快速发展，腔外倍频的 488 nm 激光已经达到瓦量级，而且正好位于钛宝石晶体的吸收峰，加上光纤激光器本身具有光束质量好、结构简单、温度稳定性好等优势，因此是泵浦钛宝石振荡器较好的选择。2014 年，中国科学院物理研究所利用 976 nm 连续光纤激光器，在腔外使用 50 mm 的周期极化钽酸锂 (periodically poled lithium tantalate, PPLT) 晶体倍频产生 2 W 的 488 nm 连续激光泵浦全啁啾镜色散补偿的低阈值钛宝石振荡器，实现 KLM 后得到 8.2 fs 的超短脉冲 [69]。

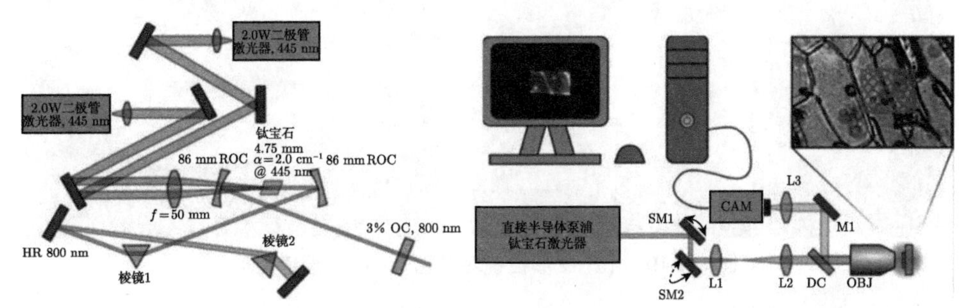

图 5.4-18 二极管激光器直接泵浦的钛宝石振荡器及其在双光子成像实验中的应用 [64]

下面介绍激光二极管 (LD) 和光纤激光器直接泵浦钛宝石振荡器需解决的技术问题：激光二极管在两个方向的发散角是不一样的，光束在竖直方向发散快，称为快轴；在水平方向发散慢，称为慢轴，需要使用准直光学元件对快轴和慢轴同时加以准直。尽管采用多块组合透镜能够极大地补偿球面像差 (球面像差会极大地降低光束质量)，但是采用非球面透镜效果会更佳。由于非球面透镜的镜面不是球形的，所以只采用一个非球面透镜就能得到很高的成像质量，极大地降低引入的球面像差。如果要将准直光束控制在 1~5 mm，一般都选择使用非球面透镜，而且其体积小、方便使用，但是制作困难，价格也比一般透镜贵。

为了在准直过程中尽可能多地收集激光二极管光束，需要选择合适参数的非球面透镜，在任何计算中都应该使用两个发散角中较大的发散角。选择非球面透镜参数的原则可根据如下简式：

$$\mathrm{NA_{Lens}} > \mathrm{NA_{Diode}} \approx \sin\theta \tag{5.4-21}$$

其中，$\mathrm{NA_{Lens}}$ 和 $\mathrm{NA_{Diode}}$ 分别是非球面透镜和激光二极管的数值孔径；θ 为激光二极管在垂直方向上发散角的一半。再根据工作距离、设计波长等因素，最终选择合适焦距和数值孔径的非球面透镜。准直后的光束在快慢轴的发散角还是相差较大，需要使用整形镜对其进一步扩束和准直，使两轴向的发散角尽可能接近，从而实现更小的聚焦光斑。能够作用于一维方向的光束整形常用器件为变形棱镜对和柱透镜组，变形棱镜对的放大倍率取决于光线的入射角度，常用的放大倍率一般为 2~4，而且为了减小反射损耗，表面镀有增透膜或者切割成布儒斯特角。其价格成本相对较为低廉，但是调节难度较高，放大倍率有限。平凹、平凸柱透镜组成伽利略望远系统可对光束在一维方向上实现扩束，调节较为容易，可以进行较大倍率的扩束，成本是变形棱镜对的 2 倍甚至更多。图 5.4-19 给出了变形棱镜对和柱透镜对激光二极管光束整形的结果。

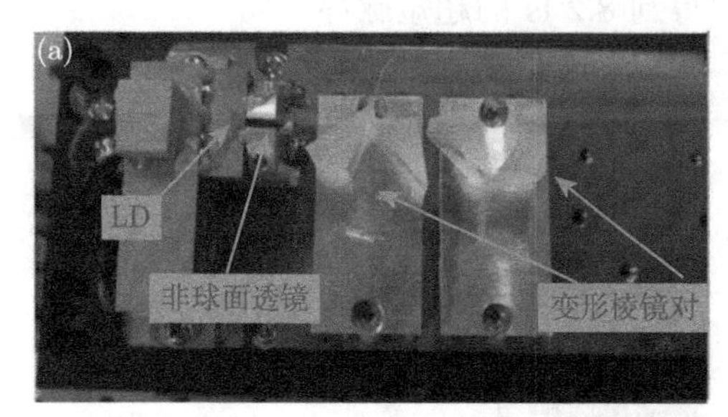

图 5.4-19　(a) 变形棱镜对整形；(b) 柱透镜整形

5.5　全固态锁模超快激光器

全固态激光器通常采用高功率半导体激光器作为泵浦源，固体材料作为增益介质，其优点主要包括：①激光转换效率高，大部分激光增益介质的吸收谱线和半导体激光器的发射谱线相重合；②使用寿命比较长，可靠性高；③激光器结构紧凑，输出功率高，波长覆盖范围广。近年来，随着半导体激光器的飞速发展、固体增益介质生长技术的不断改进以及锁模技术的进步，全固态锁模超快激光器受到越来越多的关注。

众所周知，锁模激光器中组成四要素为泵浦源、谐振腔、增益介质和锁模器件。其中增益介质的性质直接影响到了激光器的输出参数和运行状态。对于固体激光材料，增益介质一般包含掺杂基质和掺杂离子两部分。对于掺杂基质，必须具有优良的光学性能，同时具备良好的热力学和机械性能，以满足大能量和高功率的激光产生需求。而掺杂离子，主要包含稀土元素 (Nd^{3+}、Yb^{3+}、Er^{3+}、Tm^{3+}、Ho^{3+} 等) 和过渡金属元素 (Cr^{3+}、Ti^{3+} 等)。通过合理地选择掺杂基质和掺杂离子，可以实现特定波段的激光输出，目前全固态激光器的激光输出波长范围可以从可见光覆盖到中红外波段。为了产生超短激光脉冲，需要寻找合适的激光介质，那对激光介质有哪些要求呢？根据脉宽和谱宽的傅里叶变换关系，首先，介质的发射光谱需尽可能宽。在固体激光工作物质中，晶体晶格与激光活性离子之间的相互作用非常强，引起发射光谱的展宽，展宽类型主要包括晶格热振动引起的均匀展宽和晶格缺陷引起的非均匀展宽。另外，对于激光转换效率来说，增益介质的发射截面 (σ) 和上能级寿命 (τ) 是很重要的两个影响因素。两者的乘积越大，

激光产生阈值越低 [70]。

除了考虑介质的发射光谱外，还需要考虑介质的导热特性、量子缺陷和激发态吸收等情况。尤其是在高功率激光器中，如果在激光泵浦过程中增益介质储存了太多热量就会出现转换效率低、稳定性差甚至材料断裂的问题。因此，需要激光增益介质具有高导热系数 κ，同时还希望具有低量子缺陷 $1-\lambda_\mathrm{p}/\lambda_\mathrm{L}$，这里 λ_p 和 λ_L 分别代表泵浦波长和激光波长。因此，可以通过计算品质因子来判断一个激光晶体是否适合作为高功率激光增益介质，品质因子与导热系数和量子缺陷有关，其定义如下：

$$K=\frac{\kappa}{1-\dfrac{\lambda_\mathrm{p}}{\lambda_\mathrm{L}}} \tag{5.5-1}$$

对于稀土掺杂激光增益介质来说，这种高导热特性又会阻碍材料内部的电子和声子耦合，减少热振动引起的谱线均匀加宽。这就使得高功率激光产生和短脉宽两者之间存在某种权衡。正是由于玻璃基质的高度无序性，掺杂同样稀土离子的玻璃比晶体光谱更宽，第一个镱离子 (Yb^{3+}) 亚百飞秒的锁模脉冲正是基于掺镱玻璃基质结合 SESAM 锁模技术来产生的 [72,73]。掺镱玻璃增益介质由于容易生长出大尺寸的优势也可适用于大能量激光放大系统中。但是，玻璃的导热特性较差且发射截面较小，使得基于玻璃增益介质不利于产生高功率飞秒激光。最后，激光增益介质的吸收光谱需要在激光二极管发射中心波长附近。目前，GaAlAs /GaAs 激光二极管的发射波长是 800 nm，InGaAsP/InGaAs 激光二极管的发射波长是 900~1000 nm，InGaAlP/GaAs 激光二极管的发射波长是 670 nm，InGaAsP/InP 激光二极管的发射波长位于 1600 nm 左右 [70]。此外，具有高荧光寿命 τ_F 和大的发射截面 σ_L 可提高激光输出耦合速率。激光晶体的另外一个重要特性是饱和通量。一般来说，具有高饱和通量的晶体容易产生调 Q 不稳定脉冲。综上所述，除前文介绍的成熟的钛宝石晶体，目前人们已经发掘许多适合产生高功率飞秒锁模脉冲的宽发射光谱增益介质，以下介绍其中几种典型的全固态超快激光器。

5.5.1 掺镱全固态飞秒锁模激光器

在众多超快激光介质中，中心波长在 1 μm 附近的掺 Yb^{3+} 增益介质备受人们关注。随着高亮度、高功率半导体激光器的出现，Yb^{3+} 掺杂的固体激光材料得到迅速发展，成为高功率飞秒激光领域最为重要的增益介质之一。Yb^{3+} 能级结构简单，仅存在 $^2F_{7/2}$ 与 $^2F_{5/2}$ 两个电子态，它们分别斯塔克分裂为 4 个和 3 个子能级，因此激光运转于准三能级系统，避免了包括上转换、激发态吸收、浓度猝灭等额外增加损耗、降低转换效率的不利过程。Yb^{3+} 的最佳泵浦吸收波长在 940~980 nm，因此掺镱增益晶体可以十分有效地利用价格低廉的 InGaAs 高功率激光二极管泵浦。同时，由于掺镱晶体的发射波长 (约 1030 nm) 非常接近泵浦波长，这意味着极低的量子损耗，可以减轻增益晶体在高功率运转下的热负荷。镱掺杂的激光介质种类繁多，为了获得窄脉宽、高功率的飞秒脉冲激光输出，大多选用热导率高、发射光谱带宽宽和发射截面大的晶体，比如 Yb:YAG、Yb:KGW、Yb:$CaYAlO_4$(Yb:CYA)、Yb:$CaGaAlO_4$(Yb:CGA) 和 Yb:CaF_2 等。下面主要介绍这几种常用于高功率飞秒激光产生的掺镱增益介质。

1. Yb:YAG 晶体

Yb^{3+} 掺杂的钇铝石榴石晶体 Yb:YAG(Yb:$Y_3AI_5O_{12}$) 是目前最成熟的掺镱激光晶体。图 5.5-1 为 Yb:YAG 晶体的吸收谱和发射谱。从图中可以看出，Yb:YAG 晶体有两个主要的吸收峰，分别为 940 nm 和 969 nm。晶体有一个较强的发射峰位于 1030 nm，此处的发射截面为 2.1×10^{-20} cm^2，发射光谱的半峰全宽约为 6 nm。此外，位于 1050 nm 还有一个次发射峰，其发射截面较小，但是发射光谱很宽。Yb:YAG 激光晶体的生长工艺已经非常成熟，能够生长出高质量、大尺寸的晶体。晶体中的掺杂浓度能够从低掺杂水平到非常高的掺杂浓度 (50%)，这使得在保证提供足够的激光增益的条件下，晶体厚度的设计有足够的自由度，能够从常规的块状结构直至百微米厚度的薄片结构。Yb:YAG 晶体是目前薄片结构中使用得最广泛的增益介质，这也得益于 Yb:YAG 晶体优秀的热机械性能，未掺杂时 YAG 的热导率高达 14 W/(m·K)。

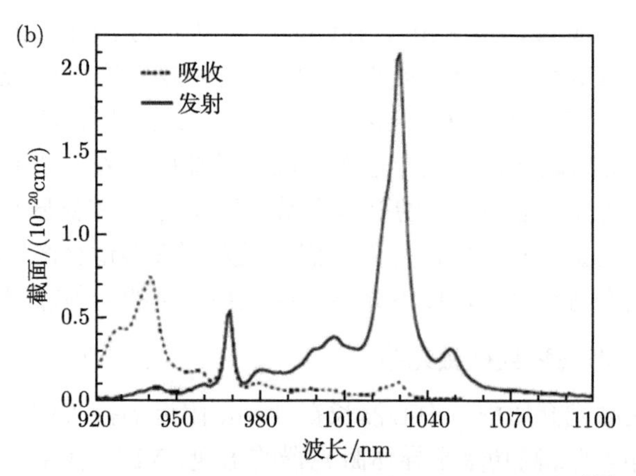

图 5.5-1 Yb:YAG 晶体室温下的吸收谱和发射谱 [73]

2. Yb:KGW 晶体

掺镱钨酸钆钾 Yb:KGW(Yb:$KGd(WO_4)_2$) 属于钨酸盐晶体，是由 Yb^{3+} 取代 $KGd(WO_4)_2$ 晶体中部分 Gd^{3+} 的位置。掺杂浓度为 5%的 Yb:KGW 晶体的吸收谱和发射谱如图 5.5-2 所示 [74]。从图中可以看出，晶体的吸收峰主要集中在

940 nm 和 980 nm 附近，其中对于 980 nm 吸收峰，吸收带宽 $\Delta\lambda$=3.7 nm，大于传统的 980 nm LD 发射光谱带宽 ($\Delta\lambda \approx$2.5 nm)。从 Yb:KGW 激光发射光谱中可以看出，其中一条谱线与吸收谱线 981 nm 重合，在 1002 nm 和 1030 nm 附近还存在两个比较强的发射峰，并且在 1030 nm 附近，光谱带宽比较宽，有利于实现亚 100 fs 激光脉冲的产生。

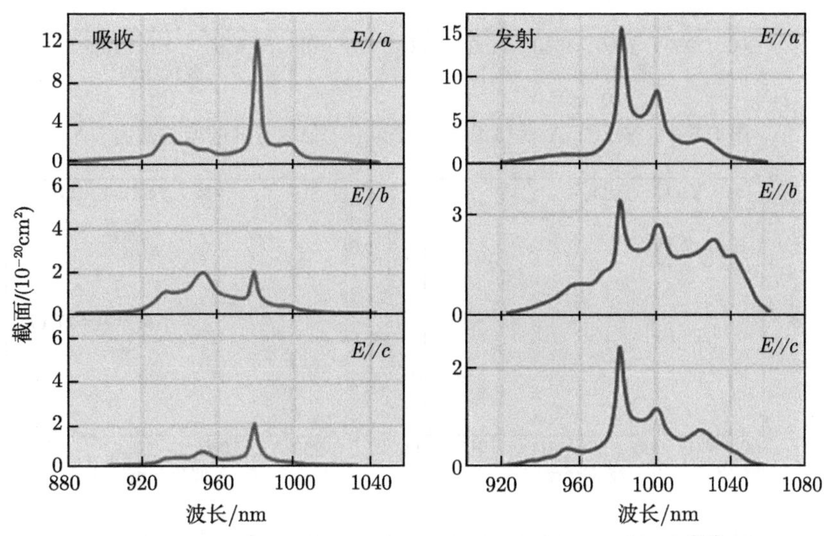

图 5.5-2 Yb:KGW 晶体沿主轴方向的吸收谱和发射谱 [74]

3. Yb:CGA 和 Yb:CYA 晶体

掺镱铝酸钆钙 Yb:CGA (Yb:$CaGdAlO_4$) 和掺镱铝酸钇钙 Yb:CYA (Yb:$CaYAlO_4$) 属于铝酸盐晶体，晶格结构为四方晶系 [78]。其中 Ca^{3+} 和 Gd^{3+}(或 Y^{3+}) 随机分布于八面体层之间，掺入的 Yb^{3+} 在晶格位置中无序分布，因此造成激光发射谱的非均匀展宽，有利于实现超短脉冲激光的产生。Yb:CGA 晶体和 Yb:CYA 晶体的吸收发射光谱分别如图 5.5-3 和图 5.5-4 所示。受益于基底材料的无序结构，Yb:CGA(Yb:CYA) 晶体具有比较宽的荧光发射谱，且 σ 偏振方向的增益截面比 π 偏振方向的增益截面更宽更平坦。Yb:CGA 晶体 σ 偏振方向荧光光谱的半峰全宽为 80 nm，Yb:CYA 晶体 σ 偏振方向的荧光光谱的半峰全宽为 77 nm，支持产生傅里叶转换极限脉冲宽度小于 20 fs 的超短脉冲。相比之下，Yb:CGA 晶体具有更好的热导率，而 CYA 晶体掺杂稀土离子前后热导率变化很小。未掺杂的 CYA 晶体 a 轴和 c 轴的热导率分别为 3.7 W/(m·K) 和 3.3 W/(m·K)，将镱离子掺入 CYA 晶体后 a 轴和 c 轴的热导率分别为 3.6 W/(m·K) 和 3.2 W/(m·K)[70]。因此，两者均被广泛应用于高平均功率、窄脉冲宽度的飞秒激光脉冲产生与放大。

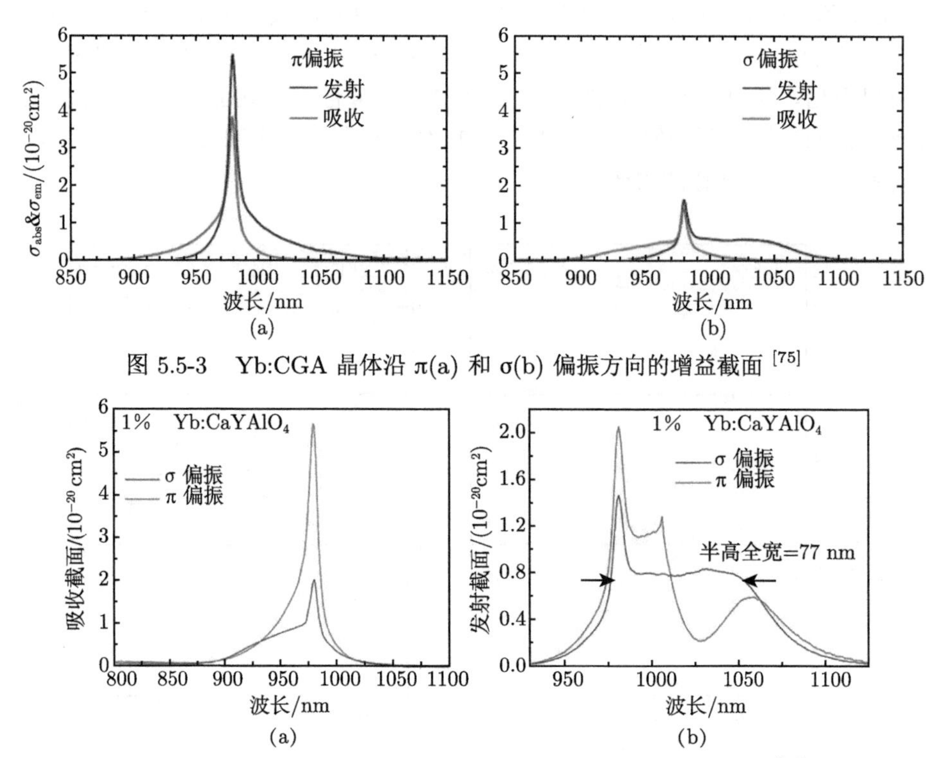

图 5.5-3　Yb:CGA 晶体沿 π(a) 和 σ(b) 偏振方向的增益截面 [75]

图 5.5-4　室温下 Yb:CYA 晶体的吸收光谱 (a) 和发射光谱 (b)[76]

4. $Yb:CaF_2$ 晶体

$Yb:CaF_2$ 晶体又称掺镱氟化钙晶体, 与氧化物主体晶体相比，氟化钙 (CaF_2) 基质晶体在宽波长范围内具有高透明度、低折射率和低非线性折射率。此外，获得质量好的块状晶体相对容易。CaF_2 具有较低的声子频率 (328 cm^{-1})、较高的热导率 (10 W/(m·K))，其吸收和发射光谱如图 5.5-5 所示，其发射峰为 1030 nm 附

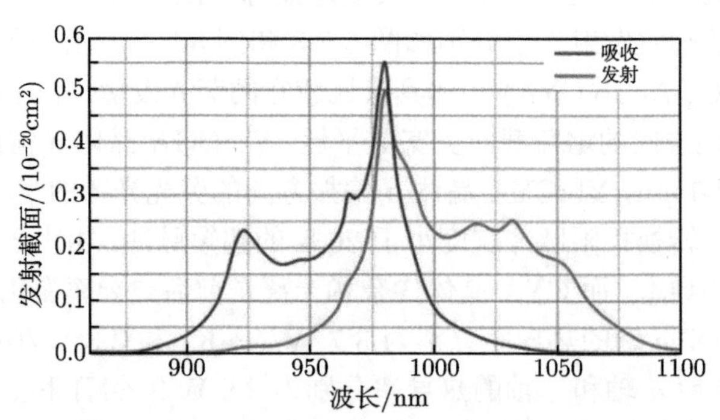

图 5.5-5　室温下 $Yb:CaF_2$ 晶体的吸收和发射光谱 [77]

近，带宽约 20 nm。由于 Yb:CaF_2 发射光谱宽，上能级寿命长 (2.4 ms)，导热性好，所以主要用于大能量窄脉冲飞秒激光产生与放大。

表 5.5-1 总结了以上几种晶体的光学和热机械性能参数，它们由于优秀的热导率和激光光谱特性，成为目前高功率掺镱全固态飞秒激光器的主要增益介质，且国内外基本上都已经有成熟的商用晶体出售。

表 5.5-1 常用的掺镱晶体的光学和热机械特性

特征参数	Yb:KGW	Yb:CGA	Yb:CYA	Yb:YAG	Yb:CaF_2
泵浦波长/nm	981.2	979	979	940/969	980
吸收带宽 /nm	3.7	2.5	11	18(940)	49
热膨胀系数/(10^{-6} K^{-1})	a:4 b:3.6 c:10	a:7.91 c:14.49	8.97	7.5	−11.3
热导率/(W/(m·K))	3.3	6.6	3.6	11	9.7
荧光寿命/ms	0.3	0.42	0.42	0.95	2.4
密度/(g/cm^3)	7.27	—	—	4.56	3.18
熔点/°C	1075	—	—	1970	1418
折射率	n_g=2.037, n_p=1.986, n_m=2.033	1.85	1.52	1.82	1.43
吸收截面/($10^{-20}$$cm^2$)	0.12	2.7	5.07	0.75	0.54
发射截面 /($10^{-20}$$cm^2$)	3@1030nm	0.75	0.8	2.1@1030nm	0.23
发射带宽/nm	20	80	77	6.3	20

接下来介绍几种典型的高功率掺镱全固态飞秒激光器。

5. SESAM 被动锁模的高功率 Yb:CALGO 激光器

激光二极管泵浦 SESAM 锁模飞秒 Yb: CALGO 激光实验装置如图 5.5-6 所示，采用光纤耦合的多模 InGaAs 半导体激光器作为泵浦源，输出激光波长针对不同晶体，需靠近其相应的吸收峰。通光面镀有增透膜的 Yb: CALGO 晶体作为增益介质，通光长度为 4 mm，截面为 4 mm ×4 mm，掺杂浓度为 4%，沿着 c 轴切割。

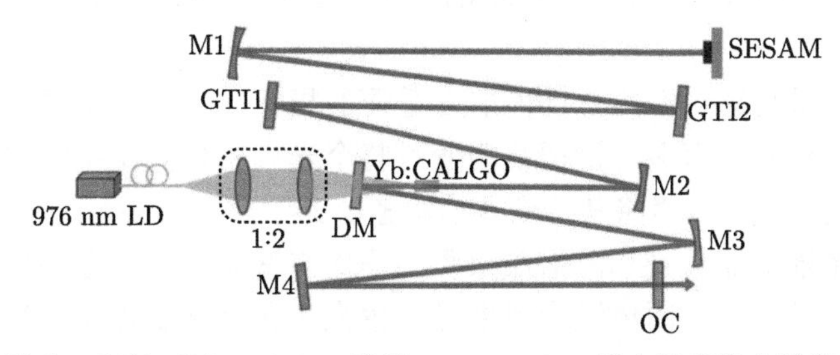

图 5.5-6 激光二极管泵浦 SESAM 锁模 Yb:CALGO 激光振荡器实验装置图

M1~M3 是曲率半径分别为 500 mm、300 mm 和 500 mm 的凹面反射镜，M4 是平面反射镜。双色泵浦镜 (DM) 对泵浦光镀增透膜 (AR@820~990 nm)，同时对激光镀高反膜 (HR@1030~1200 nm)。平面输出耦合镜 OC 的透过率为 10%。两个 GTI 镜的总色散量为 $-3200\ \mathrm{fs}^2$。用来启动和维持稳定的锁模状态的 SESAM 采用德国 Batop 公司器件。SESAM 的工作波长是 1064 nm，调制深度为 2.4 %，恢复时间为 1 ps，饱和能流密度为 $F_{\mathrm{sat}}=70\ \mathrm{\mu J/cm^2}$。

飞秒 Yb:CALGO 激光输出功率与泵浦功率的关系如图 5.5-7 所示。当泵浦功率为 15 W 时，激光器输出功率从 3.1 W 突然上升到 3.8 W，从示波器上可以观测到整齐的锁模序列，这说明实现连续锁模运转。当泵浦功率为 34 W 时，可获得最大锁模输出功率为 10 W，对应的光光转换效率为 29.4%。

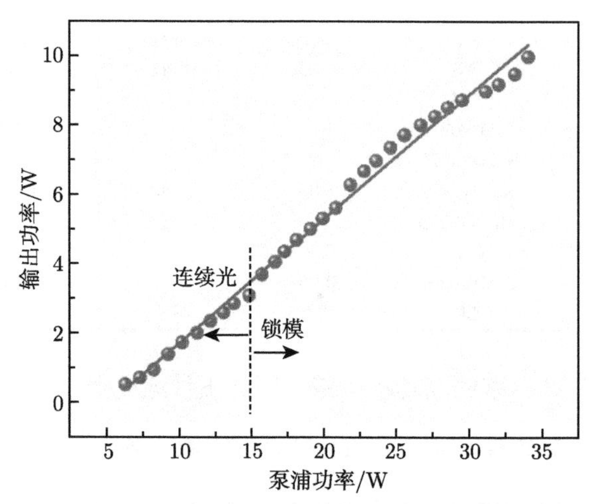

图 5.5-7　飞秒 Yb:CALGO 激光输出功率与泵浦功率的关系

锁模脉冲的中心波长为 1041 nm，半峰全宽为 5 nm，光谱测量结果如图 5.5-8 所示。在输出激光功率为 10 W 时对应的脉宽测量结果如图 5.5-9 所示，假设脉冲形状为双曲正割型，当腔内补偿总色散为 $-3200\ \mathrm{fs}^2$ 时，我们测得的飞秒 Yb:CALGO 激光脉宽为 247 fs，接近 227 fs 的傅里叶极限脉宽，说明此时的腔内补偿色散较好。

光束质量是评价激光器性能非常重要的指标之一。光束质量与增益介质、谐振腔畸变、热晕等有关。谐振腔畸变对整个光束质量起决定性的作用，光束在腔内多次往返，腔反射镜将其畸变逐次积累。光学路径上热晕的现象使得光斑弥散，从而导致光轴上能量减小。增益介质的非均匀增益分布也会恶化光传播路径上的光束质量，尤其是在固体激光器中影响较大。在高功率锁模激光研究中，非线性效应也是影响激光光束质量的重要因素。在上述研究工作中，输出功率为 10 W

的 Yb:CALGO 锁模振荡器展示了非常好的光束质量，如图 5.5-10 所示。使用光束质量分析仪测得在 x 轴和 y 轴方向的光束质量因子 M^2 分别为 1.017 和 1.016，均小于 1.02，非常接近衍射极限。

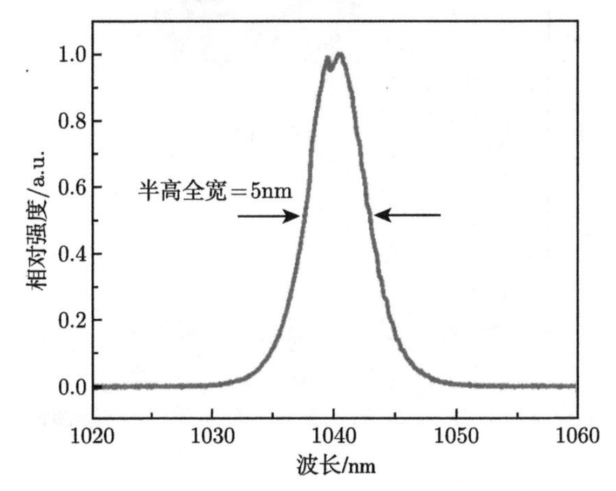

图 5.5-8 飞秒 Yb:CALGO 激光输出光谱

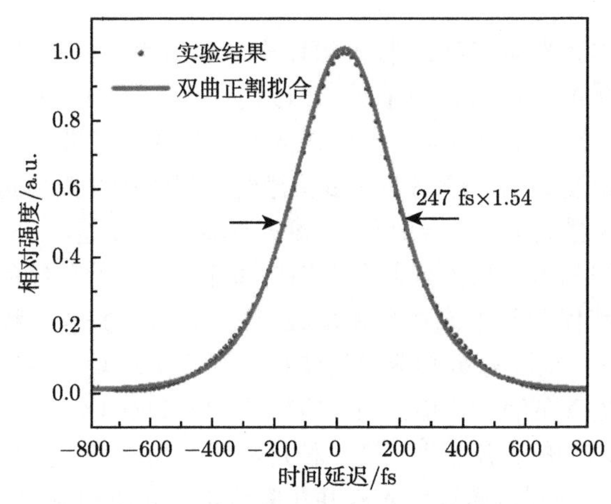

图 5.5-9 输出功率为 10 W 时，飞秒 Yb:CALGO 振荡器输出激光自相关曲线

在高功率超短脉冲研究中，飞秒 Yb:CALGO 激光振荡器输出功率提升主要受 SESAM 的损伤阈值、增益晶体可提供的厚度和掺杂浓度等影响。通过增大 SESAM 的饱和能流密度且不超过损伤阈值，使用不同透过率的输出镜并且精确补偿色散，则实现更高功率、更窄脉宽的激光是很有可能的。使用综合性能优异且不同参数的 Yb:CALGO 晶体结合成熟的半导体激光器产生的高功率窄脉冲激光在众多领域有着重要的应用，比如，掺镱全固态放大器的种子源、光学参量振荡器的泵浦源、多光子成像和太赫兹的产生等。

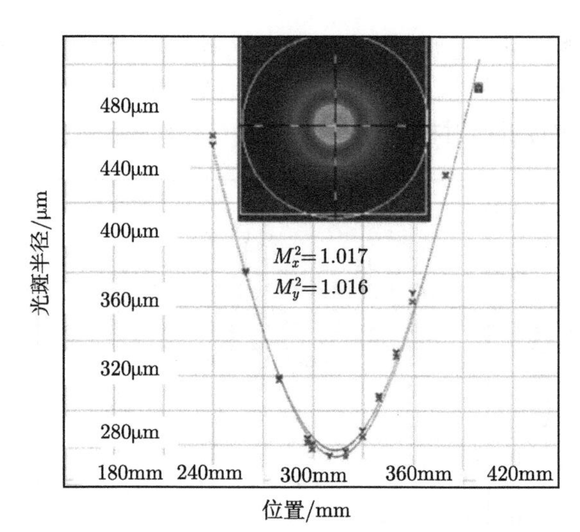

图 5.5-10　在输出功率为 10 W 时的激光光束质量情况 (彩图请扫封底二维码)

6. 高功率 KLM 掺镱全固态激光器

对于掺镱固体激光器，KLM 技术可以充分利用增益晶体宽发射光谱特性，是产生亚百飞秒窄脉冲输出的有效手段。但为了实现 KLM，通常需要紧聚焦腔型使克尔介质 (一般也是增益介质) 处的激光光斑模式直径非常小，以提供足够的自相位调制和自幅度调制，但高功率多模激光二极管的光束质量很差，一方面无法聚焦到激光光斑模式大小，导致泵浦–激光模式匹配较差，另一方面紧聚焦后瑞利长度变小，无法利用长晶体获得高平均功率输出，因此传统的 KLM 掺镱固体激光器的输出功率仅为数十或百毫瓦量级 [78,79]。近年来，几种新方案的提出使 KLM 掺镱亚百飞秒全固态激光器已经实现了瓦级平均功率输出：第一种是在高功率多模激光二极管泵浦下，借助 SESAM 器件启动锁模，而克尔透镜效应主要起到稳定与压缩脉冲的作用 [80]；第二种是利用高功率高光束质量光纤激光器作为泵浦源 [81]；第三种则是通过引入双共焦腔将增益介质和克尔介质进行分离 [82]。表 5.5-2 总结对比了三种方案的特点。

表 5.5-2　不同类型高功率 KLM 掺镱块材料激光器对比

类型	优点	缺点
SESAM 辅助	锁模可自启动	输出功率受到 SESAM 的损伤阈值限制 SESAM 工艺难度大，尚无批量国产化
光纤激光器泵浦	输出脉宽窄 光光效率高	泵浦源成本高、功率有限 锁模不能自启动
LD 泵浦的双共焦腔	输出功率高 成本低	锁模不能自启动

典型的双共焦腔高功率 KLM 振荡器光路如图 5.5-11 所示。泵浦源为一台光纤耦合输出的高功率激光二极管，中心波长锁定在 976 nm。它能提供的最大泵浦功率为 50 W，光纤数值孔径为 0.15，芯径为 105 μm。腔型采用双共焦腔设计，C1 与 C2 的曲率半径为 300 mm，C3 与 C4 的曲率半径为 100 mm。增益介质为长 6 mm，截面尺寸 3 mm×3 mm 的 Yb:CYA 晶体，掺杂浓度为 5%。厚度为 2 mm 的 CaF_2 薄片作为克尔介质 (KM) 启动锁模。增益晶体被夹持在通有 15 ℃ 循环水的热沉上，以有效带走积聚的热量。DM 为一片平面双色镜，用于将泵浦光导入谐振腔，同时保证激光不会在此处溢出到腔外，也起到折叠光路的作用。实验中使用商用的 GTI 镜 (Layertec GmbH) 进行色散补偿，腔内往返一圈的净负色散为 $-4532\ \mathrm{fs}^2$，用于平衡由自相位调制引起的正啁啾，形成稳定的孤子脉冲。谐振 OC 为输出镜，透过率为 20%。腔单路腔长为 1.85 m，对应的重复频率约为 81 MHz。

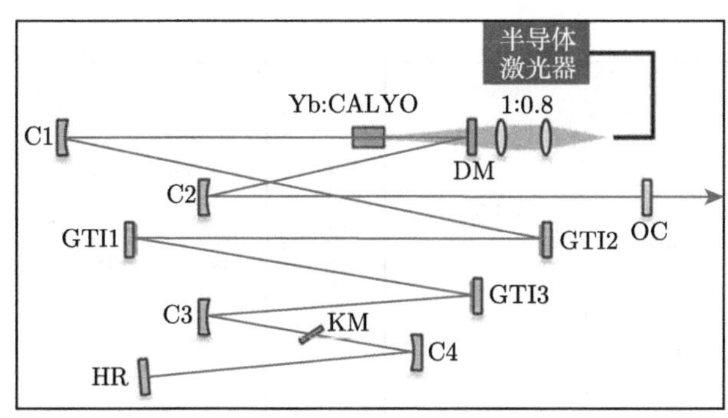

图 5.5-11　高功率 KLM 飞秒激光器光路图

当泵浦光功率达到 26 W 后，通过快速推动 OC 上的平移台可以启动 KLM，这时的锁模状态下的输出功率为 7.8 W，脉冲宽度为 138 fs，如图 5.5-12 中左虚线的位置所示。随着泵浦光功率增加至 33 W 后，锁模光功率也相应提高到了 10.2 W。腔内激光能量的提升引起自相位调制效应增强，脉冲宽度也相应地缩短至 98 fs。当泵浦光功率超过 33 W 时，由于 SAM 饱和效应，锁模功率与脉冲宽度都出现不同程度的饱和。

如图 5.5-13(a) 所示为 33 W 泵浦功率下的振荡器锁模光谱。脉冲锁模光谱的中心波长在 1050 nm，半峰全宽 (FWHM) 为 12 nm。图 5.5-13(b) 为相应的强度自相关曲线，加上脉冲形状为双曲正割型，则对应的脉冲宽度为 98 fs。时间带宽积为 0.32，十分接近双曲正割的傅里叶变换极限 (0.315)。在 50 ps 的延迟跨度内测量到的单脉冲尖峰也表明它不是以多脉冲工作。

该高功率 KLM 振荡器在没有主动稳定措施情况下，一旦启动锁模，稳定时间超过 6 小时。在平均功率为 10.4 W 时，1 小时内平均功率的均方根 (RMS) 小于 0.3%，M^2 因子在 x 与 y 方向分别为 1.3 和 1.4，如图 5.5-14 所示。

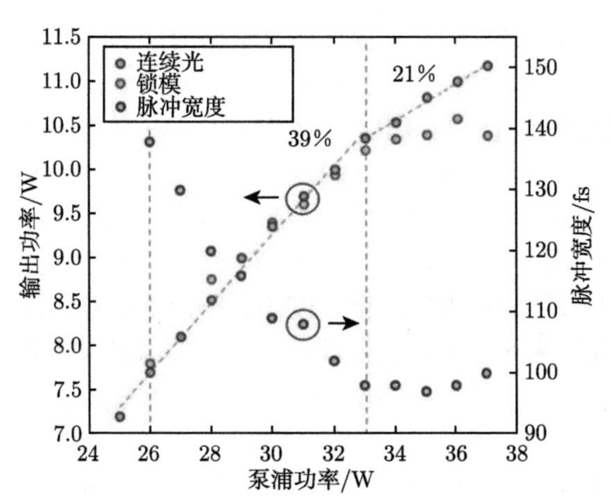

图 5.5-12　激光器输出功率和脉冲宽度表现 (彩图请扫封底二维码)

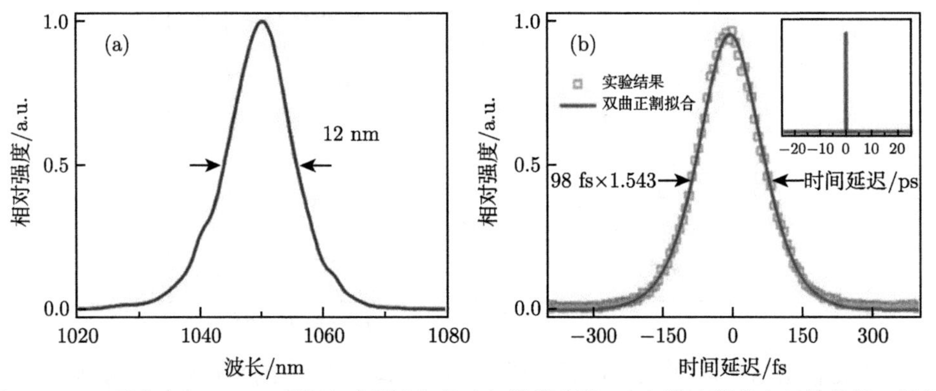

图 5.5-13　泵浦功率 33 W 时脉冲时频域表现 (a) 锁模光谱；(b) 脉冲强度自相关曲线，插图为 50 ps 延迟内的曲线

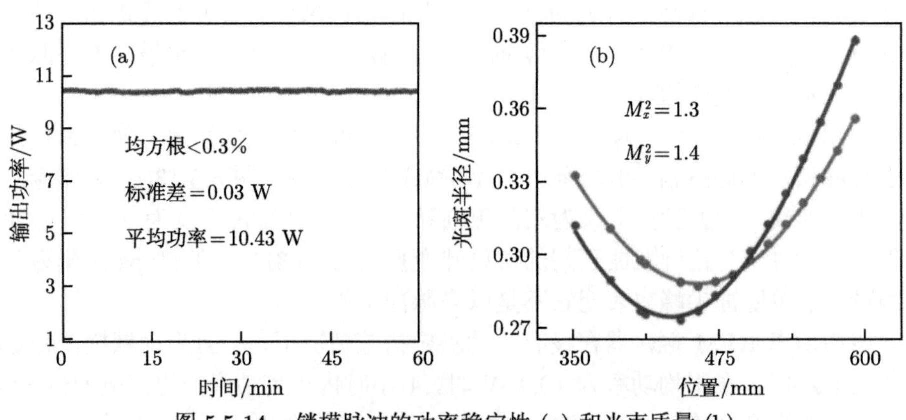

图 5.5-14　锁模脉冲的功率稳定性 (a) 和光束质量 (b)

7. 高功率 Yb:YAG 碟片激光器

碟片，也叫薄片，是一种为了改善增益介质的散热特性而设计的新型结构，与光纤和板条结构的特点相同，碟片结构具有很大的表面积 (横截面面积)–体积比。典型的碟片模块结构如图 5.5-15 所示，碟片前表面镀有对泵浦光和增益激光的增透膜，后表面镀有对泵浦光和增益激光的高反膜，在激光器中碟片既充当增益介质，又作为反射镜来使用。碟片介质的后表面通过焊接的方式固定在铜热沉上，热沉内冷却水从中部进入，带走热量后从四周流出。焊接采用铟锡或者锡金焊料在真空环境下完成，焊接过程中需要严格控制焊料温度与时间，温度过高可能会损坏晶体下表面的高反膜。目前最新的固定碟片的方式是在碟片和铜热沉之间加入金刚石衬底，碟片与金刚石衬底之间采用光胶进行粘贴，金刚石衬底焊接在铜衬底上。这种方式既可以避免由直接焊接导致的碟片介质的损坏，同时由于金刚石具有更加优异的导热特性而使得散热效率更高。

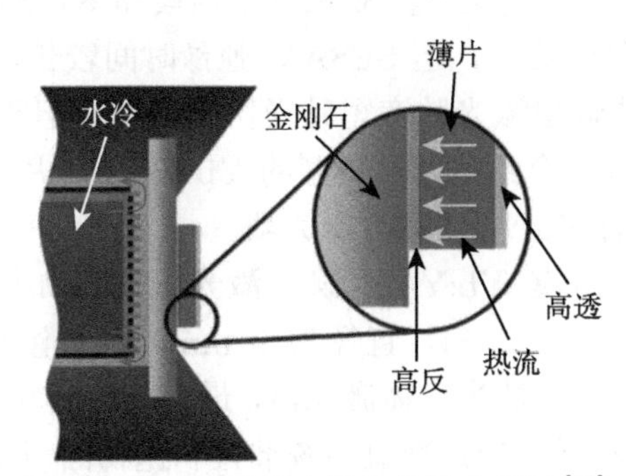

图 5.5-15 碟片激光模块装置示意图 [83]

然而，碟片厚度很小也使得其对单次通过的泵浦光的吸收效率大幅降低。为了解决这一问题，通常采用多通泵浦结构，增加泵浦光通过晶体的次数来提高碟片晶体的吸收效率。如图 5.5-16 所示，典型的多通泵浦结构由抛物面镜和一系列折返棱镜组成，碟片被放置在抛物面镜的焦点处。输入的泵浦光经过抛物面镜聚焦至碟片上，未被碟片吸收的泵浦光经过碟片后表面反射再次到达抛物面镜，继而被其准直并反射至位于碟片四周的折返棱镜上。折返棱镜将剩余泵浦光导向抛物面镜的另一个区域，并再次聚焦至碟片上，如此反复可以实现泵浦光多次通过碟片晶体，从而大幅度提升碟片对泵浦光的吸收率。图 5.5-16(b) 为泵浦光在抛物面镜上的光束路径 [70]。光束从位置 1 到位置 8 共经过 4 次碟片反射，在碟片介质中穿过 8 次，因此这种泵浦结构称为 8 通泵浦。如果在位置 8 加入反射镜使泵浦光按原路返回至位置 1，则泵浦光一共在晶体中穿过 16 次。对于 24 通泵浦结构的 Yb:YAG 碟片来说，如果采用 940 nm 波长的光进行泵浦，碟片晶体的吸收效率可以达到 96%以上，满足激光泵浦要求。

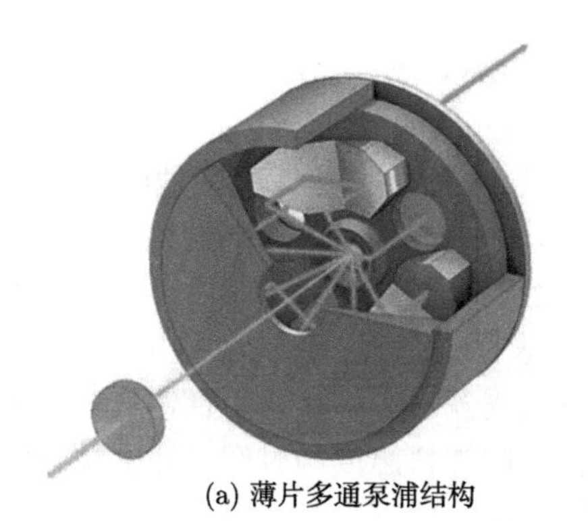

(a) 薄片多通泵浦结构

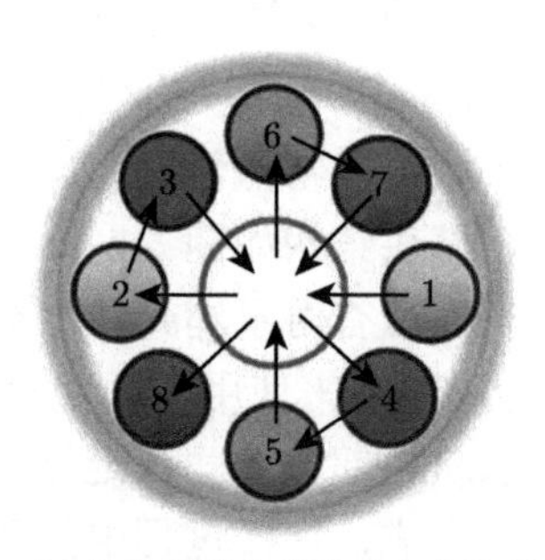

(b) 抛物面镜上的激光光束路径

图 5.5-16　多通泵浦结构示意图 [84]

碟片激光振荡器通过被动锁模可以直接产生高功率的超快激光脉冲，最常用的锁模方式为半导体可饱和吸收镜 (SESAM) 锁模和 KLM，SESAM 锁模不需要对腔进行精密调节，易于启动，但 SESAM 弛豫时间较长，输出脉宽较长，抗损伤阈值低。KLM 方式输出激光脉宽短且损伤阈值高，但需要对谐振腔进行精密调节才能实现锁模。以下介绍这两种典型的 Yb:YAG 碟片飞秒激光器。

1) SESAM 锁模的 Yb:YAG 碟片激光器

典型的 SESAM 锁模 Yb:YAG 碟片激光振荡器如图 5.5-17 所示。碟片 Yb:YAG 晶体的厚度为 220 μm，直径为 9 mm，掺杂浓度为 7 at.%。泵浦源为 940 nm 的光纤耦合输出的半导体激光器，最大的输出功率为 70 W，耦合光纤的芯径为 600 μm。泵浦激光通过准直系统准直和抛物面镜聚焦后，在晶体上的泵浦光斑的尺寸为 2.3 mm，泵浦激光 24 次通过增益介质。R1 和 R2 分别为曲率半径为 150 mm 和 200 mm 的凹面反射镜，其表面镀有 1000~1100 nm 的高反膜。为了在腔内引入自相位调制并使腔内输出的激光线偏振，两个凹面镜的焦点处以布儒斯特角插入了 2 mm 厚的石英片 (quartz plate)。使用 GTI 镜来补偿腔内的晶体、石英片及空气引入的非线性，提供单次 $-4000\ \text{fs}^2$ 的色散。R3 为曲率半径为 500 mm 的凹面反射镜，聚焦到 SESAM 上的光斑半径大小为 150 μm。

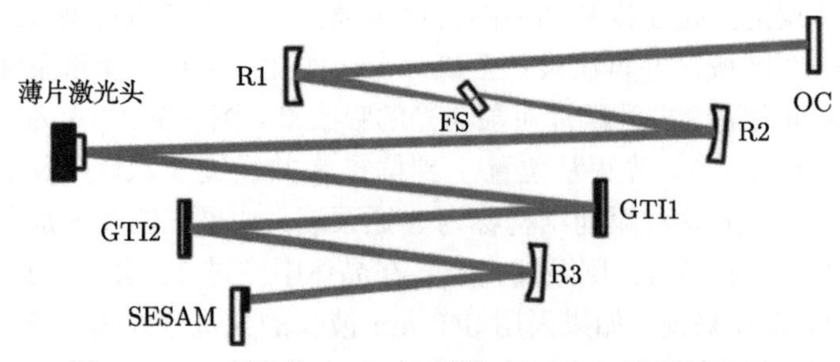

图 5.5-17　典型的 SESAM 锁模 Yb:YAG 碟片振荡器

首先，将 SESAM 换为高反镜，使用 2.5%的输出镜，在泵浦功率为 70 W 时，可获得 25.2 W 的连续激光输出，对应的光光转换效率为 36%，如图 5.5-18(a) 所示。然后选择调制深度为 0.7%，中心波长为 1040 nm，弛豫时间为 1 ps 的 SESAM，当输出功率为 4.77 W 时，就可以实现稳定的锁模输出。

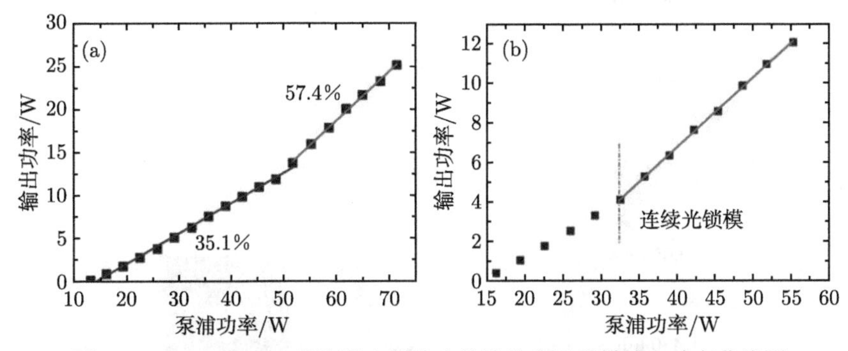

图 5.5-18 Yb:YAG 碟片激光器输出的连续光及锁模输出功率曲线图

(a) 输出的连续光随泵浦功率的变化；(b)SESAM 锁模输出功率的曲线图

不断增加泵浦功率，可以获得最高 12.1 W 的稳定的单脉冲锁模输出，对应的锁模的斜效率为 35%(图 5.5-18(b))。使用商用的自相关仪测量的输出功率为 12.1 W 时的自相关曲线如图 5.5-19(a) 所示。假设所获得的脉冲为双曲正割型，则输出脉冲的脉冲宽度为 698 fs。输出锁模脉冲的光谱如图 5.5 -19(b) 所示，光谱的半峰全宽为 1.9 nm。输出脉冲对应的时间带宽积为 0.39(标准双曲正割的时间带宽积为 0.315)。

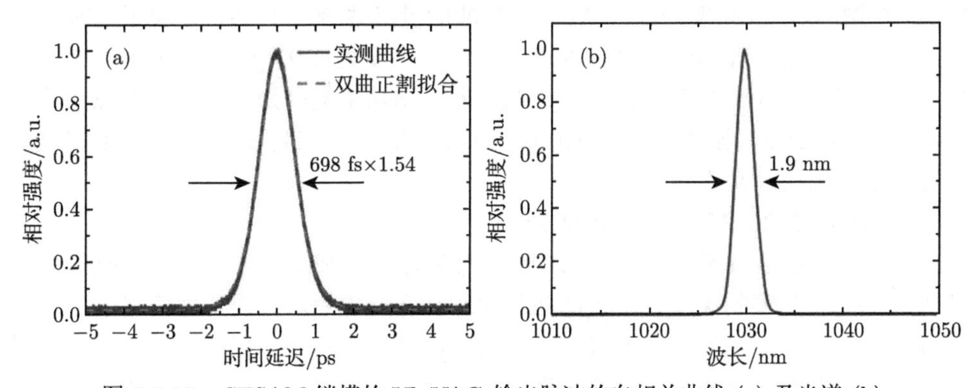

图 5.5-19 SESAM 锁模的 Yb:YAG 输出脉冲的自相关曲线 (a) 及光谱 (b)

碟片激光器凭借其良好的散热特性，在获得高功率输出的同时具有优秀的光束质量。如图 5.5-20 所示为锁模输出功率为 12.1 W 时的光束质量，输出锁模光

斑在切向和径向的 M^2 因子分别为 1.05 和 1.07。使用 CCD 测量的输出光斑如插图中所示，说明输出的锁模光斑为近高斯光束的基模输出。

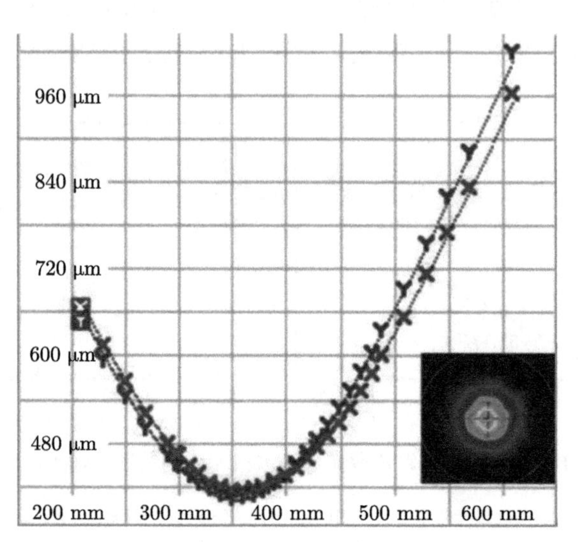

图 5.5-20　SESAM 锁模的 Yb:YAG 碟片振荡器输出光斑的光束质量 (彩图请扫封底二维码)

对于 SESAM 锁模的高功率激光器来说，最大的限制因素就是 SESAM 的损伤。2012 年，U. Keller 课题组基于自研的 SESAM 实现了 275 W 碟片振荡器激光输出，重复频率为 16.3 MHz，脉冲宽度为 583 fs，脉冲能量达到 16.9 μJ[85]。2014 年，该研究组为了进一步增加锁模激光的脉冲能量，采用 Herriott-type 多通望远镜腔结构，将腔长增加至 50 m，从而降低脉冲的重复频率，最终获得了 242 W 激光输出，重复频率为 3.03 MHz，脉冲能量高达 80 μJ [86]，实现了当时世界上超快激光振荡器输出的最高脉冲能量，脉冲宽度为 1.07 ps。2019 年，该课题组进一步将 SESAM 被动锁模的碟片振荡器平均功率提高为 350 W，相应的重复频率为 8.88 MHz，脉冲宽度为 940 fs，脉冲能量为 40 μJ，是当时世界上超快激光振荡器输出的最高平均功率 [87]。

2) KLM 的 Yb:YAG 碟片激光器

相比于 SESAM 锁模方式，KLM 在激光器中形成虚拟的可饱和吸收体，损伤阈值更高。其调制深度大，因此获得的脉冲宽度更短。在碟片振荡器中，由于碟片介质很薄，非线性效应很弱，通常需要额外的克尔介质提供克尔效应，这样克尔介质和增益介质实现了有效分离。这种情况下通过调节克尔介质的材料、厚度以及位置等可以实现克尔透镜效应的独立调节，不会受到增益介质的限制。第一台 KLM 碟片振荡器于 2011 年由德国马克斯 · 普朗克学会量子光学研究所 (MPQ)O. Pronin 等研制成功，获得了平均功率为 45 W、重复频率为 40 MHz、脉冲宽度为 270 fs 的实验结果，脉冲能量为 1.1 μJ[88]。之后 KLM 碟片振荡器发展极为迅速，国内首台 KLM 碟片激光器于 2015 年由中国科学院物理研究所研制成功。图 5.5-21 所示为 KLM Yb:YAG 碟片振荡器光路。

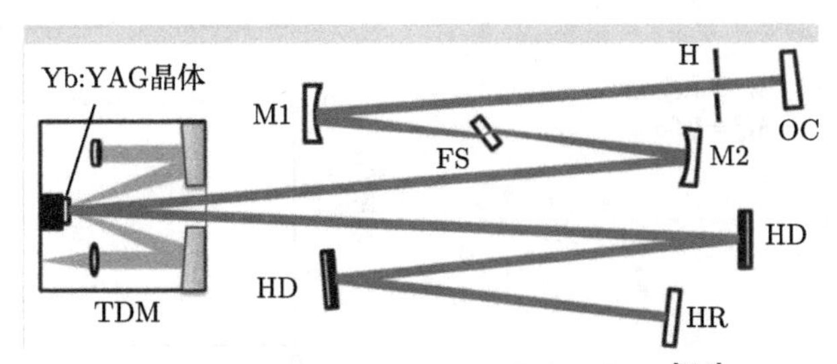

图 5.5-21 KLM Yb:YAG 碟片振荡器 [114]

图 5.5-21 中 M1 和 M2 为曲率半径 150 mm 的高损伤阈值高反镜。HD 为高色散镜，可以提供在 1027~1033 nm 范围内单次 $-3000\ \text{fs}^2$ 的色散。FS 是厚度为 2 mm 的熔石英，以布儒斯特角放置在两个凹面镜中心，以增强克尔效应。OC 为透过率为 8%的输出耦合镜，并带有一定的楔角。H 为直径 2.5 mm 的小孔光阑。在最大泵浦功率为 70 W 时，通过仔细调节两个凹面镜的距离，并轻推高反镜的平移台，可以实现稳定的 KLM，锁模平均功率为 15 W，对应的光光转换效率为 21.4%。锁模脉冲的自相关曲线如图 5.5-22(a) 所示，对应的脉冲宽度为 272 fs(双曲正割)。图 5.5-22(b) 为相应的锁模脉冲的光谱，光谱的半峰全宽为 4.5 nm，对应的时间带宽积为 0.35。

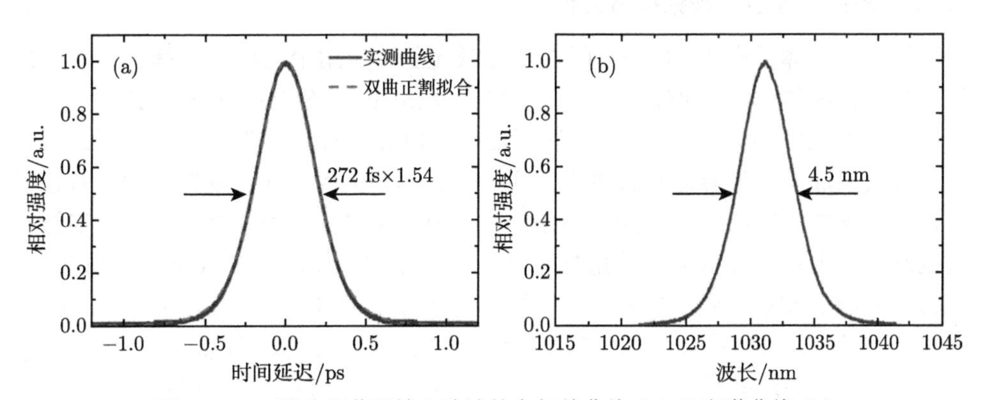

图 5.5-22 碟片振荡器输出脉冲的自相关曲线 (a) 及光谱曲线 (b)

使用商用的光束质量分析仪测量了输出脉冲的 M^2 因子，如图 5.5-23(a) 所示。输出锁模光斑在切向和径向的 M^2 因子分别为 1.03 和 1.05。图 5.5-23(b) 所示为锁模脉冲输出功率的长期稳定性，4 小时内的功率抖动小于 0.4%。CCD 测量的锁模输出脉冲的光斑如图 5.5-23(b) 的插图所示。输出光斑为近高斯光束的基模输出，说明碟片激光器可以实现高功率、高光束质量的输出。

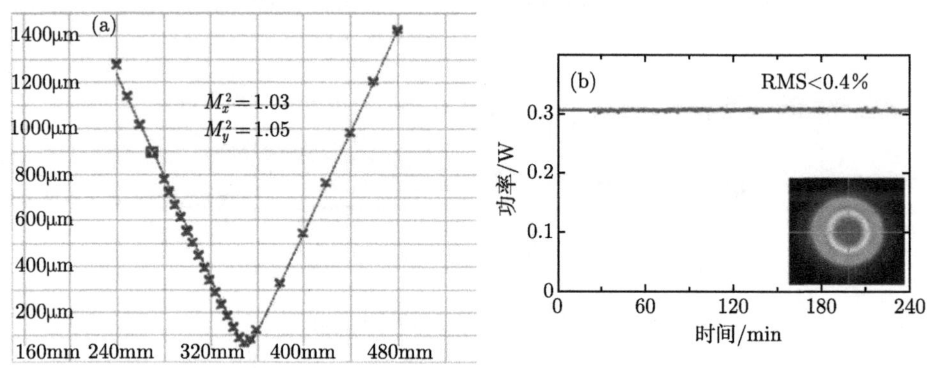

图 5.5-23 (a) 振荡器输出光斑的光束质量；(b)4 小时内输出功率的稳定性
(彩图请扫封底二维码)

对于 KLM 振荡器来说，可以通过精确调节自相位调制与引入的色散量来获得更短的脉冲输出。2014 年，德国马克斯·普朗克学会利用 KLM 的 Yb:YAG 碟片振荡器，实现了平均功率为 270 W、重复频率为 18.8 MHz、脉冲宽度为 330 fs、脉冲能量为 14.4 μJ 的激光脉冲输出 [89]。2021 年，F. Julian 等利用 KLM 技术实现了平均功率为 103 W、重复频率为 17.1 MHz、脉冲宽度为 52 fs 的实验结果 [90]，这是目前 KLM 碟片振荡器亚百飞秒最高平均输出功率。

5.5.2 掺铬全固态飞秒锁模激光器

钛宝石晶体是产生 800nm 附近超短激光脉冲应用最为广泛的晶体，前文已经进行了详细的介绍。此外，掺铬 (Cr^{3+}) 的 LiSAF、LiSGaF、LiSCAF 等介质也能够用于产生中心波长在 800nm 附近的超短激光脉冲。这类材料可采用二极管激光直接泵浦，而且容易生长成光学质量好、体积大的晶体，发射光谱带宽也很宽，能够支持很短的飞秒脉冲；但是，由于材料本身的热力学性质较差，能够获得的脉冲输出功率较钛宝石激光要差很多。图 5.5-24 为 Cr:LiSAF 和 Cr:LiSCAF 晶体的吸收和发射光谱。Uemura 等报道过 KLM 的 12 fs Cr:LiSAF 激光脉冲，输出功率为 23 mW[92]。利用 Cr:LiSAF 介质获取的最高锁模脉冲平均功率为 0.5 W(脉宽 110 fs)[93]。2017 年，U. Demirbas 等结合宽带饱和布拉格反射器 (SBR) 实现了 Cr:LiSAF 激光器的宽带锁模调谐，在 800~905 nm 波段可连续调谐并实现自锁模，锁模脉冲宽度随调谐从 70 fs 到 255 fs 不等 [94]。2021 年，U. Demirbas 等首次在飞秒 Cr:LiSAF 激光器中实现了 1 μm 波段的锁模，获得了平均输出功率 12.5 mW 的亚 200 fs 锁模结果 [95]。

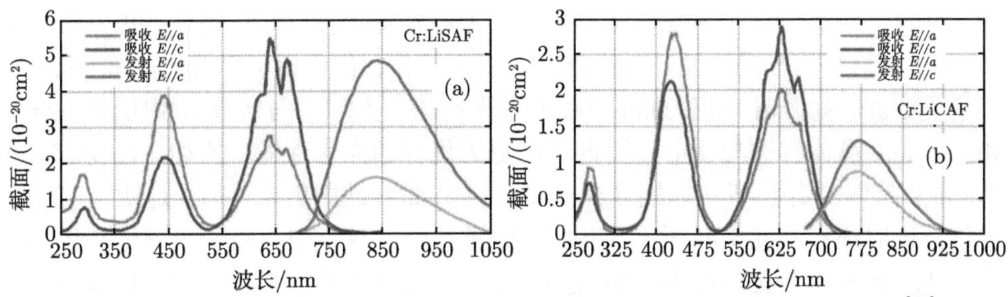

图 5.5-24　Cr:LiSAF 晶体 (a) 和 Cr:LiCAF(b) 晶体的吸收光谱和发射光谱 [91]
(彩图请扫封底二维码)

图 5.5-25 给出了掺铬镁橄榄石 (Cr:forsterite) 晶体和 Cr:YAG 晶体的吸收和发射光谱。掺铬镁橄榄石晶体是一种用于产生 1.3 μm 波段超短激光脉冲的关键增益介质，该材料能够采用商用的红光激光二极管或者成熟的 Nd:YAG 激光、Nd:YVO_4 激光等 1064 nm 连续激光作为泵浦源。镁橄榄石介质在 1.1～1.4 μm 有很宽的发射谱，目前采用 1064 nm 激光作为泵浦源，实现的最短激光脉冲仅为 14 fs[98]。2014 年，A. A. Ivanov 等 [99] 获得了脉冲宽度可在 40～200 fs 范围调谐的掺铬镁橄榄石锁模激光器，输出功率大于 0.7 W，中心波长为 1.25 μm，重复频率为 29 MHz。Cr:YAG 介质则是用于产生 1.5 μm 波段超短激光脉冲的重要介质。该介质的吸收波长及可采用的泵浦源同掺铬镁橄榄石介质相同。Cr:YAG 晶体的发射光谱同样很宽，覆盖范围为 1.3～1.6 μm。利用 KLM，D. J. Ripin 等曾报道了最短脉宽为 20 fs 的 Cr:YAG 激光脉冲 [100]。2003 年，S. Naumov 等报道了 26 fs 的自启动 KLM Cr:YAG 激光器，输出功率为 250 mW，在 55 fs 的脉宽时获得了高达 600 mW 的功率输出，另外也使用 SESAM 辅助锁模获得了 57 fs、200 mW 的输出结果 [101]。

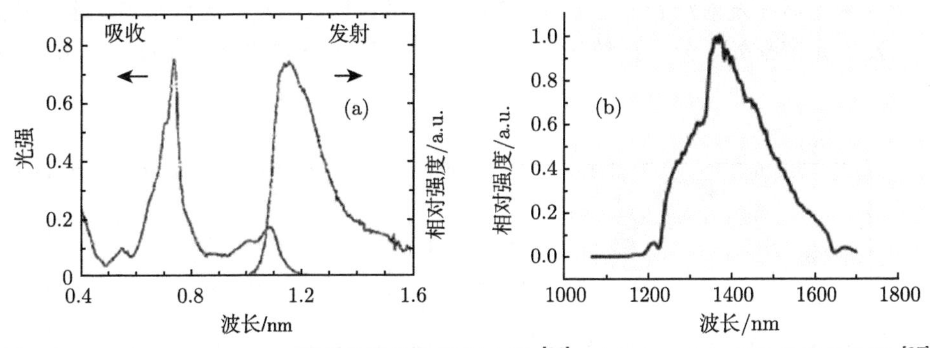

图 5.5-25　(a) Cr:forsterite 晶体的吸收和发射光谱 [96]；(b) Cr:YAG 晶体的发射光谱 [97]

在 2～3 μm 波段，Cr:ZnSe 和 Cr:ZnS 介质是非常有吸引力的超快激光材料。该材料发射谱覆盖范围为 2000～3100 nm，理论上支持 20 fs 以下飞秒脉冲的产生。而且，该晶体易于生长，热导率高，无激发态吸收损耗。迄今为止，国际上 Cr:ZnSe 和 Cr:ZnS 晶体及其激光器件的研究工作已经取得了卓越的成就，成功实现了连续波、宽调谐、超快脉冲中红外激光输出 [102,103]。与钛宝石相比，Cr:ZnSe 和 Cr:ZnS 晶体有着与钛宝石接近甚至更为优异的光学性能。比如，Cr:ZnSe 和 Cr:ZnS 晶体具有强烈的非线性光学特性，其非线性折射率 (n_2) 是钛宝石的几十倍，同时还存在钛宝石所不具备的二阶非线性，这主要得益于半导体基质的特性和相对较窄的带隙，有助于实现超短脉冲的克尔透镜锁模。同时，Cr:ZnSe 和 Cr:ZnS 晶体还具有较高的抗损伤阈值，有利于实现高功率的激光运转。根据文献报道，材料的抗损伤阈值通常与其带隙成正比，因此 Cr:ZnS 晶体的抗损伤阈值略高于 Cr:ZnSe 晶体，其中 Cr:ZnSe 晶体在 34 ps 激光脉冲下的抗损伤阈值约为 14.9 GW/cm^2。除此之外，由于较低的泵浦阈值，Cr:ZnSe 和 Cr:ZnS 晶体适合于激光二极管直接泵浦激光运转，这将有助于降低系统的复杂程度，提高转换效率。此外，Cr:ZnSe 和 Cr:ZnS 晶体具有很大的吸收截面和发射截面，高出钛宝石一个数量级，比普通稀土离子大两个数量级。

唯一的遗憾是 Cr:ZnSe 和 Cr:ZnS 晶体的热力学性能较差，尤其在高功率运转时热透镜效应非常明显。Cr:ZnSe 和 Cr:ZnS 晶体的热致折射率比钛宝石高 4~6 倍。尽管如此，Cr:ZnSe 和 Cr:ZnS 晶体并不存在激发态吸收和上转换等过程，使其内部的热负荷较小，这可以补偿热透镜效应的缺陷。除此之外，Cr:ZnSe 和 Cr:ZnS 晶体具有适宜的硬度及较高的抗损伤阈值，在高功率激光应用方面依然具有很大的潜力。

图 5.5-26 为 Cr:ZnSe 和 Cr:ZnS 晶体的吸收和发射光谱，可用多种波长的半导体激光器直接泵浦，如发射波长在 1.6 μm 的铒离子激光器，发射波长在 1.9 μm 的铥离子激光器，还有发射波长在 1.6~1.9 μm 的半导体 InGaAsP/InP 二极管激光器和发射波长在 2.1 μm 的钬离子激光器。从发射光谱来看，这两种晶体的发射光谱都处于分子指纹波段，对大气层中各个不同的分子吸收频率不同，从

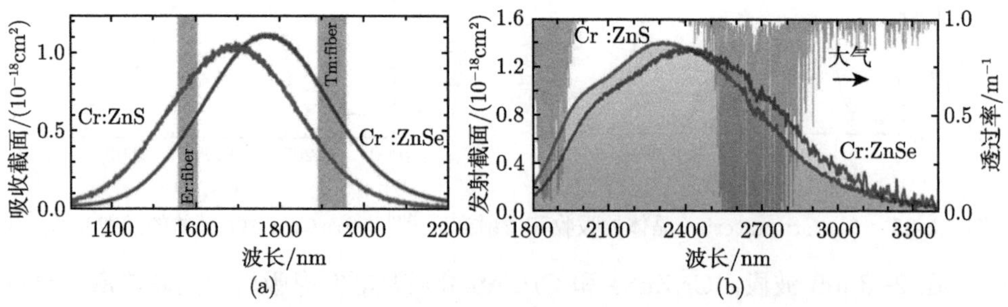

图 5.5-26　Cr:ZnS 和 Cr:ZnSe 晶体吸收光谱 (a) 和荧光光谱 (b)[103]

而能探测大气成分。图 5.5-26(b) 中灰色的线表示发射的激光穿透 1 m 长的大气层的透过率，可以明显看到，在 2.5~2.8 μm 大气的吸收使发射谱截面减小。超宽的发射带宽使得可以直接从振荡器输出只有几个光学周期的超短脉冲而不需要进行压缩。表 5.5-3 总结了上述几种常用掺铬激光增益介质的光学特性。下面介绍两种典型的掺铬锁模超快激光器。

表 5.5-3 几种常用掺铬激光增益介质的光学特性

特征参数	Cr:LiSAF	$Cr:Mg_2SiO_4$	Cr:YAG	Cr:ZnSe	Cr:ZnS
发射光谱带宽/nm	185	700	240	1000	800
发射截面/(10^{-20} cm^2)	4.8	19	—	130	140
吸收光谱带宽/nm	—	300	300	350	350
泵浦波长/nm	650	532	1060	1770	1690
荧光寿命/μs	6.7	3.2	3.4	5.48	4.38
热导率/(W/(m·K))	3.09	4.7	12.13	18	27

1. $Cr:Mg_2SiO_4$ 飞秒锁模激光器

$Cr:Mg_2SiO_4$ 飞秒锁模激光器的实验装置如图 5.5-27 所示，P1~P3 为 1030 nm 45° 平面高反镜，M1~M3 为曲率半径 100 mm 的凹面镜，1.15~1.40 μm 波段$R>$ 99.9%, 1.03 μm 波段 $T>90$ 。M4、M5 为啁啾镜，反射带宽为 1050~1450 nm，单次反射引入的色散为 -70 fs^2；F 为凸透镜，OC 为输出耦合；SESAM 采用的是宽反射带宽的半导体可饱和吸收镜。

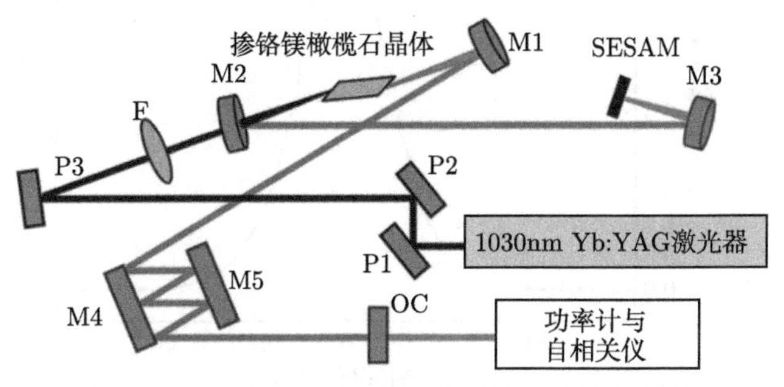

图 5.5-27 自启动锁模镁橄榄石激光器实验装置

泵浦源使用二极管泵浦的 Yb:YAG 微片激光器。增益介质为厚度 9 mm 的掺铬镁橄榄石晶体，使用半导体致冷片将晶体表面温度控制在 10℃ 左右。整个谐振腔腔长为 181.6 cm，对应输出脉冲重复频率为 82.6 MHz。当啁啾镜对 M4、M5 提供五次反射，腔内平均净负色散为 -120 fs^2 时，通过仔细调节谐振腔得到稳定的锁模输出，当吸收泵浦光功率为 7 W 时，我们得到的飞秒镁橄榄石激光脉冲的功率为 202 mW。锁模光谱如图 5.5-28 所示。

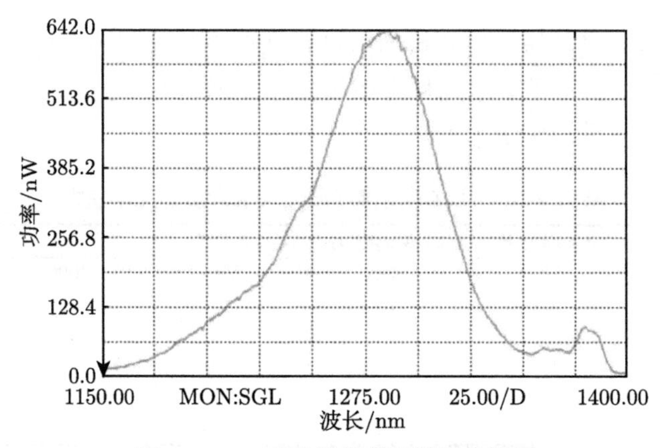

图 5.5-28　飞秒镁橄榄石激光光谱图

锁模脉冲光谱对应中心波长为 1285 nm，光谱半峰全宽为 66 nm，该光谱对应的转换极限脉宽为 26.2 fs。利用强度自相关仪测量的脉冲宽度为 29.2 fs。在双曲正割假设下，所得飞秒脉冲的时间带宽积 $\Delta\nu\Delta\tau = 0.35$，接近理论转换极限。所测得的典型自相关曲线如图 5.5-29 所示。

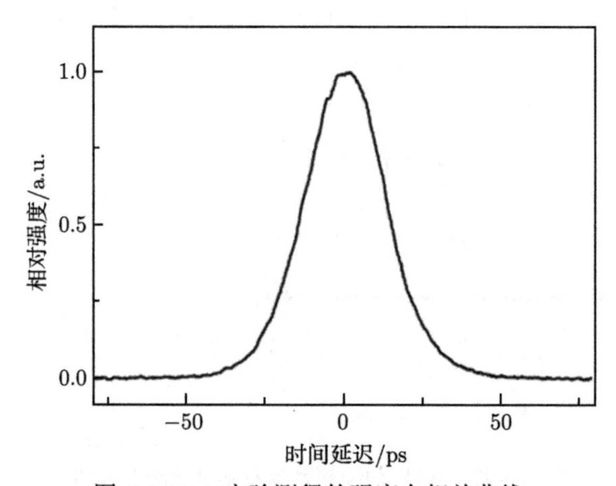

图 5.5-29　实验测得的强度自相关曲线

2. Cr:YAG 飞秒锁模激光器

Cr:YAG 飞秒锁模激光器实验装置采用如图 5.5-30 所示的 X 型折叠腔结构，其中 M1、M2、M3 是曲率半径为 100 mm 的凹面镜；GTI 镜在 1480～1530 nm 波段每次反射引入 $(-500\pm50)\text{fs}^2$ 的二阶色散;输出镜 (OC) 使用两种,一种在 1500 nm 处透过率为 0.9%, 在 1450～1550 nm 波段透过率小于 1.4%，另一种在 1450～1550 nm

波段透过率为 1.5%；P1、P2、P3 是 1030 nm 高反镜；泵浦激光采用 Yb:YAG 连续固体激光器输出的 1030 nm 水平线偏振光。增益晶体为 ϕ5 mm× 20 mm 以及 ϕ5 mm×10 mm 的棒状结构 Cr:YAG 晶体，其中较短的晶体掺杂浓度较高，晶体端面均为布儒斯特角切割，20 mm 的晶体对 1030 nm 泵浦光吸收率为 90%，对应吸收系数为 1.2 cm^{-1}，10 mm 的晶体对 1030 nm 泵浦光吸收率为 80%，对应吸收系数为 1.6 cm^{-1}，晶体棒的侧面都裹上铟箔，被夹持在紫铜冷却片内，实验过程中使用循环水系统对晶体进行冷却，维持晶体表面温度在 10℃ 左右。

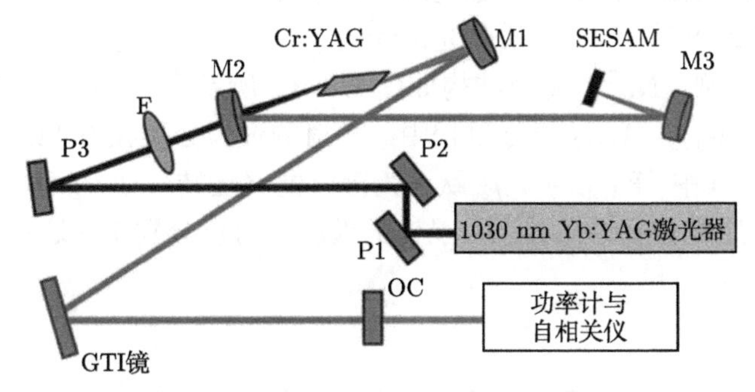

图 5.5-30 自启动锁模 Cr:YAG 振荡器所用实验装置

仔细调节凹面镜 M3 同 SESAM 之间的距离以及凹面镜 M1、M2 同晶体之间的距离，可以得到稳定的自启动锁模脉冲输出，相应的输出脉冲功率为 95 mW，脉冲重复频率为 123.3 MHz，锁模之后的激光光谱如图 5.5-31(a) 所示，其光谱半峰全宽为 45 nm，中心波长为 1508 nm，对应转换极限脉冲宽度为 53.4 fs。利用自行搭建的干涉自相关来测量锁模脉冲序列的脉宽，图 5.5-31(b) 是输出光谱半峰全宽为 45 nm 时所测得的对应干涉自相关曲线，假设光脉冲的形状为双曲正割

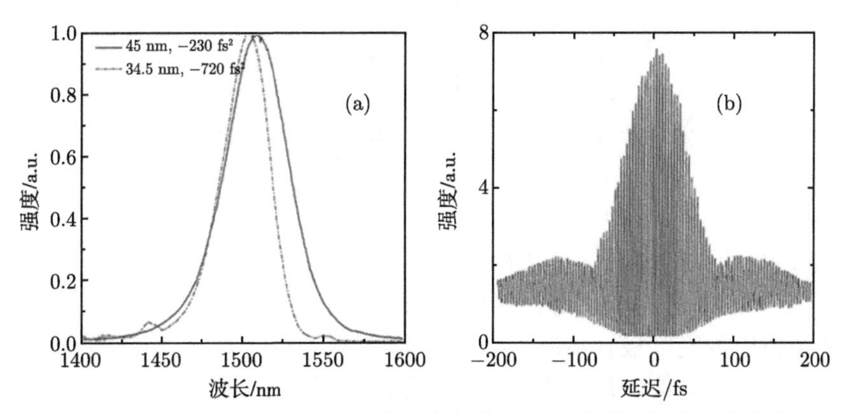

图 5.5-31 (a)Cr:YAG 输出飞秒脉冲光谱；(b) 测得的干涉自相关曲线

型，则实际的脉冲宽度为 65 fs。所得脉冲的时间带宽积 $\Delta\nu\Delta\tau = 0.372$, 与转换极限值偏差为 18%，偏差的存在同谐振腔内存有较大的净色散量有关，此外，没有补偿的高阶色散对脉宽也有着显著的影响，图 5.5-31(b) 的自相关曲线中两边的基座即是色散补偿不完全的反映。

5.5.3　钕离子掺杂的锁模超快激光器

Nd^{3+} 是最早被应用到激光中的稀土元素，至今仍是最为重要的掺杂离子之一。Nd^{3+} 掺杂的激光介质适合激光二极管泵浦，并且具有非常大的受激辐射截面，但是大多数 Nd^{3+} 激光介质荧光谱线较窄，所以被广泛地应用于皮秒激光中。以 Nd:YAG 为例，Nd^{3+} 能级结构如图 5.5-32 所示 [70]，受激辐射可以发生在 $^4F_{3/2} \rightarrow {}^4I_{9/2}$，$^4I_{11/2}$，$^4I_{13/2}$ 跃迁过程中，辐射的波长分别在 0.9 μm、1.06 μm 和 1.3 μm 波段。其中 $^4F_{3/2} \rightarrow {}^4I_{9/2}$ 跃迁为准三能级运转，$^4F_{3/2} \rightarrow {}^4I_{11/2}$，$^4I_{13/2}$ 为四能级运转。通过选择谐振腔以及晶体的镀膜，可以分别实现这三个波段的激光运转。

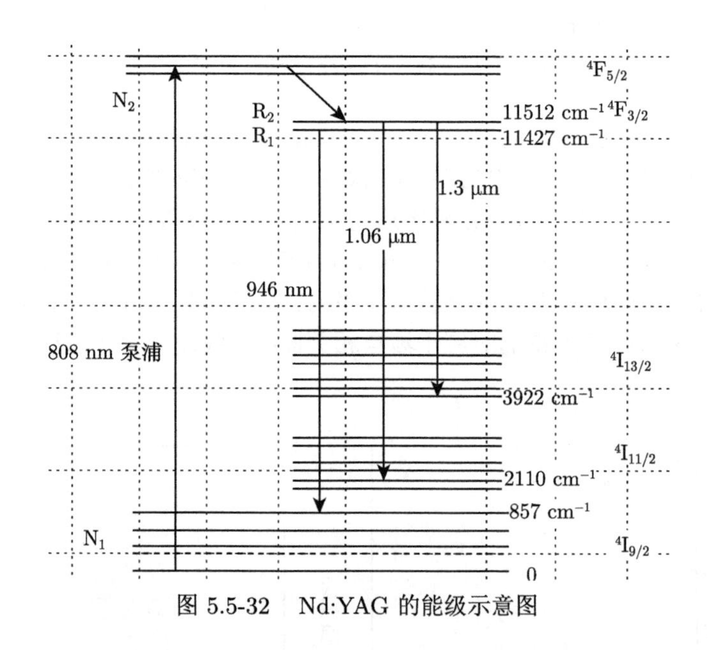

图 5.5-32　Nd:YAG 的能级示意图

目前 Nd^{3+} 掺杂的激光晶体有上百种之多，最常用的有 Nd:YAG，Nd:GGG，Nd:YVO_4，以及 Nd:YLF 等。其中 Nd:YVO_4 晶体具有非常优异的激光性能，十分适合使用激光二极管泵浦。Nd:YVO_4 晶体在 1064 nm 处的受激辐射截面是 Nd:YAG 的 5 倍，易于获得大的增益；且它位于 809 nm 附近有宽的吸收带，可以获得更高的泵浦效率以及降低对泵浦源线宽的要求。另外，Nd:YVO_4 晶体具有自然双折射特性，可以输出线偏振光，而且不存在像 Nd:YAG 晶体那样的热致退偏，有利于提高光光转换效率。但是，Nd:YVO_4 晶体的荧光寿命只有 90 μs，不利于储能，再加上它的热导率差、损伤阈值低，所以只适合中小功率的激光运转。此外，由于无序晶体具有很宽的荧光线宽，具备足够的能力支持飞秒激光的运转，所以对掺 Nd^{3+} 无序晶体激光性能的研究越来越多。其中，无序晶体 Nd:LGS 相对于其他掺 Nd^{3+} 无序晶体光光效率较高、起振阈值较低、连续光调谐宽度较宽，比较适合作为掺 Nd^{3+} 飞秒振荡器的增益介质。表 5.5-4 总结了 Nd:YVO_4 和 Nd:LGS 晶体性质。下面对基于这两种介质的典型超快激光器进行简单介绍。

表 5.5-4 Nd:YVO_4 和 Nd:LGS 晶体性质

特征参数	Nd:YVO_4	Nd:LGS
泵浦波长/nm	808.5	809
吸收带宽/nm	0.32	5.5
热导率/(W/(m·K))	5	K_a=1.4 K_c=1.7
荧光寿命/ms	0.95	0.9
密度 /(g/cm^3)	4.22	5.754
熔点/°C	1825	1470
折射率	n_o = 1.9573 n_e = 2.1652	1.96
发射截面/($10^{-20}cm^2$)	156(@1064 nm)	3.7(@1064 nm)
发射带宽/nm	0.96	10.2

1. 皮秒锁模 Nd:YVO_4 激光

图 5.5-33 是一台 SESAM 锁模的 Nd:YVO_4 皮秒振荡器。使用的晶体是一块 3 mm×3 mm×5 mm、掺杂浓度 0.5%的 Nd:YVO_4 晶体，晶体用铟箔包裹后安装在通水冷的紫铜热沉上加强散热。使用的泵源是中心波长 808 nm、最大输出功率 15 W 的 200 μm 光纤芯径耦合输出的半导体激光器，泵浦光通过 1:1 耦合聚焦系统，聚焦在晶体中心，束腰大小为 200 μm。腔内 M2 和 M6 是一对焦距较长的凹面反射镜，且接近共焦放置。较长的焦距使腔内振荡的光斑模式在焦点处较大，直径为 170 μm，相对于紧聚焦的腔型结构来说，更大的晶体处光斑模式意味着在相同的功率密度下支持更高的功率输出。M5 是一片凹面反射镜，使 SESAM 上功率密度增强，达到所需阈值，输出耦合镜的输出比例为 10%。

通过仔细地优化腔内镜片角度和距离，可以得到稳定的被动锁模输出，示波器上看到的锁模序列如图 5.5-34(b) 所示。因为 Nd:YVO_4 晶体很大的受激发射截面，振荡器很容易实现出光，调试简单，输出功率较高，最高可输出 7 W。使用强度自相关仪测量得到的脉冲宽度为 15.6 ps，如图 5.5-34(a) 所示。

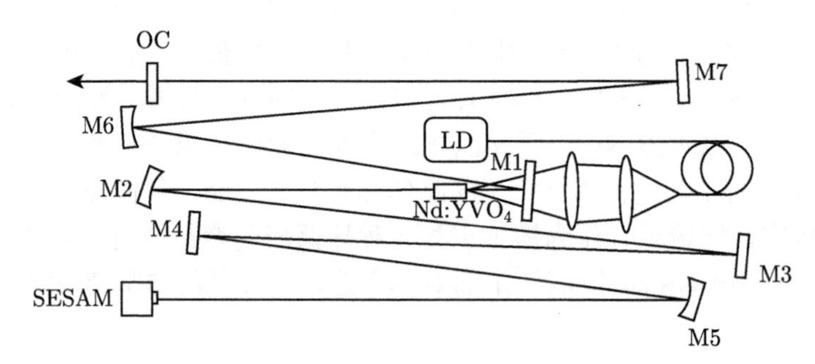

图 5.5-33　SESAM 锁模 Nd:YVO_4 振荡器实验装置图

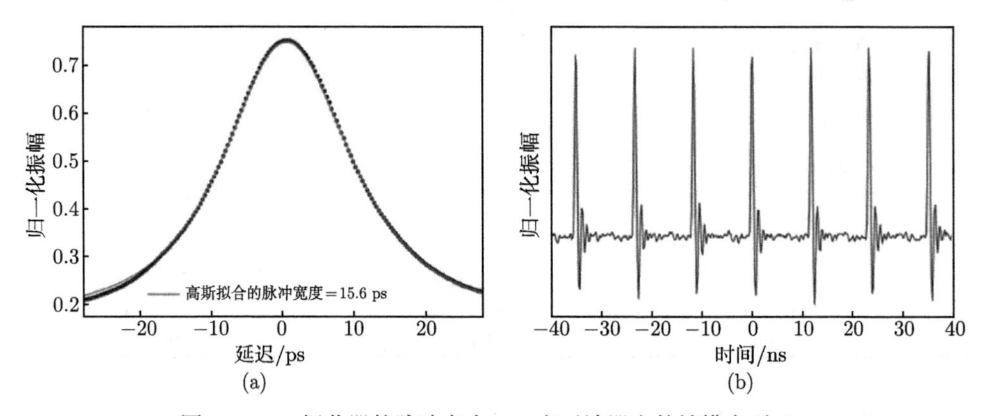

图 5.5-34　振荡器的脉冲宽度 (a) 和示波器上的锁模序列 (b)

2. 飞秒锁模 Nd:LGS 激光

图 5.5-35 为 Nd:LGS 飞秒振荡器实验装置图。实验中所用的激光增益介质为一块 3 mm×3 mm×8 mm、Z 向切割、钕离子掺杂浓度为 1%的 Nd:LGS 晶体，晶体通光两端镀有对 808 nm 和 1 μm 附近增透膜 ($R < 0.2\%$)。晶体的侧面用铟箔包裹并固定于紫铜热沉上，通过水冷将温度控制在 12℃。泵浦源采用的是中心波长为 808 nm，耦合光纤的芯径为 100 μm 的光纤耦合激光二极管，泵浦光通过一个 1:1 的成像系统聚焦到晶体上。实验中所采用的谐振腔为 X 型腔，M1 和 M2 是一对曲率半径为 75 mm 的平凹双色镜，HR 是镀有对腔内激光高反膜的平面高反镜，M4 为一片输出耦合率为 0.8%的输出镜。然后在装有输出镜的一臂以布儒斯特角插入一片双折射滤光片对激光波长进行调谐，获得了波长在 1045.2~1105.3 nm 连续调谐范围宽达 60.1 nm 的结果, 如图 5.5-36 所示, 使得 Nd:LGS 成为实现飞秒激光运转的优良晶体。

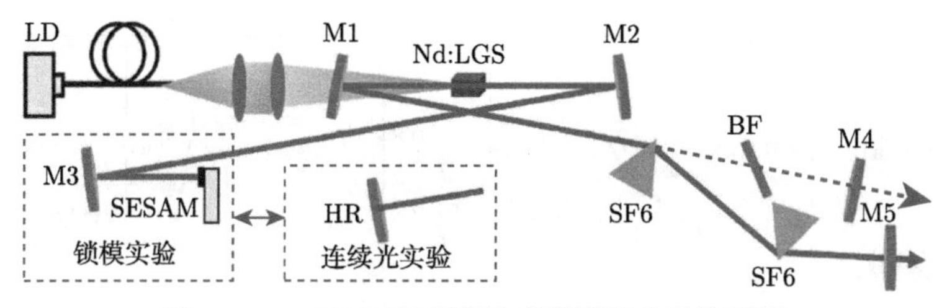

图 5.5-35 Nd:LGS 连续与锁模激光实验装置图

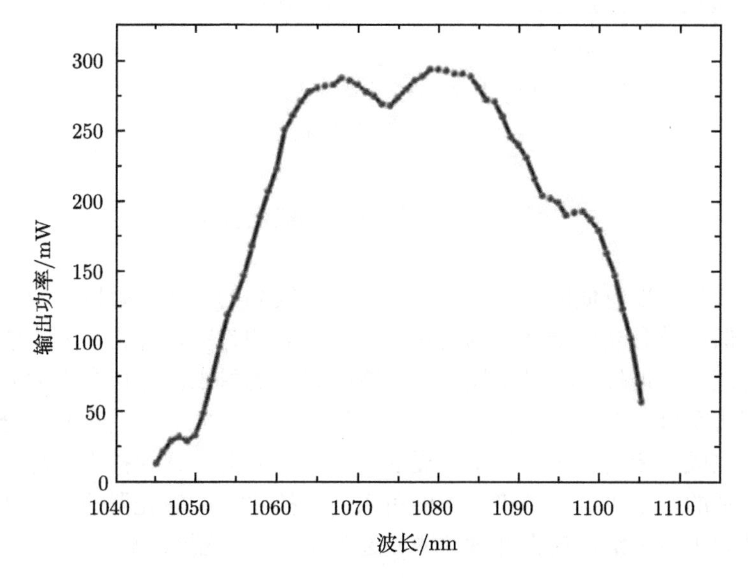

图 5.5-36 连续激光波长调谐曲线

然后将腔内一端的平面高反镜 HR 更换为一片曲率半径为 100 mm 的平凹反射镜 M3 和一片 SESAM，并插入一对 SF6 棱镜引入负色散。此时，谐振腔总的长度为 1.12 m，对应的重复频率为 134 MHz。

通过优化腔内镜片、色散补偿量以及插入狭缝抑制多波长后，实现了稳定的锁模脉冲运转。图 5.5-37(a) 为锁模激光运转时的输出功率曲线。当泵浦光功率逐渐增加到 4.54 W 时，稳定的连续锁模可以实现自启动。当泵浦功率为 5.9 W 时，锁模激光输出功率最大为 75 mW。

图 5.5-37(b)为所测得的锁模脉冲的强度自相关曲线，测量结果显示自相关曲线半峰全宽为 587 fs。如果采用常用的双曲正割曲线拟合，激光脉冲宽度为 381 fs。图 5.5-37(b) 插图所示为测得的锁模激光光谱图，其中光谱中心波长为 1066 nm，半峰全宽为 3.28 nm。由光谱宽度以及脉冲宽度可计算出时间带宽积为 0.33，与双曲正割曲线的傅里叶转换极限理论值 0.315 非常接近。

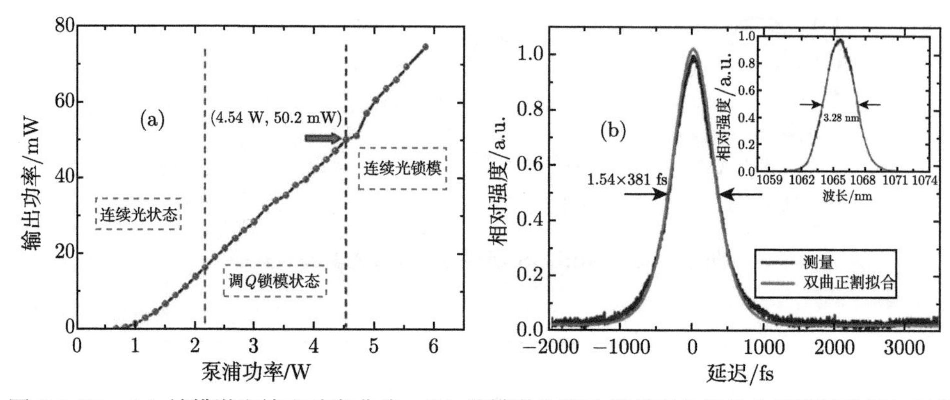

图 5.5-37　(a) 锁模激光输出功率曲线；(b) 锁模激光脉冲的强度自相关曲线测量结果与双曲正割拟合结果

5.6　光纤锁模激光器

光纤激光器以较低的成本、简单的结构、较高的功率上限以及较强的便携性等优点，保持着激光器全球市场占有率逐年升高的趋势，并正在逐步取代固体激光器的传统优势地位。因具备输出脉冲宽度极窄的特点，超快光纤激光器在高精加工、国防军事、航天航空以及新型材料结构特性研究等方面有着十分广阔的应用前景，也成为激光技术在未来发展的一个主流方向。锁模技术是超快激光器输出极窄脉宽的核心机制，锁模技术的引入，直接将光纤激光器输出的脉冲宽度压缩至皮秒到飞秒量级，使光纤脉冲激光迎来了一场美丽的“蝶变”。

5.6.1　光纤锁模激光的原理

光纤激光器因能够输出接近衍射限制的高质量光束，产生高功率、高重频、高能量的锁模脉冲，在近年中被广泛研究和应用。光纤锁模激光器的这些独特特性可以用一般光纤激光器的特性以及锁模激光器自身机制来解释。

由于激光在玻璃中线性展宽的性质，掺杂稀土元素的光纤的增益带宽具有相当的宽度。这也是光纤锁模激光器能发生飞秒激光脉冲的前提之一。且较大的光纤长度和较小的纤芯直径获得的较高增益，使光纤激光器能够以相当低的泵浦功率工作，并使用具有相对较高光学损耗的腔内光学元件, 因此它是相当节能的。

在自由运行的工作状态下，激光振荡是横向模和纵向模的复杂组合，模间不存在相位或振幅相关性。但是在被动 (来自被动腔内装置) 或主动 (来自主动腔内装置) 调制下，相邻的纵模态彼此之间被迫形成恒定的相位差。导致建立这种固定的相邻纵模相位差恒定的过程称为锁模。在锁模激光器中，腔的所有纵模都被锁定在相位上，并在空腔内每往返一周完成一次相位锁定。在宽频谱上扩散的大量纵向模式的相干干涉导致经过每次往返时间后都产生一个非常短的脉冲。在光谱上也可以看到幅、频调制。这类模式锁定可以经由振荡过程在有源锁模激光器中的振幅或频率调制来实现。

光纤激光器本质上是一种固体激光器，关于激光器的锁模原理前文已有详细的介绍，这里不再赘述。下面将介绍具体在光纤激光器中是如何实现主动、被动锁模的。

1. 主动锁模光纤激光器

一个典型的主动锁模光纤激光器模型如图 5.6-1 (a) 所示，由两个空腔反射镜、一段有源光纤和一个调制器组成，调制器通常于光束往返于谐振腔内的时间中工作 [104]。在时域内，调制迫使脉冲在其传输周期的峰值时通过调制器。这可以有效地在时间上产生等间隔的光脉冲。在频域内，调制在原始光学频率的两侧产生新的频率分量，此间距即是调制频率的整数倍。当调制频率等于腔模间距时，可以有效地导致相邻纵模之间的耦合，并将其锁定在固定的相位上。在调频调制中，光的相位被调制。

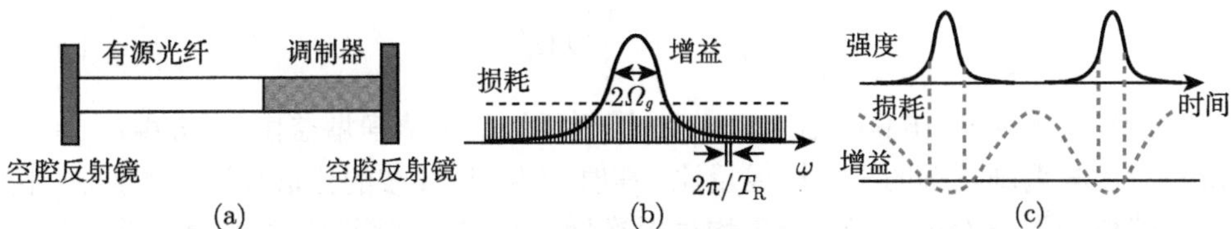

图 5.6-1 (a) 主动锁模光纤激光器；(b) 纵向模态、频域增益和损耗；(c) 脉冲强度、时域增益和损耗 [104]

D. I. Kuizenga 和 A. E. Siegman 在 20 世纪 70 年代建立了用振幅器主动锁模的分析理论 [105]。在这里，我们采用 H. A. Haus 的推导 [106]。

空腔中纵模的频率差为 $\Delta\Omega = 2\pi/T_R$，其中 T_R 为往返时间。频率为 $\omega_0 + N\Delta\Omega$ 的纵模的振幅用 A_N 表示，其中 ω_0 为在增益中心的纵模频率。通过腔的振幅变化与调制 M、损耗 α、洛伦兹增益带宽 Ω_g 和峰值洛伦兹增益 g 有关，并且满足如下关系：

$$\Delta A_N = \left\{ \frac{g}{1+\left(\frac{N\Delta\Omega}{\Omega_g}\right)^2} - \alpha \right\} A_N + \frac{M}{2}\left(A_{N-1} - 2A_N + A_{N+1}\right) \tag{5.6-1}$$

对于 $\alpha \ll 1$ 和 $g \ll 1$ 的情况，我们可以用连续频率代替离散频率：

$$\Delta A(\Omega) = (g-\alpha) A(\Omega) - g\left(\frac{\Omega}{\Omega_g}\right)^2 A(\Omega) + \frac{M}{2}\Omega_{\mathrm{m}}^2 \frac{\mathrm{d}^2 A(\Omega)}{\mathrm{d}\Omega^2} \tag{5.6-2}$$

其中，$\Omega_{\mathrm{m}} = \Delta\Omega$ 为调制频率。在稳态运行中，纵模每次往返后没有变化，即

$$\left\{g-\alpha-g\left(\frac{\Omega}{\Omega_g}\right)^2\right\} A(\Omega) + \frac{M}{2}\Omega_{\mathrm{m}}^2 \frac{\mathrm{d}^2 A(\Omega)}{\mathrm{d}\Omega^2} = 0 \tag{5.6-3}$$

该方程的解是一个如下的高斯脉冲：

$$a(t) = a\mathrm{e}^{-\frac{t^2}{2\tau^2}} \tag{5.6-4}$$

其高斯频谱为

$$A(\Omega) = A_0\mathrm{e}^{-\frac{(\Omega\tau)^2}{2}} \tag{5.6-5}$$

将得到的频谱公式 (5.6-5) 代入式 (5.6-3) 得

$$\tau^4 = \frac{2g}{M\Omega_{\mathrm{m}}^2\Omega_g^2} \tag{5.6-6}$$

$$g-\alpha = \frac{1}{2}M\Omega_{\mathrm{m}}^2\tau^2 \tag{5.6-7}$$

脉冲宽度由式 (5.6-6) 给出，而纵模所经历的峰值净增益由式 (5.6-7) 给出。脉冲宽度与调制频率的平方根成反比。在时域内，连续波的分量被调制所抑制，因此，峰值净增益为正，以保持平均往返净增益为零。高斯脉冲的半峰全宽脉冲宽度可以表示为

$$\Delta t_{\mathrm{FWHM}} = 2\sqrt{\ln 2}\tau = 1.665\tau \tag{5.6-8}$$

在频率上的 FWHM 频谱宽度可以表示为

$$\Delta f_{\mathrm{FWHM}} = \frac{2\sqrt{\ln 2}}{2\pi\tau} = \frac{0.265}{\tau} \tag{5.6-9}$$

高斯脉冲的时间带宽积为

$$\Delta t_{\mathrm{FWHM}}\Delta f_{\mathrm{FWHM}} = 0.44 \tag{5.6-10}$$

通过在式 (5.6-2) 中引入一个长时间变量 t，可以研究在达到稳态之前经过多次往返的腔内功率的演化。我们得到了一个二维偏微分方程

$$T_{\mathrm{R}}\frac{\partial A(\Omega,T)}{\partial T} = (g-\alpha) A(\Omega,T) - g\left(\frac{\Omega}{\Omega_g}\right)^2 A(\Omega,T) + \frac{M}{2}\Omega_{\mathrm{m}}^2 \frac{\mathrm{d}^2 A(\Omega,T)}{\mathrm{d}\Omega^2} \tag{5.6-11}$$

其瞬态解可以用厄米–高斯分布的展开来表示，且所有高阶激励都经历了损耗并最终消失，在稳态操作中只留下基本解 [105]。该方程经过傅里叶变换可以转化为时域上的方程：

$$T_{\mathrm{R}}\frac{\partial a(t,T)}{\partial T}=(g-\alpha)\,a(t,T)+\frac{g}{\Omega_g^2}\frac{\partial^2 a(t,T)}{\partial t^2}-\frac{M}{2}\Omega_{\mathrm{m}}^2 t^2 a(t,T) \tag{5.6-12}$$

时间 t 是在以脉冲的群速度运动的参考坐标系中测量的。很容易看出，调制在时间上近似于一个抛物线 (式 (5.6-12) 中的最后一项)。式 (5.6-12) 右边算子对应于谐振子问题的薛定谔算子。本征函数为

$$a_N(t,T)=a_N(t)\,\mathrm{e}^{\pi_N\frac{T}{T_{\mathrm{R}}}} \tag{5.6-13}$$

$$a_N(t)=\sqrt{\frac{E_N}{2^N\sqrt{\pi}N!\tau}}H_N\left(\frac{t}{\tau}\right)\mathrm{e}^{-\frac{t^2}{2\tau^2}} \tag{5.6-14}$$

其中，H_N 为 N 阶的厄米多项式；E_N 为 N 阶解的能量。每个本征模的往返增益由 η_N 给出：

$$\eta_N=g_N-\alpha-2M\tau^2\left(N+\frac{1}{2}\right) \tag{5.6-15}$$

可以看出 $N=0$ 的最低阶模式的增益最高。当 $\eta_N=0$ 时具有稳定增益，该模式增长最快并最快达到稳定状态，此时，

$$g_N=\alpha+2M\tau^2 \tag{5.6-16}$$

当 $\eta_N<0$, $N>0$ 时所有的高阶模都将迅速衰减。

主动模式锁定的脉冲宽度本质上由调制频率决定，调制频率决定了时间门的陡度。主动模式锁定不能用于产生飞秒量级的超快脉冲，因为调制频率受到电子设备的速度的限制。到目前为止，我们还没有考虑到自相位调制的影响。自相位调制的加入可以使脉冲缩短，也会导致不稳定性，这可以通过添加具有反常色散的光纤促进孤子的形成来稳定。

通常，由于铒离子掺杂水平的限制，掺铒光纤激光器需要有远超过 1m 的空腔长度。主动锁模光纤激光器首次在掺钕 [107] 和掺铒/镱 [108] 光纤激光器中实现，脉冲宽度超过 70ps。通过控制光腔长度可以稳定腔重复率。调制频率也可以通过来自脉冲序列的反馈动态地锁定到重复频率。如果腔色散足够高，则脉冲可以通过改变其波长而与调制器保持同步。

稳定的主动锁模光纤激光器提供持续时间为 5~100ps 的脉冲。若考虑自相位调制和群速度色散则可以进一步缩短脉冲宽度。使用自相位调制缩短脉冲宽度首次在掺钕光纤激光器中实现 [109]。随后在掺铒光纤环形激光器 [110] 和掺钕光纤激光器 [111] 中观察到了孤子脉冲压缩。后来的研究表明，更大的反常色散促进了更短的孤子的形成，同时抑制了正常模式锁定 [112]。

2. 被动锁模光纤激光器

在主动锁模中，脉冲宽度最终受到电子设备速度的限制。被动锁模激光器中，时间门的陡度是对脉冲本身的非线性响应的结果。在许多情况下，腔内饱和吸收器响应是基于亚飞秒响应时间的克尔非线性。每次往返时的脉冲都会变窄。较短的脉冲伴随着更宽的频谱。最终，有限的增益带宽停止了进一步的脉冲变窄，然后达到了一个稳态的脉冲宽度。

被动锁模激光器一般可分为四类。第一类是具有快速可饱和吸收器的被动模式锁定，通常基于快速克尔非线性。在这种情况下，可饱和吸收器可以足够快地形成超快脉冲。例如，附加脉冲模锁定，可饱和吸收器由非线性相位控制的干涉仪实现；克尔锁模，可饱和吸收器由非线性聚焦和孔径结合实现。第二类是具有缓慢可饱和吸收器的被动锁模。这首先是用染料激光器实现的。腔内光束强烈聚焦到染料溶液中，染料溶液的损失可饱和提供了缓慢的可饱和吸收作用。第三类是孤子锁模，其中脉冲的形成是通过孤子效应与群速度色散 (GVD) 和自相位调制的平衡。在这种情况下，一个慢可饱和吸收器是稳定的连续波激光发射器。第四类锁模是基于在正常色散光纤中稳定的自相似脉冲传播。稳定的脉冲形成可以通过滤波器或有限增益带宽的频谱滤波来实现，通过去除位于脉冲上升和后缘的带外频谱，有效地作为啁啾脉冲的时间门。这种类型的锁模可以完全由普通的色散纤维构成。

被动锁模光纤激光器的一般模型如图 5.6-2(a) 所示 [104]。对于强度为 $I(t)$ 的脉冲，以及不饱和损耗为 s_0、饱和磁化强度为 I_{sat} 的可饱和吸收器，可饱和吸收器的传输可以表示为

$$s(t)=\frac{s_0}{1+\dfrac{I(t)}{I_{\text{sat}}}} \tag{5.6-17}$$

如果饱和度相对较弱，上式可写为

$$s(t)=s_0-s_0\frac{I(t)}{I_{\text{sat}}} \tag{5.6-18}$$

经过归一化，即 $|a(t)|^2=$ 功率，可饱和吸收体的传输可写为

$$s(t)=s_0-\eta|a(t)|^2 \tag{5.6-19}$$

其中，η 为自幅调制系数。将式 (5.6-19) 的饱和损失引入式 (5.6-12) 中，我们可以得到具有可饱和吸收体的被动锁模方程：

$$T_{\text{R}}\frac{\partial a(t,T)}{\partial T}=(g-\alpha)a(t,T)+\frac{g}{\varOmega_g^2}\frac{\partial^2 a(t,T)}{\partial t^2}+\eta|a(t,T)|^2a(t,T) \tag{5.6-20}$$

该方程的正态解是双曲正割线。

$$a(t) = a_0 \text{sech}\left(\frac{t}{\tau}\right) \tag{5.6-21}$$

$$\tau^2 = \frac{2g}{\eta |a_0|^2 \Omega_g^2} \tag{5.6-22}$$

$$\alpha - g = \frac{g}{\Omega_g^2 \tau^2} \tag{5.6-23}$$

通过对脉冲功率的积分,可以得到一个秒脉冲的脉冲能量,$E = 2|a_0|^2 \tau$,这里,

$$\tau = \frac{4g}{\eta E \Omega_g^2} \tag{5.6-24}$$

式 (5.6-20) 与非线性薛定谔方程非常相似。飞秒脉冲的形成是由于增益整形和饱和吸收的相互作用，而不是孤子的群速度色散和自相位调制。值得注意的是，与主动锁模相比，被动锁模的脉冲宽度与 $1/\Omega_g^2$ 成正比。腔内脉冲的时域的增益和损耗如图 5.6-2(b) 所示。

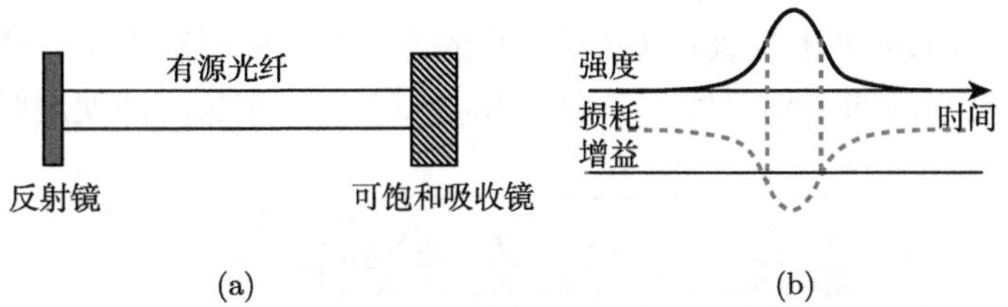

图 5.6-2 (a) 被动锁模光纤激光器简化模型；(b) 可饱和吸收体在时域内的脉冲强度、增益和损耗 [104]

超快光纤激光器的商业市场最初仅限于在科学市场上的测试仪器。近年来，超快光纤激光器已被大量应用于材料加工、眼科、制造和科学研究。在 LED 和太阳能电池生产的硅晶圆片加工中越来越多地使用超快光纤激光器，以取代传统的切割和加工机械工具。超快光纤激光器也越来越多地用于眼科的切割和角膜整形。在过去的十年里发展起来的超快光纤激光器的另一个重要应用是用于超连续介质产生的泵浦激光器。这些技术被用于光谱学、流式细胞术、光学相干层析成像、计量学、激光雷达、光学元件测试、显微镜、相干反斯托克斯拉曼散射等。超快光纤激光器的坚固、紧凑和用户友好的特性是其最近商业成功的关键。

5.6.2 几种典型的光纤锁模激光器

根据锁模技术的不同，可将典型的光纤激光器分为基于可饱和吸收体锁模、非线性光纤环镜锁模、非线性偏振旋转锁模和 Mamyshev 再生锁模等四类。下面分别对四类光纤锁模激光器进行介绍。

1) 可饱和吸收体锁模光纤激光器

根据 4.3.2 节“可饱和吸收体”的介绍，我们了解到可助力激光器实现锁模的 SA 设计，主要依靠纳米材料技术来实现。常见 SA 的基材主要来源于二维纳米材料，例如石墨烯、拓扑绝缘体以及黑磷等 [113]；常见 SA 的作用形式是 SESAM 单片，SESAM 单片技术以其通用性良好、锁模实现简易的特点在近年来的发展中逐渐走向型号化及产业化，研究人员可根据实际需求对 SESAM 单片进行定制，以便获得输出状态最佳的锁模脉冲。除了 SESAM，还有其他几种具体 SA 的作用形式，由于本质原理与 SESAM 相同，故不在此处赘述，下面重点以 SESAM 为例进行说明。

SESAM 单片的截面结构示意图如图 5.6-3 所示 [72]，该结构主要由 4 个部分组成，由上至下依次为增透膜、SA、布拉格反射镜以及衬底材料。增透膜，顾名思义，可以有效增加光束的透过性，使得光以最大的程度入射 SA 材料实现调制；而在调制过程结束后，光也会以较低的损耗率从增透膜出射，返回谐振腔。SA 以其自身强大的饱和吸收作用，对光脉冲进行持续的窄化。布拉格反射镜的构成则需要利用两种具有不同折射率的半导体材料 (例如 AlGaAs 及 GaAs)，两种材料 (厚度通常在微米或纳米量级) 以交叉重叠的方式在衬底材料上进行排布。衬底材料则需要具有较高的热稳定性，以确保 SESAM 单片在长时间使用时的可靠性。

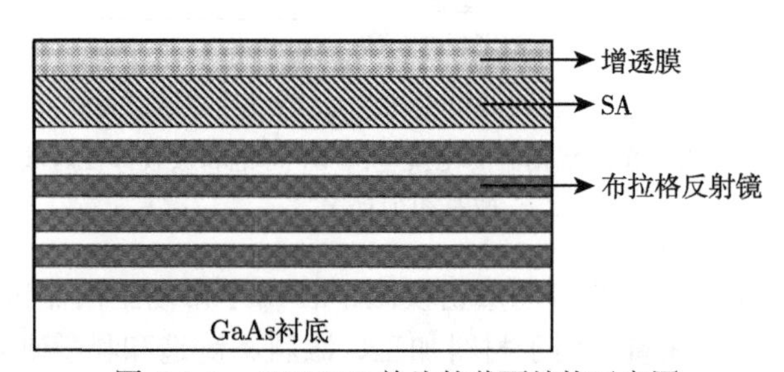

图 5.6-3　SESAM 单片的截面结构示意图

当光脉冲在射向 SESAM 单片后，SA 会首先与之发生作用。如前文所述，当入射光子能量被充分吸收的时候，SA 原子的价带会被载流子完全占据，同时 SA 对脉冲表现出极大的饱和特性而不再进行吸收；而后载流子又会因为带内弛豫过程的进行而逐渐回到平衡状态，这个过程与脉冲的窄化效果密切相关，一般来说，常见 SA 材料的带内弛豫时间集中分布在 10~100fs；此后经过持续时间在数纳秒的带间跃迁过程，SA 原子重新回到基态以迎接下一个即将到来的脉冲，此过程与锁模的自启动模式有关。

基于 SESAM 单片进行锁模的光纤激光器往往具有与图 5.6-4 所示激光器相似的腔型结构。简而言之，通过将 SESAM 与光纤输出端的有效耦合，在保证激光器结构紧凑的同时也实现了对输出激光最大程度的保护，避免过大插入损耗的引入而影响到激光输出功率，有效提升激光器工作的稳定性与可靠性。除了紧密耦合的光腔结构，此种激光器还可实现重复频率在 GHz 量级的锁模脉冲，更高的重频使得激光器在工业加工，尤其是高精度加工领域有了用武之地。此外，基于 SESAM 单片进行锁模的激光器也可作为种子源，应用于 CPA 放大、光学频率梳等非线性光学技术中。而此种锁模方式最明显的缺点就是无法实现 100fs 以下脉宽的脉冲输出，这也是由其自身结构所导致的。

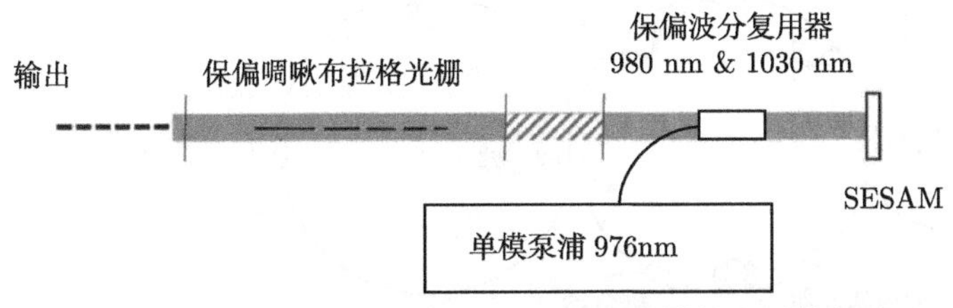

图 5.6-4 基于 SESAM 锁模的光纤激光器

2) 非线性光环镜锁模光纤激光器

如图 5.6-5 所示，非线性光环镜结构可被看作具有光纤结构的 Sagnac 干涉仪，根据入射光束强度的不同，表现出呈非线性的反射特征 [115]。假设一束光从一个 2×2 光纤耦合器的输入端口以 E_1 的强度输入，会在光纤环腔中分别以 E_3 和 E_4 两个不同强度 (根据耦合器自身的分束比来确定) 沿相反方向进行传播，E_3 和 E_4 两束光会在经过一个周期的传输后，在耦合器输出端口发生相干叠加。而如果入射光是脉冲光的形式，那么通过相关参数的计算和对腔结构的对应调整，可以使激光脉冲的峰值区域在耦合器输出端口处达到极大，脉冲前沿及后沿由于干涉相消作用而被进一步限制，最终对脉冲实现窄化 (相当于一个快 SA)[116]。需要注意的是，上述过程中两束光在光纤环中的传输会由于传输长度的不同而引入线性相移，克尔效应的存在则引入了非线性相移；对于线性及非线性相移的操控实际上完成了对锁模脉冲的窄化输出。此外，当 2×2 耦合器的分束比为 50∶50 时，两束脉冲经历了同样的相移，在输出端口恰好因为相消干涉而无功率输出，此时光环镜可看作一个透过率极高的透射镜，即可以通过控制耦合器分束比来实现对光环镜透过率及反射率的改变。

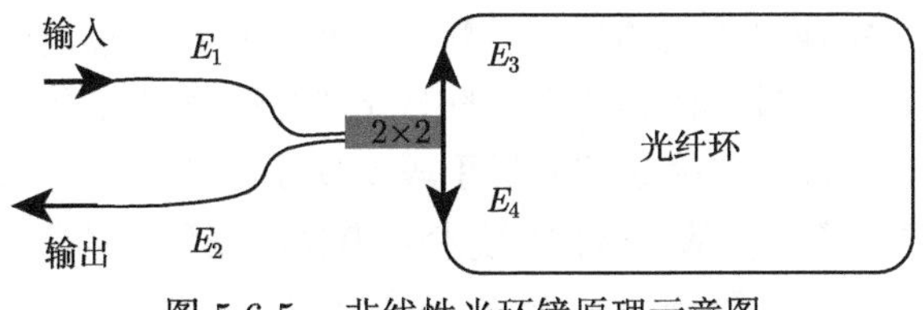

图 5.6-5 非线性光环镜原理示意图

基于上述原理所设计激光器的常见结构如图 5.6-6 所示，由于非线性光环镜 (nonlinear optical loop mirror/ nonlinear amplifying loop mirror, NOLM/NALM) 激光器形似阿拉伯数字 “8”，也将其称为 “8” 字腔结构，经过研究人员多年的研究与发展，“8” 字型激光器也衍生出不少种类。而以 Melon Systems 公司为代表的部分超快激光制造商在最近几年甚至推出了尺寸与智能手机相近的 “9” 字型激光器，大大提升了激光器的便携性与延展性，取得了较好的市场发展前景。

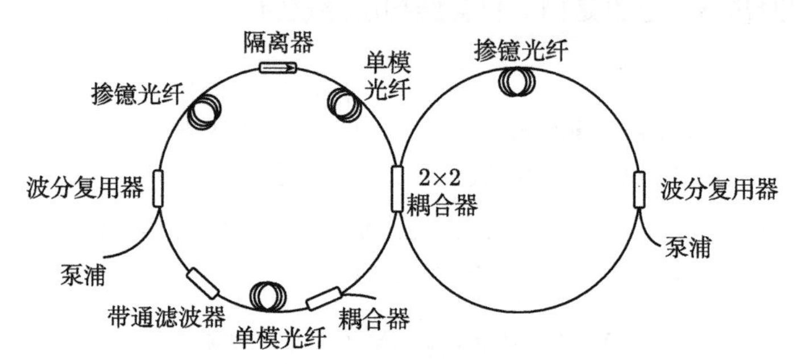

图 5.6-6　“8” 字型激光器实验原理图

NOLM/NALM 锁模光纤激光器具有以下优点：高稳定，全保偏结构避免环境因素对锁模产生不良影响；易锁模，锁模方式简单，达到锁模阈值功率即可实现锁模；可实现自锁模，每次启动泵浦源后可保证锁模脉冲输出的参数不会发生改变。但此种激光器存在的问题主要集中在光腔长度上，足够非线性相移的产生，需要在环腔中引入极长的光纤来实现，这使得激光器无法获得高重复频率的锁模脉冲输出 (重复频率的大小与光腔长度成反比)。

3) 非线性偏振旋转锁模光纤激光器

非线性偏振旋转 (nonlinear polarization rotation, NPR) 技术的工作原理如图 5.6-7 所示 [117]，一束偏振状态随机的光束，首先会经过半波片的作用实现起偏，实现线偏光的输出；紧接着，光束会经过一个四分之一波片，四分之一波片使线偏光转换为椭圆偏振光；椭圆偏振光会被耦合进克尔介质 (类似于单模光纤) 中，受克尔效应的影响，在克尔介质中传输光束的偏振状态会保持旋转的运动趋势，一个脉冲上不同强度的部位旋转速率不同，简而言之，强度越高对应旋转速率越快，为后续过程中对脉冲的窄化提供了基础；随后，激光会分别经过半波片和四分之一波片，实现对光束的检偏及状态调整，在这一过程中，功率较高的部分最终以较低的损耗通过，而功率较低的部分则会经受极大的损耗。NPR 技术以极其相似于 SA 非线性饱和吸收效应的手段实现了最佳状态的脉冲输出。

图 5.6-8 则展示了一种基于 NPR 技术锁模光纤振荡器的常见结构 [118,119]。该结构由自由空间及光纤两种介质组成，光束在从第一个准直器入射进光腔后，会首

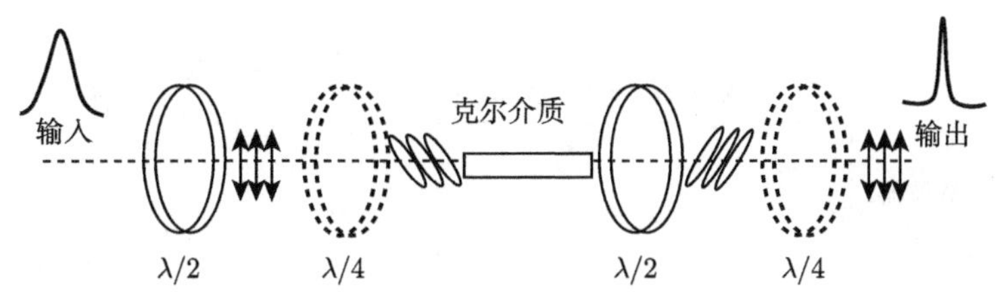

图 5.6-7　非线性偏振旋转原理图

先受到四分之一波片及半波片对于激光偏振状态的调整作用而产生圆偏振光；紧接着光束会经过高反射镜 (HR) 和透射光栅 (TG)，两者为光束带来色散补偿及压缩整形作用；隔离器 (ISO) 确保光束在腔内单向传输，在避免串扰出现的同时，也保护了光腔内的光学器件。最终，通过一个半波片对光束偏振状态的调整，光束以最佳的状态被耦合入第二个准直器中。至此，光束在谐振腔里实现了完整的遍历。

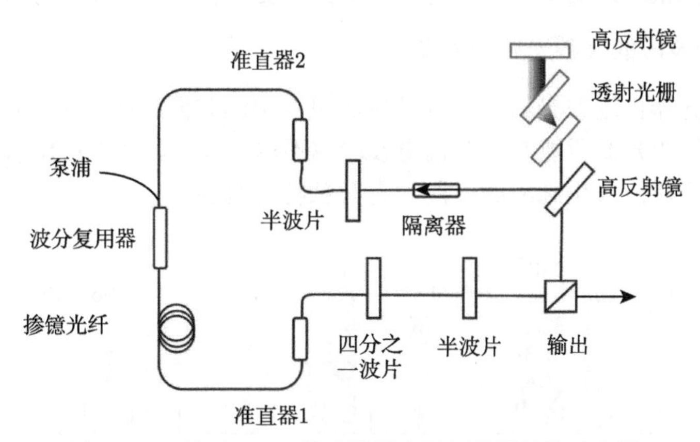

图 5.6-8　基于 NPR 技术锁模光纤振荡器结构示意图

4) Mamyshev 再生锁模光纤激光器

Mamyshev 锁模光纤激光器以 Mamyshev 再生器为物质基础，如图 5.6-9 所示，脉冲在光腔中传播时会受到滤波器的滤波作用，在频域上滤除脉冲的一部分前沿及后沿，同时对脉冲峰值区域保持高透表现。另外，脉冲在光腔中传输时会受到一定程度自相位调制作用而被展宽。当展宽使得脉冲以较小的损耗经过滤波器后，光束可在谐振腔中发生稳定的周期性演变，最明显的就是其光谱会在两个具有不同中心波长的滤波器之间“振荡”[120]。从图 5.6-9 中也可以看出：该振荡器由两个完全一致的“单臂”环抱而成，每个单臂均可独立实现对脉冲的放大及偏振状态调整，此外单臂的存在，也可进一步对产生孤子的种类进行讨论 (例如传统孤子和色散管理孤子等由色散区分的孤子种类)。

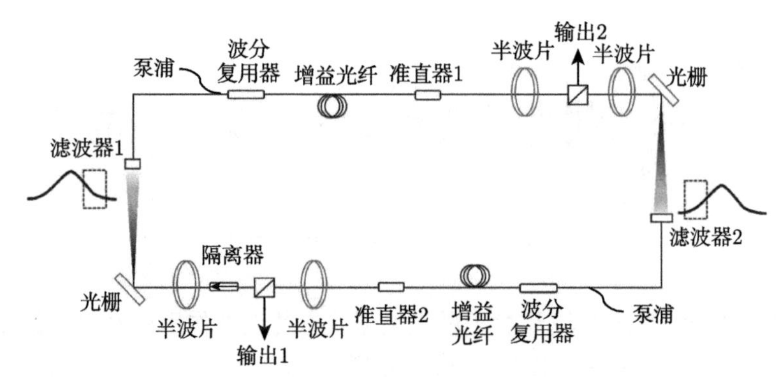

图 5.6-9　Mamyshev 振荡器光路结构示意图

由于具备与 SA 高度相似的饱和吸收特性，此种锁模激光器在设计时避免了在谐振腔中过多调制器件的引入，大大降低了对其进行布设的工程难度和技术要求。同时全保偏光纤的结构也使得激光器具备更加优秀的环境稳定性。

5.6.3　典型波段的飞秒光纤激光器

光纤激光器由增益光纤、光纤谐振腔以及泵浦共同组成，根据增益光纤种类的不同，光纤激光器所能实现的输出波段也不尽相同，如图 5.6-10 所示，不同能带结构的离子所能输出脉冲的波段均有其独特的范围。

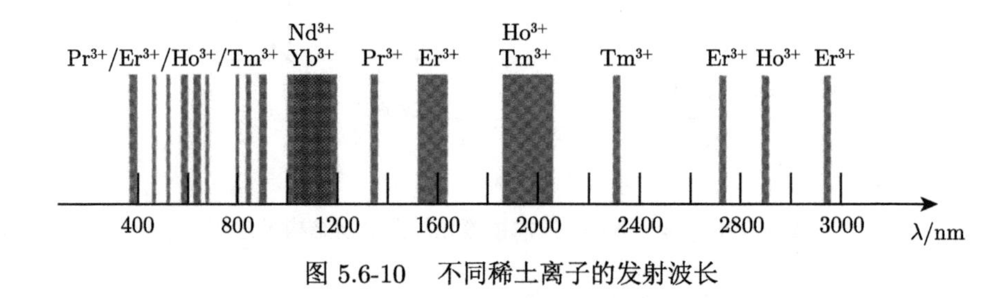

图 5.6-10　不同稀土离子的发射波长

在较宽的带宽范围中，1.06μm、1.55μm、2μm 以及中红外等四个波段在光纤激光器的应用环境中相对来说更加广泛，下文将分别对工作在这些波段的光纤激光器进行介绍。

1) 1.06μm 光纤激光器

镱离子 (Yb^{3+}) 因其自身具有宽吸收及增益带宽、较大的可调谐范围以及较高的能量转换效率等优势，在掺镱光纤激光器的设计和搭建中得到了大量的应用。自 20 世纪 80 年代后期起，掺镱光纤激光器的技术就在不断取得创新进步及研究突破。该激光器有着锁模阈值较低、易于集成设计且性价比较高等优秀表现，此外，掺镱锁模光纤激光器在直接输出飞秒量级脉冲宽度的激光时，具有无需进行过多调制器件的引入、易于实现飞秒级锁模激光输出的特性，大大提升了学者对掺镱激光器的研究兴趣。与此同时，该激光器在实际应用环境中也表现出可调谐、高功率、高重频以及高单脉冲能量等具体的优势，输出锁模脉冲的波长可覆盖应用场景较多的 1μm 波段范围。

镱离子作为稀土元素离子之一，可通过掺杂光纤的方式作为激光器中的增益介质对光脉冲进行泵浦。不同于其他离子的能级结构，镱离子的能级结构相对简单，这一点使得其原子核外电子的跃迁过程更易被研究。一般情况下，镱离子主要存在两种不同类型的激光跃迁，第一种为 $^2F_{7/2}$ 离子的三能级跃迁，该跃迁可产生波长为 975nm 的激光输出；第二种为 $^2F_{7/2}$ 离子的四能级跃迁，输出激光波长覆盖 1.01~1.20μm 的波长范围。通过泵浦的波长以及光纤长度，可以有效地控制镱离子的跃迁波长。镱离子的典型参数如表 5.6-1 所示。

表 5.6-1 镱离子的典型参数

λ/nm	τ	σ/pm^2
910	$\tau_{32} < 1\text{ns}$	0.6
975	$\tau_{32} < 1\text{ns}$	3.5
	$\tau_2 = 770\mu\text{s}$	
	$\tau_{10} < 1\text{ns}$	
1036	$\tau_2 = 770\mu\text{s}$	0.6
1053	$\tau_2 = 770\mu\text{s}$	0.5

表 5.6-1 中，τ 表示电子弛豫时间；τ_{ij} 表示从 i 能级到 j 能级的弛豫时间；τ_2 代表亚稳态能级的净弛豫时间；σ 代表受激发射截面。

2) 1.55μm 光纤激光器

20 世纪 80 年代末，随着掺铒光纤放大 (EDFA) 技术的蓬勃发展，相关器件和设备也应运而生，巨大的商机刺激了 90 年代初对于各种结构掺铒光纤激光器的研究设计，包括单频光纤激光器和多波长光纤激光器。当激光波长处于 1.5~1.75μm 时，由于大气窗口的存在，此波段下电磁波在大气中拥有较为良好的传输特性，故于此波段下工作的掺铒光纤激光器已被广泛应用于多种环境中，包括激光测距、激光探测、激光遥感、自由空间光通信和空间通信等技术领域，均有着较多的应用实例。此外，当激光的波长超过 1.4μm 时，在一定的功率下对人眼而言是相对安全的，由于眼角膜对此波段激光照射敏感度较低，只有极少的光线可以对高度敏感的视网膜造成破坏。而此波长范围内的光纤激光器高功率的输出特性，也引起了研究人员的广泛关注 [104,121]。

无论是何种激光器，其输出激光的原理本质上都离不开对受激辐射放大作用的解答，掺铒光纤激光器也不例外。在泵浦源的作用下，铒离子 (Er^{3+}) 的核外电子由于受激辐射的作用而跃迁至较高的能级，经过泵浦持续的作用，铒离子将以无辐射跃迁的形式跃迁至对应的能级轨道上。具体地，这个过程发生在如图 5.6-11 所示的能带结构中，铒离子从基态的 $^4I_{15/2}$ 能级到激发态的 $^4I_{11/2}$ 能级，对应 980nm 泵源的泵浦作用；而从 $^4I_{15/2}$ 能级到 $^4I_{13/2}$ 能级的跃迁，也离不开 1480nm 泵浦的作用。整个过程实际上与前文所提到的激发原理相似，均是在泵源的持续作用下，通过高、低两能级粒子数的反转实现了对光的放大。而光束在谐振腔中稳定运转的过程，也是自身被铒离子不断放大的过程，当光束在谐振腔中运转圈数达到一定数量，自身功率超过激光输出阈值时，激光器产生激光输出。

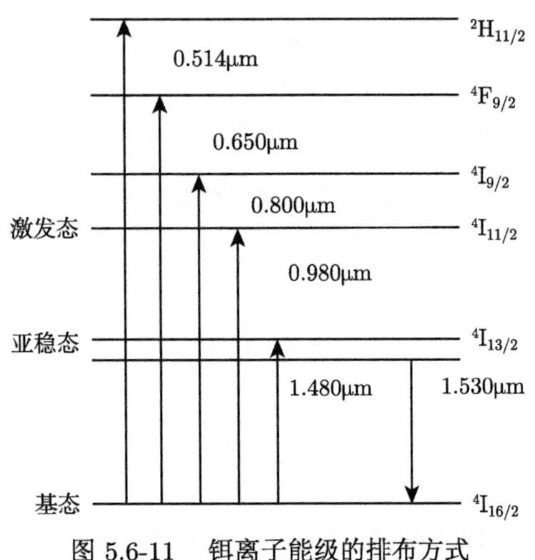

图 5.6-11　铒离子能级的排布方式

根据谐振腔结构的不同，掺铒光纤激光器又可进一步被划分为法布里–珀罗 (F-P) 型激光器、全光纤型激光器和光纤光栅型激光器等三类 [122−124]，每一类都有其独特的优势及应用环境。此外，由于掺铒光纤激光器拥有高功率、高稳定、低阈值、低成本与易于集成的优势，在光纤通信、光纤传感、激光加工、医疗生物、航空航天等领域均有着广阔的应用前景 [125]。被动锁模技术的引入也将激光器输出脉冲宽度进一步压缩，脉冲的质量也因之得到提升。

3) 2μm 光纤激光器

2μm 光纤激光器的应用，更多的是由大气窗口及水分子吸收峰的存在而带来的。在 2μm 附近，尤其是 2.1~2.2μm 波段下工作的光纤激光器由于低损耗大气窗口的存在，可以有效实现遥感探测的任务需求 (激光雷达)。此外，2μm 光纤激光器也可用于气态化合物、水蒸气以及季风的监测。除了环境监测，2μm 光纤激光器也可担当中红外高功率激光器的种子源。若将关注点转移至 2μm 以下，1.94μm 处水分子强吸收峰的存在，以及其他优秀的特性表现也使得光纤激光器成为外科手术应用的理想选择。这个波段下光能被细胞组织有效吸收，以方便医生对其进行切割和烧灼，具体而言，工作在该波段下的光纤激光器被用于软骨修复、泌尿系统疾病治疗、肾结石破碎等，此外还有许多牙科和眼科的应用，受篇幅所限，故不再展开说明。

2000 年以来，对铥离子 (Tm^{3+}) 和钬离子掺杂光纤激光器的研究也在不断进步。掺铥增益光纤在所有稀土掺杂光纤中，拥有最广泛的射频输出波段范围，这使得它们在多波段可调谐激光器的设计中大显身手，并顺势成为锁模光纤激光器中产生超短光脉冲的理想候选材料。此外，通过强光场和带电粒子尾迹场之间的相互作用，铥离子掺杂的高功率锁模激光器可用于致密粒子加速器的设计，这一课题也吸引了研究人员的注意 [126]。

2μm 波段下高功率掺铥和掺钬光纤激光器的显著发展，很大程度上需要归因于一种有效的铥离子泵浦方案的存在。利用铥元素的发射光谱，可以确定出不同发射波长对应的铥元素能级跃迁，例如当铥离子被 790nm 泵浦源泵浦至 $^3H_4$ 的水平时，它可以通过弛豫过程将能量转移到另一个铥离子, 导致两个离子均位于 $^3H_4$ 水平，即

$$^3H_4+^3H_6 \longrightarrow {}^3H_4+^3H_4$$

如图 5.6-12 所示，这种泵浦方案使用近 800nm 的高功率二极管泵浦源对激光器进行泵浦，泵浦效率仅略低于 980nm 的泵浦源。而这种泵浦方式在高铥离子浓度的掺杂光纤中更有效，有研究人员通过实验证明：采用此种泵浦方式，可将铥离子掺杂光纤激光器的效率从 35%提高到 65%, 这一成果也是千瓦级的铥离子掺杂光纤激光器的基础，这也是除掺镱光纤激光器之外，唯一一款可以有效实现较高转化效率的稀土离子掺杂光纤激光器。

4) 中红外光纤激光器

红外光被广泛地定义为频率从可见光谱的边缘到微波的辐射光, 谱宽处于自 750nm 起直至 1mm 的巨大范围中。将红外光根据波长范围进一步细分，可划分为近红外 (NIR)、短波红外 (SWIR)、中波红外 (MWIR)、长波红外 (LWIR) 以及远红外等若干波段。NIR 的覆盖波长为 0.75~1.1μm，SWIR 的覆盖波长为 1.1~2.5μm，MWIR 的覆盖波长为 3~5μm，LWIR 的覆盖波长为 7~14μm，而 FIR 的覆盖波长则包含 15μm~1mm 的微波频段 [127]；其中，将波长范围位于 2~5μm 的波段称为中红外 (MIR) 波段。中红外覆盖了两个重要的大气传输窗口和许多气体、液体和固体振动吸收带的光谱区域，例如氧气、二氧化碳和水分子的一些强吸收带。因此，中红外激光器为温室气体、土壤污染物、水污染、空气污染、药物、有毒药物以及用于诊断生物分子等气体及环境因素的实时监测和化学分析提供了一件利器。而此波段下光纤激光器的潜在应用还有很多，例如制造精度的测试、汽车尾气排放的检查，乃至对热追踪导弹的预警等。此外，在 3μm 波段附近工作的高功率光纤激光器也是进行精确手术的理想选择。

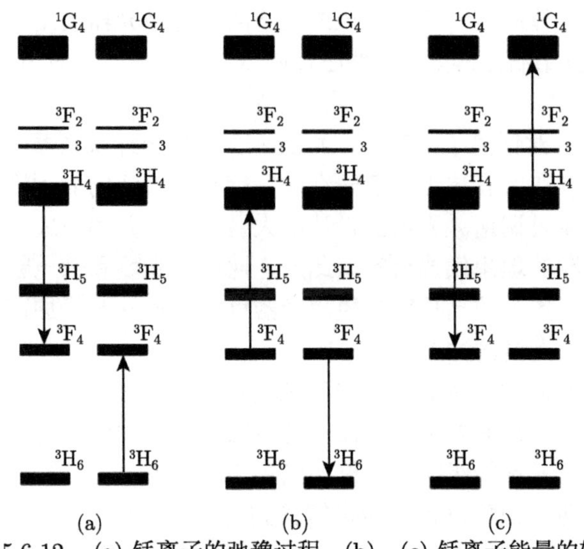

图 5.6-12　(a) 铥离子的弛豫过程；(b)、(c) 铥离子能量的转移

在 MIR 波段，一种较为常见的光纤激光器为掺铒光纤激光器。在接近于 2.7μm 的条件下，Er^{3+} 中基于 $^4I_{11/2}$ 到 $^4I_{13/2}$ 两能级进行跃迁的光纤激光器，是在中红外波长范围内工作的最重要的光纤激光器之一。在过去二十余年的发展中，由于有效散热方案的提出，该种激光器的平均输出功率已被提升至 24W 以上的水平。另外，集成了光纤激光器与光纤布拉格光栅反射器的光源也已达到 20W 的平均输出功率水平，但此激光器中重金属离子–氟化物掺杂光纤的亲水性，导致其在湿度较大环境中的反应速率显著增加，这个增加则有可能会导致十分严重的故障发生，故输出端在高功率输出时要使用氮气进行净化。

参 考 文 献

[1] Fork R L, Greene B I, Shank C V. Generation of optical pulses shorter than 0.1 psec by colliding pulse mode locking[J]. Appl. Phys. Lett., 1981, 38(9): 671-672.

[2] 王清月, 赵新苗, 章若冰, 等. 碰撞锁模环形染料激光器动力学过程的研究 [J]. 光学学报, 1987，7(12): 1057-1062.

[3] Langford N, Smith K, Sibbett W. Passively mode-locked color-center laser[J]. Opt. Lett., 1987, 12(11): 903-905.

[4] Wang Y L, Bourkoff E. Passive mode locking of the Ar^+ laser[J]. Appl. Opt., 1988, 27(13): 2655-2661.

[5] Laurain A, Marah D, Rockmore R, et al. Colliding pulse mode locking of vertical-external-cavity surface-emitting laser[J]. Optica, 2016, 3(7): 781-784.

[6] 王清月, 赵兴俊, 向望华. 飞秒染料激光器中啁啾和色散特性的实验研究 [J]. 中国激光,

1989, 16(4):236-238.

[7] Fork R L, Martinez O E, Gordon J P. Negative dispersion using pairs of prisms[J]. Opt. Lett., 1984, 9(5): 150-152.

[8] Fork R L, Cruz C H B, Becker P C, et al. Compression of optical pulses to six femtoseconds by using cubic phase compensation[J]. Opt. Lett., 1987, 12(7): 483-485.

[9] Siegman A E. Passive mode locking using an antiresonant-ring laser cavity[J]. Opt. Lett., 1981, 6(7): 334-335.

[10] 孙占鳌, 杨香春, 朱小磊. 带抗共振环的非稳腔对撞脉冲锁模 Nd:YAG 激光器的设计和特性 [J]. 中国激光, 1989, 16(5): 302-304.

[11] Frigo N, Daly T, Mahr H. A study of a forced mode locked CW dye laser[J]. IEEE J. Quantum Electron, 1977, 13(4): 101-109.

[12] Meng X H, Wang Z H, Jiang J W, et al. Self-starting 12.7 fs pulse generation from a mode-locked Ti:sapphire laser pumped by a femtosecond Yb:KGW laser[J]. J. Opt. Soc. Am. B, 2018, 35(5): 967-971.

[13] Mollenauer L F, Stolen R H. Erratum: the soliton laser[J]. Opt. Lett., 1984, 9(3): 105.

[14] Mark J, Liu L Y, Hall K L, et al. Femtosecond pulse generation in a laser with a nonlinear external resonator[J]. Opt. Lett., 1989, 14(1): 48-50.

[15] Ippen E P, Haus H A, Liu L Y. Additive pulse mode locking[J]. J. Opt. Soc. Am. B, 1989, 6(9): 1736-1745.

[16] 王清月, 沈家强, 章若冰, 等. 非腔长匹配相干叠加脉冲锁模激光器的理论研究 [J]. 光学学报，1993，13(2): 97-101.

[17] 沈家强, 王清月, 向望华. 非腔长匹配 APM 激光器的实验研究 [J]. 激光与红外, 1993, 23(3): 35-37.

[18] Yakymyshyn C P, Pinto J F, Pollock C R. Additive-pulse mode-locked NaCl:OH laser[J]. Opt. Lett., 1989, 14(12): 621-623.

[19] Goodberlet J, Jacobson J, Fujimoto J G, et al. Self-starting additive-pulse mode-locked diode-pumped Nd:YAG laser[J]. Opt. Lett., 1990, 15(9): 504-506.

[20] Goodberlet J, Wang J, Fujimoto J G, et al. Starting dynamics of additive-pulse mode locking in the Ti:Al_2O_3 laser[J]. Opt. Lett., 1990, 15(22): 1300-1302.

[21] Krausz F, Spielmann C, Brabec T, et al. Self-starting additive-pulse mode locking of a Nd:glass laser[J]. Opt. Lett., 1990, 15(19): 1082-1084.

[22] Malcolm G P A, Curley P F, Ferguson A I. Additive-pulse mode locking of a diode-pumped Nd:YLF laser[J]. Opt. Lett., 1990, 15(22): 1303-1305.

[23] Phillips M W, Barr J R M, Hughes D W, et al. Self-starting additive-pulse mode locking of a Nd:LMA laser[J]. Opt. Lett., 1992, 17(20): 1453-1455.

[24] McConnell G, Ferguson A I, Langford N. Additive-pulse mode locking of a diode-pumped Nd^{3+}:YVO_4 laser[J]. Appl. Phys. B—Lasers O., 2002, 74(1): 7-9.

[25] 蒋捷, 于建, 杨天新, 等. 加成脉冲锁模 (APM) 激光器的研究 [J]. 光电子. 激光, 1997, 8(1): 78-80.

[26] 阎兴隆, 常增虎, 任友来, 等. 二极管泵浦自启动附加脉冲锁模 Nd:YLF 激光器 [J]. 光子学报, 1997, (1): 27-30.

[27] 王春, 沈小华, 陈绍和, 等. 二极管端面泵浦的附加脉冲锁模的 Nd:YLF 激光器 [J]. 光学学报, 1999, 19(1): 24-28.

[28] Srensen M P, Shore K A, Geisler T, et al. Dynamics of additive-pulse mode-locked fibre lasers[J]. Opt. Commun., 1992, 90(1-3): 65-69.

[29] Magni V, Cerullo G, Silvestri S D, et al. Astigmatism in Gaussian-beam self-focusing and in resonators for Kerr-lens mode locking[J]. J. Opt. Soc. Am. B, 1995, 12(3): 476-485.

[30] Kruger J, Kautek W. Ultrashort pulse laser interaction with dielectrics and polymers[J]. Adv. Polym. Sci., 2004, 168: 247-289.

[31] Brabec T, Spielmann C, Curley P F, et al. Kerr lens mode locking[J]. Opt. Lett., 1992, 17(18): 1292-1294.

[32] Xia J, Lee M H. Analysis of cavities for self-starting Kerr-lens mode-locked lasers[J]. Appl. Opt., 2002, 41(3): 453-458.

[33] Xu L, Tempea G, Poppe A, et al. High-power sub-10-fs Ti:sapphire oscillators[J]. Appl. Phys. B, 1997, 65(2): 151-159.

[34] Stowe M C, Thorpe M J, et al. Direct frequency comb spectroscopy[J]. Adv. At. Mol. Opt. Phys., 2008, 55(7):1-60.

[35] Jin J, Jin Y, et al. Absolute length calibration of gauge blocks using optical comb of a femtosecond pulse laser[J]. Opt. Express, 2006, 14(13): 5968-5974.

[36] Bartels A, Diddams S A, Oates C W, et al. An optical clock based on a single trapped $^{199}Hg^{+}$ ion[J]. Science, 2001, 293(5531): 825-828.

[37] Bartels A, Diddams S A, Oates C W, et al. Femtosecond-laser-based synthesis of ultrastable microwave signals from optical frequency references[J]. Opt. Lett., 2005, 30(6): 667-669.

[38] Gerginov V, Calkins K, Tanner C E, et al. Optical frequency measurements of $6s^2S_{1/2}-6p^2P_{1/2}$ (D1) transitions in ^{133}Cs and their impact on the fine-structure constant[J]. Phys. Rev. A, 2006, 73: 032504.

[39] Cheng Z, Zhao W. Group-delay dispersion in double-prism pair and limitation in broadband laser pulses[J]. Chinese Journal of Lasers, 2002, 11(5): 359-363.

[40] Szipöcs R, Ferencz K, Spielmann C, et al. Chirped multilayer coatings for broadband dispersion control in femtosecond lasers[J]. Opt. Lett., 1994, 19(3): 201-203.

[41] Jung I D, Kartner F X, Matuschek N, et al. Semiconductor saturable absorber mirrors supporting sub-10-fs pulses[J]. Appl. Phys. B, 1997, 65(2): 137-150.

[42] Sutter D H, Jung I D. Self-starting 6.5-fs pulses from a Ti:sapphire laser using a semiconductor saturable absorber and double chirped mirrors[J]. IEEE J.Sel.Top Quantum Electron., 1998, 4(2): 169-178.

[43] Sutter D H, Steinmeyer G, Gallmann L, et al. Semiconductor saturable-absorber mirror-assisted Kerr-lens mode-locked Ti:sapphire laser producing pulses in the two-

cycle regime[J]. Opt. Lett., 1999, 24(9): 631-633.

[44] Kärtner F X, Matuschek N, Schibli T, et al. Design and fabrication of double-chirped mirrors[J]. Opt. Lett., 1997, 22(11): 831-833.

[45] Matuschek N, Kartner F X, Keller U, et al. Analytical design of double-chirped mirrors with custom-tailored dispersion characteristics[J]. IEEE J. Quantum Electron., 1999, 35(2): 129-137.

[46] Crespo H M, Birge J R, Sander M Y, et al. Phase stabilization of sub-two-cycle pulses from prismless octave-spanning Ti:sapphire lasers[J].J. Opt. Soc. Am. B, 2008, 25(7): B147-B154.

[47] Ramaswamy M, Ulman M, Paye J, et al. Cavity-dumped femtosecond Kerr-lens mode-locked Ti:Al_2O_3 laser[J]. Opt. Lett., 1993, 18(21): 1822-18244.

[48] Pshenichnikov M S, Boeij W, Wiersma D A. Generation of 13-fs, 5-MW pulses from a cavity-dumped Ti:sapphire laser[J]. Opt. Lett., 1994, 19(8): 572-574.

[49] Schneider S, Stockmann A, Schuesslbauer W. Self-starting mode-locked cavity-dumped femtosecond Ti:sapphire laser employing a semiconductor saturable absorber mirror[J]. Opt. Express, 2000, 6(11): 220-226.

[50] Rimington N W, Cornea, et al. Femtosecond Ti:sapphire oscillator electro-optically cavity dumped at 50 kHz [J]. Appl. Opt., 2001, 40(27): 4831-4835.

[51] Flanders B N, Arnett D C. Optical pump-terahertz probe spectroscopy utilizing a cavity-dumped oscillator-driven terahertz spectrometer[J]. IEEE J. Sel. Top Quantum Electron., 1998, 4(2): 353-359.

[52] Liau Y H, Unterreiner A N, Arnett D C, et al. Femtosecond-pulse cavity-dumped solid-state oscillator design and application to ultrafast microscopy[J]. Appl. Opt., 1999, 38(36): 7386-7392.

[53] Baltuska A, Wei Z Y, Pshenichnikov M S, et al. All-solid-state cavity-dumped sub-5-fs laser[J]. Appl. Phys. B, 1997, 65(2): 175-188.

[54] Trutna W R, Byer R L. Multiple-pass Raman gain cell[J]. Appl. Opt., 1980, 19(2): 301-312.

[55] Sennaroglu A, Fujimoto J. Design criteria for Herriott-type multi-pass cavities for ultrashort pulse lasers[J]. Opt. Express, 2003, 11(9): 1106-1113.

[56] Sennaroglu A, Kowalevicz A M, Ippen E P, et al. Compact femtosecond lasers based on novel multipass cavities[J]. IEEE J. Quantum Electron, 2004, 40(5): 519-528.

[57] Fernandez A, Fuji T, Poppe A, et al. Chirped-pulse oscillators: a route to high-power femtosecond pulses without external amplification[J]. Opt. Lett., 2004, 29(12): 1366-1368.

[58] Bartels A, Heinecke D, Diddams S A. Passively mode-locked 10 GHz femtosecond Ti:sapphire laser[J]. Opt. Lett., 2008, 33(16): 1905-1907.

[59] Kliebisch O, Heinecke D C, et al. Unambiguous real-time terahertz frequency metrology using dual 10 GHz femtosecond frequency combs[J]. Optica, 2018, 5(11): 1431-1437.

[60] Roth P W, Maclean A J, Burns D, et al. Directly diode-laser-pumped Ti:sapphire

laser[J]. Opt. Lett., 2009, 34(21): 3334-3336.
[61] Roth P W, Maclean A J, Burns D, et al. Direct diode-laser pumping of a mode-locked Ti:sapphire laser[J]. Opt. Lett., 2011, 36(2): 304-306.
[62] Roth P W, Burns D, Kemp A J. Power scaling of a directly diode-laser-pumped Ti:sapphire laser[J]. Opt. Express, 2012, 20(18): 20629-20634.
[63] Durfee C G, Storz T, Garlick J, et al. Direct diode-pumped Kerr-lens mode-locked Ti:sapphire laser[J]. Opt. Express, 2012, 20(13): 13677-13683.
[64] Young M D, Backus S, Durfee C, et al. Multiphoton imaging with a direct-diode pumped femtosecond Ti:sapphire laser[J]. J. Microsc., 2013, 249(2): 83-86.
[65] Sawai S, Hosaka A, Kawauchi H, et al. Demonstration of a Ti:sapphire mode-locked laser pumped directly with a green diode laser[J]. Appl. Phys. Express, 2014, 7(2): 022702.
[66] Gurel K, Wittwer V J, Hoffmann M, et al. Green-diode-pumped femtosecond Ti:sapphire laser with up to 450 mW average power[J]. Opt. Express, 2015, 23(23): 30043-30048.
[67] Backus S, Kirchner M, Lemons R, et al. Direct diode pumped Ti:sapphire ultrafast regenerative amplifier system[J]. Opt. Express, 2017, 25(4): 3666-3674.
[68] Liu H, Wang G, Jiang J, et al. Sub-10-fs pulse generation from a blue laser-diode-pumped Ti:sapphire oscillator[J]. Chin. Opt. Lett., 2020, 18(7): 071402.
[69] Yu Z, Han H, Zhang L, et al. Low-threshold sub-10 fs mode-locked Ti:sapphire laser pumped by 488 nm fiber laser[J]. Appl. Phys. Express, 2014, 7(10): 102702.
[70] Druon F, Boudeile J, Zaouter Y, et al. New Yb-doped crystals for high-power and ultrashort lasers[C]//Femtosecond Phenomena and Nonlinear Optics Ⅲ. International Society for Optics and Photonics, 2006, 6400: 64000D.
[71] Hönninger C, Morier-Genoud F, Moser M, et al. Efficient and tunable diode-pumped femtosecond Yb:glass lasers[J]. Opt. Lett., 1998, 23(2): 126-128.
[72] Keller U, Weingarten K J. Semiconductor saturable absorber mirrors (SESAM's) for femtosecond to nanosecond pulse generation in solid-state lasers[J]. IEEE J. Sel. Top Quantum Electron., 1996, 2(3):435-453.
[73] Koerner J, Kaluza M C, Kloepfel D, et al. Measurement of temperature-dependent absorption and emission spectra of Yb:YAG, Yb:LuAG, and Yb:CaF_2 between 20°C and 200°C and predictions on their influence on laser performance[J]. J. Opt. Soc. Am. B, 2012, 29(9):2493-2502.
[74] Biswal S, O'Connor S P, Bowman S R. Thermo-optical parameters measured in ytterbium-doped potassium gadolinium tungstate[J]. Appl. Opt., 2005, 44(15): 3093-3097.
[75] Petit J, Goldner P, Viana B. Laser emission with low quantum defect in Yb:$CaGdAlO_4$[J]. Opt. Lett., 2005, 30(11): 1345.
[76] Li D, Xu X, Zhu H, et al. Characterization of laser crystal Yb:$CaYAlO_4$[J]. J. Opt. Soc. Am. B-Optical Physics, 2011, 28(7):1 650-1654.
[77] Lucca A, Debourg G, Jacquemet M, et al. High-power diode-pumped Yb^{3+}:CaF_2 femtosecond laser[J]. Opt. Lett., 2004, 29(23): 2767-2769.

[78] Tian W, Wang Z, Wei L, et al. Diode-pumped Kerr-lens mode-locked Yb:LYSO laser with 61fs pulse duration[J]. Opt. Express, 2014, 22(16): 19040-19046.

[79] Zhang J, Han H, Tian W, et al. Diode-pumped 88-fs Kerr-lens mode-locked Yb: $Y_3Ga_5O_{12}$ crystal laser[J]. Opt. Express, 2013, 21(24): 29867-29873.

[80] Zhao H, Major A. Powerful 67 fs Kerr-lens mode-locked prismless Yb:KGW oscillator[J]. Opt. Express, 2013, 21(26): 31846-31851.

[81] Tian W, Wang G, Zhang D, et al. Sub-40-fs high-power Yb:CALYO laser pumped by single-mode fiber laser[J]. High Power Laser Sci. Eng., 2019, 7(4): 50-54.

[82] Tian W, Peng Y, Zhang Z, et al. Diode-pumped power scalable Kerr-lens mode-locked Yb: CYA laser[J]. Photonics Res., 2018, 6(2): 127-131.

[83] Fattahi H, Barros H G, Gorjan M, et al. Third-generation femtosecond technology[J]. Optica, 2014, 1(1): 45-63.

[84] 王海林, 董静, 刘贺言, 等. 高功率超快碟片激光技术研究进展 (特邀)[J]. 光子学报, 2021, 50(8): 0850208.

[85] Saraceno C J, Emaury F, Heckl O H, et al. 275 W average output power from a femtosecond thin disk oscillator operated in a vacuum environment[J]. Opt. Express, 2012, 20(21):23535-23541.

[86] Saraceno C J, Emaury F, Schriber C, et al. Ultrafast thin-disk laser with 80 μJ pulse energy and 242 W of average power[J]. Opt. Lett., 2014, 39(1): 9-12.

[87] Saltarelli F, Graumann I J, Lang L, et al. 350-W average-power SESAM-modelocked ultrafast thin-disk laser[C]//The European Conference on Lasers and Electro-Optics. Optical Society of America, 2019.

[88] Pronin O, Brons J, Grasse C, et al. High-power 200 fs Kerr-lens mode-locked Yb:YAG thin-disk oscillator[J]. Opt. Lett., 2011, 36(24): 4746-4748.

[89] Brons J, Pervak V, Fedulova E, et al. Energy scaling of Kerr-lens mode-locked thin-disk oscillators[J]. Opt. Lett., 2014, 39(22): 6442-6445.

[90] Julian F, Drs J, Modsching N, et al. Efficient 100-MW, 100-W, 50-fs-class Yb:YAG thin-disk laser oscillator[J]. Opt. Express, 2021, 29(25): 42075-42081.

[91] Demirbas U. Cr:colquiriite lasers: current status and challenges for further progress[J]. Prog. Quantum. Electron., 2019, 68: 100227.

[92] Schibli T R, Kuzucu O, Kim J W, et al. Toward single-cycle laser systems[J]. IEEE J. Sel. Top Quantum Electron., 2003, 9(4): 990-1001.

[93] Aschwanden A, Lorenser D, Unold H J, et al. 10 GHz passively mode-locked external-cavity semiconductor laser with 1.4 W average output power[J]. Appl. Phys. Lett., 2005, 86(13): 131102.

[94] Demirbas U, Wang J, Petrich G S, et al. 100-nm tunable femtosecond Cr:LiSAF laser mode locked with a broadband saturable Bragg reflector[J]. Appl. Opt., 2017, 56(13): 3812-3816.

[95] Demirbas U, Thesinga J, Kellert M, et al. Mode-locked Cr:LiSAF laser far off the gain peak: tunable sub-200-fs pulses near 1 μm[J]. Appl. Opt., 2021, 60(29): 9054-9061.

[96] Verdun H R, Thomas L M, Andrauskas D M, et al. Chromium-doped forsterite laser pumped with 1.06 μm radiation[J]. Appl. Phys. Lett., 1988, 53(26): 2593-2595.

[97] French P M W, Rizvi N H, Taylor J R, et al. Continuous-wave mode-locked Cr^{4+}:YAG laser[J]. Opt. Lett., 1993, 18(1): 39-41.

[98] Chudoba C, Fujimoto J G, Ippen E P, et al. All-solid-state Cr:forsterite laser generating 14-fs pulses at 1.3 μm[J]. Opt. Lett., 2001, 26(5): 292-294.

[99] Ivanov A A, Voronin A A, Lanin A A, et al. Pulse-width-tunable 0.7 W mode-locked Cr:forsterite laser[J]. Opt. Lett., 2014, 39(2): 205-208.

[100] Ripin D J, Chudoba C, Gopinath J T, et al. Generation of 20-fs pulses by a prismless Cr^{4+}:YAG laser[J]. Opt. Lett., 2002, 27(1): 61-63.

[101] Naumov S, Sorokin E, Kalashnikov V L, et al. Self-starting five optical cycle pulse generation in Cr^{4+}:YAG laser[J]. Appl. Phys. B, 2003, 76(1): 1-11.

[102] Mirov S B, Fedorov V V, Martyshkin D, et al. Progress in mid-IR lasers based on Cr and Fe-doped Ⅱ–Ⅵ chalcogenides[J]. IEEE J. Sel. Top Quantum Electron., 2014, 21(1): 292-310.

[103] Sorokina I T, Sorokin E. Femtosecond Cr^{2+}-based lasers[J]. IEEE J. Sel. Top Quantum Electron., 2014, 21(1): 273-291.

[104] Liang D, Samson B. Fiber Lasers: Basics, Technology, and Applications[M]. Boca Raton: Chemical Rubber Company Press, 2016.

[105] Kuizenga D I, Siegman A E. FM and AM mode locking of the homogeneous laser—Part I: theory[J]. IEEE J. Quantum Electron., 1970, 6(11): 694-708.

[106] Haus H A. Mode-locking of lasers[J]. IEEE J. Sel. Top Quantum Electron., 2000, 6(6): 1179-1185.

[107] Geister G, Ulrich R. Neodymium-fibre laser with integrated-optic mode locker[J]. Opt. Commun., 1988, 68(3): 187-189.

[108] Hanna D C, Kazer A, Phillips M W, et al. Active. mode-locking of an Yb:Er fibre laser[J]. Electron. Lett., 1989, 25(2):95-96.

[109] Phillips M W, Ferguson A I, et al. Frequency-modulation mode locking of a Nd^{3+}-doped fiber laser[J]. Opt. Lett., 1989, 14(4): 219-221.

[110] Kafka J D, Baer T, et al. Mode-locked erbium-doped fiber laser with soliton pulse shaping[J]. Opt. Lett., 1989, 14(22): 1269-1271.

[111] Hofer M, Fermann M E, et al. Active mode locking of a neodymiumdoped fiber laser using intracavity pulse compression[J]. Opt. Lett., 1990, 15(24): 1467-1469.

[112] Kärtner F X, Kopf D, et al. Solitary-pulse stabilization and. shortening in actively mode-locked lasers[J]. J. Opt. Soc. Am. B, 1995, 12(3): 486-496.

[113] Luo Z C, Liu M, Guo Z N, et al. Microfiber-based few-layer black phosphorus saturable absorber for ultra-fast fiber laser[J]. Opt. Express, 2015, 23(15): 20030-20039.

[114] 彭英楠. 高平均功率飞秒固体锁模激光及光谱展宽的研究 [D]. 西安: 西安电子科技大学, 2019.

[115] Fermann M E, Haberl F, Hofer M, et al. Nonlinear amplifying loop mirror[J]. Opt. Lett., 1990, 15(13): 752-754.

[116] Ilday F, Wise F, Sosnowski T. High-energy femtosecond stretched-pulse fiber laser with a nonlinear optical loop mirror[J]. Opt. Lett., 2002, 27(17): 1531-1533.

[117] Haus H, Ippen E, Tamura K. Additive-pulse mode-locking in fiber lasers[J]. IEEE J. Quantum Electron., 1994, 30(1): 200-208.

[118] Komarov A, Leblond H, Sanchez F. Theoretical analysis of the operating regime of passively-mode-locked fiber laser through nonlinear polarization rotation[J]. Phys. Rev. A, 2005, 72(6):63811.

[119] Chong C Y. Femtosecond fiber lasers and amplifiers based on the pulse propagation at normal dispersion[D]. Ithaca: University of Cornell, 2008.

[120] Liu Z, Ziegler Z, Wright L G, et al. Megawatt peak power from a Mamyshev oscillator[J]. Optica, 2017, 4(6): 649-654.

[121] Grubb S G, Humer W H, Cannon R S, et al. 24.6 dBm output power Er/Yb codoped optical amplifier pumped by diode-pumped Nd:YLF laser[J]. Electron. Lett., 1992, 28(13): 1276-1277.

[122] Zhou B K, Gao Y Z, Chen T R. Laser Principles[M]. Beijing: National Defense Industry Press, 2000.

[123] Guo X D, Qiao X G, Jia Z N. Research and development of the erbium-doped fiber laser[J]. Laser Optoelectron. Prog., 2005, 40(12): 27-31.

[124] Feng X H, Sun L, Liu Y G. Erbium-doped fiber laser based on polarization maintaining fiber dual wavelength grating[J]. Chinese Journal of Lasers, 2005, 32(2):145-148.

[125] Pfeiffer T, Schmuck H, Bulow H. Output power characteristics of erbium-doped fiber ring lasers[J]. IEEE Photon. Technol. Lett., 1992, 4(8): 847-849.

[126] Ehrenreich T, Leveille R, Majid I, et al. 1-kW, all-glass Tm:fiber laser[C]//SPIE Conference on Fiber lasers Ⅶ, 2010, 7580(758016).

[127] Shigeki T, Masanao M, Seiji S, et al. Liquid-cooled 24 W mid-infrared Er:ZBLAN fiber laser[J]. Opt. Lett., 2009, 34(20):3062-3064.

第 6 章 超快激光在固体介质中的非线性效应及频率变换

非线性光学是研究光与物质之间相互作用的本质和规律的一门新兴学科。光脉冲在介质中传播时，如果入射光较弱，通常可以产生干涉、衍射、折射等线性效应。但是光本身的频率不发生变化，与介质之间也不存在能量交换。如果入射光较强，尤其是峰值功率极高的超快激光作用时，由于介质的非线性极化会产生各种非线性效应，包括线性电光效应、光整流效应、和频产生 (SFG) 与差频产生 (DFG)、二次谐波产生 (SHG)、光参量变换 (OPG)、光参量振荡 (OPO) 和光参量放大 (OPA) 等二阶非线性效应，以及三次谐波产生、四波混频效应、双光子吸收效应、受激拉曼散射和受激布里渊散射等三阶非线性效应 [1]。在上述非线性光学过程中，由于介质的非线性极化强度的存在产生了新的光频率成分，不同频率的光波之间会产生相互作用，从而实现光学频率变换。基于受激辐射放大产生的激光，受限于增益介质的能级结构，只能产生可见光–近红外波段超短脉冲，比如钛宝石激光器覆盖波长范围为 690～1040 nm，掺镱激光器产生 1030～1040 nm 飞秒激光，掺铥、钬超快激光器输出 2 μm 波段超短脉冲。为了进一步拓宽飞秒激光输出波长范围，非线性频率变换技术提供了一种强有力的技术途径，可以产生真空紫外到中远红外甚至太赫兹波段的超快激光，这也推动了多光子生物成像、激光加工、泵浦探测、激光测距等领域的快速发展。

超快激光与非线性介质相互作用过程中，物质的形态有固体、液体、气体和等离子体。早在 1961 年，美国密歇根大学的 P. A. Franken 等首次在石英晶体中发现了二次谐波现象，从此拉开了非线性光学发展序幕 [2]。超快激光与液体相互作用研究较少，主要集中在液体内部的击穿现象等 [3]，液体的复杂性使得相关实验和理论研究都具有挑战性；与气体相互作用过程较为复杂，主要研究吸收激光能量的气体中的电子与分子 (原子) 各种碰撞对能量进行重新分配的过程；与等离子体相互作用产生能量很高的超热电子 [4]，实验装置体积较大，耗费成本较高，发展较为缓慢。相比之下，目前超快激光与固体相互作用机理和技术手段最为成熟。

因此，本章将主要讨论基于各种非线性光学晶体的非线性效应进行波长拓展的研究工作，比如，利用二倍频、多级倍频产生短波长紫外激光，通过差频产生红外激光，利用光学参量振荡器和放大器等产生可调谐近–中红外超快激光。首先介绍二阶非线性极化引起的三波混频现象，并推导出三波混频的耦合波方程。接着，介绍超快激光在固体介质中最为常见的非线性效应，包括倍频、差频、三倍频、参量振荡和放大、四波混频等，同时也详细讨论基于上述非线性效应的非线性频率变换技术手段和最新研究进展。

6.1 超快激光三波相互作用过程

光波在非线性介质中传播时，光与物质的相互作用产生了非线性极化，光场 E 在介质中将产生非线性极化强度, 极化强度 P 的表达式为 [5]

$$P = \varepsilon_0 \chi^{(1)} \cdot E + \varepsilon_0 \chi^{(2)} : EE + \varepsilon_0 \chi^{(3)} \vdots EEE + \cdots = P_{\mathrm{L}} + P_{\mathrm{NL}} \tag{6.1-1}$$

其中，E 是光电场强度；P 为极化强度矢量；ε_0 是真空介电常数；$\chi^{(1)}$ 为线性极化系数；$\chi^{(2)}$ 是二阶非线性极化系数。公式右面第一项 P_{L} 为线性极化项，第二项 P_{NL} 为非线性极化项。本节只考虑二阶非线性过程，即下面的理论只涉及二阶非线性极化率 $\chi^{(2)}$。对于非线性极化强度 P_{NL}，

$$P_{\mathrm{NL}} = \varepsilon_0 \chi^{(2)} : EE \tag{6.1-2}$$

$$P_{\mathrm{NL}} = \varepsilon_0 \chi^{(2)} E^2 (t) \tag{6.1-3}$$

假设光场中存在 ω_1 和 ω_2 两个频率成分，电场强度可以表示为

$$E(t) = E_1(t)\mathrm{e}^{-\mathrm{i}\omega_1 t} + E_2(t)\mathrm{e}^{-\mathrm{i}\omega_2 t} + \mathrm{c.c.} \tag{6.1-4}$$

当该光波在非线性介质中传播时，结合式 (6.1-3) 和式 (6.1-4)，二阶非线性极化强度可表示为

$$\begin{aligned} P_{\mathrm{NL}}^{(2)}(t) &= \sum_n P(\omega_n)\mathrm{e}^{-\mathrm{i}\omega_2 t} \\ &= \varepsilon_0 \chi^{(2)} [E_1^2(t)\mathrm{e}^{-2\mathrm{i}\omega_1 t} + E_2^2(t)\mathrm{e}^{-2\mathrm{i}\omega_2 t} \\ &\quad + 2E_1E_2\mathrm{e}^{-\mathrm{i}(\omega_1+\omega_2)t} + 2E_1E_2^*\mathrm{e}^{-\mathrm{i}(\omega_1-\omega_2)t} + \mathrm{c.c.}] \\ &\quad + 2\varepsilon_0 \chi^{(2)} [E_1E_1^* + E_2E_2^*] \end{aligned} \tag{6.1-5}$$

由式 (6.1-5) 中可以看出，$P_{\mathrm{NL}}^{(2)}(t)$ 中包含了频率为 $2\omega_1$、$2\omega_2$、$\omega_1+\omega_2$ 和 $\omega_1-\omega_2$ 的极化成分，这些新的频率成分将会辐射出新的电磁波，为了方便讨论，式 (6.1-5) 可以表示为

$$P_{\mathrm{NL}}^{(2)}(2\omega_1, t) = \varepsilon_0 \chi^{(2)} E_1^2(t)\mathrm{e}^{-2\mathrm{i}\omega_1 t} \quad (\mathrm{SHG}) \tag{6.1-6}$$

$$P_{\mathrm{NL}}^{(2)}(2\omega_2,t)=\varepsilon_0\chi^{(2)}E_2^2(t)\,\mathrm{e}^{-2\mathrm{i}\omega_2 t}\quad \text{(SHG)}$$

$$P_{\mathrm{NL}}^{(2)}(\omega_1+\omega_2,t)=2\varepsilon_0\chi^{(2)}\left[E_1E_2\mathrm{e}^{-\mathrm{i}(\omega_1+\omega_2)t}+\text{c.c.}\right]\quad \text{(SFG)}$$

$$P_{\mathrm{NL}}^{(2)}(\omega_1-\omega_2,t)=2\varepsilon_0\chi^{(2)}\left[E_1E_2^{*}\mathrm{e}^{-\mathrm{i}(\omega_1-\omega_2)t}+\text{c.c.}\right]\quad \text{(DFG)}$$

式 (6.1-6) 中表现了这些二阶非线性效应相应的物理过程。

如图 6.1-1(a) 所示，当两个不同频率的单色光 ω_1 和 ω_2 同时入射到非线性介质中时，将产生频率为 ω_3 的非线性极化强度，进而由这个非线性极化强度产生频率为 ω_3 的光场，这就是 SFG 过程。当两个单色光频率相同时，即 $\omega_1=\omega_2=\omega$，产生的和频光的频率为 $\omega_3=2\omega_1=2\omega$，这就是 SHG 过程，倍频过程也可以看作特殊的和频过程，如图 6.1-1(b) 所示。图 6.1-1(c) 描述的是 DFG 过程，当 ω_3 和 ω_2 的光场入射到非线性介质中时，将产生频率为 ω_1 的非线性极化强度，进而产生频率为 ω_1 的光场，差频过程也证明了 OPA 过程的物理机制。与差频过程不同的是，OPA 是将一个强的高频光 (泵浦光) 和一个弱的低频光 (信号光) 同时入射到非线性介质中，这时会产生一个差频光 (闲频光)，同时弱的低频光被放大。图 6.1-1(d) 描述了 OPG 和 OPO 过程，也称为频率下转换，它可以看作和频的逆过程，如果将非线性介质置于谐振腔中，让信号光、闲频光其中一个或者两者同时多次通过非线性介质，则它们可以得到多次放大，这就构成了一个完整的光学参量振荡器 [6]。

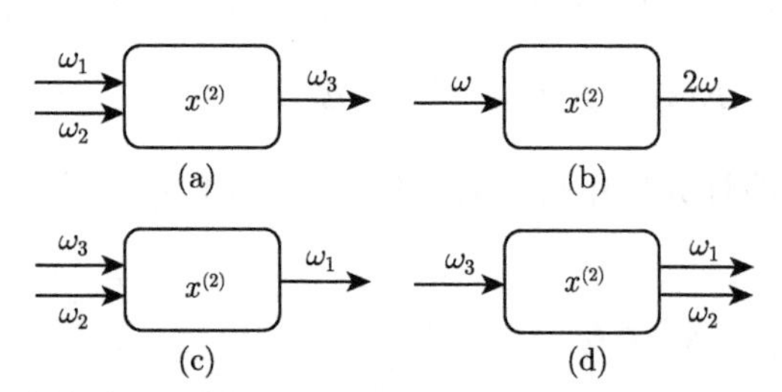

图 6.1-1 二阶非线性过程示意图：(a) SFG; (b) SHG; (c) DFG; (d) OPG & OPO

由上述内容可知，在非线性光学理论中，物质的非线性极化导致新频率的产生，光在非线性介质中的传播由麦克斯韦方程组 (Maxwell's equations) 或其导出的波动方程支配，根据麦克斯韦方程组和物质方程，通过计算、化简后最终得到非磁、均匀电介质中的波动方程 [1]：

$$\nabla^2 E=\mu_0\sigma\frac{\partial E}{\partial t}+\mu_0\varepsilon_0\frac{\partial^2 E}{\partial t^2}+\mu_0\frac{\partial^2 P}{\partial t^2}\tag{6.1-7}$$

式中，ε_0 为真空介电常数。在典型的二阶非线性过程中，通常都是三个光波的相互作用：

$$E_j(z,t)=\frac{1}{2}\left[E(z,\omega_j)\,\mathrm{e}^{-\mathrm{i}(k_jz-\omega_jt)}\right]+\mathrm{c.c.} \tag{6.1-8}$$

$$P_j(z,t)=\frac{1}{2}\left[P(z,\omega_j)\,\mathrm{e}^{-\mathrm{i}(k_jz-\omega_jt)}\right]+\mathrm{c.c.} \tag{6.1-9}$$

式中，$j=1,2,3$ 分别表示不同的光场；k 是波数，可表示为

$$k=\frac{n(\omega)}{c}\omega \tag{6.1-10}$$

这里，c 为光在真空中的传播速度；$n(\omega)$ 是光波频率为 ω 时的折射率，可以表示为

$$n=n(\omega)=\sqrt{\frac{\varepsilon(\omega)}{\varepsilon_0}} \tag{6.1-11}$$

其中，$\varepsilon(\omega)$ 是介质对频率为 ω 的光波的磁导率。根据慢变近似条件：

$$\left|\frac{\partial E(z,\omega)}{\partial z}k\right|\gg\left|\frac{\partial^2 E(z,\omega)}{\partial z^2}\right| \tag{6.1-12}$$

由式 (6.1-3)、式 (6.1-8)、式 (6.1-9) 和式 (6.1-12) 可以得到

$$\frac{\partial E(z,\omega)}{\partial z}=\frac{\mathrm{i}\mu_0\omega^2(z,\omega)}{2k}\cdot P_{\mathrm{NL}}(z,\omega)\,\mathrm{e}^{-\mathrm{i}(kz-\omega t)} \tag{6.1-13}$$

若考虑到振幅随时间 t 的变化，通过求解可以得到暂态波耦合波方程：

$$\frac{\partial E(z,\omega)}{\partial z}+\frac{1}{v_{\mathrm{g}}}\frac{\partial E(z,\omega)}{\partial t}=\frac{\mathrm{i}\mu_0\omega^2(z,\omega)}{2k}\cdot P_{\mathrm{NL}}(z,\omega)\,\mathrm{e}^{-\mathrm{i}(kz-\omega t)} \tag{6.1-14}$$

其中，v_{g} 为波包的群速度，式 (6.1-14) 适用于脉冲宽度较短的锁模激光，可以用来模拟锁模超短脉冲激光的非线性效应。

对于三波混频过程，根据晶体的二阶非线性极化效应，有三个频率分别为 ω_1、ω_2 和 ω_3 的光波相互作用，它们之间满足关系 $\omega_1+\omega_2=\omega_3$，频率为 ω_3 的光的振幅正比于 ω_1 和 ω_2 振幅的乘积，入射的 ω_1 和 ω_2 的能量不断地耦合到频率为 ω_3 的光波中，各频率对应的极化强度分别为

$$P_{\mathrm{NL1}}(z,\omega_1)=\varepsilon_0\chi(-\omega_1;-\omega_2,\omega_3):E_2^*(\omega_2)\,\mathrm{e}^{-k_2z}E_3(\omega_3)\,\mathrm{e}^{k_3z}$$

$$P_{\mathrm{NL2}}(z,\omega_2)=\varepsilon_0\chi(-\omega_2;-\omega_1,\omega_3):E_1^*(\omega_1)\,\mathrm{e}^{-k_1z}E_3(\omega_3)\,\mathrm{e}^{k_3z}$$

$$P_{\mathrm{NL3}}(z,\omega_3)=\varepsilon_0\chi(\omega_3;-\omega_1,-\omega_2):E_1^*(\omega_1)\,\mathrm{e}^{-k_1z}E_2^*(\omega_2)\,\mathrm{e}^{-k_2z} \tag{6.1-15}$$

将式 (6.1-15) 代入式 (6.1-14)，最终通过化简可以得到

$$\begin{cases}\dfrac{\partial E(z,\omega_1)}{\partial z}=\dfrac{\mathrm{i}\omega_1}{cn_1}d_{\mathrm{eff}}E_2^*(z,\omega_2)\,E_3(z,\omega_3)\,\mathrm{e}^{-\mathrm{i}\Delta kz}\\ \dfrac{\partial E(z,\omega_2)}{\partial z}=\dfrac{\mathrm{i}\omega_2}{cn_2}d_{\mathrm{eff}}E_1^*(z,\omega_1)\,E_3(z,\omega_3)\,\mathrm{e}^{-\mathrm{i}\Delta kz}\\ \dfrac{\partial E(z,\omega_3)}{\partial z}=\dfrac{\mathrm{i}\omega_3}{cn_3}d_{\mathrm{eff}}E_1^*(z,\omega_1)\,E_2^*(z,\omega_2)\,\mathrm{e}^{-\mathrm{i}\Delta kz}\end{cases} \tag{6.1-16}$$

式 (6.1-16) 称为三波混频的耦合波方程组 [1]，其中 $\Delta k=k_3-k_2-k_1$，$d_{\mathrm{eff}}=\chi_{\mathrm{eff}}/2$ 称为有效非线性系数。利用上述联立的方程组，考虑到光强 I_i 与振幅 E_i 有如下关系：

$$I_i=\frac{1}{2}\varepsilon_0cn_i\left|E_i\right|^2\quad(i=1,2,3) \tag{6.1-17}$$

根据曼利–罗 (Manley-Rowe) 关系，

$$\frac{\partial}{\partial z}\left(\frac{I_3}{\omega_3}\right)=-\frac{\partial}{\partial z}\left(\frac{I_1}{\omega_1}\right)=-\frac{\partial}{\partial z}\left(\frac{I_2}{\omega_2}\right) \tag{6.1-18}$$

由于存在关系 $\omega_1+\omega_2=\omega_3$，所以可以得到

$$\frac{\partial}{\partial z}(I_1+I_2+I_3)=0 \tag{6.1-19}$$

$$I_1+I_2+I_3=\mathrm{constant} \tag{6.1-20}$$

式 (6.1-19) 和式 (6.1-20) 表明，物质对光场的非线性响应使参与相互作用的三个光波之间发生了能量交换，三波在相互作用过程中，它们所具有的光场的总能量是不变的。频率为 ω_3 的光波每增加一个光子，那么频率为 ω_1 和 ω_2 的光波都要减少一个光子。

6.2 超快激光的非线性混频

目前，基于各种激光晶体的全固态飞秒激光发展迅速，但是输出激光波长一般在近–中红外波段，不能满足短波长超快激光应用需求。在非线性频率变换技术中，一定频率的光子入射在非线性介质中，可能会产生二次谐波 (倍频) 和三次谐波 (三倍频) 甚至更高次的谐波，这也是获得短波长激光最直接的方法之一。其中，

光学倍频过程是三波混频的特例，二倍频和三倍频一般用来分别产生可见光和紫外光。此外，基于 KBBF ($KBe_2BO_3F_2$) 非线性晶体直接倍频方法产生紫外短波长激光的研究也引起了众多科研工作者的热切关注。为此，我们将在介绍飞秒激光腔内及腔外倍频原理、三倍频原理技术和研究现状基础上，综述基于 KBBF 晶体的超快深紫外激光研究现状。

6.2.1 飞秒激光的腔内及腔外倍频

对于倍频过程，分别以 ω 和 2ω 表示基频光和倍频光的频率，根据耦合波方程组 [7]：

$$\frac{\partial E_{\omega}(z)}{\partial z}=\frac{\mathrm{i}\omega}{cn_{\omega}}d_{\mathrm{eff}}E_{2\omega}(z)\,E_{\omega}^{*}(z)\,\mathrm{e}^{\mathrm{i}\Delta kz} \tag{6.2-1}$$

$$\frac{\partial E_{2\omega}(z)}{\partial z}=\frac{\mathrm{i}2\omega}{2cn_{2\omega}}d_{\mathrm{eff}}E_{\omega}(z)\,E_{\omega}^{*}(z)\,\mathrm{e}^{-\mathrm{i}\Delta kz} \tag{6.2-2}$$

其中，满足 $\Delta k=k_{2\omega}-2k_{\omega}$，当产生的倍频光能量较小时，可近似地认为在整个相互作用的过程中基频光的振幅不发生变化，可以把 $E(\omega,z)$ 看作常数，即所谓的小信号近似。假设介质的入射面无二次谐波，根据初始条件：

$$E_{\omega}(z)\,|_{z=0}=E_{\omega}(0)\,,\quad E_{2\omega}(z)\,|_{z=0}=0 \tag{6.2-3}$$

设晶体长度为 L，由式 (6.2-2) 直接积分可得

$$E_{2\omega}(L)=-\mathrm{i}\frac{2\pi Ld_{\mathrm{eff}}}{n_{2\omega}\lambda_{\omega}}E_{\omega}^{2}(0)\,\mathrm{sinc}\left(\frac{\Delta kL}{2}\right)\mathrm{e}^{\frac{\mathrm{i}\Delta kL}{2}} \tag{6.2-4}$$

利用式 (6.1-17)，可得光强 I，

$$I_{2\omega}=\frac{8\pi^2L^2d_{\mathrm{eff}}^2I_{\omega}^2}{\varepsilon_0cn_{\omega}^2n_{2\omega}\lambda_{\omega}^2}\mathrm{sinc}^2\left(\frac{\Delta kL}{2}\right) \tag{6.2-5}$$

因此倍频效率为

$$\eta=\frac{S_{2\omega}}{S_{\omega}}=\frac{2\omega^2}{\varepsilon_0c^3n_{2\omega}n_{\omega}^2}d_{\mathrm{eff}}^2\frac{S_{\omega}}{A}L^2\frac{\sin^2\left(\dfrac{\Delta kL}{2}\right)}{(\Delta kL/2)^2} \tag{6.2-6}$$

当 $\Delta k=0$ 时，倍频效率 η 达到最大值

$$\eta=\frac{S_{2\omega}}{S_{\omega}}=\frac{2\omega^2}{\varepsilon_0c^3n_{2\omega}n_{\omega}^2}d_{\mathrm{eff}}^2\frac{S_{\omega}}{A}L^2 \tag{6.2-7}$$

此时，我们称为相位匹配条件。当 $\Delta k \neq 0$ 时，如果 $\Delta kL/2 = \pi$，倍频光最弱。

在倍频过程中，基频光和倍频光满足能量守恒和动量守恒定律，如下：

$$\hbar\omega_1 + \hbar\omega_1 = \hbar\omega_2 \tag{6.2-8}$$

$$\hbar k_1 + \hbar k_1 = \hbar k_2 \tag{6.2-9}$$

由波矢和相速度关系，$k = \omega/v$，得知，当 $2k_\omega = k_{2\omega}$ 时，$v_{2\omega} = v_{2\omega}$。

又由 $v_\omega = c/n_\omega$，$v_{2\omega} = c/n_{2\omega}$，得知，$n_\omega = n_{2\omega}$(无色散)。

由上述内容可知，基频光和倍频光的折射率相等。为了满足上述条件，发明了角度相位匹配和温度相位匹配。角度相位匹配也称为临界相位匹配，分为 I 类和 Ⅱ 类相位匹配，它是利用倍频晶体双折射效应抵消事实上存在的色散效应，从而实现相位匹配要求，如表 6.2-1 和表 6.2-2 所示。

表 6.2-1　I 类相位匹配下，$n_2(2\omega) = n_1(\omega)$

晶体类型	$E_1(\omega)$	$E_1(\omega)$	$E_2(2\omega)$
正单轴晶体	e	e	o
负单轴晶体	o	o	e

表 6.2-2　Ⅱ 类相位匹配下，$2n_2(2\omega) = n_1(\omega) + n_1(\omega)$

晶体类型	$E_1(\omega)$	$E_1(\omega)$	$E_2(2\omega)$
正单轴晶体	e	o	o
负单轴晶体	o	e	e

无论如何，在上述角度相位匹配中，由于倍频晶体的双折射效应，o 光和 e 光在传播方向上会产生分离，这对倍频效率等输出特性产生不利影响。为了克服上述困难，可以采用另外一种温度相位匹配方法，也称为非临界相位匹配，即通过控制晶体温度来调节晶体折射率从而实现相位匹配。当 $\theta = 90^\circ$ 时，相位匹配对角度不敏感，无双折射。飞秒激光进行倍频时，除了需要考虑非线性晶体的相位匹配外，还需要考虑宽带接收范围。此外，激光脉宽、走离角、带宽等因素是影响倍频效率的关键因素。

飞秒激光的倍频系统通常由三部分构成，即产生基频光的激光器、倍频晶体和相位匹配系统。在选择倍频工作物质时，要求满足以下条件：① 较大的有效非线性系数；② 宽的透明波段；③ 适当的双折射 (能以一定方式实现相位匹配)；④ 高损伤阈值；⑤ 群速度失配量 (GVM) 和群延迟色散 (GDD) 较小。

激光倍频过程要求入射激光足够强时才能发生高效频率变换，这对于较弱的入射激光甚至连续激光则很难实现。通过将非线性晶体放置在谐振腔内倍频即腔内倍频的方法可以很好地解决上述困难。利用腔内脉冲能量较高以及泵浦光可以循环往复通过倍频晶体的优势，大幅度提高了总的倍频效率，而且倍频光输出功率也不会比基频光低很多。通常采用较薄的非线性晶体即可实现高效频率变换且可以获得短脉冲。在腔内倍频激光系统中，通过包含一个对基频光高反、对倍频光增透的双色镜，从而输出倍频光。无论如何，腔内倍频技术也有一定的局限性，比如在被动锁模激光器中，腔内倍频由于抵消了可饱和吸收体的作用，从而使得超短脉冲难以产生。因此，出现了腔外倍频技术，即将倍频晶体放置在激光器外部。考虑到腔外倍频时基频光较弱，因此需要较厚的非线性晶体才可实现高效倍频过程。

这里以笔者团队在国内最早报道的锁模飞秒钛宝石激光倍频 [8] 为例，介绍腔内倍频飞秒激光的典型结构。该实验方案为典型的 “Z” 型腔结构，采用 6 mm × 5 mm × 3 mm 的钛宝石薄晶体，很好地降低腔内色散。选用厚度为 0.1 mm，切割方向为 $\theta = 90°$，$\varphi = 31.7°$ 的 LBO 作为倍频晶体，在 6.2 W 全线氩离子激光泵浦下，最终产生的倍频蓝光的平均功率为 70 mW，中心波长为 411 nm，带宽为 6.1 nm。经理论计算得知，0.1 mm 的倍频晶体，倍频后脉宽仅有 10 fs 的展宽。自此之后，经过二十多年的发展已经有众多关于飞秒激光腔内倍频的相关报道，其倍频效率可高达 60%，且相比于基频光而言，倍频后的激光功率不会下降太多，脉宽也没有太明显展宽，特别是倍频后由于光子能量增大，可以应用在更广泛的超快现象研究中。

相比腔内倍频，腔外倍频由于较低的技术难度，是人们普遍采用的谐波变换方式。实际上 1961 年，A. P. Franken 等首次获得二次谐波的方案正是腔外倍频 [2]。2019 年，中国科学院物理研究所孟祥昊、魏志义等利用腔外倍频技术，从全固态飞秒 Yb:KGW 激光器中获得了最高功率 3.75 W、中心波长 515 nm、对应倍频效率高达 53.6%的倍频光。实验装置如图 6.2-1 所示 [6]，所用基频光功率为 7 W，脉宽为 100 fs，倍频晶体为厚度 2.5 mm、I 类相位匹配下切割的 LBO，图 6.2-2(a) 为倍频光光谱，半峰全宽为 3.6 nm，对应的极限脉宽为 77 fs。图 6.2-2(b) 为输出倍频光光束质量，$M^2 < 1.2$。

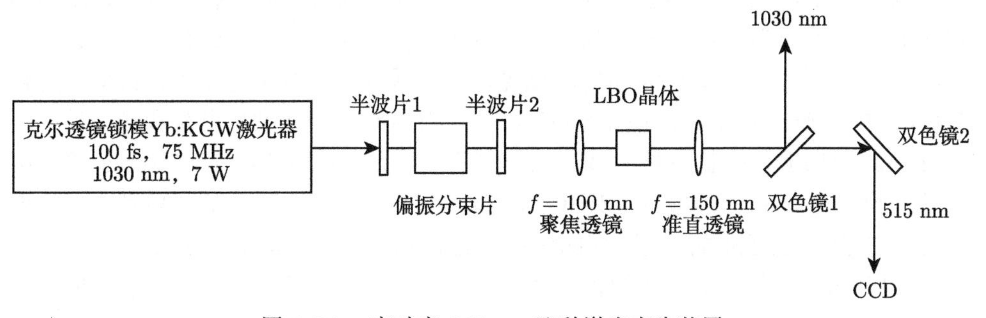

图 6.2-1 高功率 515 nm 飞秒激光产生装置

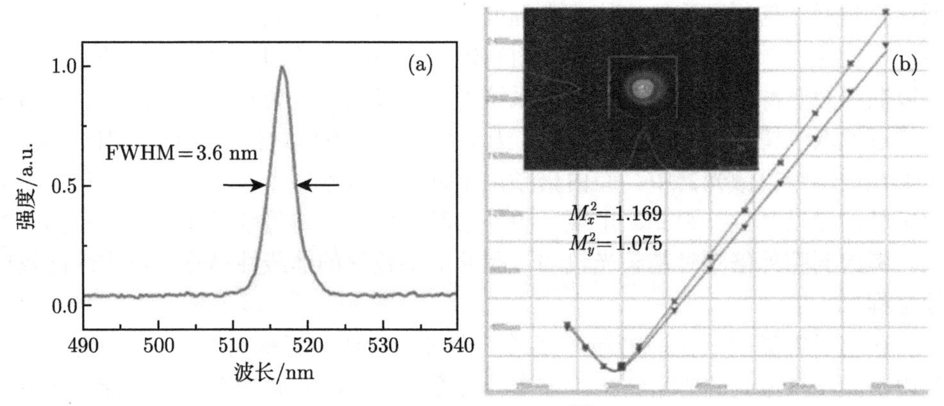

图 6.2-2 二次谐波光谱 (a) 和光束质量 (b)[6] (彩图请扫封底二维码)

6.2.2 飞秒激光的三倍频

基于激光晶体的受激辐射放大以及非线性晶体二次谐波的方法，可以产生可见光、近–中红外波段飞秒激光。为了进一步拓宽输出激光波长范围，对于紫外短波激光的研究是很有意义的。考虑到紫外激光具有单光子能量高的优势，因此在微加工、超快光谱学、显微技术以及泵浦光参量振荡器等领域有着广泛应用价值 [9–12]。目前，产生紫外激光的方法主要有准分子激光器、半导体激光器、气体高次谐波/四波混频、非线性光学晶体变频等。其中，在高功率近红外飞秒激光器中利用非线性光学晶体变频是产生超快紫外激光的主要技术手段，主要有两种方法：一种方法是利用晶体的三阶非线性效应对近红外激光进行直接三倍频，该方法结构简单，但由于三阶非线性光学极化率 $|\chi^{(3)}|$ (典型情况约 $10^{-13} \sim 10^{-15}$) 相比于二阶非线性极化率 $|\chi^{(2)}|$ ($10^{-7} \sim 10^{-9}$) 通常很小，所以直接三倍频的转换效率较低 [13]；另一种方法是先对近红外激光进行倍频，然后将剩余基频光和倍频光进行和频实现三倍频的紫外输出。第一种方法将在 6.2.3 节进行详细介绍，本节主要讨论第二种方法即三倍频技术中的相关理论和研究进展。

早在 2000 年，立陶宛维尔纽斯大学 A. Dubietis 等利用磷酸二氢钾 (KDP) 晶体对中心波长为 1055 nm、脉冲宽度为 0.9 ps、能量为 5.5 mJ 的激光进行三倍频 [14]。首先利用 KDP 晶体将基频光进行倍频并且进行脉宽压缩，获得脉宽为 190 fs、中心波长为 527 nm 的倍频光，然后将倍频光与基频光再次和频，最终产生 1 mJ、210 fs、中长波长为 351 nm 的三倍频光。2011 年，K. Miyata 等使用单个长度为 3 mm 的硼酸铋 (BIBO) 晶体，选定了一个同时满足基频光和三次谐波之间的相位匹配和群速度匹配的角度进行切割，对脉冲宽度为 80 fs、闲频光波长为 2169 nm 的钛宝石激光泵浦的光参量放大器进行了三倍频，实现了单块晶体 11%的转换效率 [15]。由于该波段直接进行三倍频的 GVM 为零，所以还可实现两个非相位匹配的级联过程，结合级联二阶和三阶过程可以获得高转化效率。2020年，上海科技大学 Liu 等使用单路方案对飞秒脉冲进行三倍频，在倍频晶体与和频晶体间插入方解石和楔形片用以补偿基频光和倍频光的群速度失配 [16]。

2021 年，田文龙、朱江峰等使用三倍频技术产生了全固态高光束质量 343nm 飞秒激光，实验装置如图 6.2-3 所示。基频光源为脉冲宽度为 105 fs、重复频率为 76 MHz、中心波长为 1030 nm 的商用 Yb:KGW 锁模激光器 [17]。

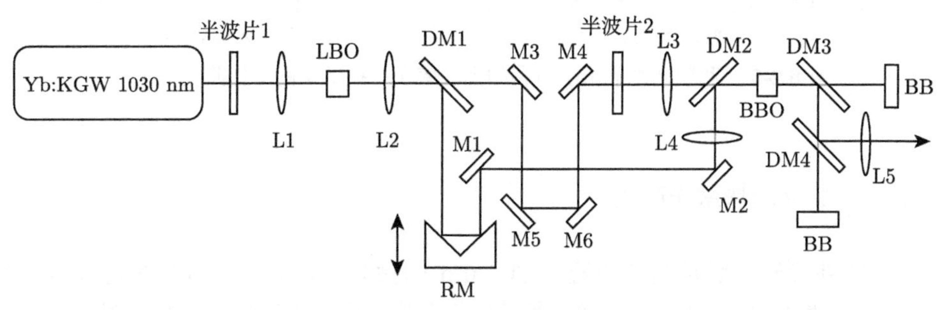

图 6.2-3 实验装置图 [17]

首先利用 1.7 mm 长的 LBO 晶体进行二倍频，产生的绿光光谱如图 6.2-4(a) 所示，得知中心波长为 516 nm，半峰全宽为 5.7 nm。图 6.2-4(b) 描述了倍频光功率变化曲线，获得了倍频光最大功率为 3 W，倍频效率约为 60%。然后，在 BBO 晶体 I 类相位匹配下，将 516 nm 的倍频光与 1030 nm 的基频光进行和频，和频光光谱如图 6.2-5(a) 所示，和频后的激光中心波长为 344 nm，半峰全宽为 2.9 nm。图 6.2-5(b) 描述了和频激光功率与转换效率曲线，最终获得了平均功率为 1.01 W 的紫外激光输出，三倍频转换效率为 20.2%。

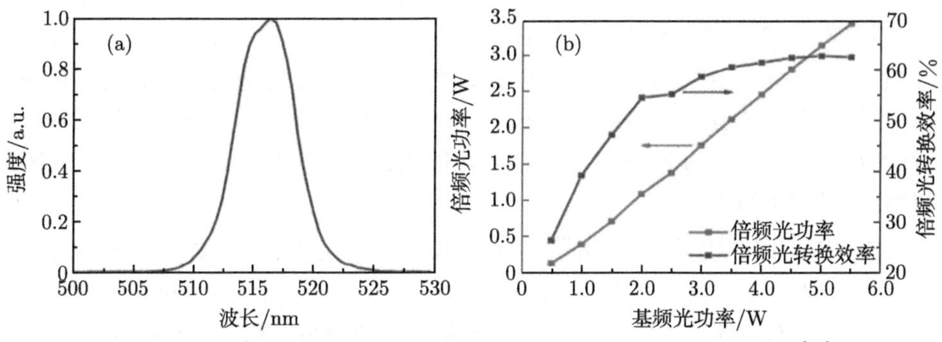

图 6.2-4 倍频光光谱 (a) 与倍频光功率及转换效率的变化曲线 (b)[17]

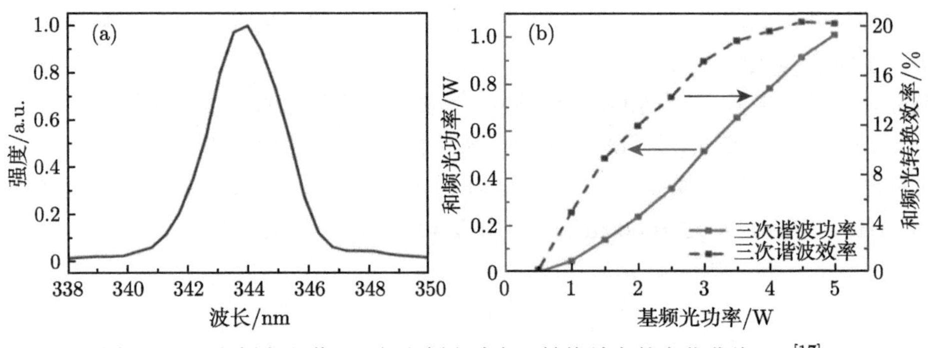

图 6.2-5 和频光光谱 (a) 与和频光功率及转换效率的变化曲线 (b)[17]

6.2.3 深紫外超快激光产生

深紫外激光一般是指波长短于 200 nm 的激光，该波段的激光在角分辨能谱探测、光电发射电子显微镜成像、表面化学研究、拉曼光谱仪探测生物结构、光存储等多个领域有着重要应用 [18−22]。获得深紫外光源的方法有自由电子激光、高次谐波、同步辐射等，但这几种方法均为造价昂贵的大装置，应用范围有限。基于非线性频率转换的深紫外光源以可见光波段、近红外光源为基频光，参数灵活可调，光束质量好，集成度高，具有广泛应用的潜力 [23]。早期，主要是利用一个波长接近 200 nm 的短波和一个长波进行和频来获得深紫外激光 [24,25]，但是考虑到两个光源在时间、空间和偏振等方面同步较为复杂，限制了深紫外激光的发展。近几年，随着深紫外非线性晶体快速发展，倍频技术成为产生深紫外激光的另外一种重要技术手段。在选择紫外非线性晶体时，要求晶体具有较大双折射率的同时紫外吸收截止波长尽可能短于 200 nm。经过几十年的发展，已经有较多的紫外非线性晶体，比如 LBO、BBO、BIBO、KTP、KBBF 等。其中，KBBF 晶体的双折射率虽然不是最大的，但是其紫外吸收截止波长在 150 nm 附近，最短倍频波长短至 161 nm[26]，因此 KBBF 成为产生深紫外激光最为成熟和实用化的晶体。目前，只有 KBBF 和 RBBF($RbBe_2BO_3F_2$) 这两种晶体可以通过倍频直接产生深紫外激光，考虑到 KBBF 晶体综合性能更为优异，因此这里主要讨论 KBBF 晶体特性及研究现状。

KBBF 晶体结构见图 6.2-6[26]，属于单轴晶系，R32 空间群，单胞参数如下：$a = b = 0.4427(4)$ nm, $c = 1.8744(9)$ nm, $Z = 3$，$(BO_3)_3$—基团排列一致，形成 $(Be_2BO_3F_2)$ 六元环基本结构单元，组成共平面的网络结构。KBBF 晶体具有宽透光范围 (150~3660 nm)，也具有高损伤阈值 (900 GW/cm^2@1064 nm，80 ps，1 kHz)、高热导率 (2.5 W/(m·K))。该晶体的折射率色散方程如下 [27]：

$$n_{\mathrm{o}}^2 = 1.024248 + \frac{0.950278 \cdot \lambda^2}{\lambda^2 - 0.073855^2} + \frac{0.1960298 \cdot \lambda^2}{\lambda^2 - 0.129839^2} - 0.011391 \cdot \lambda^2$$

$$n_{\mathrm{e}}^2 = 0.941154 + \frac{0.868469 \cdot \lambda^2}{\lambda^2 - 0.064696^2} + \frac{0.125664 \cdot \lambda^2}{\lambda^2 - 0.119622^2} - 0.004474 \cdot \lambda^2 \tag{6.2-10}$$

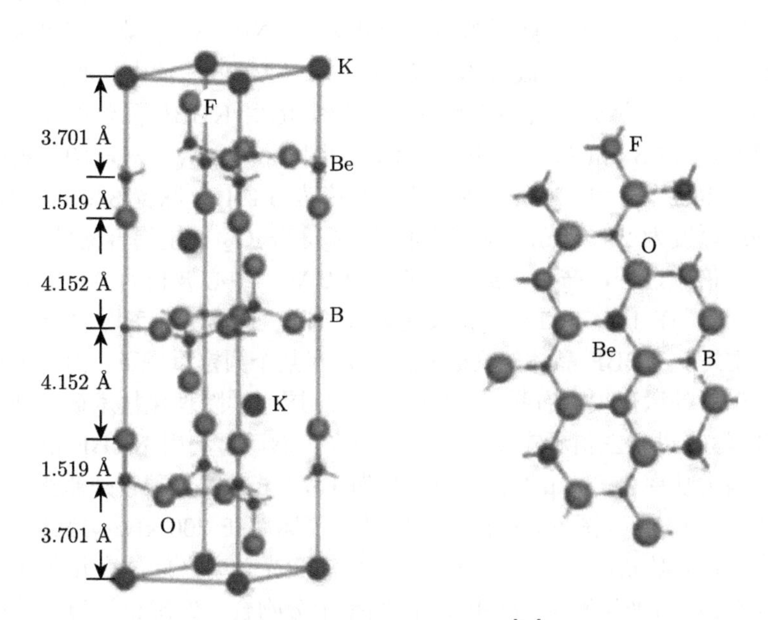

图 6.2-6 KBBF 晶体结构 [26]

在 KBBF 晶体使用过程中，考虑到该晶体具有层状结构，为了满足相位匹配，在切割时容易解理。因此，陈创天院士和许祖彦院士提出了一种棱镜耦合技术，棱镜的角度就是相位匹配角，如图 6.2-7 所示 [28]。

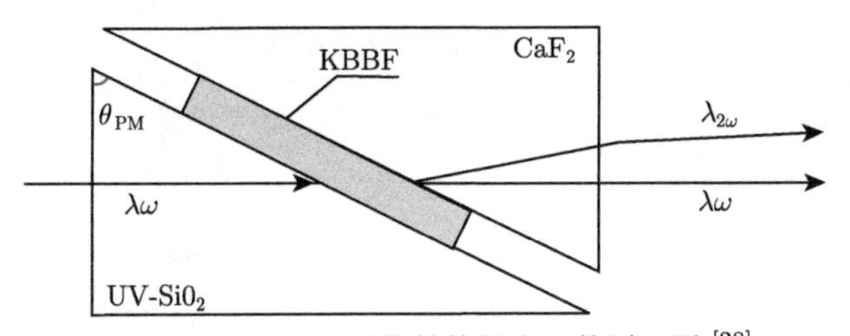

图 6.2-7 KBBF 晶体棱镜耦合器件原理图 [28]

由于倍频转换效率与基频光的聚焦功率密度成正比，而超快激光恰好具有高峰值功率的优势，所以可以利用单次通过倍频的方案获得深紫外激光。1996 年，陈创天院士与许祖彦院士合作，首次在 KBBF 晶体中直接倍频获得了 184.7 nm 深紫外激光 [29]。目前，基于 KBBF 晶体已实现脉宽覆盖飞秒、皮秒、纳秒、准连续等量级，能量覆盖焦耳、毫焦、微焦等量级，调谐范围覆盖 175~210 nm 的多种参数的深紫外脉冲激光 [30]。

2003 年，日本东京大学 T. Togashi 等首次利用 KBBF 晶体在掺钕激光器中产生了六次谐波 [31]。在重复频率为 80 MHz 下，Nd:YVO_4 激光三倍频后作为基频光，脉宽为 10 ps，中心波长为 355 nm。在 KBBF 晶体中倍频产生 2.5 mW、177.3 nm 的深紫外激光，转换效率仅有 0.1%。随着 KBBF 晶体的光学性能和厚度不断提升，177.3 nm 激光的输出功率增加到 12.95 mW，对应的转换效率提升到 0.37%。2009 年，T. Kanai 等在重复频率为 5 kHz、脉宽 340 ps 的钛宝石激光器中利用厚度为 2.71 mm、深度光胶 CaF_2 和 SiO_2 棱镜耦合器件的 KBBF 晶体实现了四倍频过程，产生了最大功率为 1.2 W、中心波长为 200 nm 的皮秒激光 [32]。此外，在 185~200 nm 波长连续可调谐，且输出功率均大于 1 W。无论如何，以往关于 KBBF 晶体的文献报道都是在某个固定重频下，而可调谐重频下的全固态深紫外激光很少有报道。2014 年，中国科学院理化技术研究所 Xu 等将 Nd:YVO_4 激光进行三倍频产生 355 nm 激光，然后再利用 KBBF 晶体中的二次谐波产生最大功率为 695 μW、中心波长为 177.3 nm 的皮秒紫外激光，实验装置如图 6.2-8 所示 [33]。图 6.2-9 描述了脉冲重复频率在 200 kHz~1MHz 下的二次谐波 177.3 nm 激光输出功率与 355 nm 泵浦激光功率之间的变化关系，实验测量 (图中 Exp) 与理论测量 (图中 Cal) 结果十分吻合。经理论计算，紫外光的脉宽为 5.88 ps，光谱宽度为 7.84 pm。

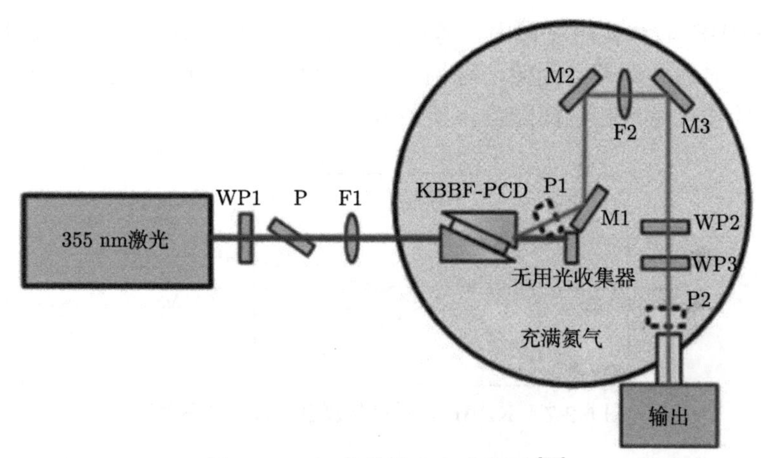

图 6.2-8 深紫外激光实验装置 [33]

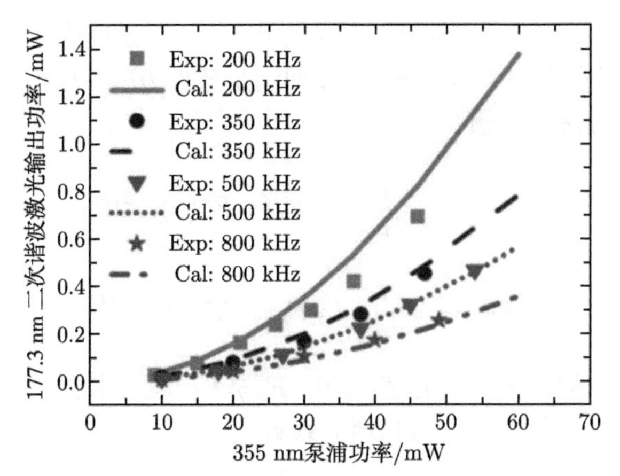

图 6.2-9 当脉冲重复频率在 200 kHz~1MHz 时，177.3 nm 二次谐波激光输出功率与 355 nm 泵浦功率的变化关系 [33]

6.3 超快激光的差频

与传统中红外激光相比，通过差频技术可以产生的中红外激光具有宽调谐、光束质量好、成本低等优势，大大拓宽了输出激光波长范围，已经广泛应用在气体检测、红外探测、太赫兹产生、非线性频率变换等领域。DFG 就是将频率较高的泵浦光和频率相对较低的信号光入射到非线性晶体中，由于光与非线性晶体的二阶非线性效应，产生频率空闲光。由于差频效应所产生的空闲光频率比泵浦光和信号光的频率均低，通常我们称之为频率下转换或能量下转换 [1]。差频过程原理如图 6.3-1 所示。

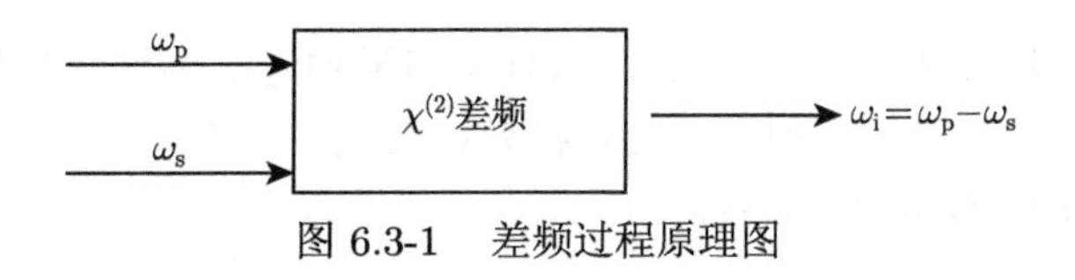

图 6.3-1 差频过程原理图

对于差频过程，同样利用耦合波方程组 (6.1-16)，根据小信号近似条件，假定入射光波的振幅为 $E_0(\omega_3, z)$ 和 $E_0(\omega_1, 0)$，在相互作用过程中不发生变化，即为常数。此时频率为 ω_2 的差频光的振幅为

$$E(\omega_2, z) = \frac{\mathrm{i}\omega_2^2}{k_2c^2} d_{\mathrm{eff}} E_0(\omega_1, 0) E_0(\omega_3, 0) z \tag{6.3-1}$$

以及

$$\varphi_{\omega_3} - \varphi_{\omega_2} - \varphi_{\omega_1} \pm \frac{\pi}{2} = 0 \tag{6.3-2}$$

在实际过程中，利用两束近红外的激光进行差频，是产生波长较长的红外激光的主要方法之一。在小信号近似条件下，即满足条件 $\partial E_{\mathrm{p}}/\partial z \approx 0$，方程组 (6.1-16) 转化为以下的耦合波方程组：

$$\frac{\partial E_{\mathrm{s}}(z)}{\partial z} = \frac{\mathrm{i}\omega_{\mathrm{s}}}{n_{\mathrm{s}}c} d_{\mathrm{eff}} E_{\mathrm{p}}(z) E_{\mathrm{i}}^{*}(z) \mathrm{e}^{-\mathrm{i}\Delta kz}$$

$$\frac{\partial E_{\mathrm{i}}(z)}{\partial z} = \frac{\mathrm{i}\omega_{\mathrm{i}}}{n_{\mathrm{i}}c} d_{\mathrm{eff}} E_{\mathrm{p}}(z) E_{\mathrm{s}}^{*}(z) \mathrm{e}^{-\mathrm{i}\Delta kz} \tag{6.3-3}$$

为解上述方程组，初始条件设为 $E_{\mathrm{i}} = 0$，$E_{\mathrm{s}} \neq 0$，通过求解 z 的常微分方程组可以得到小信号近似条件下的信号光增益系数：

$$G = \frac{E_{\mathrm{S}}(z)}{E_{\mathrm{S}}(0)} = 1 + (\Gamma z)^2 \left(\frac{\sinh B}{B} \right) \tag{6.3-4}$$

其中，

$$B = \left[(\Gamma z)^2 - \left(\frac{\Delta kz}{2} \right)^2 \right]^{\frac{1}{2}}$$

$$\Gamma = 4\pi d_{\mathrm{eff}} \left(\frac{I_{\mathrm{p}}}{2\varepsilon_0 n_{\mathrm{p}} n_{\mathrm{s}} n_{\mathrm{i}} c \lambda_{\mathrm{s}} \lambda_{\mathrm{i}}} \right)^{\frac{1}{2}}$$

式中，I_{p} 为入射泵浦光的强度，闲频光的振幅可以表示为

$$E_{\mathrm{i}}(z) = \frac{\mathrm{i}\omega_{\mathrm{i}} d_{\mathrm{eff}}}{n_{\mathrm{i}} c B} E_{\mathrm{p}} E_{\mathrm{s}}^{*}(0) \sinh(B) \mathrm{e}^{-\mathrm{i}\Delta kz/2} \tag{6.3-5}$$

由式 (6.3-4) 和式 (6.3-5) 可以看出，信号光和闲频光的场振幅与相位失配量 Δk 密切相关，当 Δk 约等于 0 时，参量转换效率最高。一般情况下，相位失配量 Δk 和晶体长度 L 应该满足以下条件：

$$|\Delta k| L < \pi \tag{6.3-6}$$

当 $\Delta kL \approx \pi$ 时，信号光增益约为峰值增益的 0.4 倍，同时也可以看出，Δk 受到晶体长度 L 的限制。$\Delta k = 0$ 时，称为相位匹配，$\Delta k \neq 0$ 时，称为相位失配，这时参量转换效率会急速下降。

2012 年，笔者团队的玄洪文将 798 nm 的钛宝石放大激光与 1064 nm 的皮秒激光在 MgO:PPLN 晶体中差频产生了 3.192 μm 的中红外激光，输出功率仅有 10 μW，实验装置如图 6.3-2 所示 [34]。通过将泵浦光波长从 800 nm 调节到 804 nm，对应的闲频光也从 3.22 μm 调谐到 3.29 μm，如图 6.3-3 所示。

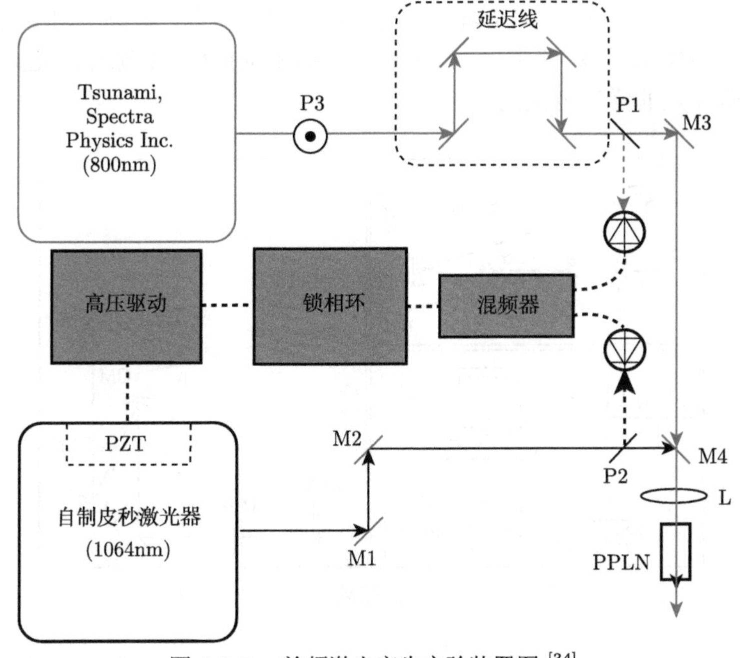

图 6.3-2　差频激光产生实验装置图 [34]

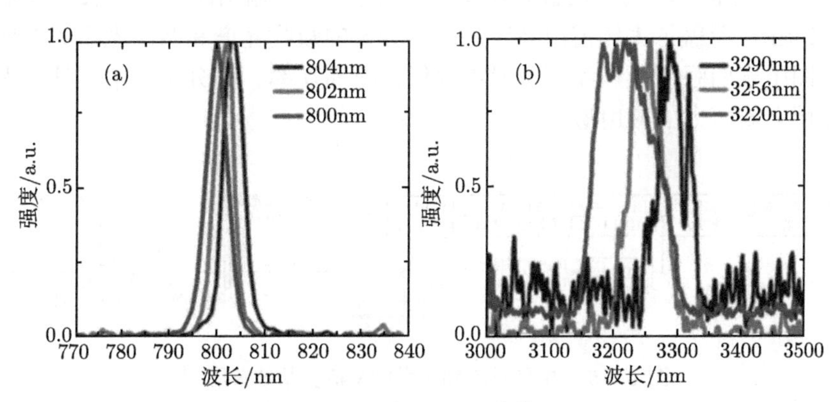

图 6.3-3　中红外激光波长调谐实验结果 [34] (彩图请扫封底二维码)

差频产生超短脉冲的两个泵浦光源可以是两个激光器产生的超短脉冲，也可以是同一个激光脉冲里的两个不同光谱成分差频。对于两个飞秒激光器差频首先要解决的问题是同步问题。同步激光器主要有主动同步和被动同步两种。但是无论是哪一种同步激光器，外界的干扰使激光器同步时间有限，另外也存在一定的同步精度问题。为了解决上述困难，2009 年，笔者团队的赵研英采用宽谱激光器的两个不同光谱成分差频也可以产生飞秒中红外脉冲，实验装置如图 6.3-4 所

示 [35]。采用一个脉冲的不同光谱差频的优点有如下两点：解决了同步问题；产生的载波包络相移 (CEO) 为零 (也就是载波包络相位自稳) 的脉冲。尤其是第二点对阿秒的研究是非常有意义的。

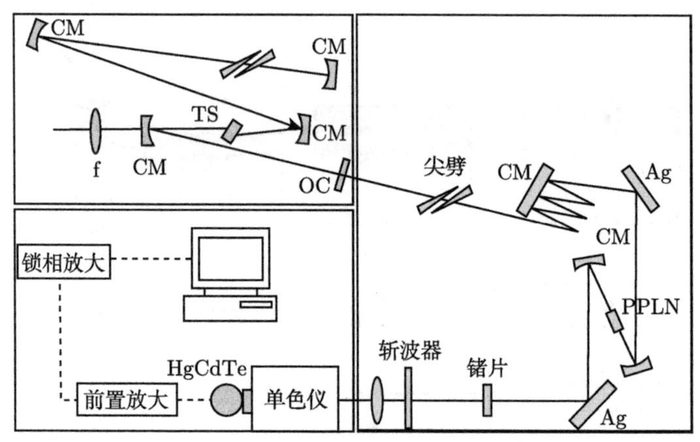

图 6.3-4　宽谱自差频实验示意图 [35]

2015 年，美国 Flavio 等在 3 mm 厚的 MgO:PPLN 晶体中差频实现了中红外飞秒光学频率梳，实验装置如图 6.3-5 所示 [36]。输出闲频光波长调谐范围为 2.8~3.5 μm，覆盖了大气窗口波段。气体分子的吸收光谱和两个光学频率梳差频的干涉图中表明强度噪声和相位噪声较低，在高功率、高分辨率中红外双光学频率梳领域有着巨大的应用潜力。

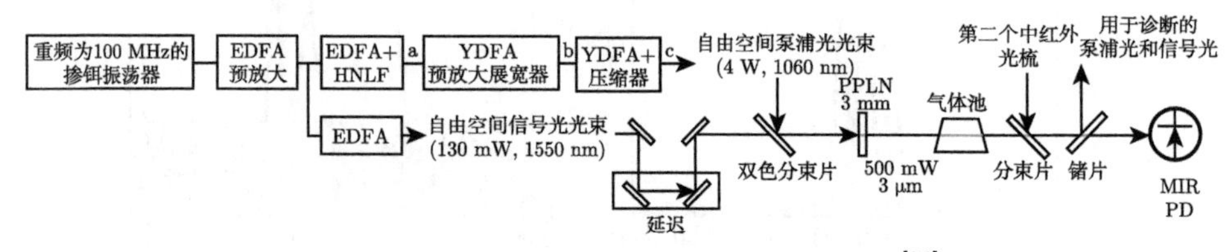

图 6.3-5　中红外差频光学频率梳实验装置图 [36]

6.4　超快激光的参量振荡

早期，飞秒 OPO 的泵浦源主要是 KLM 钛宝石激光器，但是钛宝石激光器的量子效率较低、最大输出功率低于 4 W、成本较高等缺点限制了飞秒 OPO 的发展。最近几年，高功率、低成本掺镱全固态飞秒激光器和掺镱飞秒光纤放大器不断发展成熟，成为飞秒 OPO 的另外一种综合性能非常优异的泵浦源。此外，通过将掺镱的飞秒激光进行倍频产生的绿光也可以作为飞秒 OPO 的泵浦源来同时获得可见–近红外波段激光。因此，本节将重点介绍可见–中红外波段光学参量振荡器研究进展。首先，介绍飞秒钛宝石激光同步泵浦的光学参量振荡器原理与研究现状，并分析其优势和劣势。然后，阐述锁模 Yb:KGW 飞秒激光同步泵浦的光学参量振荡器的实现方法，并且详细总结最新研究进展。接着，研究腔内倍频的超快光学参量振荡器产生技术和研究现状。最后，讨论飞秒可见光同步泵浦的光学参量振荡器技术，并作出展望。

6.4.1 飞秒钛宝石激光同步泵浦的 OPO

1991 年，KLM 钛宝石振荡器的出现为飞秒 OPO 提供了优秀的泵浦源，利用不同的非线性晶体，钛宝石振荡器泵浦的飞秒 OPO 如今已经可以输出 590~800 nm 波长范围的飞秒脉冲，如图 6.4-1 所示 [37]。1995 年，法国国家科学研究中心 (CNRS) F. Hache 研究组利用倍频的钛宝石振荡器泵浦 BBO-OPO，获得了 590~666 nm 连续可调的信号光输出，其中 610 nm 信号光的脉冲宽度只有 13 fs，是迄今从飞秒 OPO 中直接得到的最窄脉宽 [38]。1999 年，英国圣安德鲁斯大学 W. Sibbett 研究组利用钛宝石飞秒振荡器直接同步泵 PPLN-OPO，得到了 2.8~6.8 μm 连续可调的空闲光输出 [39]。2001 年，德国凯撒斯劳滕大学的 R. Wallenstein 研究组利用钛宝石飞秒激光振荡器泵浦 CTA-OPO 产生了 120 fs、470 mW 的 1.55 μm 信号光，然后利用 1.55 μm 的飞秒脉冲泵浦 $AgGaSe_2$-OPO 得到了 1.93~2.49 μm 的信号光以及 4.1~7.9 μm 的空闲光输出 [40]。2015 年，西班牙光子科学研究所 (ICFO)M. Ebrahim-Zadeh 研究组利用钛宝石飞秒振荡器泵浦的 PPLN-CSP-OPO 也同样获得了 6~8 μm 的飞秒空闲光以及 1170~1240 nm 的信号光输出 [41]，如图 6.4-2 所示。

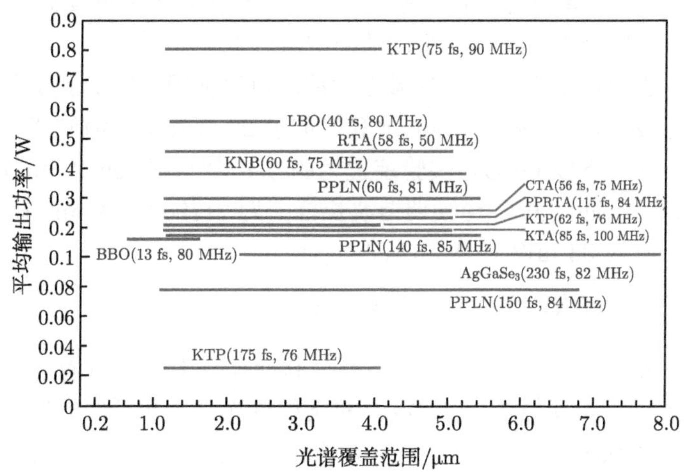

图 6.4-1 钛宝石激光泵浦的飞秒 OPO 部分实验结果图 [37]

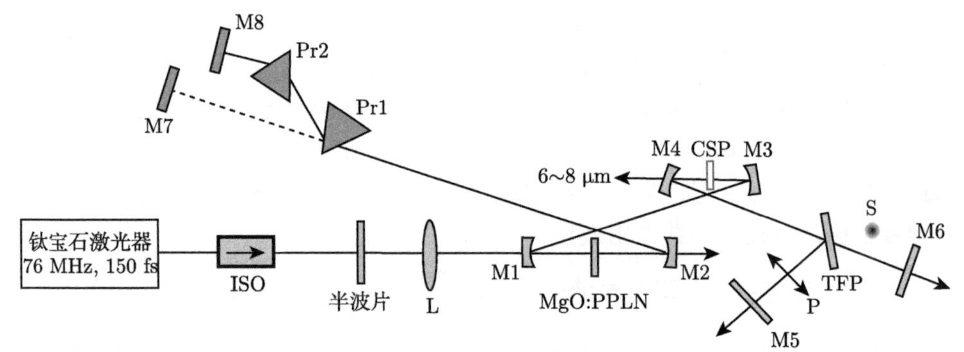

图 6.4-2 钛宝石激光泵浦 PPLN-CSP-OPO 产生 6~8 μm 信号光的实验装置图 [41]

2007 年，笔者团队的朱江峰等采用自建的飞秒钛宝石激光振荡器同步泵浦 MgO:PPLN 光参量振荡器，在国内首次实现了飞秒激光脉冲的参量振荡。所得输出信号光的最高功率为 130 mW，典型的脉冲宽度为 167 fs，可调谐范围为 1.1~1.3 μm[42]。

在输出功率方面，由于钛宝石飞秒振荡器的最高输出功率一般不到 3 W，其泵浦 OPO 产生的最大信号光功率目前只有 1.1 W，相应的单脉冲能量为 14 nJ 左右 [37]。因此飞秒 OPO 的一个重要发展趋势是向更高功率、更高单脉冲能量发展。

为了提高单脉冲能量，可以利用腔倒空技术降低飞秒 OPO 的重复频率。2005 年，韩国浦项工科大学的 C. K. Min 和 T. Joo 采用腔倒空技术得到了重复频率为 1 MHz、单脉冲能量为 90 nJ、脉宽小于 60 fs 的信号光，其泵浦源为 81.5 MHz 的钛宝石飞秒振荡器，参量晶体为 PPLN，见图 6.4-3[43]。2016 年，他们利用相同的实验装置，将泵浦源输出功率提高到 1 W，参量晶体换为 PPSLT，获得 130 nJ、500 kHz 的信号光脉冲，脉宽为 42 fs[44]。130 nJ 也是目前钛宝石振荡器泵浦飞秒 OPO 输出的最大单脉冲能量。腔倒空技术虽然可以大幅度地提高单脉冲能量，但是以牺牲重复频率为代价，其平均功率一般较低。

为了获得少周期量级的中红外激光脉冲，可以使用窄脉宽的钛宝石激光作为 OPO 泵浦源。2014 年，S. C. Kumar 等报道了 20 fs 钛宝石激光器泵浦的少周期量级、宽带中红外飞秒 OPO，实验装置见图 6.4-4[45]。在 2682 nm 处产生了 3.7 个周期的闲频光脉冲。OPO 连续调谐波长范围为 2179~3732 nm，在 3723 nm 处获得了输出功率为 33 mW 的激光脉冲。

6.4.2 锁模 Yb:KGW 激光同步泵浦的 OPO

高功率、宽可调谐近红外–中红外超短脉冲在众多领域有着非常重要而且很广泛的应用需求，尤其是 1.5 μm 波段的飞秒激光由于光纤中的低损耗而广泛应用在超快光通信领域 [46]。此外，1.7 μm 波段的超短脉冲也可作为中红外光学参量振荡器的泵浦源进而产生太赫兹，这样也可以避免 1 μm 泵浦 OPO 中的双光子吸收问题。此外，3~5 μm 波段的中红外激光可用于红外成像制导，推动定向红外对抗系统的发展 [47,48]。而 OPO 由于具有相干性好、宽可调谐、信噪比高等优点成为获得上述波段的光源最为常用的方法之一。最近几年，掺镱全固态激光器和掺镱光纤放大器由于具有高功率、结构紧凑和成本低的优势，成为 OPO 的另外一种良好的泵浦源，其输出功率可达几十瓦甚至上百瓦。考虑到掺镱全固态激光器结构更紧凑，成本更低，因此本节主要讨论克尔透镜锁模 Yb:KGW 激光同步泵浦 OPO 产生技术和研究现状。

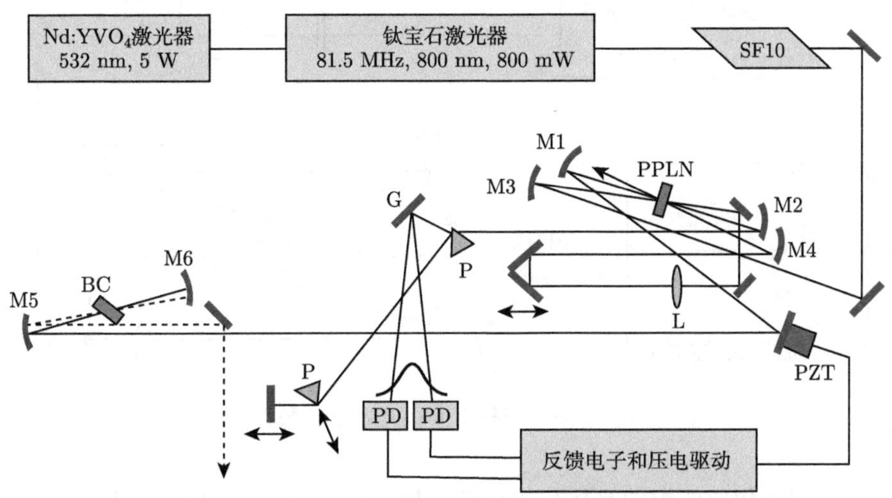

图 6.4-3　腔倒空飞秒 OPO 产生 90 nJ 单脉冲能量实验装置图 [43]

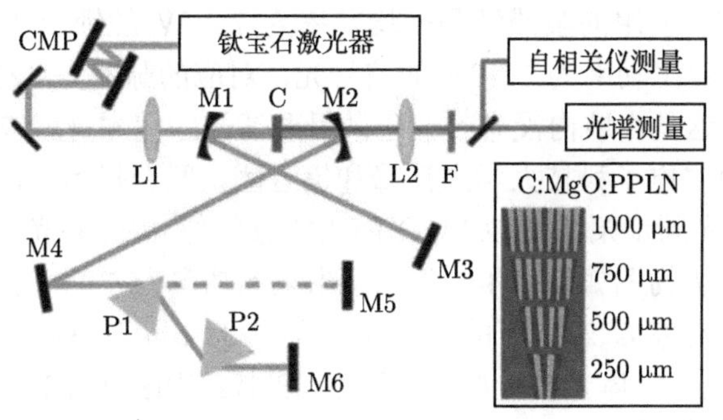

图 6.4-4　少周期量级钛宝石激光器泵浦 OPO 实验装置图 [45]

2018 年，笔者团队报道了 1030 nm 激光泵浦的飞秒 $KTiOAsO_4$(KTA) 光学参量振荡器，实验装置如图 6.4-5 所示 [49]。产生的信号光和闲频光脉冲波长调谐范围分别为 1410~1710 nm 和 2.61~3.84 μm。最终在 1.55 μm 处获得了最大平均功率为 2.32 W 的信号光，在 3.05 μm 处获得了最大输出功率为 1.31 W 的闲频光。但是，由于光学参量振荡器输出激光光谱相当宽，这就需要消耗更多的泵浦光，泵浦功率阈值高达 3.11 W[53]。此外，KTA 晶体需要双折射相位匹配，晶体需要按照特定的角度切割，这会使得入射光与晶体相互作用时存在走离效应，同时也很难充分利用最大的有效非线性系数，这限制了输出功率提升。

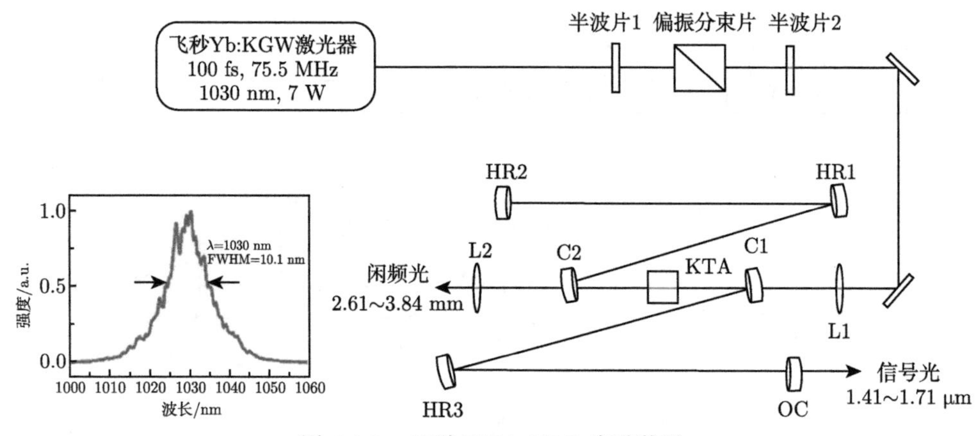

图 6.4-5　飞秒 KTA-OPO 实验装置

而采用准相位匹配的晶体可以避免上述问题，MgO:PPLN 准相位匹配晶体具有高有效非线性系数 (27.4 pm/V)、宽的透过范围和准相位匹配的优点，成为综合性能最为优异的非线性晶体之一。2011 年，双波长飞秒 MgO:PPLN 光学参量振荡器被报道，使用的泵浦源是平均功率为 7.4 W 的锁模 Yb:KGW 激光器。最终获得了最大输出功率为 1.5 W 的信号光，对应的脉宽为 425 fs。可见，输出激光脉宽较宽，这是由腔内没有补偿色散且泵浦光脉宽本身就较宽所导致 [50]。

2021 年，西安电子科技大学朱江峰和笔者团队联合报道了高功率克尔透镜锁模 Yb:KGW 激光同步泵浦飞秒 MgO:PPLN 近红外–中红外光学参量振荡器，实验装置示意图和实物图如图 6.4-6 所示。当泵浦功率为 7 W 时，在 1500 nm 处获得了最大输出功率为 2.2 W 的信号光，在 3234 nm 处获得了最大输出功率为 0.53 W 的闲频光，整体光光转换效率可达 38.6%。如图 6.4-7 所示，信号光和闲频光覆盖波长范围为 1377~1730 nm 和 2539~4191 nm。闲频光在 3613 nm 处的半峰全宽为 185 nm。最后，测量了 OPO 输出参量光的时域特性。通过腔内精确补偿色散，在 1428 nm 处获得了最短脉宽为 170 fs 的信号光脉冲。

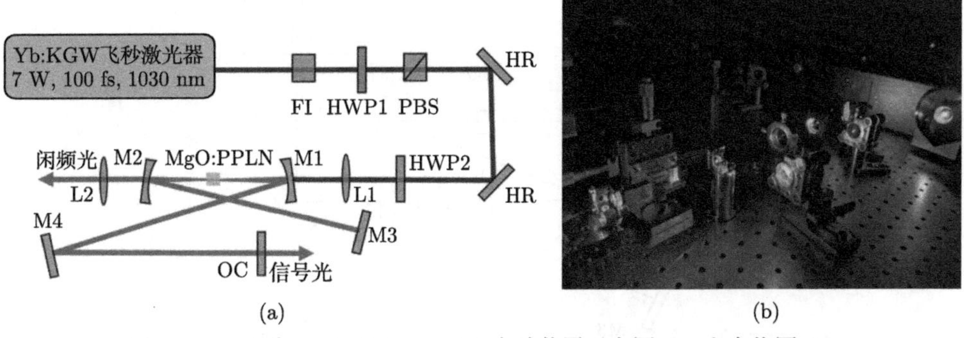

图 6.4-6 飞秒 MgO:PPLN-OPO 实验装置示意图 (a) 和实物图 (b)

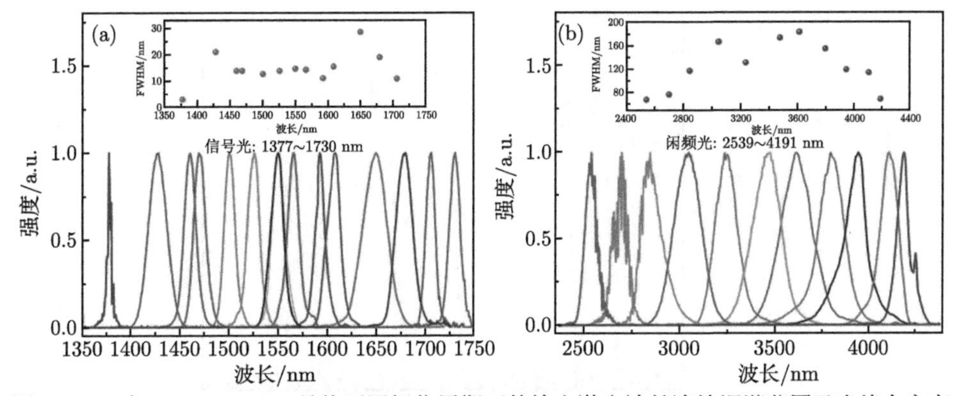

图 6.4-7 在 MgO: PPLN 晶体不同极化周期下的输出激光波长连续调谐范围及半峰全宽变化情况: (a) 信号光; (b) 闲频光 (彩图请扫封底二维码)

6.4.3 腔内倍频的超快 OPO

在前面 6.2.1 节已经详细讲述了腔内倍频的优势，本节主要讨论腔内倍频的超快 OPO 产生技术和研究现状。钛宝石激光同步泵浦的飞秒 OPO 输出波长可以覆盖近红外–中红外波段，对于 500~800 nm 的可见光，通过克尔透镜锁模的钛宝石激光或者倍频激光也是很难覆盖此波段的。为了进一步拓宽输出激光波长范围获得可见光，可以利用钛宝石激光同步泵浦 OPO 产生近红外激光，再在腔内插入倍频晶体从而实现可见光输出。这种腔内倍频 OPO 的方式，由于腔内信号光较强、空间模式匹配良好、光束质量较好等优势，可以产生高功率、高效率的可见光飞秒脉冲。目前，也已经有各种类型的非线性晶体腔内倍频 OPO 的报道。

2013 年，笔者团队实现了克尔透镜锁模钛宝石激光同步泵浦 PPLN 光学参量振荡器，实验装置如图 6.4-8 所示 [51]。通过在腔内插入 LBO 晶体并且调节腔长，输出激光在 624~672 nm 波长范围内连续可调谐，如图 6.4-9 所示。当泵浦功率为 2.2 W 时，输出激光的最大功率在 260 mW，相应的脉宽为 205 fs。

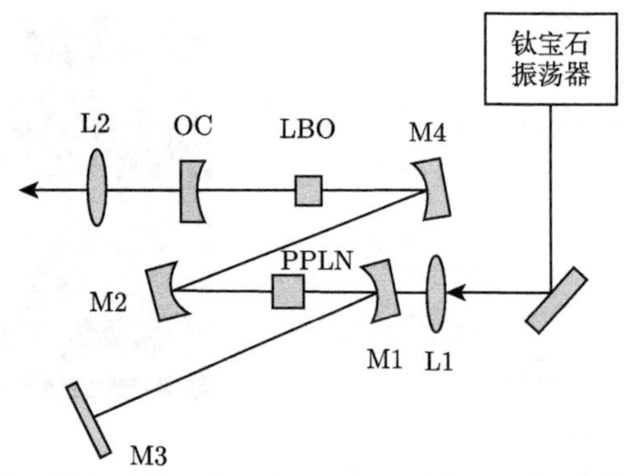

图 6.4-8　钛宝石激光同步泵浦腔内倍频飞秒光学参量振荡器实验装置图 [51]

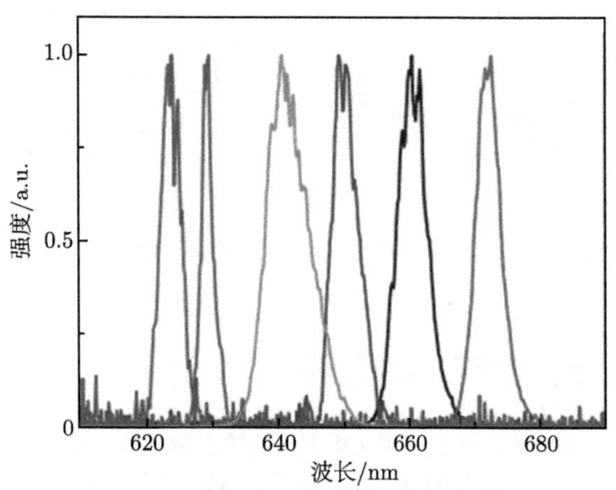

图 6.4-9　腔内 LBO 倍频飞秒光学参量振荡器输出激光连续调谐光谱 [51]
(彩图请扫封底二维码)

前面讲述了钛宝石激光同步泵浦腔内倍频 OPO 的产生技术，但是由于钛宝石激光平均功率较低，限制了 OPO 腔内倍频输出可见光功率，影响了实际应用。近几年，高功率掺镱激光同步泵浦飞秒 OPO 不断发展成熟，通过腔内倍频可以产生更高功率的可见光。2015 年，笔者团队将腔内倍频技术应用在近红外飞秒光学参量振荡器中，实验装置如图 6.4-10 所示 [52]。首先，泵浦源是平均功率 3 W、脉宽 350 fs 的 Yb:LYSO 激光器，为了避免 OPO 回光干扰掺镱飞秒激光源锁模状态，后续插入一个隔离器，并用半波片改变偏振来满足 PPLN 晶体偏振要求。为了实现腔内倍频，腔内插入一对小曲率的凹面镜，并将厚度为 1 mm、掺杂浓度为 5%(摩尔分数) 的 PPLN 倍频晶体放置在两凹面镜中间，从而产生二次谐波。如图 6.4-11 所示，倍频光的波长连续调谐范围为 767~874 nm，对应的基频光范围为 1534~1748 nm。倍频光输出波长为 792 nm 时对应的光谱和强度自相关曲线如图 6.4-12 所示，光谱半峰全宽为 4 nm。考虑到腔内没有补偿色散，实际测量的脉宽为 313 fs，为极限脉宽的 2 倍。在 798 nm 处的腔内倍频 OPO 最大输出功率为 180 mW。

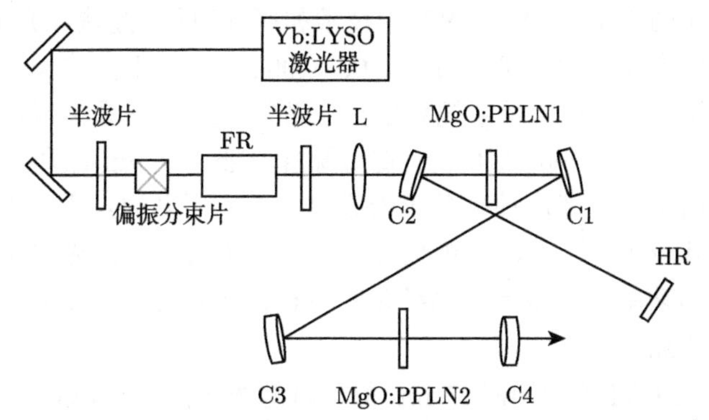

图 6.4-10 腔内倍频飞秒近红外光学参量振荡器实验装置图 [37]

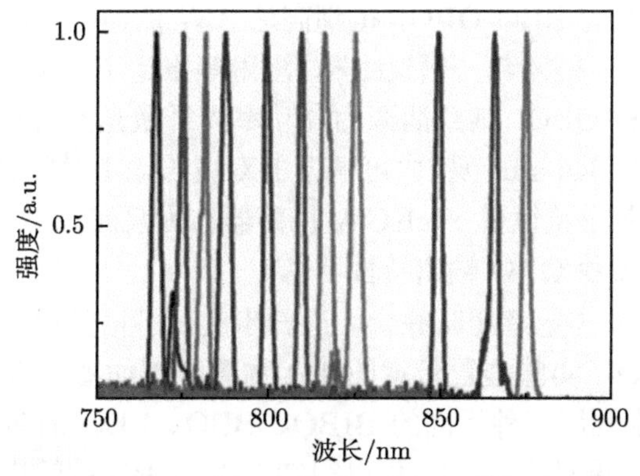

图 6.4-11 腔内倍频 OPO 的二次谐波调谐特性 [37] (彩图请扫封底二维码)

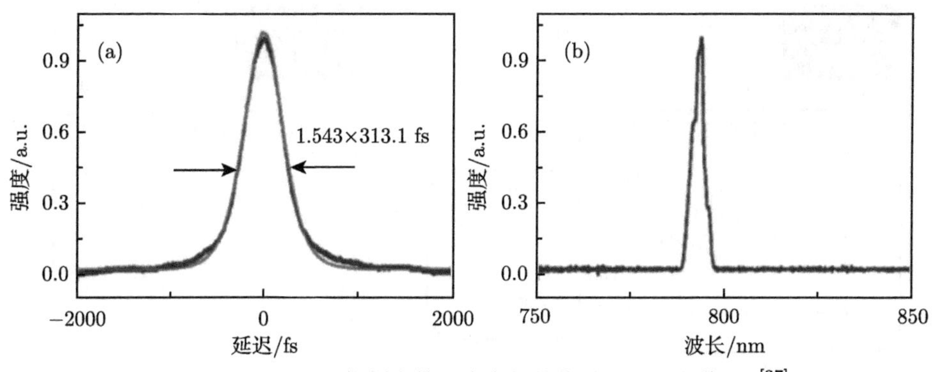

图 6.4-12 792 nm 倍频光的强度自相关信号 (a) 和光谱 (b)[37]

6.4.4　飞秒可见光同步泵浦的 OPO

在 6.2.1 节已经详细讲述了腔外倍频产生飞秒可见光的实现方法，本节主要讨论飞秒可见光同步泵浦 OPO 的产生技术和研究现状。超快绿光 (500~560 nm) 同步泵浦的光学参量振荡器能够提供 700~1000 nm 范围内波长连续可调的超短脉冲，在生物光子学、相干反斯托克斯拉曼散射 (CARS) 显微成像和脑科学等应用领域具有重要意义。500~560 nm 超短脉冲一般由 1 μm 波段的超快激光器倍频得到，最初由于高功率皮秒光源较为成熟，人们更多的是研究皮秒绿光同步泵浦的 OPO 及其应用 [53−57]，近年来随着高功率掺镱固态激光器包括光纤激光器的蓬勃发展，高功率的飞秒绿光已经触手可得，飞秒绿光同步泵浦的 OPO 随即迅速成为研究热点。

2011 年，C. Cleff 等利用 525 nm 的飞秒绿光泵浦 LBO-OPO，得到了 780~940 nm 波长范围连续可调的近红外飞秒脉冲，可以输出最大 250 mW 的信号光 [58]；2012 年，T. Lang 等利用 $Yb{:}KLu(WO_4)_2$ 碟片激光器倍频产生的 15 W 飞秒绿光泵浦非共线的 BBO-OPO，得到高达 3 W 的信号光，且信号光调谐范围覆盖 680~850 nm[59]；2014 年，天津大学顾澄琳等报道了基于 LBO 晶体非临界相位匹配的双波长飞秒 OPO，其泵浦源为高功率光纤激光器倍频产生的 520 nm 飞秒绿光，得到了 658~846 nm 范围内可调谐的双波长输出 [60]。2015 年，J. Vengelis 等研究了以倍频克尔透镜锁模 Yb:KGW 振荡器作为泵浦源，分别以 BBO 和 LBO 作为非线性晶体的飞秒 OPO 输出特性 [61]。

2016 年，朱江峰与笔者团队联合，进一步实现了倍频锁模 Yb:KGW 激光同步泵浦的飞秒 OPO，实验装置示意图和实物图分别如图 6.4-13 和图 6.4-14 所示 [37]。实验中分别利用三种不同的 BIBO、BBO、LBO 晶体研究 OPO 输出激光特性，对比实验结果见表 6.4-1。可以得知 LBO-OPO 的输出特性最为优异。尽

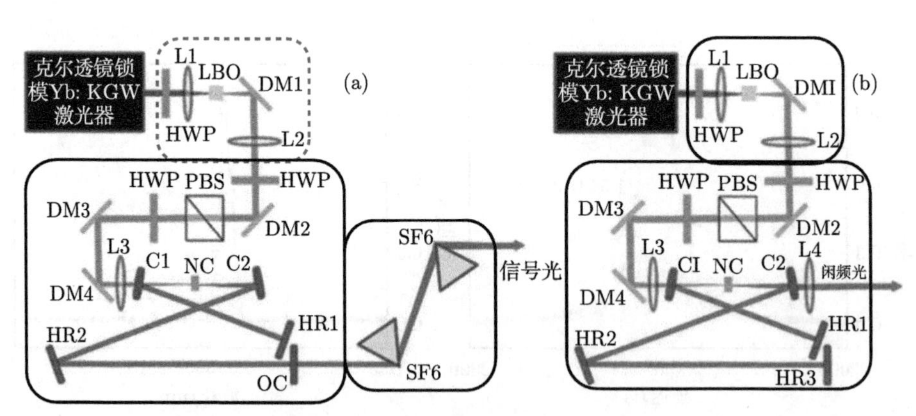

图 6.4-13　飞秒绿光同步泵浦 OPO 的实验装置图：(a) 信号光输出；(b) 闲频光输出 [52]

管 LBO 晶体的有效非线性系数只有 0.85 pm/V，但因其非常低的色散以及较小的群速度失配而允许我们用比较长的晶体，从而弥补了其有效非线性系数上的不足。BIBO-OPO 的输出特性略好于 BBO-OPO，而 BBO-OPO 的最大优势是其光束质量非常好，长期的功率稳定性也很高。但 LBO 晶体在高功率泵浦条件下非常容易产生双波长运转，而 BIBO-OPO 则不存在这种现象，而且 BIBO 的角度调谐范围也比 BBO 和 LBO 大很多，有利于实现信号光波长的精细调谐。

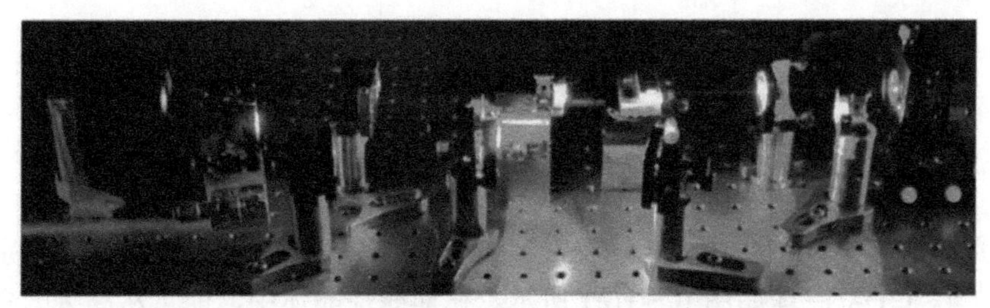

图 6.4-14 飞秒绿光同步泵浦 OPO 运行实物图 [52]

表 6.4-1 BIBO-OPO、BBO-OPO 和 LBO-OPO 的输出特性 [52]

晶体	信号光调谐范围	最大输出功率	光光转换效率	最短信号光脉冲	光束质量	功率稳定性
1 mm BIBO	688 ~ 1030 nm (1030 nm 为简并点)	1.09 W	30%	149 fs (压缩前)	$M_x^2 = 1.428$, $M_y^2 = 1.409$	RMS = 2% (1 h)
3 mm BBO	633 ~ 957 nm	1.06 W	29.40%	189 fs	$M_x^2 = 1.252$, $M_y^2 = 1.26$	RMS = 1.2% (1 h)
5 mm LBO	660 ~ 1030 nm	1.9 W	52.7%	81 fs	$M_x^2 = 1.33$, $M_y^2 = 1.369$	RMS = 1.6% (2 h)

飞秒可见光同步泵浦的高重频 OPO 在光学频率梳领域具有重要应用，采用环形腔结构和谐波泵浦方式可以将重复频率提升到 GHz 量级。2016 年，联合团队的田文龙等利用 4 W 飞秒绿光作为泵浦源，采用谐波泵浦方式，在国际上首次实现了 755 MHz 重频绿光泵浦飞秒 OPO 运转 [52]。为了进一步提升重复频率至 GHz 量级，2021 年，本团队的宋贾俊等使用曲率仅为 50 mm 的凹面腔镜进一步优化环形谐振腔，最终实现了重频为 1.13 GHz 的飞秒 OPO，实验装置如图 6.4-15(a) 所示 [62]。信号光重频为泵浦源重频的 15 倍，信号光光谱调谐范围为 700 ~ 1003 nm，最高平均功率 430 mW，最窄脉冲宽度 117 fs，光束质量接近基模。进一步，通过按比例改变 OPO 腔长的方式，实现了信号光重复频率以 75.5 MHz 为间隔，从 755 MHz~1.43 GHz 的调节，其中 1.43 GHz 为已经报道的绿光泵浦的最高重复频率信号光，其平均功率为 22 mW，中心波长为 750 nm，实验装置如图 6.4-15(b) 所示。

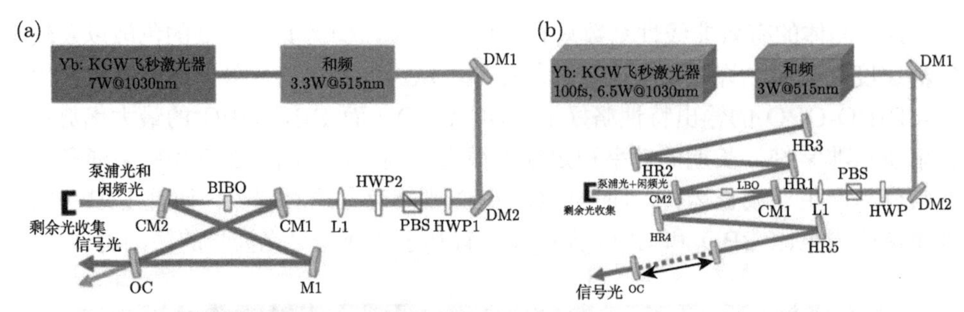

图 6.4-15 飞秒绿光同步泵浦 OPO 实验装置图：(a) 1.13 GHz OPO；(b) 重频可调 OPO[62]

6.5 超快激光的参量放大

光参量放大 (OPA) 概念由 Kroll、Kingston 等于 20 世纪 60 年代初分别独立提出 [63]。OPA 原理如图 6.5-1(a) 所示，在非线性晶体中，能量从高频的强脉冲泵浦激光 ω_3 转移到低频较弱的信号光 ω_1 中使得信号光被放大，同时产生闲频光 ω_2。图 6.5-1(b) 从微粒角度解释 OPA 过程，一个频率为 ω_3 的光子被材料的虚能级吸收，一个频率为 ω_1 的光子激发出两个频率分别为 ω_1 和 ω_3 的光子。OPA 与 DFG 本质上是相同的，区别仅在于入射光的强度。当入射的泵浦光和信号光强度相近时，此即为 DFG 过程；当入射的泵浦光能量明显高于信号光时，则视为 OPA 过程。OPA 过程的优势在于，结构较 OPO 更加简单，单次通过增益高，波长调谐性好。

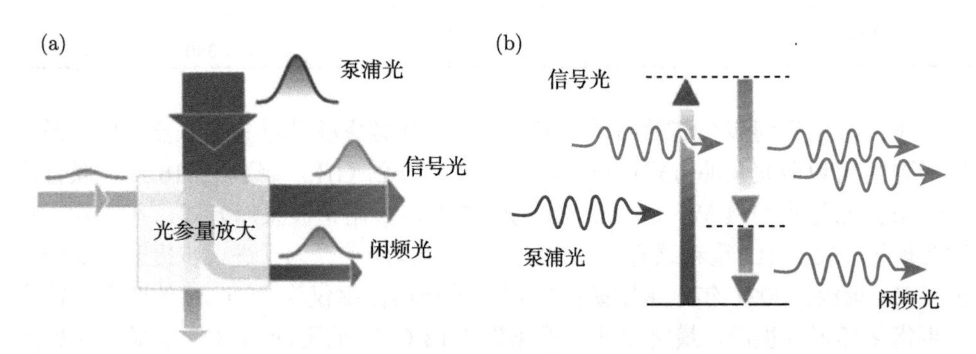

图 6.5-1 (a) OPA 原理；(b) 微粒解释

在 1.8 μm 波段，中佛罗里达大学的常增虎教授的课题组使用钛宝石激光作为系统的泵浦源，将压缩后脉宽为 30 fs 的 2.2 mJ 激光注入空芯光纤中进行光谱展宽，经过压缩后聚焦进 BIBO 晶体通过光谱内短波与长波成分的 DFG 过程产生能量为 1 μJ、覆盖 1.2~2.2 μm 的宽带信号光 [64]，实验装置如图 6.5-2 所示。而后将该信号光经过声光可编程色散滤波器 (AOPDF) 展宽到 4.4 ps，剩余的 50 nJ 信号光能量在后续三级非共线 OPA (non-collinear OPA, NOPA) 中保持宽带放大，输出 3 mJ 能量的脉冲。最后经过 150 mm 的熔石英材料进行压缩，得到了 11.4 fs 的输出结果。基于此光源，他们实现了 53 as 的单阿秒脉冲产生结果，光子能量达到了碳原子的 K 线吸收边 (284 eV)[65,66]。

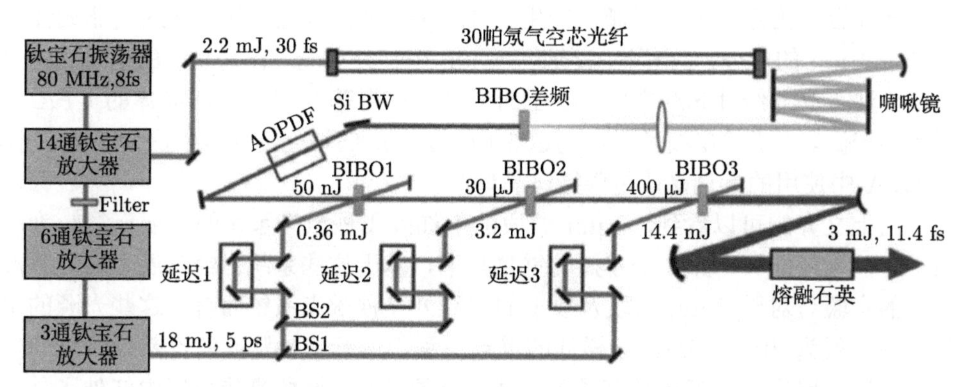

图 6.5-2 常增虎课题组建立的中心波长为 1.8 μm 的周期量级飞秒激光系统示意图

在 3 μm 波段，上海交通大学的钱列加教授课题组于 2013 年实现了 13.3 mJ、脉宽为 111 fs、重复频率为 10 Hz 的可调谐中红外飞秒激光输出，峰值功率达到了 120 GW，调谐范围为 3.3~3.95 μm[67]。他们使用电学同步的方式，将飞秒钛宝石激光放大器与皮秒 Nd:YVO_4 放大器同步起来，同步精度时间抖动值小于 10 ps。使用飞秒钛宝石激光放大器泵浦两级 OPA 系统，产生可调谐的中红外飞秒激光种子源，而后经过一级 OPA 放大后，将中红外激光经过 Öffner 展宽器把脉宽展宽到 430 ps，能量剩余 7 μJ，而后经过基于铌酸锂晶体的 OPCPA，将脉冲放大到了 29.5 mJ，经过压缩，得到了 13.3 mJ、111 fs 的脉冲输出。

在 4 μm 波段，维也纳大学 A. Baltuska 领导的研究团队实现了中心波长为 3.9 μm、脉冲能量为 8 mJ、脉冲宽度为 83 fs、重复频率为 20 Hz 的中红外激光输出 [68]。他们使用 Yb:KGW 克尔透镜锁模振荡器作为种子源，一方面，注入基于 Yb:CaF_2 晶体的 CPA 系统进行放大，分出少部分能量聚焦进块材料产生白光超连续 (white light continuum, WLC)，而后对白光超连续进行后续的基于 KTP 晶体的三级 OPA，得到了能量为 65 μJ、中心波长为 1460 nm 的信号光；另一方面，将振荡器输出光谱的 1064 nm 成分提取出来，经过 Nd:YAG 激光器将其放大为 70 ps、250 mJ 的脉冲，作为后续 OPCPA 系统的泵浦光。将 1460 nm 的信号光展宽后，对其进行两级 OPCPA，最终得到了 22 mJ 的 1.46 μm 信号光和 13 mJ 的 3.9 μm 闲频光。对闲频光进行压缩后，得到了 8 mJ、约 80 fs 的脉冲输出。

在 5 μm 波段的飞秒激光产生方面，研究人员做了很多尝试 [69,70]；直到 2017 年，L. Grafenstein 等实现了中心波长为 5.1 μm、脉冲能量为 1.3 mJ、脉冲宽度为 75 fs、重复频率为 1 kHz 的中红外少周期飞秒脉冲产生 [71]。他们使用掺铒的飞秒激光器作为系统的种子源，产生的 1.5 μm 飞秒激光一部分注入高非线性光纤产生 1 μm 的成分，两者差频产生 3.4 μm 中红外激光，作为系统的信号光；另一部分注入高非线性光纤产生 2 μm 的成分，作为基于 Ho:YLF 晶体的 CPA 系统的种子源。由于输出波长已经到达 5.1 μm，一般的氧化物非线性晶体不再适用，在 OPA 中使用的参量晶体是磷锗锌晶体。

由上文介绍可以看到，2 μm 波段的中红外飞秒激光系统的发展已经较为成熟，这些系统能够工作在千赫兹的重复频率，基于这些系统已经开展了阿秒脉冲产生的实验。对于 3 μm 波段及以上的中红外飞秒激光系统而言，这些光源的重复频率一般为 10~20 Hz，这样低的重频不利于进行阿秒脉冲的诊断以及时间分辨的光谱学研究。尽管已经有了千赫兹重频的 5 μm 波段毫焦量级中红外飞秒激光的报道，但是这样的系统往往需要使用 2 μm 波段的超快激光作为泵浦，这种泵浦光的实现本身便有较大的技术门槛。

2018 年，笔者团队何会军使用高平均功率飞秒钛宝石激光放大器作为泵浦源进行 OPA 研究，实验装置如图 6.5-3 所示 [72]。基于四级非共线光参量放大，在合计 12 mJ 的泵浦能量下 (1 kHz)，实现了 1.8 mJ 的 1.1 μm 信号光输出和 521 μJ 的 2.86 μm 闲频光输出，使用互相关的方法测量得到的中红外飞秒激光脉宽为 95 fs 左右，并实现了 2.86~3.6 μm 可调谐的中红外飞秒激光输出，如图 6.5-4 所示。

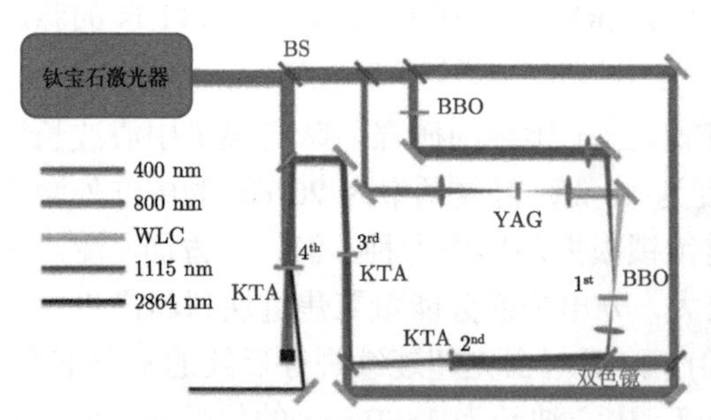

图 6.5-3　中红外飞秒激光产生的实验光路示意图 [72] (彩图请扫封底二维码)

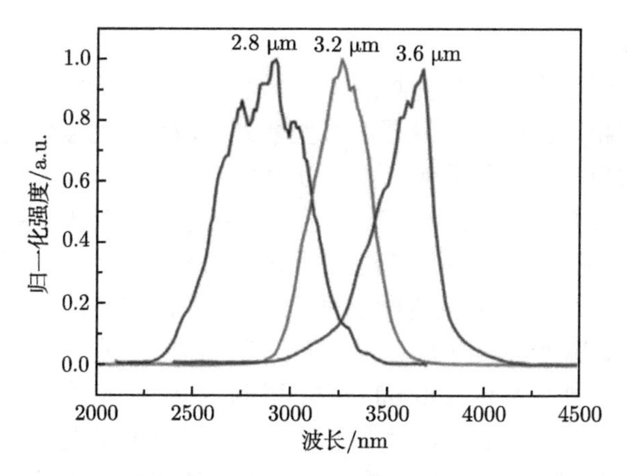

图 6.5-4 中红外飞秒激光输出光谱中心波长从 2.86 μm 调谐到 3.6 μm[72]

6.6 四波混频产生的极紫外飞秒激光脉冲

极紫外激光是指波长处于 10~121 nm 的激光，对应的光子能量为 10.25~124 eV，可以电离物质中的原子、分子等，因此只能在真空环境中传播。极紫外激光在光电子能谱、飞秒化学、阿秒科学、光刻等领域有着重要应用。目前，紫外飞秒激光脉冲主要是在固体和气体介质中产生。在固体介质中主要是通过多次谐波的方式产生，但是受限于传输波长，只能获得 200 nm 以上的激光。为了获得波长更短的极紫外飞秒脉冲，可以利用近红外激光与气体介质相互作用时发生的成丝现象中的非线性效应来产生 [73]。可见，在极紫外飞秒脉冲产生途径中，气体介质更占优势，但是其转换效率远低于固体介质。因此，利用四波混频或者谐波等成丝过程中的非线性效应方法产生极紫外激光，其关键是提高气体介质中的转换效率。目前，产生极紫外飞秒脉冲最为常用的方法是四波混频，因此本节主要讨论四波混频相关的理论基础和极紫外飞秒激光产生技术。

四波混频属于三阶非线性效应，产生原理如图 6.6-1 所示，当两个不同频率的光子 ω_1 和 ω_2 同时入射在非线性介质中，会产生两个新的频率为 ω_3 和 ω_4 的光子。其中，$\omega_3=\omega_1-(\omega_2-\omega_1)=2\omega_1-\omega_2$，$\omega_4=\omega_2-(\omega_2-\omega_1)=2\omega_2-\omega_1$。

图 6.6-1 四波混频产生原理

1993 年，A. Tunnermann 等利用 1905~185 nm 的可调谐纳秒脉冲激光器结合近谐振双光子激发多色四波混频的方法产生输出波长为 133~355 nm 极紫外–紫外可调谐皮秒超短脉冲 [74]，这是在真空紫外波段目前可以实现的最短波长，对应的能量为几微焦。在准分子激光波长为 193 nm (ArF)、308 nm (XeCl) 和 351 nm (XeF) 时，利用双通道放大在准分子激光放电中产生高功率短脉冲。在脉冲持续时间为 1 ps 范围内，分别获得了 1.9 mJ、3 mJ 和 2.8 mJ 的输出能量。

2010 年，德国马克斯•普朗克学会量子光学研究所的 M. Beutler 等利用 1 kHz 重复频率和 50 fs 脉冲持续时间下的钛宝石激光器的基波与氩中的三次谐波进行四波混频，产生了能量高达 240 nJ、中心波长为 160 nm 的飞秒脉冲, 实验装置如图 6.6-2 所示 [75]。与之前亚百飞秒脉冲相比，脉冲能量提高了 1 个数量级。脉宽测量是通过泵浦探头电离氙气，解释了五次谐波和基波之间的相互关系。

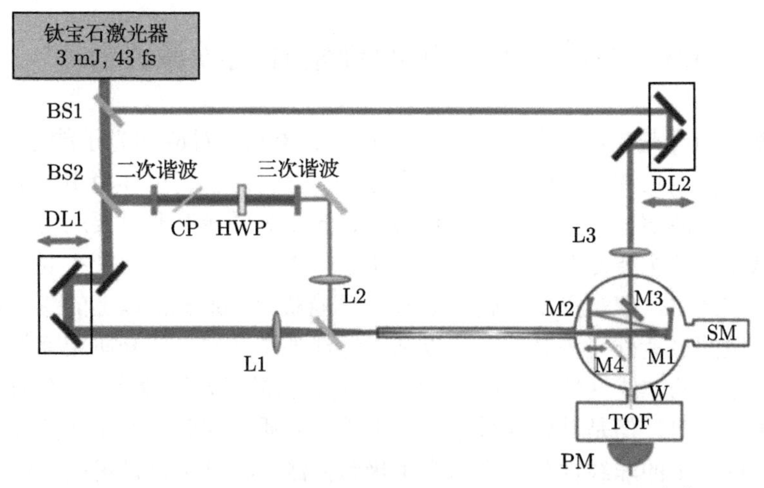

图 6.6-2 利用四波混频产生极紫外激光脉冲的实验装置 [75]

目前对于极紫外激光脉冲的研究主要聚焦在皮秒量级，而对于飞秒极紫外激光则报道甚少，这主要是由于缺乏高效深紫外泵浦激光源。2016 年，华东师范大学曾和平课题组利用两束飞秒深紫外脉冲的四波混频效应与三次谐波效应产生多色场真空紫外激光，实验装置如图 6.6-3 所示 [73]。将 800 nm 钛宝石放大器基频光通过分束片分为两束，两路分别使用 BBO 晶体产生 400 nm 倍频光和 266 nm 三次谐波，然后再将上述两束光共线聚焦在氩气中发生四波混频过程，最终产生多色场激光脉冲。输出激光波段分别是 200 nm、133 nm、114 nm、100 nm 和 89 nm。当基频光波长为 800 nm 时，最终实现了 4ω、6ω、7ω、8ω 和 9ω 的频率转换。其中，4ω 光谱成分主要是四波混频中的差频，即 $3\omega + 3\omega - 2\omega \to 4\omega$。$6\omega$ 对应 133 nm，9ω 对应 89 nm，分别来自 400 nm 和 266 nm 的三次谐波效应。7ω 和 8ω 对应的波长分别为 114 nm 和 100 nm，对应的四波混频过程分别为 $3\omega + 2\omega + 2\omega \to 7\omega$，$3\omega + 3\omega + 2\omega \to 8\omega$。

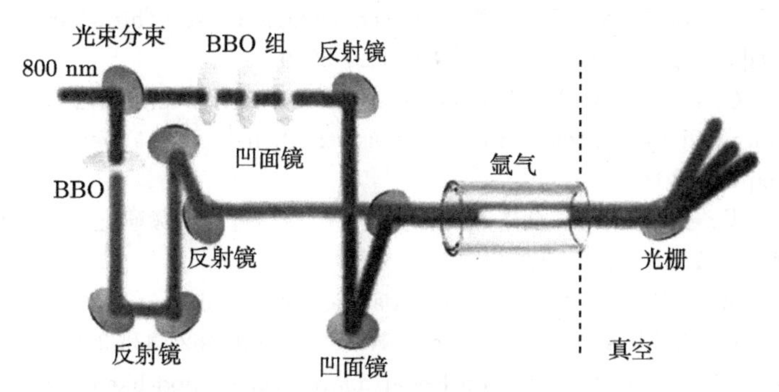

图 6.6-3　利用四波混频产生多色场深紫外激光脉冲的实验装置 [73]

参考文献

[1] 石顺祥, 陈国夫, 赵卫, 等. 非线性光学 [M]. 西安: 西安电子科技大学出版社, 2007.

[2] Franken P A, Hill A E, Peters C W, et al. Generation of optical harmonics[J]. Phys. Rev. Lett., 1961, 7(4): 118-119.

[3] 于全芝, 李玉同, 张杰. 超短超强激光与液体的相互作用研究 [J]. 物理, 2003, 32(9): 5.

[4] 王红斌. 超短超强激光与气体团簇相互作用实验研究 [D]. 成都: 四川大学, 2008: 5.

[5] 沈元壤. 非线性光学原理 (上册)[M]. 顾世杰, 译. 北京: 科学出版社, 1987.

[6] 孟祥昊. 全固态锁模激光及同步泵浦的飞秒脉冲产生与应用研究 [D]. 北京: 中国科学院大学, 2019.

[7] 叶佩弦. 非线性光学物理 [M]. 北京: 北京大学出版社, 2007.

[8] 魏志义, 杨杰. 利用腔内倍频自锁模 Ti:Al_2O_3 激光器产生蓝光飞秒脉冲 [J]. 光学学报, 1995, (9): 1278.

[9] Nie S, Guan Y. Review of UV laser and its applications in micromachining[J]. Opto-Electronic Engineering, 2017, 44(12): 1169-1179.

[10] Bauer M. Femtosecond ultraviolet photoelectron spectroscopy of ultra-fast surface processes[J]. J. Phys. D, 2005, 38(16): R253-R267.

[11] Klar T A, Hell S W, et al. Subdiffraction resolution in far-field fluorescence microscopy[J]. Opt. Lett., 1999, 24(14): 954-956.

[12] Fan Y X, Eckardt R C, Byer R L, et al. Visible BaB_2O_4 optical parametric oscillator pumped at 355 nm by a singleaxial-mode pulsed source[J]. Appl. Phys. Lett., 1988, 53(21): 2014-2016.

[13] Shen Y R. The Principles of Nonlinear Optics[M]. New York: John Wiley & Sons, Inc., 1984.

[14] Dubietis A, Tamosauskas G, Varanaviuius A. Femtosecond third-harmonic pulse generation by mixing of pulses with different duration[J]. Opt. Commun., 2000, 186(1-3): 211-217.

[15] Miyata K, Petrov V, Noack F. High-efficiency single-crystal third-harmonic generation in BiB_3O_6[J]. Opt. Lett., 2011, 36(18): 3627-3629.

[16] Liu S, Lu C, Fan Z, et al. Coherent control of boosted terahertz radiation from air plasma pumped by femtosecond 3-color sawtooth field[C]. Conference on Lasers and Electro-Optics, 2020.

[17] 孙浩, 田文龙, 王博文, 等. 全固态飞秒激光高光束质量三倍频研究 (特邀)[J]. 光子学报, 2021, 50(10): 7.

[18] Meng J, Liu G, Zhang W, et al. Coexistence of Fermi arcs and Fermi pockets in a high-T_c copper oxide superconductor[J]. Nature, 2009, 462: 335-338.

[19] Deng D, Yu L, Chen X, et al. Iron Encapsulated within pod-like carbon nanotubes for oxygen reduction reaction[J]. Angew. Chem. Int. Edn., 2013, 52: 371-375.

[20] Jin S Q, Guo M L, Fan F T, et al. Deep UV resonance Raman spectroscopic study of CnF_{2n+2} molecules: the excitation of C—C σ bond[J]. J. Raman Spectrosc., 2013, 44: 266-269.

[21] Li K, Wang W, Chen Z, et al. Vacuum Rabi splitting of exciton-polariton emission in an AlN film[J]. Sci. Rep., 2013, 3: 3551.

[22] Narahara T, Kobayashi S, Hattori M, et al. Optical disc system for digital video recording[J]. Jpn. J. Appl. Phys., 2000, 39: 912.

[23] 许祖彦. 深紫外全固态激光源 [J]. 中国激光, 2009, 36: 1619-1624.

[24] Petrov V, Rotermund F, Noack F. Generation of femtosecond pulses down to 166 nm by sum-frequency mixing in $KB_5O_8 \cdot 4H_2O$[J]. Electron. Lett., 1998, 34(18): 1748-1750.

[25] Petrov V, Rotermund F, Noack F, et al. Vacuum ultraviolet application of $Li_2B_4O_7$ crystals: generation of 100 fs pulses down to 170 nm[J]. J. Appl. Phys., 1998, 84(11): 5887-5892.

[26] 王晓洋, 刘丽娟. 深紫外非线性光学晶体及全固态深紫外相干光源研究进展 [J]. 中国光学, 2020, 13(3): 15.

[27] Li R K, Wang L R, Wang X Y, et al. Dispersion relations of refractive indices suitable for $KBe_2BO_3F_2$ crystal deep ultraviolet applications[J]. Appl. Opt., 2016, 55(36): 10423-10426.

[28] Chen C T, Lü J H, Wang G L, et al. Deep ultraviolet harmonic generation with $KBe_2BO_3F_2$ crystal[J]. Chinese Phys. Lett., 2001, 18(8): 1081.

[29] Chen C T, Xu Z Y, Deng D Q, et al. The vacuum ultraviolet phase-matching characteristics of nonlinear optical $KBe_2BO_3F_2$ crystal[J]. Appl. Phys. Lett., 1996, 68(21): 2930-2932.

[30] 张子越. 低噪声固态 Yb:CYA 激光频率梳及紫外单频激光共振增强倍频研究 [D]. 北京: 中国科学院大学, 2020.

[31] Togashi T, Kanai T, Sekikawa T, et al. Generation of vacuum-ultraviolet light by

an optically contacted prism-coupled $KBe_2BO_3F_2$ crystal[J]. Opt. Lett., 2003, 28, 4: 254-256.

[32] Kanai T, Wang X, Adachi S, et al. Watt-level tunable deep ultraviolet light source by a KBBF prism-coupled device[J]. Opt. Express, 2009, 17(10): 8696-703.

[33] Xu Z, Feng F, et al. Experimental investigation and theoretical analysis of pulse repetition rate adjustable deep ultraviolet picosecond radiation by second harmonic generation in $KBe_2BO_3F_2$[J]. Laser Phys., 2014, 24(6): 065401-1-065401-4.

[34] 玄洪文. 超短脉冲激光的精密控制及非线性混频研究 [D]. 北京: 中国科学院大学, 2012.

[35] 赵研英. 高能量及近周期飞秒钛宝石脉冲激光的产生与宽带自差频研究 [D]. 北京: 中国科学院大学, 2009.

[36] Cruz F C, Master D L, Johnson T, et al. Mid-infrared optical frequency combs based on difference frequency generation for molecular spectroscopy[J]. Opt. Express, 2015, 23(20): 26814.

[37] Ebrahim-Zadeh M, Dunn M H. Optical Parametric Oscillators[M]//Nonlinear and Quantum Optics. 2001.

[38] Gale G M, Cavallari M, Driscoll T J, et al. Sub-20 fs tunable pulses in the visible from an 82 MHz optical parametric oscillator[J]. Opt. Lett. 1995, 20(14): 1562-1564.

[39] Loza-Alvarez P, Brown C T A, Reid D T, et al. High repetition-rate ultrashort-pulse optical parametric oscillator continuously tunable from 2.8 to 6.8 μm[J]. Opt. Lett. 1999, 24(21): 1523-1525.

[40] Marzenell S, Beigang R, Wallenstein R. Synchronously pumped femtosecond optical parametric oscillator based on $AgGaSe_2$ tunable from 2 μm to 8 μm[J]. Applied Physics B. 2014, 69(5): 423-428.

[41] Ramaiah-Badarla V, Chaitanya Kumar S, Esteban-Martin A, et al. Ti:sapphire-pumped deep infrared femtosecond optical parametric oscillator based on $CdSiP_2$[J]. Opt. Lett. 2016, 41(8): 1708-1711.

[42] Zhu J F, Zhong X, Teng H, et al. Synchronously pumped femtosecond optical parametric oscillator based on MgO-doped periodically poled $LiNbO_3$[J]. Chinese Phys. Lett., 2007, 24(9): 2603.

[43] Min C K, Joo T. Near-infrared cavity-dumped femtosecond optical parametric oscillator[J]. Opt. Lett., 2005, 30(14): 1855-1857.

[44] Yoon E, Joo T. Cavity-dumped femtosecond optical parametric oscillator based on periodically poled stoichiometric lithium tantalate[J]. Laser Phys. Lett., 2016, 13(3): 035301.

[45] Kumar S C, Esteban-Martin A, Ideguchi T, et al. Few-cycle, broadband, mid-infrared optical parametric oscillator pumped by a 20 fs Ti:sapphire laser[J]. Laser & Photonics Reviews, 2014, 8(5): L86-L91.

[46] Lecomte S, Paschotta R, Golling M, et al. Synchronously pumped optical parametric oscillators in the 1.5 μm spectral region with a repetition rate of 10 GHz[J]. J. Opt. Soc. Am. B, 2004, 21(4): 844-850.

[47] Figen Z G. Mid-infrared laser source for testing jamming code effectiveness in the field[J]. Optical Engineering, 2019, 58(8): 086101.

[48] Zhou L, Liu Y, Xie G, et al. Mid-infrared optical frequency comb in the 2.7–4.0 μm range via difference frequency generation from a compact laser system[J]. High Power Laser Sci. Eng., 2020, 8.

[49] Meng X H, Wang Z H, et al. Watt-level widely tunable femtosecond mid-infrared $KTiOAsO_4$ optical parametric oscillator pumped by a 1.03 μm Yb:KGW laser[J]. Opt. Lett., 2018, 43(4): 943-946.

[50] Hegenbarth R, Steinmann A, Toth G, et al. Two-color femtosecond optical parametric oscillator with 1.7 W output pumped by a 7.4 W Yb:KGW laser[J]. J. Opt. Soc. Am. B, 2011, 28(5): 1344-1352.

[51] Zhu J F, Xu L, Lin Q F, et al. Tunable femtosecond laser in the visible range with an intracavity frequency-doubled optical parametric oscillator[J]. Chin. Phys. B, 2013, 22(5): 054210.

[52] 田文龙. 新型可见光–近红外超快光源研究 [D]. 西安: 西安电子科技大学, 2017.

[53] Jurna M, Korterik J, Offerhaus H, et al. Noncritical phase-matched lithium triborate optical parametric oscillator for high resolution coherent anti-Stokes Raman scattering spectroscopy and microscopy[J]. Appl. Phys. Lett., 2006, 89(25): 251116.

[54] Kienle F, Teh P S, Lin D, et al. High-power, high repetition-rate, green-pumped, picosecond LBO optical parametric oscillator[J]. Opt. Express, 2012, 20(7): 7008-7014.

[55] Ganikhanov F, Carrasco S, Xie X S. et al. Broadly tunable dual-wavelength light source for coherent anti-Stokes Raman scattering microscopy[J]. Opt. Lett., 2006, 31(9): 1292-1294.

[56] Kieu K, Saar B G, Holtom G R, et al. High-power picosecond fiber source for coherent Raman microscopy[J]. Opt. Lett., 2009, 34(13): 2051-2053.

[57] Kumar S C, Ebrahim-Zadeh M. Fiber-laser-based green-pumped picosecond MgO: sP-PLT optical parametric oscillator[J]. Opt. Lett., 2013, 38(24): 5349-5352.

[58] Cleff C, Epping J, Gross P, et al. Femtosecond OPO based on LBO pumped by a frequency-doubled Yb-fiber laser-amplifier system for CARS spectroscopy[J]. Appl. Phys. B, 2011, 103(4): 795-800.

[59] Lang T, Binhammer T, Rausch S, et al. High power ultra-widely tunable femtosecond pulses from a non-collinear optical parametric oscillator (NOPO)[J]. Opt. Express, 2012, 20(2): 912-917.

[60] Gu C, Hu M, Fan J, et al. High-power, dual-wavelength femtosecond LiB_3O_5 optical parametric oscillator pumped by fiber laser[J]. Opt. Lett., 2014, 39(13): 3896-3899.

[61] Vengelis J, Stasevicius I, Stankeviiciute K, et al. Characteristics of optical parametric oscillators synchronously pumped by second harmonic of femtosecond Yb:KGW laser[J]. Opt. Commun., 2015, 338: 277-287.

[62] 宋贾俊. 超快激光脉冲压缩、波长扩展及对比度提升的研究 [D]. 北京: 中国科学院大学, 2021.

[63] 范海涛. 超宽光谱飞秒激光脉冲的产生及参量放大研究 [D]. 北京: 中国科学院大学, 2015.

[64] Yin Y, Li J, Ren X, et al. High-efficiency optical parametric chirped-pulse amplifier in $BiB_3O_6$for generation of 3 mJ, two-cycle, carrier-envelope-phase-stable pulses at 1.7 μm[J]. Opt. Lett., 2016, 41(6): 1142-1145.

[65] Li J, Ren X, Yin Y, et al. 53-attosecond X-ray pulses reach the carbon K-edge[J]. Nat. Commun., 2017, 8(1): 794.

[66] Li J, Ren X, Yin Y, et al. Polarization gating of high harmonic generation in the water window[J]. Appl. Phys. Lett., 2016, 108: 231102.

[67] Zhao K, Zhong H, Yuan P, et al. Generation of 120 GW mid-infrared pulses from a widely tunable noncollinear optical parametric amplifier[J]. Opt. Lett., 2013, 38: 2159-2161.

[68] Andriukaitis G, Balčiūnas T, Ališauskas S, et al. 90 GW peak power few-cycle mid-infrared pulses from an optical parametric amplifier[J]. Opt. Lett., 2011, 36: 2755-2757.

[69] Wandel S, Xu G, Yin Y, et al. Parametric generation of energetic short mid-infrared pulses for dielectric laser acceleration[J]. J. Phys. B—at. Mol. Opt., 2014, 47: 234016.

[70] Wandel S, Lin M W, Yin YC, et al. Parametric generation and characterization of femtosecond mid-infrared pulses in $ZnGeP_2$[J]. Opt. Express, 2016, 24: 5287-5299.

[71] Lorenz V G, Martin B, Dennis U, et al. 5 μm few-cycle pulses with multi-gigawatt peak power at a kHz repetition rate[J]. Opt. Lett., 2017, 42: 3796-3799.

[72] 何会军. 超短脉冲激光放大及中红外飞秒激光产生的研究 [D]. 北京: 中国科学院大学, 2018.

[73] 王迪. 深紫外与真空紫外飞秒激光的产生及应用探索 [D]. 上海: 华东师范大学, 2016.

[74] Tunnermann A, Momma C, Mossavi K, et al. Generation of tunable short pulse VUV radiation by four-wave mixing in xenon with femtosecond KrF-excimer laser pulses[J]. IEEE J. Quantum Electron, 1993, 29(4): 1233-1238.

[75] Beutler M, Ghotbi M, Noack F, et al. Generation of sub-50-fs vacuum ultraviolet pulses by four-wave mixing in argon[J]. Opt. Lett., 2010, 35(9): 1491-1493.

第 7 章　飞秒激光光谱的超连续展宽

超连续激光在少周期脉冲产生、载波包络相位稳定、宽带光纤通信、光学相干断层成像等领域有着重要的应用价值。而激光介质本身的增益带宽限制以及激光放大过程中的增益窄化效应限制了由激光器直接输出的光谱带宽。为了满足宽带激光实验的需求，利用飞秒激光与物质相互作用时的非线性效应进行光谱拓展，是发展宽带超连续光源的必要手段。

7.1　超快激光在致密介质中的自相位调制效应

在超连续光谱的产生中，一般利用的是光学三阶非线性效应。当强激光脉冲在透明介质中传播时，介质对光波引起的极化响应不仅包含线性极化率张量 $\chi^{(1)}$，而且包含非线性项。其中光电场引起介质折射率的改变与非线性项相关，其折射率表达式为

$$n = n_0 + n_2 I \tag{7.1-1}$$

其中，n_0 是线性折射率；n_2 为非线性折射率系数，与材料的三阶极化率有关：

$$n_2 = \frac{3\chi^{(3)}}{4\epsilon_0 c n_0^2} \tag{7.1-2}$$

通过上述公式可以看出，材料的折射率是依赖光强变化的函数。脉冲的强度 $I(t,z)$ 通常随时间 t 以及传播位置 z 发生改变，随脉冲强度改变，折射率会导致脉冲相位发生变化：

$$\phi(t,z) = \omega_0 t - k_0 z = \omega_0 t - \frac{z\omega_0 n}{c} \tag{7.1-3}$$

其中，ω_0 为角频率；c 为光速；z 为传播长度。当相位随时间变化时，又会引起激光频率的变化，频率变化表达式为

$$\omega(t,z) = \frac{\mathrm{d}}{\mathrm{d}t}\phi(t) = \omega_0 - \frac{\omega_0}{c}\frac{\mathrm{d}}{\mathrm{d}t}n(t,z)\,z \tag{7.1-4}$$

对一个高斯形状的脉冲来说，其典型的光谱展宽情况如图 7.1-1 所示 [1]。在脉冲的前后尾巴以及脉冲峰值处，其光强变化率接近为零，此处没有新的频率产生，它们主要贡献展宽后光谱的中心频率成分，如图中绿线所示；在脉冲的前沿，光强

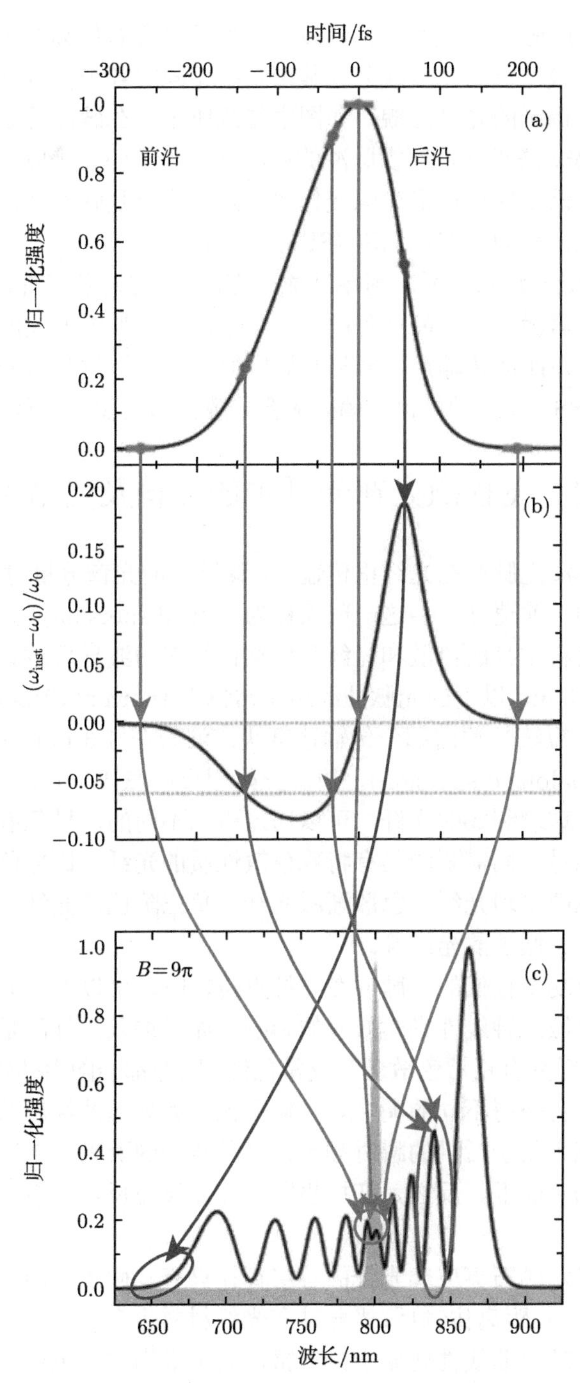

图 7.1-1 自相位调制展宽光谱的原理示意图 [1] (彩图请扫封底二维码)

是逐渐增加的，此时 $\Delta\omega$ 是负值，所以脉冲的前沿会有低频的光谱成分出现，且最大斜率处产生最低频的光谱成分。其余斜率相同的各个位置产生的光谱成分相互干涉，产生有调制的光谱形貌，如图中红线所示；在脉冲的后沿，光强是逐渐减小的，此时 $\Delta\omega$ 是正值，所以脉冲的后沿会有高频的光谱成分产生，同样新产生高频部分的光谱形貌由后沿光强变化率决定。这就是强激光在介质中产生新的光谱成分的原理，称为自相位调制 (SPM) 效应。

同时，由于激光场对介质折射率造成改变，在激光峰值处介质折射率最大，两翼较小，这代表着激光脉冲峰值处的速度小于脉冲前后沿的速度，所以激光脉冲在介质中经过一段距离传输后，会导致脉冲的后沿陡峭，这种效应我们称为自陡峭 (self-steeping，SS) 效应 [2]，自陡峭效应会导致光谱展宽时出现蓝移 (blue shift)。

7.2 飞秒激光在光纤中的传输及光谱展宽

当一个飞秒激光脉冲在光纤里传输时，该脉冲的光谱分量对应不同的折射率，因而具有不同的传输速度——这一现象称为色散 (dispersion)。光纤的色散来自于两方面：光纤材料本身的色散和光纤几何结构引起的波导色散。以熔融石英玻璃为例，波长在 1.3 μm 以下的光脉冲经历正常色散 (normal dispersion)，脉冲的长波长频谱部分比短波长频谱部分传输速度快；波长在 1.3 μm 以上的光脉冲经历反常色散 (anomalous dispersion)，情况正好相反；在 1.3 μm 附近，色散可以为零。以熔融石英玻璃制成的光纤，可以通过引入不同的波导色散来调节光纤的整体色散，获得满足不同需要的具有特殊色散性质的光纤，比如色散位移光纤、色散补偿光纤、色散平坦光纤、色散渐减光纤、负三阶色散光纤、多零色散波长光纤、高色散光纤、低色散光纤等。

当一个峰值功率很低的光脉冲在光纤里传输时，可以忽略非线性效应，脉冲传输主要受到色散这种线性光学效应的影响。如果进入光纤的是一个变换极限脉冲，那么无论光纤具有正常色散还是反常色散，脉冲都会随着传输距离而变宽，不同之处在于脉冲会获得不同的啁啾。具体来说，如果脉冲经历的是正常色散，脉冲前沿的瞬时频率低于后沿的瞬时频率，这种脉冲的瞬时频率随着时间的增加而增加的现象称为正啁啾。反之，变换极限脉冲如果在反常色散光纤中传输，则会获得负啁啾。

常见的单模熔融石英玻璃光纤的芯层直径只有几微米，即使一个光脉冲的峰值功率只有几瓦，长距离传输后，光脉冲和光纤材料也会积累起显著的非线性相互作用。光纤中的超快非线性现象十分丰富，其中最为常见也最基本的是自相位调制效应。作为一种三阶非线性效应，在美国贝尔 (Bell) 实验室工作的 R. H. Stolen 等于 1978 年首次在石英玻璃光纤里观测到自相位调制现象 [3] 。

自相位调制效应来自于三阶非线性效应导致的折射率变换，折射率变换的多少正比于光强。当一个飞秒脉冲在光纤中传输时，由于光脉冲的光强随时间变化，所以脉冲不同时间部分经历不同的折射率，从而累积不同的相位。

如果仅仅考虑自相位调制，脉冲在时域上的形状和宽度保持不变，只是获得了一个非线性相位。但是在频域上，脉冲的光谱会被展宽。图 7.2-1 模拟了由自相位调制导致的脉冲光谱随着光纤长度的变化情况。所输入的脉冲为 200 fs 的变换极限脉冲，形状为双曲正割形，中心波长为 1.03 μm，单脉冲能量为 50 nJ。光纤假定为熔融石英玻璃单模光纤，模场直径为 6 μm。可以看出，脉冲的光谱随着传输距离而迅速变宽。而且自相位调制导致的光谱展宽具有一个鲜明的特点，那就是展宽的光谱会含有若干个分立的光谱旁瓣。从图 7.2-1 可见，经过 6 cm 的光纤后，最左边的光谱旁瓣位于 0.7 μm，而最右边的旁瓣则位于 1.23 μm。

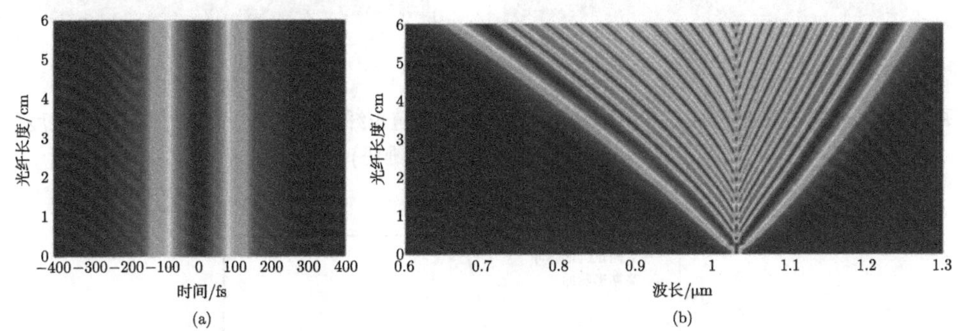

图 7.2-1 自相位调制导致的脉冲光谱展宽：(a) 脉冲宽度随光纤长度变化；(b) 光谱随光纤长度变化 (彩图请扫封底二维码)

当一个飞秒脉冲在正常色散光纤中传输时，色散和自相位调制都会在脉冲的中心部分产生正啁啾，导致脉冲会随着传输距离而变宽。脉冲的光谱依旧会展宽，但是由于正常色散的存在，光谱不再具有分立的光谱旁瓣。正常色散光纤中脉冲及光谱演化如图 7.2-2 所示。输入脉冲中心波长在 1.03 μm，脉冲宽度为 200 fs，脉冲能量为 50 nJ，所用光纤的模场直径为 6 μm。

当一个脉冲在反常色散光纤中传输时，如果条件 (脉冲形状、宽度、峰值功率等) 合适，脉冲所经历的反常色散效应会被自相位调制效应所抵消，导致光脉冲在传输过程中保持初始的脉冲形状、宽度、峰值功率等参数。这种光脉冲称为光孤子 (optical soliton), 其脉冲形状为双曲正割形。光纤中存在光孤子脉冲，这一现象在 1973 年首次为理论所预言 [4]，其后在 1980 年由贝尔实验室的科学家们在实验上验证 [5]。像高斯形脉冲一样，双曲正割形激光脉冲在超快光学中也非常普遍。很多被动锁模的振荡器，当腔内色散为负时，往往形成光孤子，输出腔外的脉冲为双曲正割形。图 7.2-3 比较了双曲正割函数和高斯函数的区别，两者非常接近，但在相同脉冲宽度情况下，双曲正割函数下降稍微缓慢些，对应的光谱也要窄一些。值得说明的是，高斯函数的傅里叶变换仍是高斯函数，双曲正割函数的傅里叶变换也依然是双曲正割函数。

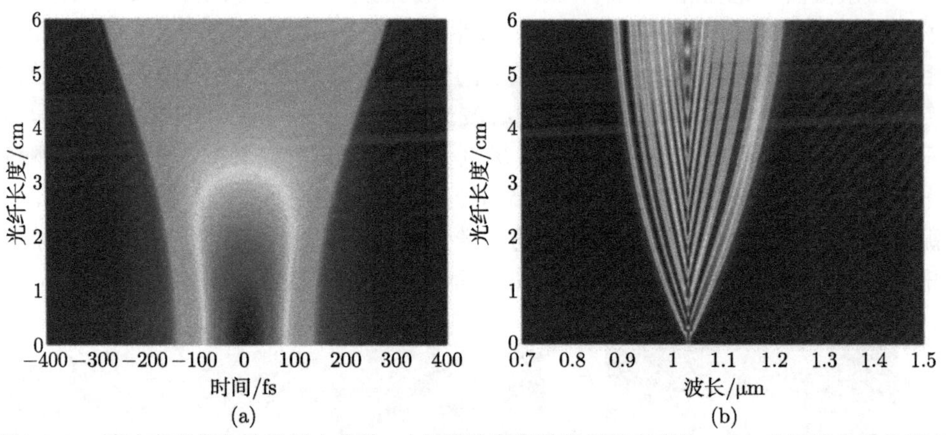

图 7.2-2　脉冲在正常色散光纤中传输：(a) 脉冲宽度随光纤长度变化；(b) 光谱随光纤长度变化 (彩图请扫封底二维码)

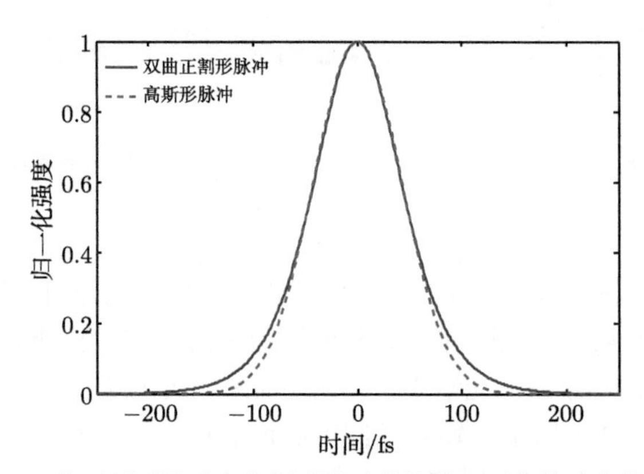

图 7.2-3　双曲正割形脉冲和高斯形脉冲的比较，两者的脉宽都是 100 fs

光孤子又可分为基本孤子 (fundamental soliton) 和高阶孤子 (higher-order soliton)。在传输过程中，基本孤子保持脉冲和光谱形状不变；而高阶孤子脉冲和光谱则随传输距离周期性变化，图 7.2-4 中的模拟结果展示了三阶孤子的脉冲和光谱的演化过程。高阶孤子的演化特性也为脉冲压缩提供了一种实现方案：选择合适的光纤长度，使得脉冲正好在被压缩到最短时输出光纤外面。传统的脉冲压缩方案需要两步：光谱展宽和色散补偿。而高阶孤子压缩获得的脉冲已经是变换极限脉冲，无需后续的色散补偿，因此实验装置大为简化。

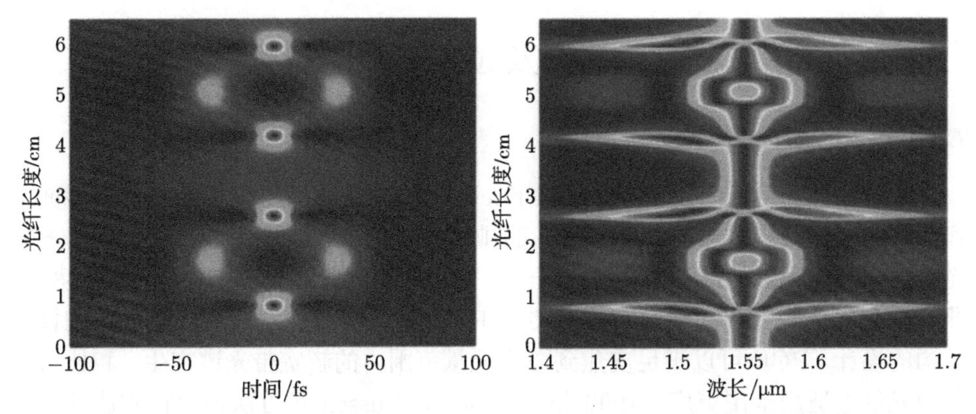

图 7.2-4 三阶光孤子在时域和频域随传输距离的演化 (彩图请扫封底二维码)

在以上关于光孤子如何演化的讨论中，我们仅仅考虑了二阶色散 (group-velocity dispersion) 和自相位调制。由于飞秒脉冲光谱宽，峰值功率可能很高，所以在脉冲传输过程中要进一步考虑到如下高阶效应：三阶色散、自陡峭以及受激拉曼散射。利用微扰理论，将这些高阶效应作为对光孤子的扰动，通过分析非线性薛定谔方程可以研究这些高阶效应对孤子演化的影响。在这些高阶效应的扰动下，一个高阶孤子在传输过程中不再做周期性演化，而是在通过高阶孤子压缩获得最高的峰值功率后分裂成多个基本孤子，这些基本孤子具有不同的脉冲能量和宽度。光纤中的孤子演化过程是理解利用光纤产生超连续谱 (supercontinuum) 的关键。理论和实验结果均表明，让入射脉冲在靠近色散零点的反常色散区域内传输有利于超连续谱的产生，其物理过程大体如下：① 由于在反常色散区域传输，在光纤输入端的高峰值功率脉冲演化为一个高阶的光孤子，经历高阶孤子压缩，脉冲峰值功率增加，光谱迅速展宽；② 在高阶效应的影响下，高阶孤子压缩后的脉冲分裂成若干个强弱不一的基本孤子；③ 在受激拉曼散射的作用下，这些基本孤子的光谱会向长波长移动，不同的基本孤子对应不同的移动量——这构成了超连续谱向长波长的拓展；④ 在三阶色散的作用下，这些基本孤子同时会辐射出位于短波长谱段的色散波 (dispersive wave)，不同孤子辐射出的色散波中心波长不同，连在一起构成了超连续谱向短波长的延伸。

选择合适的光脉冲参数以及合适的光纤，可以轻松地获得谱宽达到倍频程的超连续谱，这样的超连续谱可以用来通过 f-$2f$ 锁定载波包络相移频率，实现激光频率梳 (laser frequency comb)。飞秒脉冲在光纤中的传输已经发展成一门单独的学科：非线性光纤光学。飞秒激光技术和光纤技术两者在不断涌现出崭新的成果，因此融合了这两种技术的非线性光纤光学也日新月异，迅猛发展。如果想进一步了解该学科，读者可以阅读该领域的权威著作 *Nonlinear Fiber Optics*[6]。

7.3　光子晶体光纤及拉锥光纤中的光谱展宽

7.3.1　光子晶体光纤中的光谱展宽

光子晶体光纤 (photonic crystal fiber，PCF) 又称微结构光纤，其横截面上存在一定规律密集排列的气孔，气孔的排列方式使 PCF 形成复杂的折射率分布，光波被限制在光纤的纤芯中传播。光子晶体光纤相比普通光纤有更低的传输损耗；通过改变横截面上的微结构，可以实现 PCF 零色散波长的调节；通过不同模场结构的设计，PCF 可以满足皮焦到微焦能量范围内的超宽带光谱产生，相比普通单模光纤，适用范围更广。1996 年，P. St. J. Russell 等首次报道拉制成功一种新型波导器件——PCF[7]。2000 年，J. K. Ranka 等将基于 KLM 钛宝石振荡器输出脉冲注入一段 PCF 中，利用光纤的高非线性效应将振荡器直接输出的光谱扩宽至一个倍频程 [8]。随后 J. L. Hall 教授与 T. W. Hansch 教授利用 PCF 的非线性效应将飞秒激光的输出光谱扩宽至大于一个倍频程，实现了载波包络相移的探测，利用 PCF 进行的倍频程光谱产生方法大大降低了光学频率梳对飞秒激光器输出脉冲的要求，极大助力了光学频率梳的发展，接下来主要对这一相关应用进行介绍。

在利用 PCF 进行超连续光谱产生实验时，一般泵浦波长处于光纤的负色散区域，在超连续谱产生最初阶段，脉冲注入负色散的光纤中产生高阶孤子，这一过程伴随着光谱展宽和脉冲的时间压缩。但高阶孤子本质上是不稳定的，只有当其所有组成的基态孤子以相同的群速度传播时，高阶孤子才能保持完整，这在色散光纤中很难实现。高阶孤子在负色散光纤中传播时，容易受到高阶色散和拉曼散射的扰动分解为一系列的基态孤子，这个过程称为孤子分裂。孤子分裂是产生超宽带倍频程光谱的重要非线性过程，在此物理过程存在两个重要的现象——拉曼孤子以及色散波的产生。在超连续光谱产生的初级阶段，孤子自频移产生的原因是孤子受到色散波扰动，导致孤子的带宽与拉曼增益重叠，由此产生了新的拉曼光谱，引起了孤子的频移，促使传播过程中的孤子往更长的波长移动。色散波产生的原因是在零色散波长附近的孤子受到高阶色散强烈的扰动后，以色散波的形式按照特定的频率辐射一部分能量到其他波段，其中色散波主要贡献超连续中短波部分的光谱。

图 7.3-1 展示了 NKT Photonics 公司生产的一种典型光子晶体结构图，型号为 SC-3.7-975。其主要参数如表 7.3-1 所示。

在实际操作 PCF 的展宽实验中，需要考虑激光光束与 PCF 模场耦合的问题，由于 PCF 的模场大小只有几微米，所以一般选用紧聚焦的非球面透镜作为聚焦系统。非球面透镜不会引入球差，对光进行聚焦或准直时可以达到衍射极限，因此非球面透镜是光纤耦合实验中实现单光学元件耦合的最佳选择。在选择非球面透镜的焦距时，可以参考以下公式：

$$f=\frac{\pi D\,(\mathrm{MFD})}{4\lambda} \tag{7.3-1}$$

其中，D 为准直光入射到非球面透镜上的光斑直径；MFD 是光纤的模场直径；λ 为入射光场的中心波长。为了方便耦合，一般将 PCF 固定到光纤夹具上。在进行耦合实验前，需要对 PCF 的前端进行处理。PCF 易燃的涂覆层需要剥去，露出包层及芯径，并用光纤切割刀将端面切平。值得注意的是，切忌用丙酮、酒精和水等液体接触 PCF 的端面。PCF 的微结构孔会由于毛细现象吸入液体，从而影响其非线性。除此之外，固体颗粒物也会因激光加热燃烧造成端面的损伤。一般来说，可以通过将 PCF 端面进行塌陷来避免这一问题。

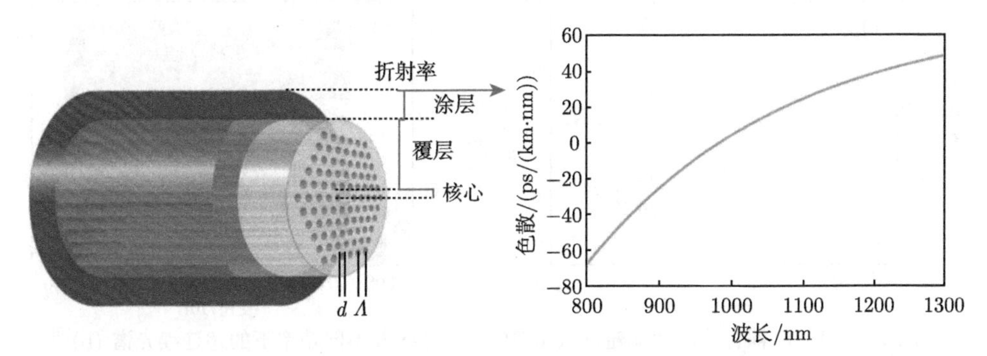

图 7.3-1　PCF 的典型结构和 SC-3.7-975 光纤色散曲线，引自 SC-3.7-975 参数手册

表 7.3-1　高非线性光子晶体光纤 SC-3.7-975 的参数表

材料	纤芯直径	包层直径	涂覆层直径	零色散波长	截止波长	非线性系数 @1060 nm	模场直径 @1060 nm	纤芯数值孔径 NA@1060 nm
二氧化硅	(3.7±0.3) μm	(125±10) μm	(245±10) μm	(975±10) μm	<1000 nm	$\sim 18\mathrm{W}^{-1}\cdot\mathrm{km}^{-1}$	(3.3±0.3) μm	0.25±0.05

图 7.3-2 展示了利用 PCF 对碟片振荡器进行光谱拓展的光路示意图 [9]。振荡器的重复频率为 87 MHz，输出功率为 11 W，脉冲宽度为 247 fs。为了不改变振荡器的状态，实验中采用半波片 ($\lambda/2$) 和薄膜偏振片 (TFP) 的组合来使输入 PCF 上的功率连续可调。f_1 和 f_2 为焦距为 4.51 mm 的非球面透镜。实验中采用零色散波长为 975 nm 的 PCF，光纤的长度为 245 mm。

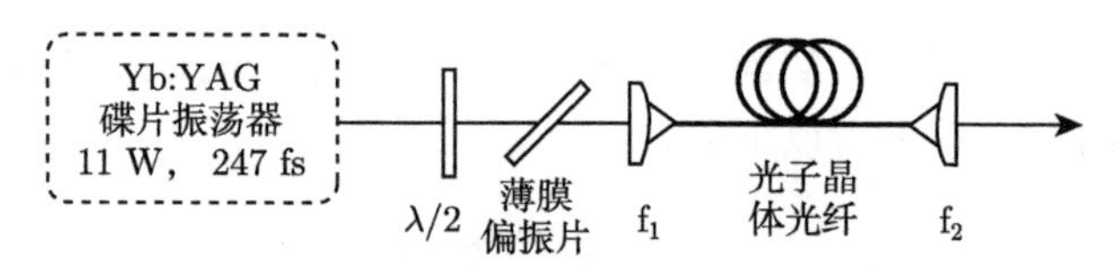

图 7.3-2　利用 PCF 对碟片振荡器进行的超连续产生实验 [9]

图 7.3-3(a) 为耦合输出功率随输入功率的变化情况。在输入功率为 1.87 W 时，可以获得最大 1.26 W 的超连续输出，耦合效率为 67%。由于 PCF 的损伤阈值较低，则继续增加输入功率会导致 PCF 端面损坏。图 7.3-3(b) 为不同功率下的超连续光谱图。从图中可以看出，输出的光谱在长波和短波方向均有展宽，但是在长波方向的展宽速度更快，这是由拉曼散射引起的。当输出功率为 1.26 W 时，超连续光谱覆盖了 570～1700 nm 的波段。

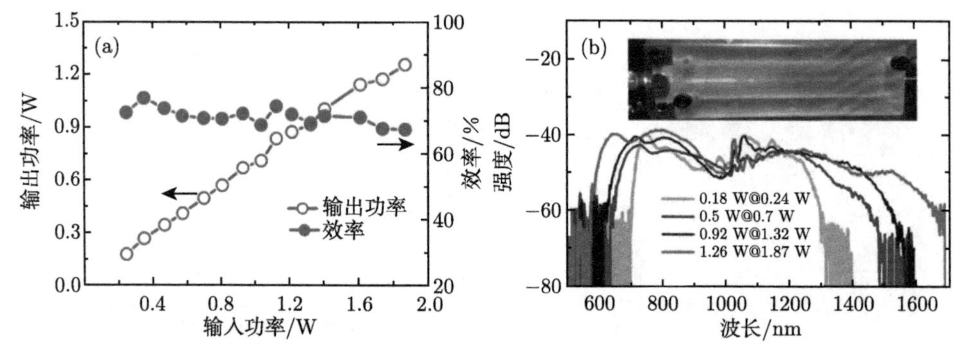

图 7.3-3　PCF 耦合输出功率随输入功率的变化 (a) 及不同功率下的超连续光谱 (b)[9]
(彩图请扫封底二维码)

图 7.3-4 展示了利用光纤泵浦的克尔透镜锁模的 Yb:CYA 飞秒激光器在 PCF 中进行光谱拓展的超连续光谱产生部分实验实物装置 [10]。

图 7.3-4　利用 PCF 进行的超连续光谱产生实验装置实物图 [10]

激光器的输出参数为 1.5 W，脉宽为 67 fs，重复频率为 78 MHz，其中入射光谱如图 7.3-5 中黄色曲线所示。实验中使用焦距为 4.00 mm 的非球面透镜将激光耦合注入 PCF 中 (NKT SC-3.7-975)，使用光纤长度为 1 m。其中注入 80 mW 功率产生的超连续光谱如图 7.3-5 中蓝色曲线所示。将注入功率提升到 330 mW，输出的超连续光谱进一步拓展，如图 7.3-5 中橘红色曲线所示。

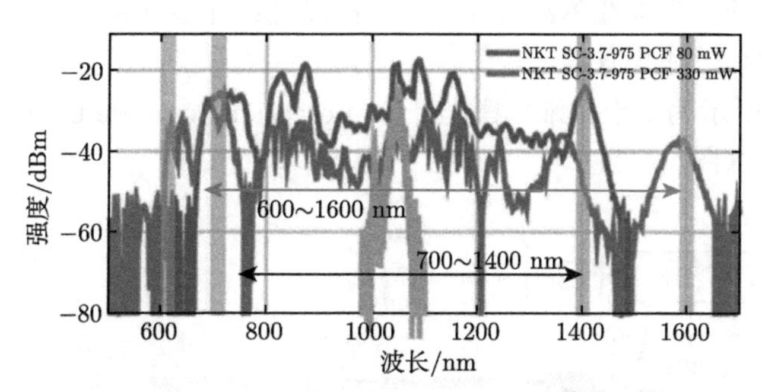

图 7.3-5 采用不同长度的 PCF 获得的超连续光谱展宽 [10] (彩图请扫封底二维码)

7.3.2 拉锥光纤中的光谱展宽

虽然 PCF 可以用作超连续光谱产生的优良器件，但其依旧存在一些缺点：① PCF 的制备过程复杂，目前只有少数实验室或公司掌握其制备方案，因此 PCF 售价昂贵；② PCF 的微结构针对特定波长，不能满足全波段的覆盖；③ PCF 的维护较为复杂，与普通单模光纤熔接技术要求较高。采用拉锥技术制作的锥形光纤同样可以优化光纤色散参数，实现超宽带光谱输出。并且拉锥光纤制作相对简单，成本较低，便于操作。拉锥光纤的结构示意图如图 7.3-6 所示。

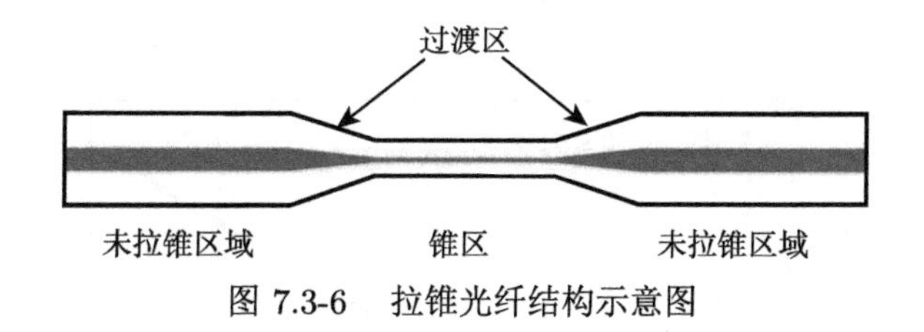

图 7.3-6 拉锥光纤结构示意图

光纤拉锥的工艺是利用火焰加热光纤至熔融状态，通过外力移动光纤两端，使光纤直径变大或者变小的过程。通过拉锥将光纤直径减小的情况为正拉锥。在正拉锥过程中，光纤的包层和纤芯直径不断减小，纤芯结构被破坏，光纤的包层逐渐成为新的纤芯，空气取代原有的包层变成新的包层。新产生的包层和纤芯的折射率差较大，限制了光在新纤芯中传播。同时光纤的色散参数和非线性系数也发生了巨大的变化。当拉锥光纤的直径减少到波长量级时，就进入微纳光纤的领域。

微纳光纤具有极强的倏逝场和灵活的色散特性，在纳米光子学、光纤传感等领域具有重要的应用价值。

拉锥光纤目前主要应用在光纤合束器、波分复用器等光纤器件的制作以及光纤通信、传感、探测等应用中。此外，伴随着光纤拉锥过程产生的丰富的非线性和色散特性，拉锥光纤在色散补偿、超连续谱产生等方向也有重要的应用。目前来说，通过光纤拉锥降低单模光纤芯径、提高光纤非线性系数，是产生超连续光谱成本最低的有效解决方案。

图 7.3-7 所示为基于拉锥单模光纤 (tapered single mode fiber，TSMF) 的展宽光谱实验示意图。

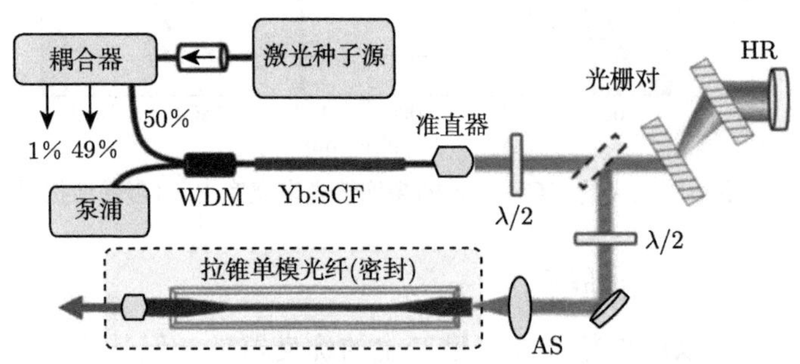

图 7.3-7　基于拉锥单模光纤的展宽光谱实验示意图 [11]

利用拉锥单模光纤进行超连续产生的前级光源，最大输出功率为 585 mW，脉宽为 85 fs，激光重复频率为 220 MHz。经光纤放大及光栅对压缩后的超短激光脉冲，经半波片调节偏振和非球面透镜的聚焦，入射至拉锥单模高非线性光纤中。图 7.3-8 为拉锥单模光纤的耦合效率曲线，在低功率入射情况下，拉锥单模光纤

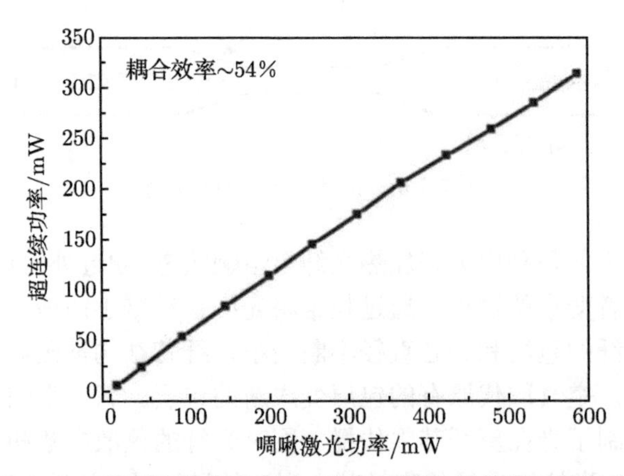

图 7.3-8　利用拉锥单模光纤产生超连续光谱的耦合效率曲线

的耦合效率大于 65%，随着激光功率的升高，耦合效率有一定的降低。在最大激光功率注入时，超连续产生的功率为 315 mW，整体耦合效率约为 54%。

由于较强的非线性效应，脉冲在拉锥单模光纤中传输时，激光光谱将得到有效的展宽。图 7.3-9 为产生的超连续光谱随着入射激光功率增加的演化过程。根据脉冲演化过程可知，孤子裂变首先占据着主要地位而产生高阶孤子 [12]，由于拉曼增益的影响，产生的高阶孤子会持续地“红移”[13,14]，因此在图中，我们可以明显看到，随着注入激光功率的增加，高阶孤子逐渐往长波方向移动，并最终在 1600 nm 的波长处形成较明显的拉曼峰。同时由于相位匹配的作用，位于可见光

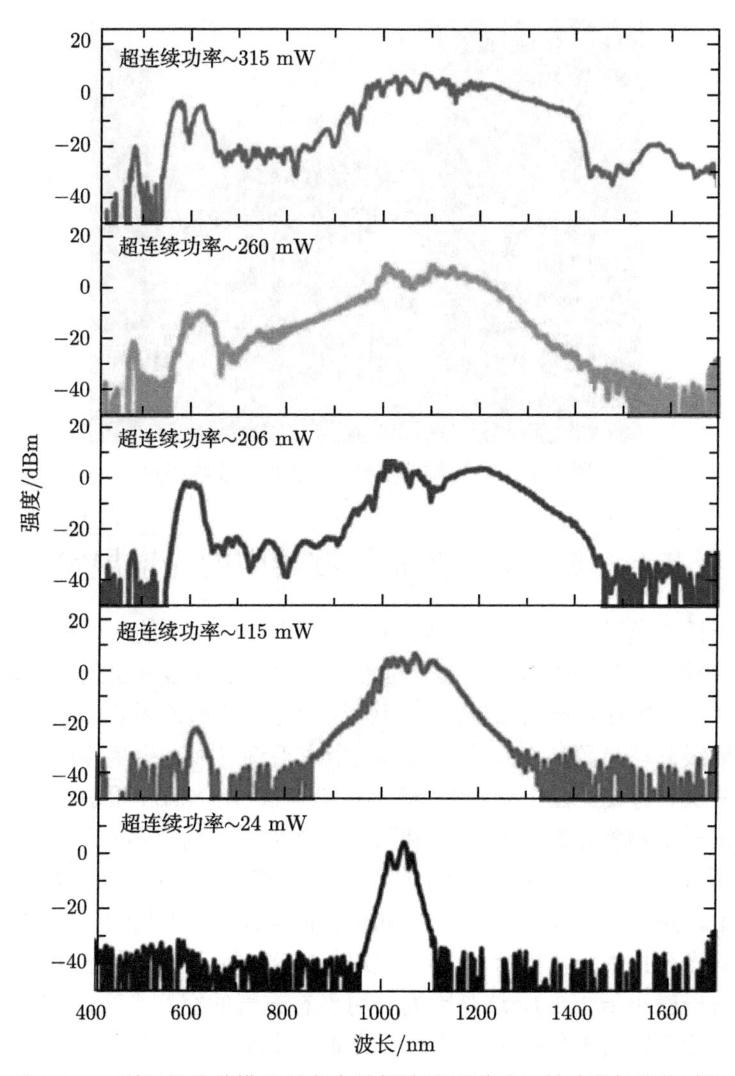

图 7.3-9 利用拉锥单模光纤产生的超连续光谱随入射功率的演化过程

波段的色散波也会逐渐产生 [15]，但由于色散波的光谱成分远离光纤的零色散波长，较大的群速度色散会严重展宽脉冲的时域宽度从而降低其峰值功率，所以光谱展宽的效果在色散波产生处被严重削弱，最终超连续光谱扩展的最短波长约为 550 nm。

利用拉锥单模光纤作为非线性展宽介质，产生的超连续光谱覆盖超过一个倍频程的范围，为 550~1700 nm，超连续输出功率最大为 315 mW，整个光谱成分中，仅 650~850 nm 范围的强度较低，近红外部分及可见光的峰值部分都具有较强的辐射。图 7.3-10 为拉锥单模光纤工作时的实物图。

图 7.3-10　拉锥单模光纤工作时的实物照片

7.4　飞秒激光在充气波导中的光谱展宽

实心光纤或光子晶体光纤由于较小的芯径，可以承受的入射能量在纳焦和微焦量级，并且由于在产生的超连续谱过程中，较强的非线性引入的高阶色散使其很难在后续压缩中获得高质量脉冲。而强场物理实验通常需要高能量的周期量级脉冲作为前级驱动光源。充入惰性气体的中空毛细管为产生毫焦量级可压缩的超连续光源提供了方案。在 1996 年，意大利科学家 M. Nisoli 报道了基于空芯光纤 (hollow fiber) 的展宽压缩技术 [16]，利用充入惰性气体的空芯光纤系统，将 140 fs、660 μJ 的钛宝石放大器脉冲压缩到 10 fs，脉冲能量为 240 μJ。利用空芯光纤系统展宽光谱，进一步压缩产生的少周期脉冲非常适合作为超快强场物理研究的光源。在空心光纤技术被提出后，很快在实验中就获得了 5 fs 的压缩脉冲，但获得的脉冲能量一般小于 1 mJ。这是因为利用静态充气的空芯光纤，高能量下在光纤的入口处由于存在自聚焦和电离等不利的非线性效应，将会影响入射激光和光纤的耦合，并且电离会带来不稳定性。日本理化学研究所 (RIKEN) K. Midorikawa

研究组提出一种减小光纤入射端电离的技术，叫作气压梯度 [17]。气压梯度的具体做法是在光纤的尾端充入惰性气体，在光纤的入射端抽真空。光纤入射端口处处在真空状态，这样就减小了自聚焦以及电离带来的散焦等不利的非线性效应对系统稳定性的影响。光纤中气压的分布可以用以下公式描述：

$$p(z)=\sqrt{p_0^2+\frac{z}{L}\left(p_L^2-p_0^2\right)} \tag{7.4-1}$$

其中，p_0 是光纤入口处的气压；z 是在光纤中传播的位置；L 是光纤长度；p_L 是光纤尾端的气压。

2005 年，K. Midorikawa 研究组使用内径为 250 μm、长度为 220 cm 的光纤，利用气压梯度技术，在光纤的尾端充入氩气，将空心光纤的输出能量提升到 5 mJ，脉冲宽度小于 10 fs[18]。同年，S. Ghimire 等提出圆偏振可以抑制空芯光纤中气体的电离，他们发现，相比线偏光入射，圆偏振可以提升 1.5 倍的输出能量。随后圆偏振也被应用到高能量空芯光纤的展宽方案中 [19]。2008 年，笔者团队将重复频率为 1 kHz、能量为 0.8 mJ、脉冲宽度为 25 fs 的飞秒激光聚焦注入内径为 250 μm、长度为 100 cm 的光纤中进行光谱展宽，系统地研究了静态气压和梯度气压两种技术方案展宽后的光谱分布，由图 7.4-1 可以看出，采用梯度气压技术的光谱展宽明显加宽，而且通光效率也提高 10%。当充气气压为 2.5 bar (1 bar=0.1 MPa) 时，采用梯度气压展宽的光谱可以覆盖 400~1000 nm，所支持的傅里叶变换极限脉宽为 3.0 fs，利用啁啾镜压缩后，采用干涉自相关仪实际测量到的脉冲宽度为 3.8 fs[20]。

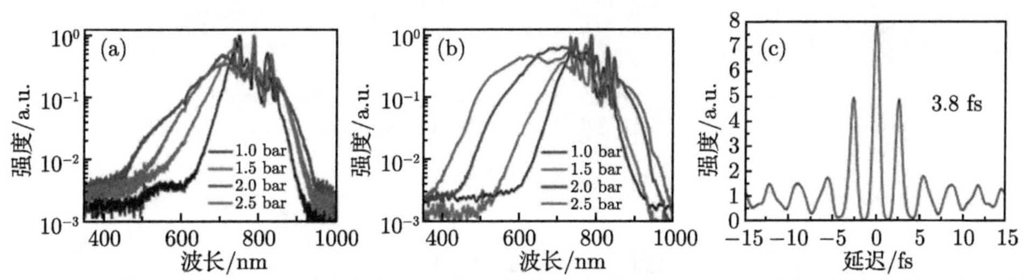

图 7.4-1 静态充气 (a) 和梯度充气 (b) 的空芯光纤光谱展宽，以及采用干涉自相关仪实际测量的脉冲宽度 (c) (彩图请扫封底二维码)

2009 年，J. Park 等研究了啁啾以及气压对压缩脉冲的影响，他们发现适度的正啁啾可以提升光谱展宽效果，最终获了 3.7 fs、1.2 mJ 的脉冲输出 [21]。到 2010 年，C. F. Dutin 等提出在气体电离域展宽光谱的方案，获得了 11.4 fs、13.7 mJ 的脉冲输出，但此种方案存在效率较低的问题 [22]。2010 年，K. Midorikawa 研究组使用内径为 500 μm、长度为 220 cm 的光纤，采用电离能较高的惰性气体氦气，结合气压梯度以及预啁啾 (pre-chirp) 入射的方案，获得了 5 mJ、5 fs、1 kHz 的脉冲输出，首次将空心光纤压缩产生两个光学周期脉冲的峰值功率推到太瓦量级 [23]。这一纪录保持了长达十年之久。此后利用传统的空芯光纤在提升能量上遇到了瓶颈，这是因为，要想进一步减小电离，需要采用内径更大的空芯光纤，而内径的增大会减弱光纤的展宽效果，此时需要更长的光纤长度，依靠增加非线性作用距离来增加非线性效果，但传统的毛细玻璃管很难在更长的距离下保持平整的加工精度。到 2020 年，马克斯・玻恩非线性光学和短脉冲光谱学研究所的 T. Nagy 报道了新的纪录 [24]，他们采用内径为 530 μm、长度为 3.75 m 的柔性光纤，柔性光纤可以依靠外力作用保证使用时的平整，此外，结合气压梯度技术以及圆偏振入射，将 50 fs、260 GW 的入射脉冲压缩到 3.8 fs、1.24 TW。2022 年，笔者团队利用空芯光纤装置，采用气压梯度技术以及双通道色散管理技术，获得了 3.6 fs、0.75 mJ 的近单周期脉冲，超连续光谱覆盖 450~1000 nm。实验装置如图 7.4-2(a) 所示，脉冲压缩结果如图 7.4-2(b)~(c) 所示，其中图 7.4-2(e) 红色曲线为使用 D-scan 装置所测脉冲包络 [25]。

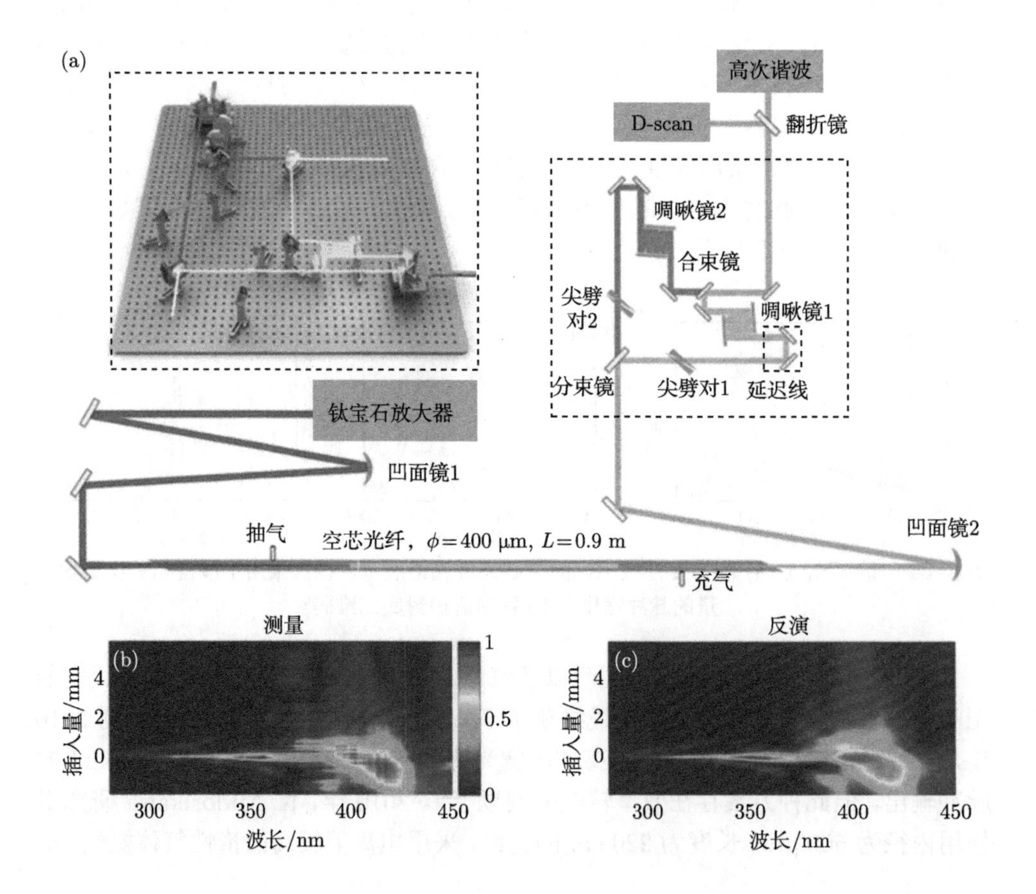

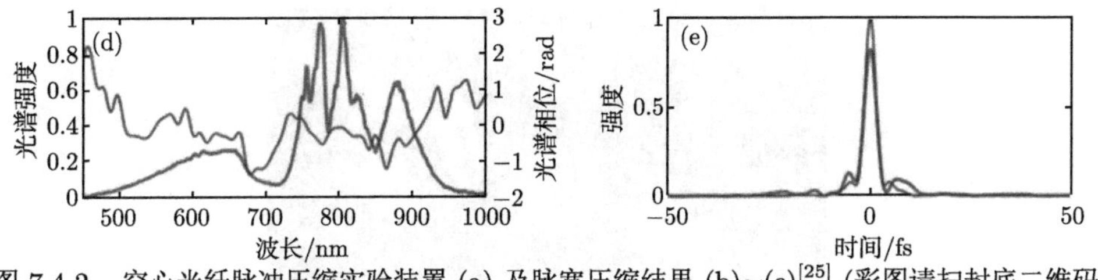

图 7.4-2 空心光纤脉冲压缩实验装置 (a) 及脉宽压缩结果 (b)~(e)[25] (彩图请扫封底二维码)

7.5 飞秒激光在固体薄片组中的光谱展宽

当激光峰值功率超过固体材料自聚焦阈值时，激光在固体材料中的传播会出现自聚焦现象，自聚焦导致激光光斑不断减小，功率密度快速增加。当激光功率密度过高时将诱导材料中发生雪崩电离，固体材料被永久性破坏。自聚焦破坏固体材料示意图如图 7.5-1 所示。

图 7.5-1 强激光在块状固体材料中的自聚焦导致介质被破坏示意图

自聚焦导致的破坏效果限制了入射激光的强度，并且使用块状固体材料不利于获得宽带且效率均匀的超连续光谱。为了解决这一问题，将块状固体替换成薄片组的概念被提出。2013 年，俄罗斯研究组提出了利用固体薄片组结构实现光谱展宽的方案，通过使用三维的传播方程模拟了峰值功率高达 13 PW 的脉冲在周期性摆放的熔融石英薄片组中的传播，理论上可以实现亚艾瓦的少周期脉冲输出，压缩后的脉冲理论上可以聚焦到 10^{25} W/cm^2 的光强 [26]。2014 年，中国台湾清华大学的孔庆昌课题组首次使用熔融石英薄片组，成功获得了 450~980 nm 的超连续，光谱覆盖一个倍频程，能量约为 76 μJ [27]。由于薄片不存在光纤波导的能量钳制，也不需要太高的光束指向稳定性，这为大能量的超连续产生开辟了一个崭新思路。图 7.5-2 是利用薄片组产生白光超连续的光路示意图。

在实验上成功使用薄片组产生宽带超连续光谱不久，2017 年，笔者团队与西安电子科技大学合作，使用 0.8 mJ、30 fs 钛宝石前级光源，采用松聚焦的方式，让激光经过七片布儒斯特角放置的固体薄片，获得了 460~950 nm 的展宽光谱，并首次利用啁啾镜组对薄片组产生的超连续光谱进行压缩，压缩之后的脉宽为 5.4 fs，单脉冲能量为 0.68 mJ，对应峰值功率为 0.13 TW[28]，实验装置如图 7.5-3 所示。图 7.5-4 为固体薄片三维工程图，图 7.5-5 给出了光谱展宽结果及脉冲压缩结果。

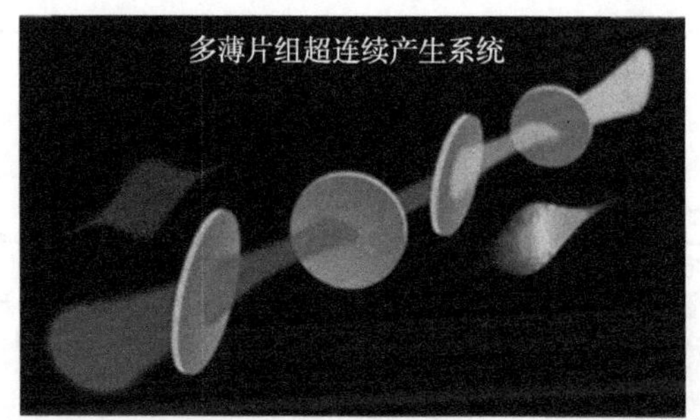

图 7.5-2　固体薄片组超连续光谱产生的示意图 [27]

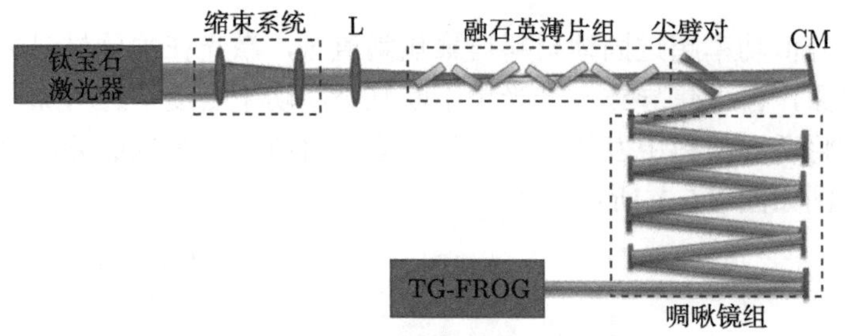

图 7.5-3　毫焦量级飞秒激光利用固体薄片超连续光谱产生及压缩光路 [28]

图 7.5-4　固体薄片组工程图

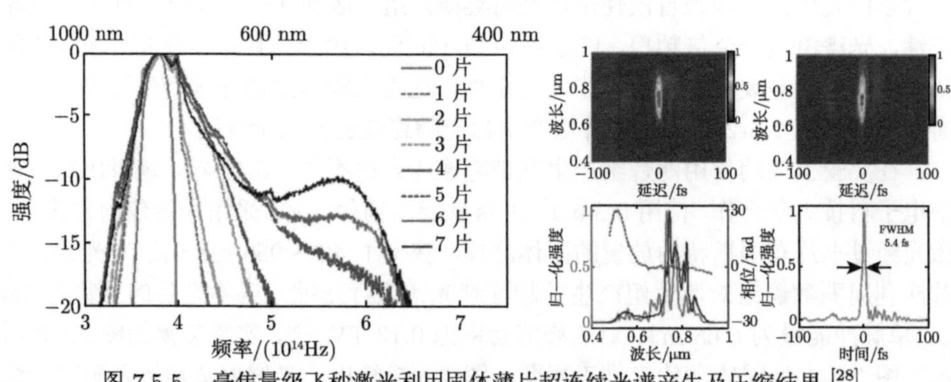

图 7.5-5　毫焦量级飞秒激光利用固体薄片超连续光谱产生及压缩结果 [28]
(彩图请扫封底二维码)

2020 年，M. Seo 等利用两级的薄片组结构，将 30 fs、420 μJ 的钛宝石放大器进一步压缩到单个光学周期 2.6 fs，单脉冲能量 235 μJ [29]。2021 年，笔者团队利用双色场飞秒光在固体薄片介质中的诱导相位调制效应，进一步获得了紫外增强型超连续光谱，光谱覆盖了紫外-可见光-红外 (375~920 nm) 的范围，支持 1.6 fs 的傅里叶变换极限脉宽 [30]。

7.6 飞秒激光在大气中的光谱展宽

大气主要由氮气和氧气等组成。利用这些介质的三阶非线性光学效应同样可以达到飞秒脉冲展宽光谱的目的。

2018 年，中国科学院西安光学精密机械研究所李峰等利用前级固态光源在大气环境下的中空光子晶体光纤 (HC-PCF) 中进行了光谱的展宽及压缩实验 [31]，实验装置如图 7.6-1 所示。前级光源的重复频率为 100 kHz，脉宽为 279 fs，所用 HC-PCF 的芯径为 31 μm，长度为 3 m。脉冲的压缩使用 GTI 镜进行。不同功率下的光谱如图 7.6-2 所示。在注入 3 W 功率下的脉冲压缩结果如图 7.6-3 所示，压缩后脉宽为 36 fs。

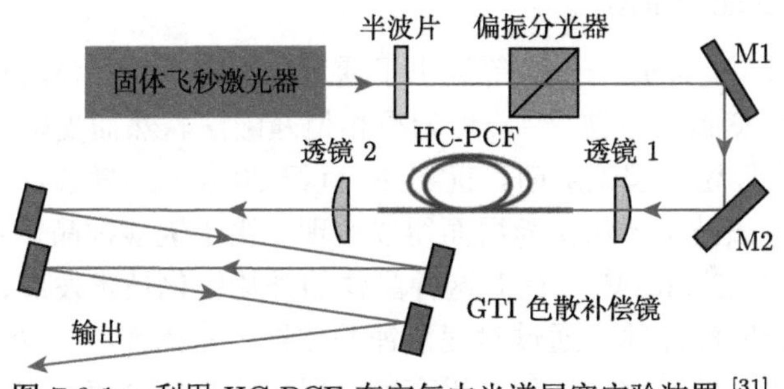

图 7.6-1 利用 HC-PCF 在空气中光谱展宽实验装置 [31]

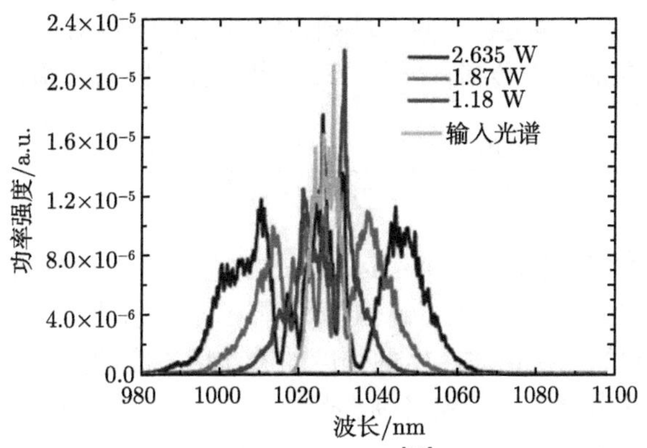

图 7.6-2 不同注入功率下的展宽光谱 [31] (彩图请扫封底二维码)

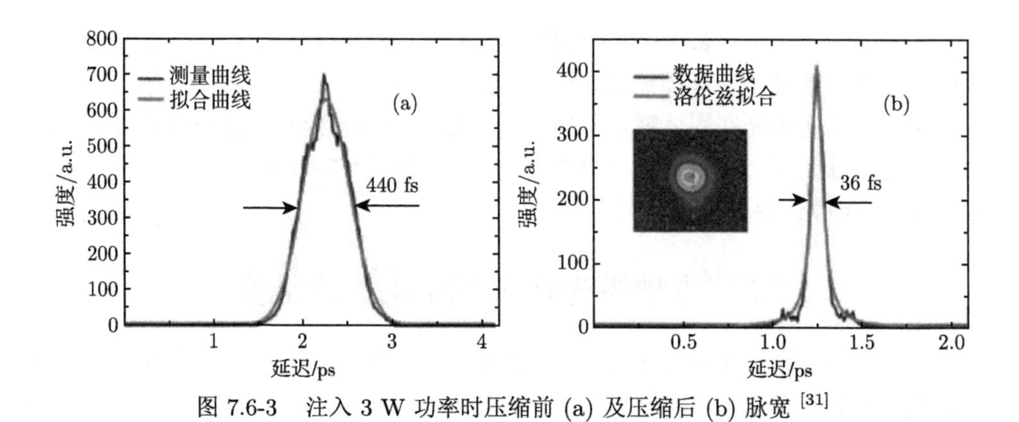

图 7.6-3　注入 3 W 功率时压缩前 (a) 及压缩后 (b) 脉宽 [31]

值得注意的是，由于大气中的成分以分子气体为主，利用空气展宽的光谱一般存在较大的调制或者红移现象，不利于超短脉冲的压缩获得 [32]。

7.7　啁啾极化的非线性晶体中级联产生的白光超连续光谱

7.7.1　准相位匹配的原理

1962 年，J. A. Armstrong 等提出了通过周期性改变晶体的极化方向实现有效的非线性频率变换的方法 [33]，称为准相位匹配法。然而受限于晶体的制备工艺，该概念一直停留在理论层面。直到 20 世纪 80 年代，随着晶体生长和极化工艺的发展进步，该技术才从实验层面得以实现。由于铌酸锂晶体具有较大的非线性系数 ($d_{33} = 27.2$ pm/V)，针对这种晶体的外场极化技术发展也很成熟，成为最常用的准相位匹配晶体。通过对铌酸锂晶体掺杂氧化镁，可以降低其内部矫顽场，制成厚度更大的晶体；并可以提高整个器件的损伤阈值，有利于更高峰值功率的激光注入。对非线性频率变换而言，限制其效率提升的主要因素是相位失配问题。以二次谐波的产生为例，假设基频光的电场振幅为 E_1，二次谐波的电场振幅为 E_2，则随着在晶体中传播，产生的二次谐波强度随着传播距离 z 的变化满足

$$\frac{\mathrm{d}E_2}{\mathrm{d}z} = \frac{\mathrm{i}\omega E_1^2}{(n_2 c)\,\chi^{(2)}\exp\left(-\mathrm{i}\Delta kz\right)} \tag{7.7-1}$$

其中，$\chi^{(2)}$ 为二阶非线性极化系数；n_2 为二次谐波在晶体中的折射率；Δk 为基频光与二次谐波的波矢差，表示相位失配项。理论上来说，如果不考虑 $\exp\left(-\mathrm{i}\Delta kz\right)$ 一项，则计算得到的二次谐波产生的强度随着作用长度的改变如图 7.7-1 中 A 所示。将相位失配项考虑在内，定义临界长度 $l_{\mathrm{c}} = \dfrac{\pi}{\Delta k}$，则可以计算得到产生的二次谐波的强度随着距离的改变如图 7.7-1 中 C 所示。可以看到，由于相位失配的

存在，基频光能量不能有效地转换为倍频光，产生的二次谐波强度随着作用长度而周期性变化。

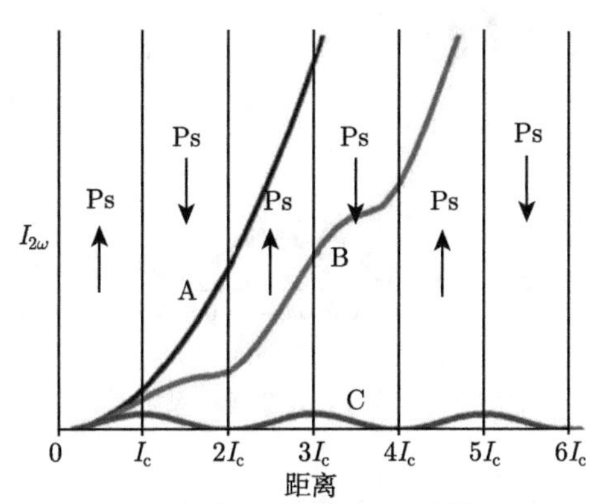

图 7.7-1 二次谐波强度随着在晶体中的作用长度的变化 [34]。A：不考虑相位失配的理想情况；B：准相位匹配情况；C：存在相位失配的情况

假设我们对二阶非线性系数加入空间的调制，对其进行傅里叶级数展开，得到

$$\chi^{(2)}(z) = \sum \chi_{\mathrm{m}} \exp\left(\mathrm{i} G_{\mathrm{m}} z\right) \tag{7.7-2}$$

如果能够满足空间调制周期的倒格矢 $G_{\mathrm{m}} = \Delta k$，即实现相位失配的补偿，便可以消除相位失配项 Δk 对非线性转换效率提升的限制，基频光的能量能够源源不断地转换到二次谐波中，如图 7.7-1 中 B 情况所示。

对于窄带波长的谐波产生而言，Δk 为一个定值。对晶体进行单一周期的极化，做傅里叶变换后可以得到一系列分离的 G_{m} 值，选择合适的 G_{m} 可以补偿定值 Δk 。但是，对于宽带激光而言，尤其是对于宽带激光的多次谐波产生而言，相位失配量是波长的函数 $\Delta k(\omega)$，不能使用单一周期的极化晶体对各次谐波的产生过程同时进行相位匹配。此时，需要对极化周期引入啁啾，对应于傅里叶变换后的倒格矢为一个宽带数值，对 $\Delta k(\omega)$ 进行补偿。

7.7.2 准相位匹配器件设计

对于准相位匹配过程的分析，中国科学院物理研究所的李志远课题组发展了有效非线性系数模型 [35,36]，为分析非线性过程提供了有效的工具，并为设计准相位匹配晶体提供了有效的解决方案。如图 7.7-2 为该组设计的一款 MgO:CPPLN 结构的有效非线性系数谱。对晶体进行啁啾周期极化后的结构进行傅里叶变换，可以得到该结构对应的倒格矢分布，如图 7.7-2 中黑色实线所示，其强度由左侧的纵坐标“傅里叶系数”表征。可以看到该啁啾周期结构对应的倒格矢带宽较大，利于补偿各阶次谐波产生过程中的相位失配。

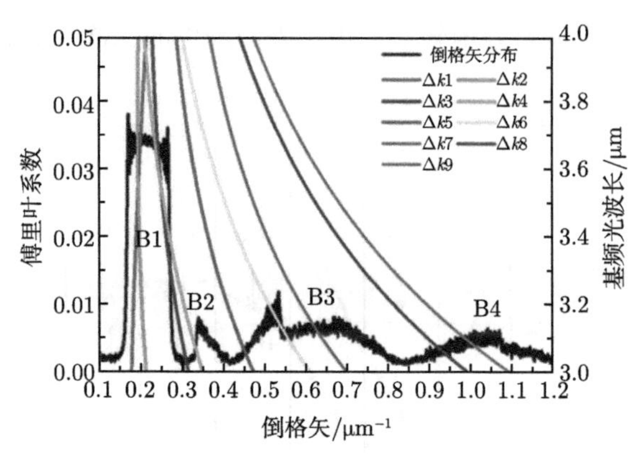

图 7.7-2　MgO:CPPLN 结构的有效非线性系数谱 (彩图请扫封底二维码)

图 7.7-2 中各条彩色实线表示当基频光范围为 3~4 μm 时基于二阶非线性效应在晶体中产生的各阶次谐波对应的非线性过程的相位失配量的分布，对应的具体过程如表 7.7-1 所示。由图 7.7-2 可见，各非线性过程对应的相位失配量都落在样品提供的倒格矢范围内，意味着样品能够补偿各非线性过程的相位失配，实现各阶次谐波的有效产生。

表 7.7-1　准相位匹配过程中的各非线性过程的相位失配情况以及与其对应的用于补偿相位失配的倒格矢带

谐波	三波混频过程的相位	倒格矢
二次	$\Delta k1 = k_2 - 2k_1$	B1
三次	$\Delta k2 = k_3 - k_2 - k_1$	B1
四次	$\Delta k3 = k_4 - k_3 - k_1$, $\Delta k4 = k_4 - 2k_2$	B1, B2
五次	$\Delta k5 = k_5 - k_4 - k_1$, $\Delta k6 = k_5 - k_3 - k_2$	B2, B3
六次	$\Delta k7 = k_6 - k_5 - k_1$, $\Delta k8 = k_6 - k_4 - k_2$, $\Delta k9 = k_6 - 3k_3$	B2, B3, B4

这里利用上述设计使用的 3.6 μm 中红外激光进行实验，激光脉宽约为 120 fs，激光的重复频率为 1 kHz。其光谱如图 7.7-3 所示，对其进行了高斯拟合，光谱半峰全宽约为 357 nm。

实验中，使用焦距为 150 mm 的 CaF_2 透镜将上述激光聚焦到长度为 20 mm 的未进行周期极化的掺氧化镁铌酸锂晶体进行实验，使用单色仪测量晶体后输出的激光光谱，1~4.5 μm 的光谱范围内，在近红外波段无光谱成分存在，在基频光波段的输出光谱如图 7.7-4 所示。可以看出，中红外飞秒激光经过未进行周期极化设计的晶体后，在自相位调制效应的作用下，产生了光谱加宽的效果，对输出光谱进行高斯拟合，得到输出光谱的谱宽加宽到 423 nm。可以看出，在未进行周期极化设计的晶体中，中红外飞秒激光没有引起谐波产生的过程。

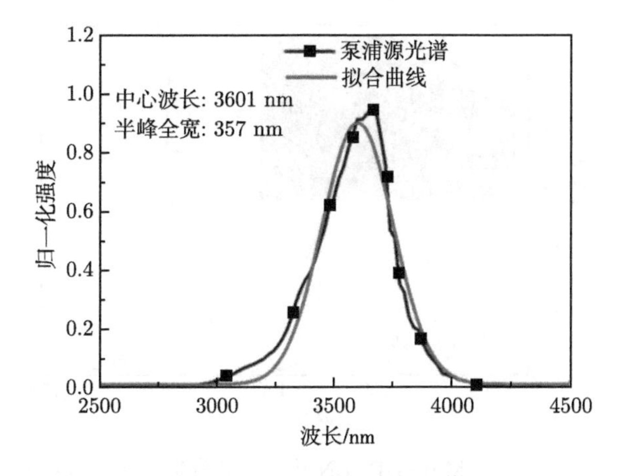

图 7.7-3 中红外基频光光谱

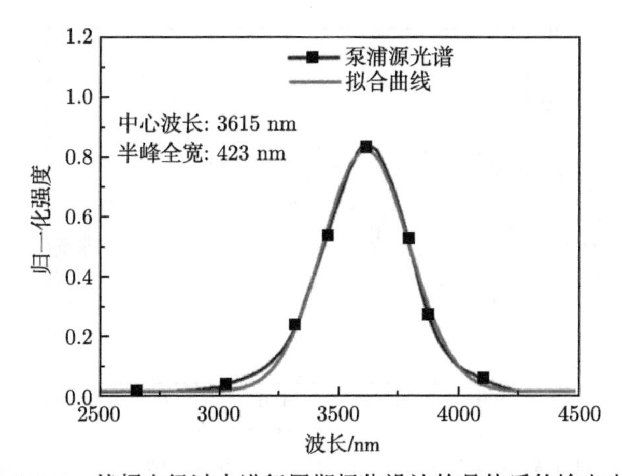

图 7.7-4 基频光经过未进行周期极化设计的晶体后的输出光谱

将样品更换为周期性极化设计的 MgO:CPPLN，可以观察到明亮的白光产生，使用光谱仪 (Ocean Optics HR 4000 和 Ocean Optics NIR Quest) 测量了输出激光的可见光光谱成分与近红外光谱成分，由于两个光谱同时包括 950 nm 的成分，可以将其作为参考，将两个光谱拼在一起，其线性坐标如图 7.7-5 所示，由光谱图中各波峰的波长可知，中红外激光在 MgO:CPLLN 中同时产生了二至八次谐波。将其输出光谱置于对数坐标中, 如图 7.7-6 所示，可以观察到覆盖 400~2400 nm 的光谱范围，达到了两个倍频程，各谐波光谱之间之所以能够连续起来，是因为各阶次谐波在晶体中引起了自相位调制效应，导致光谱展宽。

聚集晶体前面的激光功率为 65 mW，在晶体透射输出总功率为 38 mW，其中 8 mW 为中红外激光的成分，白光激光的功率为 30 mW，对应转换效率为 46%。通过计算光谱强度占比，可得到每一阶的大致功率如表 7.7-2 所示。

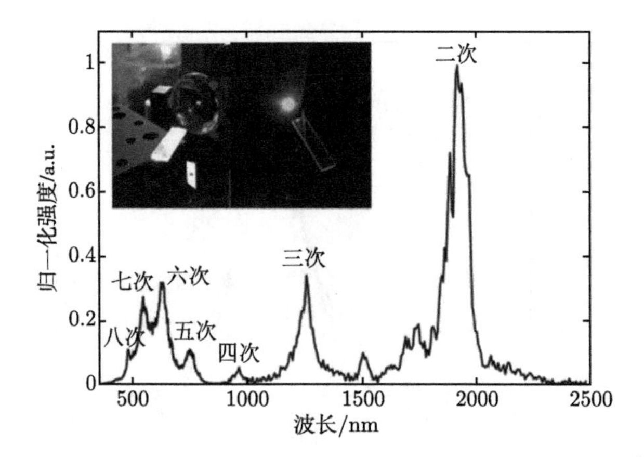

图 7.7-5　中红外飞秒激光在 MgO:CPPLN 中产生超宽带激光输出光谱，插图为实验现象

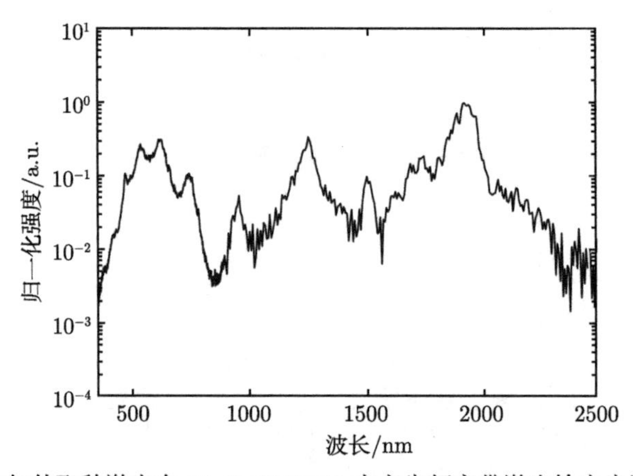

图 7.7-6　中红外飞秒激光在 MgO:CPPLN 中产生超宽带激光输出光谱 (对数坐标)

表 7.7-2　各阶次功率

阶次	二次	三次	四次	五次	六次	七次	八次
功率/mW	13.6	4.67	0.74	1.49	4.34	3.66	1.49

参考文献

[1] Nagy T, Simon P, Veisz L. High-energy few-cycle pulses: post-compression techniques[J]. Advances in Physics: X, 2021, 6(1): 1845795.

[2] Grischkowsky D, Courtens E, Armstrong J. Observation of self-steepening of optical pulses with possible shock formation[J]. Phys. Rev. Lett., 1973, 31(7): 422.

[3] Stolen R H, Lin C. Self-phase-modulation in silica optical fibers[J]. Phys. Rev. A, 1978, 14(4): 1448-1453.

[4] Hasegawa A, Tappert F. Transmission of stationary nonlinear optical pulses in dispersive dielectric fibers. I. anomalous dispersion[J]. Appl. Phys. Lett., 1973, 23(3): 142-144.

[5] Mollenauer L F, Stolen R H, Gordon J P. Experimental observation of picosecond pulse narrowing and solitons in optical fibers[J]. Phys. Rev. Lett., 1980, 45(13): 1095.

[6] Agrawal G P. Nonlinear Fiber Optics[M]. New York: Academic Press, 1989.

[7] Knight J C, Birks T A, Russell P St J, et al. All-silica single-mode optical fiber with photonic crystal cladding[J]. Opt. Lett., 1996, 21(19): 1547-1549.

[8] Ranka J K, Windeler R S, Stentz A J. Visible continuum generation in air-silica microstructure optical fibers with anomalous dispersion at 800 nm[J]. Opt. Lett., 2000, 25(1): 25-27.

[9] 彭英楠. 高平均功率飞秒固体锁模激光及光谱展宽的研究 [D]. 西安: 西安电子科技大学, 2017.

[10] 张子越. 低噪声固态 Yb:CYA 激光频率梳及紫外单频激光共振增强倍频研究 [D]. 北京: 中国科学院大学, 2020.

[11] 张龙. 掺镱飞秒光纤激光频率梳及窄线宽激光共振增强倍频研究 [D]. 北京: 中国科学院大学, 2014.

[12] Husakou A V, Herrmann J. Supercontinuum generation of higher-order solitons by fission in photonic crystal fibers[J]. Phys. Rev. Lett., 2001, 87(20): 203901.

[13] Liu X, Xu C, Knox W H, et al. Soliton self-frequency shift in a short tapered air-silica microstructure fiber[J]. Opt. Lett., 2001, 26(6): 358-360.

[14] Lee J H, van Howe J, Xu C, et al. Soliton self-frequency shift: experimental demonstrations and applications[J]. IEEE J. Sel. Top Quantum Electron., 2008, 14(3): 713-723.

[15] Cristiani I, Tediosi R, Tartara L, et al. Dispersive wave generation by solitons in microstructured optical fibers[J]. Opt. Express, 2004, 12(1): 124-135.

[16] Nisoli M, de Silvestri S, Svelto O. Generation of high energy 10 fs pulses by a new pulse compression technique[J]. Appl. Phys. Lett., 1996, 68(20): 2793-2795.

[17] Nurhuda M, Suda A, Midorikawa K, et al. Propagation dynamics of femtosecond laser pulses in a hollow fiber filled with argon: constant gas pressure versus differential gas pressure[J]. J. Opt. Soc. Am. B, 2003, 20(9): 2002-2011.

[18] Suda A, Hatayama M, Nagasaka K, et al. Generation of sub-10-fs, 5-mJ-optical pulses using a hollow fiber with a pressure gradient[J]. Appl. Phys. Lett., 2005, 86(11): 111116.

[19] Ghimire S, Shan B, Wang C, et al. High-energy 6.2-fs pulses for attosecond pulse generation[J]. Laser Phys., 2005, 15 (6): 838-842.

[20] Zhang W, Teng H, Yun C X, et al. Generation of sub-2 cycle optical pulses with a differentially pumped hollow fiber[J]. Chinese Physics Letters, 2020, 27: 054211.

[21] Park J, Lee J H, Nam C H. Generation of 1.5 cycle 0.3 TW laser pulses using a hollow-fiber pulse compressor[J]. Opt. Lett., 2009, 34(15): 2342-2344.

[22] Dutin C F, Dubrouil A, Petit S, et al. Post-compression of high-energy femtosecond pulses using gas ionization[J]. Opt. Lett., 2010, 35(2): 253-255.

[23] Bohman S, Suda A, Kanai T, et al. Generation of 5.0 fs, 5.0 mJ pulses at 1kHz using hollow-fiber pulse compression[J]. Opt. Lett., 2010, 35(11): 1887-1889.
[24] Nagy T, Kretschmar M, Vrakking M J, et al. Generation of above-terawatt 1.5-cycle visible pulses at 1 kHz by post-compression in a hollow fiber[J]. Opt. Lett., 2020, 45(12): 3313-3316.
[25] Yabei S, Shaobo F, Shuai W, et al. Optimal generation of delay-controlled few-cycle pulses for high harmonic generation in solids [J]. Appl. Phys. Lett., 2022, 120(12): 121105.
[26] Voronin A A, Zheltikov A M, Ditmire T, et al. Subexawatt few-cycle lightwave eneration via multipetawatt pulse compression[J]. Opt. Commun., 2013, 291: 299-303.
[27] Lu C H, Tsou Y J, Chen H Y, et al. Generation of intense supercontinuum in condensed media[J]. Optica, 2014, 1(6): 400-406.
[28] He P, Liu Y, Zhao K, et al. High-efficiency supercontinuum generation in solid thin plates at 0.1 TW level[J]. Opt. Lett., 2017, 42(3): 474-477.
[29] Seo M, Tsendsuren K, Mitra S, et al. High-contrast, intense single-cycle pulses from an all thin-solid-plate setup[J]. Opt. Lett., 2020, 45(2): 367-370.
[30] Su Y B, Fang S B, Gao Y T, et al. Efficient generation of UV-enhanced intense supercontinuum in solids: toward sub-cycle transient[J]. Appl. Phys. Lett., 2021, 118(26): 261102.
[31] Li F, Yang Z, Wang Y, et al. Nonlinear compression of ultrashort-pulse laser to 36 fs with 556-MW peak power[J]. IEEE Photon. Technol. Lett., 2018: 1198-1201.
[32] Li C, Rishad K, Horak P, et al. Spectral broadening and temporal compression of ~100 fs pulses in air-filled hollow core capillary fibers[J]. Opt. Express, 2014, 22(1): 1143-1151.
[33] Armstrong J A, Bloembergen N, Ducuing J, et al. Interactions between light waves in a nonlinear dielectric[J]. Physicol Revrew, 1962, 127(6): 1918.
[34] 胡晨阳. 宽带非线性频率转换的理论和实验研究 [D]. 北京: 中国科学院大学, 2018.
[35] Ren M L, Li Z Y. An effective susceptibility model for exact solution of second harmonic generation in general quasi-phase-matched structures[J]. EPL, 2011, 94(4): 44003.
[36] Hu C Y, Li Z Y. An effective nonlinear susceptibility model for general three-wave mixing in quasi-phase-matching structure[J]. J. Appl. Phys., 2017, 121(12): 123110.

第 8 章 飞秒激光脉冲压缩技术

超短超强激光是人类研究不同介质中强场物理过程的强有力工具之一，其超高的峰值功率使得激光与物质相互作用进入非微扰非线性领域，短至几个光学周期的少周期激光脉冲在阿秒科学等领域发挥重要作用。但一台飞秒激光放大系统输出的脉宽一般在几十到几百飞秒，很难满足目前阿秒科学对于驱动光源脉冲宽度更短、能量更高的要求，使用额外的压缩技术获得高能量周期量级脉冲一直是超快科学领域研究的热点。

8.1 少周期激光脉冲的关键技术

在少周期飞秒激光脉冲的产生中，一般需要以下几种关键技术。① 可压缩的超连续光谱产生技术，对实验中获得的超连续光谱，并不是所有的都可以用来压缩获得超短脉冲。一般容易压缩的超宽光谱其展宽机制以自相位调制为主，应尽量避免高阶效应或电离等，保持超宽光谱良好的相干性。② 超宽带光谱的精细色散管理技术。对于超短脉冲的压缩，一般选用啁啾镜等器件。虽然棱镜对也能实现少周期脉冲的补偿，但其引入的本征高阶色散对获得高质量脉冲压缩不利，基于 $4f$ 系统的空间光调制器 (SLM) 或声光可编程色散滤波器等器件具有强大的色散管理能力，但这些器件的损伤阈值或透过率较低，所以目前用于高能量少周期脉冲的压缩，还是以啁啾镜为主。③ 超短的脉冲测量技术。超短脉冲的诊断同样是超短脉冲产生的关键技术，而常用的自相关仪不能给出完整的脉冲相位信息。针对超快激光脉冲的测量，不同课题组开发出了频率分辨光开关 [1]、自参考光谱相干电场重建方法 [2]、色散扫描 [3] 以及阿秒条纹相机 [4] 等技术。超短脉冲信息的诊断技术的不断完善助力了超短脉冲的压缩产生。

8.2 染料 CPM 激光脉冲的压缩

20 世纪七八十年代，超快激光实验主要使用的是染料激光器。1981 年，R. L. Fork 等首次在染料激光器中采用碰撞锁模方式获得脉冲宽度小于 100 fs 的激光脉冲 [5]。1985 年，J. A. Valdmanis 等通过使用棱镜对进行腔内色散补偿，将碰撞锁模环形染料激光器的脉冲缩短到 27 fs[6]。受限于染料激光介质本身的增益带宽，由染料激光器本身很难直接输出更短的脉冲。科研工作者采用当时主流的单模光纤展宽光谱然后再压缩的方案来获取更短的脉冲。

1987 年，R. L. Fork 等对文献 [7] 报道的激光器进行脉冲放大，激光的运行重复频率为 8 kHz, 放大后的激光能量为 1 mJ, 脉宽为 50 fs，光谱的中心波长为 620 nm。将放大后的激光耦合到芯径为 4 μm 的光纤中，光纤的长度为 0.9 m，光纤中的功率密度为 $(1\sim2)\times10^{12}\ \mathrm{W/cm^2}$。光纤展宽光谱之后，采用棱镜对以及光栅对配合补偿色散，其结构如图 8.2-1 所示。这一组合不仅可以补偿二阶色散，三阶色散也可得到很好的补偿。

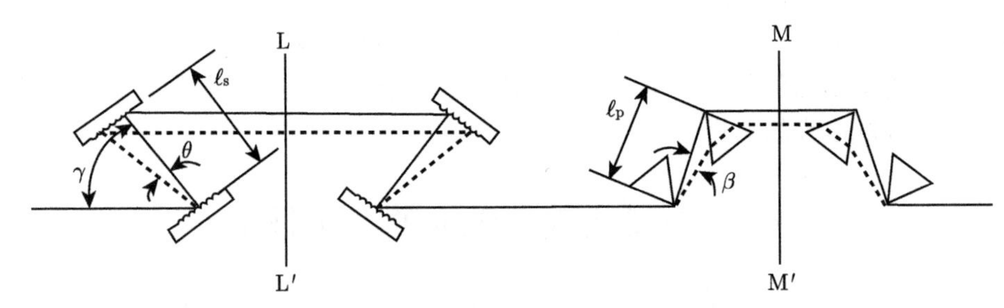

图 8.2-1　光栅和棱镜对补偿二阶及三阶色散

利用干涉自相关测量的脉冲压缩结果如图 8.2-2 所示，压缩的脉宽为 6 fs。这一结果是利用染料激光压缩获得的最短脉宽，也是当时最短的脉冲度。

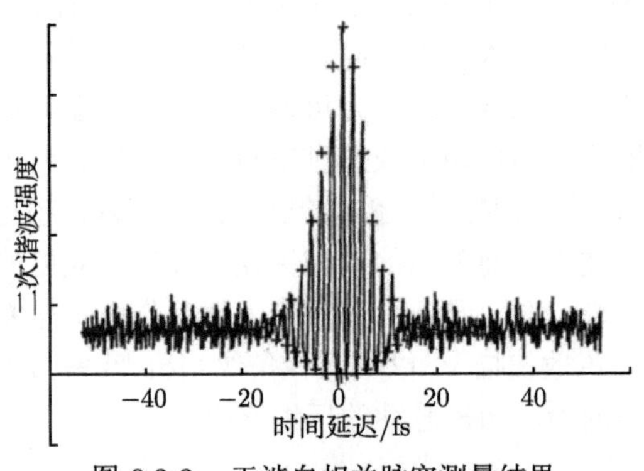

图 8.2-2　干涉自相关脉宽测量结果

8.3　腔倒空飞秒激光脉冲的压缩

20 世纪 90 年代，钛宝石激光被发明以后，其得益于产生短脉冲方面优异的性能而迅速引起科研工作者的关注。尽管钛宝石晶体的增益带宽支持短至 3~4 fs 的脉冲，但从激光腔内直接产生小于 5 fs 的脉冲还是比较困难。在啁啾镜发明后不久就被用于脉冲压缩研究，经过不断努力，1996 年，通过补偿钛宝石振荡器的腔内色散得到了 7.5 fs[8] 的脉宽，成为从振荡器直接产生的最短脉宽。为了获得更短的脉冲，荷兰格罗宁根大学的研究人员通过啁啾镜压缩腔倒空锁模钛宝石激光输出的高能量飞秒脉冲，进一步得到了小于 5fs 的脉宽 [9]，打破了飞秒染料激光器保持了十年的最短脉冲世界纪录。实验装置如图 8.3-1 所示，前级光源为一台腔倒空钛宝石振荡器，腔倒空的工作方式主要是分两个阶段来进行，首先是建立激光场，此时腔内引入一个快速光开关——Q 开关，它在光泵脉冲开始后的一段时间内处于关闭或者低 Q 值状态，此时腔内粒子数不断反转积累，激光功率不断增加。第二阶段是在粒子数反转达到最大时，腔内的 Q 开光突然接通或者变为高 Q 状态，将腔内形成的瞬时高激光振荡输出到腔外，可以实现高峰值功率、短脉冲宽度的激光脉冲输出。一般来说，前级入射脉冲脉宽越短，峰值功率越高，越有利于实现相干性较好超宽带光谱的产生。本实验腔倒空钛宝石振荡器输出脉

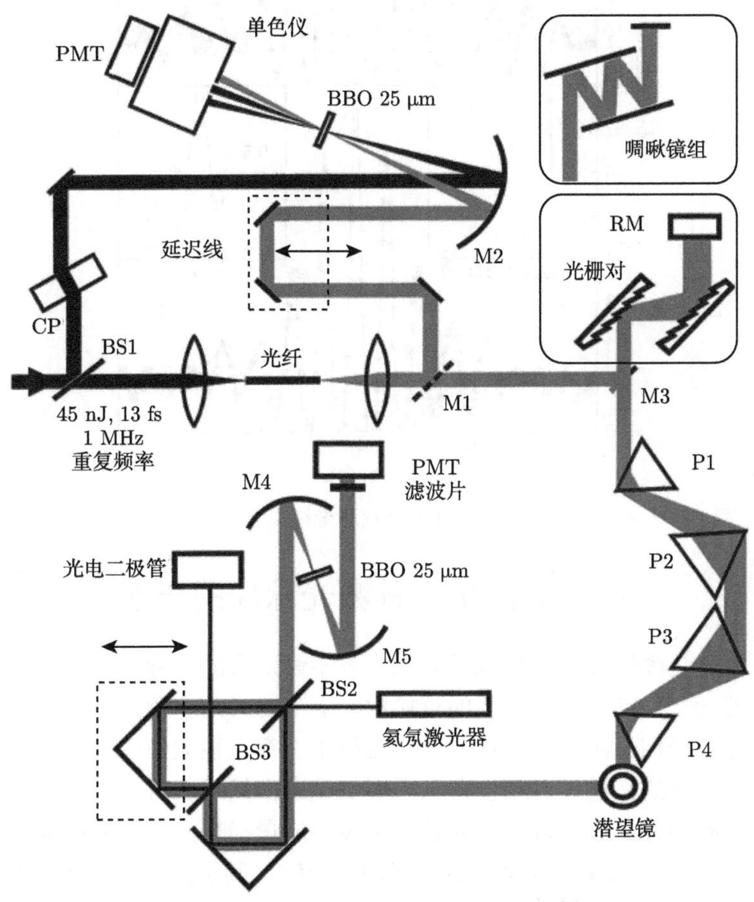

图 8.3-1 腔倒空脉冲压缩实验装置 [9]

冲宽度为 13 fs。随后将其注入单模光纤进行光谱展宽，单模光纤芯径为 2.75 μm，光纤的长度为 3~4 mm。产生的白光可以选择使用光栅对/啁啾镜配合棱镜对进行色散管理，压缩的脉冲利用干涉自相关进行脉宽的测量，脉宽测量的结果如图 8.3-2 所示，其中利用棱镜–光栅对压缩补偿装置，脉冲被压缩小于 5 fs，这是当时所能获得的最短脉冲宽度。

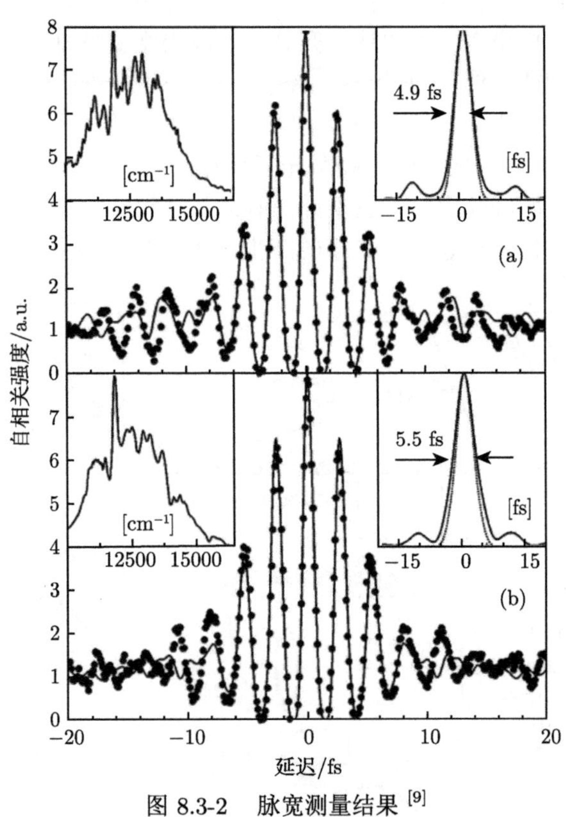

图 8.3-2　脉宽测量结果 [9]

8.4　高能量飞秒激光脉冲的压缩

超强激光强度提升一直是强激光工作者不懈追求的目标。其一般可以通过两种方案实现。一种是在激光能量的直接放大上下功夫，这种办法需要花费巨大的成本代价并且增加系统的复杂性，并且在技术上存在很大的困难。另一种是通过强脉冲压缩的方式，通过自相位调制来展宽光谱，然后在时域上减小超强激光的脉冲宽度，此种方案成本较低，并且几乎没有能量损耗，可以多倍提高强激光的峰值功率。这一方式称为压缩器后的脉冲再压缩，其示意图如图 8.4-1 所示 [10]，其中图 8.4-1(a) 所示为常见的啁啾脉冲放大方案，S 代表脉冲在时域上的展宽；A

代表脉冲的放大；C 代表压缩系统对啁啾放大脉冲的时域压缩。经过 CPA 获得的强激光进一步开展脉冲的压缩，其时域图如图 8.4-1(b) 所示。首先采用非线性材料对强激光光谱进行展宽，随后利用啁啾镜对展宽的光谱进行色散管理，在时域上压缩得到更短的脉冲。接下来对这一方案相关工作进行简要介绍。

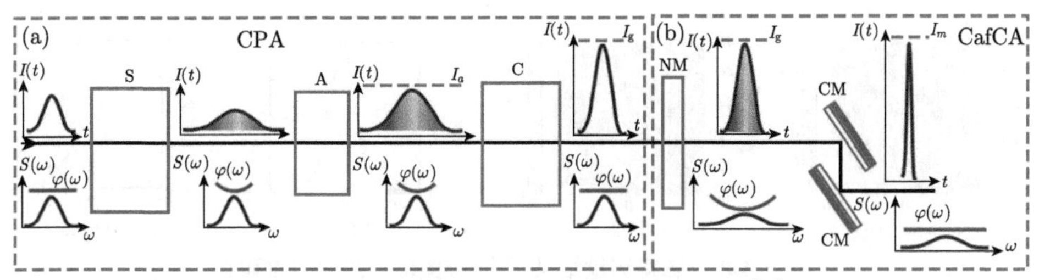

图 8.4-1 焦耳量级激光脉冲展宽实验装置 [10]

针对焦耳量级脉冲的压缩，其光斑口径较大，峰值功率过高，显然空芯光纤是无法满足需求的。2014 年，G. Mourou 提出利用聚合物薄膜进行超强激光脉冲压缩的概念 [11]。2020 年，S. Y. Mironov 等利用单个薄片材料，实现了焦耳量级脉冲的光谱展宽，展宽后的光谱利用啁啾镜压缩到 13 fs[12]。

实验装置如图 8.4-2 所示，整个实验在真空中进行，激光脉冲最大能量可到 4.5 J, 激光脉冲宽度为 24 fs，光斑大小为 106 mm，近场光斑能量分布均匀且呈现准平顶特点。非线性介质使用 1 mm 厚的石英片，石英片形状为方形，直径为

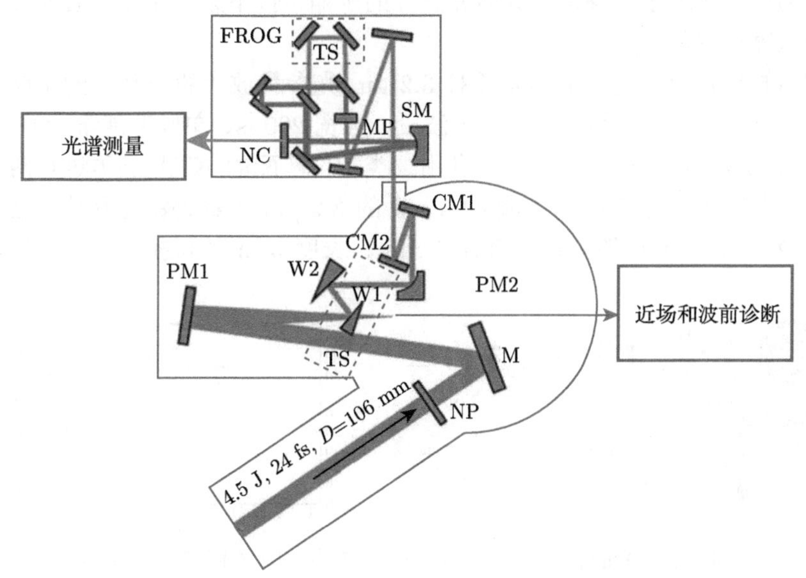

图 8.4-2 焦耳量级激光脉冲压缩实验装置 [12]

150 mm。强激光经过单个熔石英薄片实现光谱的拓展。展宽后的光谱经过能量损耗后，利用两片啁啾镜进行色散补偿，啁啾镜引入的色散为 $-50\ \mathrm{fs}^2$。压缩后的脉冲利用 SHG-FROG 进行脉冲测量，倍频采用的是 10 μm 厚的 BBO 晶体，脉冲压缩结果如图 8.4-3 所示。

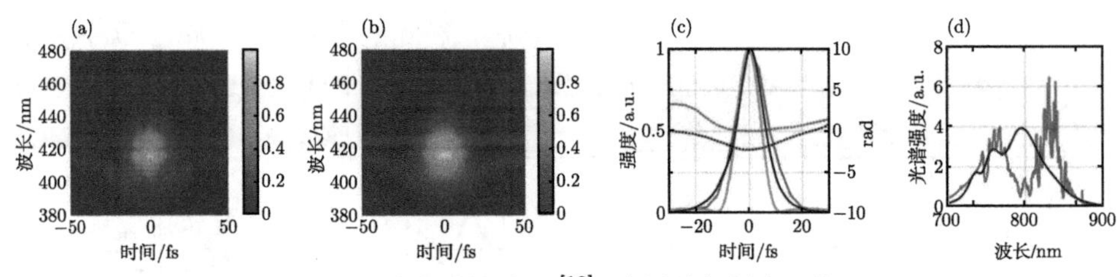

图 8.4-3　脉宽测量结果 [12] (彩图请扫封底二维码)

8.5　参量放大激光脉冲的压缩

参量变换可以突破激光增益介质自身波段的限制，拓展激光光谱范围，有重要的应用价值。利用光参量变换过程可以产生中红外波段的激光，自差频过程可以产生载波包络相位稳定的波长较长的闲频光，将其应用在强场阿秒的实验中有利于提升阿秒脉冲截止区的光子能量。其中常见的 OPA 产生的激光脉冲，受限于相位匹配带宽限制，其产生的脉冲一般在多个光学周期量级，要用在强场阿秒物理实验中，需要进一步利用光谱展宽及脉冲压缩技术。目前空芯光纤，固体薄片及多通腔均实现了对参量放大激光脉冲的压缩，接下来介绍以空芯光纤为代表的脉冲压缩实例。

图 8.5-1 展示了利用空芯光纤对 3.2 μm 光参量放大激光脉冲的压缩实验装置 [13]。其中前级光源采用 1030 nm 波段、脉宽 200 fs、单脉冲能量 120 mJ、重复频率 50 Hz 的 Yb:$\mathrm{CaF_2}$ 激光。利用二类相位匹配的 KTA 晶体进行两级光参量放大，获得了脉宽 85 fs、单脉冲 5 mJ 的 3.2 μm 中红外激光脉冲。之后利用焦距 f 为 1.5 m 的透镜聚焦到直径 1 mm、长度 3 m 的可拉伸柔性光纤，采用

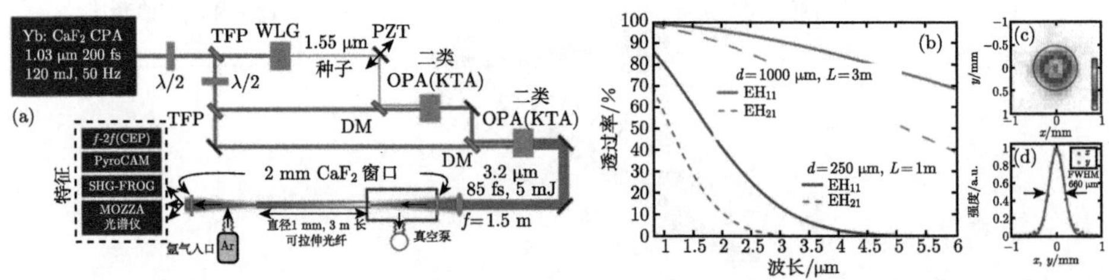

图 8.5-1　参量放大激光的展宽压缩：(a) 实验装置图；(b) 不同芯径空芯光纤透过率计算；(c) 聚焦光斑形貌；(d) 聚焦光斑大小 [13] (彩图请扫封底二维码)

气压梯度结构，在光纤尾端充入氩气，随后利用中红外波段 CaF_2 窗口负色散的特性进行脉冲的压缩。在充入 1.3 bar 氩气时，展宽脉冲的色散可以被 2 mm 的窗口很好地补偿，最终将脉冲压缩到小于两个光学周期，脉宽测量结果如图 8.5-2 所示，单脉冲能量为 2.5 mJ。

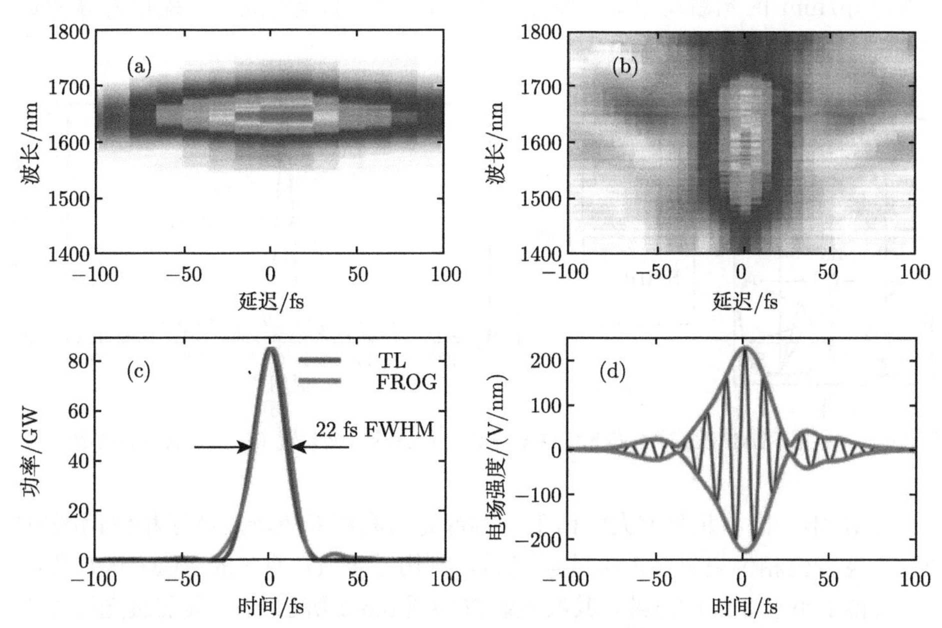

图 8.5-2 利用 SHG-FROG 测量的中红外压缩脉宽结果 [13] (彩图请扫封底二维码)

8.6 液晶光阀空间调制器及声光可编程色散滤波器脉冲压缩

在少周期脉冲的压缩过程中，存在一些复杂的难以调控的相位，影响使用常规压缩器件，很难获得高质量的压缩脉冲。比如宽带光谱中的高阶色散、拉曼光谱的相位等。液晶光阀空间光调制器以及声光可编程色散滤波器理论上可以对任意色散进行补偿，具有强大的色散管理能力，可以实现复杂相位脉冲的压缩，适合接近傅里叶变换极限脉冲的产生。因此国际上不少课题组基于此开展了相关脉冲压缩的研究。

8.6.1 液晶光阀空间调制器

2003 年，U. Keller 等利用级联的空芯光纤对钛宝石放大器进行光谱拓展，随后利用基于 $4f$ 系统的液晶 SLM 进行色散管理，获得了 3.8 fs 的脉冲压缩结果 [14]。其实验装置如图 8.6-1 所示，其中钛宝石放大输出 25 fs、0.5 mJ 的脉冲，随后第一级利用锥形空芯光纤进行光谱展宽，光纤长度为 60 cm，光纤前端的内径为

0.5 mm，光纤后端的内径为 0.3 mm，充入 0.3 bar 的氩气，利用啁啾镜压缩的脉冲为 10 fs。然后将第一级压缩的 300 μJ 能量注入第二级空芯光纤 (0.3 mm 内径，60 cm 长)，获得了 100 μJ、带宽 500 THz 的超连续光谱。压缩使用的液晶 SLM 有 640 像素，每个像素 97 μm 宽，像素点间距 3 μm。其中 $4f$ 系统由两个 300 lp/mm 的光栅及两个焦距为 300 mm 的球面镜组成。压缩后的脉冲宽度为 3.8 fs，单脉冲能量为 15 μJ。

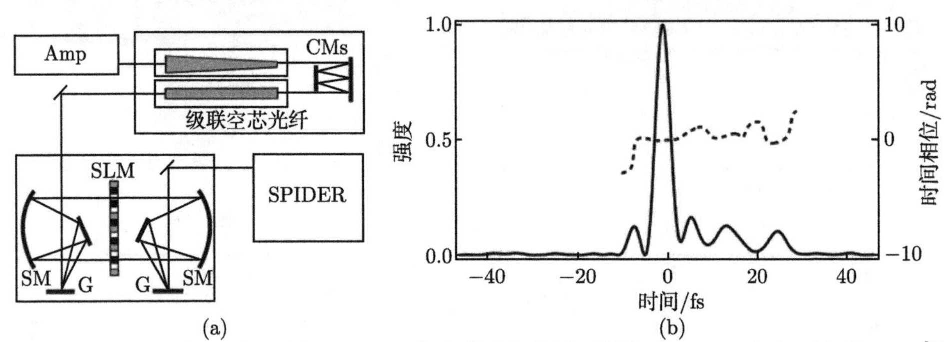

图 8.6-1　利用 SLM 对级联空芯光纤展宽光谱进行脉冲压缩装置 (a) 及脉冲压缩结果 (b)[14]

2007 年，日本北海道大学山下干雄课题组利用双色场的诱导相位调制效应，获得了宽带但相位更复杂的超连续光谱，利用基于 $4f$ 系统的 SLM 进行色散管理，获得了小于 3 fs 的脉冲，其实验装置如图 8.6-2 所示 [15]。其前级光源为千赫兹钛宝石放大器系统，将 800 nm 基频光及 400 nm 倍频光同时耦合进充入氩气的空芯光纤 (内径 140 μm，长度 37 cm)，双色场在空芯光纤中不仅在自相位调制及自陡峭效应的作用下展宽光谱，两束脉冲之间的诱导相位调制效应有利于光谱的进一步拓展。通过优化延时和能量，获得了 350~1050 nm 的超宽带光谱。随后利用 SLM 进行色散管理，脉冲压缩结果为 2.6 fs，单脉冲能量为 3.6 μJ。

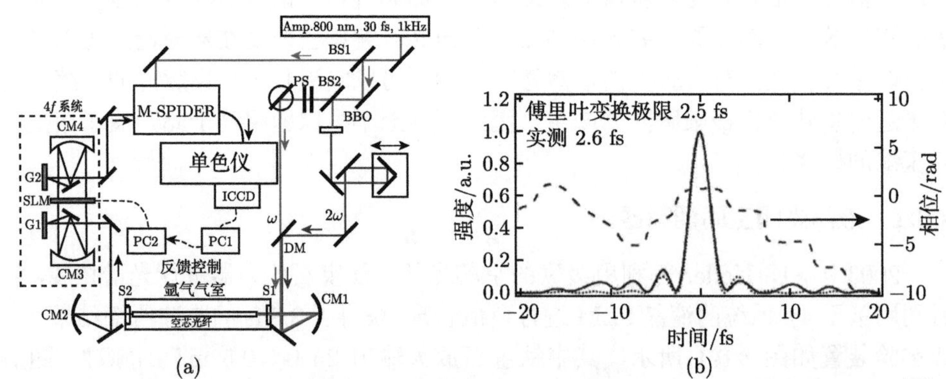

图 8.6-2　利用 SLM 对诱导相位调制光谱进行脉冲压缩装置 (a) 及脉冲压缩结果 (b)[15]

液晶空间光调制器的高损耗及损伤阈值，限制了其可承受的注入能量和输出能量。为了解决上述问题，常曾虎教授研究组采用柱面镜聚焦的方式，将 SLM 上的光斑从点聚焦到线聚焦，增加注入系统的能量 [16]。此外，采用带有保护银涂层的光栅提高衍射效率，对 SLM 镀上宽带增透膜以增加透过率，将 SLM 补偿色散系统输出的能量提升到毫焦量级。实验装置如图 8.6-3 所示。采用充入氖气的空芯光纤 (长 0.9 m，内径 400 μm) 系统对钛宝石放大系统进行光谱拓展，空芯光纤系统注入能量 2 mJ、脉宽 25 fs 的脉冲，充入 2 bar 的氖气，输出 500~1000 nm 的超连续光谱，能量为 1.1 mJ。超连续光谱经过零色散的 $4f$ 系统，输出能量为 0.55 mJ，系统透过率高达 50%。采用多光子脉冲内干涉相位扫描 (multiphoton intrapulse interference phase scan，MIIPS) 技术配合 SLM 进行光谱相位校正反馈，图 8.6-4 给出 MIIPS 初次和末次迭代轨迹图及脉宽反演结果，脉冲宽度为 4.86 fs。

同时利用 SHG-FROG 进行脉宽测量,SHG-FROG 的脉宽测量结果如图 8.6-5 所示，脉宽为 5.1 fs。两测量技术所测脉宽均在 5 fs 左右，但由于 SHG-FROG 中的倍频晶体相位匹配带宽限制及光学元件对光谱的响应的不同，两种方式的测量结果存在少许差异。

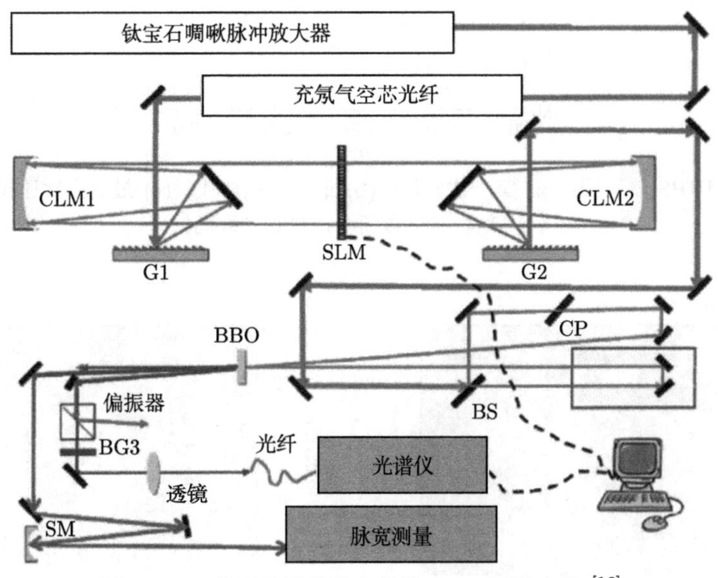

图 8.6-3 基于柱透镜的高能量 SLM 压缩实验 [16]

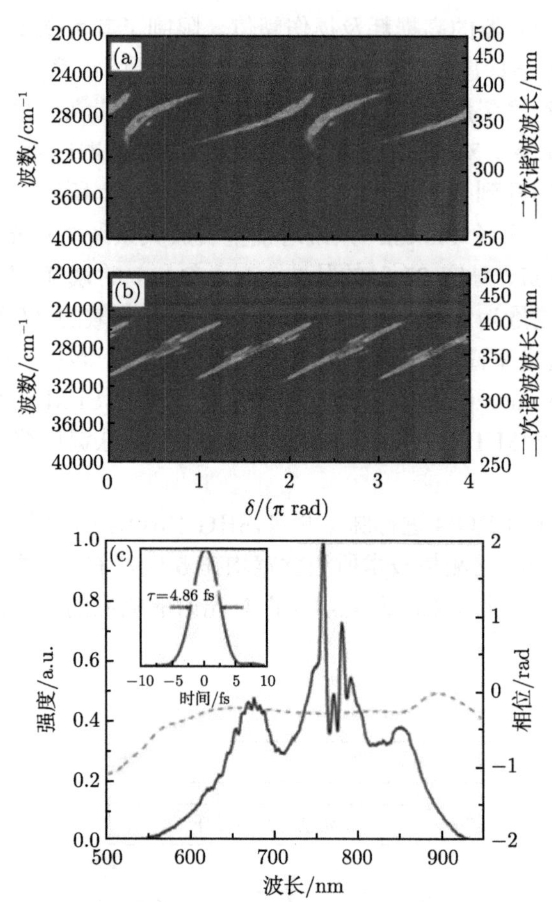

图 8.6-4　MIIPS 轨迹图：(a) 第一次迭代；(b) 最后一次迭代；(c) 最后一次迭代的相位及对应脉宽 [16] (彩图请扫封底二维码)

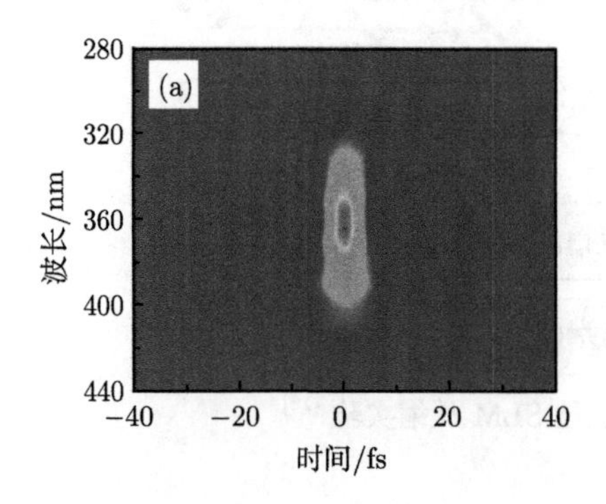

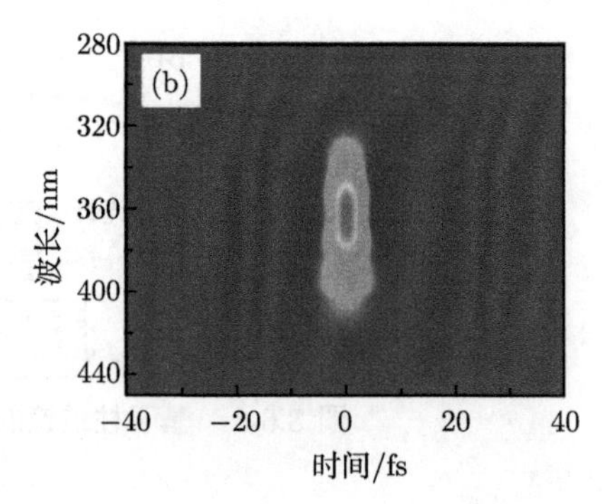

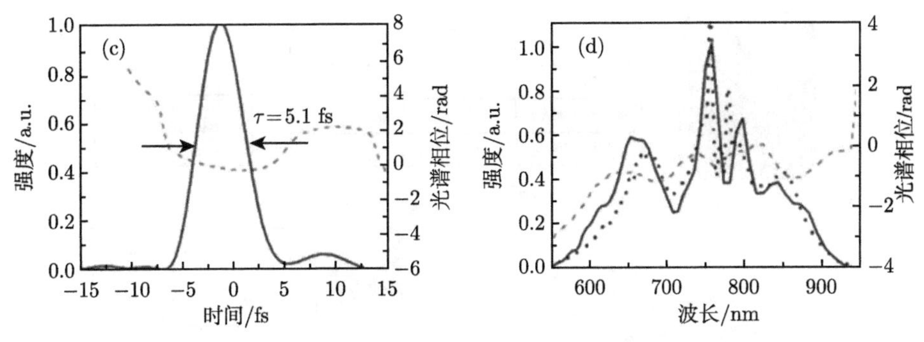

图 8.6-5 SHG-FROG 脉宽测量结果 [16] (彩图请扫封底二维码)

8.6.2 声光可编程色散滤波器

声光可编程色散滤波器 (acousto-optic programmable dispersive filter, AOPDF) 同样是一款可编程色散滤波器件，其相比液晶空间光调制器，无需 $4f$ 系统，可以直接插入光路对脉冲提供振幅和相位调制，结构紧凑。AOPDF 从原理上讲仍属于基于材料色散的展宽器的类型，即利用不同波长的光在介质中传播速度不同而产生的群速度延迟，从而达到相位调制的作用。其创新点在于利用了声光调制器的设计，通过控制在声光晶体两侧施加的一定频率和强度的声场，在晶体内产生相应的衍射栅结构，此时激光通过该晶体介质时，发生布拉格衍射，衍射光的强度和方向随声波的强度和频率的状态而变化。由于施加给声光晶体的声场实际由射频信号控制，所以通过对信号的编程处理就能够实现对激光衍射光的控制。AOPDF 能够实现的功能非常丰富，首先能够对衍射光的相位进行控制，不仅能够为脉冲附加可量化的群速度延迟和群速度色散，还能够精确控制三阶及三阶以上高阶色散，且能够在正负色散间自由切换，这大大减小了压缩器设计的难度和局限性；AOPDF 还能够对脉冲不同频率成分的衍射效率进行控制，这意味着能够对脉冲的光谱形状进行调制，这对于抑制放大过程中的增益窄化效应具有非常显著的效果。本节主要介绍利用其色散管理的特性在脉冲压缩方面的应用。

如图 8.6-6 所示，中佛罗里达大学 M. Chini 研究组利用全固态 Yb:KGW 激光放大器，在空芯光纤中进行光谱展宽实验 [17]。当充入的非线性介质为分子气体时，由于分子的振动及转动特性，展宽光谱会有明显的红移特征，如图 8.6-6(b) 所示，这部分光谱 (1100~1800 nm) 相位较为复杂，不易使用商用啁啾镜进行脉冲压缩。通过使用 AOPDF，这部分光谱被压缩到了 10.4 fs，接近傅里叶变换极限脉宽 10.2 fs，脉宽测量结果如图 8.6-7 所示。

利用 AOPDF，成功实现了对拉曼光谱复杂相位的调控，在实验上实现两个光学周期脉冲的压缩产生。

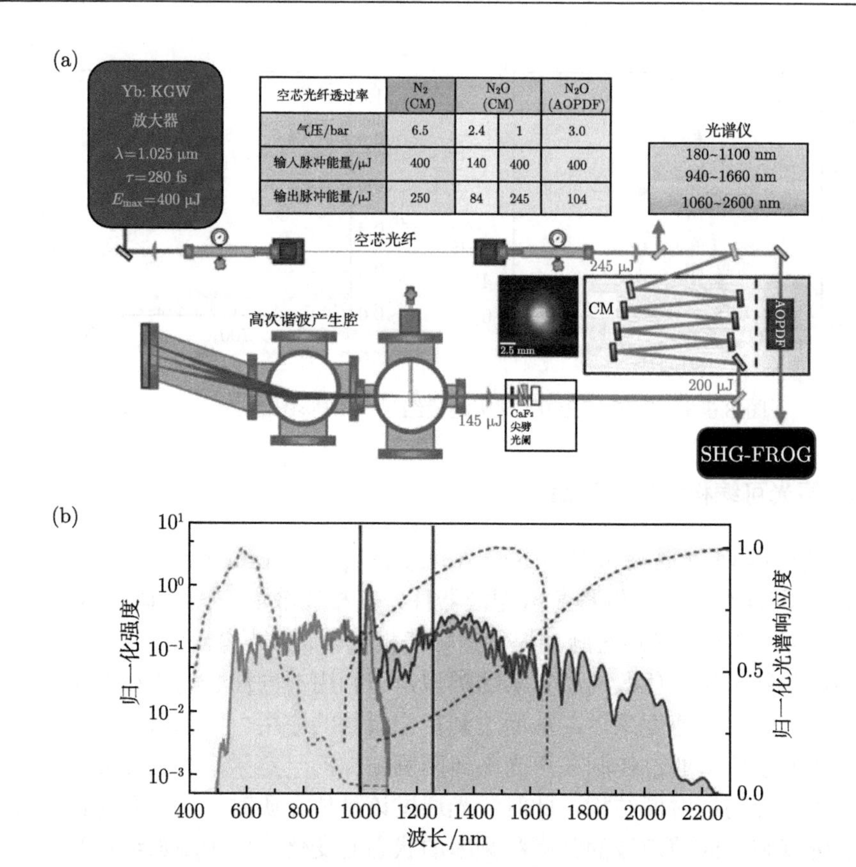

图 8.6-6　实验光路 (a) 及光谱展宽结果 (b)[17] (彩图请扫封底二维码)

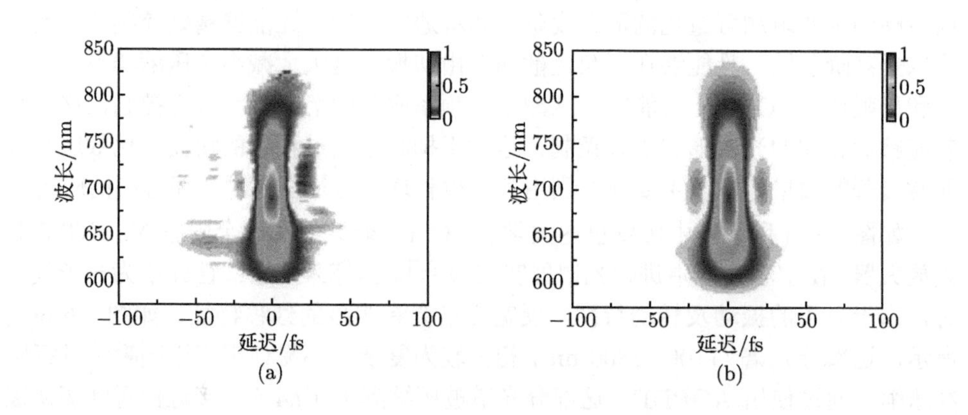

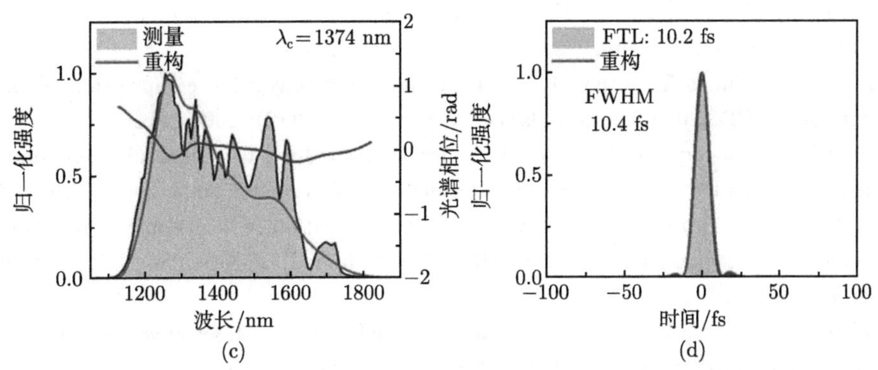

图 8.6-7 红移部分光谱 (1100~1800 nm) 脉冲压缩结果 [17] (彩图请扫封底二维码)

参 考 文 献

[1] Kane D J, Trebino R. Characterization of arbitrary femtosecond pulses using frequency-resolved optical gating[J]. IEEE J. Quantum Electron., 1993, 29(2): 571-579.

[2] Iaconis C, Walmsley I A. Self-referencing spectral interferometry for measuring ultrashort optical pulses[J]. IEEE J. Quantum Electron., 1999, 35(4): 501-509.

[3] Miranda M, Fordell T, Arnold C, et al. Simultaneous compression and characterization of ultrashort laser pulses using chirped mirrors and glass wedges[J]. Opt. Express, 2012, 20(1): 688-697.

[4] Itatani J, Quéré F, Yudin G L, et al. Attosecond streak camera[J]. Phys. Rev. Lett., 2002, 88(17): 173903.

[5] Fork R L, Greene B I, Shank C V. Generation of optical pulses shorter than 0.1 psec by colliding pulse mode locking[J]. Appl. Phys. Lett., 1981, 38(9): 671-672.

[6] Valdmanis J A, Fork R L, Gordon J P. Generation of optical pulses as short as 27 femtoseconds directly from a laser balancing self-phase modulation, group velocity dispersion, saturable absorption, and saturable gain[J]. Opt. Lett., 1985, 10(3): 131-133.

[7] Fork R L, Cruz C H B, Becker P C, et al. Compression of optical pulses to six femtoseconds by using cubic phase compensation[J]. Opt. Lett., 1987, 12(7): 483-485.

[8] Xu L, Spielmann C, Krausz F, et al. Ultrabroadband ring oscillator for sub-10-fs pulse generation[J]. Opt. Lett., 1996, 21(16): 1259-1261.

[9] Baltuška A, Wei Z, Pshenichnikov M S, et al. Optical pulse compression to 5 fs at a 1-MHz repetition rate[J]. Opt. Lett., 1997, 22(2): 102-104.

[10] Ginzburg V, Yakovlev I, Zuev A, et al. Fivefold compression of 250-TW laser pulses[J]. Phys. Rev. A, 2020, 101(1): 013829.

[11] Mourou G, Mironov S, Khazanov E, et al. Single cycle thin film compressor opening the door to zeptosecond-exawatt physics[J]. Eur. Phys. J. Spec. Top, 2014, 223(6): 1181-1188.

[12] Mironov S Y, Fourmaux S, Lassonde P, et al. Thin plate compression of a sub-petawatt Ti:Sa laser pulses[J]. Appl. Phys. Lett., 2020, 116(24): 241101.

[13] Fan G, Balčiūnas T, Kanai T, et al. Hollow-core-waveguide compression of multi-millijoule CEP-stable 3.2 μm pulses[J]. Optica, 2016, 3(12): 1308-1311.

[14] Schenkel B, Biegert J, Keller U, et al. Generation of 3.8-fs pulses from adaptive compression of a cascaded hollow fiber supercontinuum[J]. Opt. Lett., 2003, 28(20): 1987-1989.

[15] Matsubara E, Yamane K, Sekikawa T, et al. Generation of 2.6 fs optical pulses using induced-phase modulation in a gas-filled hollow fiber[J]. J. Opt. Soc. Am. B, 2007, 24(4): 985-989.

[16] Wang H, Wu Y, Li C, et al. Generation of 0.5 mJ, few-cycle laser pulses by an adaptive phase modulator[J]. Opt. Express, 2008, 16(19): 14448-14455.

[17] Beetar J E, Nrisimhamurty M, Truong T C, et al. Multioctave supercontinuum generation and frequency conversion based on rotational nonlinearity[J]. Science Advances, 2020, 6(34): eabb5375.

第 9 章　超快激光的相干控制与合成

相干控制的概念起源于利用激光对化学反应进行控制，早在 20 世纪 60 年代激光刚刚出现时，人们就预言可以利用光场来控制化学反应中分子键的分裂和合成路径。最早人们试图使用连续激光来实现这种相干控制，然而连续激光的相位调制只能对光场形成单调的改变，为了得到更复杂的光场形状，需要更多的模式相干叠加。当锁模超短脉冲出现后，大多数的相干控制工作集中到了整形超快脉冲上 [1,2]，因为超快激光包含了很宽的光谱范围，通常由成千上万个独立的纵模频率组成，而这些纵模频率之间有固定的相位差，理论上通过调节每个纵模的相位或者纵模间的相位差就可以得到任意指定的光场波形，而实验上借助液晶相位调制器等工程控制手段确实可以实现对单个纵模的相位和幅度调制，从而实现对化学反应和量子力学的相干调控。

超快激光的相干控制和合成，我们可以简单理解为对超短激光相位的控制。锁模超短脉冲激光与相位相关的量有两个：一个是相邻脉冲之间的间隔时间，也就是重复频率；另一个是飞秒脉冲载波与包络之间的相位。这两个量决定了飞秒脉冲的电场波形及绝对频率，对这两个量的控制组成了本章的主要技术内容。在应用方面，超快激光的相干控制与合成已经在很多重要的应用领域发挥作用，典型应用包括量子频标、阿秒科学、光场调控等。例如，组成光钟的三大要素之一的光学频率梳，就是将飞秒脉冲的重复频率和相邻脉冲之间的载波包络相移 (CEO) 漂移都稳定控制后得到的光学频率绝对稳定的梳子。载波包络相位 (CEP) 控制为零的飞秒脉冲与物质相互作用产生域上电离效应，从而产生单个阿秒脉冲。多路飞秒脉冲的重复频率精确同步加上 CEP 控制可以实现多光谱相干合成阿秒量级超短脉冲。

以下就从飞秒脉冲的 CEP、相移及频移等基本概念入手，介绍飞秒激光相位测量及控制技术、重复频率同步控制技术及多路飞秒激光光谱相干合成技术，典型应用介绍光学频率梳及光场和光波电场相干调控。

9.1　飞秒激光脉冲的载波包络相位及相移

随着飞秒激光技术的不断进步，特别是基于钛宝石激光自锁模技术的出现与发展，目前许多超快激光实验室都可以产生亚 10 fs 激光脉冲。对于这种周期量级的飞秒脉冲，在单个脉冲包络内只能存在两三个甚至更少的光学振荡周期。在这种情形下，脉冲载波与包络之间的相位移动 [3] 就显现出来，并成为必须考虑的重要参数。通常一个超短激光脉冲的电场可以用下面的式子表示：

$$E_1(t) = \hat{E}(t)\mathrm{e}^{\mathrm{i}\omega_\mathrm{c} t+\phi_\mathrm{CE}} \tag{9.1-1}$$

其中，ω_c 指光载波频率；ϕ_CE 指激光脉冲载波与包络峰值之间的相位。周期量级飞秒脉冲电场如图 9.1-1 所示。

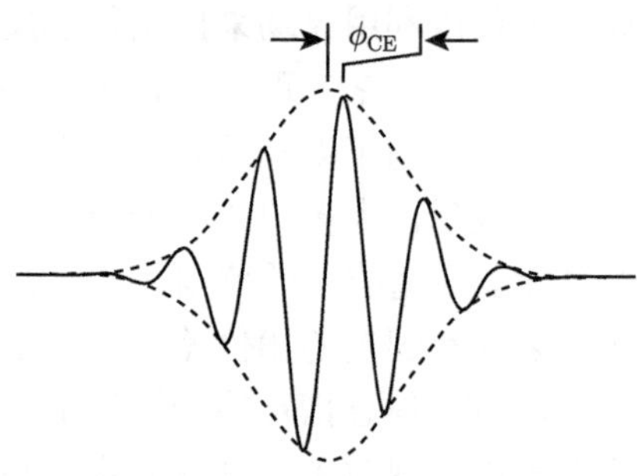

图 9.1-1　近周期激光脉冲的载波与光场包络之间的关系

飞秒脉冲 CEP 对于某些非线性光学过程非常重要，比如，当具有不同光子数的两束光发生路径干涉时，飞秒激光脉冲的 CEP 将会影响最终态的分布，在 3 光子过程和 4 光子过程的路径干涉中理论已经预言了会产生多光子电离 [4]，而且当脉冲谱宽达到一个倍频程时，单光子过程和双光子过程的路径干涉也有可能发生并且 CEP 对最终分布态的影响会加强。

在超强激光与物质作用时电子响应的往往不是强度而是电场本身 [5]。例如，隧道电离效应，只有当电磁场大于某个阈值时电子才会有明显的隧穿效应发生，图 9.1-2(b) 显示了电磁场依赖于相位的关系，对于不同的相位，电磁场或者小于阈值，或者略大于阈值，或者远大于阈值。实验和理论都表明，飞秒激光脉冲在强场领域如高次谐波产生阿秒脉冲 [6,7]、阈上电离 [8] 等物理过程中都起着相当重要的作用。

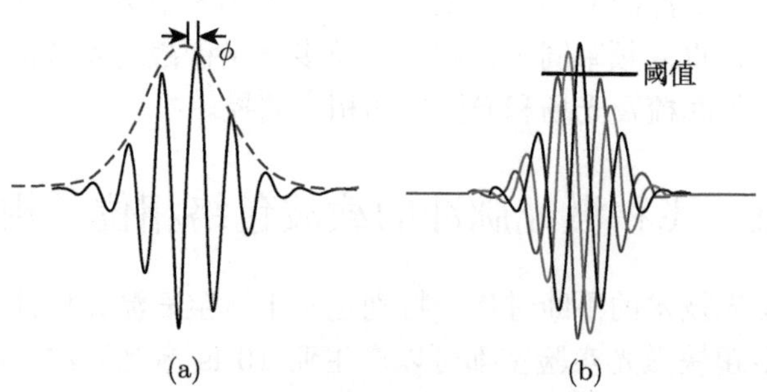

图 9.1-2　飞秒脉冲 CEP 对强场隧道电离的影响 [9]

当飞秒脉冲在大气或介质中传输时，由于色散，群速和相速的不同导致飞秒脉冲在任何材料中 (除了真空) 传播时 CEP 都会发生改变，例如，透过 10 μm 的熔融硅，中心波长为 800 nm 的激光脉冲的相位会变化 1 rad，相应地 10 mm 的空气也会有相同的效果。另外，由于脉冲的衍射和聚焦，相位也会发生漂移。

对于腔长为 l_c 的锁模谐振腔，所产生的是一系列时间间隔相等的飞秒脉冲序列，其中相邻激光脉冲的时间间隔就是激光在腔内往返一周所用的时间，即 $\tau = l_c/v_g$，由于腔内的色散，通常群速和相速并不相等，在脉冲每次往返后，载波相对于包络的峰值位置会发生相位漂移，这个相位差称为载波包络相移，用 $\Delta\phi_{CE}$ 表示，所以有

$$\phi_{CE} = \phi_0 + \Delta\phi_{CE} \tag{9.1-2}$$

其中，ϕ_0 是脉冲初始相位，

$$\phi_{CE} = \left(\frac{1}{v_g} - \frac{1}{v_p}\right) l_c\omega_c \quad \text{mod}\ [2\pi] \tag{9.1-3}$$

其中，v_g 是群速度；v_p 是相速度；l_c 是脉冲循环一次的光程。

如果 $\Delta\phi_{CE}$ 正好是 π 的整数倍，那么飞秒脉冲的 CEP 就会循环重复出现，否则每个脉冲的相位都是不同的。

我们可以从飞秒脉冲序列推导出其在频域的表达式。如果相邻脉冲的时间间隔为 τ，则飞秒脉冲序列可写为

$$\begin{aligned} E(t) &= \sum_n \hat{E}(t-n\tau)\exp[\mathrm{i}(\omega_c t - n\omega_c\tau + n\Delta\phi_{CE} + \phi_0)] \\ &= \sum_n \hat{E}(t-n\tau)\exp[\mathrm{i}(\omega_c t + n(\Delta\phi_{CE} - \omega_c\tau) + \phi_0)] \end{aligned} \tag{9.1-4}$$

做傅里叶变换，有

$$\begin{aligned} E(\omega) &= \int \sum_n \hat{E}(t-n\tau)\exp[\mathrm{i}(\omega_c t + n(\Delta\phi_{CE} - \omega_c\tau) + \phi_0)] \times \exp(-\mathrm{i}\omega t)\mathrm{d}t \\ &= \exp[\mathrm{i}(n\Delta\phi_{CE} - n\omega_c\tau) + \mathrm{i}\phi_0)] \int \sum_n \hat{E}(t-n\tau)\exp[-\mathrm{i}(\omega-\omega_c)t]\mathrm{d}t \end{aligned} \tag{9.1-5}$$

令 $\tilde{E}(\omega) = \int \hat{E}(t)\exp(-\mathrm{i}\omega t)$，有

$$E(\omega) = \sum_n \exp[\mathrm{i}(n\Delta\phi_{CE} - n\omega_c\tau) + \mathrm{i}\phi_0)]\exp[-\mathrm{i}n(\omega-\omega_c)\tau]\tilde{E}(\omega-\omega_c)$$

$$= \exp(\mathrm{i}\phi_0)\tilde{E}(\omega - \omega_{\mathrm{c}}) \sum_n \exp[\mathrm{i}(n\Delta\phi_{\mathrm{CE}} - n\omega_{\mathrm{c}}\tau)] \tag{9.1-6}$$

$$= \exp(\mathrm{i}\phi_0)\tilde{E}(\omega - \omega_{\mathrm{c}}) \sum_m \delta(\Delta\phi_{\mathrm{CE}} - \omega_{\mathrm{c}}\tau - 2m\pi)$$

在频谱中的重要分量是和式中的 e 指数相干相加，因为在脉冲 n 和 $n+1$ 之间的相移是 2π 的整数倍，即 $\Delta\phi_{\mathrm{CE}} = 2m\pi$。由此式可见，飞秒脉冲序列对应的光谱为梳状，且每一个梳齿的位置为

$$\omega_m = \frac{2m\pi}{\tau} - \frac{\Delta\phi_{\mathrm{CE}}}{\tau} \tag{9.1-7}$$

或写成

$$v_m = \frac{m}{\tau} - \frac{\Delta\phi_{\mathrm{CE}}}{2\pi\tau} = mf_{\mathrm{rep}} + f_{\mathrm{ceo}} \tag{9.1-8}$$

至此，我们可以将飞秒脉冲序列对应的光谱写成一个简单的数学公式，其中，$f_{\mathrm{rep}} = \dfrac{1}{\tau}$，是脉冲的重复频率；$f_{\mathrm{ceo}} = -\dfrac{\Delta\phi_{\mathrm{CE}}}{2\pi}f_{\mathrm{rep}}$ 是脉冲载波包络相移 $\Delta\phi_{\mathrm{CE}}$ 对应的频率。由此式可见，在频域上，脉冲重复频率 f_{rep} 是相邻纵模的间隔，脉冲载波包络相移频率 f_{ceo} 是梳状光谱的起始频率，或者说是整个梳状光谱相对于“0”频的偏置频率。

根据以上的傅里叶变换的推导结论，图 9.1-3 给出了振荡器输出的飞秒脉冲序列的时频域转换关系，图 9.1-3(a) 代表了时域上理想的飞秒脉冲序列，相邻脉冲之

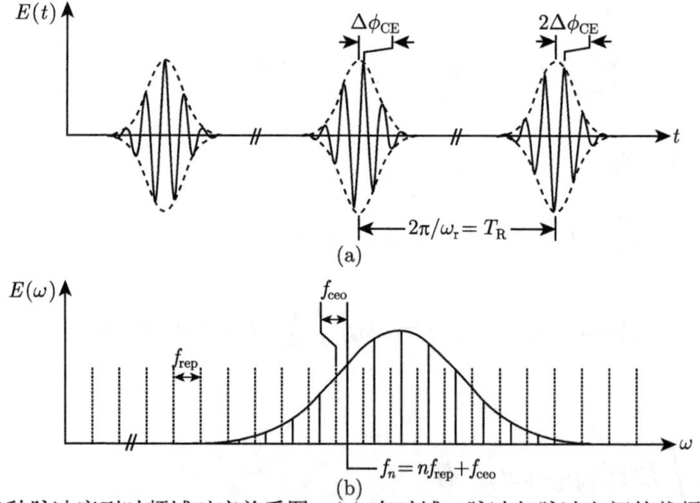

图 9.1-3　飞秒脉冲序列时频域对应关系图：(a) 在时域，脉冲与脉冲之间的载频 (实线) 和包络 (虚线) 相对相位的演化；(b) 在频域，整个频率梳 (实线) 由重复频率 f_{rep} 的整数倍加上一个频率偏差 f_{ceo} 组成

间的时间间隔相等，时间间隔的倒数为重复频率，实线是载波，虚线是包络，相邻脉冲之间有一个固定的载波包络相移 $\Delta\phi_{\mathrm{CE}}$；图 9.1-3(b) 代表有载波包络相移时周期飞秒脉冲序列所对应的频率梳，包络代表光谱的增益范围，在包络下的实线代表了实际频率梳，它与理想的没有 $\Delta\phi_{\mathrm{CE}}$ 的虚线代表的频率梳间有一个相对频移 f_{ceo}。

9.2 CEO 的测量方法与技术

对于飞秒脉冲 CEP 及其频移没有直接的测量方法和技术，不像重复频率那样，只需将飞秒脉冲直接入射到一个光电探测器就可以提取出重复频率信号，而载波包络相移 (CEO) 的测量可以在时域上通过两个脉冲的互相关得到，也可以在频域上通过基频和倍频或差频的相干外差得到，这两种测量技术及原理我们将在下面讨论。

9.2.1 时域互相关测量技术

对于飞秒振荡器直接输出的飞秒脉冲串的载波包络相移的测量首先是由 L. Xu 等于 1996 年利用两个相邻脉冲的互相关法在时域上得到的 [3]，相位测量互相关法建立在测量超短脉冲脉宽的相干自相关法的基础上，所做的改进就是干涉仪的两臂不等距，一臂比另一臂长 n 倍的腔长，这意味着，第 i 个脉冲与第 $i+n$ 个脉冲在分别经过不同的光程传输后发生相关，而不是与第 i 个脉冲的自相关，互相关的测量装置及结果如图 9.2-1 所示。

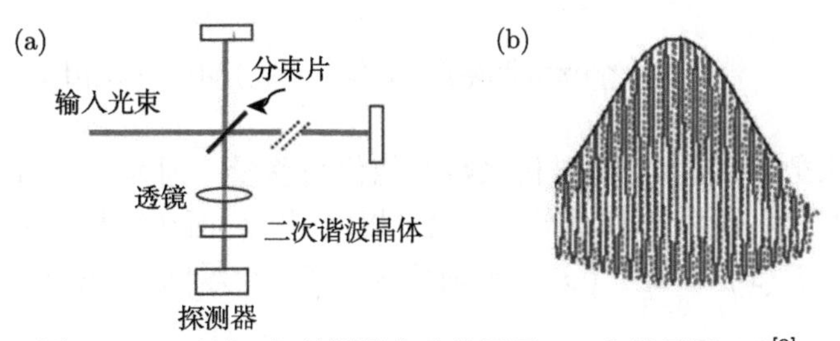

图 9.2-1 时域互相关测量实验装置图 (a) 和结果图 (b)[9]

自相关测量得到的载波与包络条纹曲线总是对称的，但互相关曲线只有包络是对称的，包络中的载波条纹由于脉冲间的相位漂移则相对于峰值也是漂移的。由于脉冲在空气中传播会有相位漂移，而互相关测量中一臂比另一臂长将近 5 m，这时空气对长臂脉冲相位的影响就不能忽略，所以实验时要将长臂放在真空装置中或者将整个相关仪都放在真空中。D. J. Jones 等在 2000 年采用 Xu 的这套装置测量了载波包络相移 [10]，而且对飞秒脉冲进行了主动控制，通过改变相位可以很容易地得到图 9.2-1(b) 中分别对应于相位为 0 和 π 时两种互相关载波条纹曲线图。

9.2.2 自参考测量技术

飞秒激光脉冲序列在频域的频移采用相干外差的办法很容易测量，由于频率的测量非常精确，所以频移量转换出的相移也会相当精确。1999 年，H. R. Telle 等提出了几种频域测量载波包络相移的技术 [11]，其核心思想都是相干外差频率测量，基本方法是先通过差频、和频或倍频等非线性频率变换得到两个频率相近的光脉冲，然后相干叠加后实现载波包络相移的拍频测量。其中最简洁易行的是自参考测量法，在假设有足够宽的频谱范围的条件下，这种方法只需要采用一次非线性过程对频率梳中的低频分量进行二倍频，然后再与频率梳中具有相同频率的高频分量进行相干叠加，就可以通过拍频获得载波包络相移的信息。

由此可见，f_{ceo} 在具有大于一个光倍频程的激光脉冲中可以直接测量出来，这种技术又叫 f-$2f$ 自参考技术。借助腔外光子晶体光纤的展宽，目前普通的窄谱飞秒激光脉冲可以很容易地扩展到一个光倍频程，这也是目前测量频移的一个通用的办法。

从频域脉冲谱的角度来观察自参考测量技术的原理，已知脉冲谱为

$$E(\omega)=\tilde{E}(\omega-\omega_{\text{c}})\exp(\mathrm{i}\phi_0) \tag{9.2-1}$$

其二次谐波的谱为

$$\begin{aligned} E^{(\text{SH})}(\omega)&=\gamma\int E(\omega')E(\omega-\omega')\mathrm{d}\omega' \\ &=\gamma\exp(2\mathrm{i}\phi_0)\int\tilde{E}(\omega'-\omega_{\text{c}})\tilde{E}(\omega-\omega')\mathrm{d}\omega' \end{aligned} \tag{9.2-2}$$

其中，比例系数 γ 包含二阶磁化系数及相位平移量。因为二次谐波谱的中心波长是基波的 2 倍，所以在和频产生中绝对相位相加，而在差频产生中绝对相位相减，下面考虑 $E(\omega)$ 与 $E^{\text{SH}}(\omega)$ 的延时叠加，在两个场的叠加范围内频率为 ω 的强度为

$$\begin{aligned} \tilde{I}(\omega)&\propto\left|E^{(\text{SH})}(\omega)+E(\omega)\right|^2 \\ &=\left|\exp(\mathrm{i}\phi_0)\tilde{E}(\omega-\omega_{\text{C}})+\gamma\exp(\mathrm{i}\omega\Delta t+2\mathrm{i}\phi_0)\tilde{E}^{(\text{SH})}(\omega-\omega_{\text{c}})\right|^2 \\ &=\left|\tilde{E}(\omega-\omega_{\text{c}})\right|^2+\gamma^2\left|\tilde{E}^{(\text{SH})}(\omega-\omega_{\text{c}})\right|^2+2\gamma\left|\tilde{E}(\omega-\omega_{\text{c}})\tilde{E}^{(\text{SH})}(\omega-\omega_{\text{c}})\right|^2 \\ &\quad\times\cos(\omega\Delta t+\phi_0+\pi/2) \end{aligned} \tag{9.2-3}$$

第一和第二项只是直流分量，我们重点研究第三项中 cos 项的含义。如果 Δt 不为 0，这一项代表了谱的干涉项，理论上测量这个干涉信号应该可以得到绝对

相位值，但是色散的存在使得从干涉信号直接得到绝对相位的方法不适用于高重复频率，在单次脉冲的监测中，此方法可以直接得出相位值，一般用在低重复频率放大脉冲相位的测量中。对于振荡器输出的高重复频率的飞秒脉冲串，我们需要将其转换到多脉冲的情况，假设 $\Delta t=0$，绝对相位有一个随时间的线性变化 $\phi_0(t)=2\pi\delta t$，这对应于脉冲间的相位差，在这种情况下从式 (9.2-3) 中的干涉项中就可以提取出一个包含 δ 的拍频信号，这个拍频信号同步于脉冲在腔内传播时 CEP 的相对变化。

事实上，以上所讨论的方法并不能测出飞秒激光脉冲的绝对相位值，所有的方法都是针对绝对相位随时间的改变量，也就是载波包络相移的。如果我们考虑两套频率梳之间的相干外差，f-$2f$ 技术可以简单地理解为频率的加或减。

图 9.2-2 形象描述了自参考测量技术，图中的光谱覆盖范围非常宽，包括了基频和二次谐波，设脉冲光谱中低频部分为 $f_{\mathrm{l}}=n_{\mathrm{l}}f_{\mathrm{rep}}+f_{\mathrm{ceo}}$，高频部分为 $f_{\mathrm{h}}=n_{\mathrm{h}}f_{\mathrm{rep}}+f_{\mathrm{ceo}}$，如果有 $f_{\mathrm{h}}=2f_{\mathrm{l}}$，那么就有

$$2f_{\mathrm{l}}-f_{\mathrm{h}}=2(n_{\mathrm{l}}f_{\mathrm{rep}}+f_{\mathrm{ceo}})-n_{\mathrm{h}}f_{\mathrm{rep}}=2(n_{\mathrm{l}}f_{\mathrm{rep}}+f_{\mathrm{ceo}})-2n_{\mathrm{l}}f_{\mathrm{rep}}-f_{\mathrm{ceo}}=f_{\mathrm{ceo}} \quad (9.2\text{-}4)$$

也就是说，如果光谱满足大于一个倍频程的条件，则可以通过光谱内部高低频之间的拍频直接得到 f_{ceo} 信号。这就是光梳技术中非常重要的 f-$2f$ 自参考方法。

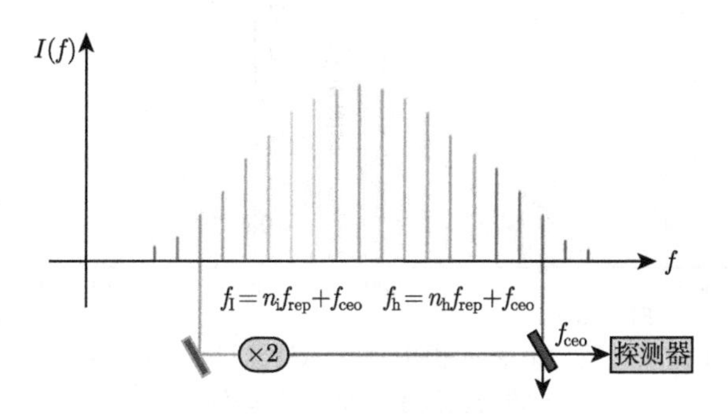

图 9.2-2 自参考测量技术

基于锁模飞秒激光钛宝石振荡器作为梳状信号发生器，利用光子晶体光纤得到倍频程超连续光谱，再利用马赫–曾德尔 (M-Z) 干涉装置实现 f-$2f$ 自参考方法，产生 f_{ceo} 信号，具体的实验装置如图 9.2-3 所示 [12]。利用超连续谱中产生的 532 nm 和 1064 nm 谱成分，用分束镜 (1064 nm 全反，532 nm 全透) 将 1064 nm 光脉冲分出来，经过焦距为 5 cm 的透镜聚焦到 4 mm 的 KTP 晶体上产生 532 nm 倍频光；而超连续谱中的 532 nm 光脉冲经过一个可变延迟导轨，与倍频的 532 nm 相干叠加；来自两相干光路的重叠光束经过一个格兰棱镜后入射到光栅 (1200 lp/mm) 上，从光栅上衍射的波长为 532 nm 的光入射到光电倍增管，所产

生的电信号输入到射频频谱分析仪 (Agilent ESA-E4202) 上观察拍频信号，精密调节光程延迟线使两个臂上的光脉冲在时间和空间上完全重合，即可观察到拍频信号。图 9.2-4 所示为示波器和频谱仪同时记录到的拍频信号。

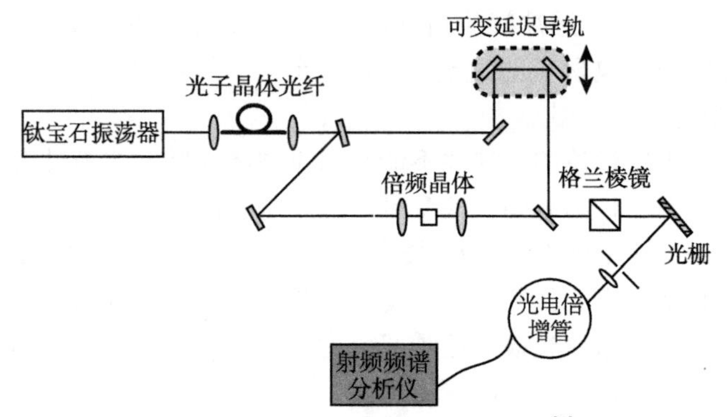

图 9.2-3　自参考测量实验装置图 [9]

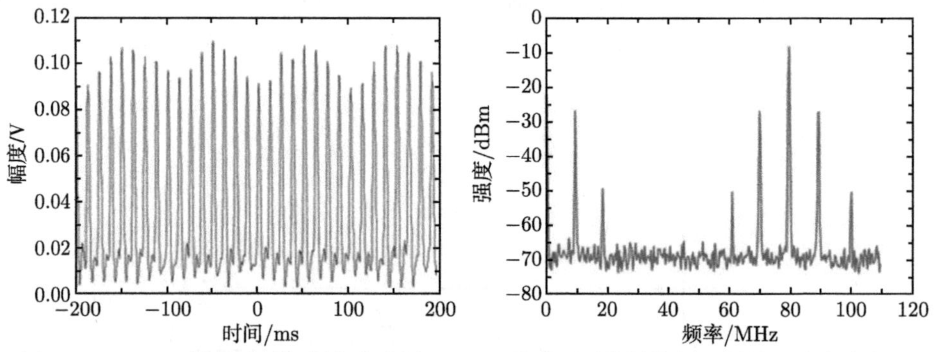

图 9.2-4　CEO 测量时域与频率分布图：(a) 示波器显示的被拍频调制的飞秒脉冲序列；(b) 频谱仪显示的重复频率及拍频 [9]

可以看出，示波器中记录的波形是被拍频调制的锁模飞秒脉冲序列，而对应的频谱仪记录的则是此时锁模飞秒脉冲序列的重复频率及载波包络频移值。由于锁模飞秒激光器输出相邻飞秒脉冲序列之间的载波包络相移相同，根据相移在频率域上引入的频率梳的频移量与重复频率之间的变换关系 $\delta = \Delta\phi * f_{\text{rep}}/2\pi$ 可以看出，当相移 $\Delta\phi = \pi/4$ 时，$\delta = f_{\text{rep}}/8$，即每隔 8 个脉冲 (这里重复频率调到 80 MHz)，飞秒脉冲的载波包络相位会重复一次。同理，如果 $f_{\text{rep}}/\delta = 8$，也证明 $\Delta\phi = \pi/4$。图 9.2-4 中示波器显示了 $\delta = f_{\text{rep}}/8$ 的飞秒脉冲序列变化情况，此时被拍频调制的包络中包含 8 个飞秒脉冲，即每隔 8 个脉冲，飞秒脉冲的载波包络相位重复一次，而频谱仪记录的是此时的重复频率和拍频信号，重复频率两边的是重复频率与拍频的和频与差频信号，其余的是振荡器中的本底噪声，拍频信噪比高时就会出现这些信号。由图可以看出拍频信号信噪比达到了 45 dB。

9.2.3 自差频测量技术

与 f-$2f$ 测量技术类似，差频法也是利用两个波长接近的光谱成分拍频得到载波包络频移信号的，只是这里参与拍频的光谱成分一个来自基频光，另一个来自差频光，所以又称这种方法为 0-f 测量技术，下面详细介绍此方法的物理机理及其优点。通常飞秒激光振荡器输出的飞秒脉冲串在频域上是一系列间隔相等幅度不等的分立频谱成分，又称为飞秒频率梳，其中每个光谱成分的频率表达式可以写为

$$f_n = nf_{\mathrm{rep}} + f_{\mathrm{ceo}} \tag{9.2-5}$$

这里，n 是数值很大的整数，代表频率梳谱线的标记。假设其中的某些低频成分与高频成分在非线性晶体中产生差频效应，差频光谱的表达式为

$$f_d = (n_1 f_{\mathrm{rep}} + f_{\mathrm{ceo}}) - (n_2 f_{\mathrm{rep}} + f_{\mathrm{ceo}}) = (n_1 - n_2) f_{\mathrm{rep}} \tag{9.2-6}$$

可以看出，差频光中 f_{ceo} 为 0，也就是说，差频光梳是相位自稳定的，这样的光可作为种子光进一步放大从而得到相位为 0 的自稳定的强飞秒激光脉冲，这在强场物理的高次谐波产生研究中具有重要应用。在上两式中假设 n 与 $n_1 - n_2$ 相同，然后将式 (9.2-5) 与式 (9.2-6) 相减，就可得到 f_{ceo} 拍频信号，即

$$f_n - f_d = nf_{\mathrm{rep}} + f_{\mathrm{ceo}} - (n_1 - n_2) f_{\mathrm{rep}} = f_{\mathrm{ceo}} \tag{9.2-7}$$

实验上的测量原理如图 9.2-5 所示。图中基频梳曲线代表振荡器直接输出的光谱经自相位调制效应后得到的展宽光谱，由于自相位调制效应只是将光谱展宽，并没有改变光谱的特性，所以这里仍然叫作基频梳。基频梳曲线包络内的实竖线代表实际的频率梳的位置，也就是 f_{ceo} 不为 0 的频梳谱线。虚竖线代表理想的梳

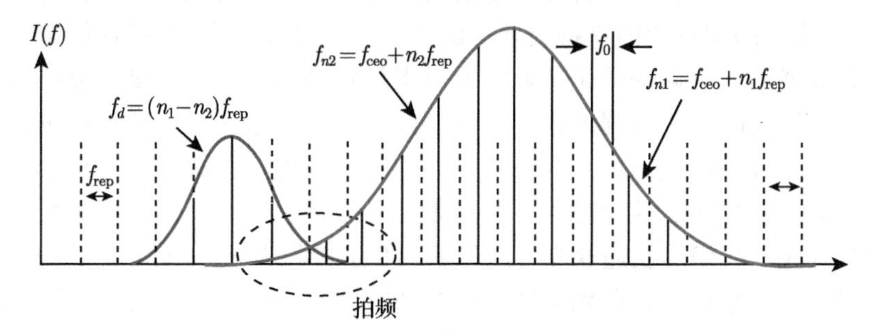

图 9.2-5 差频载波相位频率测量原理图

齿，理想梳齿 f_{ceo} 为 0。图中的 f_0 指的是初始相位频移，也就是 f_{ceo}。差频梳曲线代表基频梳中某些低频和高频光谱经差频效应后产生的光脉冲的光谱曲线，可以看出，这个差频梳曲线位于红外区，曲线包络内的实竖线代表 CEO 为 0 相位自稳的频梳谱线，在基频梳和差频梳的重合区会发生拍频现象，于是探测这部分的光信号就会得到 CEO 的拍频信号。

差频测量亚 10 fs 啁啾镜钛宝石自锁模激光的 CEO 实验装置图如图 9.2-6 所示。亚 10 fs 激光经过输出镜、空气等色散介质后，脉宽展宽不可忽视。因此一对啁啾镜和尖劈放置在腔外用来精确补偿色散，以保证得到傅里叶变化极限的脉冲宽度，从而得到无啁啾的飞秒脉冲。将这样的飞秒脉冲再通过一个焦距为 25 mm 的凹面银镜聚焦到一块厚度为 2 mm 的 PP-MgO: LN 晶体 (Hc photonics) 上，PP-MgO: LN 晶体是电极化准相位匹配晶体，其电极化周期为 17.84 μm，适合常温下 700 nm 和 900 nm 宽谱范围内 0 型 (e+e–e) 匹配的差频光产生。接着用一个同样焦距的凹面银镜对出射光进行准直，用啁啾全反镜将准直后的基频光导出，只让产生的红外光经过一个焦距为 30 mm 的聚焦透镜后射入红外 InGaAs 光电二极管进行接收。

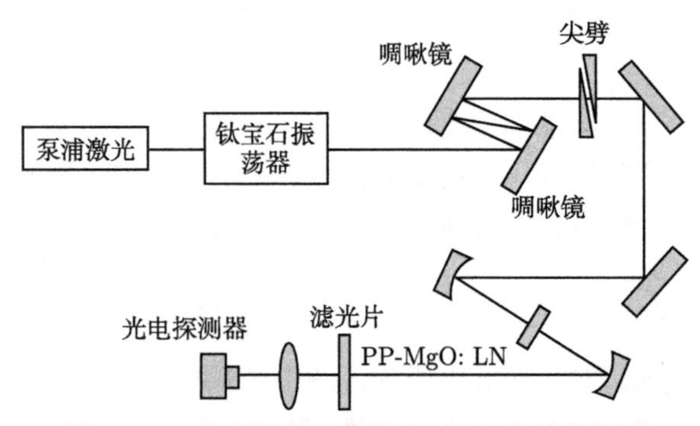

图 9.2-6　差频测量飞秒脉冲 CEO 实验装置图

用 PPLN 晶体差频法取代光子晶体光纤来测量飞秒脉冲的 CEO，关键在于振荡器的光谱和脉宽特性，首先振荡器输出的飞秒脉冲的光谱成分要满足差频的要求,而且这样的谱宽要能支持周期量级的超短光脉冲产生。通过仔细调节腔外的啁啾镜和尖劈插入可以获得无啁啾的最短飞秒脉冲输出，从而保证聚焦到 PPLN 晶体中时可以同时产生较强的自相位调制效应和差频效应，这两种效应都会将基频光扩展到红外区，根据以上介绍的差频测量的原理，在此红外区重叠的基频光和差频光会发生拍频，这个拍频信号就是 CEO 频率信号。为了探测在红外区发生的拍频效应，我们用长通滤光片和红外 APD 接收大于 1400 nm 的光谱，同时用频谱仪记录拍频信号，分别如图 9.2-7、图 9.2-8 所示。图 9.2-8 中最高峰代表重复频率 350 MHz，最左边的谱线代表 CEO 频率信号，其余两个频率分别是重复频率与 CEO 频率的差频与和频，频谱仪的分辨率设为 100 kHz。调节腔内尖劈的插入可以看到频谱仪上拍频信号在移动，证明这确实是 CEO 信号，而且信噪比达到了 45 dB。

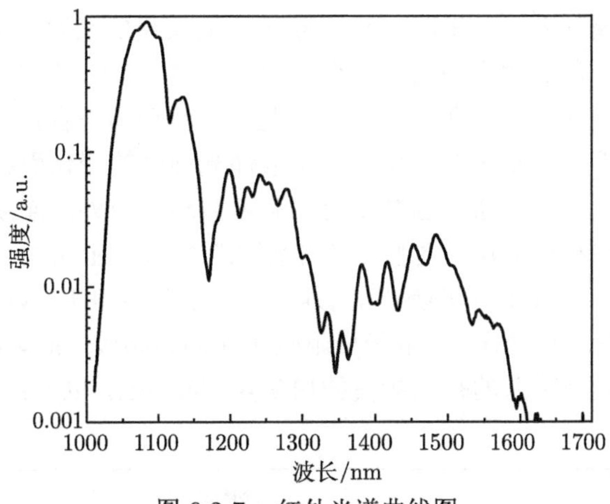

图 9.2-7 红外光谱曲线图

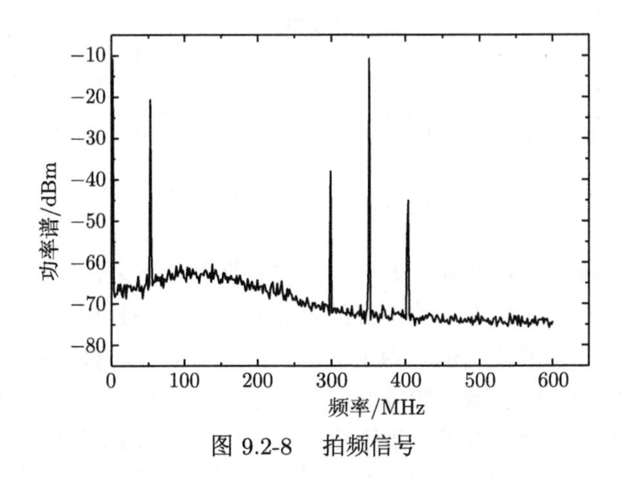

图 9.2-8 拍频信号

9.3 CEO 的高精度控制

飞秒脉冲载波包络相移频率 f_{ceo} 是一个很敏感的量，在频梳的梳齿表达式 $f_n = nf_{\mathrm{rep}} + f_{\mathrm{ceo}}$ 中，光频 f_n 是 n 倍 ($\sim 10^6$) 的重复频率加上 f_{ceo}，光频通常在 10^{14} Hz 量级，而重复频率和 f_{ceo} 都在 MHz 量级，如果 nf_{rep} 到了光频的数量级，那么 f_{ceo} 实际上就是光梳梳齿频率的尾数，它的抖动反映了光频的抖动，所以这个量对环境特别敏感。飞秒脉冲序列的 f_{ceo} 保持稳定，或者使每个飞秒脉冲的载波包络相位都为 0，即相邻脉冲间没有相移是许多重要应用的需求，比如光频标和阿秒科学，这就需要将 f_{ceo} 控制到一个稳定的值或者控制为零。

9.3.1 f_{ceo} 噪声来源和抑制

在进行锁定控制之前，我们先要知道 f_{ceo} 的噪声的来源。从本质上说，任何会引起激光腔腔内色散改变的因素都会导致 f_{ceo} 的抖动，图 9.3-1 给出了飞秒锁模激光器 f_{ceo} 的主要噪声来源 [13−15]：一是空气流动和声音扰动、机械元件的振动等，这些会使腔长有微小的变化；二是泵浦光强度的变化引起激光晶体非线性折射率的改变；三是腔内激光脉冲本身的强度波动及腔外超连续产生导致幅度噪声转化为载波包络相位噪声。这些噪声来源从频率分布上来说分为高频噪声、中频噪声和低频噪声，其中环境噪声的影响在低频段 (500 Hz 以下)，泵浦噪声在低–中频段 (500 Hz∼50 kHz)，量子极限噪声在偏高频段 (50∼500 kHz)，腔外超连续噪声、散粒噪声引入的是高频段的白噪声 (500 kHz 以上)。

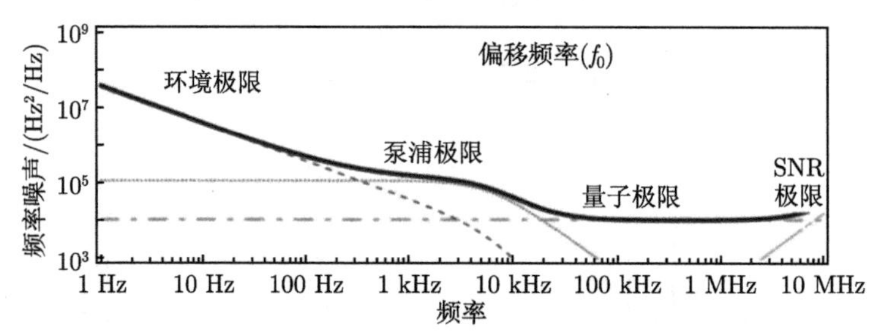

图 9.3-1　f_{ceo} 的噪声频率分布图 [16]

为了对以上噪声进行抑制，使 f_{ceo} 能够长期稳定下来，需要采取相应的措施，首先将整个光路密闭在抗干扰性良好的金属封装内，并且振荡器的屏蔽壳上粘贴隔音海绵以防止外界声音干扰，为了消除外界如实验台、楼房等的振动，还要将光学底板与实验平台用抗振橡胶隔起来。做了这些粗稳措施后，就要想办法采用更高精度的电子反馈技术来进一步锁定 f_{ceo} 到一个更稳的参考上，比如铷钟、铯钟或氢钟上，这样 f_{ceo} 的稳定度就可以达到参考源的稳定度。现在比较通用的锁定技术分为锁相环伺服反馈控制和前置反馈控制，这两种技术一种是对激光腔内功率进行控制，另一种是对输出飞秒激光频率进行直接微调。

9.3.2 锁相伺服反馈控制 f_{ceo} 技术

采用锁相环电子学伺服反馈控制 f_{ceo} 技术的原理如图 9.3-2 所示，将飞秒激光振荡器看作一个压控振荡器，也就是频率可以随着控制电压改变的一个器件，这里要控制的频率就是 f_{ceo}，f_{ceo} 信号会随着外界环境微扰而变化，为了让它稳定下来，需要选定一个外部稳定的参考源，将自参考干涉测量技术探测到的 f_{ceo} 信号与这个外部参考做鉴相得到误差信号，然后经过滤波、放大处理后得到控制电压信号，这个控制信号再被送到能改变 f_{ceo} 的致动器件上，比如能改变泵浦光功率的声光调制器，能改变腔内色散的棱镜或光栅，等等。

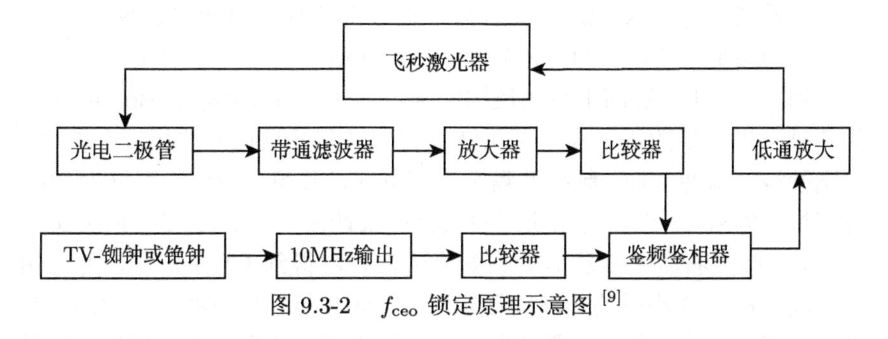

图 9.3-2 f_{ceo} 锁定原理示意图 [9]

9.3.3 前置反馈控制 f_{ceo} 技术

为了增加反馈带宽，科学家们提出了多种快速锁定的方法。值得注意的是，2010 年，S. Koke 等提出了前反馈控制载波包络相移的方法 [17]。该种方法是在腔外进行，其原理如图 9.3-3 所示。

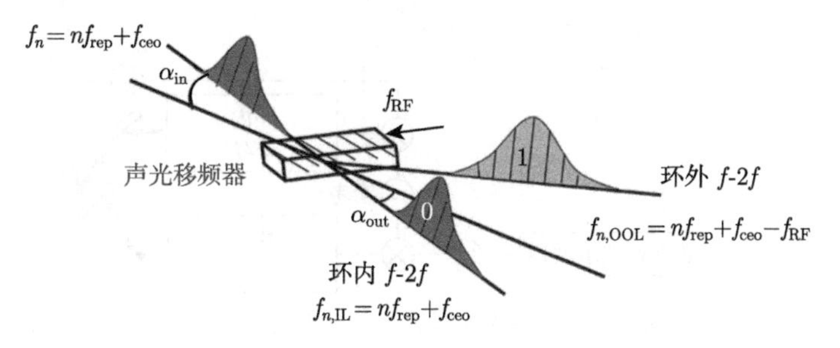

图 9.3-3 声光移频器的工作原理

声光移频器 (acousto-optic frequency shifter，AOFS) 是实现前反馈锁定技术的关键器件，在特定范围的射频频率驱动下，声光移频器内部的声光晶体内形成驻波，因此声光晶体具有类似布拉格光栅的结构，通过其中的飞秒脉冲激光，其光频用 $f_n = nf_{\text{rep}} + f_{\text{ceo}}$ 来表示。在光栅状结构的声光晶体内发生衍射，分别形成两路衍射光，其中零级衍射光的方向以及频率都保持不变，负一级衍射光相对于零级衍射光，方向发生偏移，其频率也发生变化，用 $f_n = nf_{\text{rep}} + f_{\text{ceo}} - f_{\text{RF}}$ 表示。从能量守恒的角度，通过声光移频器的光子 $h\nu_0$ 与声子 $h\nu_0$ 发生作用，释放一个声子变成负一级衍射光光子 $h\nu' = h\nu_0 - h\nu_{\text{RF}}$。基于此原理，若令 $f_{\text{RF}} = f_{\text{ceo}}$，那么负一级衍射光的光频率将变成 $f_n = nf_{\text{rep}} + f_{\text{ceo}} - f_{\text{ceo}} = nf_{\text{rep}}$，可以看出光频中的 CEO 频率连同其噪声一起被“减掉”，从而实现了对 CEO 频率的控制以及对其噪声的抑制。若我们令驱动频率为任意值，则可以将 CEO 锁定在任何频率上，从时域上来讲，实现载波包络相位的任意控制。该种方法可以对激光器输出光直接控制，避免了对激光器腔内的调制。

基于前反馈锁定技术，S. Koke 等在 2010 年实现了对钛宝石激光器的 CEO 频率的前反馈控制，锁定后的 CEO 频率的积分相位噪声仅有 45 mrad [17]，其控制带宽达到 0.5 MHz，远高于泵浦反馈的锁定方式。2011 年，B. Borchers 等在此结果的基础上进一步改进，实现了泵浦反馈方法和前反馈方法相结合的锁定, 将钛宝石飞秒激光脉冲 CEO 频率的噪声降到更低，其积分相位噪声仅为 20 mrad，对应时间抖动为 8 as [18]。为了实现前反馈的长期锁定，2012 年，F. Lücking 等基于亚 10 fs 钛宝石激光器及 0-f 自参考方法探测得到 CEO 信号，并采用前反馈技术实现 CEO 30 小时的长时间锁定 [19]。2012 年，华东师范大学的曾和平等实现了前反馈技术在光纤放大器中的 CEO 的控制，使光纤中大量的高频噪声得到了抑制 [20]。为实现 CEO 的前反馈锁定，其基本实验装置如图 9.3-4 所示。

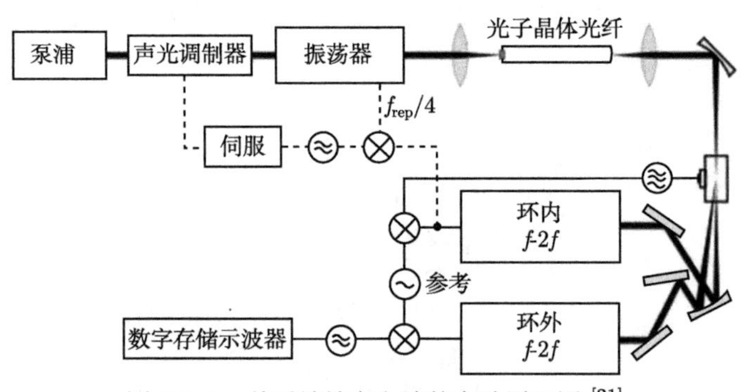

图 9.3-4　前反馈锁定方法的实验原理图 [21]

实验装置中飞秒激光振荡器输出的飞秒脉冲耦合进光子晶体光纤中展宽产生倍频程超连续光谱，然后聚焦到声光移频器件中产生两路衍射光，环内和环外的 f-2f 自参考干涉仪用于对这两路衍射光的 CEO 信号进行测量，分别获得环内和环外 CEO 拍频信号。环内的 CEO 拍频信号经过滤波、放大施加到声光移频器上作为驱动频率，那么此时环外 CEO 频率将得到控制，从而实现前反馈的锁定。为了评估前反馈锁定的效果，得到环外 CEO 的拍频信号，采用频谱分析仪等进行测量和分析。

前反馈技术相对于传统的锁相环反馈技术，其优点在于：① 不改变激光器自由运转的状态，可以实现对任意输出激光的直接控制；② 控制带宽仅受限于声波通过光束的时间，其带宽比较宽，不会被增益介质限制；③ 实现方法比较简单，不需要复杂的电路设计，所用器件都是比较成熟的产品，易于实现长时间的锁定。

9.4 飞秒激光腔长及重复频率锁定技术

飞秒激光器的重复频率和光学谐振腔的长度是相关的，它们之间的关系为 $f_{\text{rep}} = c/2L$，其中 L 为谐振腔的等效腔长。同时，由于 $f_n = nf_{\text{rep}} + f_{\text{ceo}}$，所以激光纵模频率 f_n 和重复频率 f_{rep} 都与谐振腔的腔长有直接的对应关系。外界的机械振动、温度变化都会造成激光器谐振腔腔长的变化，从而影响飞秒激光器的重复频率和梳齿频率。一般而言，环境温度变化会引入重复频率和梳齿频率的缓慢漂移，而机械振动等声学噪声会造成重复频率和梳齿频率的快速抖动。谐振腔的光学长度 L 和梳齿频率变化的关系可以表示为

$$\delta f_n = -\frac{\delta L}{L} f_n \tag{9.4-1}$$

其中，δL 为腔长改变量，δf_n 为由腔长改变引起的第 n 个梳齿频率变化量。以中心波长为 1 μm，重复频率为 100 MHz 的锁模激光器为例，中心频率 f_n 为 300 THz，腔长 L 为 1.5 m。当 δL 改变 1 μm 时，重复频率改变量 $\delta f_{\text{rep}} = 66.7$ Hz，中心频率的改变量 $\delta f_n = 200$ MHz。

光学频率测量、精密测距、脉冲同步等应用都对飞秒激光源的重复频率和梳齿频率的频率抖动、线宽、频率稳定度和相位噪声有要求。对飞秒激光器进行温度控制和隔振等措施可以有效控制重复频率，但是仍然难以满足现今一些精密测量应用，必须使用主动反馈将重复频率锁定到更稳定的参考源上。

由于腔长和重复频率、梳齿频率是直接相关的，所以通过反馈控制腔长就可以实现对飞秒激光重复频率的锁定。根据锁定精度不同和应用需求不同，目前有两种常用的重复频率锁定方法。图 9.4-1 为两种重复频率锁定装置图。图 9.4-1(a) 为第一种重频锁定方法。飞秒激光输出后直接用光电探测器获得锁模脉冲的重复频率，然后将该重复频率信号和微波参考信号进行混频获得误差信号，再将该误差信号反馈给锁模振荡器端镜上的压电陶瓷 (PZT)。锁定后的重复频率信号的频率抖动小于 mHz，飞秒激光整体的频率稳定度和微波参考信号的相同，可以达到 $10^{-11}\ \text{s}^{-1}$。如果想进一步提高频率稳定度，可以将重复频率的高次谐波信号用滤波器滤出来进行锁定。这种方式可以将频率稳定度提升数倍，但是难以实现数量级的提升。

图 9.4-1(b) 为第二种重频锁定方式。飞秒激光和一个连续激光参考进行外差拍频获得拍频信号 f_{b}，然后将该信号和微波参考信号鉴相后反馈振荡器实现锁定。得益于高精细度 F-P 腔的发展，锁定到 F-P 腔的连续激光器的频率稳定度可

以达到 $10^{-15}\ \mathrm{s}^{-1}$ 量级。当飞秒激光器锁定到这类腔稳激光参考后，其频率稳定度也将达到相同的量级。同时，f_b 信号是两个光学频率外差拍频获得的，信噪比和线宽都难以比拟 f_rep 信号。在锁定时通常需要高速的 PZT 或电光调制器 (EOM) 作为快环锁定器抑制高频，长程 PZT 作为慢环锁定器件实现长期锁定。

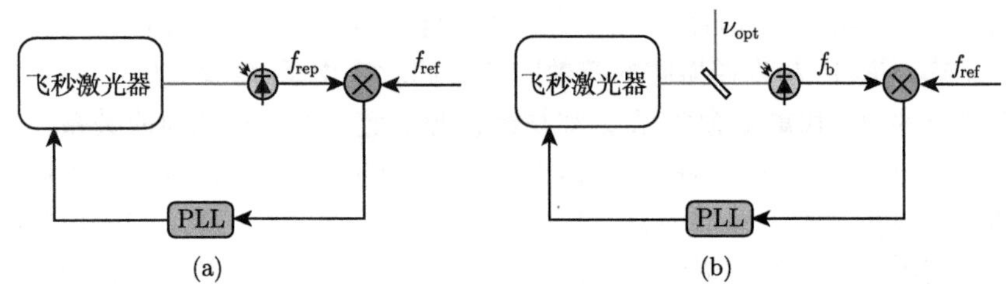

图 9.4-1 飞秒激光重复频率锁定装置：(a) 重复频率锁定到微波参考；(b) 重复频率锁定到光学参考 [22]

第一种锁定称为将重复频率锁定到微波参考，在进行光学频率测量、光学原子钟溯源等应用时会采用这种锁定方式；第二种锁定称为将重复频率 (或梳齿) 锁定到光学参考，在光钟比对、双光梳光谱定标等应用中会采用第二种锁定方式。

9.5 光学频率梳与频率综合器

从广义角度来说，飞秒锁模振荡器输出的一系列在频率上等间隔分布的梳齿结构就是光学频率梳。但是这样的光学频率梳在自由运转时由于受环境影响，梳齿频率间隔和初始频移都是变化的。光学频率梳的单根梳齿频率由重复频率和载波包络相移频率决定，前面介绍了 f_ceo 和 f_rep 的测量和控制，如果将两者同时稳定到微波或光学参考源上，那么这样得到的就是一把梳齿频率绝对稳定的光学频率梳，这种锁定技术称为光学频率梳技术或光标技术。光梳技术从 2000 年 [10] 提出并发展至今，由于其在光频标领域引发的光钟的革命性进展，被称为里程碑式的技术发明，并且其发明者因此获得了 2005 年的诺贝尔物理学奖 [23,24]。

光学频率梳发展至今，已经在光频标、精密光谱学、阿秒科学、距离测量、微波光子学等领域发挥重要作用。但是光学频率梳最重要的应用是作为光学频率综合器在不同频域和不同地点传递参考信号的频率稳定度。进一步来说，这方面的应用研究包括光学频率测量、超低噪声微波频率产生、光频到光频的频率稳定性传递、基于光学频率梳的自由空间时频递、光钟比对、构建光钟网络物理定律验证和基础物理学常数测量等。

在这些应用中，光学频率梳最重要的特性是其纵模梳线之间内在的相互相干性。飞秒脉冲激光本身就具有很好的定时特性。但是由于噪声的影响，则没有主动锁定的飞秒激光的定时特性仍然难以媲美高质量的微波信号源和微波原子钟，光频梳线的频率稳定性与超稳激光和光钟则相差更远。因此，光学频率梳本身并不能作为稳定参考源，而是作为传递参考源频率稳定度的工具。在上述频率稳定性传递应用中，最首要的问题就是要验证传递过程是否高保真，即光学频率梳的传递稳定性是否远优于参考源的频率稳定度。这些传递稳定度又可以分为光频到光频的传递稳定度、光频到微波频率的传递稳定度，以及用于时频传递时的传递稳定度等。

如今，最好的光学原子钟在 1 s 的频率稳定度可以达到 1×10^{-18}，频率不确定度可以达到 2×10^{-20} [25]。光学频率梳的环内频率稳定度和不确定度都优于光钟，但是环外的频率稳定度取决于噪声消除手段。图 9.5-1 所示给出了光钟、单分支光学频率梳、光学到微波链路、光纤时频传递链路、自由空间时频传递链路的频率稳定度和不确定度。单分支光学频率梳的环外频率稳定度达到 $3\times10^{-18}\ \mathrm{s}^{-1}$，频率不确定度优于 1×10^{-19}，可以满足目前最好的光学原子钟的频率比对。将光学参考的频率稳定度传递到微波频率是光学频率梳的重要应用之一，也是未来构建光钟网络的重要环节。在实验上将光学频率梳锁定到超稳激光或者光钟上，然后用光电探测器探测重频信号及其谐波信号。重频信号可以表示为 $f_{\mathrm{rep}}=(\nu_{\mathrm{opt}}-f_{\mathrm{ceo}}-f_{\mathrm{b}})/n$。传递过程频率稳定度保持不变，同时，相位噪声会大幅度降低。目前，基于光学频率梳产生的微波频率的相位噪声在 1 Hz 处通常低于 −100 dBc/Hz，优于低温蓝宝石振荡器。光到微波链路的频率稳定度可以达到 $5\times10^{-17}\ \mathrm{s}^{-1}$。

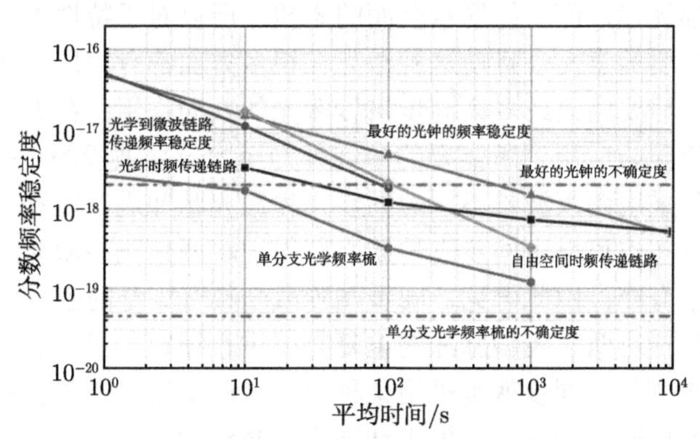

图 9.5-1 光学频率梳作为频率综合器的传递频率不稳定度

如果要将不同地点的光钟进行比对或者远距离授时，则需要在不同地点间进行时间和频率标准传递。已经发展的时频传递方式有两种，分别是光纤链路和自由空间链路。2012 年，人们在 920 km 长的光纤中实现了光频的时频传递实验，链路的频率不稳定度可以支持光钟比对。但是光纤链路灵活性差，且限制了传输距离和传递地点。2013 年，F. R. Giorgetta 等提出基于双光梳的自由空间的双

向时频传递技术 [26]。该传输技术更具灵活性，且 1000 s 的传递稳定度已经达到 3.3×10^{-19}[27]。

9.6 超快激光的高精度同步

9.6.1 超快激光的主动同步和被动同步

飞秒激光在物理、化学、生物、信息以及先进制造业等领域具有重要的应用价值。由于其极短的时间特性，能将物质内部原子、分子的瞬态行为“记录”下来，所以其不仅是人们在“时间”范畴取得新发现、建立新理论的重要手段，而且能精密、准确地对物质开展原子、分子层次上的加工。1999 年，美国科学家 A. H. Zewail 因采用飞秒激光脉冲研究化学反应动力学的开创性工作而获得了该年度的诺贝尔化学奖 [28]。但是，对于更广泛意义上的这类前沿基础的应用研究来说，单束飞秒激光的作用是很有局限性的。比如对一个典型的超快泵浦实验 [29]，就需要两束同步的飞秒激光脉冲来完成，其中一束 (泵浦光) 用来泵浦激发研究对象，另一束 (探测光) 用来探测该研究对象被激发后所表现出的瞬态行为。一般情况下，对这两束同步飞秒激光脉冲的特性要求是不一样的，但由于实际中不具备理想的同步飞秒激光，所以人们往往采用将单束飞秒激光分为两束的代替方案，其中一束作为泵浦光，另一束作为探测光。尽管这样得到的两束光是同步的，功率可能也不一样，但其中心波长、脉宽等关键的参数是相同的，则所得到的实验现象仅反映了物质的局部规律，而不能揭示全面的本质，所以对于特性不同的同步飞秒激光的研究具有重要的意义。目前这种激光在很多方面都有应用，例如对原子、分子的相干控制，需要两束或多束同步飞秒激光的共同作用；在大气环境测量、光电对抗及制导等国防应用中所需要的中红外乃至太赫兹波段的飞秒电磁辐射 [30]，一个可行方案是采用两束波长不同的同步飞秒激光脉冲进行差频；在量子密码通信中需要的纠缠态也可以由同步飞秒激光获得；将两束飞秒激光进行锁相，可以实现激光的相干合成。由此可见，同步飞秒激光具有广泛的应用价值。

所谓同步是指对两束飞秒脉冲的重复频率进行锁定。自由振荡的飞秒脉冲其重复频率通常在变化，同步就是采用某种方式使两束激光的重复频率锁定不变或者同时变化。实现同步的方式分为主动同步和被动同步。其中主动同步的基本原理如图 9.6-1 所示，同步电路首先读取输出脉冲的重复频率，并将其重复频率与信号源的频率通过锁相环电路进行对比，由于两束激光的一个端镜置于 PZT 上，所以可以根据对比的结果驱动 PZT 对腔长进行微调，使得输出脉冲的重复频率与信号源的输出频率保持一致。若同时对两束激光进行控制，则形成同步的输出。主动同步的优点是对振荡器的调节相对容易；但是主动同步不仅需要复杂的电子设备，而且同步精度依赖于其电路响应速度及信号源的精度，这导致同步精度不高，受环境的影响较大。

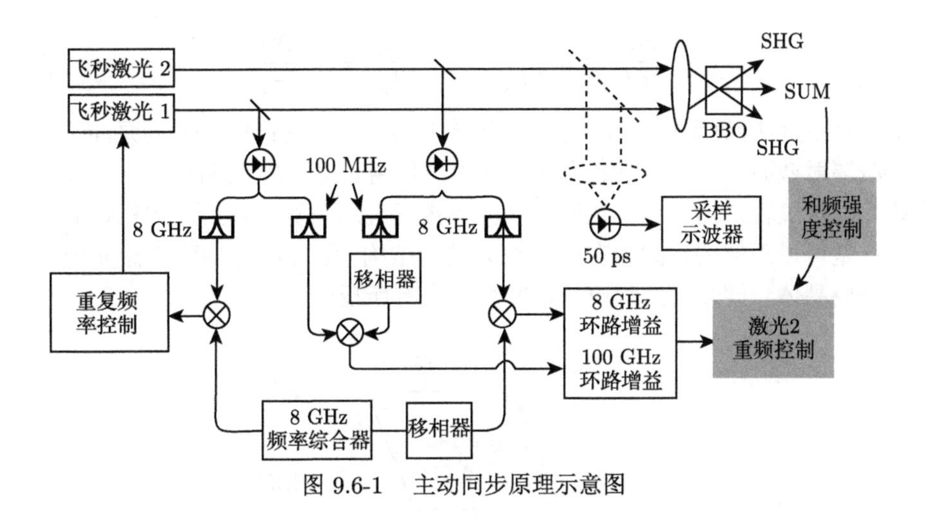

图 9.6-1 主动同步原理示意图

被动同步是指利用两束激光之间的互相位调制效应而实现同步。图 9.6-2 为被动同步的示意图。这种结构使同一谐振腔中的两束激光在增益晶体内耦合获得同步，结构简单，同步精度比较高。但是由于两束激光共享增益介质和振荡腔，锁模及同步的调节互相干扰，反而使光学调节变得复杂。同时，增益共享导致的增益竞争效应不仅限制了能量的提高，同时严重影响锁模和同步稳定，而且输出脉冲的波长不能独立调谐，可调谐带宽比较窄。这些缺陷使传统被动同步技术仅局限于实验室研究，达不到实际应用中稳定可靠和高功率的要求。

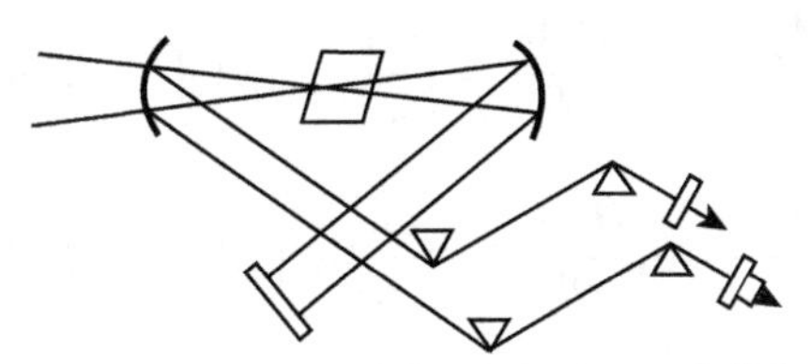

图 9.6-2 传统被动同步结构示意图 [31]

9.6.2 被动同步的物理机制

首先考虑被动同步的物理机制。传统的被动同步由于增益共享，最初的研究多从速率方程理论 [32−34] 进行模拟。其基本方程如下所示：

$$\frac{\mathrm{d}N}{\mathrm{d}t} = W_{\mathrm{P}}(t) - \frac{N}{T_{\mathrm{F}}} - Nc\left(\sigma_1\varphi_1\frac{L}{L_1} + \sigma_2\varphi_2\frac{L}{L_2}\right) \tag{9.6-1}$$

$$\frac{\mathrm{d}\varphi_1}{\mathrm{d}t} = c\sigma_1 \frac{L}{L_1} N\varphi_1 - \frac{\varphi_1}{T_{\rho 1}} + \gamma_1 \frac{N}{T_{\mathrm{F1}}} \tag{9.6-2}$$

$$\frac{\mathrm{d}\varphi_2}{\mathrm{d}t} = c\sigma_2 \frac{L}{L_2} N\varphi_2 - \frac{\varphi_1}{T_{\rho 1}} + \gamma_2 \frac{N}{T_{\mathrm{F2}}} \tag{9.6-3}$$

其中，N 为布居数反转密度；φ_i 为激光 i 的光子密度；$W_{\mathrm{P}}(t)$ 为泵浦速率；σ_i 为受激辐射截面；L 为两束激光在晶体内的作用长度；L_i 为两束激光腔长。该方程认为同步过程是两束激光在同一块晶体内通过增益竞争最后达到稳定输出的过程。这是可以理解的，因为在传统被动同步结构 (图 9.6-3) 中两束激光的增益依靠同一块晶体，同步的过程应该在其增益上有所反映。

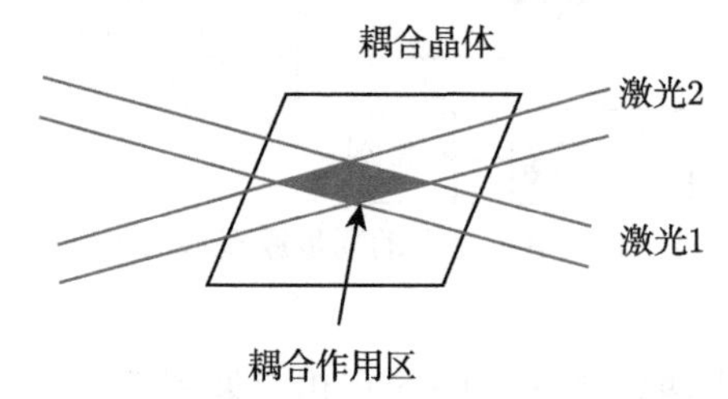

图 9.6-3　两束激光在非线性晶体内的作用示意图 [31]

然而更多的研究表明，即使两束飞秒激光具有独立的增益，两束激光仍然可以通过在晶体内互相作用而实现同步。文献 [35] 从空间耦合角度研究了双波长飞秒激光的同步问题，此后的一系列研究表明，两束脉冲在非线性晶体内的 “互相位调制” 是其同步的主要原因，描述这种作用的基本方程为时域内的非线性薛定谔 (Schrödinger) 方程 [36]：

$$\frac{\partial A_2}{\partial z} + \frac{1}{v_{\mathrm{g2}}}\frac{\partial A_2}{\partial t} + \mathrm{i}\beta_2 \frac{\partial^2 A_2}{\partial t^2} = \mathrm{i}\frac{\omega_2}{c} n_2 \left(|A_2|^2 + 2|A_1|^2\right) A_2 \tag{9.6-4}$$

$$\frac{\partial A_1}{\partial z} + \frac{1}{v_{\mathrm{g1}}}\frac{\partial A_1}{\partial t} + \mathrm{i}\beta_1 \frac{\partial^2 A_1}{\partial t^2} = \mathrm{i}\frac{\omega_1}{c} n_2 \left(|A_1|^2 + 2|A_2|^2\right) A_1 \tag{9.6-5}$$

其中，A_i，ω_i 为两束激光的波幅及角频率；$v_{\mathrm{g}i}$ 为两束激光在耦合介质内的群速度；β_i 为中心波长在耦合介质内的群速度色散；c 为真空光速。式 (9.6-4) 和式 (9.6-5) 可以用来描述两束脉冲在晶体内相互作用的过程，而与速率方程无关。

两束激光的互相位调制效应可借助图 9.6-3 来理解，它描述了两束激光在非线性晶体内的耦合。在两束激光的中心交叠区，其光强近似为两激光光强的叠加 $I(\boldsymbol{r},t) = I_1(\boldsymbol{r},t) + I_2(\boldsymbol{r},t)$。由于耦合晶体的强克尔非线性效应，在两束激光交叠的区域其非线性折射率为 $n_{nl} = n_2 I(\boldsymbol{r},t)$，此非线性折射率使两束激光经过作用后的非线性相移为

$$\phi_{\text{nonlinear}}(t) = \int \frac{2\pi}{\lambda} n_2 \cdot (I_1(\boldsymbol{r},t) + I_2(\boldsymbol{r},t))\,\mathrm{d}\boldsymbol{r} \tag{9-6-6}$$

可以看到非线性相移不仅包含了脉冲自己的自相位调制项，还包括由作用脉冲引起的互相位调制项，这会造成相互作用脉冲的载波频率发生红移或蓝移。

在互相位调制的基础上，飞秒脉冲在非线性晶体内的同步过程如图 9.6-4 所示。

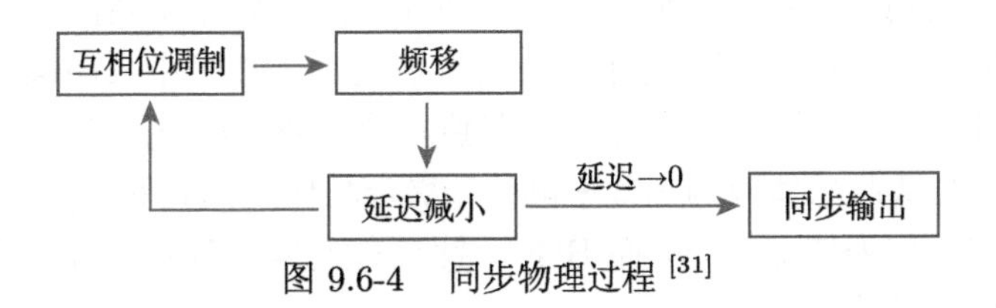

图 9.6-4 同步物理过程 [31]

首先，两飞秒脉冲在非线性晶体内交叉 (图 9.6-3)，由于交叉的脉冲往往经过聚焦，其聚焦光强比较大，而且其束腰非常小，这与光纤中同向或对向传输的超短脉冲非常相似 [37]，所以交叠区内非线性折射率的变化会对两束激光产生强的互相位调制作用，使脉冲的上升沿和下降沿产生不对称的光谱展宽，其载波频率发生变化。若假定脉冲 1、2 的往返时间分别为 T_1、T_2，为方便起见，我们设 $T_1 < T_2$。脉冲 1 经过一次互相位调制作用后总频移为 [38]

$$\Delta\omega_1(\tau) = \frac{2\gamma P_2 L}{T_2} \cdot \left[\mathrm{e}^{-\tau^2} - \mathrm{e}^{(\delta-\tau)^2}\right] \tag{9-6-7}$$

其中，P_2、T_2 为脉冲 2 的峰值功率和脉宽；L 为其相互作用长度；γ 是表示相互作用强弱的常数，正比于其相互作用体积；τ 为作用开始时两脉冲峰值间的时间延迟；δ 为相互作用时间。由式 (9.6-7) 可以看出，脉冲 1 的载波频率出现红移。载波频率的移动导致脉冲延迟发生变化：

$$\Delta T_1 = \mathrm{GVD}_1 \cdot \Delta\omega_1 = \mathrm{GVD}_1 \cdot \frac{2\gamma P_2 L}{T_2} \cdot \left[\mathrm{e}^{-\tau^2} - \mathrm{e}^{(\delta-\tau)^2}\right] \tag{9.6-8}$$

其中，GVD_1 为谐振腔 1 中的净群速度色散。由式 (9.6-4) 和式 (9.6-5) 可知，ΔT_1 的大小取决于两脉冲的峰值功率、相互作用体积及谐振腔的净色散。ΔT_1 的大小同时反映了互相位调制作用的强弱，若 $\mathrm{GVD}_1 > 0$，则 ΔT_1 为负，T_1 减小，使 T_1 更加背离 T_2，此时表现为一种“排斥”机制，不能形成稳定的同步。反之，若 $\mathrm{GVD}_1 < 0$，则 ΔT_1 为正，T_1 增大，T_1 接近 T_2，此时表现为一种“吸引”效应。经过多次作用，当两脉冲在时域上重合程度最大时，其上升沿和下降沿经历相同

的光谱展宽，载波频率不再移动，重复频率被锁定，就实现了“完全”同步。但实际上环境微扰 (例如气流、光学元件的伸缩变形、光学系统的震动等) 会使振荡器腔长发生微小的改变，导致 T_1 偏离 T_2，此时遵循上述耦合过程的互相位调制作用重新使 $T_1 \to T_2$，这种破坏与重建的过程使 T_1、T_2 存在一定的偏离。因此同步状态实际上是互相位调制作用与环境微扰竞争的结果，是一种动态平衡状态。

9.6.3 双波长同步激光器

为了获得高稳定的锁模及同步，笔者所在课题组采用了新的被动同步设计方案。该方案基于如下考虑：① 为了避免传统被动同步技术中采用同一块晶体带来的增益竞争效应，参与同步的激光应具有独立的增益介质；② 为了增强互相位调制效应，激光的增益晶体应为高效率晶体，耦合晶体应为具有强克尔效应的晶体。因此选择钛宝石作为增益晶体，而 BBO、钛宝石及熔石英等非线性系数比较大的材料均可作耦合晶体。

根据在上述思路基础上的设计方案，同步实验装置的结构如图 9.6-5 所示。其中 M1 至 M6，OC1 组成振荡器 1；M7 至 M12，OC2 组成振荡器 2。两束激光均采用了标准的棱镜补偿色散结构并且在克尔介质 K 内耦合。F1、F2 为焦距 10 cm 的透镜；X1、X2 为 4 mm×4 mm×4 mm 的布儒斯特角切割的钛宝石晶体；PM1、PM2 和 PM3、PM4 为熔石英棱镜对，为了维持同步所需的腔内负色散，棱镜间距设置为 90 cm。其中一束激光的端镜 (M4 或者 M10) 置于一维精密平移台上，用以精确地匹配两个激光腔的腔长。为了实现两束激光的耦合，我们在两振荡器的非色散臂引入耦合腔 (M5、M6、M11、M12)，由四个曲率半径为 $R = 100$ mm 的平凹全反镜组成，用以对两束激光进行聚焦。耦合介质 K 置于焦点，可以增大两束激光的耦合强度。整个激光装置的尺寸为 2.0 m×0.8 m =1.6 m^2。两个振荡器由半导体泵浦的倍频 Nd:YVO$_4$ 激光 (Millennia Xs, Spectra Physics) 分光后进行泵浦，单端泵浦功率为 4.5 W。

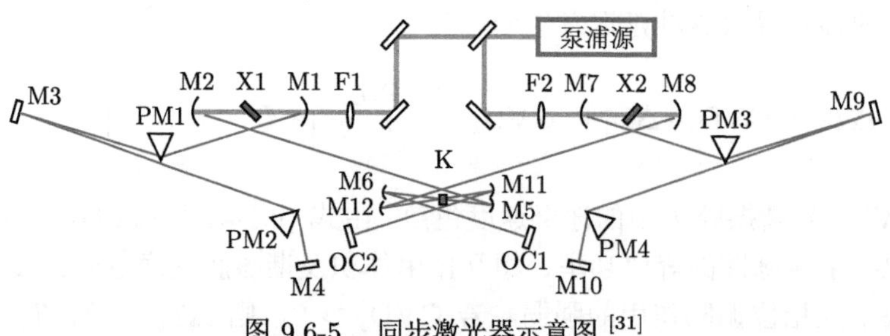

图 9.6-5 同步激光器示意图 [31]

选择钛宝石 (钛宝石的通光长度为 4 mm) 作为耦合晶体，首先实现了钛宝石激光的稳定锁模，在单路泵浦 4.5 W 的情况下，锁模功率都为 300 mW。同步过

程采用模拟示波器 (Tek485，Tektronix) 进行检测，将两路激光锁模并通过光电二极管接入示波器进行观察，其中一路信号作为触发源。在不同步的情况下，示波器显示作为触发源的一路脉冲序列稳定，另外一路脉冲序列则快速地飘动 (图 9.6-6(a))。当两路激光接近同步时，轻微地旋转平移台，可以看到示波器上的两路脉冲序列突然都稳定下来，说明此时两路激光实现了同步，其波形如图 9.6-6(b) 所示。两路激光的同步只需要手动调节平移台即可做到，而不必加压电陶瓷来控制，这大大简化了实验的调节。

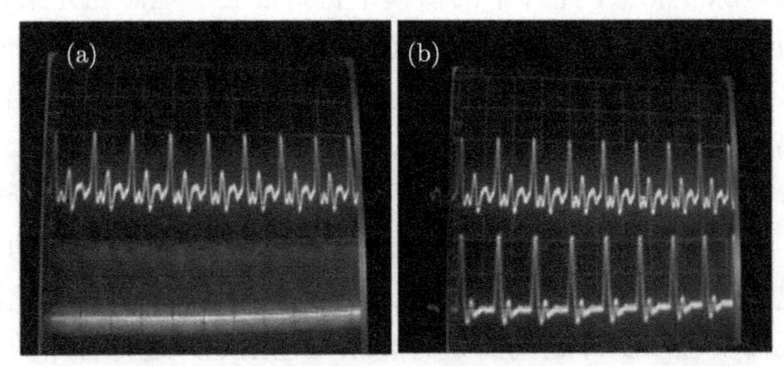

图 9.6-6 同步前 (a) 和同步后 (b) 在模拟示波器上显示的脉冲序列 [31]

9.7 飞秒激光的相干合成

随着飞秒技术的发展，人们获得的脉冲宽度越来越短，特别是在掺钛宝石锁模振荡器中已经可以直接输出 5 fs 的超短脉冲。这种只有几个光周期的超短脉冲称为少周期脉冲。当少周期脉冲和物质相互作用时，CEP 的作用更加显著。如果进一步缩短脉冲宽度，直至脉冲宽度接近一个光学周期时，就称为亚周期脉冲。亚周期脉冲不仅突破了单个光周期的技术瓶颈，同时也是阿秒脉冲产生最为理想的驱动光。亚周期激光和惰性气体相互作用可以直接辐射出孤立的阿秒脉冲，不需要再使用各种选通技术从脉冲串中获得单个阿秒脉冲。因此，如何实现对光场的任意控制，产生亚周期且相位稳定的激光脉冲，是超快光学领域的最前沿的研究内容之一。

脉冲宽度和光谱宽度呈反比关系，因此若想获得更短的脉冲，则需要更宽的光谱。获得少周期和亚周期脉冲需要满足两个条件，第一是需要光谱宽度大于一个倍频程，第二是要对倍频程内的光谱相位进行精确控制。但是这两个条件在单个激光器中是很难实现的。首先，由于增益介质的发生带宽是有限的，目前的锁模激光器都很难输出倍频程的光谱。只有特殊设计的钛宝石锁模振荡器可以产生倍频程光谱，但是其光谱宽度仍然难以支持亚周期脉冲。其次，单个激光器经过非线性光谱展宽后可以获得支持亚周期脉冲的光谱宽度，但是目前的色散补偿技术都难以对超过倍频程的光谱进行色散补偿。因此人们想出了先对几路不同波长范围的激光进行精确的色散补偿和相位控制，然后控制其相对相位延迟，相干合成出亚周期脉冲的方案。

除了光谱相干合成得到亚周期超短脉冲技术，还有一类相干合成是针对功率的提升，尤其是在光纤飞秒激光中被广泛使用。光纤激光器具有光束质量好。结构简单且稳定性好、造价低廉、散热性能好等优点，结合啁啾脉冲放大技术和大模场光纤，单根光纤中可以输出超过数百瓦的高平均功率。但是如果想进一步提高输出平均功率或单脉冲能量，光纤中的横模不稳定性会严重恶化光束质量。2006 年，G. A. Mourou 教授等提出了功率相干放大网络 (coherent-amplification-network，CAN) 的概念 [39]，即将数以千计的飞秒光纤激光放大器进行相干合成，产生可以用于下一代离子加速的高峰值功率激光。这种技术称为功率相干合成。功率相干合成又可以分为时域相干合成和空域相干合成，即人们通过将种子光在时间或者空间上分束，对分离脉冲进行放大后再进行合成，然后获得平均功率超过千瓦或者单脉冲能量超过毫焦量级的飞秒激光。功率相干合成不单单是空间或时间上的强度合成，还需要各个脉冲之间的延时和相位差固定，这样合成的光束才能够长期保持相干状态。

下面，我们将分别介绍光谱相干合成的关键参数、亚周期光场相位控制技术、亚周期光场相干合成的研究进展，以及飞秒光纤激光功率相干合成关键技术和进展。

9.7.1　光谱相干合成的关键参数

在光谱相干合成中，每一路脉冲的 CEP 和脉冲之间的相对相位这两个参数是最为关键的。图 9.7-1 为两个脉冲进行相干合成时的电场示意图 [40]。其中 CEP 的概念我们在 9.1 节中已经阐述，而两个脉冲之间的相对相位指的是相对于绝对参照系的单路脉冲包络之间的相对延迟。

图 9.7-2 所示为两路少周期脉冲相干合成时 CEP 和相对相位对合成后的光场的影响。图 9.7-2(a) 是两个脉冲的载波包络相位和相对相位都为零时得到了最理想状态下的亚周期脉冲。在图 9.7-2(b) 和 (c) 中，两个单路脉冲的相对相位不变，但是脉冲 1 的相位变为正啁啾或改变 $\pi/2$，此时合成脉冲形状发生了剧烈的变化。这说明如果要获得稳定的合成脉冲，则每一路的 CEP 都必须是稳定的。如图 9.7-2(d) 所示，两个脉冲的 CEP 保持不变，而脉冲 1 和脉冲 2 之间的相对相位改变了 1/4 光学周期，此时合成的波形也相差巨大。这表明，只控制每一路脉冲的 CEP 也是不够的，必须对 CEP 和相对相位都进行精确控制。图 9.7-2(e) 中给出了两路脉冲的延迟不同，但是两个光场同时取得极大值，这种情况下合成的脉冲更加接近理想状态。这表明相干合成主要取决于两个脉冲的光电场的相对关系。

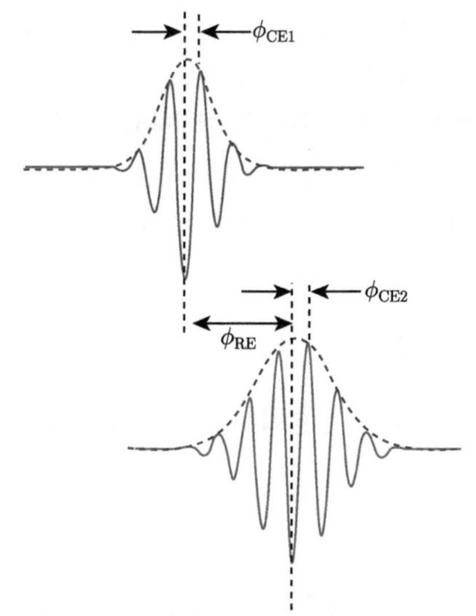

图 9.7-1 两个脉冲相干合成电场示意图 [40]

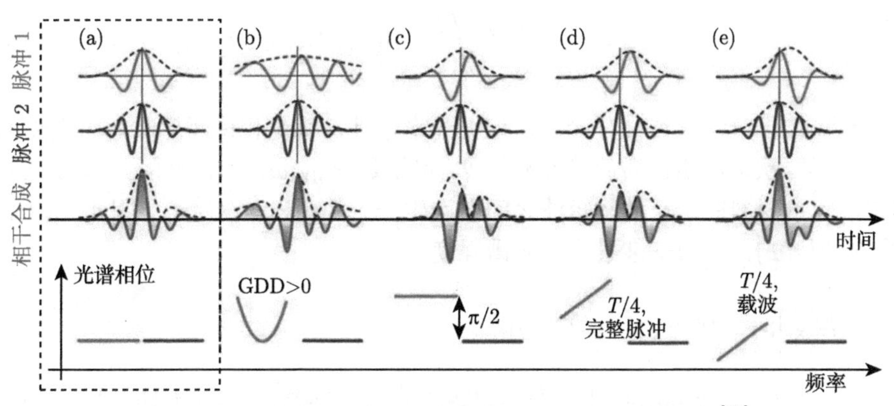

图 9.7-2 载波包络相位和相对相位对合成后电场的影响 [41]

9.7.2 亚周期光场相位控制技术

1. 飞秒激光放大器的 CEP 探测和主动锁定

对振荡器的 CEP 进行控制其实就是锁定其 CEO。CEO 信号的探测和锁定的具体原理和实现方式在 9.2 节和 9.3 节中已经进行了详细的阐述。对于多路相干合成阿秒产生这类应用，振荡器的单脉冲能量太低，难以满足应用需求，因此必须进行能量放大。而在放大的过程中又会引入新的噪声，因此有必要对飞秒激光放大器的 CEP 进行进一步的锁定。但是这类单脉冲能量较高的飞秒激光放大器的重复频率通常会降低到 1~10 kHz，很难再直接探测出其 CEO 频率。目前，对放大器 CEP 进行探测的最常用的方法是光谱干涉法。

光谱干涉法是利用单个脉冲内部不同频率成分之间产生光谱干涉条纹以提取 CEP 的相对值变化，该方法的实验装置要简易许多。目前最常见的是倍频光谱 (f-$2f$) 干涉法 [17]，将光谱覆盖一个倍频程的超连续光的长波部分倍频，与基频光的相应频率 (短波) 部分拍频得到光谱干涉信号，通过信号处理得到反馈值锁定 CEP 抖动，本研究正是基于这种方法。对高斯脉冲电场 $E(t)$，设脉宽 $\tau=\sqrt{2}\ln 2$ 以简化计算，并对其进行傅里叶变换得

$$E(\omega)=\sqrt{2}\mathrm{e}^{-\left(\frac{\omega-\omega_0}{2}\right)^2}\mathrm{e}^{\mathrm{i}\phi_{\mathrm{CE}}} \tag{9.7-1}$$

考虑由激光电场分量 $E(\omega)$ 引入的电偶极矩，选取一阶和二阶项 [42]：

$$P^{(1)}(\omega)=\chi^{(1)}(\omega)=\chi^{(1)}A(\omega)\mathrm{e}^{\mathrm{i}\phi_{\mathrm{CE}}} \tag{9.7-2}$$

$$\begin{aligned}P^{(2)}(\omega)&=\chi^{(2)}\int_{-\infty}^{+\infty}E(\omega_1)E(\omega-\omega_1)\mathrm{d}\omega_1\\&=\mathrm{e}^{\mathrm{i}2\phi_{\mathrm{CE}}}\chi^{(2)}\int_{-\infty}^{+\infty}A(\omega_1)A(\omega-\omega_1)\mathrm{d}\omega_1\end{aligned} \tag{9.7-3}$$

当短波部分与长波部分的二次谐波光谱干涉，满足相位匹配时，由麦克斯韦方程可得二次谐波相位滞后基频波 $\pi/2$，也就是 $E_{\mathrm{SH}}(\omega)\propto \mathrm{i}P^{(2)}(\omega)$，基频光通过固定的色散材料时的长波与短波之间会产生一定的延迟，设为 τ_{d}，因此 $E_{\mathrm{F}}(\omega)\propto \mathrm{e}^{-\mathrm{i}\omega\tau_{\mathrm{d}}}P^{(1)}(\omega)$，可得干涉条纹的光谱强度

$$\begin{aligned}I(\omega)&\propto\left|\mathrm{e}^{\mathrm{i}\omega\tau_{\mathrm{d}}}P^{(1)}(\omega)+\mathrm{i}P^{(2)}(\omega)\right|^2\\&\propto I_{\mathrm{F}}(\omega)+I_{\mathrm{SH}}(\omega)+2\left[I_{\mathrm{F}}(\omega)I_{\mathrm{SH}}(\omega)\right]^{1/2}\cos\left[\omega\tau_{\mathrm{d}}+\phi_{\mathrm{CE}}+(\pi/2)\right]\end{aligned} \tag{9.7-4}$$

其中包含了强度叠加项和干涉项，相位与 $\omega\tau_{\mathrm{d}}+\phi_{\mathrm{CE}}$ 有关，对给定的波长，且固定的光路下，可认为延迟时间 τ_{d} 不变，影响干涉条纹位置的变量是 ϕ_{CE}。对 $I(\omega)$ 进行傅里叶变换可知

$$F(I(\omega))\propto \mathrm{e}^{\left(\frac{k-\tau_{\mathrm{d}}/2\pi}{2}\right)^2}\mathrm{e}^{\mathrm{i}\phi_{\mathrm{CE}}} \tag{9.7-5}$$

$$\arg\left[F(I(\omega))|_{k=\tau_{\mathrm{d}}/2\pi}\right]\propto\phi_{\mathrm{CE}} \tag{9.7-6}$$

傅里叶变换后，当 $k=\tau_{\mathrm{d}}/2\pi$ 时该项所对应的虚部值即包含所研究光场的 CEP 信息。

图 9.7-3 所示为本课题组自行搭建的放大器 CEP 锁定光路 [43]。实验装置中，通过焦距 $f=100$ mm 的离轴抛物面镜，将空芯光纤出射后尖劈表面的反射光聚

焦到厚 300 μm 的 BBO 晶体中，使超连续光谱波长为 960 nm 左右的光谱成分倍频到 480 nm 处，并与基频光中 480 nm 成分发生光谱干涉。使其通过格兰棱镜后在同一个分量上的强度尽量接近，使得光谱干涉条纹最明亮。在 BBO 晶体后放置了带通滤波片滤除长波成分，使透射光只包含了 400~600 nm 成分，即干涉光谱范围。产生条纹通过高分辨率光谱仪来收集。

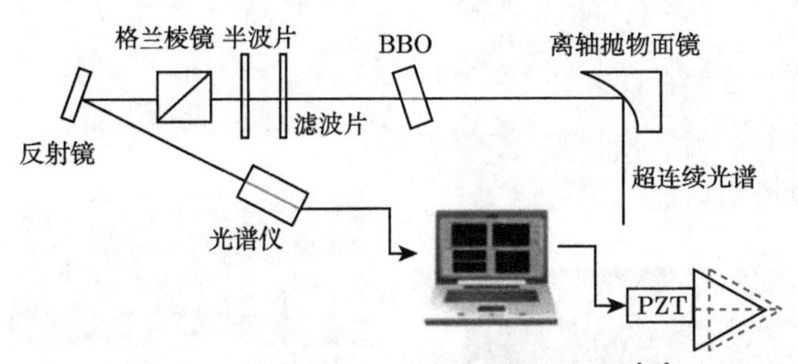

图 9.7-3 放大器 CEP 锁定光路示意图 [43]

振荡器的 CEO 锁定是获得放大器光谱干涉的前提。如图 9.7-4 所示，当振荡的 CEO 不锁定时，由于 CEP 变化迅速，480 nm 附近的干涉条纹在平均作用下被迅速抹除，探测不到；当振荡器的 CEO 锁定时，放大器的 CEP 变化较慢，光谱仪可以探测到该范围内的干涉条纹。

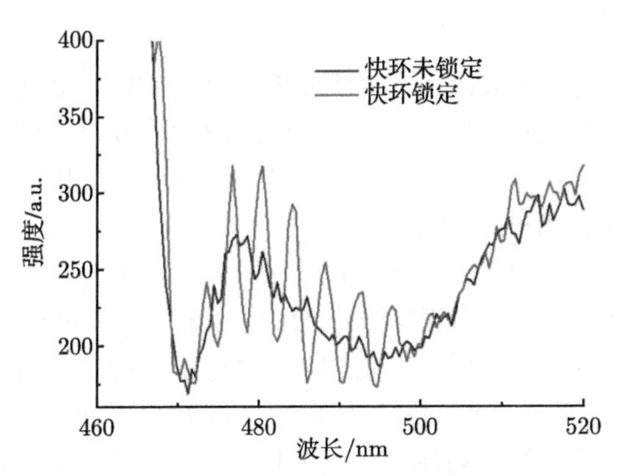

图 9.7-4 快环锁定和未锁定时谱干涉情况对比 [43]

然后，通过自行开发的慢环锁定程序，将光谱干涉范围内条纹个数读出，并根据条纹数和 CEP 的对应关系反演出 CEP 的实际变化量，再通过反馈程序输出一个高压信号，驱动缩器中的棱镜插入量使 CEP 的变化量得到补偿。Labview

界面如图 9.7-5 所示。

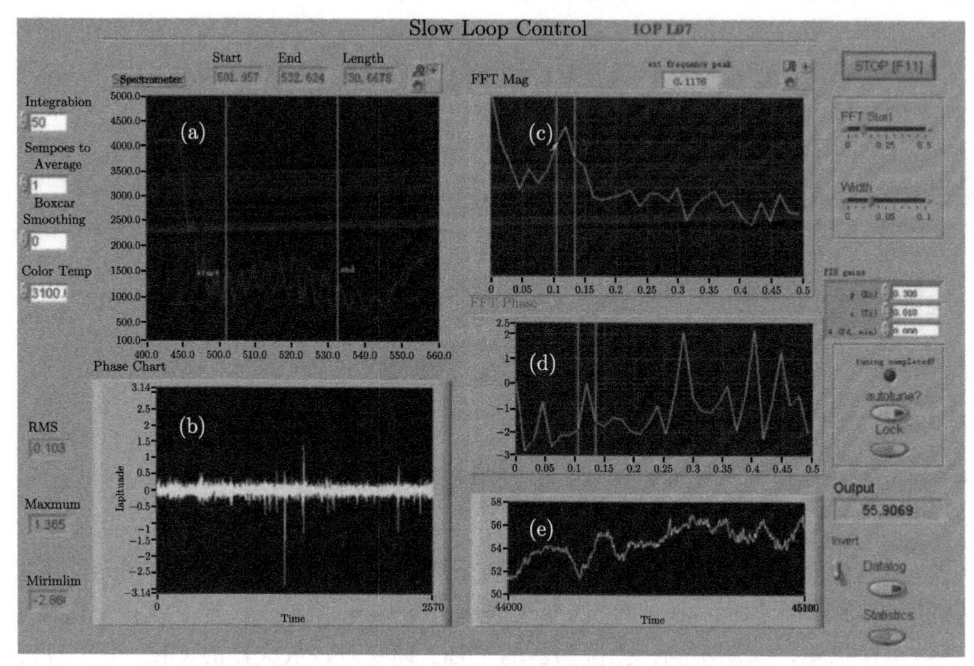

图 9.7-5　放大器 CEP 锁定的 Labview 程序运行界面

2. *基于差频的 CEP 被动稳定*

除了通过主动反馈控制来锁定飞秒激光放大器的 CEP，还可以通过全光学的方法直接产生 CEP 稳定的脉冲。在差频产生过程中，新产生的频率等于两个输出激光频率之差，即 $\omega_{\mathrm{DF}}=\omega_1-\omega_2$。如果两个输入激光有相同的相位抖动 φ，即 $\varphi_1=\varphi$，$\varphi_2=\varphi+c$，那么新产生激光的相位 $\varphi_{\mathrm{DF}}=\varphi_2-\varphi_1-\pi/2=c-\pi/2=\mathrm{const}$，相位抖动 φ 被动地消除。被动 CEP 稳定技术不再需要复杂的反馈系统，也不再受限于系统的带宽等因素，可以直接产生 CEP 稳定的脉冲序列。

如图 9.7-6 所示，利用差频产生 CEP 被动稳定的脉冲有两种实现形式。图 9.7-6(a) 为第一种实现形式，称为脉冲间差频，即两个不同中心频率的脉冲在空间和时间上重合，然后在差频晶体中产生 CEP 稳定的差频光脉冲。这种过程经常发生在 OPA 过程中。图 9.7-6(b) 为第二种实现形式，又称为脉冲内差频，即同一个脉冲的高频成分和低频成分在非线性晶体中差频获得 CEP 为零的差频脉冲。CEO 测量方法中的 0-f 法正是基于这种脉冲内差频。

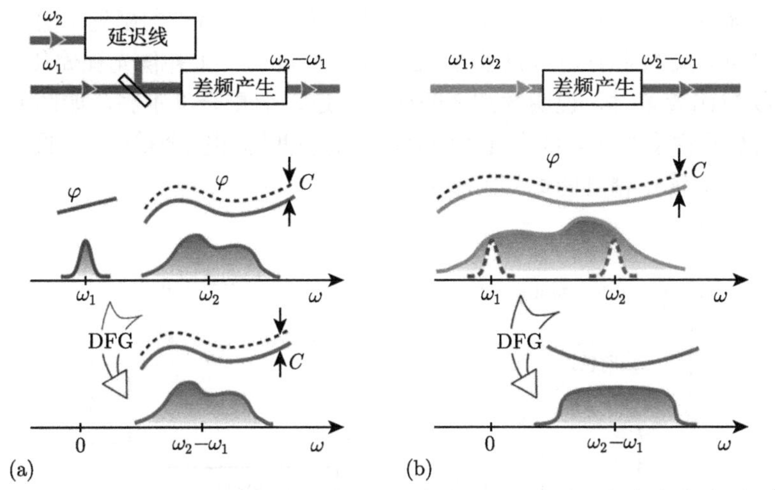

图 9.7-6 脉冲间差频 (a) 和脉冲内差频 (b) 产生 CEP 被动稳定的脉冲原理图 [41]

3. 相干合成的相对相位锁定技术

控制多路脉冲之间的相对相位的常用技术包括平衡光学互相关 (BOC) 技术和光谱干涉技术。

BOC 技术是通过将两脉冲的相对相位转换为可测量的两个脉冲和频信号光强变化，然后实现脉冲之间相对相位的精密控制的。图 9.7-7 为 BOC 技术示意图。BOC 技术将要合成的光束均分为两个通道，在其中一路中加入反常色散介质 CaF_2 晶体引入相对延迟，使得长波落后于短波。假设 CaF_2 晶体引入的延迟量为 t，那么通过调节合成前两路脉冲的相对延迟，可以使得没有加入 CaF_2 晶体的一路短波落后于长波，相对延迟为 $t/2$；通过 CaF_2 晶体的一路，两个脉冲之间的相对延迟为 $-t/2$。此时，两路产生的和频信号的强度就是相等的，平衡探测器获得的信号强度就为 0。扫描延迟线可以获得如图 9.7-7(b) 所示的误差信号。通过反馈控制光路中的压电陶瓷可以将相对延迟锁定到 $t/2$ 的过零点。使用 BOC 技术可以将脉冲间的相对延迟 (相对相位) 控制在阿秒量级。

相干合成中的光谱干涉技术和放大器 CEP 探测时的光谱干涉技术原理是相似的。相干合成光谱干涉技术是将相干合成的输出光进行空间上的分束，然后聚焦到三阶非线性晶体中，利用受激拉曼效应，使原来具有不同光谱成分的各个通道的光谱产生边带，在原本不重合的光谱边缘产生光谱干涉现象，原理图如 9.7-8(a) 所示。在此方案中，相干合成是 350~500 nm、500~700 nm、700~1000 nm 三个不同光谱成分通道进行合束，聚焦到熔石英片产生拉曼效应，使 350~500 nm 的短波部分与 500~700 nm 的可见光部分在 500 nm 左右形成光谱干涉现象，而 700~1000 nm 的长波部分与可见光部分在 700 nm 左右产生光谱干涉现象。通过光谱干涉条纹数可以计算出两束脉冲之间的延迟，将得到的延迟信息以可见光通道作为基准，反馈到另外两通道的 PZT 上，通过调节来补偿光程偏移量。当光谱干涉条纹数比较多时，说明脉冲之间比较接近，但重合度不高，如图 9.7-8(b) 所示；当条纹数由多变少，直至几乎没有时，说明两脉冲完全重合，如图 9.7-8(c) 所示。此方案的锁定精度能达到阿秒量级 [40]。

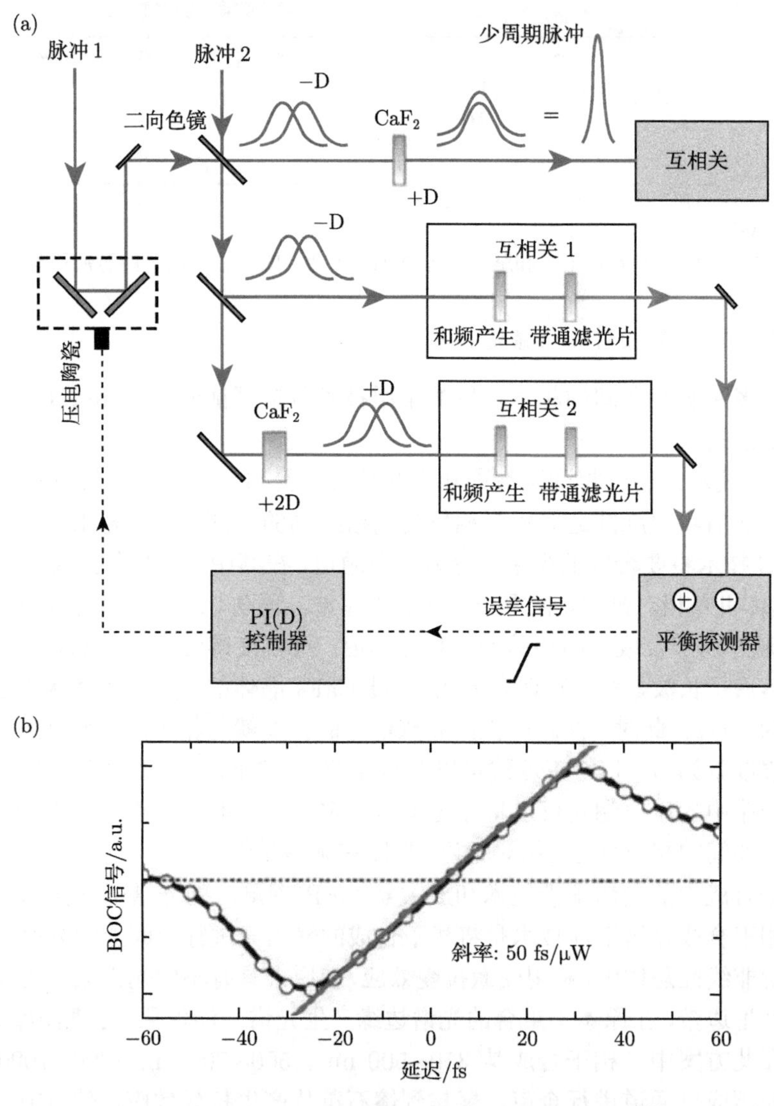

图 9.7-7　BOC 技术示意图 (a) 以及锁定范围 (b)[41]

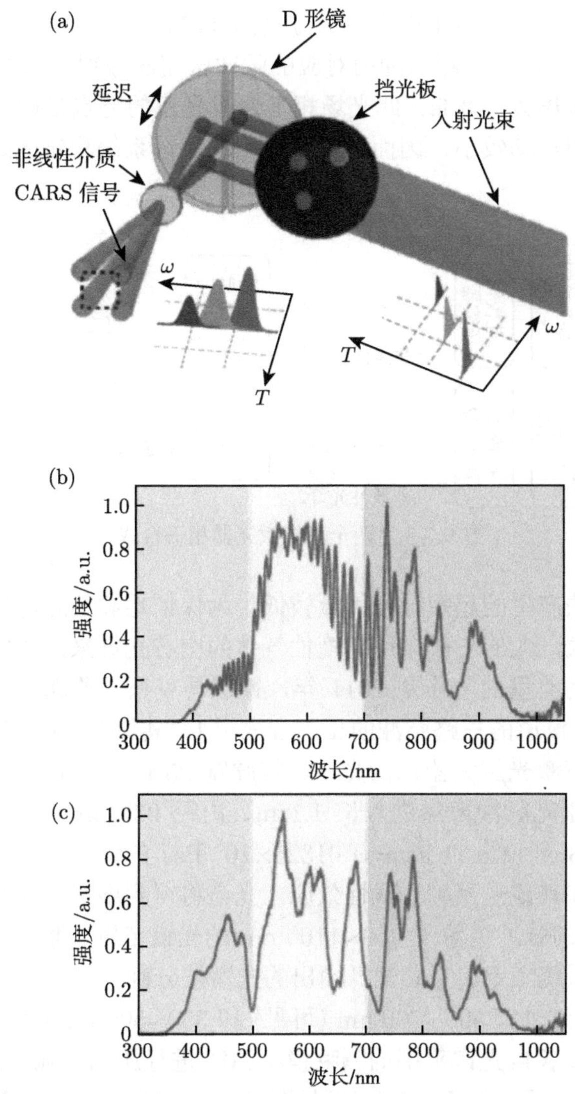

图 9.7-8 光谱干涉锁定延迟原理图及精度：(a)FROG 装置示意图；(b) 光谱干涉条纹；(c) 超连续光谱 [44]

9.7.3 亚周期光场相干合成

2010 年，G. Krauss 等 [45] 在同源的两个掺铒光纤放大器 (EDFA) 中实现了光场相关合成，并获得了 4.3 fs 的单周期光脉冲。如图 9.7-9 为两个激光器相干合成的实验装置，一台掺铒光纤激光振荡器作为相干合成光源的种子光。种子光被分为两路，分别在两个掺铒光纤激光放大器中放大到约 8.2 nJ 的单脉冲能量，然后通过硅棱镜脉冲压缩器进行压缩。放大后的脉冲经过两种不同的高非线性光纤进行光谱展宽，获得了中心波长分别为 1125 nm 和 1770 nm 的宽带光谱和宽带光孤子。展宽后的两路脉冲由对应的脉冲压缩器分别压缩到 7.8 fs 和 31 fs，最终合成的脉冲宽度为 4.3 fs。此光场相干合成光源的特点是两个合成光通道之间的被动相对时间抖动较小，因而无须使用主动反馈系统稳定光路，降低了实验难度。

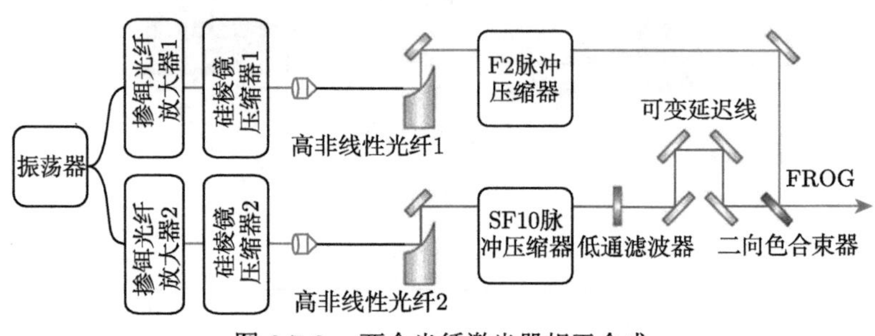

图 9.7-9　两个光纤激光器相干合成

但是上述方法产生的超短脉冲能量较低，为保证足够的脉冲能量以满足强场光物理研究的需求，人们一般采用充惰性气体的空芯光纤来产生能量足够的初始超宽带光谱。较为典型的工作是 2011 年，德国马克斯 • 普朗克学会量子光学研究所 A. Wirth 等报道的三路脉冲的相干合成 [46]。其原理结构如图 9.7-10 所示，他们采用掺钛宝石激光放大器作为光源。将脉宽 25 fs、脉冲能量 0.8 mJ、中心波长 780 nm 的激光脉冲聚焦进入长 1.1 m、内径 0.25 mm 的空芯光纤。当在空芯光纤中充有 3~4 atm (1 atm=1.01325×10^5 Pa) 的氖气时，激光脉冲注入后由于自相位调制和其他一系列非线性效应，光谱将得到展宽。在空芯光纤的输出端，大于 0.5 mJ 的脉冲覆盖了 260~1100 nm 的光谱范围。激光脉冲的载波包络相位由主动反馈系统锁定。空芯光纤输出的光谱被分割为 3 个子光谱，分别覆盖 700~1100 nm (近红外)、500~700 nm (可见) 和 350~500 nm (可见至紫外)。3 个光通道分别由覆盖各自光谱范围的啁啾镜 (CM) 进行压缩，输出脉宽分别为 7.9 fs (近红外)、5.5 fs (可见) 和 5.5 fs (可见至紫外)，非常接近各自光谱对应的傅里叶变换极限脉宽。相干合成后的脉冲能量为 0.3 mJ，3 个光谱范围的脉冲能量分别为 0.25 mJ (近红外)、36 μJ (可见) 和 14 μJ (可见至紫外)。当相干合成的各相位参数设置恰当时，合成获得了脉宽为 2.1 fs 的亚周期光脉冲。他们将这个光源应用于阿秒脉冲的产生，获得了孤立阿秒脉冲 [47]。

2016 年，德国马克斯 • 普朗克学会量子光学研究所的 E. Goulielmakis 课题组报道了通过空芯光纤展宽光谱，获得 30 dB 范围内光谱覆盖 280~1200 nm 的带宽，然后经过四路相干合成后得到包络半峰全宽为 975 as 的脉冲 [48]。图 9.7-11 为四路相干合成的实验照片和各路通道的脉宽。这是目前所能获得的光谱最宽、压缩脉冲最窄的结果。然而这种方法获得的能量并不高，这是因为，各个波段的自相位调制光谱强度有所不同，为了得到理想的脉冲输出，必须将几路通道的光场强度调节至基本一致，才能得到大能量的输出。

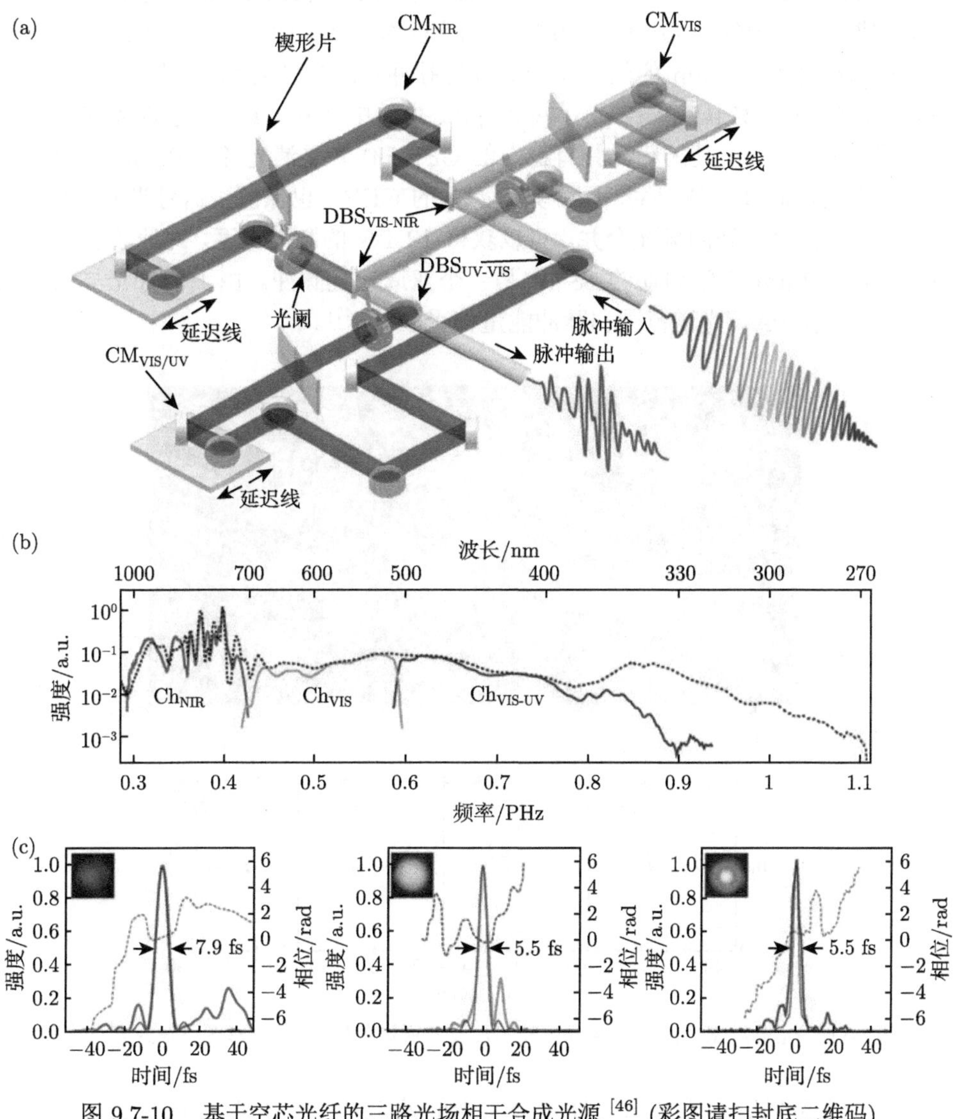

图 9.7-10 基于空芯光纤的三路光场相干合成光源 [46] (彩图请扫封底二维码)

光参量 (啁啾) 脉冲放大技术 (OP(CP)A) 由于具有光谱可调谐范围广、单程增益高、无热沉积等特点，并可有效避免基于受激辐射过程中的光谱窄化效应和由自发辐射的放大积累导致的输出脉冲对比度降低，从而是开展光场相干合成的另外一种优异技术手段。将 OP(CP)A 应用到光场相干合成中，通过脉冲能量进行放大，可赋予光场相干合成技术更高的脉冲能量和平均功率。OP(CP)A 中的信号光与闲频光具有天然的时间同步性，如果将两者合并，便可获得一个具有更宽光谱的脉冲。2017 年，H. Liang 等 [49] 从一个输出波长为 2.1 μm 的 OPCPA 开始，搭建了一个中红外 OPA，图 9.7-12 为实验装置图。此 OPA 输出 2.5~4.4 μm 的信号光和 4.4~9.0 μm 的闲频光，两者的脉冲宽度分别为 20 fs 和 31 fs，而脉冲能量则分别为 21 μJ 和 12 μJ，共 33 μJ。由于中红外 OPA 的泵浦光和信号光来自同一个光源，于是闲频光具有稳定的 CEP。作为泵浦光源的 2.1 μm OPCPA 的种子光也是通过差频产生，因而具有稳定的 CEP，也保证了信号光的 CEP 稳定。通过将信号光和闲频光合并，可以获得 12.4 fs 的脉冲宽度，对应了合成光谱中心波长 4.2 μm 光学周期的 88%，是一个亚周期光脉冲。由于信号光与闲频光来自同一个 OPA，光谱范围和脉冲能量都受限制 [47]。

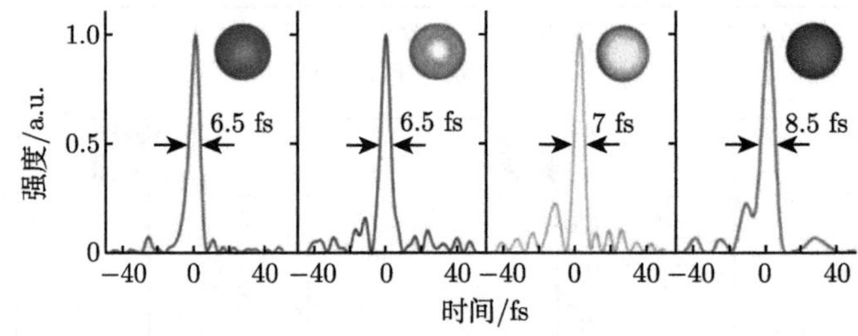

图 9.7-11 光谱展宽后的相干合成实验照片及各通道的脉宽 [48] (彩图请扫封底二维码)

另一个可以获得大能量周期量级激光的技术是 OPCPA。2013 年，德国自由电子激光科学中心的方少波等利用 OPCPA 混合 OPA 的方案 [50] 得到覆盖 870 nm~2.15 μm 的超宽带相干光谱，最后经啁啾镜压缩各路脉冲并将三路光相干合成，得到脉宽 1.9 fs、200 μJ 的近红外超短脉冲输出，实验装置如图 9.7-13 所示。OPCPA 相对于 CPA 技术的优势在于，CPA 由于存在增益窄化效应，不可避免会在放大过程中损失光谱，而且高功率放大中还存在强烈的热效应；而 OPCPA 只要满足相位匹配条件，就可以实现宽带的放大光输出，且由于是完全的光–光转换，不存在热效应，单次增益倍数高达 5 个数量级，从而有望获得大能量的周期量级脉冲激光产生。

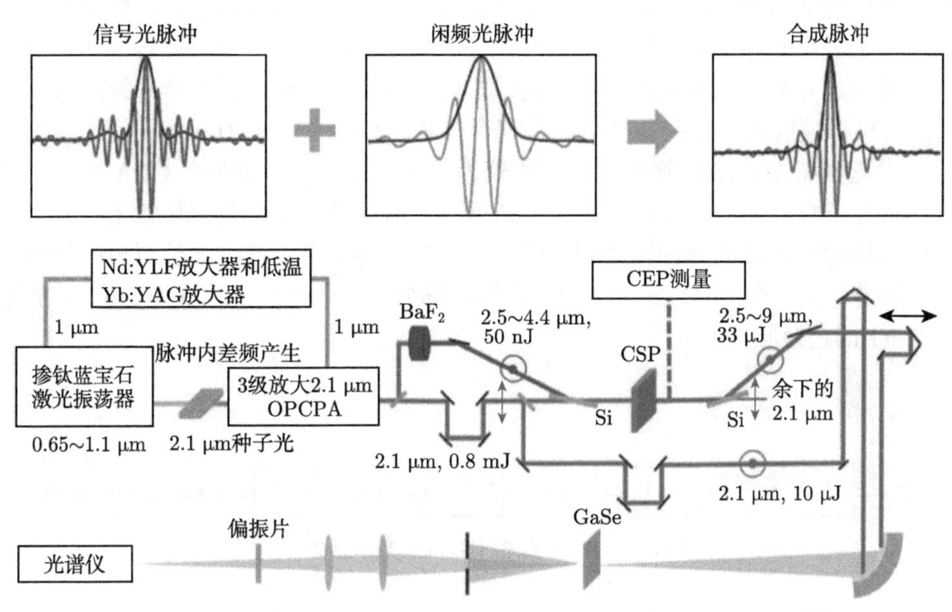

图 9.7-12 基于同一 OPA 信号光和闲频光的光场相干合成光源 [49]

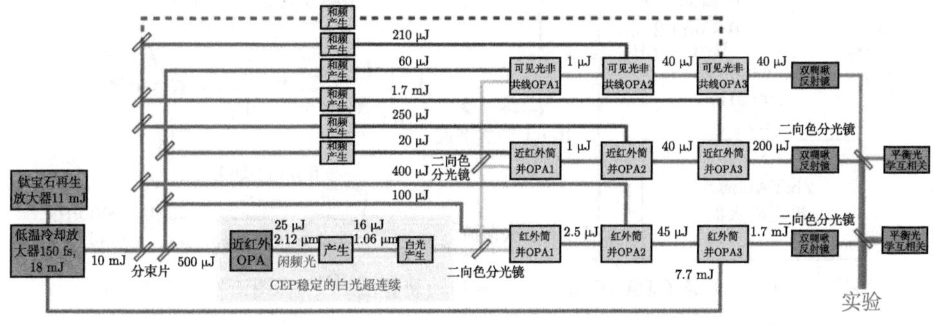

图 9.7-13 基于 OPA、OPCPA 混合放大的多通道相干光路 [50]

9.7.4 串联光谱相干合成

事实上，之前提及的光谱相干合成方法均可归类为并联相干合成方案，此外人们还对光谱相干合成的其他可能技术路线进行了探索，并提出了其他类型的相干合成方案。首先，与并联相干合成方案相对应的是串联相干合成方案，如图 9.7-14

所示。有别于并联相干合成方案中把一个宽带的光谱分割为若干个子光谱进行处理，串联相干合成方案不对光谱进行分割，规避了并联相干合成方案中对于时间 (相位) 抖动控制的严格要求。光场串联相干合成方案中的单个幅度调制单元只会对整个光谱中的一部分进行调制 (一般是放大)，若干个幅度调制单元结合最终实现对整个光谱的调制。同时，这也是串联相干合成方案的技术难点，整个光学系统中带宽最小的光学元件决定了系统允许的最大带宽，这导致它能实现的带宽小于并联合成方案所能达到的带宽。同时，由于整个光谱经过了光学系统的所有元器件，则群速度色散控制需要考虑到整个带宽。2012 年，A. Harth 等 [51] 以掺钛宝石激光器和 Yb:YAG 激光再生放大器为基础搭建了一套由两个 OPA 构成的光场串联相干合成光源，光路如图 9.7-15 所示。第一个 OPA 放大掺钛宝石激光器的输出脉冲放大后的脉冲驱动超连续白光产生，将光谱延伸到波长更短的光谱范围。接着，第二个 OPA 放大光谱中的短波部分，最终得到了脉宽为 4.6 fs、能量为 1 μJ 的超短脉冲。

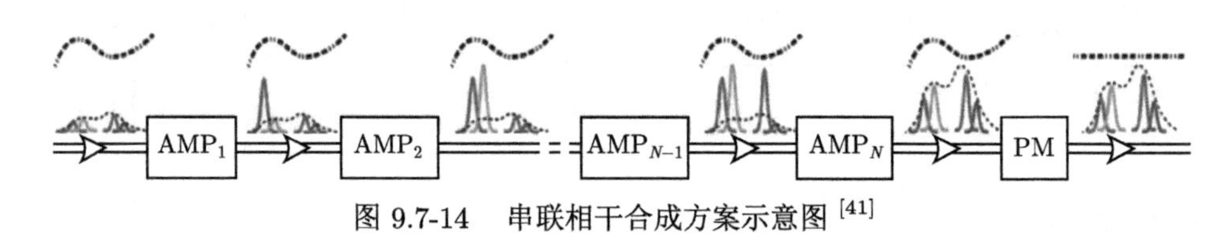

图 9.7-14　串联相干合成方案示意图 [41]

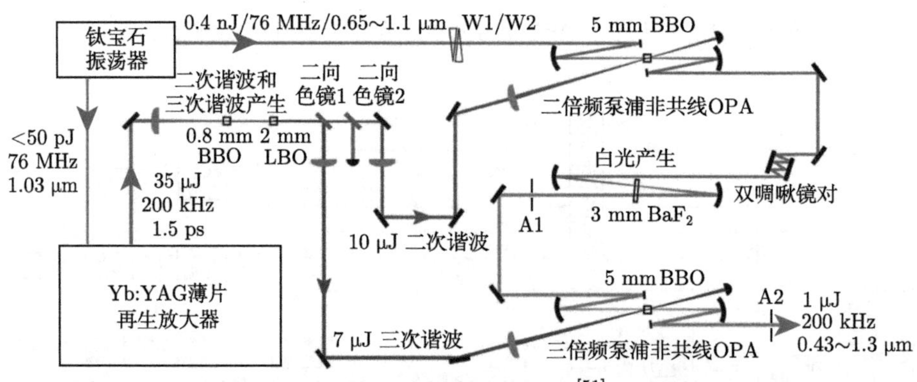

图 9.7-15　两级 OPA 串联相干合成实验装置图 [51] (彩图请扫封底二维码)

9.7.5　多路飞秒光纤激光功率相干合成

飞秒光纤激光相干合成系统大多采用基于偏振分束镜 (PBS) 等偏振分光元件的填充孔径相干合成技术 [52]。图 9.7-16(a)、(b) 分别展示了如何利用 PBS 进行填充孔径空间相干合成与分束，合成可以看作空间分束的逆过程。在图 9.7-16(a) 中，入射光经 PBS 后被分为两束功率相等、偏振态相互正交的光束；在图 9.7-16(b)

中，功率相等、偏振正交的两束光经过 PBS 后被合成为一束线偏振光。

空间相干合成技术对飞秒光纤激光系统的平均功率提升十分明显，但是对于单脉冲能量的提高则相对有限 [53]。2007 年，美国康奈尔大学 F. W. Wise 课题组 [54] 报告了一种时间相干合成方案——时间分脉冲放大 (DPA) 技术。在飞秒光纤 DPA 系统中，脉冲分解与合成过程也可以借助 PBS 来实现。在分解脉冲时，PBS 将一个脉冲序列在空间上分成偏振正交的两个不同方向传播的脉冲序列，这两束脉冲经过不同的时间延迟后在空间上又合为一束激光。图 9.7-16 (c) 所示为一个脉冲被分为两个脉冲的过程。脉冲的时域合成如图 9.7-16 (d) 所示：相邻的两个正交偏振脉冲之间存在时间延迟，经过 PBS 后被分成两路，然后经过补偿时延将两个偏振正交的脉冲合成为一个脉冲，此过程是图 9.7-16 (c) 的逆过程。

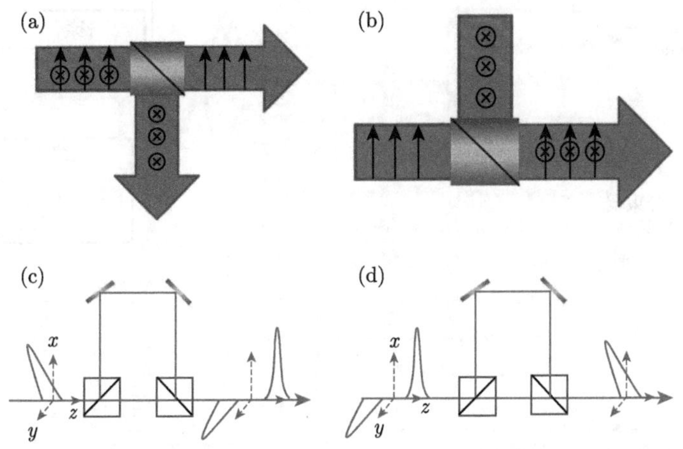

图 9.7-16 空间上的分束 (a) 与合成 (b)，以及时间上的分束 (c) 与合成 (d)[55]

A. Tünnermann 教授课题组不断增加推进多路相干合成的工作，并取得了一系列进展。2010 年，A. Tünnermann 教授课题组 [56] 首次将空间相干合成技术用于飞秒光纤激光系统，合成效率达到 97%。2015 年，A. Tünnermann 教授课题组首次报道了将时间相干合成与空间相干合成结合的多维度相干合成实验 [57]，随后进一步改进实验装置，在 2016 年报道了利用 8 路空间相干合成结合 4 个时间分脉冲放大的实验方案 [58]。整个系统在空间合成与时间合成完成后，可以获得平均功率为 700 W、脉冲能量为 12 mJ、脉冲宽度为 262 fs 的超短脉冲，合成效率为 78%。2020 年，他们将掺镱增益光纤的放大通道数扩展到 12 路，相干合成实验装置如图 9.7-17 所示 [59]。为了保证后续 12 路放大的种子光足够强，最后一级预放大使用与主放大型号相同的光纤将平均功率提高到 150 W。预放大后的脉冲经过分束器 (BS) 被平均分成 12 路注入主放大增益光纤之中，主放大使用 11 m 长的掺镱阶跃型光纤 (Yb 20/400)，所有主放大增益光纤都放置在水浴模组中冷却降温。空间合成单元每两个通道之间相干合成，在最终合成路径的反馈控制单元中设置有 3 个监测反馈回路，分别实现相位调整、群速度稳定和光束角度自调节的功能。最终该实验获得了平均功率为 10.4 kW、脉冲宽度为 254 fs、重复频率为 80 MHz 的飞秒激光输出，合成效率达到 96%。这一工作将飞秒光纤激光器输出的平均功率首次推到了万瓦级别，具有里程碑式的意义 [55]。

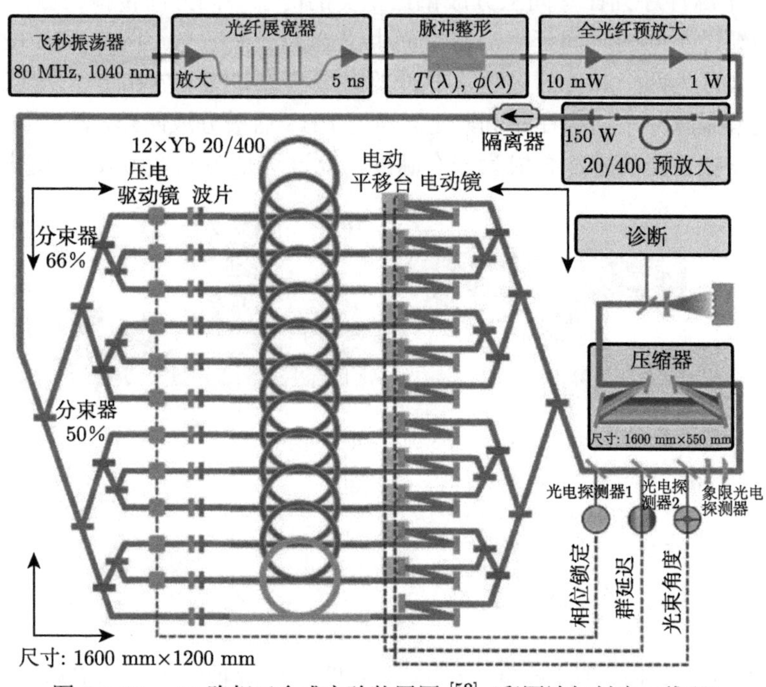

图 9.7-17 12 路相干合成实验装置图 [59] (彩图请扫封底二维码)

参 考 文 献

[1] Rabitz H, de Vivie-Riedle R, Motzkus M, et al. Whither the future of controlling quantum phenomena? [J]. Science, 2000, 288(5467): 824-828.

[2] Shapiro M, Brumer P. Coherent control of atomic molecular, and electronic processes [J]. Adv. At. Mol. Opt. Phys., 2000, 42: 287-345.

[3] Xu L, Spielmann C, Poppe A, et al. Route to phase control of ultrashort light pulses[J]. Opt. Lett., 1996, 21(24): 2008-2010.

[4] Yin Y Y, Chen C, Elliott D S, et al. Asymmetric photoelectron angular-distributions from interfering photoionization processes[J]. Phys. Rev. Lett., 1992, 69(16): 2353-2356.

[5] Brabec T, Krausz F. Intense few-cycle laser fields: Frontiers of nonlinear optics [J]. Rev. Mod. Phys., 2000, 72(2): 545-591.

[6] Durfee C G, Rundquist A R, Backus S, et al. Phase matching of high-order harmonics in hollow waveguides [J].Phys. Rev. Lett., 1999, 83(11): 2187-2190.

[7] Spielmann C, Burnett N H, Sartania S, et al. Generation of coherent X-rays in the water window using 5-femtosecond laser pulses [J]. Science, 1997, 278(5338): 661-664.

[8] Paulus G G, Grasbon F, Walther H, et al. Absolute-phase phenomena in photoionization with few-cycle laser pulses [J]. Nature, 2001, 414(6860): 182-184.

[9] 韩海年. 飞秒钛宝石激光的稳定及载波包络相位控制研究 [D]. 北京: 中国科学院物理研究所, 2006.

[10] Jones D J, Diddams S A, Ranka J K, et al. Carrier-envelope phase control of femtosecond mode-locked lasers and direct optical frequency synthesis [J]. Science, 2000, 288(5466): 635-639.

[11] Telle H R, Steinmeyer G, Dunlop A E, et al. Carrier-envelope offset phase control: a novel concept for absolute optical frequency measurement and ultrashort pulse generation [J]. Appl. Phys. B—Lasers O., 1999, 69(4): 327-332.

[12] Han H N, Zhang W, Wang P, et al. Precise control of femtosecond Ti:sapphire laser frequency comb [J]. Acta Physica Sinica, 2007, 56(5): 2760-2764.

[13] Holman K W, Jones R J, Marian A, et al. Detailed studies and control of intensity-related dynamics of femtosecond frequency combs from mode-locked Ti: sapphire lasers [J]. IEEE J. Sel. Top Quantum Electron., 2003, 9(4): 1018-1024.

[14] Helbing F W, Steinmeyer G, Keller U, et al. Carrier-envelope offset dynamics of mode-locked lasers [J]. Opt. Lett., 2002, 27(3): 194-196.

[15] Witte S, Zinkstok R T, Hogervorst W, et al. Control and precise measurement of carrier-envelope phase dynamics [J]. Appl. Phys. B—Lasers O., 2004, 78(1): 5-12.

[16] Newbury N R, Swann W C. Low-noise fiber-laser frequency combs (invited)[J]. J. Opt. Soc. Am. B, 2007, 24(8): 1756-1770.

[17] Koke S, Grebing C, Frei H, et al. Direct frequency comb synthesis with arbitrary offset and shot-noise-limited phase noise[J]. Nat. Photonics, 2010, 4(7): 462-465.

[18] Borchers B, Koke S, Husakou A, et al. Carrier-envelope phase stabilization with sub-10 as residual timing jitter [J]. Opt. Lett., 2011, 36(21): 4146-4148.

[19] Lücking F, Assion A, Apolonski A, et al. Long-term carrier-envelope-phase-stable few-cycle pulses by use of the feed-forward method [J]. Opt. Lett., 2012, 37(11): 2076-2078.

[20] Yan M, Li W X, Yang K W, et al. High-power Yb-fiber comb with feed-forward control of nonlinear-polarization-rotation mode-locking and large-mode-area fiber amplification [J]. Opt. Lett., 2012, 37(9): 1511-1513.

[21] Steinmeyer G, Borchers B, Lücking F. Carrier-envelope phase stabilization [M]// Progress in Ultrafast Intense Laser Science. Berlin: Springer, 2013: 89-110.

[22] 邵晓东, 韩海年, 魏志义. 基于光学频率梳的超低噪声微波频率产生 [J]. 物理学报, 2021, 70(13): 134204.

[23] Hansch T W. Nobel lecture: passion for precision [J]. Rev. Mod. Phys., 2006, 78(4): 1297-1309.

[24] Hall J L. Nobel lecture: defining and measuring optical frequencies [J]. Rev. Mod. Phys., 2006, 78(4): 1279-1295.

[25] Oelker E, Hutson R B, Kennedy C J, et al. Demonstration of 4.8×10^{-17} stability at 1s for two independent optical clocks [J]. Nature Photonics, 2019, 13(10): 714-719.

[26] Giorgetta F R, Swann W C, Sinclair L C, et al. Optical two-way time and frequency transfer over free space [J]. Nature Photonics, 2013, 7(6): 435-439.

[27] BACON Collaboration. Frequency ratio measurements at 18-digit accuracy using an optical clock network [J]. Nature, 2021, 591(7851): 564-569.

[28] Zewail A H. Femtochemistry: Atomic-scale dynamics of the chemical bond [J]. J. Phys. Chem. A, 2000, 104(24): 5660-5694.

[29] Gale G, Gallot G, Hache F, et al. Femtosecond dynamics of hydrogen bonds in liquid water: A real time study [J].Phys. Rev. Lett., 1999, 82(5): 1068.

[30] Sasaki Y, Yokoyama H, Ito H. Dual-wavelength optical-pulse source based on diode lasers for high-repetition-rate, narrow-bandwidth terahertz-wave generation [J]. Opt. Express, 2004, 12(14): 3066-3071.

[31] 田金荣. 飞秒激光的高精度同步及时间与光谱展宽研究 [D]. 北京: 中国科学院物理研究所, 2005.

[32] Henderson G A. A computational model of a dual-wavelength solid-state laser [J]. J. Appl. Phys., 1990, 68(11): 5451-5455.

[33] Shuicai W, Changjun Z, Junfang H, et al. Gain dynamics of two-wavelength Ti:sapphire femtosecond laser [J]. Appl. Phys. B, 1999, 69(3): 211-216.

[34] Song F, Yao J, Zhou D, et al. Rate-equation theory and experimental research on dual-wavelength operation of a Ti:sapphire laser [J]. Appl. Phys. B, 2001, 72(5): 605-610.

[35] Wu S, Smith S L, Fork R L. Kerr-lens-mediated dynamics of two nonlinearly coupled mode-locked laser oscillators [J]. Opt. Lett., 1992, 17(4): 276-278.

[36] Alfano R, Baldeck P L, Ho P P, et al. Cross-phase modulation and induced focusing due to optical nonlinearities in optical fibers and bulk materials [J]. J. Opt. Soc. Am. B, 1989, 6(4): 824-829.

[37] Baldeck P, Alfano R, Agrawal G P. Induced-frequency shift of copropagating ultrafast optical pulses [J]. Appl. Phys. Lett., 1988, 52(23): 1939-1941.

[38] Furst C, Leitenstorfer A, Laubereau A. Mechanism for self-synchronization of femtosecond pulses in a two-color Ti:sapphire laser [J]. IEEE J. Sel. Top Quantum Electron., 1996, 2(3): 473-479.

[39] Mourou G A, Hulin D, Galvanauskas A. The road to high peak power and high average power lasers: coherent-amplification-network (CAN)[C]//Proceedings of the 3rd International Conference on Superstrong Fields in Plasmas, Varenna, ITALY, F, Sep 19-24, 2005. Amer. Inst. Physics: MELVILLE, 2006.

[40] 方少波, 魏志义. 亚周期超快光场相干合成技术 (invited)[J]. 光学学报, 2019, 39(1): 0126006.

[41] Manzoni C, Mücke O D, Cirmi G, et al. Coherent pulse synthesis: towards sub-cycle

optical waveforms [J]. Laser & Photonics Reviews, 2015, 9(2): 129-171.
[42] Kakehata M, Takada H, Kobayashi Y, et al. Single-shot measurement of carrier-envelope phase changes by spectral interferometry [J]. Opt. Lett., 2001, 26(18): 1436-1438.
[43] 何鹏. 高平均功率飞秒钛宝石激光以及周期量级光脉冲的产生与控制 [D]. 西安: 西安电子科技大学, 2017.
[44] Hassan M T, Wirth A, Grguraš I, et al. Invited article: attosecond photonics: synthesis and control of light transients [J]. Rev. Sci. Instrum., 2012, 83(11): 111301.
[45] Krauss G, Lohss S, Hanke T, et al. Synthesis of a single cycle of light with compact erbium-doped fibre technology [J]. Nat. Photonics, 2010, 4(1): 33-36.
[46] Wirth A, Hassan M T, Grguraš I, et al. Synthesized light transients [J]. Science, 2011, 334(6053): 195-200.
[47] 杨煜东, 魏志义. 强场亚周期光脉冲研究 [J]. 物理, 2021, 50(11): 717-724.
[48] Hassan M T, Luu T T, Moulet A, et al. Optical attosecond pulses and tracking the nonlinear response of bound electrons [J]. Nature, 2016, 530(7588): 66-70.
[49] Liang H, Krogen P, Wang Z, et al. High-energy mid-infrared sub-cycle pulse synthesis from a parametric amplifier [J].Nat. Commun., 2017, 8(1): 1-9.
[50] Fang S, Cirmi G, Chia S H, et al. Multi-mJ parametric synthesizer generating two-octave-wide optical waveforms[C]//Proceedings of the Conference on Lasers and Electro-Optics/Pacific Rim, F, 2013.
[51] Harth A, Schultze M, Lang T, et al. Two-color pumped OPCPA system emitting spectra spanning 1.5 octaves from VIS to NIR [J]. Opt. Express, 2012, 20(3): 3076-3081.
[52] Hanna M, Guichard F, Zaouter Y, et al. Coherent combination of ultrafast fiber amplifiers [J]. J. Phys. B—At. Mol. Opt., 2016, 49(6): 062004.
[53] Müller M, Klenke A, Steinkopff A, et al. 3.5 kW coherently combined ultrafast fiber laser [J]. Opt. Lett., 2018, 43(24): 6037-6040.
[54] Zhou S, Wise F W, Ouzounov D G. Divided-pulse amplification of ultrashort pulses [J]. Opt. Lett., 2007, 32(7): 871-873.
[55] 王井上, 张瑶, 王军利, 等. 飞秒光纤激光相干合成技术最新进展 [J]. 物理学报, 2021, 70(3): 12.
[56] Seise E, Klenke A, Limpert J, et al. Coherent addition of fiber-amplified ultrashort laser pulses [J]. Opt. Express, 2010, 18(26): 27827-27835.
[57] Kienel M, Müller M, Klenke A, et al. Multidimensional coherent pulse addition of ultrashort laser pulses [J]. Optics Letters, 2015, 40(4): 522-525.
[58] Kienel M, Müller M, Klenke A, et al. 12 mJ kW-class ultrafast fiber laser system using multidimensional coherent pulse addition [J]. Optics Letters, 2016, 41(14): 3343-3346.
[59] Müller M, Aleshire C, Klenke A, et al. 10.4 kW coherently combined ultrafast fiber laser [J]. Optics Letters, 2020, 45(11): 3083-3086.

第 10 章　超快激光的放大与超强激光装置

通过锁模产生的飞秒脉冲的能量局限在纳焦量级，峰值功率在兆瓦左右，尽管基于碟片锁模振荡器可以产生微焦量级的脉冲能量，但是为了满足阿秒脉冲产生、激光尾波场加速、激光核聚变等实验需求，需要进一步放大激光脉冲的能量，本章主要介绍超快激光放大技术，最后介绍目前国际上超强激光装置研究进展。

10.1　激光强度的提高及瓶颈

啁啾脉冲放大 (CPA) 技术的发明 [1]，打破了激光峰值功率多年来缓慢提高的瓶颈，从而使人们所能得到的激光峰值功率在十几年的时间里提高了 6~7 个数量级。图 10.1-1 表示了激光峰值功率进展的基本趋势，由该图我们可以清楚地看出这一技术所导致的革命性进展。迄今基于 CPA 的超短脉冲激光放大研究已成为激光和物理学科领域的一个重要分支，结合飞秒钛宝石激光，国际上也已经形成了很多以此类激光器件为产品的激光高技术公司。针对超强激光的发展，美国、日本、英国、德国、法国、俄罗斯、韩国等许多国家的多个研究室自 1990 年前后就开展了采用飞秒钛宝石激光作种子脉冲的多级放大研究，不久，美国劳伦斯利弗莫尔国家实验室的 NOVA 激光 [2]、英国卢瑟福 • 阿普尔顿实验室的 Vulcan 激光 [3]、日本大阪大学的 Gekko 激光 [4]、法国 LULI 实验室的 LULI 激光等玻璃激光装置也相继部分采用 CPA 技术，开展了产生超高峰值功率的研究工作，与长脉冲的同类激光相比，峰值功率出现了多个量级的提高。1997 年，美国劳伦斯利弗莫尔国家实验室通过在 NOVA 的一路光束中采用 CPA 技术，得到了单脉冲能量 680J、脉宽 440fs、对应峰值功率 1.5PW 的结果 [2]。

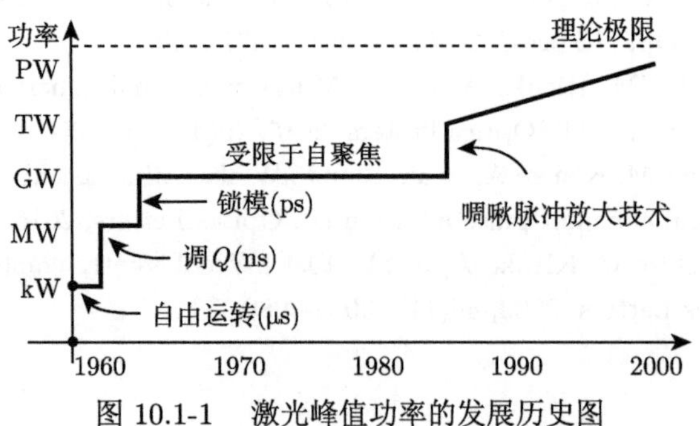

图 10.1-1　激光峰值功率的发展历史图

但是，钕玻璃激光装置由于其庞大的体积和较宽的脉冲宽度，在实际应用中有很多不便，并且造价极其昂贵。相比之下，钛宝石激光装置由于其台面结构的尺寸和短的脉宽，不仅成本较低，而且在物理研究中具有明显的优势，从而也是超强激光研究的主流方向，2003 年，日本原子能研究院基于钛宝石增益介质实现了 850TW 的超强激光输出 [5]。

我国中国科学院上海光机所、中国科学院物理研究所于 20 世纪末不同程度地开展了 CPA 钛宝石激光装置的研究，并先后得到 20TW 级的输出。2004 年，上海光机所和中国工程物理研究院进一步相继报道了 120TW 和 286TW[6] 的 QG-Ⅲ 和 SILEX-I 超强钛宝石激光装置，这也是当时公开发表的国内同类研究的最高峰值功率结果。

到目前为止，人们所产生的最高峰值功率都是由采用 CPA 技术的玻璃激光器实现的，目前这类装置输出的最高峰值功率是出自报道的结果，但在国际上实际开展强场物理研究的工作中，正常使用的最高峰值功率基本上在 200TW 上下，因此结合超强激光物理的应用需求，研制稳定可靠的百太瓦级台面超强激光，仍然是具有重要意义的课题。

10.2 啁啾脉冲放大的原理与结构

10.2.1 CPA 的一般原理

在激光发展的过程中，激光脉冲的能量和脉冲宽度一直是衡量其先进性的重要指标，特别是高峰值功率的超短脉冲激光在 X 射线激光 [7]、实验室天体物理、激光粒子加速器 [8]、惯性约束核聚变等研究领域中具有极其重要的应用，长期以来也代表着激光技术发展的最高水平。

但是直接从飞秒激光振荡器输出的功率一般在几十到几百毫瓦，重复频率在 80~100 MHz，因此从振荡器输出的单脉冲能量只有纳焦量级，峰值功率也仅为兆瓦量级 [9]。如此低的单脉冲能量和峰值功率往往很难满足上述研究领域的应用需求，因此必须要对振荡器输出的飞秒脉冲进行放大。与皮秒激光和纳秒激光的放大不同，飞秒激光由于其脉冲宽度在飞秒量级，直接放大往往会导致其峰值功率密度达到 $\mathrm{GW/cm^2}$ 量级。此时，光学介质的非线性折射率 n_2 引起的 B 积分将非常显著，B 积分定义式为 $B(z,t)=\dfrac{2\pi}{\lambda}\displaystyle\int_0^l n_2 I(0,t)\,\mathrm{d}z$，式中，$I(0,t)$ 表示激光强度，z 为激光在材料中传播距离，λ 为激光中心波长，l 为介质长度。当 B 积分达到 π 时，非线性折射率导致激光发生全光束口径自聚焦，并最终破坏光学元件，从而阻碍激光峰值功率放大到更高的水平。

为了克服飞秒激光直接放大过程中的这些问题，1985 年，G. Mourou 和 D.

Strickland 等发明了 CPA 技术 [1]，其基本的思想就是将激光脉冲能量放大的同时，避免在激光晶体中产生比较强的峰值功率密度。CPA 原理如图 10.2-1 所示，由锁模激光振荡器产生的种子脉冲首先经过展宽器进行展宽，其脉冲宽度增大，峰值功率降低。展宽后的脉冲进入放大器进行放大。由于此时峰值功率已经降低，使脉冲可以在不破坏系统元件的情况下提取更多能量。放大后的脉冲经过压缩器进行压缩，其脉冲宽度恢复至展宽前。由于其携带了更多能量，其峰值功率可以提高几个数量级。在 CPA 技术的推动下，高峰值功率激光放大系统日趋成熟，所产生的聚焦功率密度最高已达 10^{22} W/cm^2，进入相对论光强领域。

图 10.2-1　CPA 技术的基本原理

10.2.2　脉冲展宽器

在高峰值功率台面飞秒激光系统的研究中，由于种子脉冲的脉冲宽度极短，近年来已经降至 10 fs 左右，若直接将这些脉冲进行放大，就会由于其峰值功率过高而对放大系统中光学元件造成破坏。同时很强的非线性效应也给放大带来了很多困难，从而直接阻碍了脉冲能量的提高。因此对种子脉冲进行高倍率、无色差的展宽是实现激光高峰值功率运转的重要条件。所谓展宽，就是指将种子脉冲引入高色散的装置 (展宽器)，使其脉冲宽度增大。一般的 CPA 系统，其种子脉冲宽度在飞秒量级，而展宽后其脉冲宽度可达数百皮秒甚至纳秒量级。展宽器就其产生方式来说，可以分为上啁啾 (up chirped) 和下啁啾 (down chirped) 展宽器。上啁啾展宽器产生的是正色散，下啁啾展宽器产生的是负色散。通常使用的展宽器采用的是上啁啾。随着对激光系统峰值功率日益增长的需要，对展宽的要求也越来越高，对展宽器光学元件的光学质量和尺寸的要求也不断变化，因此自 CPA 技术提出以来，为实现高效率、高倍率的展宽，科学家提出了多种展宽器结构，目前典型使用的展宽器有 Martinez 展宽器、Öffner 展宽器、材料展宽器等。

1. Martinez 展宽器

Martinez 展宽器于 1987 年由阿根廷科学家 O. E. Martinez 提出 [10]，由于与光栅对展宽器具有共轭的色散特性以及大的色散量和展宽率，从而很快便得到广泛应用，并促进了 CPA 技术的发展。开始人们主要使用的是以透镜为成像元件的展宽器结构，如 10.2-2 所示。

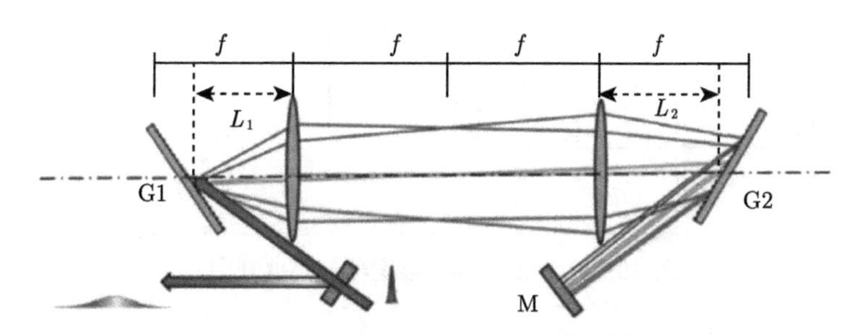

图 10.2-2 Martinez 展宽器原理示意图 (彩图请扫封底二维码)

入射光经过光栅 G1 后衍射分光，不同波长的光谱成分的衍射角不同。$4f$ 系统的作用是 1:1 成像，经过该系统后，衍射光入射到光栅 G2 被准直。经过 M 的反射，衍射光再次经过该系统，最后在 G1 处输出与入射光共线反向传播的激光。在该系统中，不同光谱成分经历的光程不同，在系统中往返一次后，不同光谱成分在时域上分开，脉冲宽度增大，实现脉冲展宽。

在计算该种展宽器引入的色散量时，最常使用的方法是光线追迹法。为了避免透镜引入色散，将透镜换为反射式的球面镜。将 Martinez 展宽器的光路展开，便可得到如 10.2-3 所示的光路图。图中左侧 M2 是曲率为 R 的凹面镜，G 为光栅常数为 d 的光栅，M1 为平面反射镜。右侧的 G′ 和 M2′ 为光栅 G 和球面镜 M2 经平面镜所成的像。光线以入射角 γ 由 A 点入射进展宽器，而后分别经过 B、C、D 点，最后经过光栅的像 G′ 上的 E 点导出。

可知光程 P 可以表达为 $P = AB + BCD + DE + EF$，光程 P 引入的相位为 $\varPhi_P = 2\pi/\lambda \cdot P$，由光栅衍射引起的相位修正量 $\varPhi_{\mathrm{G}} = 2\pi/d \cdot EH$，故而出射光相对于入射光的相位变化为 $\varPhi = \varPhi_P - \varPhi_G$。

该相位对应的 GDD 和 TOD 分别为

$$\mathrm{GDD} = \frac{\mathrm{d}^2\varPhi}{\mathrm{d}\omega^2} \tag{10.2-1}$$

$$\mathrm{TOD} = \frac{\mathrm{d}^3\varPhi}{\mathrm{d}\omega^3} \tag{10.2-2}$$

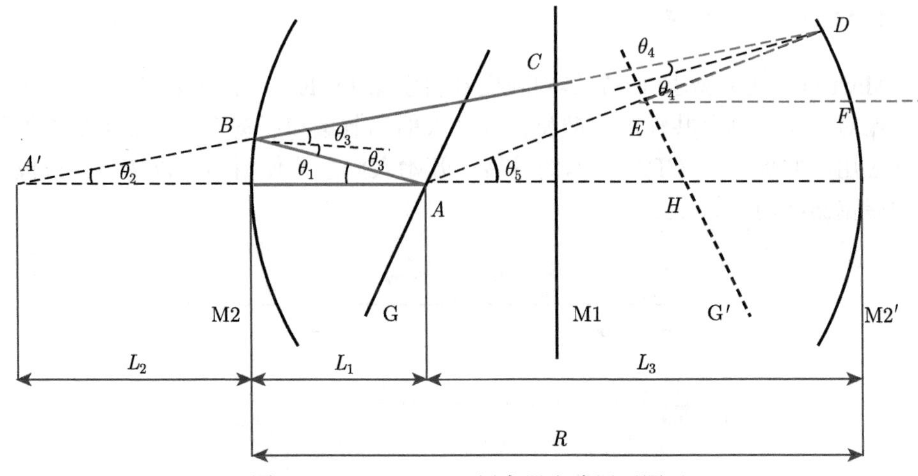

图 10.2-3　Martinez 展宽器光路展开图示

根据光线追迹，可以得出如下公式：

$$\mathrm{GDD}=\frac{\mathrm{d}^2\varPhi}{\mathrm{d}\omega^2}=\frac{L'\lambda^3}{\pi c^2d^2}\frac{1}{\cos^3\theta} \tag{10.2-3}$$

$$\mathrm{TOD}=\frac{\mathrm{d}^3\varPhi}{\mathrm{d}\omega^3}=-\frac{3L'\lambda^4}{2\pi^2c^3d^2}\cdot\frac{1+\sin\theta\sin\gamma}{\cos^5\theta} \tag{10.2-4}$$

其中，θ 为光栅的衍射角，$L'=(R-2L_1)\cdot\cos\theta$ 为光栅 G 和 G′ 的等效光栅间距。

由上式可知，在光栅常数、凹面镜曲率半径和入射波长确定的情况下，可以通过调整光栅的角度以及光栅与凹面镜之间的距离来同时改变展宽器提供的二阶色散和三阶色散。

2. Öffner 展宽器

Öffner 展宽器是基于 20 世纪 70 年代发展起来的 Öffner 望远镜而由法国科学家最先提出的一种展宽器 [11]。相比于 Martinez 展宽器的优势在于，凹面镜焦平面的反射镜采用了凸面镜，这对由使用凹面镜所产生的球差和色差能够进行很好的补偿。Öffner 展宽器结构如图 10.2-4 所示 [11]，Öffner 展宽器一般光栅和凹面镜可以放置得更远，因此也能够提供更多的色散量，将入射脉冲脉宽拉得更长。

Öffner 展宽器光线追迹图如 10.2-5 所示 [54]。

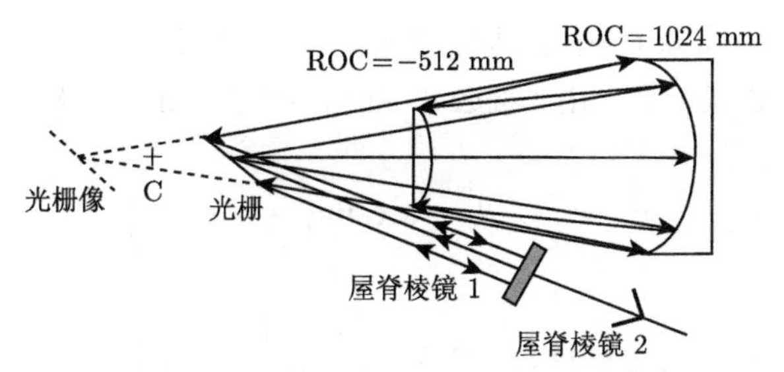

图 10.2-4 Öffner 展宽器结构示意图 [11]

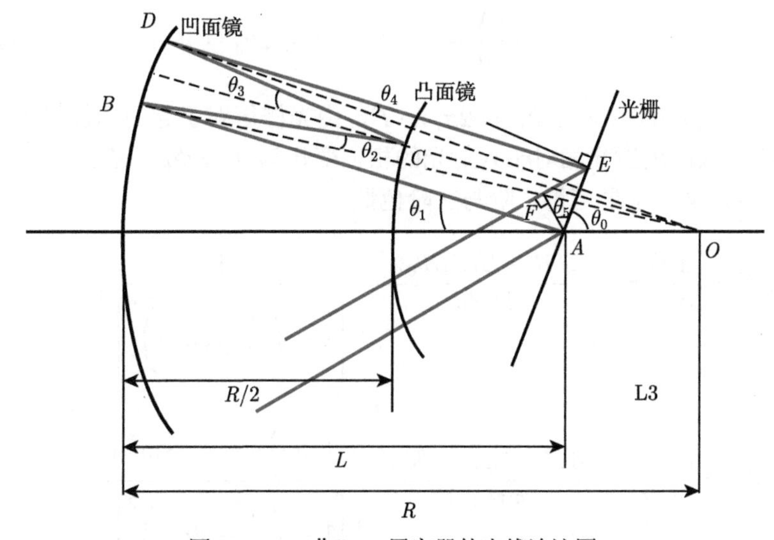

图 10.2-5 Öffner 展宽器的光线追迹图

Öffner 展宽器光程 $P=AB+CD+DE+EF$，通过几何光学计算有

$$AB=\frac{R\sin(\theta_1-\theta_2)}{\sin\theta_1} \tag{10.2-5}$$

$$BC=CD=\frac{R\sin(\theta_3-\theta_2)}{\sin\theta_3} \tag{10.2-6}$$

$$DE=\frac{R\sin(\theta_1+2\theta_3-3\theta_2)}{\sin(\theta_1+2\theta_3-4\theta_2)}-\frac{\sin\theta_0\left[(R-L)\sin(\theta_1+2\theta_3-4\theta_2)+R\sin\theta_2\right]}{\sin(\theta_0+\theta_1+2\theta_3-4\theta_2)\sin(\theta_1+2\theta_3-4\theta_2)} \tag{10.2-7}$$

$$EF=\frac{\sin\theta_5\left[(R-L)\sin(\theta_1+2\theta_3-4\theta_2)+R\sin\theta_2\right]}{\sin(\theta_0+\theta_1+2\theta_3-4\theta_2)} \tag{10.2-8}$$

其中，R 为凹面镜曲率半径；L 为光栅上入射点与凹面镜中心的距离；θ_0 为中心对称轴与光栅平面的夹角，由光栅公式 $\sin(\gamma-\theta_1)+\sin\gamma=\lambda/d$ 可得各角度值为

$$\theta_1=\frac{\pi}{2}-\theta_0-\arcsin\left(\frac{\lambda}{d}-\sin\gamma\right) \tag{10.2-9}$$

$$\theta_2=\theta_4=\arcsin\left(\frac{R-L}{R}\sin\theta_1\right) \tag{10.2-10}$$

$$\theta_3=\arcsin\left(2\sin\theta_2\right) \tag{10.2-11}$$

$$\theta_5=\arcsin\left[\frac{\lambda}{d}-\cos\left(\theta_0+\theta_1+2\theta_3-4\theta_2\right)\right] \tag{10.2-12}$$

光程 P 引入的相位为 $\varPhi_P=2\pi/\lambda\cdot P$，由光栅衍射引起的相位修正量 $\varPhi_{\mathrm{G}}=2\pi/d\cdot EF$，故而出射光相对于入射光的相位变化为 $\varPhi=\varPhi_P-\varPhi_{\mathrm{G}}$。

由色散定义，求导可得二阶与三阶色散：

$$\mathrm{GDD}=\frac{\mathrm{d}^2\varPhi}{\mathrm{d}\omega^2}=-\frac{2\left(R-L\right)\sin\theta_0\lambda^3}{2\pi c^2d^2}\cdot\frac{1}{\left[1-\left(\dfrac{\lambda}{d}-\sin\gamma\right)^2\right]^{\frac{3}{2}}} \tag{10.2-13}$$

$$\mathrm{TOD}=\frac{\mathrm{d}^3\varPhi}{\mathrm{d}\omega^3}=-\frac{6\left(R-L\right)\sin\theta_0\lambda^4}{4\pi^2c^3\mathrm{d}^2}\cdot\frac{1+\dfrac{\lambda}{d}\sin\gamma-\sin^2\gamma}{\left[1-\left(\dfrac{\lambda}{d}-\sin\gamma\right)^2\right]^{\frac{5}{2}}} \tag{10.2-14}$$

3. 材料展宽器

利用光学材料的大色散特性而设计制作的一类展宽器称为材料展宽器，如 SF18、SF57 玻璃、光纤等，由于材料的色散量不是很大，所以其通常用来展宽脉宽很短的激光脉冲及要求展宽量不是很大的放大系统。

我们知道，不同波长的激光在同一材料中的折射率是不一样的，这也就导致了不同波长的激光在通过相同长度的材料后的相位也不一样，我们用 $n(\lambda)$ 表示不同激光波长的折射率，则激光通过一段长度为 L 的材料后积累的相位为 $\varphi(\omega)=kL=n(\omega)L/c$。

则一阶色散 (群延迟) 的公式为

$$\mathrm{GD}=\frac{\mathrm{d}\varphi\left(\omega\right)}{\mathrm{d}\omega}=\frac{L}{c}\left(n\left(\lambda\right)-\lambda\frac{\mathrm{d}n\left(\lambda\right)}{\mathrm{d}\lambda}\right) \tag{10.2-15}$$

二阶色散 (群速度色散) 的公式为

$$\mathrm{GVD}=\frac{\mathrm{d}^2\varphi(\omega)}{\mathrm{d}\omega^2}=\frac{\lambda^3 L}{2\pi c^2}\frac{\mathrm{d}^2 n(\lambda)}{\mathrm{d}\lambda^2} \tag{10.2-16}$$

三阶色散的公式为

$$\mathrm{TOD}=\frac{\mathrm{d}^3\varphi(\lambda)}{\mathrm{d}\omega^3}=-\frac{\lambda^4 L}{4\pi^2 c^3}\left(3\frac{\mathrm{d}^2 n(\lambda)}{\mathrm{d}\lambda^2}+\lambda\frac{\mathrm{d}^3 n(\lambda)}{\mathrm{d}\lambda^3}\right) \tag{10.2-17}$$

四阶色散的公式为

$$\mathrm{FOD}=\frac{\mathrm{d}^4\varphi(\lambda)}{\mathrm{d}\omega^4}=-\frac{\lambda^5 L}{8\pi^3 c^4}\left(12\frac{\mathrm{d}^2 n(\lambda)}{\mathrm{d}\lambda^2}+8\lambda\frac{\mathrm{d}^3 n(\lambda)}{\mathrm{d}\lambda^3}+\lambda^2\frac{\mathrm{d}^4 n(\lambda)}{\mathrm{d}\lambda^4}\right) \tag{10.2-18}$$

10.2.3 再生放大器

在 CPA 中，放大后的激光脉冲能量从几十微焦到几百焦，脉冲峰值功率也从几十吉瓦 (GW) 发展到拍瓦 (PW)，放大器的重复频率也由几千赫兹变化到几小时一次。在这些各种各样的放大器中，通常采用一级预放大和几级主放大的方案，有的甚至只采用一级预放大的方法。预放大过程是将一个纳焦 (10^{-9} J) 量级的激光脉冲放大到毫焦 (10^{-3} J) 量级，在这个过程中，脉冲的能量指数递增，迅速得到放大；主放大过程是一个线性放大过程，通常采用多次放大的方式，随着泵浦能量的增加，激光脉冲能量线性增加。激光脉冲能否有效地放大，很大程度上取决于预放大过程，因此人们对预放大技术做了很多的研究工作。通常来说，预放大技术可以归结为两类：一类是多通预放大技术，另一类是再生腔放大技术。多通预放大技术是采用多次通过的方法将种子脉冲放大，由于放大过程中，种子通过晶体的次数较少，所以引入的材料色散较小，有利于脉冲的压缩；然而它对种子的空间模式分布要求较高，放大后的空间光束质量较差。再生腔放大技术是将种子注入一个自由运转的激光腔中，使种子与原有激光耦合，在腔内经过多次振荡得到放大；在这一过程中，由于种子在晶体中通过了很多次 (20~30 次)，引入了较大的材料色散；但是它输出的光束具有很好的空间质量，对种子的空间质量要求较低，而且易于操作。因此人们对再生腔放大技术做了许多研究，图 10.2-6 为一个典型的再生放大器的结构示意图。

首先，使激光腔处于调 Q 运转模式，使用一个光电二极管监视腔内的状况，在调 Q 模式下，腔内的状况如图 10.2-7 所示。

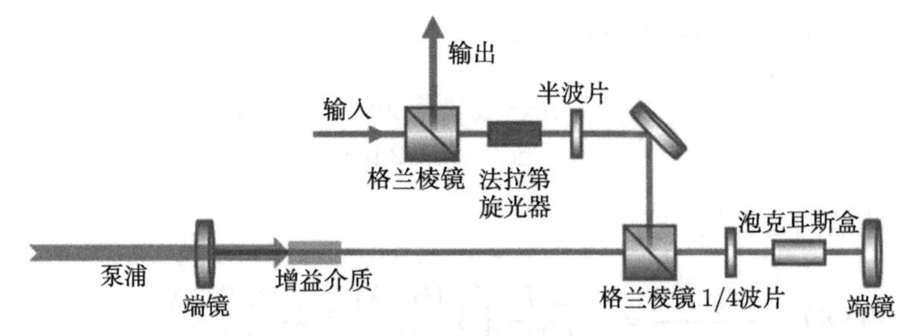

图 10.2-6　再生放大器结构示意图

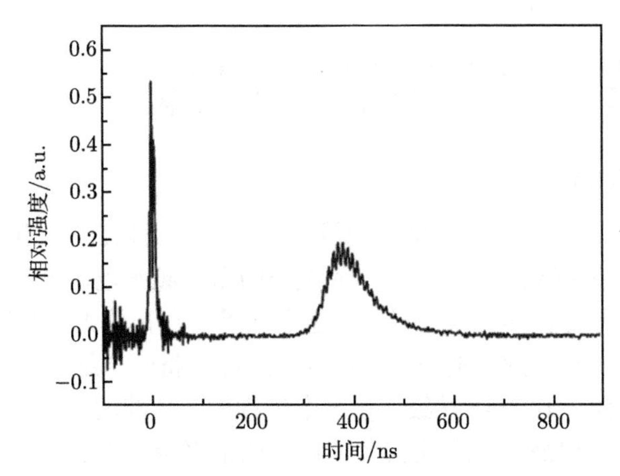

图 10.2-7　调 Q 模式下，再生腔内脉冲建立

图中右侧较宽的包络为调 Q 激光的运行状况，左侧较窄的脉冲为泵浦激光的状况，两者之间的时间间隔为腔内放大激光的建立时间，建立时间的长短决定了腔内能量转换效率的大小，建立时间越短，腔内的能量转换效率就越大；调节聚焦透镜的位置，使泵浦激光与放大激光耦合得更好，使腔内放大激光的建立时间减到最小。

调节完激光腔的调 Q 运转模式后，就可以将种子注入腔内。由振荡器直接输出的种子的脉冲宽度为 20fs 左右，经展宽器展宽后脉冲宽度可以达到 300ps；由于展宽后的种子先要经过一块电光调制晶体，其偏振方向由 p 偏振旋转为 s 偏振，然后让其通过格兰棱镜、法拉第旋光器和半波片；旋转半波片，使种子通过法拉第旋光器和半波片后，偏振方向不发生改变，仍然为 s 偏振；通过薄膜偏振片的反射，种子进入激光腔内，当其通过泡克耳斯盒后，泡克耳斯盒的驱动器会在电光晶体上施加四分之一电压，当种子再次通过泡克耳斯盒时，就会旋转偏振方向，由 s 偏振旋转为 p 偏振，这样种子就被捕捉在了腔内，由于泡克耳斯盒上的电压一直保持着，种子的偏振方向就不发生改变，在腔内往复振荡实现放大；种子注入后，腔内的情况如图 10.2-8 所示。

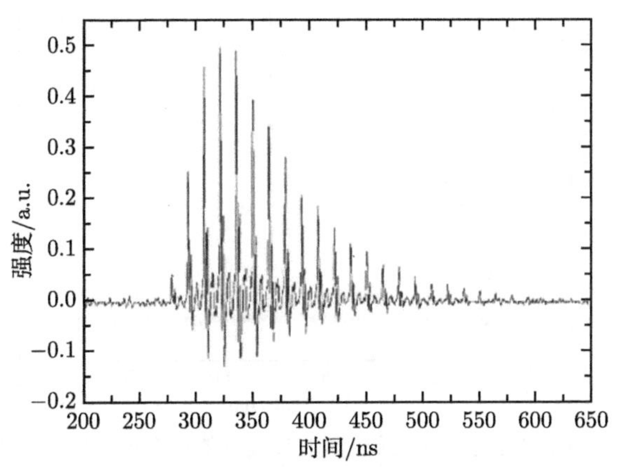

图 10.2-8 种子注入后腔内的情况

图中小脉冲的数目代表了种子在腔内振荡的次数，每振荡一次，种子就得到一次放大，当种子在腔内振荡 30 次左右时就达到了饱和增益，此时就可以改变泡克耳斯盒上的电压，使种子的偏振方向发生改变，由 p 偏振旋转为 s 偏振，种子就会从薄膜偏振片上反射出腔外；种子由腔内倒空后，腔内的状况如图 10.2-9 所示。

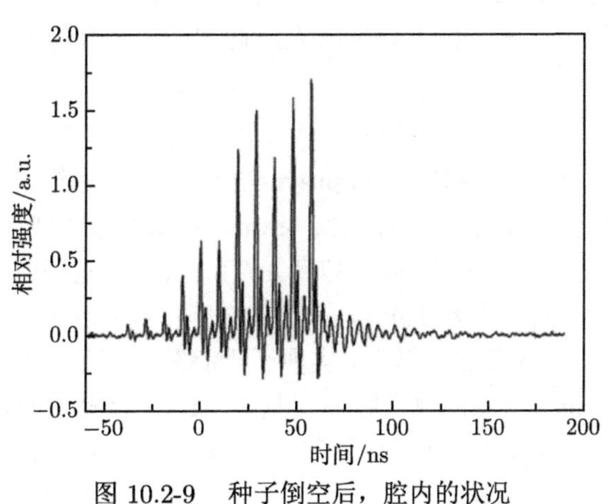

图 10.2-9 种子倒空后，腔内的状况

对于放大系统来说，要适当地选择一个种子进行放大，避免出现多个种子的情况，因此要严格监视从放大器输出脉冲的情况；种子倒空后，使用一个光电二极管探测输出激光的情况；图 10.2-10 为监视到的单个放大脉冲。

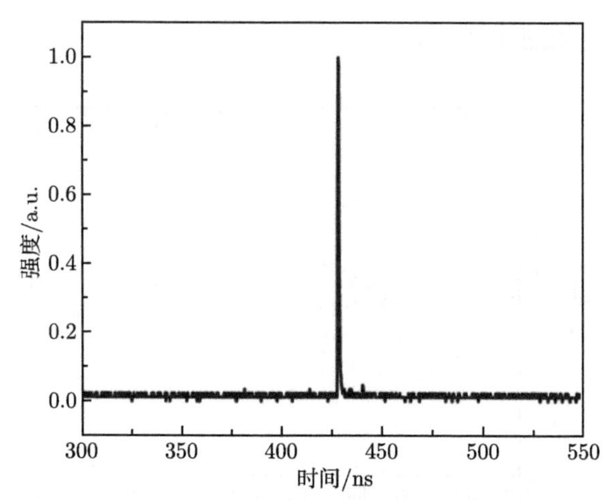

图 10.2-10 在示波器上观察到的单个放大脉冲

10.2.4 多通放大器

多通放大器是在没有激光谐振腔的情况下，将待放大的脉冲送入被激励的增益介质中进行放大，一次通过增益介质的放大为单通放大器，多次通过增益介质的放大为多通放大器，通常具体的放大次数需要视达到饱和放大的情况而定，并取决于飞秒激光放大器的设计和运转特性。多通放大器分两种情况，其中一种的设计目标与常规再生放大器相同，增益介质处光斑较小，将种子光的脉冲能量由纳焦放大至毫焦量级；另一种为蝶形放大，通常应用于高峰值功率飞秒激光后续放大级次中。

第一种情况典型光路如下所述。

图 10.2-11 是 1995 年美国的 Kapteyn-Murnane 课题组采用的环形 1kHz 多通放大器结构示意图。其中，钛宝石长 5mm，单次吸收 74%，泵浦光焦斑直径 800μm，种子光直径 300μm，晶体冷却到 10℃。放大器里每通之后都加了小孔光阑改善光斑质量，小孔大小各 1mm，具有压制自发辐射放大、消除热透镜影响的效果。最后在 15.3mJ 的泵浦能量下，实现了千赫兹重频下 1.6mJ 的多通放大，压缩后得到了能量 1mJ 的飞秒激光脉冲，脉宽 21fs。该腔型的特点是除了导入导出和选单的镜片外，多通放大腔仅用了三个镜片，调节难度较大，但因为可调镜片少，光路稳定性好，且易于维护运行。通过选择左右不同的镜片曲率半径，可以使每通出射的激光不断得到缩束，使入射到晶体的光斑尺寸不断增大，或在热透镜影响下保持不变。其后的许多商业化多通激光器都采用这种非对称共焦腔的设计思想，如美国 KMLabs 公司的 Red-dragon 系列放大器、法国 Amplitude 的 Pulsar20 放大器等。

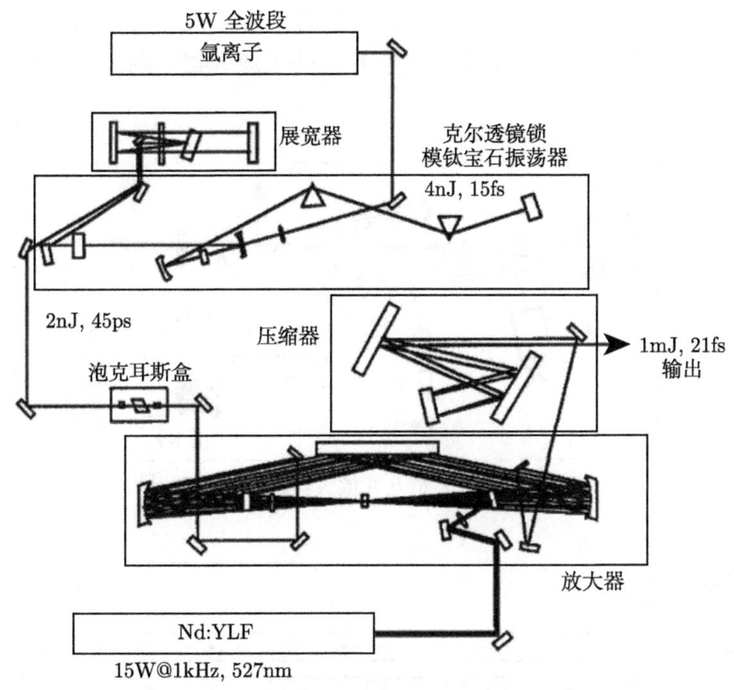

图 10.2-11 环形多通放大器结构示意图 [12]

图 10.2-12 是 1997 年 F. Krausz 课题组搭建的 Z 型八通放大器结构示意图 [13]，种子脉冲经 SF57 玻璃的材料色散展宽到 10ps，并通过啁啾镜对三阶色散进行预补偿后注入放大器。放大器凹面镜为 $R = 800\text{mm}$ 和 $R = 500\text{mm}$ 的双色镜，凹面对 800nm 光高反，532nm 高透；平面对 532nm 高透。泵浦光能量为 10mJ，重频 1kHz，经透镜聚焦到钛宝石晶体上。展宽后的种子光入射到凹面镜上并聚焦到钛宝石中提取增益，出射激光被另一个凹面镜准直，并经 90° 放置的平面反射镜折返后重新聚焦到钛宝石上，四通放大之后种子被取出，并通过泡克耳斯盒选单。选单后的种子再经过四通放大，得到 1.6mJ 的放大光脉冲。经棱镜对组成的脉冲压缩器后，放大光压缩到 20fs。该腔型结构的特点是可调元件较多、调节较灵活、适合于实验室多通飞秒放大器的搭建，缺点是不易维护，对操作人员的激光调节技术有较高要求。

第二种多通放大器针对种子已经经过放大，其单脉冲能量经过指数放大后已经有了六个量级的提高，之后进一步的放大则需要常规蝶形多通放大。一个典型的蝶形多通放大器如图 10.2-13 所示，蝶形多通放大器是用一组小角度排列的反射镜将放大光依次反射，使放大光多次通过增益介质，以便尽可能多地从增益介质中提取能量。通常多通放大中光经过增益介质的次数一般在 2～10，对于多通预放大结构，一般的典型程数为 8～10。而对于多通主放大，由于受限于放大光空间像散及泵浦光与放大光在增益区的有效耦合，以及入射种子光能量的影响，一般放大程数在 6 程左右，对于需要大于 6 程的主放大器，则多采用两级多通主放大系统。

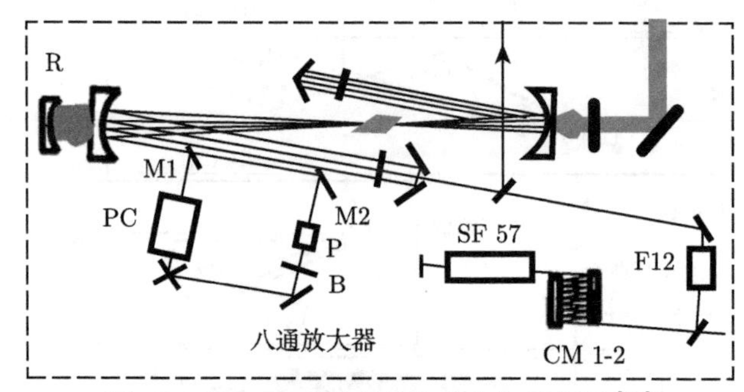

图 10.2-12　Z 型八通放大器结构示意图 [13]

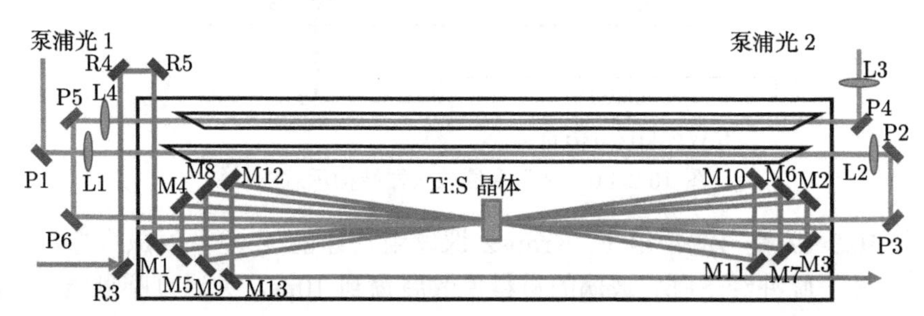

图 10.2-13　一个典型的蝶形多通放大器结构示意图 (彩图请扫封底二维码)

为了有效地提高放大效率，用尽可能少的放大程数得到理想的放大结果，则需要注意以下的一些基本要求。

(1) 要有高质量的激光放大晶体，能最大限度地吸收泵浦光能量而同时对种子光有极低的损耗，即要有高的品质因子 (FOM) 值。此外还应该在通光面上有良好的均匀性。

(2) 种子光有较高的能流通量及泵浦光具有高的能流通量，但又要工作在介质的破坏阈值之下，能同时兼顾高效率及安全可靠性。

(3) 每程尽可能以小角度入射到放大晶体，以最大限度减小损耗。

(4) 精确设置泵浦光与放大激光之间的同步。

多通放大过程表现为光场与受激发物质之间的相互作用，可以用麦克斯韦电场方程，薛定谔材料极化方程和粒子数反转方程三个方程来表征其作用过程：

$$\frac{\partial^2 \boldsymbol{E}}{\partial z^2} - \mu_0 \alpha \frac{\partial \boldsymbol{E}}{\partial t} - \frac{n^2}{c^2} \frac{\partial^2 \boldsymbol{E}}{\partial t^2} = \mu_0 \frac{\partial^2 \boldsymbol{P}}{\partial t^2} \tag{10.2-19}$$

$$\frac{\partial^2 \boldsymbol{P}}{\partial z^2}+\frac{2}{T_2}\frac{\partial \boldsymbol{P}}{\partial t}+\omega_\alpha^2\boldsymbol{P}=-KN\boldsymbol{E} \tag{10.2-20}$$

$$\frac{\partial N}{\partial t}+\frac{N-N_{\mathrm{e}}}{T_1}=\frac{2}{\hbar\omega_\alpha}\boldsymbol{E}\cdot\frac{\partial \boldsymbol{P}}{\partial t} \tag{10.2-21}$$

这里，$\boldsymbol{E}$，$\boldsymbol{P}$ 分别为放大光的电场分量和介质的共振跃迁极化矢量；α，n 和 $\hbar\omega_\alpha$ 分别表示介质的损耗系数、介质的折射率、跃迁能级的光子能量；N_{e}，T_1，T_2 分别为无外加信号时初始热平衡态下的反转粒子数、纵向及横向的弛豫时间；ω_α 为受激发射的中心频率。注意到，大多数固体激光介质的横向弛豫时间 T_2 为 1～10ps, 而待放大的脉冲一般为几百皮秒，远大于横向弛豫时间 T_2。可简化消去共振跃迁极化矢量 $\boldsymbol{P}$ 得到放大光的传输方程：

$$\left(\frac{1}{\partial z}+\frac{1}{v_{\mathrm{g}}}\frac{\partial}{\partial t}\right)I\left(z,t\right)=\left[\sigma N\left(z,t\right)-\gamma\right]I\left(z,t\right) \tag{10.2-22}$$

$$\frac{\partial N\left(z,t\right)}{\partial t}=-\frac{2\sigma}{\hbar\omega_\alpha N\left(z,t\right)I\left(z,t\right)} \tag{10.2-23}$$

在热平衡下，一个三能级系统粒子数变化遵循以下两式：

$$\frac{\partial N_1\left(z,t\right)}{\partial t}=-\frac{n\sigma}{\hbar\omega_\alpha}I\left(z,t\right) \tag{10.2-24}$$

$$\frac{\partial N_2\left(z,t\right)}{\partial t}=\frac{n\sigma}{\hbar\omega_\alpha}I\left(z,t\right)+\frac{N_2}{\tau_{\mathrm{R}}} \tag{10.2-25}$$

以上式子中，γ，σ，τ_{R} 分别为介质内部线性损耗系数、跃迁发射截面和下能级态的衰变时间，对于固体材料，τ_{R} 的典型值为 1～100 ns，相对于其他弛豫过程可近似认为 τ_{R} 无穷大，在内部损耗 $\gamma=0$ 时，经过复杂的代换后积分，可得到关于放大光通量的方程：

$$J\left(z\right)=J_{\mathrm{s}}\ln\left(G\left(z\right)\left\{\exp\left[\frac{J\left(0\right)}{J_{\mathrm{s}}}\right]-1\right\}\right) \tag{10.2-26}$$

其中，

$$G\left(z\right)=\exp\left(\sigma\int_0^z n\left(\xi,0\right)\mathrm{d}\xi\right) \tag{10.2-27}$$

是小信号增益；$J(z)$ 为放大光的光通量；J_{s} 为饱和通量，它主要由增益介质的特性决定。显然在单程放大过程中，只要给定初始小信号增益及光通量的值就可以求得介质任何位置的放大光的光通量。但在实际的多通放大过程中，随着放大程数的增加，会消耗大部分介质储能使介质的增益减少，同时，下能级的弛豫时间对增益有一定的影响，可引入增益恢复系数 P，介质各段上在放大前后的增益迭代关系为

$$g_{k+1} = g_k - \frac{P\Delta J_k}{J_\mathrm{s}} \tag{10.2-28}$$

$$G(z) = \exp(g(z)) \tag{10.2-29}$$

$$\Delta J_k = J_{k+1} \cdot T^{-1} - J_k \tag{10.2-30}$$

式中，k 为放大次数，对于非简并情况，P 的范围是 1/2(完全恢复)$<P<$1(完全未恢复)，在我们的放大装置中相邻放大的时间间隔约为 5ns，远小于下能级的弛豫时间，可认为是完全未恢复，即 $P=1$。在放大光传输过程中，存在光的反射、吸收、散射等损耗，可引入单程损耗系数 T，得到第 k 次放大与第 $k+1$ 次放大的迭代关系：

$$J_{k+1} = TJ_\mathrm{s}\ln\left(G_k\left\{\exp\left[\frac{J_k}{J_\mathrm{s}}\right]-1\right\}\right) \tag{10.2-31}$$

在实际的多通光路设计中，往往是事先知道泵浦光的能量以及所要实现的输出能量的大致范围，因此，在多通光路的设计中首先要进行数值模拟，以确定设计光路的放大程数、泵浦光的光斑大小以及预放大光的扩束比等。对于多通主放大器，虽然单向泵浦具有简单的结构，但对于大能量泵浦的情况，一般多采用双向泵浦机制。这是因为双向泵浦在保证高增益的前提下可有效地降低能量密度，避免了晶体端面的损伤，同时也改善了介质增益的空间均匀性。为了建立双向泵浦计算模型，首先得确定介质增益与泵浦光通量的关系：

$$G = \exp\left(\frac{J_\mathrm{sto}}{J_\mathrm{s}}\right) \tag{10.2-32}$$

$$J_\mathrm{sto} = \eta J_\mathrm{pa}\left(\frac{\lambda_\mathrm{p}}{\lambda_\mathrm{s}}\right) \tag{10.2-33}$$

其中，J_sto，J_pa 分别是介质的储能通量和泵浦光通量；η 是介质吸收泵浦光能量到上能级储能的放大效率；λ_p, λ_s 分别为泵浦光波长和放大光波长。根据以上定义，可求出在双向泵浦下增益介质任何一点 z 处的介质增益系数：

$$g = \frac{J_\mathrm{sto}}{J_\mathrm{s}} = C(g_\mathrm{r} + g_\mathrm{l}) \tag{10.2-34}$$

$$C = \eta\left(\frac{J(0)}{J_\mathrm{s}}\right)\left(\frac{\lambda_\mathrm{p}}{\lambda_\mathrm{s}}\right) \tag{10.2-35}$$

$$g_{\mathrm{r}} = \mathrm{e}^{-\alpha z}\left(1 - \mathrm{e}^{-\alpha \Delta z}\right) \tag{10.2-36}$$

$$g_{\mathrm{l}} = \mathrm{e}^{-\alpha (l-z)}\left(1 - \mathrm{e}^{-\alpha \Delta z}\right) \tag{10.2-37}$$

式中，l 表示晶体的长度；下标 r、l 分别表示右边和左边泵浦。

为了全面了解 Nd:YAG 激光器双向泵浦钛宝石的放大特性，我们分别模拟了在不同能量的种子光以及不同能量泵浦光下放大光的输出特性。图 10.2-14 为多通放大的数值模拟结果，结果表明：泵浦光的泵浦通量对多通放大程数影响最为显著，例如，在泵浦通量为 0.5J/cm^2 时需要约 20 程放大能量才能达到饱和，而泵浦通量为 3J/cm^2 时仅需 4 程放大能量就能达到饱和，这显然是大的泵浦通量具有较高的介质增益的缘故。在扩束比一定的情况下，不同能量的入射光虽然对放大程数的影响没有泵浦通量那么显著，但对达到饱和前的放大光能量影响十分明显，例如，在第四程放大后，1mJ 的入射光仅放大到 288mJ，而 3mJ 的入射光已经放大到 615mJ，如图 10.2-15 所示。在大多数情况下人们仅关注放大光的能量，而不考虑是否达到饱和，所以，多通放大前尽可能提高入射光的能量，即从预放大输出的能量，则可用较少的放大程数而达到很高的放大能量输出。

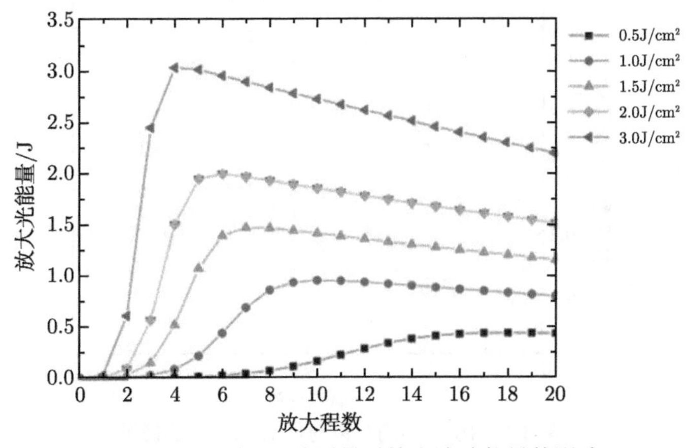

图 10.2-14 不同泵浦通量对输出脉冲能量的影响

在实际的多通光路的设计中，预放大光的扩束比是一个很有用的参数，它直接关系到放大器可输出的最终放大能量及放大光对放大元件的损伤程度，图 10.2-16 模拟了在不同扩束比下六通光路中的输出放大光的通量，结果表明：小的扩束比对应着较高的放大光通量，加上主放大严重的自聚焦效应，很容易损坏光学元件和晶体，但扩束比过大则放大效率低，不易达到饱和。所以在放大过程中，选择合适的扩束比一方面会降低放大光对光学元件的损伤，另一方面可以得到比较合理的放大效率。其原则就是首先调节扩束比，使放大后的光束刚好不能形成自聚焦，使光的衍射和自聚焦达到一个动态平衡。这种情况下，放大饱和以后的光束可以保持比较好的光束质量。

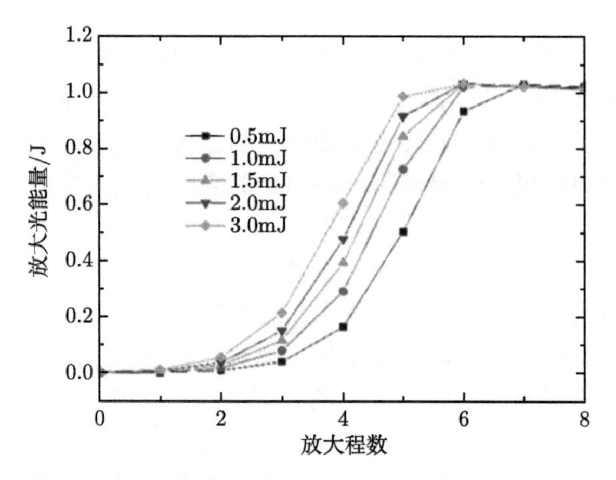

图 10.2-15 不同能量的预防大光对脉冲放大的影响

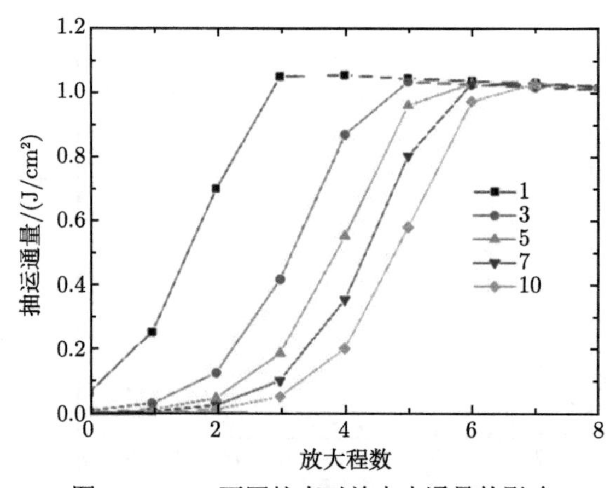

图 10.2-16 不同扩束对放大光通量的影响

10.2.5 泵浦激光技术

泵浦激光为放大器提供能量来源，对于钛宝石增益介质来说，通常采用 532nm/527nm 的纳秒激光进行泵浦，其输出能量在焦耳乃至数百焦耳量级，此处以一台典型的 100J、527nm 泵浦激光为例，简单介绍其各部分组成。

整体系统主要包括光学系统、同步器、电源能库和倍频器，基本的工作过程是将 Nd:YLF 激光产生的 1053nm 波长的种子光经过多级放大，得到两束 100J 量级的基频光，再通过倍频技术将 1053nm 的基频光倍频到 527nm，每束单脉冲能量达到 50J，双束总共 100J 能量输出。

我们设计了整体系统分布在两个呈 “L” 形放置的光学平台上。图 10.2-17 表示了实际的光路设置安排。其中能量的放大过程是：由前级输出 300mJ 能量的 1053nm 波长的种子激光，经过空间滤波器扩束后，进入 ϕ40mm 钕玻璃双程放大光路中，产生 19J 能量的 1053nm 的基频光；通过能量均分的分束镜分束后，得到两束单脉冲能量为 9J 的基频光，这两束光再经过 ϕ60mm 钕玻璃放大级及 ϕ70mm 钕玻璃放大级进行光放大，得到两束单脉冲能量达到 100J 量级的 1053nm 基频光。利用非线性晶体 KDP 将基频光倍频，得到两束单脉冲能量为 50J 的 527nm 绿光。

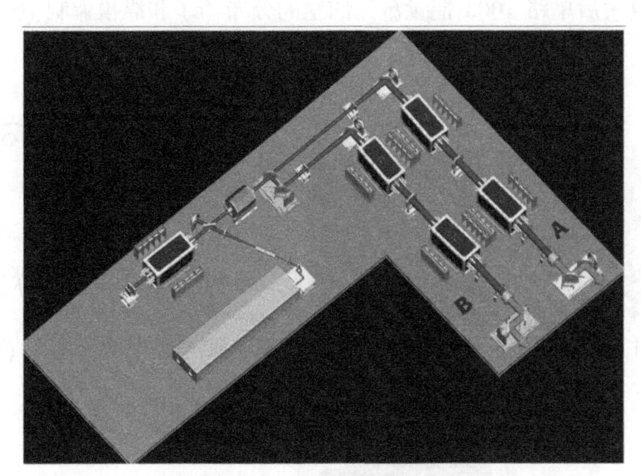

图 10.2-17 总体光路布局图

从单纵模激光器中输出的种子激光首先经过空间滤波器扩束后，进入 ϕ40mm 钕玻璃双程放大光路中，产生 19J 能量的基频光。通过能量均分的分束镜分束后，得到两束单脉冲能量为 9J 的基频光，然后这两束光再经过 ϕ60mm 钕玻璃放大级及 ϕ70mm 钕玻璃放大级进行光放大，最后得到两束单脉冲能量均约 10J 的 1053nm 基频光结果。

放大级中采用了超高斯多模激光技术，使得光束空间分布为超高斯分布，近似平顶结构，而且纵模调制很小。图 10.2-18(a) 和 (b) 分别是测量到的模式空间分布和示波器采集到的纵模调制情况。

闪光灯泵浦腔采用高功率、高效率的均匀泵浦腔设计，这种设计不仅泵浦均匀性好，放大效率高，而且方便棒与灯的安装及拆卸。图 10.2-19 是所用闪光灯的实物照片及其在聚光腔中的排布图，其中闪光灯的内径为 18mm，外径为 22mm，放电弧长 350mm，采用水冷密封，灯的两级耐 50kV 高压。钕玻璃棒经过特殊的表面加工，以增强棒的泵浦均匀性。图 10.2-20 是经封装后的聚光腔的实物照片。

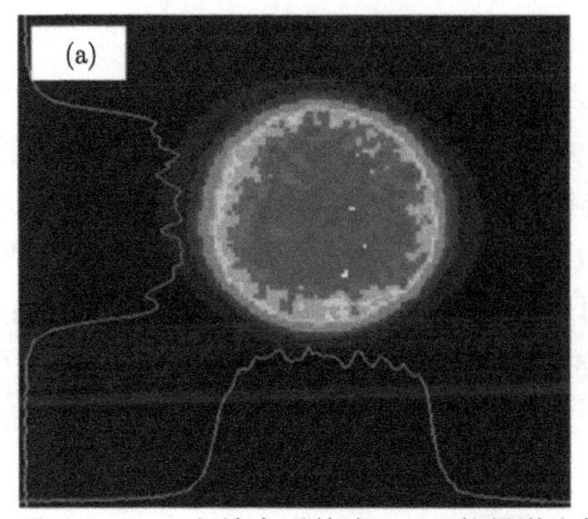

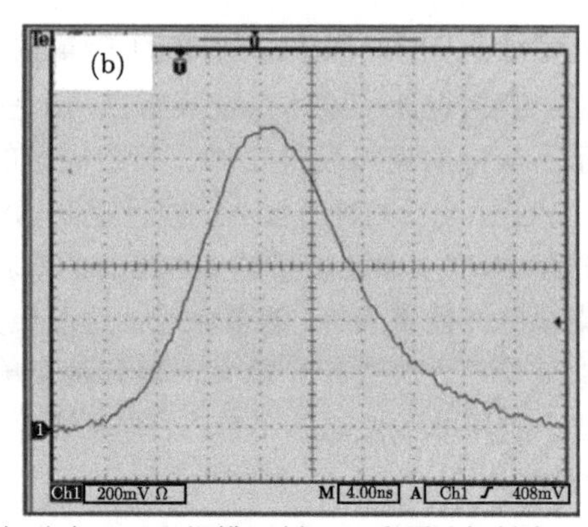

图 10.2-18 主放大后单路 100J 能量激光的空间分布 (a) 和纵模调制 (b)(彩图请扫封底二维码)

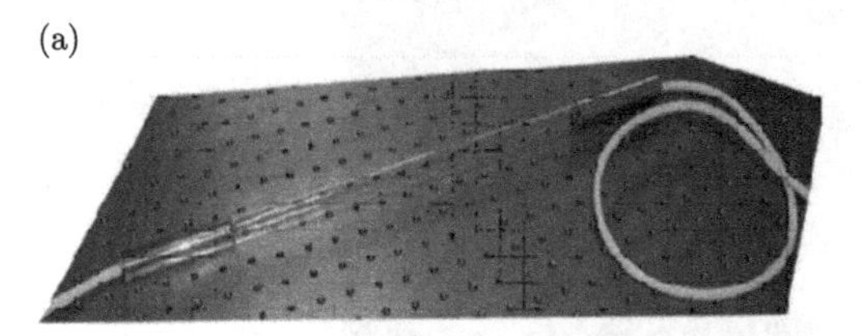

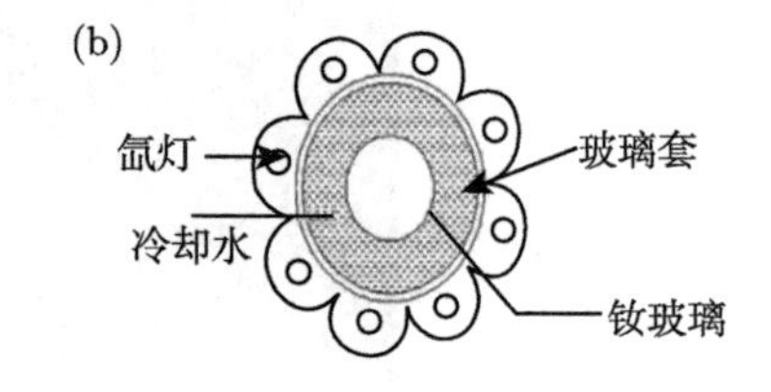

图 10.2-19 闪光灯实物照片 (a) 和在聚光腔中的分布图 (b)

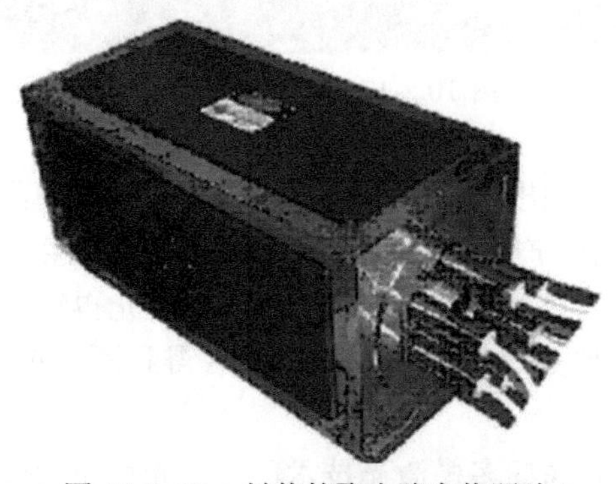

图 10.2-20 封装的聚光腔实物照片

倍频晶体为大口径 KDP 晶体，采用低温恒温技术，以增强输出激光及系统的稳定性。图 10.2-21 是 KDP 晶体的安装方式和恒温控制装置。该温控装置为比例–积分–微分 (PID) 自整定温度调节系统。在正常工作过程中，通过加热装置 (置于晶体夹具内部) 来给晶体升温，晶体的温度由热电偶 (置于晶体夹具内部) 传送给 PID 温度控制器。在达到目标温度后，由 PID 温度控制器提供通断信号来控制加热系统的工作来保持温度平衡。

图 10.2-21 KDP 晶体照片 (a) 和恒温控制器照片 (b)

放大输出的 100J 激光脉冲注入 KDP 晶体中进行倍频，所用 KDP 晶体的尺寸为 12mm×12mm×28mm。经过优化调试，最后在两路上均取得了大于 50J 的倍频绿光输出，计算结果表明倍频效率达 52.5%。最后测量了放大器满负荷运作时的激光模式，图 10.2-22(a) 和 (b) 分别是 1053nm 激光光斑 (能量 106J) 和 527nm 激光光斑 (能量 53J) 的取样场图。

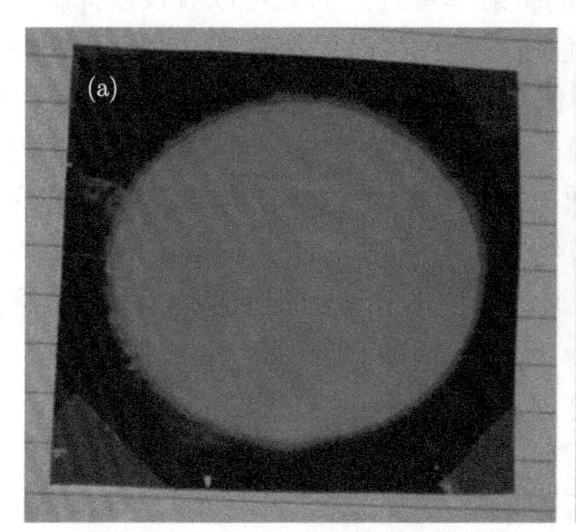

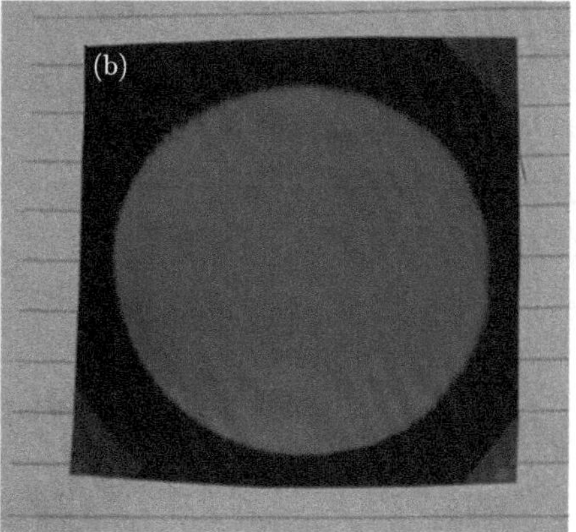

图 10.2-22 1053nm 激光光斑 (能量 106J) (a) 和 527nm 激光光斑 (能量 53J)(b) 的取样

10.2.6 放大过程中的自发辐射放大及寄生振荡

与此前的太瓦激光放大不同，对于大口径的激光晶体和高达 100J 量级的泵浦能量，在激光的放大过程中将会导致严重的自发辐射放大 (ASE) 和晶体内部的寄生振荡 (PO)，也就是在晶体内部形成强的激光辐射，从而消耗大量的上能级粒子数，使主激光不能得到有效的放大。寄生振荡的存在对放大器是非常有害的，如果不对其进行抑制，主激光还可能会随着泵浦的增加而降低。图 10.2-23 表示了晶体的横向增益与晶体厚度对直径比的关系，对于直径越大、厚度越小的晶体，其横向增益也就越大，因此也就越容易产生寄生振荡。实际上，考虑到钛宝石晶体 1.76 的高折射率，其在晶体内表面有大于 7%的反射率，因此会形成可观的增益而产生寄生振荡，为此就必须想办法排除这一不利因素。

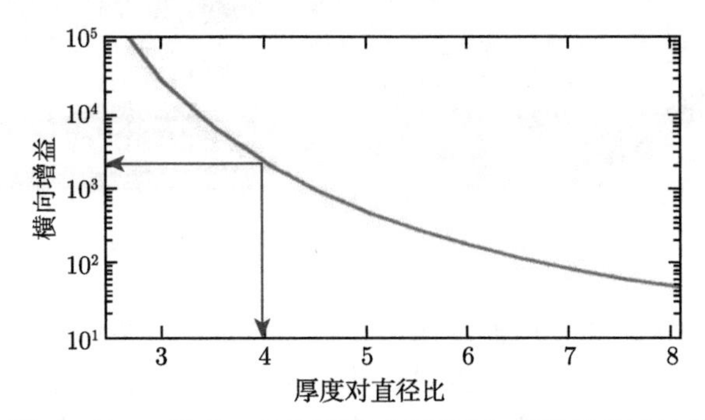

图 10.2-23　钛宝石晶体厚度对直径比与横向增益的关系

目前一个有效的方案是采用折射率与钛宝石相匹配的热塑材料，其在 800nm 波长处的折射率为 1.68，不仅与钛宝石的折射率接近，而且可以吸收以抑制寄生振荡，常规的办法是用其对钛宝石晶体包边，通过将晶体加热到 130℃ 而四边渗入透光材料，这样可以将寄生振荡的阈值提高到 2100，从而很难形成振荡。但这种方法的一个缺点是该材料不易处理，很容易污染晶体表面，不能长期使用，而且由于对晶体的包围，晶体的散热效果不好。针对这一问题，我们通过分析寄生振荡的激光回路，提出了一种通过特殊切割晶体形状而抑制寄生振荡的办法。图 10.2-24 是原理及晶体切割图，通过侧面的 “V” 形槽切割，不难理解其

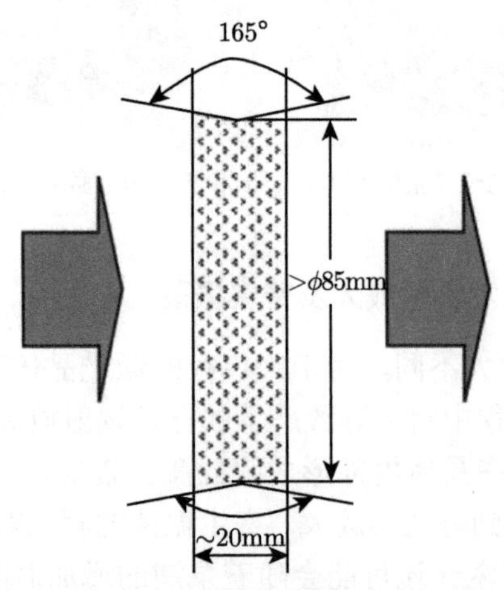

图 10.2-24　特殊形状晶体抑制寄生振荡的原理 (箭头为激光放大方向)

基本不可能在该平面内像常规垂直切割的晶体那样形成闭环激光光路而产生寄生振荡，这样也就抑制了寄生振荡。图中给出了几个典型的加工数据，实际上只要是这种形状，“V”形槽的角度及晶体厚度则可以设置很多值。图 10.2-25 是我们根据该数据而加工成的晶体照片。

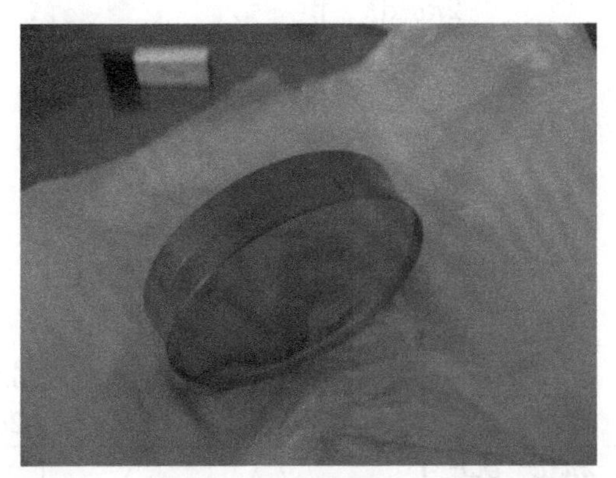

图 10.2-25 可抑制寄生振荡的晶体加工后的器件照片

10.2.7 脉冲压缩器

1. 光栅对压缩器

激光脉冲经过主放大后，需要进行脉冲压缩，以获得脉冲宽度接近种子脉宽、峰值功率极大提高的激光输出。所谓压缩，是指采用色散特性相反的元件将展宽器及其他光学元件产生的色散进行抵消补偿，从而实现对脉冲宽度的压缩。由于通常的展宽器引入的是正色散，所以压缩器应采用具有负色散特性的光学元件。平行光栅对就是最常见的压缩器，其结构如图 10.2-26 所示。脉冲中的两个波长

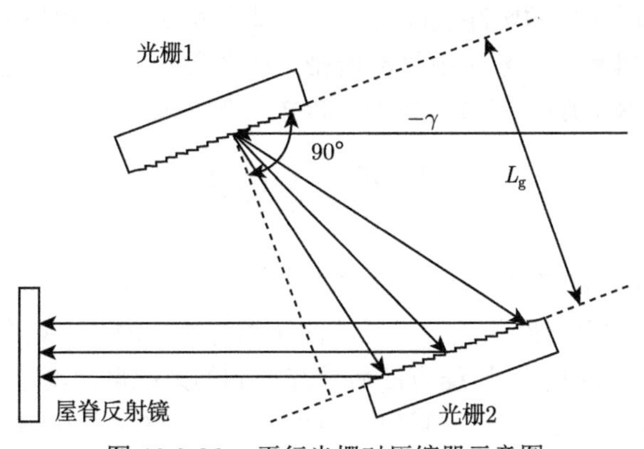

图 10.2-26 平行光栅对压缩器示意图

经由光栅 1 衍射后，长波所经历的路程要大于短波，即此时平行放置的光栅对引入的是负色散，恰好可以用来补偿展宽器与材料所产生的正色散。

光栅对的色散可以解析求出，表示如下：

$$\mathrm{GDD}=\frac{-L_{\mathrm{g}}\lambda^3}{2\pi c^2\mathrm{d}^2}\cdot\frac{1}{\left[1-\left(\dfrac{\lambda}{d}-\sin\gamma\right)^2\right]^{\frac{3}{2}}} \tag{10.2-38}$$

$$\mathrm{TOD}=\frac{3L_{\mathrm{g}}\lambda^4}{4\pi^2c^3\mathrm{d}^2}\cdot\frac{1+\dfrac{\lambda}{d}\sin\gamma-\sin^2\gamma}{\left[1-\left(\dfrac{\lambda}{d}-\sin\gamma\right)^2\right]^{\frac{5}{2}}} \tag{10.2-39}$$

$$\mathrm{FOD}=-\frac{\lambda}{\pi c}\cdot\frac{\partial^3\Phi}{\partial\omega^3}+\frac{3\lambda^2}{2\pi^2c^2}\cdot\frac{\partial^2\Phi}{\partial\omega^2}\left[1+\frac{\dfrac{7\lambda^2}{2d^2}-3\dfrac{\lambda}{d}\sin\gamma}{1-\left(\dfrac{\lambda}{d}-\sin\gamma\right)^2}+\frac{\dfrac{5\lambda^2}{2d^2}\left(\dfrac{\lambda}{d}-\sin\gamma\right)^2}{\left[1-\left(\dfrac{\lambda}{d}-\sin\gamma\right)^2\right]^2}\right] \tag{10.2-40}$$

其中 L_{g} 为两平行光栅对的间距，d 为光栅常数，c 为光速。

可见，超短脉冲在光栅对中经历的色散与平行光栅对的间距 L_{g} 成正比，并随入射角的增大而减小，随间距的增大而增大。

采用平行光栅对作为压缩器，影响压缩能力的主要参数是脉冲的入射角和平行光栅对的垂直间距。通常展宽器不仅引入群速度色散，还要引入高阶色散，而压缩器仅具有两个自由度，因此原则上来说压缩器只能同时对群速度色散和三阶色散进行有效的补偿。

我们利用自己编写的啁啾脉冲系统色散补偿的程序，计算出压缩器所需要的参数和经过优化压缩后的脉冲宽度波形。其基本根据是压缩器的色散特性，但需要同时考虑展宽器和放大系统中材料所带来的色散。假定在压缩之前 CPA 系统的群速度色散为 SGDD，三阶色散为 STOD，则如果满足

$$\frac{\mathrm{STOD}}{\mathrm{SGDD}}=\frac{\mathrm{CTOD}}{\mathrm{CGDD}} \tag{10.2-41}$$

即可将群速度色散与三阶色散同时补偿为 0，其中 CTOD 为压缩器的三阶色散，CGDD 为压缩器的群速度色散。对脉冲的压缩起作用的只有剩余的四阶色散。

图 10.2-27 为采用这种压缩方法后计算得到的系统群速度色散随波长的分布，显示中心波长 (800nm) 附近，群速度色散和三阶色散也为 0。图 10.2-28 为优化后的压缩脉冲的波形，表明如果实现完美的压缩，压缩脉冲的宽度应为 20fs 左右。

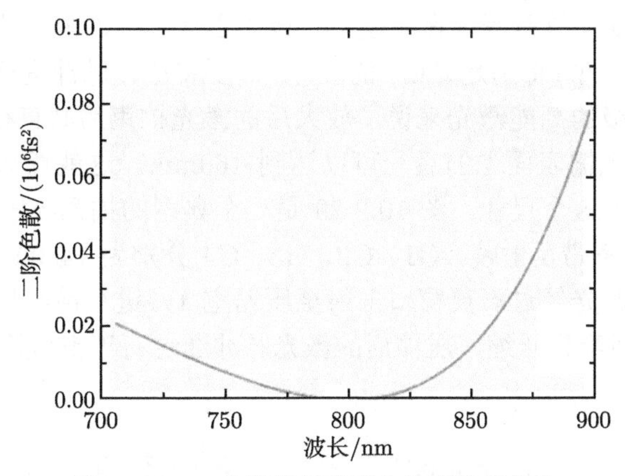

图 10.2-27 色散补偿后剩余的群速度色散

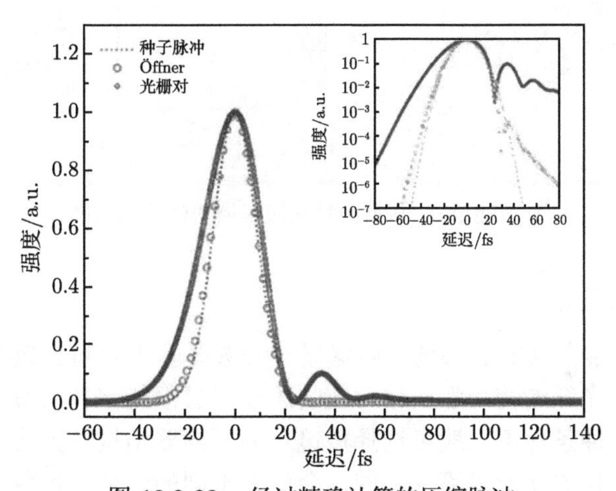

图 10.2-28 经过精确计算的压缩脉冲

实际上，若将 Öffner 展宽器等效为光栅对，并且不考虑其他元件的色散，则压缩器的入射角可由下式粗略确定：

$$\frac{1+\dfrac{\lambda_0}{d_{\mathrm{c}}}\sin\gamma_{\mathrm{c}}-\sin^2\gamma_{\mathrm{c}}}{1-\left(\dfrac{\lambda_0}{d_{\mathrm{c}}}-\sin\gamma_{\mathrm{c}}\right)^2}=\frac{1+\dfrac{\lambda_0}{d_{\mathrm{s}}}\sin\gamma_{\mathrm{s}}-\sin^2\gamma_{\mathrm{s}}}{1-\left(\dfrac{\lambda_0}{d_{\mathrm{s}}}-\sin\gamma_{\mathrm{s}}\right)^2} \tag{10.2-42}$$

其中，γ_{s}、γ_{c} 分别为脉冲展宽器和压缩器的入射角；d_{s}、d_{c} 分别为展宽器和压缩器的光栅常数。

一般的压缩器结构，由两个光栅组成平行光栅对，通过爬高镜或折返镜实现对激光在压缩器内部光路的控制。而在极高峰值功率的啁啾脉冲放大系统中，这样的布置难以实现。这是因为在系统中，放大之后的脉冲能量非常大，而为了避免对压缩器光学元件 (特别是光栅) 的破坏，需要将激光脉冲进行扩束以降低其光强。对于拍瓦量级的高能激光来说，放大后的激光扩束后其直径将达到 120mm，这样大的尺寸在光栅表面上的直径可以达到 160mm，这就意味着压缩器中的光学元件必须都大于这个尺寸。图 10.2-29 是一个典型的拍瓦级压缩器结构示意图，其中 M1、M2 为宽带反射镜，G1、G2、G3、G4 分别为 1480lp/mm 的全息衍射光栅。放大后的激光经过石英窗口入射至压缩室 1，进行前半程压缩，然后经过压缩室 2，进行后半程压缩，压缩后的激光脉冲通过石英窗口输出。

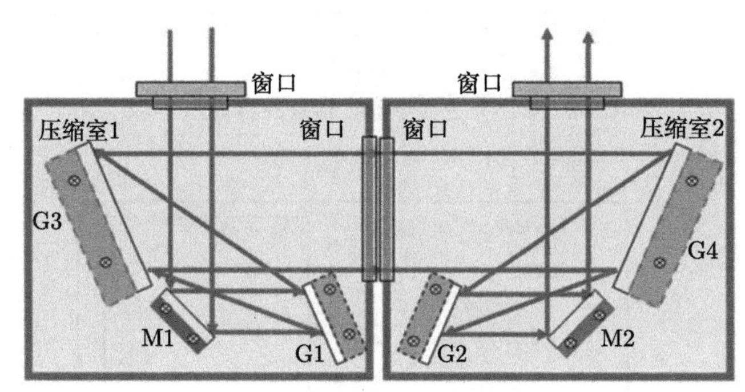

图 10.2-29　典型的拍瓦级压缩器结构示意图

2. 棱镜对压缩器

对于一些低能量 CPA 系统，展宽器一般选择基于材料色散的展宽器，比如块状材料，或者光纤结构，那么相对应的压缩器必须能够补偿符号均为正的二阶和三阶色散。这种条件下一般可选择棱镜对的压缩器结构。光线在棱镜之间传播时，由于不同波长的光所走路径不同，会引入不同的色散。色散量的大小可通过控制棱镜对的间距进行调整。图 10.2-30 为棱镜对压缩器的光路追迹图。

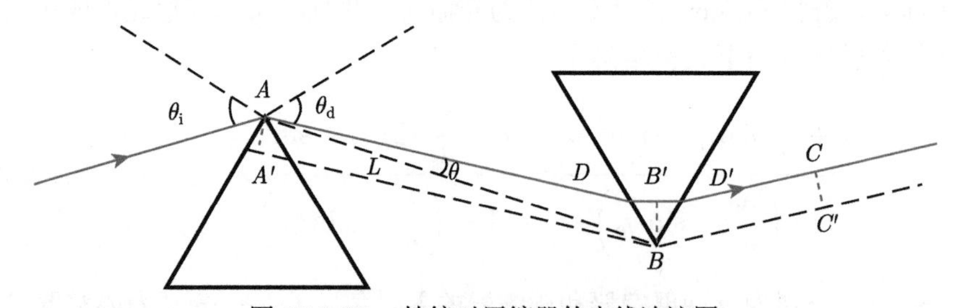

图 10.2-30　棱镜对压缩器的光线追迹图

由光线追迹可知 [14]，以 θ_i 入射的光线经第一块棱镜折射后的出射角为 θ_d，折射光到达第二块棱镜，入射点为 D，然后依次经过 B'、D'，到达波阵面 CC'。

若作一条与 AD 平行的参考线 $A'B$，则 AA' 也是波阵面。由于 BB' 与 DD' 垂直，故 BB' 也是波阵面。于是 ADB' 与 $A'B$ 为等光程 P。光程 P 的表达式为

$$P = L\cos\theta \tag{10.2-43}$$

其中，L 为棱镜对顶角间距，但由于 θ 角度难以确定，光程 P 的解析式还无法得到，不能计算出棱镜对压缩器提供色散量的有效表达式。为了解决该问题，在设计棱镜对压缩器时往往需要对入射角和棱镜顶角进行特色设计。

首先为了提高棱镜对压缩器的效率，使入射光线反射面损耗最小，入射光线一般采取布儒斯特角入射。但在实际操作时很难判断入射角的大小，因此可根据棱镜材料的折射率对棱镜的顶角进行设计，使得在以布儒斯特角入射时棱镜同时处于最小偏向角位置。因为在最小偏向角位置，棱镜的折射角最小，且与入射角相等，这就能够根据折射角的变化判断入射角是否处在布儒斯特角的位置。

由上述约束条件有

$$\tan\theta_{\mathrm{i}} = n(\lambda) \tag{10.2-44}$$

$$\theta_{\mathrm{d}} = \theta_{\mathrm{i}} = \theta_{\mathrm{B}} = 90^\circ - \frac{\alpha}{2} = \arctan[n(\lambda)] \tag{10.2-45}$$

同时可以设第二块棱镜的插入量 BB' 为 x，光线在棱镜间的实际传输距离 AD 为 l，此时有

$$P = L\cos\theta = AD + DB' = l + x\cdot\tan\left(\frac{\alpha}{2}\right) \tag{10.2-46}$$

光程引入的相位为 $\varphi = 2\pi/\lambda\cdot P$，由色散定义，求导可得二阶与三阶色散，均可表达为独立变量 x 和 l 的函数：

$$\mathrm{GDD} = \frac{\mathrm{d}^2\varphi}{\mathrm{d}\omega^2} = A_2 l + B_2 x \tag{10.2-47}$$

$$\mathrm{TOD} = \frac{\mathrm{d}^3\varphi}{\mathrm{d}\omega^3} = A_3 l + B_3 x \tag{10.2-48}$$

其中，

$$A_2 = -\frac{2\lambda}{\pi c^2}\left(\lambda\frac{\mathrm{d}n}{\mathrm{d}\lambda}\right)^2 \tag{10.2-49}$$

$$B_2 = \frac{2\lambda}{\pi c^2}\lambda^2\frac{\mathrm{d}^2 n}{\mathrm{d}^2\lambda}\frac{1}{2n^2} \tag{10.2-50}$$

$$A_3 = -\frac{3\lambda}{\pi^2 c^3}\lambda\frac{\mathrm{d}n}{\mathrm{d}\lambda}\left(\lambda\frac{\mathrm{d}n}{\mathrm{d}\lambda} + \lambda^2\frac{\mathrm{d}^2 n}{\mathrm{d}\lambda^2}\right) \tag{10.2-51}$$

$$B_3 = \frac{3\lambda}{\pi^2 c^3}\left(\lambda^2 \frac{\mathrm{d}^2 n}{\mathrm{d}\lambda^2} + \frac{\lambda^3}{3}\frac{\mathrm{d}^3 n}{\mathrm{d}\lambda^3}\right)\frac{1}{2n^2} \tag{10.2-52}$$

为了缩短棱镜间距离，减小压缩器体积，也可采用 Proctor-Wise 型双棱镜对结构，如图 10.2-31 所示。光谱物理公司 (Spectrum Physics) 旗下 femtolaser 激光器系列采用的设计就是使用材料展宽器，放大后配合 Proctor-Wise 型双棱镜对结构压缩器得到小于 20fs 的脉宽输出。

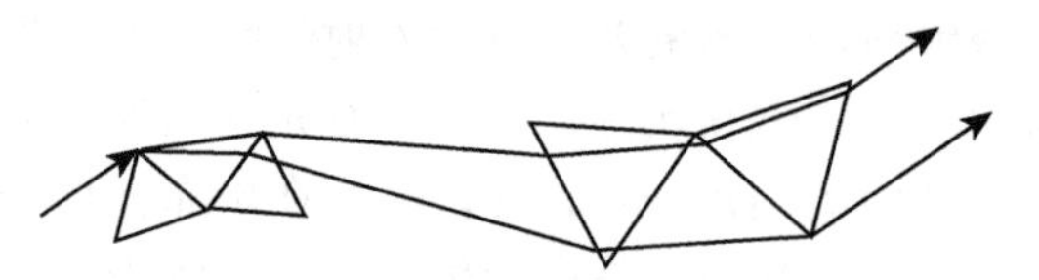

图 10.2-31　Proctor-Wise 型双棱镜对结构示意图

10.3　参量啁啾脉冲放大的原理

CPA 技术极大地加速了激光脉冲峰值功率的提升，目前已经实现 10PW 级飞秒激光输出，但是基于传统增益介质的放大器，其热效应严重，限制了高峰值功率飞秒脉冲重复频率的提升，同时增益窄化效应也会增加放大脉冲的脉宽，不利于激光脉冲峰值功率的提升，与基于传统增益介质的放大器相比，参量放大过程没有热效应，且在非共线的条件下具有较宽的参量带宽，将参量放大技术和 CPA 技术相结合，可以得到高峰值功率窄脉宽的飞秒脉冲输出。

10.3.1　CPA 与 OPCPA 的比较

1992 年，A. Dubietis 等明确提出了 OPCPA 的概念 [15]，其原理示意图如图 10.3-1 所示，它与 CPA 技术的不同之处在于, 放大过程中将基于激光增益介质的放大器替换为基于非线性晶体的参量放大器。OPCPA 过程中，单程增益高，没有放大自发辐射的产生和积累，且能支持很宽的放大带宽，有利于获得脉宽更短的放大脉冲。在产生超短超强激光方面，OPCPA 技术是一项极具竞争力的技术，因为相比于 CPA 装置里面目前多采用的再生和多通放大技术，OPCPA 技术具有多项优势：极宽的增益带宽，极高的单通增益，极低的热效应，高的对比度等。OPCPA 技术在近年来获得了极大的发展，不论是在获得周期量级的超短飞秒激光脉冲方面，还是在获得 100TW 级别超强的激光脉冲方面；而且也已经成为建造拍瓦级别激光装置所广泛采用的技术。OPCPA 技术已经显示了其强大的实力，正在快速地向前发展着。

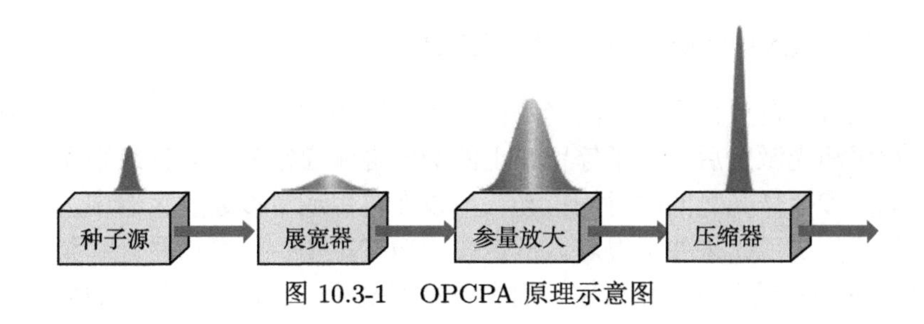

图 10.3-1 OPCPA 原理示意图

由于 OPCPA 放大器可以代替再生放大器或者多通放大器，OPCPA 技术被用来对传统的 CPA 系统进行改造和升级。通常的做法就是利用 OPCPA 放大器代替 CPA 系统前端的再生放大器，以利用 OPCPA 高对比度的优势，例如日本的 Gekko XII laser 装置 [16]、欧洲的 PETAL 装置 [17]、美国桑迪亚 (Sandia) 国家实验室 (SNL) 的 Z-Accelerator 等。另外，全部使用 OPCPA 放大器的超高峰值功率系统也已经建造。2003 年，上海光机所报道了峰值功率达到 16.7TW 的 OPCPA 系统 [18]。2006 年，英国卢瑟福・阿普尔顿实验室就报道了峰值功率达到 300TW、脉冲能量达到 35J 的 OPCPA 系统 [19]，2007 年，俄罗斯应用物理研究所报道了峰值功率达到 560TW、脉冲能量达到 24J 的 OPCPA 系统 [20]。

除了超短脉冲、超高峰值功率的 OPCPA 系统外，高重复频率的 OPCPA 系统也取得了很多进展，高重复频率指的是 1kHz 或以上。相比于前者，后者由于重复频率高，脉冲的峰值功率相对低，但平均输出功率较高。2008 年，S. Adachi 等报道了 CEP 锁定、重复频率 1kHz、脉宽 5fs、脉冲能量 2.7mJ 的 OPCPA 系统 [21]。2017 年，维尔纽斯大学激光研究中心为欧洲极端光学设施 (Extreme Light Infrastructure,ELI) 研制了 1kHz、5.5TW 的少周期 OPCPA 系统，系统的泵浦光为大能量皮秒激光 [22]。2009 年，C. Erny 等报道了重复频率 100kHz 的 OPCPA 系统 [23]。

由于 OPCPA 是基于参量放大的原理，所以其波长扩展性很好。通过 OPCPA 技术来获取中红外波段的高能量超短激光脉冲也受到关注。2006 年，T. Fuji 等报道了 2.1μm 的 OPCPA 系统 [24]。宽带钛宝石振荡器输出的锁模脉冲在 PPLN 晶体中差频得到 2.1μm 波段的信号光，泵浦激光波长为 1053nm。经过两级使用 PPLN 晶体的 OPCPA，然后再压缩，得到了 20fs(三个光学周期)、80μJ 的 2.1μm 的脉冲。2009 年，J. Moses 等也报道使用 OPCPA 技术获得了 2.2μm、23fs、220μJ 的脉冲。同年，C. Erny 等报道使用 OPCPA 技术，获得了脉宽 92fs、脉冲能量 1μJ、波长几乎覆盖 3~4μm 范围的脉冲 [25]。2019 年，M. K. R. Windeler 等研制了重复频率 100kHz、平均功率超过 100W 的 OPCPA 系统，输出波长 1.5~2μm 可调 [26]。

10.3.2　参量放大中的脉冲同步与脉冲匹配

再生或者多通放大中，泵浦光和信号光之间的时间抖动一般在纳秒级别。激光晶体被泵浦光激发后，粒子停留在上能级的寿命通常为百微秒级别左右，这远大于泵浦光和信号光之间的时间抖动，所以在再生或者多通放大器中，泵浦光和信号光的同步实现起来并不很难。但是在 OPCPA 中，一般信号光和泵浦光的时间宽度都在 1ns 或者亚纳秒级别，而参量过程是瞬时的，且信号光的放大倍数受泵浦光强的影响非常明显，所以，为了保持信号光放大的稳定，要求每一次信号光和泵浦光在时间上重合都是一样的，这就对 OPCPA 的时间同步提出了苛刻的要求，一般要求在皮秒或者亚皮秒量级。目前在 OPCPA 中，同步方式主要是两种，一种是电子学主动同步，一种是光学被动同步。每一种方式里面具体的方案有所不同。

电子学主动同步的一种方案是利用电子锁相环 (phase locked loop，PLL) 锁定信号光振荡器和泵浦光振荡器的重复频率 (及腔长)，从而实现信号光和泵浦光之间的同步 [27]。锁模激光器的主动同步，人们早已经进行了深入的研究，在 1995 年，就有报道两台钛宝石锁模激光器的脉冲同步精度达到了 200fs。2000 年，美国科罗拉多 (Colorado) 大学 JILA 实验室将两台钛宝石锁模激光器的同步精度做到了 10fs 以下。此后一年，又将同步精度做到了 1fs 以下。图 10.3-2 为 OPCPA 系统利用 PLL 实现主动同步的示意图，系统由钛宝石振荡器提供信号种子，由 $Nd:YVO_4$ 振荡器提供泵浦源种子，借助 PLL 电子学主动同步，实现的同步精度为亚皮秒。

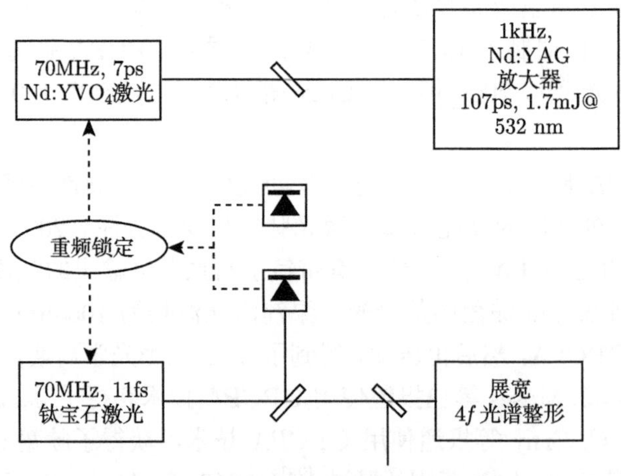

图 10.3-2　振荡器锁定腔长主动同步

电子学主动同步的另外一种方案是利用信号光脉冲转换的电信号来触发泵浦

脉冲信号，如图 10.3-3 所示。

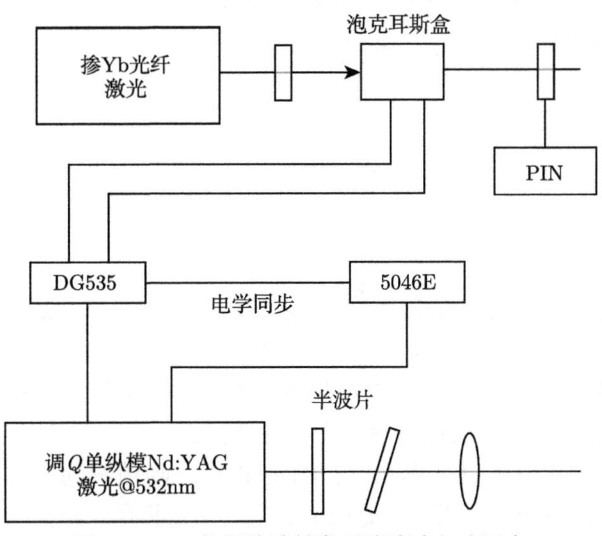

图 10.3-3 信号脉冲触发泵浦脉冲主动同步

一个 DG535 延时模块产生 10Hz 信号，一面控制一个泡克耳斯盒，对锁模的信号光脉冲选单，另一面控制调 Q 泵浦源的泵浦系统和种子注入系统。经过选单的信号脉冲分出一部分被光电探头探测并输入 5046E 泡克耳斯盒高压电源，作为一个选通信号控制 DG535 的 10Hz 信号通过 5046E 与否，这样就实现了泵浦脉冲和锁模信号脉冲之间的同步。调节 10Hz 信号在 5046E 内部的延迟，可以改变信号和泵浦脉冲的重叠状况。但是这种同步方式的同步精度并不是很高，在 ±1ns 左右，主要是受到泵浦源种子注入信号时间抖动和调 Q 脉冲建立时间的影响。通常采用这种简单同步方式的 OPCPA 装置，泵浦脉冲的宽度达到了 6~8ns，而信号脉冲的宽度为数百皮秒。由于泵浦脉冲宽度超过时间抖动量较大，可以在一定程度上减少大的时间抖动带来的不利影响。

光学被动同步是一种比主动同步精度更高的方式。其基本原理是信号光的种子和泵浦源的种子均由同一个振荡器提供。从原理上来说，可以做到零同步。以钛宝石振荡器为例，输出的脉冲分成两路，一路用来展宽当作信号脉冲，一路注入钛宝石再生放大器中进行放大，然后再倍频充当泵浦，仔细调节两路的光程相等，便可以实现极高的同步。如果钛宝石振荡器输出的脉冲光谱足够宽，能够延伸至 1030nm、1053nm 或者 1064nm，且这些光谱成分的能量也足够的话，便可以注入 Yb:YAG、Nd:YLF、Nd:YAG 放大器中进行放大，然后再倍频充当泵浦。

在 OPCPA 中为了尽量提高泵浦光向信号光能量的转换效率，在保证泵浦光脉冲可以覆盖信号光脉冲的前提下，泵浦光与信号光无论是在时间宽度还是空间尺寸上都应该尽量接近。图 10.3-4 显示的是泵浦光脉冲与信号光脉冲之间时域或空域上的重叠情况，其中左边为超高斯型泵浦光脉冲，右边为高斯型泵浦光脉冲，信号光均为高斯型脉冲。

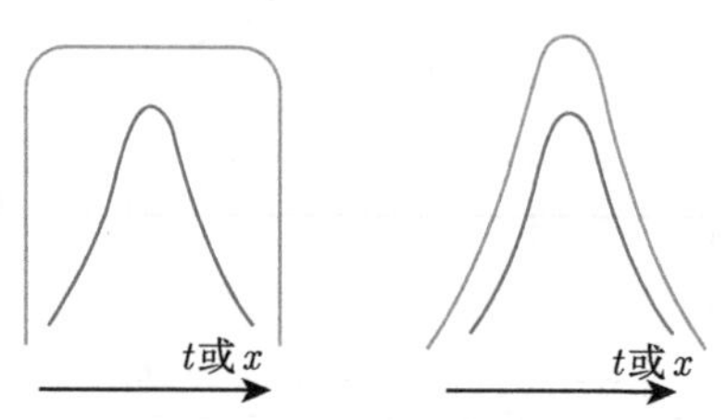

图 10.3-4 泵浦光脉冲和信号光脉冲在时域或者空域的重叠情况对比

在 OPCPA 中，信号放大倍数及其相位改变都跟泵浦光强密切相关，所以希望信号光脉冲无论从时间上还是空间上都能够受到均匀一致的泵浦，保证信号光不同部分能够被一致地放大。从图 10.3-4 可以很清晰地看到，超高斯型脉冲远比高斯型泵浦要均匀。所以在发展 OPCPA 过程中，尤其是在超高峰值功率 OPCPA 系统中，能够提供均匀泵浦的泵源也是一个重点发展的配套技术。

10.3.3 参量增益与参量带宽

OPCPA 技术与传统的 CPA 技术不同之处在于，用 OPA 放大级代替了 CPA 中的再生或者多通放大级。在 OPA 放大级里面，一束单纵模或者有较窄带宽的高频 (相对于信号光而言) 泵浦光与一束宽带的低频 (相对于泵浦光而言) 啁啾信号光在非线性晶体内部相互耦合作用，能量从高频泵浦光转移到低频信号光，从而实现信号光的放大。在信号光被放大的同时，还会产生另外一束啁啾宽带低频光，称为闲频光。

图 10.3-5 是一个具有普遍意义的 OPA 三波参量相互作用示意图。其中 $\boldsymbol{k}_\mathrm{p}$，$\boldsymbol{k}_\mathrm{s}$ 和 $\boldsymbol{k}_\mathrm{i}$ 分别指代泵浦光、信号光和闲频光在非线性晶体中的波矢，而 α 和 β 分别指代信号光和闲频光与泵浦光之间的非共线角度。在相位匹配的情形下满足

$$\begin{cases} \omega_\mathrm{p} = \omega_\mathrm{s} + \omega_\mathrm{i} \\ \boldsymbol{k}_\mathrm{p} = \boldsymbol{k}_\mathrm{s} + \boldsymbol{k}_\mathrm{i} \end{cases} \tag{10.3-1}$$

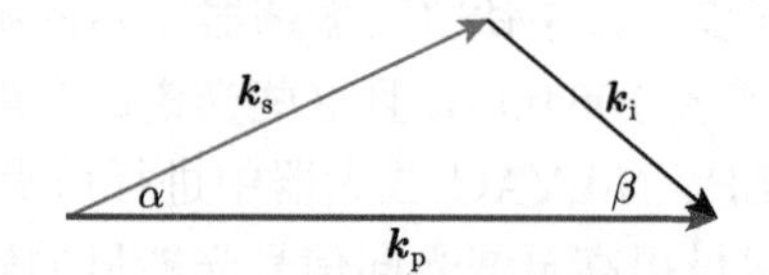

图 10.3-5 OPA 三波参量相互作用示意图

在群速度失配很小忽略不计的近似情形下，OPA 能够用一组简化的三波相互作用的耦合方程来描述：

$$\begin{cases} \dfrac{\mathrm{d}}{\mathrm{d}z}E_{\mathrm{i}}(z,t)=\dfrac{\mathrm{i}\,\omega_{\mathrm{i}}}{n_{\mathrm{i}}c}d_{\mathrm{eff}}\,E_{\mathrm{p}}(z,t)\,E_{\mathrm{s}}^{*}(s,t)\exp(-\mathrm{i}z\Delta k) \\ \dfrac{\mathrm{d}}{\mathrm{d}z}E_{\mathrm{s}}(z,t)=\dfrac{\mathrm{i}\,\omega_{\mathrm{s}}}{n_{\mathrm{s}}c}d_{\mathrm{eff}}\,E_{\mathrm{p}}(z,t)\,E_{\mathrm{i}}^{*}(s,t)\exp(-\mathrm{i}z\Delta k) \\ \dfrac{\mathrm{d}}{\mathrm{d}z}E_{\mathrm{p}}(z,t)=\dfrac{\mathrm{i}\,\omega_{\mathrm{p}}}{n_{\mathrm{p}}c}d_{\mathrm{eff}}\,E_{\mathrm{i}}(z,t)\,E_{\mathrm{s}}(s,t)\exp(-\mathrm{i}z\Delta k) \end{cases} \tag{10.3-2}$$

其中，下标 s，i 和 p 分别指代信号光、闲频光和泵浦光；E，ω 和 n 分别指代信号光、闲频光和泵浦光的电场强度、频率和折射率；d_{eff} 指代的是有效非线性系数；

$$\Delta k=k_{\mathrm{p}}-k_{\mathrm{s}}-k_{\mathrm{i}} \tag{10.3-3}$$

指代泵浦光、信号光、闲频光之间的相位失配量。在平面波和低的泵浦衰减近似情形下，可以得到增益 (放大倍数) 的解析表达式为

$$G=0.25\exp\left\{2\left[\gamma^{2}-(\Delta k/2)^{2}\right]^{1/2}L\right\} \tag{10.3-4}$$

其中，

$$\gamma=4\pi d_{\mathrm{eff}}\sqrt{I_{\mathrm{p}}/2\varepsilon_{0}n_{\mathrm{p}}n_{\mathrm{s}}n_{\mathrm{i}}c\lambda_{\mathrm{s}}\lambda_{\mathrm{i}}\cos(\alpha-\rho)\cos(\beta-\rho)} \tag{10.3-5}$$

称为增益系数，这里 I_{p} 为泵浦光强，ρ 为参量光束的走离角；L 为非线性晶体的长度。假设在 BBO 晶体里，晶体长度为 14mm，泵浦光波长为 532nm，信号光波长为 800nm，泵浦强度为 $300\mathrm{MW/cm^2}$，在小信号放大、泵浦光与信号光相位匹配且两者夹角不大的情形下，可以得到 800nm 信号光的放大倍数 G 约为 1000。

参量过程中，信号光具有很宽的带宽。若信号光没有角色散，所有波长成分与泵浦光的夹角均为 α，则在信号光中心波长满足相位匹配情形下，信号光中偏离中心波长的部分，不可避免会出现相位失配 Δk，当波长离中心波长足够远的时候，相位失配量就会足够大，达到了与增益系数 γ 相当的程度，由式 (10.3-4) 可知，这些波长成分就不能够获得放大。所以，对于宽带放大的 OPA 而言，一个极端重要的性能指标便是 OPA 能够支持的最大放大带宽，通常定义允许的相位失配量范围为

$$-\pi/L\leqslant\Delta k\leqslant\pi/L \tag{10.3-6}$$

参照图 10.3-5，并且假设沿垂直于泵浦光波矢方向无相位失配，也就是 $k_{\mathrm{s}}\sin\alpha=k_{\mathrm{i}}\sin\beta$，可以得到相位失配的表达式：

$$\Delta k=k_{\mathrm{p}}-k_{\mathrm{s}}\cos\alpha-k_{\mathrm{i}}\cos\beta \tag{10.3-7}$$

将相位失配 Δk 关于频率 $\Delta\omega_{\rm s}$ 展开成一个泰勒级数:

$$\Delta k=\Delta k_0+\frac{\partial\Delta k}{\partial\omega_{\rm s}}\Delta\omega_{\rm s}+\frac{1}{2}\frac{\partial^2\Delta k}{\partial\Delta\omega_{\rm s}^2}\Delta\omega_{\rm s}^2+\cdots \tag{10.3-8}$$

其中，$\Delta k_0=0$，为中心频率的相位失配量。结合式 (10.3-6) 与式 (10.3-8)，可以得到允许的信号光波长变化范围 $\Delta\lambda$，我们将其称为参量带宽：

$$\Delta\lambda=\begin{cases}\dfrac{\lambda_{\rm s}^2}{c}\cdot\dfrac{|u_{\rm si}|}{L}, & \dfrac{1}{u_{\rm si}}\neq 0\\[2ex] \dfrac{0.8\lambda_{\rm s}^2}{c}\cdot\sqrt{\dfrac{1}{L\cdot|g_{\rm si}|}}, & \dfrac{1}{u_{\rm si}}=0\end{cases} \tag{10.3-9}$$

式中，

$$\begin{cases}\dfrac{1}{u_{\rm si}}=\dfrac{1}{v_{\rm i}\cos(\alpha+\beta)}-\dfrac{1}{v_{\rm s}}\\[2ex] g_{\rm st}=\dfrac{1}{2\pi v_{\rm s}^2}\tan(\alpha+\beta)\tan\beta\left[\dfrac{\lambda_{\rm s}}{n_{\rm s}}+\dfrac{\lambda_{\rm i}}{n_{\rm i}}\cos(\alpha+\beta)\right]-(g_{\rm s}+g_{\rm i})\end{cases} \tag{10.3-10}$$

其中，L 指代晶体长度；$v_{\rm s}$ 和 $v_{\rm i}$ 分别指代信号光和闲频光的群速度；而 $g_{\rm s}$ 和 $g_{\rm i}$ 分别指代信号光和闲频光的群速度色散。式 (10.3-10) 成立时，会有最大的参量带宽。此时 $v_{\rm i}\cos(\alpha+\beta)=v_{\rm s}$，也就是闲频光群速度在信号光传播方向的投影等于信号光群速度。由式 (10.3-9) 可见，参量带宽主要取决于两个量：晶体长度 L，以及信号光与泵浦光之间的夹角 α。在晶体长度 L 确定的时候，可以通过改变 α 来获得最大的参量带宽。例如，以使用 532nm 泵浦光、800nm 信号光和 L=14mm 的 BBO 晶体为例，当非共线角度 $\alpha=2.3^\circ$ 时，参量带宽可以达到最大值 97nm。

在参量过程中，还有另外一个表征放大带宽的参数：增益带宽。增益带宽的定义如下：满足 $G=0.5G_0(\Delta k=0)$ 的信号光波长范围为增益带宽。由式 (10.3-4) 可以知道，增益系数受到泵浦光强 $I_{\rm p}$ 的影响，所以增益带宽是一个与 $I_{\rm p}$ 有关的量，增益带宽的具体表达式如下：

$$\Delta\lambda_{\rm g}=\begin{cases}\dfrac{0.53\lambda_{\rm s}^2}{c}\cdot\sqrt{\dfrac{\gamma}{L}}|u_{\rm si}|, & \dfrac{1}{u_{\rm si}}\neq 0\\[2ex] \dfrac{0.58\lambda_{\rm s}^2}{c}\cdot\left(\dfrac{\gamma}{L}\right)^{\frac{1}{4}}\sqrt{\dfrac{1}{|g_{\rm si}|}}, & \dfrac{1}{u_{\rm si}}=0\end{cases} \tag{10.3-11}$$

这里用 $\Delta\lambda_{\rm g}$ 来表示增益带宽，以与参量带宽 $\Delta\lambda$ 区别，表达式中的各个符号的含义，已经在上面定义。由式 (10.3-10) 可知，在 $v_{\rm i}\cos(\alpha+\beta)=v_{\rm s}$ 时，增益带宽

有最大值，且增益带宽随着泵浦光强的增强 (增益系数变大) 而不断增大，在泵浦光强达到某一个值的时候，增益带宽 $\Delta\lambda_g$ 便会跟参量带宽 $\Delta\lambda$ 一样大，若继续增大光强，还会超过参量带宽。但实际上，参量带宽是 OPA 能够支持的最大放大带宽，因为参量带宽是由允许的相位失配决定的，其给出了放大带宽的最大可能值。实际的放大带宽在光强较小时，是由增益带宽决定的，且随光强的增强而增加，但是当增益带宽被饱和至参量带宽时，放大带宽就等于参量带宽，而不会继续增加了。

OPA 是一个三波混频过程，将一束能量较小的信号光和一束能量较大的泵浦光同时入射到具有二阶非线性极化效应的非线性晶体中，泵浦光的能量将转移到信号光中，同时产生另一频率的闲频光。当采用共线光参量放大时，非线性晶体的色散会导致信号光和闲频光之间的群速度不匹配，影响放大过程中的光谱带宽。为了支持宽带放大，需要采用非共线放大的方式。

例如，当 OPCPA 的泵浦光为 532 nm，信号光为 800 nm 时，相位匹配角随着波长的变化关系曲线如图 10.3-6(a) 所示。可以看到，当信号光和泵浦光之间的非共线角为 2.3° 时相位匹配曲线在 700~1000 nm 的范围内都比较平坦，能够实现最宽的调谐范围。在非共线光参量放大中，可通过引入非共线角来增加参量带宽，且存在某一最佳非共线角来实现群速度匹配，从而获得最宽的参量带宽。图 10.3-6(b) 给出了泵浦光为 532 nm、信号光为 800 nm、参量晶体为 5 mm 长的 BBO 时参量带宽随着非共线角的变化关系曲线，可以看到，参量带宽强烈地依赖于非共线角，当非共线角为 2.3° 时，参量带宽有最大值；当非共线角偏离 2.3° 时，参量带宽急剧下降，由最大的 115 nm 下降到不足 20 nm。

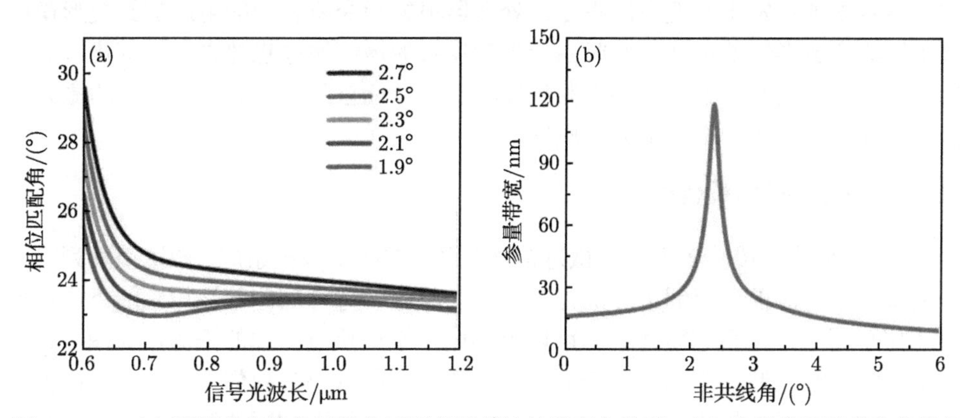

图 10.3-6　(a) 不同非共线角下相位匹配角随着波长的变化关系；(b) 参量带宽随着非共线角的变化关系 (彩图请扫封底二维码)

不同于再生或者多通放大，OPA 不依靠粒子数反转来实现放大，所以在非线性晶体上沉积的热量会极少，这对提高光束质量是极其有好处的。但是 OPA 技术也面临了一些挑战，比如信号光和泵浦光的同步，抑制泵浦光在非线性晶体内部引发的参量荧光 (parametric fluorescence)、泵浦光均匀泵浦等。

10.4　波前校正与控制

光束质量是高功率激光系统中至关重要的一个问题，由于在实际的放大过程中放大介质所存在的温度梯度效应，以及众多光学元件的像散、像差、球差等因素，放大后的激光光束通常不再是理想的衍射极限光束，在聚焦时，就会出现散斑现象，从而激光能量不能有效地聚集在焦点上。随着激光能量的不断增大、放大级次的不断增多、装置规模的不断升级，这种效应会越来越严重。因此，为了得到更高的激光功率密度，则补偿放大过程中的光学畸变，追求接近衍射极限的光束质量，是超强飞秒激光研究中具有重要实际意义的研究内容。尽管冷却放大介质以消除温度梯度效应可以部分解决光学畸变的问题，但目前最有效的手段仍然是采用自适应光学系统修正放大脉冲波前畸变的技术方案。在一般情况下，对于大功率激光系统而言，直接放大后的光束质量通常在 3～5 倍衍射极限，而经过自适应光学系统修正波前畸变后，光束质量可以提高到接近 1 倍衍射极限，这样用相对低的成本，即可使功率密度提高约 1 个数量级。

典型的自适应光学系统通常由夏克–哈特曼传感器、变形镜、数字信号处理器、控制与显示程序等几个部分组成。其工作原理是先用夏克–哈特曼传感器探测激光的波前畸变，再将波前信息传送给控制程序，控制程序根据畸变量的大小，给数字信号处理器发出改变电压指令，处理器根据指令将相应的电压加到变形镜电极上以改变变形镜的形状，此时由变形镜反射的激光波前也随之发生变化，然后再用传感器探测激光波前，判断其畸变情况，依此重复，直到得到理想的激光波前。下面简单介绍一下各部分的原理。

10.4.1　夏克–哈特曼传感器

夏克–哈特曼传感器由一组微透镜阵列和 CCD 摄像机组成。微透镜阵列将一个完整的激光波前在空间上分成许多微小的部分，每一部分都被相应的小透镜聚焦在焦平面上，一系列微透镜就可以得到由一系列焦点组成的平面，如图 10.4-1 所示；如果激光波前为理想的平面波前，那么在微透镜阵列焦平面上就可以得到一组均匀而且规则的焦点分布，如图 10.4-2 所示；然而实际的激光波前并不是理想的平面波前，它们或多或少地带有一些畸变，用微透镜阵列聚焦后，焦点不再是均匀分布，而是与理想的焦点发生了位移，如图 10.4-3 所示；用 CCD 摄像机来测量实际焦点与理想焦点之间的位移量，就可以估算出实际激光波前的畸变情况。

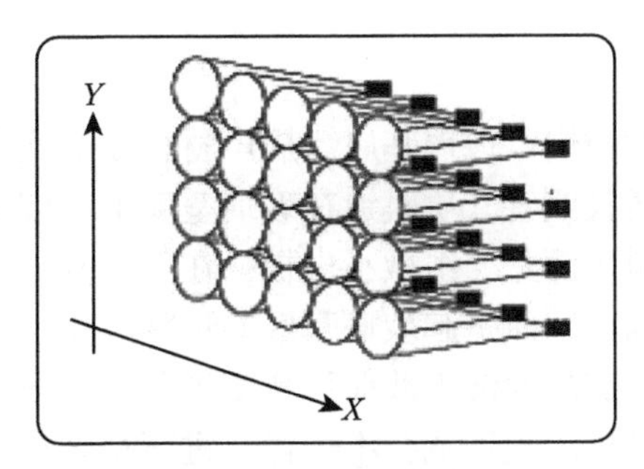

图 10.4-1 微透镜阵列

图 10.4-2 理想的平面波在微透镜阵列的焦平面上形成的焦点分布

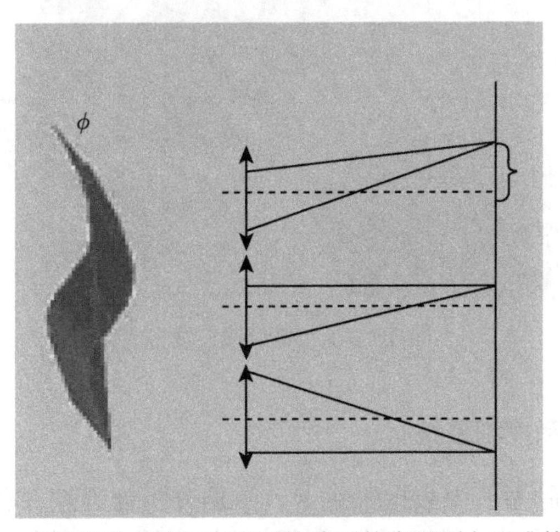

图 10.4-3 实际的激光波前在微透镜阵列的焦平面上形成的焦点分布

10.4.2 变形镜

变形镜主要由反射膜层、玻璃基底、压电材料以及几十个微小电极组成。反射膜层根据需要将金属膜或者介质膜镀在玻璃基底上，玻璃基底与压电材料紧密连接在一起，压电材料后面是一组微小电极；在工作时，将适当的电压加在电极上，压电材料就会伸缩，从而引起玻璃基底的形状改变，这时的反射面将不再是理想的平面，而是根据实际的激光波前形状变得凸凹不平，当激光被变形镜反射时，不同位置的激光走过的光程就会不一样，进而得到补偿，反射后的激光波前就接近理想的平面波前。图 10.4-4 为变形镜结构示意图，图 10.4-5 为实物照片。

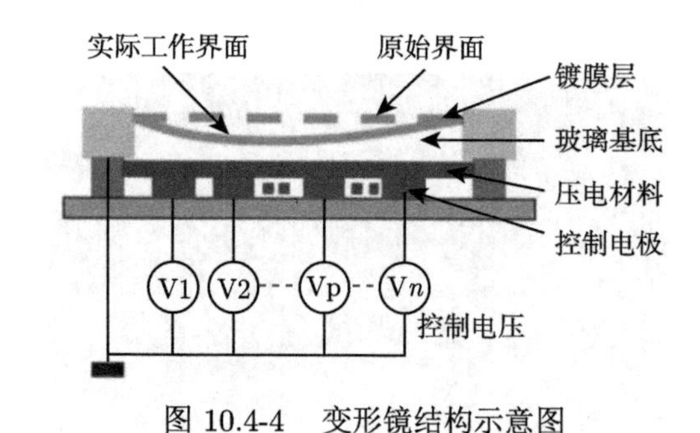

图 10.4-4 变形镜结构示意图

图 10.4-5 变形镜实物照片

10.4.3 信号处理和控制系统

信号处理和控制系统由数据采集卡、数据分析处理软件和一组电压控制器组成。首先将夏克-哈特曼传感器采集到的波前信息输入计算机内部，用软件进行分析处理，根据波前畸变量的大小给出需要施加到变形镜电极上的电压大小，并将该信息传送给电压控制器让其执行；由于每一个电压控制器都对应着变形镜的单个小电极，这样不同的电极上就有不同的电压，不同位置上的压电材料就有不同的伸缩量，使得一个完整的平面根据光束的实际畸变情况而改变形状。

这里将自适应光学系统安装在 CPA 系统压缩器与实验靶室之间，并置于真空室中，如图 10.4-6 所示。

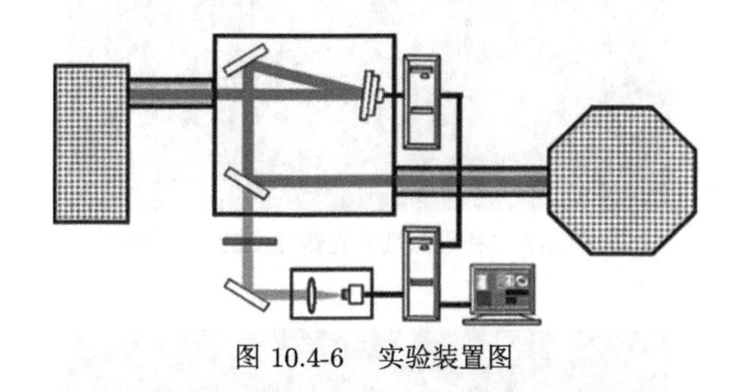

图 10.4-6 实验装置图

由 CPA 系统压缩器输出的激光通过真空管道入射到变形镜上，再由变形镜反射后经过一个全反镜反射出真空室，之后另用一分光比为 99:1 的分束镜将激光分为两路。其中反射后的主光束入射至实验靶室以待开展物理实验使用，低能量的透射光束作为探测光入射到夏克–哈特曼传感器中，由传感器探测其波前畸变的情况，并与理想波前进行比较，通过比较给出畸变量的大小并且传送给控制系统，控制系统给电压控制器发出改变电压指令，以将所需的电压施加到变形镜上使其形状发生改变，从而使得反射激光的波前发生相应的变化；如此重复迭代，直到激光的波前接近理想波前为止；由于此时入射到靶室中的主激光具有理想的波前，从而可望聚焦到接近衍射极限的焦斑尺寸。

在自适应光学系统中，正确地选择参考波前具有十分重要的意义。一般来说，有两种方法可以得到参考波前：一种方法是通过理论计算，由计算得出的理想平面波前作为参考波前；另一种方法是使用光束质量非常好的激光光源，比如半导体激光器、氦氖激光器等，在使用时，先将参考光源扩束使其光束口径与要修正的激光相同，然后用夏克–哈特曼传感器采集参考光源的波前，用它作为理想的波前。图 10.4-7 为笔者团队利用氦氖激光器建立的参考波前，图 10.4-8 为采集到的钛宝石激光器放大后的实际波前。

实验中所用的钛宝石激光的光斑直径约为 30mm，将采集到的实际激光波前与理想激光波前进行相干叠加，叠加后的干涉图案如图 10.4-9(a) 所示，根据干涉图可以计算出激光波前的相位分布和畸变量的大小，图 10.4-9(b) 给出了波前的相位分布，相位分布的峰谷 (P-V) 值，也就是指最大的波前畸变量，图中显示的量大约有 20λ，这里 λ 为激光波长；这样的激光在聚焦时就不能得到很小的焦斑。

图 10.4-7 利用氦氖激光器建立的参考波前

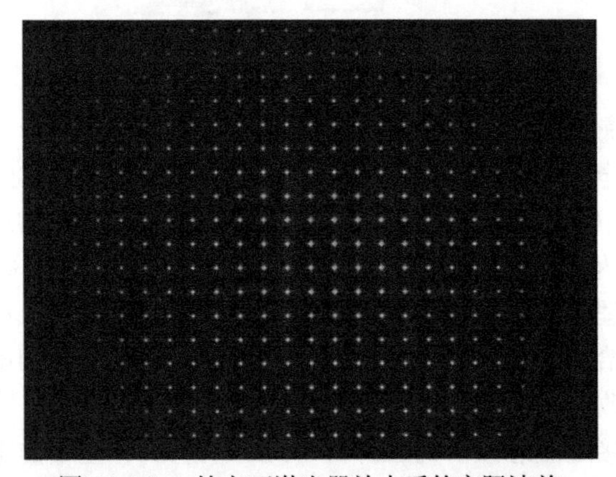

图 10.4-8 钛宝石激光器放大后的实际波前

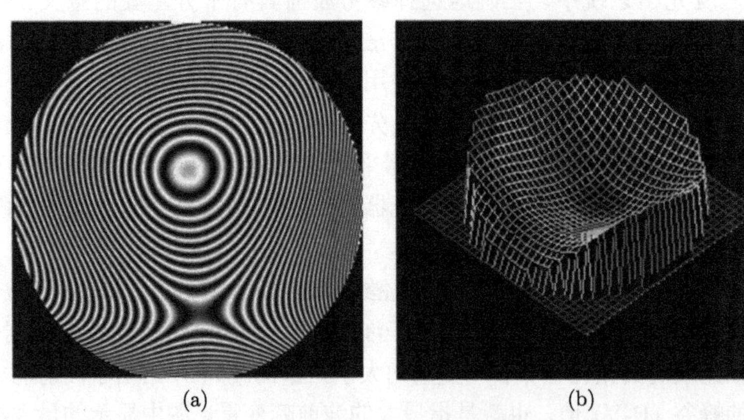

(a) (b)

图 10.4-9 修正前的激光波前干涉图 (a) 及其相位分布 (b)(彩图请扫封底二维码)

用一块焦距为 4m 的长焦距透镜将其聚焦后，得到的焦点光斑分布如图 10.4-10 所示，CCD 采集到的结果表明，其水平和垂直方向的光斑直径分别为 568μm 和 432μm，各对应着 4.2 倍和 3.2 倍的衍射极限。

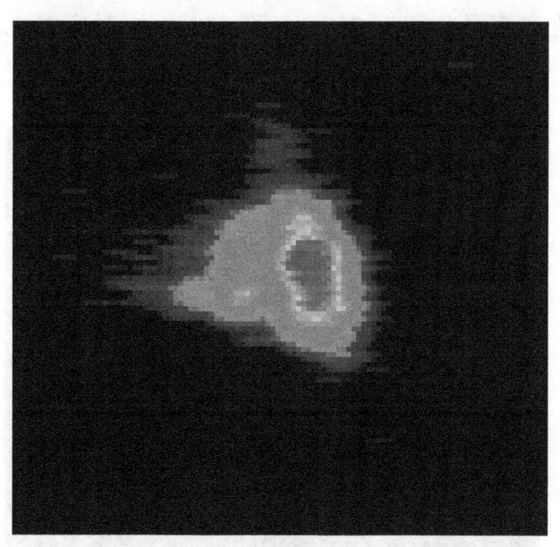

图 10.4-10 激光束未被修正前的焦斑分布 (彩图请扫封底二维码)

基于采集到的光束畸变数据，启动自适应光学系统以校正激光波前，在校正过程中，用夏克–哈特曼传感器监测波前的变化，干涉图将随着激光波前的变化而变化，当接近理想波前时，干涉图就会变得比较平整，图 10.4-11(a) 为得到的补偿后的典型干涉图，从图中可以明显地看出，相位分布的 P-V 值已变得比较小，图 10.4-11(b) 是对应的相位分布图，结果显示 P-V 值大约为 0.15λ，如果还是采

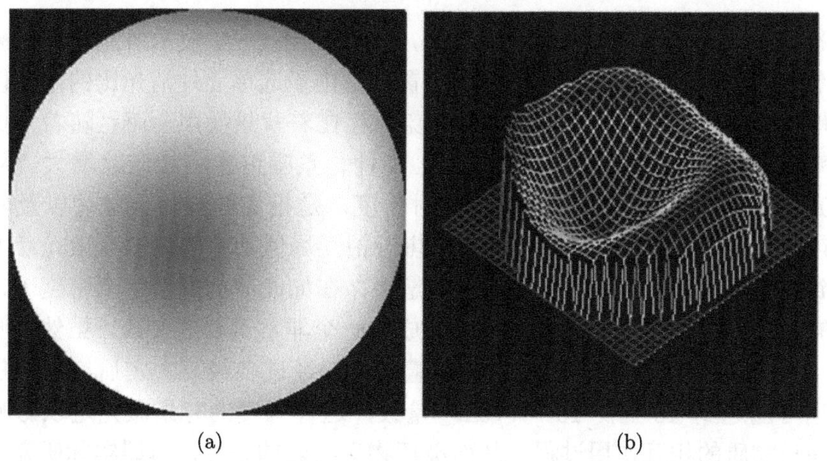

(a) (b)

图 10.4-11 修正后的激光波前干涉图 (a) 及其相位分布 (b)(彩图请扫封底二维码)

用图 10.4-11(b) 的坐标，这样小的畸变已经很难用相位分布图表示出来，将坐标值放大，就可以清楚地看到畸变的结构。

同样采用焦距为 4m 的透镜聚焦后的远场焦斑分布如图 10.4-12 所示，其水平和垂直方向的光斑直径分别为 200μm 和 214μm，对应着 1.5 倍和 1.6 倍的衍射极限。

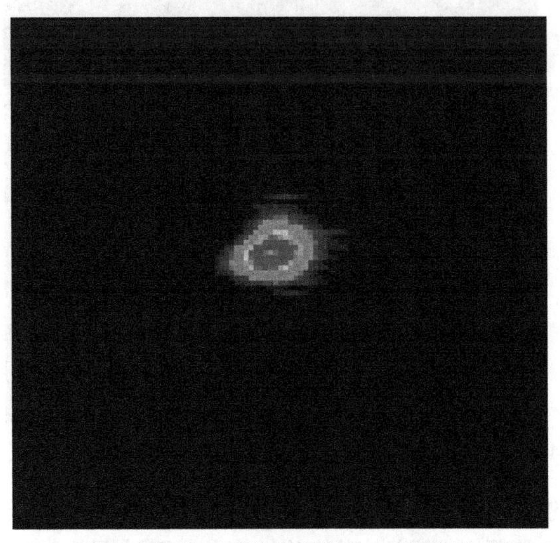

图 10.4-12　激光束被修正后的焦斑分布 (彩图请扫封底二维码)

10.5　放大脉冲对比度的增强

随着超短超强激光研究的快速发展，人们采用 CPA 技术所能得到的激光峰值功率已经超过了拍瓦。在这类激光装置中，由于选单元件消光比的限制以及放大过程中的 ASE 效应等因素，不可避免地存在着背景噪声，而且随着为提高峰值功率而采用的放大级数的不断增多，这种背景噪声也将相应地增大，从而导致激光脉冲对比度的下降。所谓脉冲对比度，是指主脉冲与预脉冲以及各种背景噪声之间强度的比值 [28,29]。目前聚焦近拍瓦峰值功率的钛宝石激光后人们所能得到的激光已经达到了 $10^{22}\mathrm{W/cm^2}$ 量级，在如此高的峰值功率密度下，激光脉冲的对比度对于强场物理实验而言就成为一个非常重要的参数。虽然预脉冲和 ASE 的强度通常比主脉冲要小几个数量级，但经过多级放大之后，其聚焦功率密度也可能达到 $10^{14}\sim10^{15}\mathrm{W/cm^2}$ 量级，这样强度的背景激光足以影响主激光脉冲与物质的相互作用过程，从而破坏物理实验的条件，阻碍实际研究工作的开展。

在 CPA 技术中，影响脉冲对比度的因素主要是：纳秒预脉冲和 ASE 等背景噪声，对于 OPCPA 系统的话，参量荧光是影响脉冲对比度的重要因素。在激光放大系统中，种子源一般是 MHz 量级的飞秒振荡器，脉冲之间的时间间隔为十几纳秒量级，随着泵浦能量的增大，放大脉冲的重复频率也会相应地降低，因此需要使用电光开关降低重复频率。在实验上，使用泡克耳斯盒和偏振片的组合，通过控制泡克耳斯盒高压控制信号的重复频率来控制放大信号光的重复频率。但是，由于偏振元件有限的消光比，在主脉冲之前以及之后会存在预脉冲以及后脉冲，特别是当 CPA 系统采用放大器作为前级时，由于腔内偏振元件的有限消光比，种子光每放大一次便输出腔外一次，考虑到振荡器和再生放大器之间腔长匹配的问题，还会引入纳秒乃至皮秒量级的预脉冲。这些类型的预脉冲不仅会减少主脉冲能量，更会影响物理实验结果，必须采取必要的方式去除。

在放大系统中，不仅存在预脉冲，还存在 ASE、参量荧光等背景噪声。放大系统所采用的种子源的脉冲对比度一般为 10^{-5} 量级，单脉冲能量为纳焦量级。系统的预放大级将纳焦量级的脉冲放大到毫焦量级，总增益为 10^6 以上，在如此高的增益之下，种子光中的自发辐射以及预放大级产生的 ASE 会被强烈地放大，整个系统的对比度主要取决于预放大级的对比度，因此，建立高对比度的预放大前级是保证系统优良对比度的基础。其他放大级产生的背景噪声则只能通过优化信号光和泵浦光之间的时间空间耦合以及控制信号光的能量密度来抑制 ASE，以及压缩以后采取后续的处理来降低背景噪声。

放大的 ASE、参量荧光以及皮秒量级的预脉冲在光学特性上和主脉冲完全相同，但是与主脉冲时间的间隔不足以用常规的电子学的方法进行分离。为了得到高对比度的激光脉冲，近年来国际上先后提出了许多技术方法，如高能量种子注入技术 [30]、交叉偏振滤波技术 [31,32]、可饱和吸收体 [33]、OPCPA 技术 [15]、飞秒 OPA 技术 [29]、等离子体镜技术等 [34]。

本节将对在 CPA 系统中脉冲对比度提高的典型技术进行详细的介绍。

10.5.1 纳秒预脉冲的抑制

纳秒量级的预脉冲处理起来相对简单，可以利用主脉冲和预脉冲在时间上的分离特性，使用泡克耳斯盒和格兰棱镜的组合，抑制纳秒量级的预脉冲。预脉冲对比度的提高幅度取决于实验装置的消光比，一般而言，泡克耳斯盒和格兰棱镜组合的消光比为 100 左右，因此利用两套这样的装置可以将纳秒预脉冲的对比度提高约 4 个数量级。具体的装置原理可以由图 10.5-1 表示，MHz 的脉冲序列经过泡克耳斯盒，控制泡克耳斯盒控制电压的时间延迟和脉冲宽度，使得电压的时间窗口落在需要的信号脉冲上，这个脉冲的偏振方向发生变化，而其他的脉冲偏振不发生改变，使用格兰棱镜等偏振选择器件便可以把所需要的脉冲选择出来。

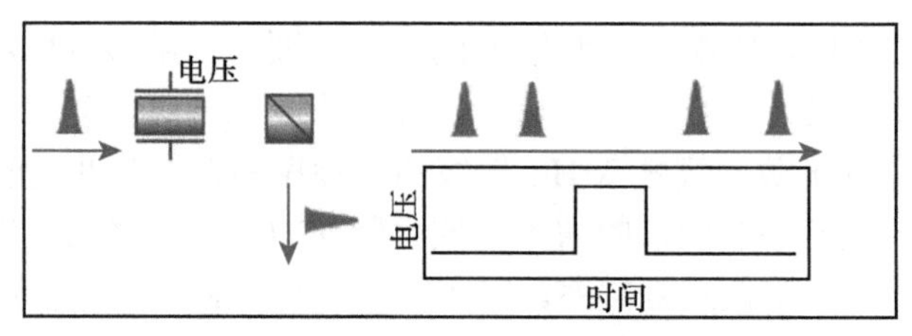

图 10.5-1　脉冲选单以及预脉冲抑制的原理

10.5.2　高能量高对比度种子注入抑制 ASE

利用高能量干净的种子光注入，既可以减少种子光中的自发辐射成分，又可以减少预放大级的增益而减少预放大级自身产生的 ASE，从而可以极大地改善系统的对比度。图 10.5-2 是利用高能量、高对比度的脉冲作为种子提高系统对比度的实验原理图。密歇根大学 J. Itatani 等首先进行了这样的实验，利用纳焦量级种子光注入采用常规的 CPA 的方式所能得到的放大光对比度为 10^{-5}(图 10.5-2(a))，而利用改进后的方式得到的对比度为 10^{-7}(图 10.5-2(b))。具体的实施方式是：首先将单脉冲能量为 3nJ 的种子光进行飞秒的直接放大，然后利用可饱和吸收体进行滤波，得到干净的 1μJ 的脉冲，进入 CPA 系统中进行放大，经历 10^4 增益以后，得到 4mJ 的放大光。从结果来看，显然是高能量、高对比度的脉冲作为种子时得到的对比度要好。

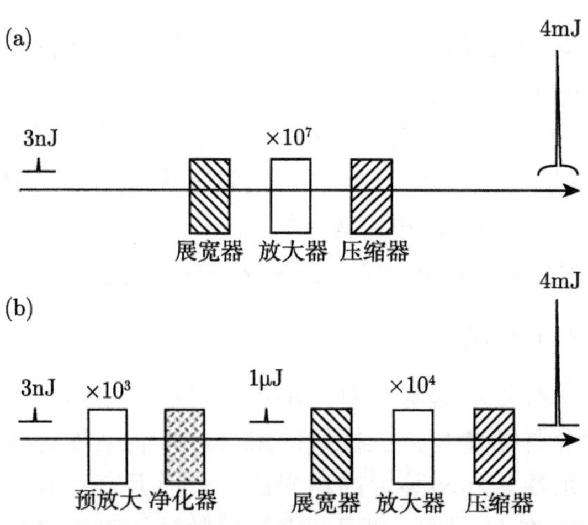

图 10.5-2　利用高能量干净脉冲注入提高脉冲对比度的原理示意图 [33]

10.5.3　利用交叉偏振滤波技术提高脉冲对比度

当激光功率密度达到一定值时，线偏振激光的波矢沿着特定方向经过非线性晶体后，其偏振方向会发生一定角度的旋转，由此而产生的与原来偏振方向垂直的波，称为交叉偏振波 (XPW)。由于对强度的依赖效应，产生 XPW 所要求的功率密度一般应大于 $10^{12}\mathrm{W/cm^2}$，这样才能保证有较高的转化效率。如果在光路中放置一对正交的偏振片，主脉冲通过偏振片以后，由于功率密度相对较高，经过 $\mathrm{BaF_2}$ 晶体之后偏振方向发生旋转，其正交偏振分量就会透过正交的偏振片，而脉冲中的预脉冲和 ASE 成分由于峰值功率密度达不到产生 XPW 的阈值，不能发生此三阶非线性过程，偏振方向不发生偏转，因此不能透过正交的偏振片，从而被过滤掉。基于这样一种原理，交叉偏振滤波技术可以有效地提高超强激光脉冲的对比度。典型的结构如图 10.5-3 所示，水平偏振的激光脉冲经过聚焦透镜聚焦到 $\mathrm{BaF_2}$ 晶体中，偏振发生旋转，水平分量和竖直分量通过检偏器分离开，ASE 和预脉冲不存在于竖直分量之中，所以竖直分量的成分可以作为后级放大的理想种子源。

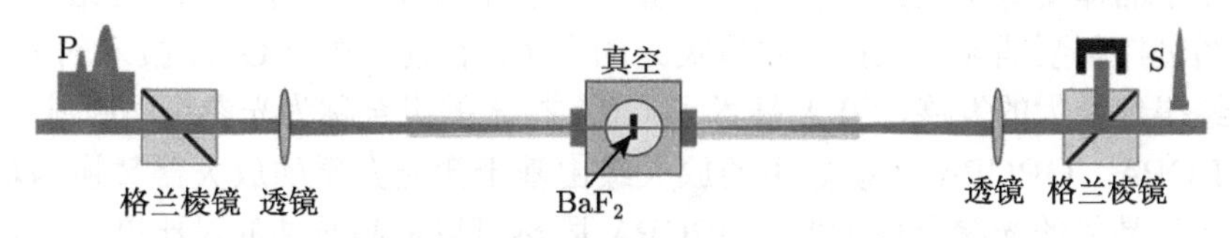

图 10.5-3 利用交叉偏振滤波技术提高脉冲对比度示意图

10.5.4 利用可饱和吸收体以及交叉偏振滤波的双 CPA 系统

无论是可饱和吸收体还是交叉偏振滤波技术，都需要高峰值功率的飞秒脉冲作为驱动源，为了得到更高的能量，经常采用双 CPA 的方式。首先建立一级能量在百微焦乃至毫焦量级的 CPA 系统，利用吸收体或者交叉偏振滤波技术对前一级 CPA 系统输出的脉冲进行滤波得到干净的脉冲。得到的脉冲能量可以达到 100μJ 以上，极大地减少了第二级 CPA 系统的放大压力。图 10.5-4 为双 CPA 系统

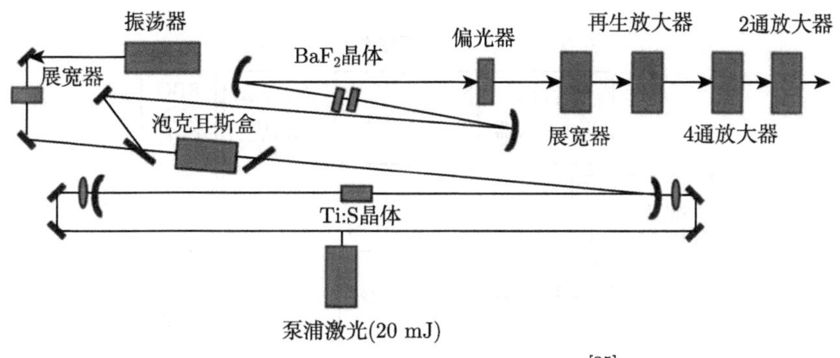

图 10.5-4 双 CPA 系统的示意图 [35]

的示意图。对于第二级 CPA 系统来说，其注入的被放大光的能量为几十乃至上百微焦，经过第一级的滤波之后，对比度也非常高，根据图 10.5-3 所阐述的原理，这个高能量、高对比度的脉冲，在放大的过程中就会极大地抑制掉 ASE 等背景噪声，放大之后的脉冲对比度就非常高。

10.5.5 利用短脉冲泵浦的 OPA 技术提高脉冲对比度

OPA 技术相对于常规的激光介质放大器而言在提高脉冲对比度方面具有很大的优势，因为激光放大介质受到泵浦之后，产生的反转粒子数不能完全被种子激光所吸收，其中一部分以自发辐射的形式辐射出来，并且这部分辐射将会在后续的放大中被放大，积累成为 ASE，ASE 将会影响脉冲的对比度。参量过程所依赖的介质是非线性光学晶体，没有自发辐射的产生。当然，光学参量过程中，非线性光学晶体受到泵浦光的激发，也会产生参量荧光，影响脉冲的对比度，但是可以通过控制泵浦能量来控制参量荧光的产生。目前，基于 OPA 技术的 CPA 系统已经得到很大的发展，OPA 技术和 CPA 技术的组合称为光参量啁啾脉冲放大，即 OPCPA。OPCPA 系统之中的放大级由基于激光介质的放大器替换为基于非线性光学晶体的光参量放大器。OPCPA 固然可以提高脉冲的对比度，但是由于采用的信号光的脉冲宽度为百皮秒量级，泵浦光的脉冲宽度一般为纳秒量级，所以在百皮秒的时间尺度范围内仍然存在参量荧光，影响脉冲的对比度。

基于以上原因，最近发展起来了基于超短脉冲泵浦的光参量放大器，信号光和泵浦光的脉冲宽度为几皮秒乃至飞秒量级，这样就极大地抑制了在几十乃至百皮秒量级时间尺度范围内的参量荧光，使得该时间尺度内的脉冲对比度得到有效提高。图 10.5-5 为罗切斯特大学 C. Dorrer 等开展的基于皮秒 OPA 的高对比度的前端，整个前端的种子源为一台 38MHz 的锁模激光器，脉冲宽度为 200fs，中心波长为 1053nm。该种子源的输出脉冲一部分经过声光调制器选单以后作为皮秒 OPA 的信号光，另一部分经过电光开关选单以后注入 Nd:YLF 再生放大器

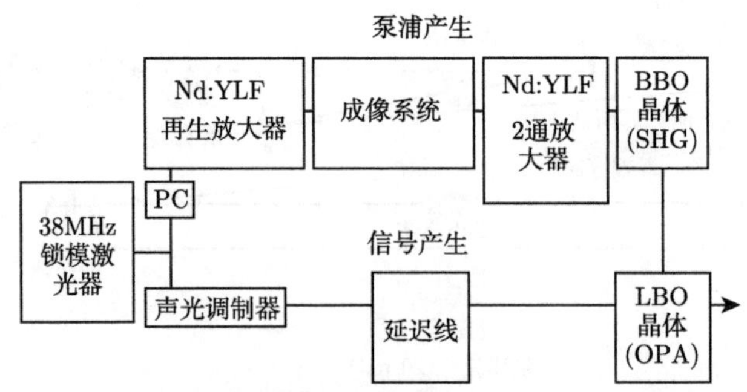

图 10.5-5 光同步超短脉冲泵浦的 OPA 示意图 [36]

之中进行，次级放大进一步将能量提高到 4mJ，该放大光倍频到 526.5nm 之后，作为皮秒 OPA 的泵浦光。泵浦光和信号光的脉冲宽度分别为 6ps 和 2ps，两者通过光学延迟线精确控制时间的同步，因此，信号光脉冲中超过泵浦光时间尺度的成分不能被放大。该方法提高脉冲对比度的能力取决于信号光的增益，本实验中，信号光的增益为 1.5×10^5，因此放大光比信号光的对比度提高了 5 个量级，如图 10.5-6 所示。

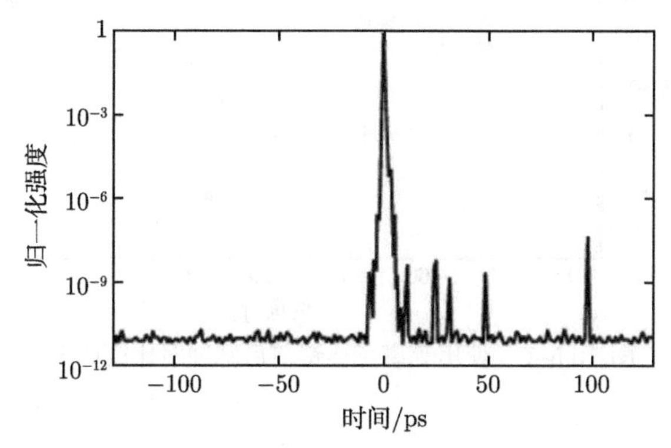

图 10.5-6 基于皮秒 OPA 的高对比度前端以及得到的放大光的对比度 [36]

10.5.6 利用等离子镜技术提高压缩后激光对比度

以上介绍的各种方法的宗旨都是为后级的放大提供一个高能量、高对比度的前端，这样的方式对于提高脉冲对比度而言是十分必要的。此外，在整个系统能量得到极大的放大之后也可以采取某些方式，来提高压缩以后脉冲的对比度，等离子体镜技术就是在系统的终端提高脉冲对比度的方式之一。一般使用镀高透膜的石英晶体作为等离子体镜，如图 10.5-7 所示，其工作原理是：当脉冲的前沿到达石英晶体的时候，前沿的预脉冲等背景噪声大部分透过石英晶体，主脉冲的前

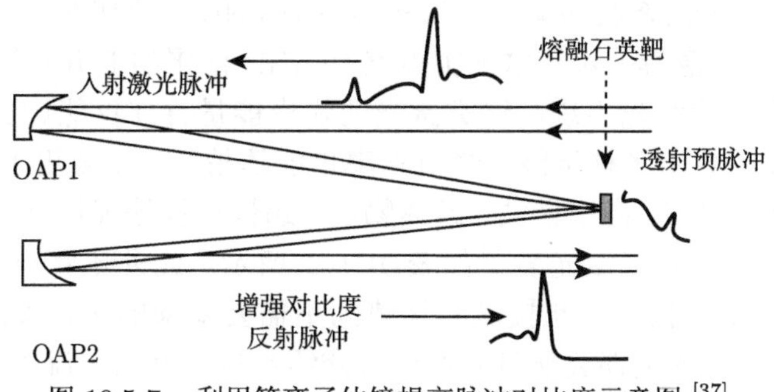

图 10.5-7 利用等离子体镜提高脉冲对比度示意图 [37]

沿部分的功率密度足够高，使得石英晶体表面产生等离子体，形成一个高反射率的等离子体层，主脉冲能量的绝大部分得到反射，因此，主脉冲和预脉冲在空间上就分开了，脉冲对比度的提高的幅度正比于主脉冲和背景噪声反射率的比值，使用两块等离子体镜就可以使得脉冲的对比度得到 4 个量级的提高，如图 10.5-8 所示。

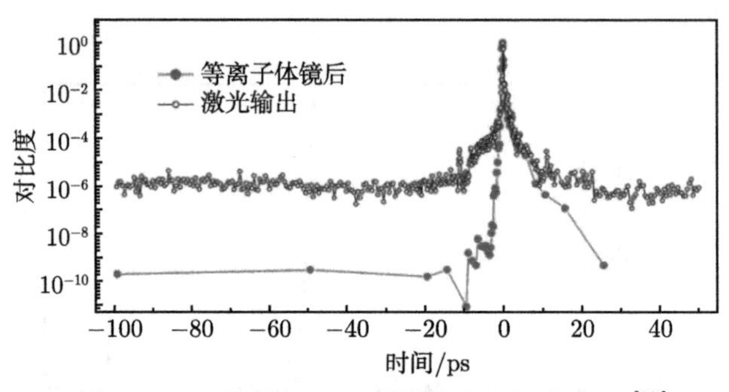

图 10.5-8 使用等离子体镜前后脉冲对比度比 [37]

10.6 基于 CPA 技术和 OPCPA 技术的典型飞秒超强激光装置

超短超强激光在科学研究的许多领域中具有巨大的应用前景，因此世界各国都投入了大量的人力和财力进行激光装置的研究。从技术特点和应用背景上看，经过近二十年的发展，超短超强脉冲激光技术已逐渐形成了两大分支。一是基于传统增益介质的放大器，此类放大器主要以钕玻璃 (Nd:glass) 和钛宝石晶体作为增益介质，以玻璃为主要放大介质的激光系统的输出能量能达到千焦甚至兆焦，脉冲宽度一般为皮秒或者数百飞秒量级，主要用于惯性约束聚变领域的研究。这方面的研究工作主要集中在世界上几个大的国家实验室及研究机构中，如美国的劳伦斯利弗莫尔国家实验室 (LLNL)、罗切斯特大学 (UR)LLE 实验室，英国的卢瑟福 • 阿普尔顿实验室 (RAL)，法国的 LULI 实验室等。以钛宝石为放大介质的激光系统，这类激光的输出能量目前仅能达到几十焦量级，但是脉冲宽度为数十飞秒量级，峰值功率也能达拍瓦，主要用于 X 射线激光、团簇物理、粒子加速、高次谐波、超热物质、超快过程等强场物理领域的研究。世界上主要的超短超强激光装置如表 10.6-1 所示。此外还有一种超强超短激光是基于 OPCPA 技术，此技术的优势为不需要复杂的热管理，且增益带宽很宽，支持输出更短的激光脉冲。本节将介绍当前世界上主流的超强超短激光装置。

表 10.6-1 国内外具有代表性的超短超强激光装置

国家	实验室	装置名称	输出能量	脉冲宽度
美国	劳伦斯利弗莫尔国家实验室	NIF	1.8 MJ	纳秒
美国	罗切斯特大学	OMEGA-EP	6.5 kJ (10 ns) 2.6 kJ (10~100 ps)	纳秒 皮秒
美国	得克萨斯大学	Texas Petawatt	200 J	150 fs
美国	桑迪亚国家实验室	Z-Petawatt	500 J	500 fs
英国	卢瑟福·阿普尔顿实验室	Vulcan	kJ	ps
法国	阿基坦州科学研究中心	LMJ	1.8 MJ	纳秒
法国	法国强激光应用实验室	ILE APOLLON	150 J	15 fs
法国	阿基坦州科学研究中心	PETAL	3.6 kJ	500 fs
德国	亥姆霍兹中心	PHELIX	120 J	700 fs
俄罗斯	俄罗斯科学院	PEARL	24 J	43 fs
日本	大阪大学	GENBU	30 J	5 fs~8 ps
日本	大阪大学	LFEX	10 kJ	10 ps
韩国	先进光子学研究所	UQBF	44.5 J	30 fs
中国	中国工程物理研究院	神光-III	180kJ	纳秒
中国	中科院物理研究所	极光-III	32.3 J	27.9 fs
中国	中科院上海光机所	羲和	339 J	21 fs

美国劳伦斯利弗莫尔国家实验室的国家点火装置 (National Ignition Facility，NIF) 是世界上最大的激光系统 [38]，该激光系统是为了进行激光诱导惯性约束核聚变 (inertial confinement fusion，ICF) 而建设的，它由 192 路钕玻璃放大激光组成，最大可以产生峰值功率为 500 TW 的 1.8 MJ 激光能量，图 10.6-1 为其中一路放大激光的光路示意图。NIF 的 192 路激光已于 2009 年建成，目前正在进行点火实验。

美国 Texas Petawatt 激光装置位于得克萨斯 (Texas) 大学，是一个 OPCPA 和 Nd:glass 的混合放大激光系统 [40]。其装置结构示意图如图 10.6-2 所示，振荡器输出的 250 pJ 激光脉冲经过三级 OPCPA 放大到 0.5 J 的能量；然后放大激光进入硅酸盐玻璃棒增益介质中进行放大，得到能量 28 J、光谱宽度 16 nm 的放大激光；随后进一步注入磷酸盐玻璃薄片增益介质中提取能量至 300 J；最后经压缩器补偿色散压缩脉宽后得到能量 200 J、脉宽 150 fs 的超强激光脉冲，对应峰值功率达 1.3 PW。该装置开展的科学研究领域包括：高通量中子产生、粒子加速、冲击波动力学、辐射流体力学等。

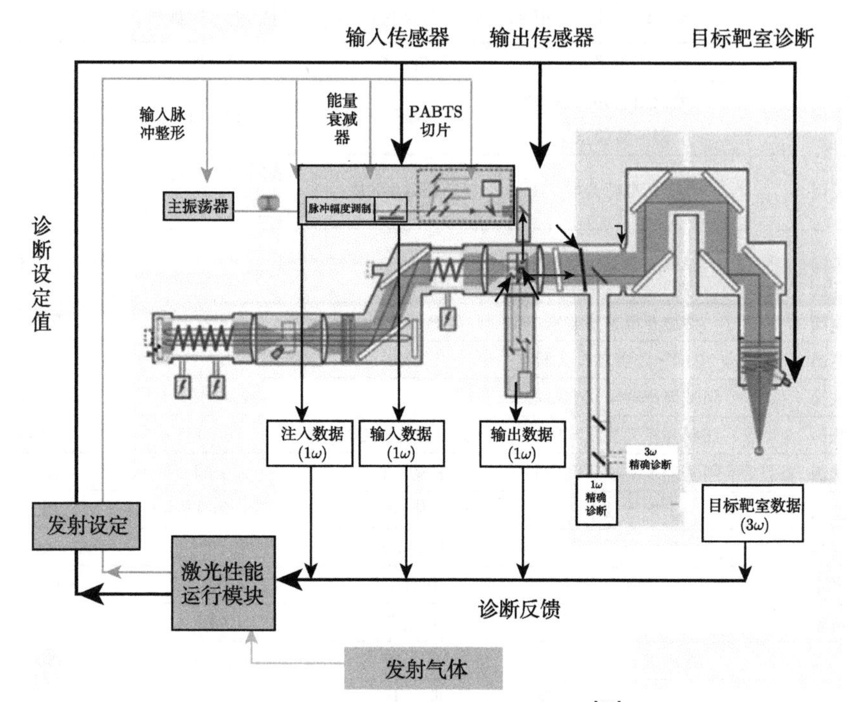

图 10.6-1　NIF 系统光路结构图 [39]

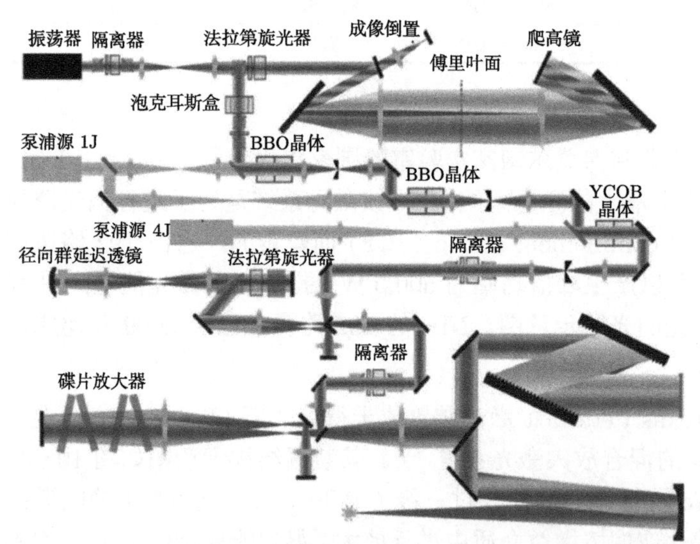

图 10.6-2　Texas Petawatt 激光装置结构示意图 [40](彩图请扫封底二维码)

RAL 的 Vulcan 激光装置自 2002 年起就能提供 1 PW 的超强激光 (500 J，500 fs) 和 200 GW 的大功率纳秒激光 (200 J，1 ns)[3]，其结构示意图如图 10.6-3 所示。此外，2008 年起开始建造 10 PW 的激光系统 [41]，技术方案上采用三级

OPCPA，目前毫焦量级的第一级放大和焦量级的第二级放大已经完成，千焦量级的第三极放大还在进行中，预期建成后的聚焦功率密度能达到 10^{23} W/cm^2 以上。图 10.6-4 为 Vulcan 10 PW 激光装置的结构示意图。

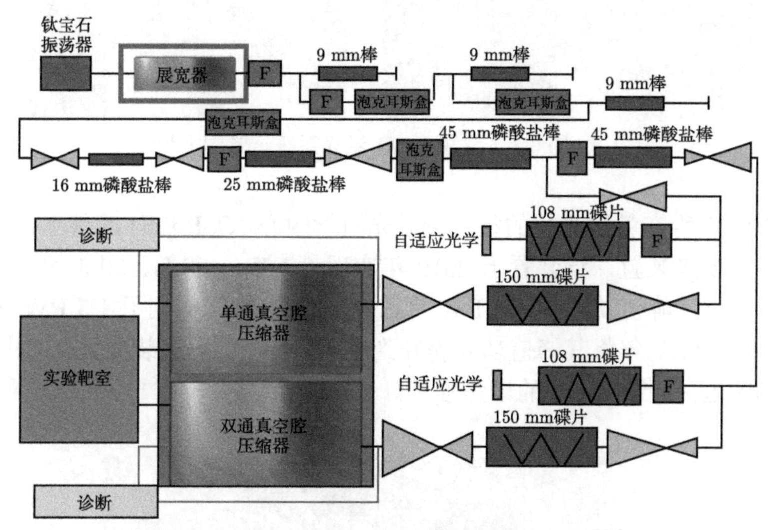

图 10.6-3 Vulcan 1 PW 激光装置示意图 [42]

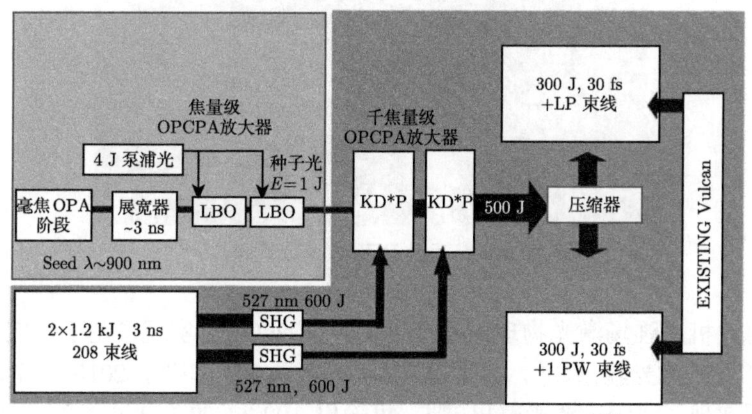

图 10.6-4 Vulcan 10 PW 激光装置示意图 [41]

LMJ 激光装置位于法国 CESTA 实验室 [43]，效果图如图 10.6-5 所示，旨在为惯性约束聚变、高能量密度物理、等离子体物理等研究领域提供必要的工具手段。LMJ 激光系统由 240 路钕玻璃激光组成，激光脉宽可在 0.2~25 ns 调节，靶面上的能量可达 1.8 MJ，峰值功率为 550 TW。LMJ 的前级系统由飞秒光纤振荡器、再生放大器和单通放大器组成，并采用最先进的光束整形技术提高光束质量。LMJ 激光装置已于 2012 年进行物理实验的研究。

图 10.6-5 法国 LMJ 激光系统示意图 [43]

图 10.6-6 为在韩国光州的相对论激光科学中心 (CoReLS) 的基于钛宝石晶体的超强超短激光装置，该装置于 2010 年实现 0.1 Hz、30 fs、30 J 的飞秒脉冲输出，对应的脉冲峰值功率为 1.0 PW[44]，2012 年该机构得到了 1.5 PW 的激光输出 [45]，并于 2017 年将其峰值功率提升到了 4.2 PW[46]。该装置具有 10^{12} 的时间对比度和超过 10^{22}W/cm^2 的聚焦强度。

图 10.6-6 韩国 PW 激光装置照片 [47]

上海光机所强场激光物理国家重点实验室 2006 年实现了基于钛宝石晶体的 0.89 PW 飞秒激光输出 [48]，并于 2013 年升级至 2 PW[49]，2015 年建设 “羲和” 激光装置实现了 5PW 激光输出 [50]，可输出 192.3J 的单脉冲能量和 27 fs 的脉宽，并于 2018 年将该装置的输出能力提升至 339 J，对应的脉冲峰值功率超过了 10 PW[51]。装置方案和实物照片如图 10.6-7 所示。

2011 年，笔者团队采用 OPA 技术提高脉冲时间对比度，于国际上首次实现基于钛宝石晶体的超过 1 PW 高峰值功率激光脉冲输出 [52]，脉冲能量 32.3 J，脉宽 27.9 fs，对应脉冲的峰值功率为 1.16 PW，该激光装置的亚十飞秒克尔透镜锁模振荡器、展宽、对比度提升、所有放大级和压缩均为实验室自主研制，装置方案和实物照片如图 10.6-8 所示。

图 10.6-7 上海光机所 SULF 激光装置 [48]

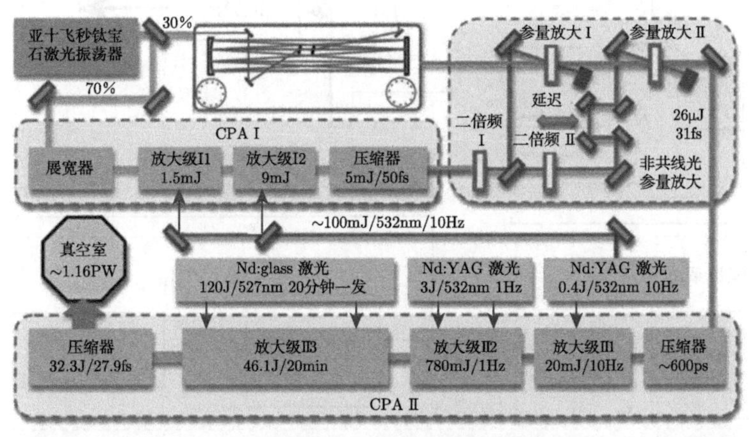

图 10.6-8 中科院物理研究所建设的 1.16 PW 超强激光装置 [52]

俄罗斯科学院建设了世界上首台基于 OPCPA 技术的拍瓦级超强激光装置 PEARL，装置设计如图 10.6-9 所示，该装置于 2006 年使用非线性晶体 DKDP 实现了 0.2 PW 激光输出 [53]，随后于 2007 年将该系统升级至 0.56 PW[20], 在装置升级过程中使用了他们实验室自建的 300J 钕玻璃泵浦源。

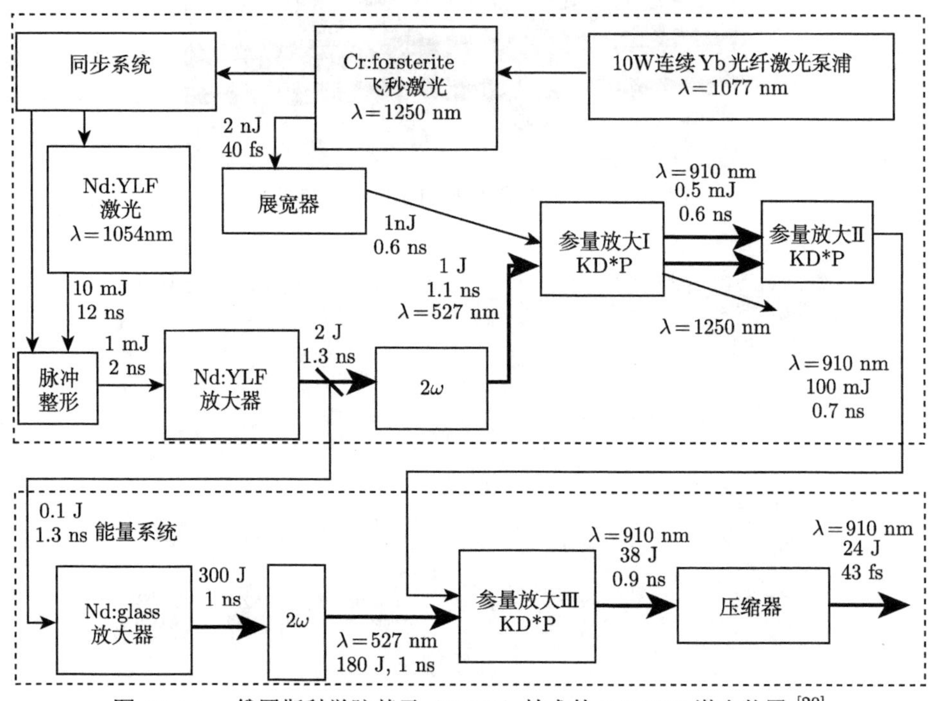

图 10.6-9 俄罗斯科学院基于 OPCPA 技术的 0.56PW 激光装置 [20]

2017 年，中国工程物理研究院激光聚变中心报道了基于 OPCPA 技术的 4.9 PW 超强激光装置 [55]，装置设计如图 10.6-10 所示，通过级联 3 级 OPCPA，将种子能量放大至 168.7 J，压缩后脉冲能量为 91.1 J，脉宽为 18.6 fs，对比度达到了 10^{10}。

2018 年，日本关西光子科学研究所报道了重频 0.1 Hz、脉宽 30 fs、峰值功率超过 1 PW 的超强激光装置 J-KAREN-P[56]，装置设计如图 10.6-11 所示，该装置采用 CPA 混合 OPCPA 技术，同时使用可饱和吸收体技术提升激光脉冲时间对比度，如图所示，最终输出脉冲的 ASE 基底的对比度为 10^{12}，在激光系统输出 0.3 PW 时，使用 $f/1.3$ 的离轴抛物面镜可将激光聚焦至 $10^{22}\mathrm{W/cm^2}$ 量级。

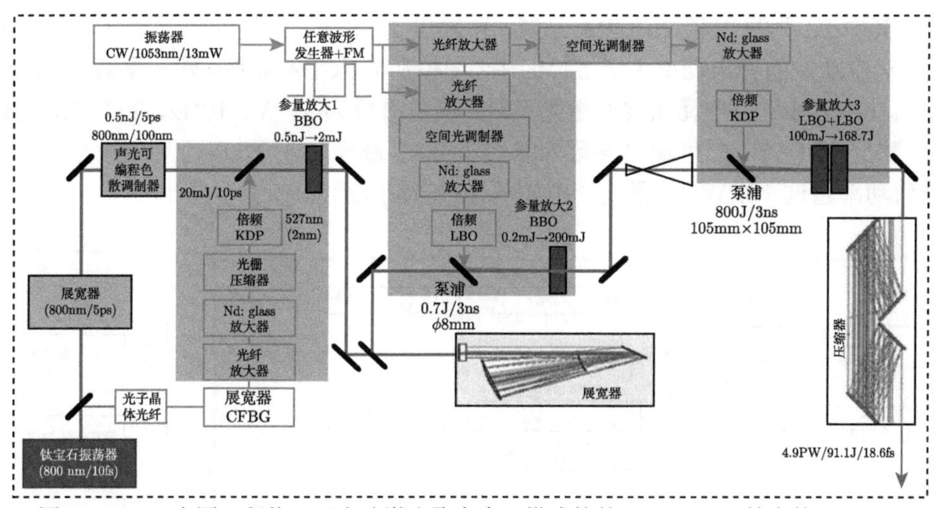

图 10.6-10 中国工程物理研究院激光聚变中心搭建的基于 OPCPA 技术的 4.9 PW 激光装置 [55]

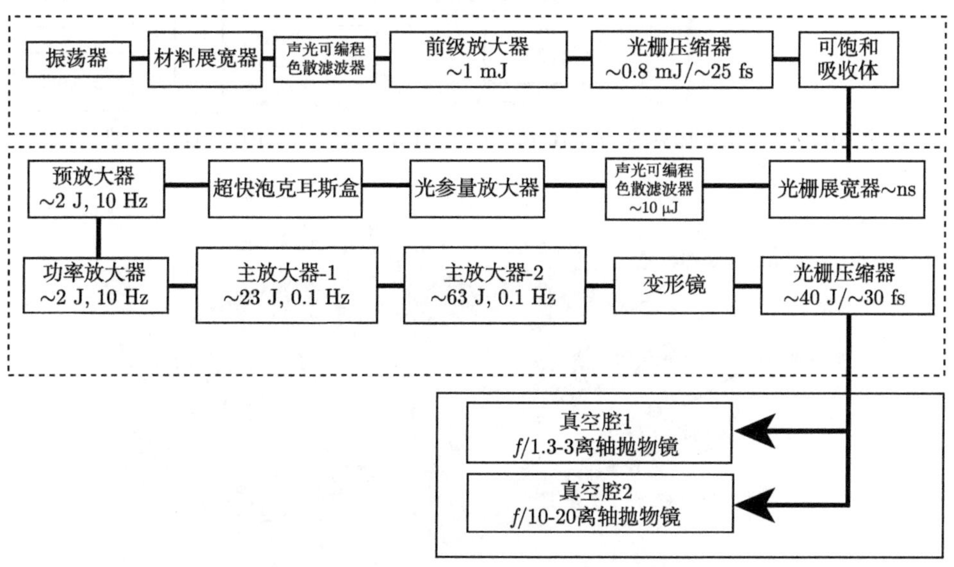

图 10.6-11 日本 J-KAREN-P 超强激光装置 [56]

当前欧盟在建极端光学装置 ELI 共包括三部分，分别为位于捷克的 ELI-Beamlines、位于罗马尼亚的 ELI-NP(Nuclear Physics) 和位于匈牙利的 ELI-ALPS (Attosecond Light Pulse Source)。其中 ELI-Beamlines 将提供 4 条高能量超快激光束线进而产生一系列次级辐射源 [57]，这些激光系统不仅用于物理和材料科学领域，而且还用于生物医学研究和实验室天体物理学。四条束线如图 10.6-12 所示，其中 L1 为高重频 OPCPA 系统，可输出 100mJ、小于 20fs、1kHz 的激光脉冲，对应脉冲的峰值功率大于 5TW；L2 为拍瓦 OPCPA 系统，输出参数为 1PW、20J、10Hz；L3 为拍瓦钛宝石激光系统，输出参数为 1PW、10Hz、30J；L4 为钕玻璃混合 OPCPA，可输出参数为能量 1.5kJ、脉宽小于 150fs，对应激光脉冲的峰值功率超过 10PW, 装置设计图如图 10.6-13 所示。

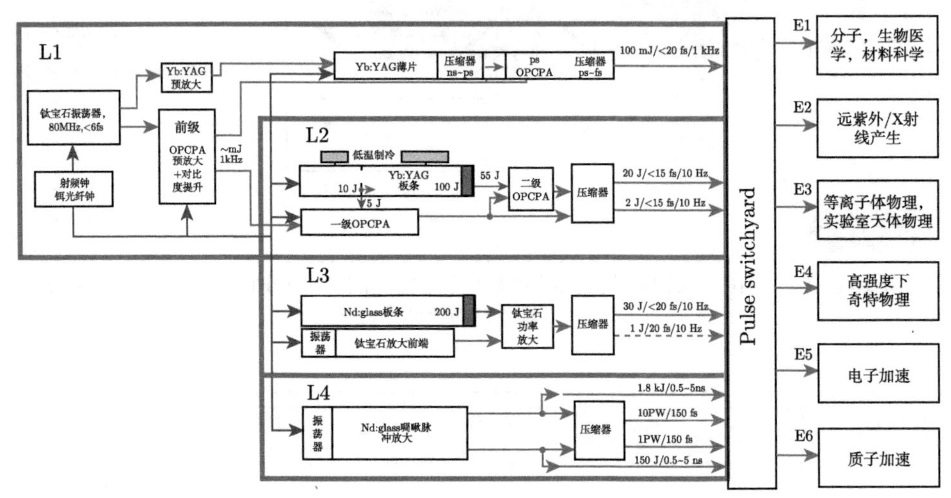

图 10.6-12　位于捷克的 ELI-Beamlines 总体设计图 [57](彩图请扫封底二维码)

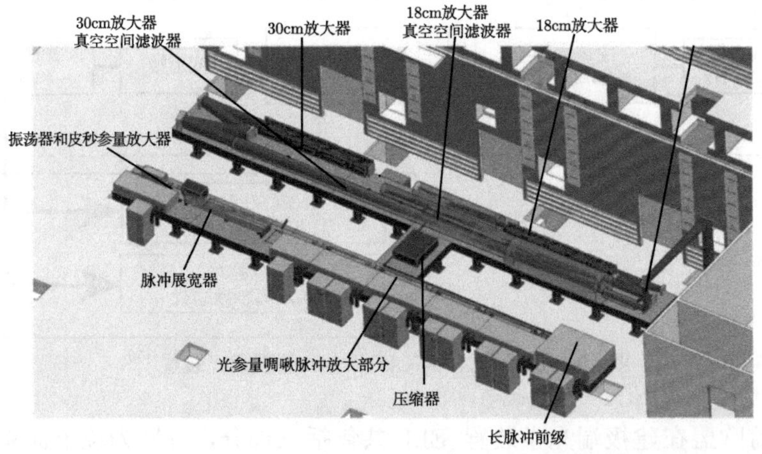

图 10.6-13　位于捷克的 ELI-Beamlines 10PW 激光装置设计图 [57]

参考文献

[1] Strickland D, Mourou G. Compression of amplified chirped optical pulses [J]. Opt. Commun., 1985, 56(3): 219-221.

[2] Perry M D, Pennington D, Stuart B C, et al. Petawatt laser pulses [J]. Opt. Lett., 1999, 24(3): 160-162.

[3] Danson C N, Brummitt P A, Clarke R J, et al. Vulcan Petawatt—an ultra-high-intensity interaction facility [J]. Nuclear Fusion, 2004, 44(12): S239-S246.

[4] Kitagawa Y, Fujita H, Kodama R, et al. Prepulse-free petawatt laser for a fast ignitor [J]. IEEE J. Quantum Electron., 2004, 40(3): 281-293.

[5] Aoyama M, Yamakawa K, Akahane Y, et al. 0.85-PW, 33-fs Ti:sapphire laser [J]. Opt. Lett., 2003, 28(17): 1594-1596.

[6] Peng H S, Zhang W Y, Zhang X M, et al. Progress in ICF programs at CAEP [J]. Laser Part. Beams, 2005, 23(3): 397.

[7] Murnane M M, Kapteyn H C, Rosen M D, et al. Ultrafast X-ray pulses from laser-produced plasmas [J]. Science, 1991, 251(4993): 531-536.

[8] Clark E L, Krushelnick K, Zepf M, et al. Energetic heavy-ion and proton generation from ultraintense laser-plasma interactions with solids [J].Phys. Rev. Lett., 2000, 85(8): 1654-1657.

[9] Zhang Q, Zhao Y Y, Wei Z Y. MW-peak-power femtoseond Ti:sapphire oscillator [J]. Acta Physica Sinica, 2010, 59(5): 3244-3248.

[10] Martinez O E. 3000 times grating compressor with positive group-velocity dispersion—application to fiber compensation in 1.3-1.6μm region [J]. IEEE J. Quantum Electron., 1987, 23(1): 59-64.

[11] Cheriaux G, Rousseau P, Salin F, et al. Aberration-free stretcher design for ultrashort-pulse amplification [J]. Opt. Lett., 1996, 21(6): 414-416.

[12] Backus S, Peatross J, Huang C P, et al. Ti:sapphire amplifier producing millijoule-level, 21-fs pulses at 1 kHz [J]. Opt. Lett., 1995, 20(19): 2000-2002.

[13] Sartania S, Cheng Z, Lenzner M, et al. Generation of 0.1-TW 5-fs optical pulses at a 1-kHz repetition rate [J]. Opt. Lett., 1997, 22: 1562-1564.

[14] Cheng Z, Zhao W. Group-delay dispersion in double-prism pair and limitation in broadband laser pulses [J]. Chinese Journal of Lasers B, 2002, 11(5): 359-363.

[15] Dubietis A, Jonusauskas G, Piskarskas A.Powerful femtosecond pulse generation by chirped and stretched pulse parametric amplification in BBO crystal [J]. Opt. Commun., 1992, 88(4-6): 437-440.

[16] Kawanaka J, Tsubakimoto K, Yoshida H, et al. Conceptual design of sub-exa-watt system by using optical parametric chirped pulse amplification [C]//8th International Conference on Inertial Fusion Sciences and Applications (IFSA), 2016, 688: 012044.

[17] Miquel J L, Lion C, Vivini P, et al. The Laser Mega-Joule : LMJ & PETAL status and program overview [C]//8th International Conference on Inertial Fusion Sciences and

Applications. Bristol: Iop Publishing Ltd., 2016.
[18] Xu Z Z, Yang X D, Leng Y X, et al. High-power output from a compact OPCPA laser system [J]. Chin. Opt. Lett., 2003, 1(1): 24-27.
[19] Chekhlov O V, Collier J L, Ross I N, et al. 35 J broadband femtosecond optical parametric chirped pulse amplification system [J]. Opt. Lett., 2006, 31(24): 3665-3667.
[20] Lozhkarev V V, Freidman G I, Ginzburg V N, et al. Compact 0.56 petawatt laser system based on optical parametric chirped pulse amplification in KD*P crystals [J]. Laser Phys. Lett., 2007, 4(6): 421-427.
[21] Adachi S, Ishii N, Kanai T, et al. 5-fs, multi-mJ, CEP-locked parametric chirped-pulse amplifier pumped by a 450-nm source at 1 kHz [J]. Opt. Express, 2008, 16(19): 14341-14352.
[22] Budriunas R, Stanislauskas T, Adamonis J, et al. 53 W average power CEP-stabilized OPCPA system delivering 55 TW few cycle pulses at 1 kHz repetition rate [J]. Opt. Express, 2017, 25(5): 5797-5806.
[23] Erny C, Gallmann L, Keller U. High-repetition-rate femtosecond optical parametric chirped-pulse amplifier in the mid-infrared [J]. Appl. phys. B—Lasers O., 2009, 96(2-3): 257-269.
[24] Fuji T, Ishii N, Teisset C Y, et al. Parametric amplification of few-cycle carrier-envelope phase-stable pulses at 2.1 μm [J]. Opt. Lett., 2006, 31(8): 1103-1105.
[25] Heese C, Erny C, Haag M, et al. 1 μJ From a High Repetition Rate Femtosecond Optical Parametric Chirped-Pulse Amplifier in the Mid-Infrared [M]. New York: Ieee, 2009.
[26] Windeler M K R, Mecseki K, Miahnahri A, et al. 100 W high-repetition-rate near-infrared optical parametric chirped pulse amplifier [J]. Opt. Lett., 2019, 44(17): 4287-4290.
[27] Yasui T, Minoshima K, Matsumoto H. Stabilization of femtosecond mode-locked Ti: Sapphire laser for high-accuracy pulse interferometry [J]. IEEE J. Quantum Electron., 2001, 37(1): 12-19.
[28] Nantel M, Itatani J, Tien A C, et al. Temporal contrast in Ti:sapphire lasers: characterization and control [J]. IEEE J. Sel. Top Quantum Electron., 1998, 4(2): 449-458.
[29] Kalashnikov M, Osvay K, Sandner W. High-power Ti:sapphire lasers: temporal contrast and spectral narrowing [J]. Laser Part. Beams, 2007, 25(2): 219-223.
[30] Hong K H, Hou B, Nees J A, et al. Generation and measurement of $> 10^8$ intensity contrast ratio in a relativistic kHz chirped-pulse amplified laser [J]. Appl. Phys. B—Lasers O., 2005, 81(4): 447-457.
[31] Jullien A, Albert O, Burgy F, et al. 10^{-10} temporal contrast for femtosecond ultraintense lasers by cross-polarized wave generation [J]. Opt. Lett., 2005, 30(8): 920-922.
[32] Ramirez L P, Papadopoulos D N, Pellegrina A, et al. Efficient cross polarized wave generation for compact, energy-scalable, ultrashort laser sources [J]. Opt. Express, 2011, 19(1): 93-98.

[33] Itatani J, Faure J, Nantel M, et al. Suppression of the amplified spontaneous emission in chirped-pulse-amplification lasers by clean high-energy seed-pulse injection [J]. Opt. Commun., 1998, 148(1-3): 70-74.

[34] Thaury C, Quere F, Geindre J P, et al. Plasma mirrors for ultrahigh-intensity optics [J]. Nat. Phys., 2007, 3(6): 424-429.

[35] Chvykov V, Rousseau P, Reed S, et al. Generation of 10^{11} contrast 50 TW laser pulses [J]. Opt. Lett., 2006, 31(10): 1456-1458.

[36] Dorrer C, Begishev I A, Okishev A V, et al. High-contrast optical-parametric amplifier as a front end of high-power laser systems [J]. Opt. Lett., 2007, 32(15): 2143-2145.

[37] Dromey B, Kar S, Zepf M, et al. The plasma mirror—a subpicosecond optical switch for ultrahigh power lasers [J]. Rev. Sci. Instrum., 2004, 75(3): 645-649.

[38] The US National Ignition Facility (NIF) [J]. Chemical & Engineering News, 2018, 96(29): 17.

[39] Haynam C A, Wegner P J, Auerbach J M, et al. The National Ignition Facility performance status [J]. Journal De Physique IV, 2006, 133: 575-585.

[40] Gaul E W, Martinez M, Blakeney J, et al. Demonstration of a 1.1 petawatt laser based on a hybrid optical parametric chirped pulse amplification/mixed Nd:glass amplifier[J]. Appl. Opt., 2010, 49: 1676-1681.

[41] Hernandez-Gomez C, Blake S P, Chekhlov O, et al. The Vulcan 10 PW Project[J]. 6th International Conference on Inertial Fusion Sciences and Applications, 2010, 244: 032006.

[42] Musgrave I, Galimberti M, Boyle A, et al. Review of laser diagnostics at the Vulcan laser facility[J]. High Power Laser Sci. Eng., 2015, 3: e26.

[43] Ebrardt J, Chaput J M, Ifsa. LMJ on its way to fusion[C]//Sixth International Conference on Inertial Fusion Sciences and Applications, Parts 1-4. Bristol: Iop Publishing Ltd., 2010.

[44] Sung J H, Lee S K, Yu T J, et al. 0.1 Hz 1.0 PW Ti:sapphire laser[J]. Opt. Lett., 2010, 35: 3021-3023.

[45] Yu T J, Lee S K, Sung J H, et al. Generation of high-contrast, 30 fs, 1.5 PW laser pulses from chirped-pulse amplification Ti:sapphire laser[J]. Opt. Express, 2012, 20: 10807-10815.

[46] Sung J H, Lee H W, Yoo J Y, et al. 4.2 PW, 20 fs Ti:sapphire laser at 0.1 Hz[J]. Opt. Lett., 2017, 42: 2058-2061.

[47] Danson C N, Haefner C, Bromage J, et al. Petawatt and exawatt class lasers worldwide[J]. High Power Laser Sci. Eng., 2019, 7: e54.

[48] Liang X Y, Leng Y X, Wang C, et al. Parasitic lasing suppression in high gain femtosecond petawatt Ti:sapphire amplifier[J]. Opt. Express, 2007, 15: 15335-15341.

[49] Chu Y X, Liang X Y, Yu L H, et al. High-contrast 2.0 Petawatt Ti:sapphire laser system[J]. Opt. Express, 2013, 21: 29231-29239.

[50] Chu Y X, Gan Z B, Liang X Y, et al. High-energy large-aperture Ti:sapphire amplifier

for 5 PW laser pulses[J]. Opt. Lett., 2015, 40: 5011-5014.

[51] Li W, Gan Z, Yu L, et al. 339J high-energy Ti:sapphire chirped-pulse amplifier for 10 PW laser facility[J]. Opt. Lett., 2018, 43: 5681-5684.

[52] Wang Z H, Liu C, Shen Z W, et al. High-contrast 1.16 PW Ti:sapphire laser system combined with a doubled chirped-pulse amplification scheme and a femtosecond optical-parametric amplifier[J]. Opt. Lett., 2011, 36: 3194-3196.

[53] Lozhkarev V V, Freidman G I, Ginzburg V N, et al. 200 TW 45 fs laser based on optical parametric chirped pulse amplification[J]. Opt. Express, 2006, 14: 446-454.

[54] Jiang J, Zhang Z G, Hasama T. Evaluation of chirped-pulse-amplification systems with Offner triplet telescope stretchers [J]. J. Opt. Soc. Am. B, 2002, 19(4): 679-683.

[55] Zeng X, Zhou K, Zuo Y, et al. Multi-petawatt laser facility fully based on optical parametric chirped-pulse amplification[J]. Opt. Lett., 2017, 42: 2014-2017.

[56] Kiriyama H, Pirozhkov A S, Nishiuchi M, et al. High-contrast high-intensity repetitive petawatt laser[J]. Opt. Lett., 2018, 43: 2595-2598.

[57] Rus B, Bakule P, Kramer D, et al. ELI-Beamlines: development of next generation short-pulse laser systems[C]//Conference on Research Using Extreme Light—Entering New Frontiers with Petawatt-Class Lasers Ⅱ, 2015, 9515: 95150F.

第 11 章　阿秒激光的原理与技术

人类目前能够认知的时间尺度，小至普朗克时间 (Plank time)($t_{\mathrm{p}} \sim 10^{-44}$s)，大至宇宙的年龄——约 430Ps(1Ps = 10^{15}s)。普朗克时间是目前物理学上有意义的最小时间单位，其表征了时空的基本性质，但是对这个尺度下世界的操控远远超出了目前人类的能力。目前实验上能够触及的时间尺度在仄秒 (1zs = 10^{-21}s) 到阿秒量级。尽管目前已经有不少仄秒激光脉冲的产生和控制的方案，不过实验上能够创造的最短的光脉冲还在阿秒量级 (最短纪录 43as)。阿秒激光的出现意味着人们能够对原子体系进行观察和控制，更进一步，未来的仄秒激光使人们能够深入研究原子核内部。超短激光脉冲脉宽的最小极限是普朗克时间，这是物理学家的终极愿望，如果实验上拥有这样的脉冲，就可能观察到时空本身的结构和变化。

飞秒/阿秒激光的出现，使得科学家能够用手触及 fs-μm 到 as-nm 的时空尺度，能够探测电子、原子、分子和生物大分子的结构和运动，这些粒子的微观运动决定了物理、化学和生物学中的宏观表象行为。对化学键断裂的实时观测使人们对化学反应有了更深一步的认识，这也使得人们有可能获得控制化学反应的能力。阿秒激光的出现，使人们能观察和认识物质内部的电子结构，能控制电子的运动。电子被认为在化学、生命等过程中有着重要的作用。光合作用，甚至人脑的功能、意识等问题可能都需要探索电子的运动。

本章将介绍高次谐波产生 (HHG) 的原理与技术，包括典型的气体介质中的高次谐波产生以及近年来兴起的固体介质高次谐波产生的研究。进而介绍基于高次谐波产生的阿秒激光脉冲产生及其测量的技术。最后将展望高次谐波与阿秒激光未来发展的几个热门的方向，例如高通量、高重复频率、多色场激光驱动，以及长波长/短波长激光驱动的高次谐波及阿秒激光产生及其应用。

11.1　高次谐波产生原理与阿秒脉冲

人们在用光激发物质的时候，发现电子能谱上出现多个峰，按照爱因斯坦的光电效应理论，合适频率的光子会把电子打出物质，被电离的电子有一定的动能，用电子谱仪可以测量到这个动能值。可是当光强增大的时候，人们在电子能谱上观察到多个峰，最低的一个就是上面提到的爱因斯坦理论预言的峰，能量更高的峰之间的能量间隔是驱动光光子能量的两倍，这似乎意味着连续态的电子会继续吸收光子。这就是阈上电离 (above threshold ionization, ATI) 现象，电子能够吸收多个光子跃迁至连续态，光子能量总和大于电离势。这件事情在当时看来是十分奇怪的，因为电子吸收和放出光子在能级之间跃迁的时候发生，其中一个能级必须是束缚态。后来人们希望通过观察不同的自由度去理解这个物理过程，于是尝试看光谱，发现与电子谱类似，强激光和物质作用的时候，光谱上显示，产生了高次谐波，其光子能量是基频光光子能量的奇数倍。这段历史 (pre-HHG) 请参考 S. L. Chin 的 *From Multiphoton to Tunnel Ionization*[1]。

1987 年，A. McPherson 等第一次在实验上发现了高次谐波 [2]，接下来人们在实验和理论上都进行了广泛的探索，并在高次谐波研究的基础上实现了阿秒脉冲产生及应用，开创了阿秒科学这一全新的研究领域。

1. 原理探索——三步模型的发现 (1986~1995)

这一时期，人们从高次谐波的实验现象出发，着重研究谐波的光谱结构，发展了 HHG 的单原子解析理论。使用不同的驱动激光以及不同的气体介质，理论上最初都集中在单原子效应上。1990 年之后，A. L'Huillier 等系统地分析了高次谐波产生的宏观传播效应 [3]。M. E. Faldon 研究了高次谐波的时间形貌，发现谐波的性质与微扰理论有所偏离 [4]。1990 年，A. L'Huillier 等提出了 cutoff law[3]。在几年的实验和理论探索的基础上，P. B. Corkum 提出了能够直观简洁地解释高次谐波产生过程的三步模型 [5]，不久后，三步模型的量子力学版本的理论也被提出 [6]。

如图 11.1-1 所示，束缚电子的库仑势垒在强激光场的作用下被压低，电子波包有几率通过隧穿电离到达连续态。进而电子在激光场中加速，激光场反向后返回原子核，最终有一定几率与母核复合，在光场中获得能量以高能极紫外光子的形式释放出来，即产生了基频光的高次谐波。这一电离–加速–复合模型即高次谐波的三步模型。为了定性地理解这一过程，我们首先以经典牛顿方程来求解高次谐波产生中的电子运动，考虑一个单色、在 x 方向线偏振的激光，激光场可以表示为

$$E(t) = E_0 \cos(\omega_0 t) \tag{11.1-1}$$

其中，E_0 为光场的振幅；ω_0 为频率，对应光周期为 $T = 2\pi/\omega_0$；t 为时间。在激光场隧穿电离的电子初始位置 $x = 0$，初速度 $v = 0$，这里忽略库仑势。根据经典的运动方程：

$$m\frac{\mathrm{d}^2 x}{\mathrm{d}t^2} = -eE(t) = -eE_0 \cos(\omega_0 t) \tag{11.1-2}$$

其中，m 是电子质量；e 是电子电量。设电子的电离时间为 $t = t_0$，给定初始条

件 $x(t_0)=0$, 可以求得

$$v(t) = -\frac{eE_0}{m\omega_0}\left[\sin(\omega_0 t) - \sin(\omega_0 t_0)\right] \tag{11.1-3}$$

$$x(t) = \frac{eE_0}{m\omega_0^2}\left[\cos(\omega_0 t) - \cos(\omega_0 t_0) + \omega_0 \sin(\omega_0 t_0)(t - t_0)\right] \tag{11.1-4}$$

这里我们考虑电子返回 $x=0$ 发生复合的情形，此时复合时间为 $t=t_\mathrm{r}$，t_0 与 t_r 满足

$$\cos(\omega_0 t_\mathrm{r}) - \cos(\omega_0 t_0) + \omega_0 \sin(\omega_0 t_0)(t_\mathrm{r} - t_0) = 0 \tag{11.1-5}$$

高次谐波光子能量 E_p 为

$$E_\mathrm{p} = I_\mathrm{p} + \frac{1}{2}mv^2(t_\mathrm{r}) = I_\mathrm{p} + 2U_\mathrm{p}\left[\sin(\omega_0 t_\mathrm{r}) - \sin(\omega_0 t_0)\right] \tag{11.1-6}$$

其中，I_p 为原子的电离势，而 U_p 为有质动力势 (pondermotive potential)，表达式为

$$U_\mathrm{p} = \frac{e^2E_0^2}{4m\omega^2} \tag{11.1-7}$$

其物理意义为电子在一个光周期里所积累的平均动能。

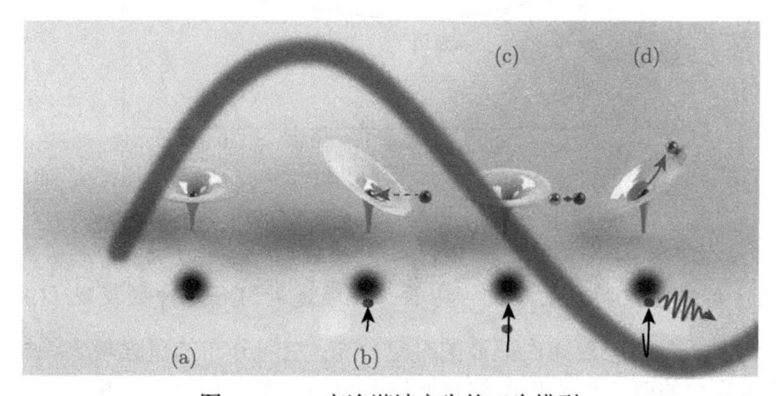

图 11.1-1 高次谐波产生的三步模型

由式 (11.1-5) 可得任意时刻电离的电子的复合时间，该式无解析解，需要使用数值求解的方式。再通过式 (11.1-6) 可以计算出相应的电离与复合时刻的电子的动能，也就是高次谐波光子的能量。

图 11.1-2 表示电子电离、复合时间与复合时动能的关系。左侧实线部分是电离时间在 $t_0 \in [0,0.25T]$ 的电子电离时间与复合动能之间的关系，$t_0 \in [0.25T,0.5T]$ 的电子由于电场方向而无法返回母核，而由于电场的对称性，其他光场半周期之间的电子具有相同的特性，所以不再重复讨论。可以看出，在 $t_0 = 0.05T$ 时动能最大，达到 $3.17U_\text{p}$。此时产生的高次谐波光子能量为

$$\hbar\omega = I_\text{p} + 3.17U_\text{p} \tag{11.1-8}$$

这一公式可以用于估计高次谐波光谱的截止频率。右侧虚线部分则是实线部分所对应的复合时间与动能之间的关系。对于每一个可能的动能，都存在两组可能的电离与复合时间。$t_0 \in [0.05T,0.25T]$ 电子对应的复合时间为 $t_\text{r} \in [0.25T,0.7T]$，其电离时间较晚而复合时间较早，飞行时间较短，这一系列轨道称为短轨道。$t_0 \in [0T, 0.05T]$ 电子对应的复合时间为 $t_\text{r} \in [0.7T, T]$，其电离时间较早而复合时间较晚，飞行时间较长，这一系列轨道称为长轨道。一组长段轨道如图 11.1-2 中箭头所示。由于电子复合时间在 $0.25T \sim T$，所以高次谐波具有产生亚周期乃至阿秒量级脉冲的潜力。

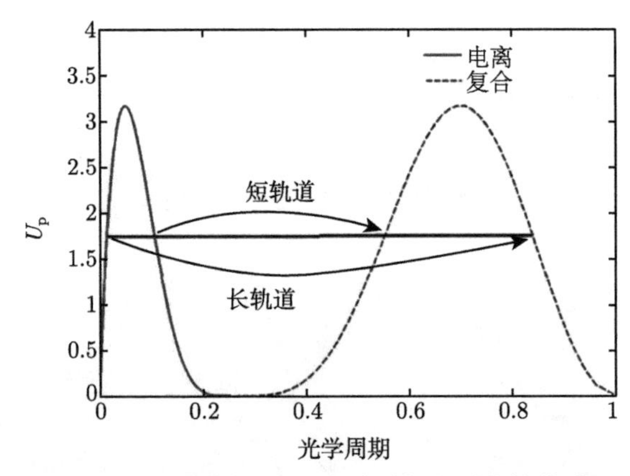

图 11.1-2　电子电离、复合时间与动能的关系

2. 高次谐波时空特性的研究——长、短轨道和阿秒脉冲的发现 (1994~2002)

这一时期，人们探索高次谐波的时空分布；空间分布的研究使人们发现长、短轨道，时间分布的研究使人们能够得到阿秒脉冲。在三步模型被提出之前，人们数值求解含时薛定谔方程 (time-dependent Schrödinger equation，TDSE)，也能获得与实验一致的光谱，但是对物理过程仍然一无所知，三步模型和强场近似 (strong field approximation，SFA) 模型提供给人们最直观的物理图像。这两个模型实际上描述的是 HHG 的单原子效应，并没有对高次谐波传播到远场的形貌作任何说

明。随后，人们对宏观传播效应作了系列研究，实验和理论方面都有很大的进展，建立起了完整的单原子谐波产生和三维传播模型 [7]。这些结果都显示，高次谐波的远场空间分布和传统的倍频很不一样，即使驱动激光是一个光束质量很好的高斯光束，高次谐波的光束质量也可能很糟糕：发散角大，很多同心圆环分布，能量不集中。高次谐波的远场分布杂乱，这是由产生区域的相位分布所导致的。这一时期也观察到了高次谐波的 CEP 依赖性 [8]。1998 年，长、短轨道的高次谐波在实验上第一次被发现，并指出了高次谐波远场杂乱的空间分布是由长、短轨道和它们之间的干涉所贡献 [9]。长、短轨道的发现，结合 SFA 理论，使得 HHG 能够纳入 Feynman 的量子路径积分理论的框架内 [10]。

另一方面是阿秒脉冲的产生。基于 HHG 的阿秒脉冲产生的方案在 1992 年第一次被提出，1996 年阿秒脉冲串的方案被提出，然后人们开始构想和发展各种理论和架构 [11]。最后导致实验上第一个阿秒脉冲串 [12] 和第一个单阿秒脉冲 [13] 的实现。

3. 量子轨道和阿秒/XUV 光源的发展 (2000~2010)

阿秒脉冲极短的时间特性，使其在原子分子体系的动力学探测上有着潜在的十分重要的应用，因此，人们对阿秒脉冲本身的特性和产生机理作了深入研究，并且进一步探索实验上可行的方案，优化阿秒脉冲的产生。另一方面，长、短轨道高次谐波的性质，以及它们携带的电子连续态信息也受到了广泛的关注。特别的，目前单脉冲的产生一般只选取短轨道的贡献，因此，阿秒脉冲和长、短轨道性质的研究密不可分。不考虑时间宽度，高次谐波作为 XUV 光源，也得到了广泛的关注和发展。

比较典型的一些进展如下：M. B. Gaarde 使用 SFA 和数值求解 TDSE 分析了高次谐波产生过程中的量子轨道，发现 SFA 的原始理论过度地简化了原子结构 [14]；从量子轨道的观点出发发现了阿秒脉冲的内禀啁啾 [15]；从时间频率分析的角度看高次谐波的产生 [16]；keV 的高次谐波产生 [17] 等。2008 年，量子轨道干涉的发现实验上证明了高次谐波谱中含有量子轨道的相位信息 [18]。

4. 高次谐波光谱学和阿秒/XUV 光源的进一步发展 (2008~)

高次谐波产生过程中的量子轨道被发现以后，人们对其时空特性以及干涉特性进行了一系列的研究。人们进一步考察量子轨道，发现可以从另外一个观点来看待高次谐波的产生。高次谐波产生过程本身就是一个泵浦–探测 (pump-probe) 的过程。第一步 (泵浦)，强飞秒激光激发作用介质。第二步 (延时)，电子从基态被电离出来，携带有物质的结构信息；在自由态飞行，携带有量子轨道的信息；不同轨道飞行时间不一样，这就引进了延迟。第三步 (碰撞–探测) 电子飞回母核，与核碰撞，发射高次谐波，并把携带的信息传递给高次谐波。基于这种电子碰撞、被散射的概念，堪萨斯大学的 C. D. Lin 发展出第三种高次谐波的计算方法 (前两种是 TDSE 和 SFA)：quantitative rescattering theory[19]。

2011 年，A. D. Shiner 利用高次谐波光谱，探测氙中电子的集体运动 [20]。2014 年，K. T. Kim 实验上发现，操作量子轨道，利用高次谐波光谱的变化，可以诊断阿秒脉冲；他们基于同样的概念，提出不需要使用电子谱，单纯的高次谐波光谱就能够反演出阿秒脉冲的时域波形 [21]。另一方面，由于具有极其广泛的应用，人们对作为阿秒脉冲和 XUV 光源的高次谐波越来越关注，并且在 2017 年报道了短至 43 as 的阿秒脉冲 [22]。目前，高次谐波的应用研究主要集于在两个方面：① 作为阿秒和 XUV 光源；② 把其看作一种泵浦–探测的手段，或是看成一个碰撞过程，探测原子分子及光场的信息。

11.2 固体高次谐波原理和技术

随着对高次谐波产生的原理认识的深入与技术的发展，高次谐波的产生介质也从气体原子分子逐渐扩展到固体介质。早期以固体为产生介质的谐波产生研究，其产生的最高频率较低，没有完全脱离微扰区，尚无法与呈现明显非微扰特征的气体介质高次谐波研究进行直接的对比。由于材料选择与信号观测上存在的困难，对固体介质中的高次谐波实验研究进展较为缓慢，主要集中在理论领域中。1997 年，F. H. M. Faisal 等提出了固体高次谐波的理论计算 [23]。理论结果表明，在半导体材料中，当驱动激光强度达到 10^{12}W/cm^2 时，可以产生较强的高次谐波。其所需的激光强度远低于气体介质所需的 $10^{14} \sim 10^{15}$W/cm^2 范围。后续的理论研究预言，在固体中产生高次谐波的机制可以分为能带内的布洛赫振荡以及能带间的电子–空穴对复合两种 [24]。直至 2011 年，S. Ghimire 等首次报道了在实验上观测到固体产生介质中的高次谐波 [25]。使用 3.25 μm、100 fs、1 kHz 的飞秒脉冲，聚焦后的功率密度约为 5×10^{12} W/cm^2，入射到厚度 500 μm 的 ZnO 晶体，产生的高次谐波截止区达到 25 阶，其对应光子能量为 9.5 eV。同时他们的研究发现，ZnO 中的高次谐波的截止频率与驱动光的电场强度成正比，这与气体高次谐波中截止频率与驱动光光强 (电场强度平方) 成正比的关系有显著的区别。这说明固体高次谐波的产生机制不能简单地使用当时在气体介质中已经较为成熟的理论模型来解释。此后，实验方面，固体高次谐波产生扩展到了各种不同的产生介质中，例如半导体、电介质、纳米结构、石墨烯、拓扑材料等。并且基于对固体高次谐波机制的深入认识，人们发现固体高次谐波中包含了固体能带特征的信息，因此固体高次谐波也可以作为测量能带结构的新工具，之前的测量通常使用角分辨光电子能谱学 (angular-resolved photoemission spectroscopy, ARPES) 的方法，而固体高次谐波在难以开展 ARPES 光电子测量的条件下利用全光手段重建能带结构，从而在高压、强磁场以及块状材料的测量中有着重要的应用。

与此同时，人们对固体高次谐波的产生机制进行了探索，发展了基于求解含时薛定谔方程、含时密度泛函、半导体布洛赫方程的理论计算。在上述固体高次谐波的理论模型中，较为常用的模型是使用半导体布洛赫方程求解多能级系统间的电子振荡与跃迁过程。现在普遍认为，固体高次谐波产生可以分为带内辐射与带间辐射两部分。下面我们从薛定谔方程出发，对固体高次谐波的带间和带内这两种产生方式进行详细推导。含时的哈密顿量可以写作

$$H(t) = H_0 - \boldsymbol{x} \cdot \boldsymbol{F}(t) \tag{11.2-1}$$

$$H_0 = T + U \tag{11.2-2}$$

其中，H_0 为非微扰下哈密顿量；$\boldsymbol{F}(t)$ 代表电场；$T = -\frac{\boldsymbol{p}^2}{2} = -\frac{-\mathrm{i}\nabla}{2}$，为动量算符；$U$ 代表晶格的周期性势场。

在无势场情况下，H_0 对应的布洛赫态为 $\Phi_{m,\boldsymbol{k}}(\boldsymbol{x}) = u_{m,\boldsymbol{k}}(\boldsymbol{x}) \exp(\mathrm{i}\boldsymbol{k} \cdot \boldsymbol{x})$，对应的本征能量为 $E_{m,\boldsymbol{k}} = E_m(\boldsymbol{k})$，其中 m 为能带序数，$\boldsymbol{k}$ 为晶格动量，$u_{m,\boldsymbol{k}}$ 代表了布洛赫函数中的周期性部分。

电子的含时波函数可以表示为概率幅为 $a_m(\boldsymbol{k}, t)$ 的本征态的线性组合。在长度规范下，含时薛定谔方程及波函数表示为

$$\begin{cases} \mathrm{i}\dfrac{\partial \Psi(\boldsymbol{x}, t)}{\partial t} = H(t) \Psi(\boldsymbol{x}, t) \\ \Psi(\boldsymbol{x}, t) = \displaystyle\sum_m \int_{\mathrm{BZ}} a_m(\boldsymbol{k}, t) \Phi_{m,\boldsymbol{k}}(\boldsymbol{x}) \mathrm{d}^3\boldsymbol{k} \end{cases} \tag{11.2-3}$$

将波函数代入薛定谔方程，并且利用归一化条件 $\int_{\mathbb{R}^3} |\Phi_{m,\boldsymbol{k}}(\boldsymbol{x})|^2 \mathrm{d}\boldsymbol{x} = V$ 对方程进行化简，可求得本征态的概率幅：

$$\begin{aligned} & a_m = (-\mathrm{i}E_m(\boldsymbol{k}) + \boldsymbol{F}(t)\nabla_{\boldsymbol{k}}) a_m + \mathrm{i}\boldsymbol{F}(t) \sum_{m' \neq m} \boldsymbol{d}_{mm'}(\boldsymbol{k}) a_{m'} \\ & \boldsymbol{d}_{mm'}(\boldsymbol{k}) = \mathrm{i} \int \mathrm{d}^3\boldsymbol{x} u^*_{m,\boldsymbol{k}}(\boldsymbol{x}) \nabla_{\boldsymbol{k}} u_{m',\boldsymbol{k}}(\boldsymbol{x}) \end{aligned} \tag{11.2-4}$$

其中，$\boldsymbol{d}_{mm'}(\boldsymbol{k})$ 为能带 m 与 m' 之间的跃迁偶极矩。

上面计算得到的 a_m 形式较为复杂，包含了含时项 $\boldsymbol{F}(t)$ 与微分算符 $\nabla_{\boldsymbol{k}}$。为了简化计算，将 a_m 替换为 $b_m(K, t) = a_m(K, t) \exp\left(\mathrm{i} \int_{-\infty}^{t} E_m [K + A(t')] \mathrm{d}t'\right) (m =$

v, c)，并且使用移动坐标系 $K = k - A(t)$。此时式 (11.2-4) 可化为如下形式：

$$\begin{cases} \dot{b}_{\mathrm{v}}(\boldsymbol{K},t) = \mathrm{i}F(t)d(\boldsymbol{K}+\boldsymbol{A}(t))b_{\mathrm{v}}(\boldsymbol{K},t)\exp(-\mathrm{i}S(\boldsymbol{K},t)) \\ \dot{b}_{\mathrm{c}}(\boldsymbol{K},t) = \mathrm{i}F(t)d^*(\boldsymbol{K}+\boldsymbol{A}(t))b_{\mathrm{c}}(\boldsymbol{K},t)\exp(\mathrm{i}S(\boldsymbol{K},t)) \end{cases} \tag{11.2-5}$$

其中 $S(\boldsymbol{K},t)$ 为经典作用量。

进一步定义 $n_m = |b_m|^2, \pi_{mm'} = b_m b^*_{m'}$，最终我们可以得到半导体布洛赫方程：

$$\begin{cases} \dot{\pi}(\boldsymbol{K},t) = -\dfrac{\pi(\boldsymbol{K},t)}{T_2} - \mathrm{i}\Omega(\boldsymbol{K},t)\omega(\boldsymbol{K},t)\mathrm{e}^{-\mathrm{i}S(\boldsymbol{K},t)} \\ \dot{n}_m(\boldsymbol{K},t) = \mathrm{i}s_m\Omega^*(\boldsymbol{K},t)\pi(\boldsymbol{K},t)\mathrm{e}^{\mathrm{i}S(\boldsymbol{K},t)} + \mathrm{c.c.} \end{cases} \tag{11.2-6}$$

该差分方程组给出了导带与价带集居数 n_m 和与极化相关的 π 随时间的演化。其中 $\omega = n_{\mathrm{v}} - n_{\mathrm{c}}$，代表价带与导带的集居数之差。价带与导带中的 s_m 分别取值 -1 和 1。拉比 (Rabi) 频率为 $\Omega(\boldsymbol{K},t) = \boldsymbol{F}(t)\cdot\boldsymbol{d}(\boldsymbol{K}+\boldsymbol{A}(t))$。经典作用量为 $S(\boldsymbol{K},t) = \displaystyle\int_{-\infty}^{t} \varepsilon_g[\boldsymbol{K}+\boldsymbol{A}(t')]\,\mathrm{d}t'$。完整的能带间极化表达式为

$$\boldsymbol{p}(\boldsymbol{K},t) = \boldsymbol{d}(\boldsymbol{K}+\boldsymbol{A}(t))\pi(\boldsymbol{K},t)\exp(\mathrm{i}S(\boldsymbol{K},t)) + \mathrm{c.c.} \tag{11.2-7}$$

至此，电子在能带上的运动以及带间的极化都可以通过布洛赫方程进行描述。计算带内电流 $\boldsymbol{j}_{\mathrm{ra}}$ 与带间电流 $\boldsymbol{j}_{\mathrm{er}}$，可得高次谐波产生过程中整个系统的电流变化，并通过傅里叶变换得到高次谐波光谱。带内电流与带间电流表达式为

$$\begin{cases} \boldsymbol{j}_{\mathrm{ra}}(t) = \displaystyle\sum_{m=\mathrm{c,v}} \int_{\mathrm{BZ}} \boldsymbol{v}_m(\boldsymbol{k})n_m(\boldsymbol{k}-\boldsymbol{A}(t),t)\mathrm{d}^3\boldsymbol{k} \\ \boldsymbol{j}_{\mathrm{er}}(t) = \dfrac{\mathrm{d}}{\mathrm{d}t}\displaystyle\int_{\mathrm{BZ}} \boldsymbol{p}(\boldsymbol{k}-\boldsymbol{A}(t),t)\mathrm{d}^3\boldsymbol{k} \end{cases} \tag{11.2-8}$$

其中，$v_m(\boldsymbol{k}) = \nabla_k \varepsilon_m(k)$，为第 m 个能带上电子的速度，此处的速度为实空间速度。根据带内电流和带间电流的表达式可知，带内电流的物理含义为所有能带上电子运动产生电流的总和；带间电流由能带间的极化产生。

将上述过程类比气体中高次谐波的三步模型 [26]，也可以给出固体高次谐波产生过程的半经典图像。在激光场中，固体中发生从价带至导带的跃迁，产生电子–空穴对。之后电子和空穴分别在导带和价带中进行振荡加速，产生带内电流，这部分电流产生的高次谐波辐射即为带内辐射。当电子–空穴对在空间上相遇时，有一定几率发生复合，电子从导带跃迁回价带，并辐射出高能的光子，即为带间辐射。如图 11.2-1 所示。

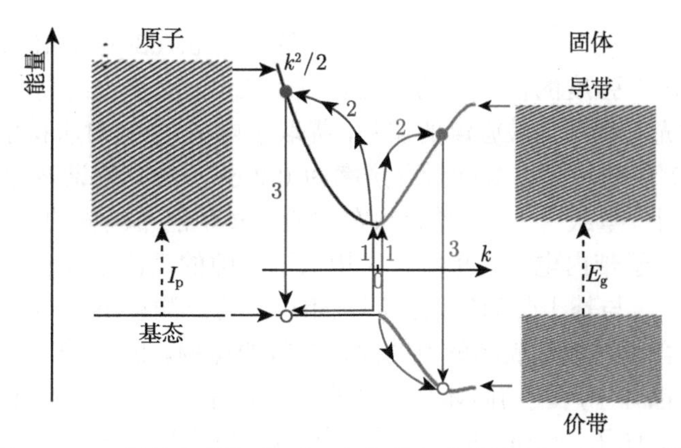

图 11.2-1 固体高次谐波 (右) 与气体高次谐波 (左) 的对比 [26]

从上述半经典模型的对比可以看出，气体高次谐波与固体高次谐波的机理存在一定的相似之处，特别是带间辐射的机制，均涉及电子的复合并释放出对应初末态能量差的光子。但固体中原子具有的周期性结构，其电子并非束缚于单个原子，而是在具有周期性的等效势场中运动，因此其机制与气体高次谐波有很多重要的区别。

气体高次谐波过程发生在强场的隧穿电离条件下，其典型的光强为 $10^{14} \sim 10^{15}$ W/cm^2 量级。固体高次谐波过程需要满足驱动光光强低于破坏阈值，其典型的光强为 $10^{12} \sim 10^{13}$ W/cm^2 量级。对于不同固体材料，需要根据其带隙选择合适的驱动光波长，在带隙较宽的半导体材料如 SiO_2、MgO 和 Al_2O_3 中，其带隙大于 6 eV，常用的短波长的气体高次谐波源如中心波长 800 nm(对应光子能量 1.55 eV) 的钛宝石激光可以作为驱动激光，而对于窄带隙的材料如 ZnO、GaSe、MoS_2、ZnSe 晶体等，其带隙在 3 eV 以下，通常需要选择波长 3 μm 以上的中红外激光作为驱动激光。

气体高次谐波产生过程中的电子加速过程中，由于原子核质量远大于电子，从而电子的速度要远快于原子核，可以近似认为原子核是不动的，电子漂移距离在 1 nm 左右，复合通常只发生在电子与其母核之间。然而在固体中，电子和空穴的速度在同一量级，需要同时考虑电子和空穴在电场和晶格势场中的运动。其最大的漂移可以达到数倍晶格常数的距离，因此其复合在实空间不一定是电离的初始位置。其在倒空间复合也不一定是发生在波矢 $k = 0$ 的位置，而是反映了动能 E 与波矢 k 的色散关系，这也决定了固体高次谐波中包含了产生介质的能带结构信息。

固体高次谐波这一性质可以应用于对材料能带结构的探测中。由于带间辐射机制与气体高次谐波近似，所以在固体高次谐波的研究中也可以引入较为成熟的气体高次谐波的一些实验技术。G. Vampa 等利用 3.763 μm、19 μJ、95 fs 的主驱动光及其 10^{-5} 强度的倍频光的双色场驱动 ZnO 固体中的高次谐波，通过观测较弱的倍频光对偶次谐波强度的调制，提取了电子–空穴对所积累的相位，并据此反演出 ZnO 能带信息，其能量分辨率为 0.2 eV，与高次谐波驱动的时间分辨 ARPES 达到同一量级 [27]。这是首次在实验上实现能带结构的全光学测量方法。Lanin 等则是基于带内电流的模型，利用低于带隙的高次谐波获取了 ZnSe 的能带色散关系 [28]。与基于带间辐射的测量相比，这一测量不依赖于材料对光子的吸收，从而适合于对较低破坏阈值的固体材料的探测。2020 年，H. Lakhotia 通过分析 MgF_2 晶体中产生的固体高次谐波，反演得到了材料中价电子势能与电子密度信息，并实现了 26 pm 的分辨率，为精确观测材料中电子波包形貌奠定了基础 [29]。

11.3　产生阿秒激光脉冲的典型技术

高次谐波是驱动激光在每半个光周期辐射出的极紫外脉冲，因此高次谐波脉冲宽度小于半个驱动光光周期, 可以达到亚飞秒，也即阿秒量级。在频域中高次谐波呈现分立的梳齿型结构，通常间隔为驱动光基频的二倍，对应在时域上高次谐波为阿秒脉冲序列，或称为阿秒脉冲串 (attosecond pulse train, APT)，序列中的每个阿秒脉冲的间隔为半个基频光光周期。在很多阿秒脉冲的时间分辨测量中，需要从阿秒脉冲序列中提取孤立阿秒脉冲 (isolated attosecond pulse, IAP)。孤立阿秒脉冲在频域中对应连续谱。阿秒脉冲宽度与连续谱宽度在傅里叶转换极限下乘积为 $\Delta\tau(\mathrm{as})\times\Delta E(\mathrm{eV})\approx1825$。举例来说，100 as 的脉冲所对应的连续谱的宽度约为 18 eV。利用一定的选通 (gating) 技术，可以在高次谐波谱中提取连续谱，或者说在阿秒脉冲序列中提取中单个的脉冲。目前人们已发展了多种从高次谐波中提取孤立阿秒脉冲的选通技术，本节中我们将着重介绍振幅选通、偏振选通、双光选通、灯塔选通，并介绍利用相干合成的多色光场产生孤立阿秒脉冲的技术。

11.3.1　振幅选通技术

驱动激光的每半个周期都会产生阿秒脉冲序列中的一个脉冲, 如果想要直接得到孤立阿秒脉冲，则驱动激光需要达到亚周期的脉冲宽度，这在技术上较难以实现。而使用少周期的驱动激光，可以得到脉冲个数较少的序列，此时进行单脉冲提取也较为容易。对于少周期激光，CEP 是一个重要的参数。对于少周期脉冲，CEP 将会显著地影响脉冲内电场的形状。当电场峰值锁定在包络峰值附近时，即 CEP=0 或 π 时，脉冲的中心前后会有且仅有一个最强的半周期电场，这个半周期电场辐射出的高次谐波对应的光子能量最高。如图 11.3-1 所示，最强半周期产生的高于临近半周期的高光子能量部分只来源于一个阿秒脉冲，此时在频域中，这一段光谱表现为连续谱，如果采用特殊镀膜的带通反射镜或者金属滤波片提取这一段连续谱，就能得到孤立的阿秒脉冲，时域上对应最强的半周期辐射的脉冲，这即是振幅选通 (amplitude gating) 的原理。2001 年，奥地利 Krausz 研究组采用 7 fs 的钛宝石飞秒激光器驱动高次谐波并结合振幅选通技术，首次在国际上测量得到了 650 as 的孤立阿秒脉冲 [13]。2013 年，中国科学院物理研究所利用压缩到 5 fs 的钛宝石飞秒激光器及类似的技术，首次在国内得到了 160 as 的孤立阿秒脉冲测量结果 [30]。

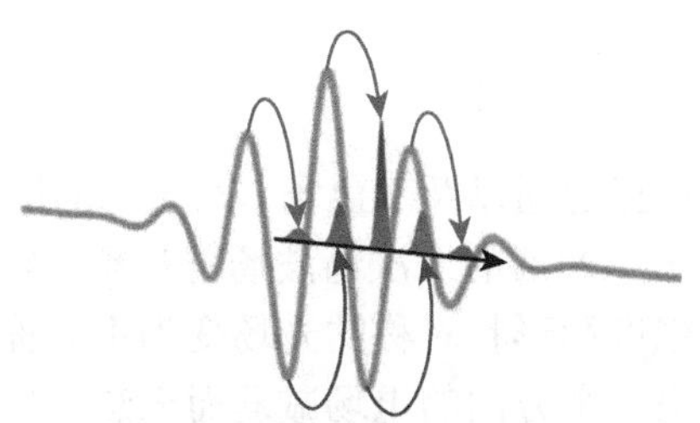

图 11.3-1 振幅选通原理。灰色曲线为驱动飞秒脉冲的波形，其中不同半周期所产生的阿秒脉冲的光谱由箭头指示 [31]

11.3.2 偏振选通技术

振幅选通利用频域选取连续谱分立孤立阿秒脉冲，此外，如果能够产生亚周期的线偏振光场，则同样可以支持孤立阿秒脉冲超连续谱的产生。一般而言，直接产生亚周期的光场是较为困难的，而偏振选通 (polarization gating) 技术则是利用两束偏振旋转方向相反的圆偏振光，在特定延迟下进行叠加，在叠加的光场中心处形成亚周期的线偏振光场，而在叠加区域外则保持圆偏振。根据高次谐波产生的半经典模型，电子在圆偏振或椭圆偏振的电场里并不直接指向原子方向，因此较难运动至原子处进行复合，而中间的线偏振部分则不受此影响，因此仅有一个半周期发生复合产生孤立阿秒脉冲。

实验中，将少周期的线偏振脉冲通过光轴与偏振方向成 45° 的石英片，原有的线偏振光分解为具有一定延迟并且互相垂直的两个线偏振光。再经过 1/4 波片将两束光变成偏振旋转方向相反的圆偏振光。通过设置特定的延迟，两个脉冲时域重合的部分形成一个亚周期的线偏振光场，这一过程如图 11.3-2 所示。这一线偏振光场可以产生宽带连续谱对应的阿秒脉冲。2017 年，J. Li 等利用偏振选通获得了中心波长 170 eV、53 as 的孤立脉冲 [32]，由于金属滤光片提供的色散补偿的带宽限制，脉冲没有达到带宽支持的极限脉冲宽度 20 as。

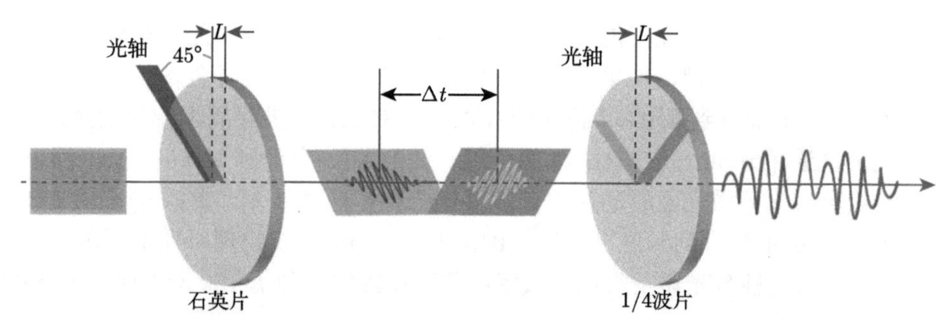

图 11.3-2　偏振选通原理示意图，所需光学元件包括石英片和 1/4 波片 [33]

11.3.3　双光选通技术

双偏振选通结合了偏振选通以及双色场。双色场的原理如图 11.3-3 所示，通过引入强度为基频光 10%~20%的二次谐波场与基频光叠加，通过相位控制，可以使原本正负方向电场强度和形状对称的光场变为不对称的双色场。此时双色场一个方向的电场加强，另一个方向的电场减弱而无法产生高次谐波，这样使得阿秒脉冲序列间的脉冲间距由半个光周期变为一个光周期。这样对选通的门宽的要求降低。通常偏振选通需要小于两个光周期的脉冲，在双色场中可以相应放宽至约四个光周期，也就是可以使用中心波长为 800 nm、脉冲宽度为 12 fs 的脉冲产生孤立阿秒脉冲。

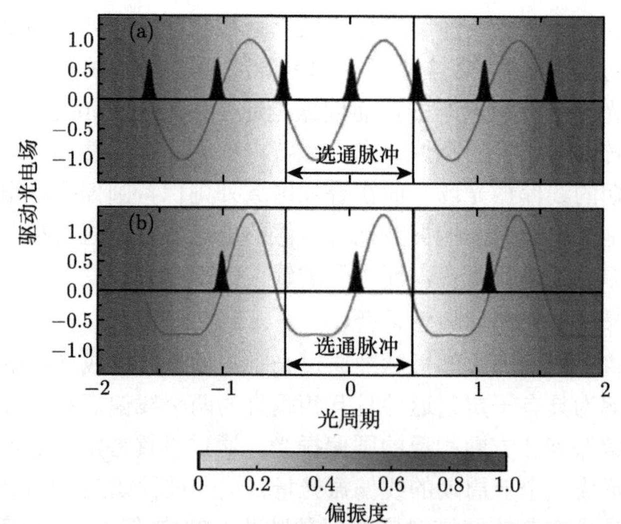

图 11.3-3　单色场 (a) 和双色场 (b) 的偏振选通的时域示意图 [34](彩图请扫封底二维码)
红色实线表示驱动光场；黑色竖线表示选通门宽；填充的脉冲表示对应驱动光场下的阿秒脉冲时域分布；背景颜色的深浅代表偏振选通的强弱

广义双光选通 (generalized double optical gating, GDOG)[35] 将对基频光的脉宽要求进一步放宽到 28~30 fs。图 11.3-4 是 GDOG 的原理示意图。其相比偏振选通增加了 BBO 用于倍频，而相比双光选通 (DOG), 在光路中间增加一片布儒斯特窗, 将偏振选通中使用的圆偏振变成椭圆偏振。在得到与 DOG 相同的选通宽度的基础上，降低了产生场方向的电场强度，从而降低了基态原子饱和电离的影响。这避免了原子在线偏振场之前就由于过度电离而耗尽电子，使得线偏振场无法产生阿秒脉冲，从而可以支持脉宽更长的驱动脉冲。2013 年, H. Mashiko 等 [36] 利用双光选通获得了光子能量覆盖 28~620 eV(波长 2~45 nm) 的 XUV 超连续光谱, 变换极限脉冲宽度达到 16 as。2012 年, K. Zhao 等 [37] 使用双光选通得到了 67 as 的孤立脉冲。2020 年以后, 中国科学院西安光学精密机械研究所、华中科技大学、国防科技大学等团队也相继报道采用双光选通方案实现孤立阿秒脉冲产生的工作 [85-87]。

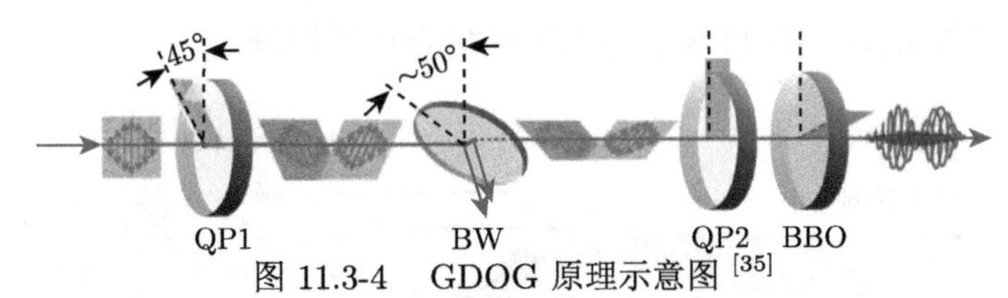

图 11.3-4 GDOG 原理示意图 [35]

光学元件包括石英波片 (QP1)、布儒斯特窗 (BW)、第二个石英波片 (QP2) 和 BBO 倍频晶体

11.3.4 灯塔选通技术

另一类典型的阿秒脉冲选通技术是以阿秒灯塔 (attosecond lighthouse) 为代表的空间选通技术。当波前倾斜的驱动光产生高次谐波时，由于高次谐波的传播方向主要由驱动的波前方向决定，从而每半个光周期将产生沿不同方向传播的阿秒脉冲。其每个脉冲均指向产生时的瞬时波前方向。如果波前倾斜引入的相邻脉冲的旋转角度差大于其自身的发散角，就可以在远场通过空间滤波来选择相应的孤立阿秒脉冲。其基本原理如图 11.3-5 所示，因不同方向旋转的阿秒脉冲形似灯塔的光照而得名。2013 年，K. T. Kim 等 [38] 在理论和实验上讨论了利用阿秒灯塔技术分离孤立阿秒脉冲的方案。2016 年，T. J. Hammond 等 [39] 在远场使用光阑提取了空间分离的 3 个阿秒脉冲，并用阿秒条纹相机分别测量了脉宽，确认了阿秒灯塔方法的有效性。

非共线光学选通 [40] 是另一种类似阿秒灯塔的空间选通方式，通过 CEP 锁定的飞秒脉冲，以非共线的方式在气体靶上时空重合，两个光场的叠加在合适的延迟和空间重合下形成类似于阿秒灯塔的波前倾斜，这时每个半周期的阿秒脉冲传播方向会间隔一个固定的角度，从而也可以在远场分离出孤立的阿秒脉冲。

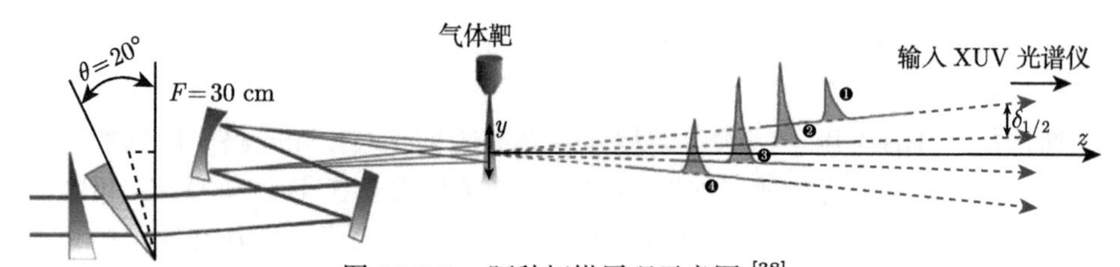

图 11.3-5　阿秒灯塔原理示意图 [38]

由不平行的尖劈对引入驱动光的空间啁啾，不同半周期产生的阿秒脉冲沿不同方向传播

11.3.5　多路相干合成阿秒产生技术

产生孤立阿秒脉冲的另一种思路是利用多路少周期的超短脉冲合成亚周期量级的瞬态光 (light transients)[41,42]，这种光本身具有亚周期的持续时间，其自身即是脉冲宽度接近亚飞秒量级的光学振荡。同时这种光由于其超短亚周期结构，无须采用复杂的选通技术即可获得孤立阿秒脉冲，也是利用高次谐波产生孤立阿秒脉冲的一种可行方案。图 11.3-6 为相干光场合成的原理。

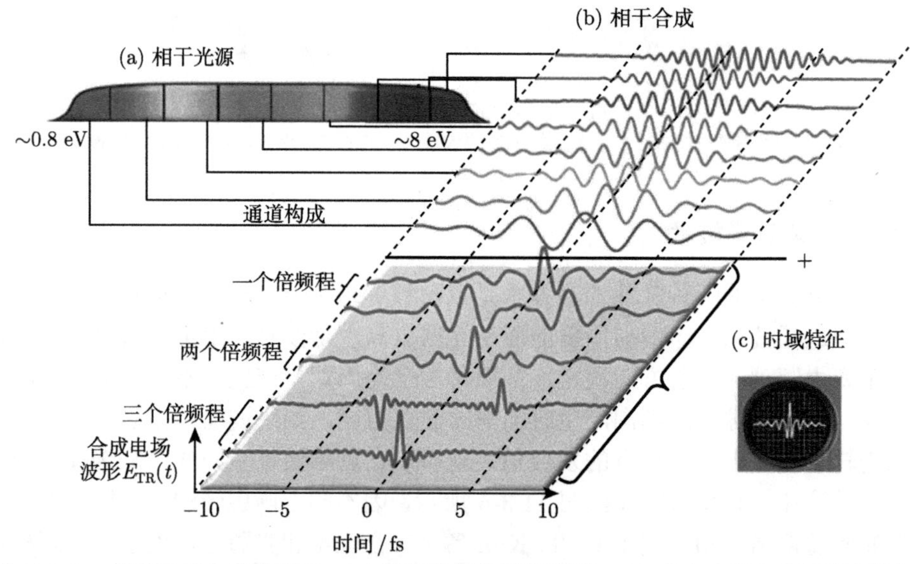

图 11.3-6　相干光场合成的原理：(a) 不同波长的相干光源；(b) 在合成器中控制各路的相对强度及延迟，在合成器输出端获得一个相干叠加的波形；(c) 对波形进行时域的测量 [42](彩图请扫封底二维码)

2011 年，德国马克斯・普朗克学会量子光学研究所 (MPQ) 的 A. Wirth 等 [41] 报道了利用 780 nm、25 fs 驱动激光分成 3 路，通过空心光纤进行光谱展宽，分别得到 330~500 nm，500~700 nm，以及 700~1100 nm 三个超连续谱，并通过延迟和 CEP 控制相干合成，最终得到 330~1100 nm、跨越 1.5

个倍频程的光脉冲，其脉宽仅为 2.1 fs，对应 0.88 个光周期。2016 年，同一团队进一步通过 4 路相干合成得到光子能量为 1.1~4.6 eV、超过两个倍频程的超连续谱，并测量到脉冲宽度为 975 as，从而在近可见光的波段获得了亚飞秒量级的光脉冲 [43]。这种多路相干合成的光源也可以用于产生孤立阿秒脉冲，如 2020 年，日本 RIKEN 的 B. Xue 等用 800 nm、1350 nm 和 2050 nm 三路激光进行合成，在软 X 射线波段实现了 0.24 μJ 的 50~70 eV 的超连续谱，理论上支持 170 as 傅里叶转换极限的孤立阿秒脉冲 [44]。2022 年，他们进一步报道了利用阿秒条纹的相机对上述脉冲进行的测量，得到 226 as 的孤立阿秒脉冲，其峰值功率达到 1.1 GW，可以与自由电子激光等大型装置实现的功率相比拟 [45]。

11.4 阿秒激光测量原理与技术

随着阿秒科学的进步，阿秒相关研究开始逐渐成为科研热点，从阿秒脉冲本体性质的研究到后续相关应用都存在着巨大的研究潜力。而对于已经产生的孤立阿秒脉冲或者阿秒脉冲串，如何对其脉冲本身的性质，如脉宽、相干性等进行描述与测量，也成为一个关键问题。其难点主要在以下两个方面：① 作为当今世界所能产生的最短脉冲，其时间尺度已经远远超过了电信号所能达到的最短响应时间，因此无法用电学的方法对其进行测量；② 产生的阿秒脉冲光谱范围在极紫外 (XUV) 或软 X 射线波段，常规的非线性介质对该波段有强烈的吸收，并且很难产生非线性效应，因此借助常规非线性效应的一些手段没法迁移到阿秒脉冲测量上。目前对进行阿秒脉冲测量的大体思路是使产生的阿秒脉冲与气体介质进行不同方式的相互作用，通过其激发的电子特性来反演出阿秒脉冲本身的信息，以下将按论文发表时间顺序对具体测量方式进行陈述。

11.4.1 阿秒互相关测量技术

该测量方式是 A. Scrinzi 等于 2001 年首先提出 [46]，如图 11.4-1 所示，将阿秒脉冲激光与其驱动激光同时作用于目标气体，通过激光场对气体库仑势的调控，使其正好能发生 XUV 单光子电离，最后调节驱动激光与所产生阿秒脉冲激光的延迟来控制相关离子的产率，进而反演出阿秒脉冲的宽度。同时该过程的电离率对 XUV 光强的线性效应，可以使探测的光谱范围延伸至 10 nm 以下，这是当时所不能达到的。由于该方法中气体的电离势需要与 XUV 光子能量严格匹配，所以对所选气体有较高要求，且对于产生的不同光子能量的阿秒脉冲还需要选择不同的气体与之对应，操作较为复杂。此外，该方法还可以根据同等调制深度的调制个数来判断阿秒脉冲串的脉冲数量。

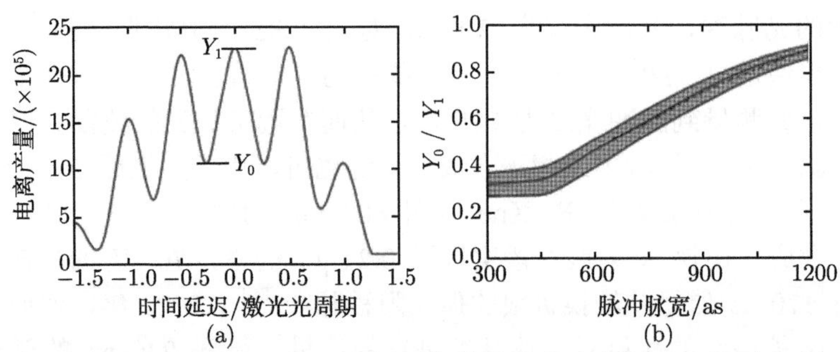

图 11.4-1 文章中所选气体为 He 气，(a) He^{++} 的产率随驱动光与 XUV 光之间延迟的变化关系；(b) 反演后的 XUV 光的脉冲宽度与 He^{++} 电离率调制深度的关系 [46]

11.4.2 双光子跃迁干涉阿秒重建法 (RABBIT)

早在 1996 年，V. Veniard 就提出了利用高次谐波的强相干性，通过与气体介质的相互作用，调节 XUV 光与驱动光之间的延迟观察边带 (sideband) 振幅的调制来反映 XUV 脉冲的宽度与相邻两个谐波阶次之间的相位差。其原理是，在 XUV 的作用下电子从初态跃迁至终态的过程中，如果驱动光足够强，在光电子谱中能够看到多个边带，而使用合适的驱动光强度便能使其中的一个边带起主导作用，并且能够得到该边带的光电子能谱强度的表达式，在激光脉冲的长脉冲近似下，可以简化得到相邻两个高次谐波级次之间的相位差与驱动光频率，以及驱动光与 XUV 光延迟之间的关系，边带光电子谱强度变化周期为驱动激光载波频率的两倍，结合目标气体的能级结构可以得到相位关系，并结合傅里叶变换能得到脉冲的时域信息。该方法在 2001 年由 P. M. Paul 等首先在实验上得以实现 [12]，产生并测量了单脉冲宽度为 250as 的阿秒脉冲串，其实验装置如图 11.4-2(a)

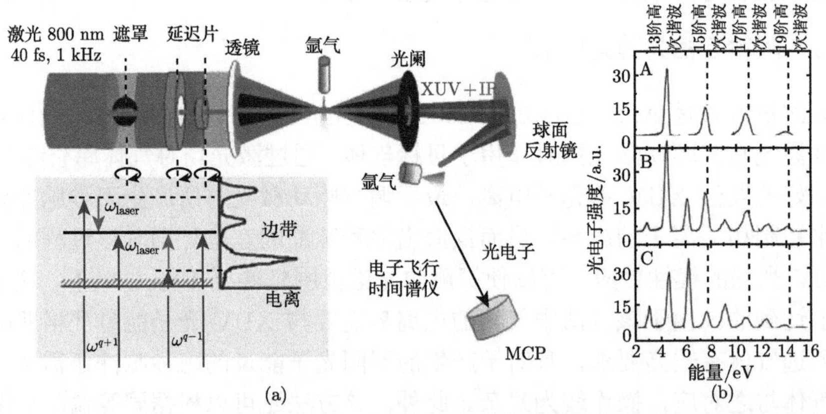

图 11.4-2 (a) RABBIT 实验装置图；(b) 从光电子谱上观测边带的产生与随延迟的变化 [12]

所示，将中心波长为 800nm、脉宽为 40fs 的千赫兹驱动光，通过内外分离的石英片延迟元件，聚焦到 Ar 气靶上产生高次谐波，随后通过光阑以调节驱动光的强度，最后通过球面钨镜反射到 Ar 气靶上产生光电子并在微通道板 (MCP) 上进行电子飞行时间的探测。

11.4.3 激光辅助侧向 X 射线光电离

前述两种方案对目标气体能级结构都有较高的要求，而此种方法简化了该部分对阿秒脉冲探测的影响，其基本原理为将 XUV 光与驱动光共同注入气体中，使得气体在 XUV 光作用下发生电离，得到电子的初始动量分布，其受 XUV 光的相位、强度、振荡周期的影响，随后在驱动光场的调制下电子的动量分布会发生改变，改变 XUV 光与驱动光的延迟会影响所探测到电子能谱的宽度，而能谱的调制深度能反映 XUV 脉冲的宽度。2001 年，M. Drescher 等实现了单个阿秒脉冲的产生并利用此方法实现了单阿秒脉冲的测量 [47]，如图 11.4-3 所示，他们将驱动激光作用于 Ne 气产生高次谐波，并用一个直径与产生高次谐波匹配的 Zr 膜选取

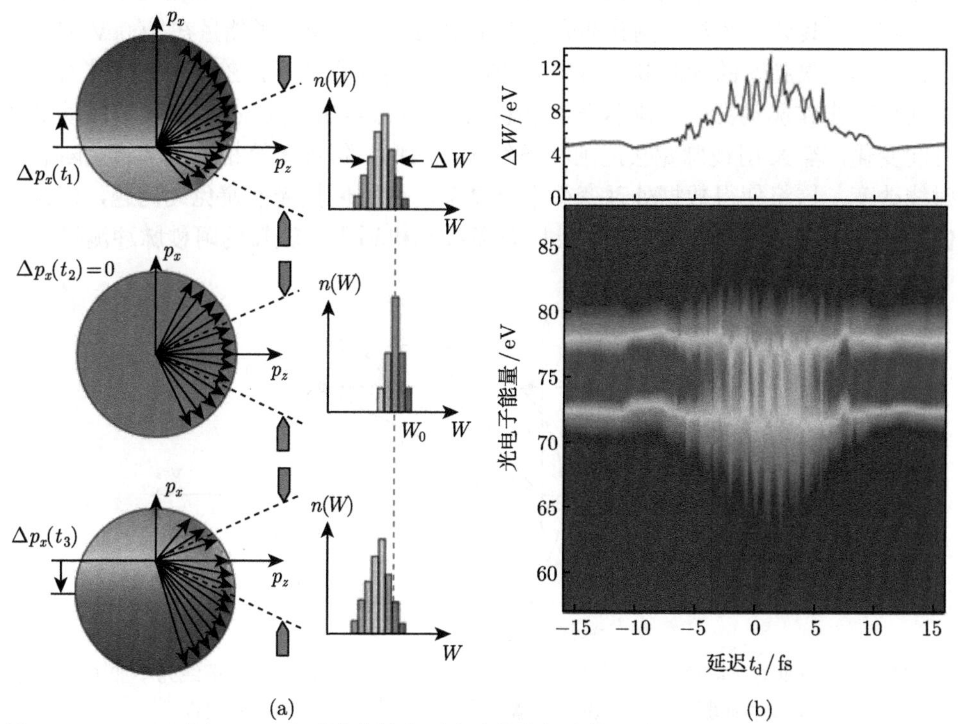

图 11.4-3 (a) 不同 XUV 光对激发的电子在动量空间上的影响；(b) 延迟对测量到的光电子谱的影响 [47](彩图请扫封底二维码)

光子能量为 90eV 左右的连续谱，驱动光仍然能在外环通过，以达到分离驱动光与 XUV 光的目的，随后通过 Mo/Si 多层膜反射镜调节驱动光与 XUV 光的延迟，聚焦在 Kr 气上与其 4p 层轨道电子作用产生光电子，最终经过反演后得到阿秒脉冲宽度为 (650±150)as。该方法的关键在于，电子飞行时间谱仪 (TOF) 设置在激光场矢量垂直的方向，并在一个较小的角空间探测光电子能谱随驱动光与 XUV 光延迟的变化，其可以有效减小 ATI 对阿秒脉冲信息获取的干扰。

11.4.4　阿秒条纹相机

2002 年，J. Itatani 等提出了阿秒条纹相机的概念 [48]，其原理如图 11.4-4 所示。其基本思路与前人的类似，也是基于阿秒脉冲与驱动激光的互相关，从以下两个基本点出发。① 利用亚周期振荡作为确定阿秒脉冲脉宽的时间基准，该基准仅当 X 射线脉宽小于驱动光时成立；② 将 XUV 光产生的光电子信息同时对应在能量与角度上。当激光场为线偏振时，对于给定的观测角度，光电子的能谱宽度能反映脉宽信息；当激光场为圆偏振时，在一定的能量下，光电子的角度分布能反映脉宽信息。同时其探测的分辨率受光电子的能量、带宽和所产生 X 射线的啁啾情况影响。阿秒条纹相机在加上了角度分辨之后，提高了探测阿秒脉冲宽度的分辨率，其分辨率与所测脉冲光子能量正相关，当光电子能量在 100eV 时，对于傅里叶极限脉宽的脉冲其分辨率为 70as。值得注意的是，在使用此方法时若选用线偏振光作驱动激光，阿秒条纹相机时间 (streaking period) 将随着驱动脉冲时间变化，若 X 射线脉宽接近阿秒条纹相机时间，阿秒条纹相机速率将会随着 X 射线改变，这将使得数据处理变得十分复杂，用圆偏振光能避免此问题，但是圆偏振光的高次谐波产率很低，因此阿秒条纹相机适用于较短的阿秒脉冲测量。

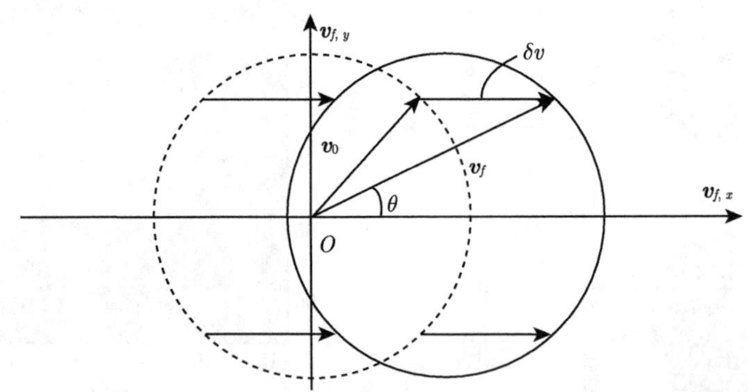

图 11.4-4　强驱动光场对给定相位的 X 射线电离出的光电子的影响，虚线为不加驱动光场，实线为加驱动光场。由于宽谱，光电子谱存在一定的不确定性 [48]

11.4.5 阿秒 SPIDER

阿秒 SPIDER 是将飞秒激光脉冲测量的 SPIDER 方法迁移到阿秒领域，在飞秒 SPIDER 测量中，待测脉冲需要分束后引入一定的延迟与频移才能获得干涉信号并处理得到脉宽信息，由于飞秒脉冲光谱范围主要在可见光到红外波段，待测脉冲分束后的延迟与频移可以通过非线性介质引入，而对于阿秒脉冲所在的 XUV 波段，这些介质都会对其有强烈的吸收，因此想要引入频移就需要另辟蹊径。2003 年，F. Quéré 等认为，阿秒脉冲光作用于气体原子电离的电子波包，其在激光场的作用下产生的能量移动等同于飞秒 SPIDER 测量中频移的效果 [49]，再引入延迟后进行干涉反演就能够获得波包的相位信息，进而得到所测阿秒脉冲的光谱相位信息 (图 11.4-5)。他们随后进行了模拟计算，对两个相同的阿秒脉冲的光电子谱，其中一个在激光场作用下产生能量移动，随后将两个阿秒脉冲在频域上叠加获得干涉光谱，使用与飞秒 SPIDER 类似的算法反演，从而获得阿秒脉冲的光谱相位信息。

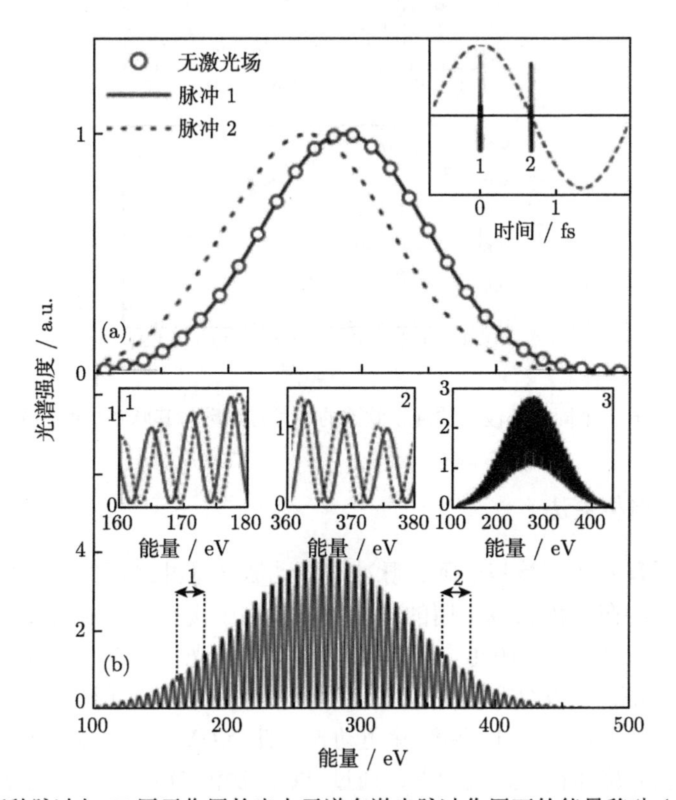

图 11.4-5 阿秒脉冲与 H 原子作用的光电子谱在激光脉冲作用下的能量移动 (a) 以及获得的干涉图谱 (b)[49]

11.4.6　非对称光电离法

2003 年，A. D. Bandrauk 等在用 TDSE 对近红外飞秒光与 XUV 阿秒脉冲共同作用氢原子做计算时发现 [50]，在激光场都为线偏振的情况下，光场传播方向产生的光电子数与背向产生的光电子数所构成的归一化最大不对称系数 P_3 中包含了 XUV 脉冲脉宽的信息，并呈简单的线性关系 (图 11.4-6)。该方案需要预先计算出飞秒光与 XUV 脉冲之间的延迟，方案较为简单，仅需要测量前向与后向的电子数即可，省去了之前算法所需要的光电子能谱的测量与分析。但是考虑到实验情况下 ATI 对信号的影响与其他惰性气体能级的复杂性，该方法并不常用。

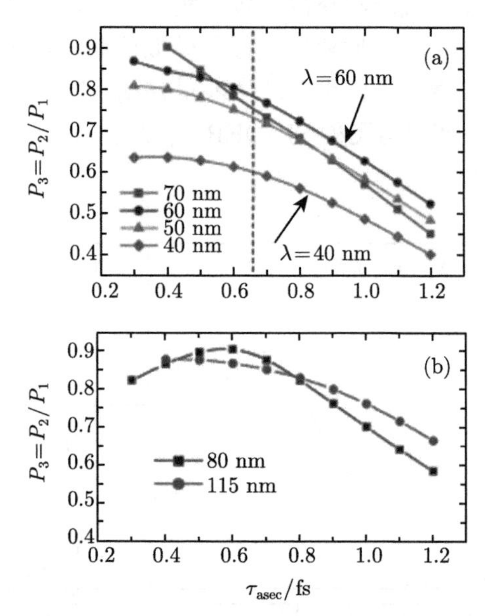

图 11.4-6　不同中心波长的阿秒脉冲的不对称系数与其脉宽之间的关系 [50]

11.4.7　阿秒自相关法

前述的所有方法都是基于阿秒脉冲与驱动激光脉冲之间的互相关来测量阿秒脉冲的信息，而在飞秒领域常用的自相关测量由于没有阿秒脉冲 XUV 波段的非线性介质而未得到运用。1999 年已有人提出用阿秒光自相关的方法，但直到 2003 年，P. Tzallas 等才首次实现真正意义上的阿秒脉冲自相关测量 (图 11.4-7)[51]，他们将产生的高次谐波通过 In 膜滤除驱动光，使 XUV 光在两块 D 型镜上分开产生延迟，并随后聚焦在 He 气靶上，通过 TOF 探测 He^+ 产率随延迟的变化情况可以得到所测阿秒脉冲的脉宽。由于该实验中从 He 气中获得 He^+ 需要与 XUV 光作用产生双光子电离，所以也称为阿秒二阶自相关方法。

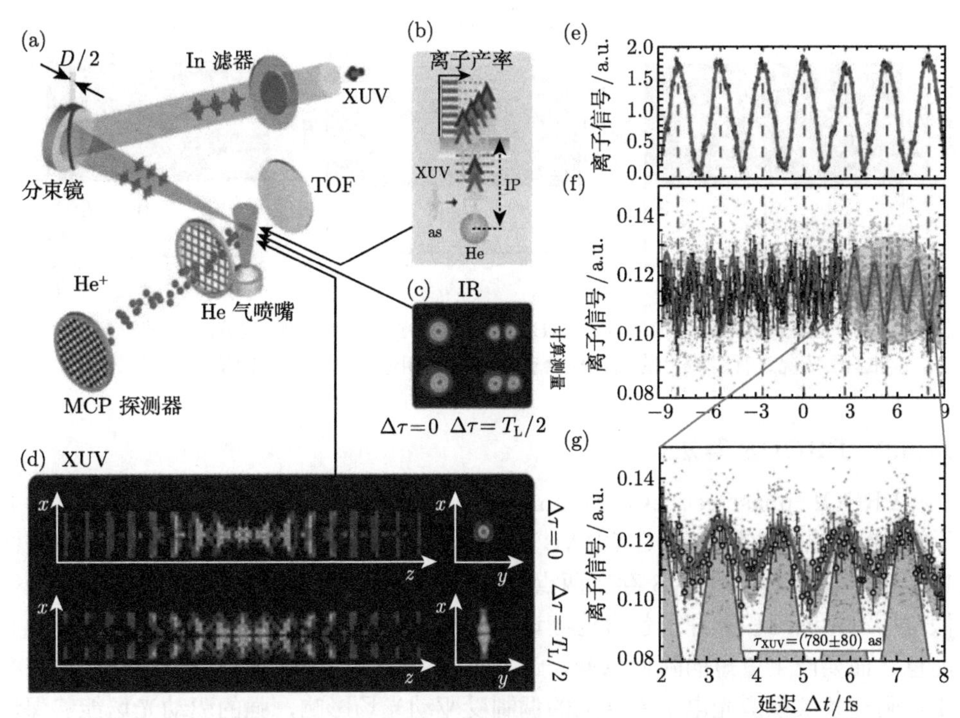

图 11.4-7 实验结构示意图 (a)~(d) 和 H^+ 产率与估计的阿秒脉冲脉宽 (e)~(g)[51](彩图请扫封底二维码)

11.4.8 阿秒脉冲完全重建的频率分辨光学选通法

FROG-CRAB 是 Y. Mairesse 等于 2005 年提出的 [52]，也是将飞秒脉冲测量中的 FROG 方法迁移至 XUV 波段。与前述一样，该方案利用阿秒光与原子作用产生的光电离来替代此类方法中所必需的非线性效应，选用驱动光场作为门脉冲，调节驱动光场与阿秒脉冲之间的延迟，共同作用在气体原子上使其在一个时间段内能量分辨的光电子能谱，并利用二维相位恢复算法，从能谱图中恢复脉冲的振幅和相位分布。其中使用的二维相位恢复算法与传统 FROG 中的算法类似，也是利用傅里叶变换与傅里叶逆变换进行交替迭代计算，并结合所设定的能谱范围限制，对预估信号进行拟合，最终获得阿秒脉冲的全部信息，恢复阿秒脉冲的时域形状。此外，FROG-CRAB 还被在理论上认为可以使用于孤立阿秒脉冲、阿秒脉冲串以及复杂情况的任何阿秒脉冲进行时域测量，如图 11.4-8 所示。但是其迭代算法需要大量的计算，而其测量时间更是随着脉冲情况的复杂程度陡然上升，因此不少情况下使用该方案只是存在理论上的可能。

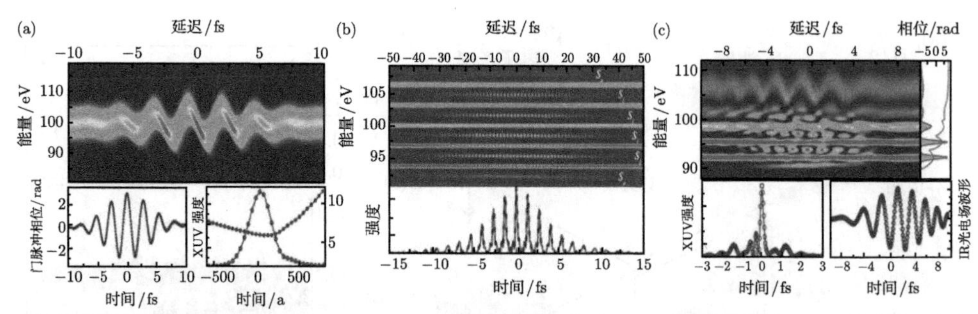

图 11.4-8　理论模拟使用 FROG-CRAB 对孤立阿秒脉冲 (a)、阿秒脉冲串 (b)、复杂阿秒脉冲 (c) 情况进行时域上的迭代拟合获取脉宽与相位信息 [52](彩图请扫封底二维码)

11.4.9　PROOF 算法

PROOF(phase retrieval by omega oscillation filtering) 算法是 M. Chini 等于 2010 年提出的较 FROG-CRAB 更为简便且运用更为广泛的一种反演方法 (图 11.4-9)[53]。FROG-CRAB 存在两点弊端。一是由于其相位反演算法的限制，则需假定所测量的阿秒脉冲所包含连续谱光子能量的宽度值远小于其光电子谱的中心能量，而要产生更短的阿秒脉冲，计算更宽的光子能谱势在必行。另一个弊端在于，阿秒条纹模型光电子能谱上的调制受驱动光场影响，强的驱动光场能够保证光电子能谱在时域上的分辨率；而对于更短的阿秒脉冲，其超宽的光电子谱需要更高的分辨率，这对应更高的驱动光场能量，然而强的驱动光会电离气体，对产生的阿秒光电子谱带来噪声甚至淹没条纹信号。PROOF 算法很好地解决了这些问题，它主要对 FROG 算法中的相位表达式 $\varphi(t)$ 中的驱动光场做了近似，在驱动光场较弱的情况下将近似解代入驱动光场与阿秒脉冲双色场的电离表达式中，最

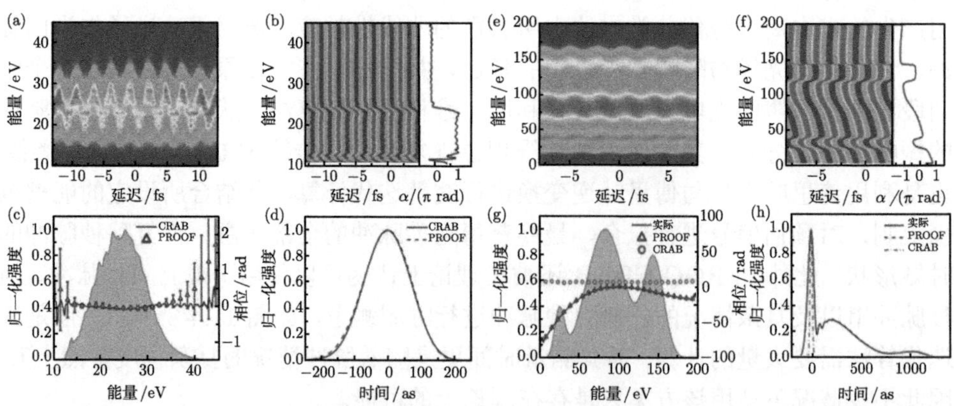

图 11.4-9　PROOF 算法运用于窄带 (a)~(d) 与宽带 (e)~(h) 的阿秒脉冲时域信息的测量 [53](彩图请扫封底二维码)

后依次分析展宽后得到的三个干涉项，提出干涉项的相位，比对光电子能谱的干涉条纹得到阿秒脉冲的光谱相位，进而反演获得阿秒脉冲的脉宽信息。

综上所述，阿秒脉冲信息的测量方法正逐步完善，随着产生的阿秒脉冲的逐渐变短，阿秒脉冲测量的适用范围由低能延伸至高能，窄带延伸至宽带，将来必定会随着阿秒科学研究的深入而诞生出更多的阿秒脉冲测量方法。此外，从阿秒脉冲测量方案的产生过程也能看出，皮秒、飞秒等传统领域的技术思想也能用于指导新方案的诞生，在原有方案上做些改进运用到新领域，这或许就是一个很好的工作。

11.5 阿秒激光脉冲未来发展趋势

虽然高次谐波及基于高次谐波的阿秒激光脉冲的产生在过去 20 年间取得了非常大的成功，但高次谐波的产生机制决定其具有转换效率较低的缺点。这可以由高次谐波产生的单原子效应的半经典模型来进行解释，在第二步的电子加速过程中，由于电子波包同时发生了空间中的扩散，使电子与母核复合的概率降低。使用长波长驱动激光产生的高次谐波的截止区光子能量更高，但同时复合所经历的轨道更长，因此转换效率也随驱动波长的增加而降低；短波长驱动则与其相反。不同的应用领域对阿秒脉冲的性质有着不同的需求，强场物理要求光源有着较高的光通量，结合双色场等泵浦技术，可以产生高脉冲能量的阿秒激光。而很多光电子能谱学的研究则要求限制单脉冲的强度以抑制空间电荷效应，相应地就必须提高脉冲的重复频率。结合高重复频率与短波长驱动激光，可以产生高平均功率的用于时间分辨的光电子能谱学研究。另一方面，向着更短的脉冲宽度、更高的光子能量发展的新的阿秒光源，则需要向中红外波段扩展驱动激光的频率。本节主要介绍阿秒激光脉冲进一步向各应用领域发展所开辟的不同的发展方向。

11.5.1 高通量阿秒激光——阿秒强场物理

高次谐波转换效率一方面由单原子效应决定，在第二步的电子加速过程中，电子波包同时发生了空间中的扩散，使电子与母核复合的概率很低，这一转换效率取决于产生介质的原子的散射截面，例如氖气中的典型转换效率仅为 10^{-7}，而在氙气中可以达到 10^{-4} 的水准，但高散射截面的反应介质则受限于较低的饱和电离阈值，难以获取较高的光子能量。

除去上述单原子效应的影响，在早期高次谐波产生的实验中为达到 $10^{14}\mathrm{W/cm^2}$ 的光强要求，通常对驱动激光进行紧聚焦，这样一方面高次谐波的效率受限于激光的 Gouy 相位引发的相位失配，另一方面由于聚焦功率密度较大，有可能造成介质的饱和电离，基态电子的耗尽降低了高次谐波所能达到的截止频率，同时伴随着等离子体的产生，破坏高次谐波的相位匹配，这进一步限制了高次谐波的转换效率。

阿秒脉冲在转换效率上的不足限制了其强场领域中的应用，诸如多光子电离、相干衍射成像、超快动力学的阿秒泵浦–阿秒探测。因此产生高光通量的阿秒激光脉冲就成为阿秒科学发展中的一个非常重要的课题。提升阿秒脉冲的光通量的最直接的手段是提升驱动激光的脉冲能量，但同时必须保持聚焦功率密度在适合高次谐波产生的 $10^{14} \sim 10^{15}\mathrm{W/cm^2}$ 的范围内，并且优化高次谐波的转换效率。理论研究与实验均表明，驱动激光脉冲能量增大的同时，采用松聚焦的光路设计，相应增加焦距与高次谐波产生区的长度并以平方倍率降低气压，高次谐波可以实现同等的产生效率 [54]。这一系列探索保证了通过提升驱动激光能量而产生高通量阿秒脉冲的可行性。

2002 年，日本 RIKEN 的 E. Takahashi 等利用松聚焦光路与太瓦 (TW) 级峰值功率的驱动激光实现了不同气体中的高通量高次谐波的产生。其中，在氩气中产生了波长为 29.6 nm、脉冲能量为 0.3 μJ 的高次谐波，转换效率达到 1.5×10^{-5}[55]，而在氙气中产生的总能量为 11.5 μJ，其中在 72.7 nm 处输出 7μJ 的高次谐波，转换效率高达 4×10^{-4}[56]。同年，法国 CEA-SACLAY 的 J. F. Hergott 等也在 Xe 的 15 阶高次谐波处取得微焦量级的输出 [57]。这些成果标志着阿秒激光脉冲的应用迈入非线性的光学领域 [51]。

为了保证反应区域内合适的聚焦功率密度，则利用强激光松聚焦产生高次谐波常常需要数米乃至数十米的焦距。例如，2017 年，匈牙利 ELI-ALPS(Extreme Light Infrastructure Attosecond Light Pulse Source) 装置报道了其建设计划 [58]，其中 SYLOS 激光器将在第一阶段达到 45 mJ、1 kHz、10 fs 的输出，并计划在第二阶段达到 200 mJ、5 fs 的输出。采用该激光器的 GHHG SYLOS Compact 阿秒激光束线采用长至 10m 的焦距，并采用准相位匹配机制优化转换效率，采用偏振选通产生孤立阿秒脉冲。GHHG SYLOS Long 则计划采用长至 55 m 的焦距及长至 6 m 的气体介质产生高通量的高次谐波，如图 11.5-1 所示，并可利用电离选通或双光选通产生孤立阿秒脉冲。尽管松聚焦设计在高通量阿秒激光产生方面取得了重要的成果，但动辄数十米的焦距与高脉冲能量的驱动激光，造成了实验成本的膨胀。这也与高次谐波相对于其他大型光源装置的优势之一，即其可提供的桌面级的相干 XUV 波段光源的输出相矛盾。为解决这一问题，ELI-ALPS 与德国 MBI 的 B. Major 等于 2021 年提出紧凑型高强度阿秒光源的方案 [59]。该方案将采用紧聚焦的光学结构，产生介质置于焦点数倍瑞利距离以外，将设备整体控制在 2 m 以内，并且获得脉冲能量为 30 nJ、聚焦功率密度为 $2\times10^{14}\mathrm{W/cm^2}$ 的阿秒脉冲。

在同等的高次谐波产出下，优化其光斑的聚焦也是获得高通量阿秒脉冲的重要途径。阿秒脉冲通常具有较宽的带宽，在 XUV 波段进行宽带的反射聚焦常常使用掠入射的轮胎镜，具有较高的调节难度，很容易引入像差而影响聚焦光斑，进而影响实际作用区域的光强。结合可变形镜与哈特曼波前探测装置的自适应光学可以对极紫外以及软 X 射线波段的阿秒脉冲的波前进行探测与优化，可以获得较小的聚焦光斑，提升作用区域的阿秒激光的光强，其典型光路与实验结果如图 11.5-2 所示。2004 年，D. Yoshitomi 等利用上述手段在 17~28 nm 的波长范围内实现了多至 13 倍的高次谐波增幅，其中第 27 阶高次谐波的聚焦功率密度达到了 $1.4\times10^{14}\mathrm{W/cm^2}$[60]。结合上述松聚焦光路设计与波前优化，众多科研机构相继报道了具有百纳焦至微焦量级脉冲能量或 $10^{14}\mathrm{W/cm^2}$ 聚焦功率密度的高强度阿

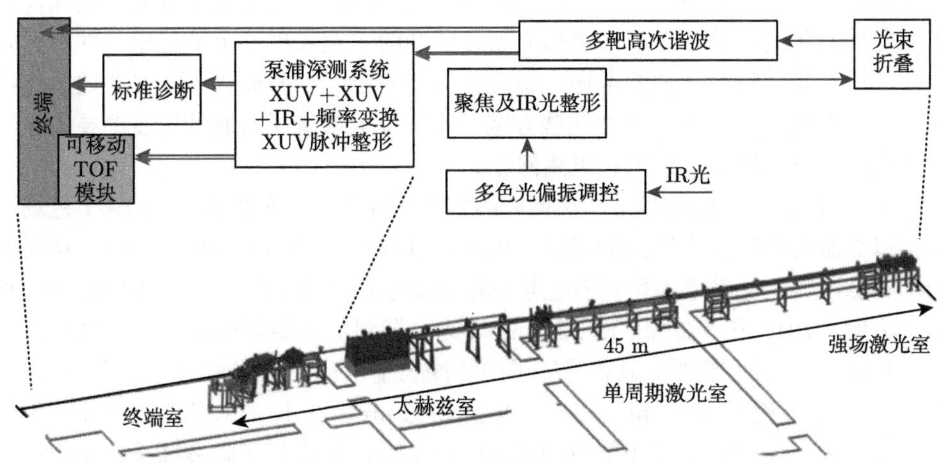

图 11.5-1 ELI-ALPS 的气体高次谐波单周期激光 Long 束线的松聚焦光路设计 [58]

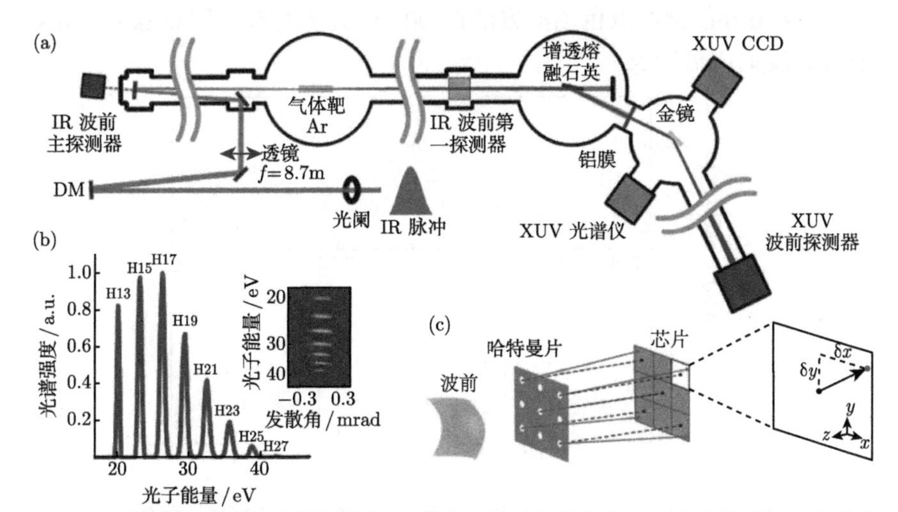

图 11.5-2 (a) 单发极紫外波前测量装置及利用自适应光学优化松聚焦高次谐波产出的典型光路，DM 代表变形镜；(b) Ar 气中的典型高次谐波；(c) 哈特曼波前探测装置的原理 [64]

秒脉冲光源 [61−63]，并可以开展多光子电离、分子解离等过程的超快动力学探测，这些应用工作之前通常需要在自由电子激光等大型科学装置中开展，阿秒光源的出现为上述超快过程的探测提供了全新的实验平台。

11.5.2　双色场驱动的阿秒脉冲产生

尽管在 11.5.1 节中介绍了高通量的高次谐波，即阿秒脉冲序列，在实验中很早已经实现，但是产生高通量的孤立阿秒脉冲依然存在挑战。孤立阿秒脉冲选通技术通常对于驱动激光的脉冲宽度以及 CEP 的稳定性有着很高的要求，而要同时实现高强度的周期量级 CEP 稳定的驱动激光存在一定的技术难度。因此，利用双色场优化高次谐波以及产生孤立阿秒脉冲的方案在理论上被提出，并在实验中被应用于孤立阿秒脉冲的选通。结合偏振选通进一步发展为了双光选通，这在 11.4 节已经进行了介绍。虽然这些方案一定程度上放宽了对脉冲宽度的要求，但依然受限于长脉冲造成的饱和电离问题。

随着对双 (多) 色场产生高次谐波的认识的深入，人们发现，双 (多) 色场不仅可以克服对驱动激光脉宽的限制，也可以以其波形精细控制电子轨道，从而提升阿秒脉冲的产生效率，因而双色场驱动也成了产生高通量孤立阿秒脉冲的一种理想方案。2010 年，E. J. Takahashi 等提出了利用多周期的双色场激光产生孤立阿秒脉冲的方案 [65,66]，显著降低了由脉冲长度所造成的饱和电离。同一团队在 2013 年报道了利用 800 nm、30 fs，以及 1300 nm、35 fs 的双色驱动激光产生了 1.3 μJ、500 as、30 eV 光子能量的孤立阿秒脉冲，并进行了阿秒脉冲的非线性的自相关测量 [67]，测量结果如图 11.5-3 所示。英国帝国理工大学则采用少周期的 800 nm 与 400 nm 脉冲双色场的方法在 90 eV 处测得孤立阿秒脉冲，并观测到阿秒脉冲强度的成倍增长 [68,69]。

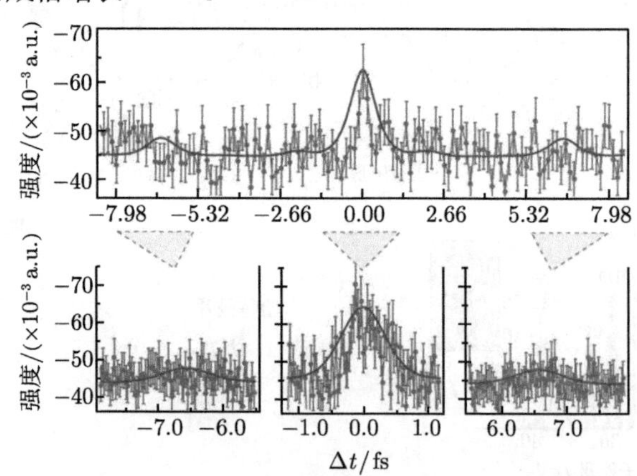

图 11.5-3　利用 N^+ 信号对双色场产生孤立阿秒脉冲进行自相关测量，灰色实线来自于模拟的高次谐波场所获得的自相关曲线 [67]

11.5.3 高重复频率阿秒高次谐波

物质的电子结构是决定其物理性质的重要因素，目前其最主要的探测手段是光电子能谱，例如采用冷靶反冲离子动量谱仪 (cold target recoil ion momentum spectrometer，COLTRIMS) 或 ARPES。为了实现对材料激发出的光电子的高精度探测，要求探测设备可以在尽可能短的时间内积累足够强的信号，同时如果单发脉冲激发了过多的光电子，就会引起空间电荷效应，从而降低信号的探测精度。为了实现对特定位置激发出的电子的高精度探测，对于材料本身有很高的要求，也要求探测设备能够在短时间内就采集到足够强的信号。高重复频率光源驱动的高次谐波及阿秒脉冲可以满足这类光电子能谱学研究的需求。2003 年，德国 MPQ 的 F. Lindner 等首次报道了使用低脉冲能量 (7 μJ) 钛宝石再生放大驱动光源产生高重复频率 (100 kHz) 高次谐波 [70]。高重频高次谐波驱动光源本身通常单脉冲能量较低，需要非常紧聚焦才能满足高次谐波产生的功率密度，但紧聚焦导致了极小反应体积与相位失配所引起的转换效率低下的问题。在早期的实验中，高次谐波转换效率在 MHz 激光中仅能达到 10^{-10}，在百 kHz 激光中也只有 10^{-8} 的量级，远低于低重复频率激光驱动的高次谐波的正常水平。

随着对高次谐波相位匹配的理论及实验探索的深入，人们发现了选择性地调节实验参数 (气压、介质长度和激光焦距) 来优化相位匹配，在介质长度和焦距都很小的紧聚焦条件下可以通过提升气压达到与其他聚焦条件近似的转换效率 [71]。高重复频率、高平均功率的激光技术，如掺 Yb 增益介质的激光的快速发展，为高重复频率高次谐波/阿秒脉冲的产生提供了优秀的驱动源。近年来，高重复频率的阿秒脉冲已见诸报道。2014 年，瑞士苏黎世联邦理工学院 (ETH) 的 M. Sabbar 等利用偏振选通，使用阿秒条纹相机测量得到了重复频率 10 kHz 的 280 as 孤立阿秒脉冲 [72]。近几年，匈牙利 ELI-ALPS 相继报道了测量得到重复频率 100 kHz 的阿秒脉冲序列，其脉冲宽度分别为 420 as[73] 和 395 as[74]。2020 年，德国 MBI 使用 CEP 锁定的 7 fs、190 uJ、100 kHz、800 nm 的 NOPCPA 光源成功测量了 160 as 孤立阿秒脉冲 [75]。

如果追求更高的重复频率，继续采用传统的提升气压的方法满足相位匹配将变得越来越困难。对于这类系统，需要探索新型的高次谐波产生方案，其核心的思路是增强作用区域内驱动光源的场强。其中一个可行的方案是等离子体场增强高次谐波 [76]，这种方法利用特殊设计的纳米结构，产生等离子表面激元，可以使局部的电场强度得到数个量级的提升，从而缓和了对短焦距的需求；另一个方向是使用共振增强腔的手段，使高次谐波的产生源位于谐振腔的内部，通过驱动光源在腔内的振荡实现腔内电场强度的提升，这种方法最早用于实现在极紫外波段的光学频率梳，近年来也扩展到用于光电子能谱学的实验研究中 [77,78]。

11.5.4　短波长超快激光驱动的高次谐波

由高次谐波的三步模型可以定性地分析：当驱动激光波长变化时，电子电离后的运动轨迹也会随之变化。由于量子扩散效应，当驱动激光波长较长时，电子运动轨道也随之增长，因而与母核复合的几率会随之下降。短波长驱动则相反。定量的研究表明，高次谐波产率与驱动激光的波长的关系为 $I \propto \lambda^{5\sim7}$ [79]。因而缩短驱动激光的波长，将有效地提升高次谐波的转换效率。在实验中一般通过倍频、和频等手段获取更短波长的驱动激光输出。结合 11.5.3 节中介绍的高重复频率驱动激光，短波长驱动激光非常适合于产生光子能量较低但平均功率较高的高次谐波。

2015 年，美国劳伦斯伯克利国家实验室的 H. Wang 等利用 50 kHz 钛宝石再生放大激光的倍频光，在 Kr 气中产生了光通量为 3×10^{13} 光子/s 的高次谐波，转换效率达到 5×10^{-5} [80]。2019 年，法国 CELIA 的 A. Comby 使用 50W、166 kHz 的掺 Yb 光纤激光器的三倍频，在 Ar 气中实现了 6.6×10^{14} 光子/s 的高次谐波输出，对应的功率达到 1.8 mW [81]。2021 年，德国耶拿大学的 R. Klas 等利用 1030 nm Yb 光纤倍频后的 515 nm、1 MHz、89 W 的驱动激光，在 26.5 eV 光子能量处产生约 3×10^{15} 光子/s(对应功率 12.9 mW) 的高次谐波 [82]。这种高重复频率的高次谐波光源非常适合于时间分辨光电子能谱学的研究，例如时间分辨 ARPES。2020 年，美国中佛罗里达大学的 L. Yang 等报道了利用波长 1025nm、重复频率 50~150 kHz 可调的 Yb:KGW 20W 激光器的倍频光作为驱动激光产生高次谐波，并建设了基于此高重频高次谐波的时间分辨 ARPES 实验装置 [83]，其光路图如图 11.5-4 所示。与极限的高次谐波产量相比，由于受到 XUV 光学元件和滤光片的损耗，其实际作用在测量样品上的光通量可以达到 5×10^{10} 光子/s，这已经可以满足实验需求，如果追求极限的分辨率，抑制空间电荷效应，可以进一步降低光通量至 1.5×10^{8} 光子/s。通过提取 21.8 eV 的窄带单阶高次谐波辐射，他们实现了 21.5 meV 的能量分辨率和 320 fs 的时间分辨率。时间分辨光电子能谱仪的时间–能量分辨率，由于受到不确定关系的限制，无法同时达到最优，但通过灵活的设计，结合 RABBIT 测量方法，这类装置也可以用于阿秒时间分辨的电离动力学过程的测量 [84]。

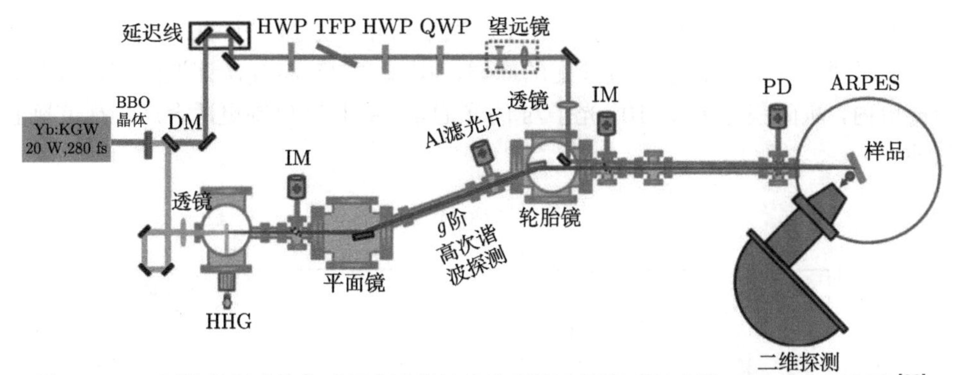

图 11.5-4 短波长驱动的高重频高次谐波作为探测光源的时间分辨 ARPES 光路图 [83]
HWP：半波片；TFP：薄膜偏振片；QWP：四分之一波片；DM：双色镜；IM：插入镜；PD：光电二极管

11.5.5 长波长超快激光驱动的阿秒脉冲

2.3~4.5 nm 的软 X 射线波段落在了碳元素 K 吸收边 284 eV 和氧元素 K 吸收边 530 eV 之间，故称为“水窗”波段。这一波段因对水透明而对生物主要的组成元素碳、氮等有较强吸收，从而在生物、化学等学科具有重要的应用。除此之外，Fe、Co、Cu、Ni 等重要元素的吸收边则在 1 keV 附近。对吸收边的测量可以表征材料的组成元素、电子态及微观结构等信息。为获取更高光子能量，最直接的方法是通过增加聚焦功率密度来获得更高能的截止区，但受限于介质的饱和电离阈值，常规的 800 nm 钛宝石激光驱动高次谐波典型的截止能量在 100 eV 左右。由于高次谐波的截止能量与波长的平方成反比，所以最有效的延展截止区的方法是使用长波长激光驱动高次谐波。2001 年，美国密歇根大学 B. Shan 与 Z. Chang 等利用 1.51 μm 驱动激光将 Ar 气中高次谐波的截止能量从 64 eV 扩展到 160 eV[88]，从而验证了长波长激光作为阿秒驱动源的重大潜力。随着 OPA 以及 OPCPA 光源的发展，利用波长 2 μm 以上的长波长激光，高次谐波的光谱范围被扩展到了水窗波段。但长波驱动激光会造成高次谐波复合轨道的增长，从而导致产生效率的急剧下降，因而长波长驱动高次谐波的研究中除了驱动光源自身的发展外，提升高次谐波的转换效率也是非常重要的研究课题。2012 年，美国 JILA 的 T. Popmintchev 等将 1.3 μm、2 μm、3.9 μm 等多种波长驱动激光注入充有高密度气体的长空心波导管，以提升高次谐波转换效率，其中 3.9 μm 激光产生高次谐波截止能量达到 1.6 keV，带宽大于 0.7 keV，其对应的孤立阿秒脉冲在理论上的转换极限脉冲宽度达到 2.5 as(图 11.5-5)[89]。2017 年，西班牙 ICFO 的 S. M. Teichmann 等发现充高气压空心光纤中，相位匹配的优化位置由焦点后方向焦点附近或前方移动，因为这种相位匹配受限在狭小的时间窗口，所以称为瞬态相位匹配。利用瞬态相位匹配的原理，他们产生了覆盖水窗波段的 200~

550 eV 间的高次谐波，并实现了 7.3×10^7 光子/s 的光通量 [90]。2018 年，英国帝国理工大学进一步利用瞬态相位匹配的原理，用过度电离将高次谐波限制在较短时间窗口内，从而获得了 4×10^7 光子/s 的光通量，并且其机制更适合产生孤立阿秒脉冲 [91]。

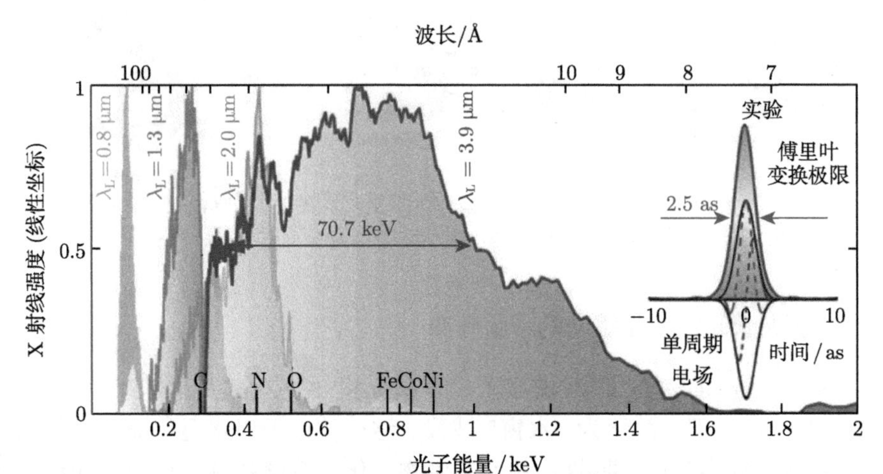

图 11.5-5　产生于不同波长驱动激光的高次谐波光谱 [89](彩图请扫封底二维码)

黄色：800nm，绿色：1.3 μm，蓝色：2 μm，紫色：3.9 μm。内插图为 3.9 μm 脉冲的 0.7 keV 超连续谱支持的 2.5as 傅里叶转换极限脉冲。几种重要元素的吸收边用竖线标示在图片下方横轴上

长波长驱动高次谐波可以在光子能量波段产生宽带的连续谱，理论上支持超短的孤立阿秒脉冲，同时研究表明影响阿秒脉冲脉宽的固有的阿秒啁啾 (attochirp) 与驱动光波长成反比，因此长波长驱动高次谐波有潜力提取超短的孤立阿秒脉冲。2016 年，东京大学 N. Saito 用基于 OPCPA 输出的少周期 1.7 μm 激光作为驱动源，在 100 eV 光子能量附近测量到宽度为 (449±27) as 的孤立阿秒脉冲，首次在长波长驱动激光中实现阿秒条纹相机与时间分辨电子能谱的测量 [92]。2017 年，美国中佛罗里达大学 J. Li 等利用中心波长为 1.8 μm 的双周期驱动脉冲在氖气中相互作用，测量到光子能量达到碳 K 吸收边 (284 eV) 的孤立阿秒脉冲，其脉冲宽度为 53 as[32]。同年，瑞士苏黎世联邦理工学院的 T. Gaumnitz 等以 OPA 技术得到了宽光谱少周期中红外激光，并以其作为驱动激光实现了孤立阿秒脉冲的产生，测量得到宽度 43 as 的孤立阿秒脉冲，为迄今为止最短阿秒脉冲的世界纪录 [22]。

参 考 文 献

[1] Chin S L. From multiphoton to tunnel ionization[M]//Advances in Multi-Photon Processes and Spectroscopy. Singapore: World Scientific, 2004:249-271.

[2] McPherson A, Gibson G, Jara H, et al. Studies of multiphoton production of vacuum-ultraviolet radiation in the rare gases[J]. J. Opt. Soc. Am. B, 1987, 4(4): 595-601.
[3] L'Huillier A, Li X F, Lompré L A. Propagation effects in high-order harmonic generation in rare gases[J]. J. Opt. Soc. Am. B, 1990, 7(4): 527-536.
[4] Faldon M E, Hutchinson M H R, Marangos J P, et al. Studies of time-resolved harmonic generation in intense laser fields in xenon[J]. J. Opt. Soc. Am. B, 1992, 9(11): 2094-2099.
[5] Corkum P B. Plasma perspective on strong field multiphoton ionization[J].Phys. Rev. Lett., 1993, 71(13): 1994-1997.
[6] Lewenstein M, Balcou P, Ivanov M Y, et al. Theory of high-harmonic generation by low-frequency laser fields[J]. Physical Review A, 1994, 49(3): 2117-2132.
[7] Priori E, Cerullo G, Nisoli M, et al. Nonadiabatic three-dimensional model of high-order harmonic generation in the few-optical-cycle regime[J]. Phys. Rev. A, 2000, 61(6): 063801.
[8] Spielmann C, Burnett N H, Sartania S, et al. Generation of coherent X-rays in the water window using 5-femtosecond laser pulses[J]. Science, 1997, 278(5338): 661-664.
[9] Bellini M, Lyngå C, Tozzi A, et al. Temporal coherence of ultrashort high-order harmonic pulses[J].Phys. Rev. Lett., 1998, 81(2): 297-300.
[10] Salières P, Carré B, Le déroff L, et al. Feynman's path-integral approach for intense-laser-atom interactions[J]. Science, 2001, 292(5518): 902-905.
[11] Farkas G, Tóth C. Proposal for attosecond light pulse generation using laser induced multiple-harmonic conversion processes in rare gases[J]. Physics Letters A, 1992, 168(5): 447-450.
[12] Paul P M, Toma E S, Breger P, et al. Observation of a train of attosecond pulses from high harmonic generation[J]. Science, 2001, 292(5522): 1689-1692.
[13] Hentschel M, Kienberger R, Spielmann C, et al. Attosecond metrology[J]. Nature, 2001, 414(6863): 509-513.
[14] Gaarde M B, Schafer K J. Quantum path distributions for high-order harmonics in rare gas atoms[J]. Phys. Rev. A, 2002, 65(3): 031406.
[15] Varjú K, Mairesse Y, Carré B, et al. Frequency chirp of harmonic and attosecond pulses[J]. Journal of Modern Optics, 2005, 52(2-3): 379-394.
[16] Yakovlev V S, Scrinzi A. High harmonic imaging of few-cycle laser pulses[J].Phys. Rev. Lett., 2003, 91(15): 153901.
[17] Chen M C, Arpin P, Popmintchev T, et al. Bright, coherent, ultrafast soft X-ray harmonics spanning the water window from a tabletop light source[J].Phys. Rev. Lett., 2010, 105(17): 173901.
[18] Zaïr A, Holler M, Guandalini A, et al. Quantum path interferences in high-order harmonic generation[J].Phys. Rev. Lett., 2008, 100(14): 143902.
[19] Chen Z, Le A T, Morishita T, et al. Quantitative rescattering theory for laser-induced high-energy plateau photoelectron spectra[J]. Phys. Rev. A, 2009, 79(3): 033409.

[20] Shiner A D, Schmidt B E, Trallero-Herrero C, et al. Probing collective multi-electron dynamics in xenon with high-harmonic spectroscopy[J]. Nat. Phys., 2011, 7(6): 464-467.

[21] Kim K T, Villeneuve D M, Corkum P B. Manipulating quantum paths for novel attosecond measurement methods[J]. Nat. Photonics, 2014, 8(3): 187-194.

[22] Gaumnitz T, Jain A, Pertot Y, et al. Streaking of 43-attosecond soft-X-ray pulses generated by a passively CEP-stable mid-infrared driver[J]. Opt. Express, 2017, 25(22): 27506-27518.

[23] Faisal F H M, Kamiński J Z. Floquet-Bloch theory of high-harmonic generation in periodic structures[J]. Phys. Rev. A, 1997, 56(1): 748-762.

[24] Golde D, Meier T, Koch S W. High harmonics generated in semiconductor nanostructures by the coupled dynamics of optical inter- and intraband excitations[J]. Physical Review B, 2008, 77(7): 075330.

[25] Ghimire S, Dichiara A D, Sistrunk E, et al. Observation of high-order harmonic generation in a bulk crystal[J]. Nat. Phys., 2011, 7(2): 138-141.

[26] Vampa G, Hammond T J, Thiré N, et al. Linking high harmonics from gases and solids[J]. Nature, 2015, 522(7557): 462-464.

[27] Vampa G, Hammond T J, Thiré N, et al. All-optical reconstruction of crystal band structure[J]. Phys. Rev. Lett., 2015, 115(19): 193603.

[28] Lanin A A, Stepanov E A, Fedotov A B, et al. Mapping the electron band structure by intraband high-harmonic generation in solids[J]. Optica, 2017, 4(5): 516-519.

[29] Lakhotia H, Kim H Y, Zhan M, et al. Laser picoscopy of valence electrons in solids[J]. Nature, 2020, 583(7814): 55-59.

[30] Zhan M J, Ye P, Teng H, et al. Generation and measurement of isolated 160-attosecond XUV laser pulses at 82 eV[J]. Chinese Phys. Lett., 2013, 30(9): 093201.

[31] Chini M, Zhao K, Chang Z. The generation, characterization and applications of broadband isolated attosecond pulses[J]. Nat. Photonics, 2014, 8(3): 178-186.

[32] Li J, Ren X, Yin Y, et al. 53-attosecond X-ray pulses reach the carbon K-edge[J].Nat. Commun., 2017, 8(1): 186.

[33] 魏志义, 许思源, 江昱佼 , 等. 阿秒脉冲产生的技术原理及进展 [J]. 科学通报, 2021, 66(8): 13.

[34] Mashiko H, Gilbertson S, Li C, et al. Double optical gating of high-order harmonic generation with carrier-envelope phase stabilized lasers[J]. Phys. Rev. Lett., 2008, 100(10): 103906.

[35] Feng X, Gilbertson S, Mashiko H, et al. Generation of isolated attosecond pulses with 20 to 28 femtosecond lasers[J]. Phys. Rev. Lett., 2009, 103(18): 183901.

[36] Mashiko H, Oguri K, Sogawa T. Attosecond pulse generation in carbon K-edge region (284 eV) with sub-250μJ driving laser using generalized double optical gating method[J]. Appl. Phys. Lett., 2013, 102(17): 171111.

[37] Zhao K, Zhang Q, Chini M, et al. Tailoring a 67 attosecond pulse through advantageous

phase-mismatch[J]. Opt. Lett., 2012, 37(18): 3891-3893.

[38] Kim K T, Zhang C, Ruchon T, et al. Photonic streaking of attosecond pulse trains[J]. Nat. Photonics, 2013, 7(8): 651-656.

[39] Hammond T J, Brown G G, Kim K T, et al. Attosecond pulses measured from the attosecond lighthouse[J]. Nat. Photonics, 2016, 10(3): 171-175.

[40] Louisy M, Arnold C L, Miranda M, et al. Gating attosecond pulses in a noncollinear geometry[J]. Optica, 2015, 2(6): 563-566.

[41] Wirth A, Hassan M T, Grguraš I, et al. Synthesized light transients[J]. Science, 2011, 334(6053): 195.

[42] Hassan M T, Wirth A, Grguraš I, et al. Invited article. Attosecond photonics: synthesis and control of light transients[J]. Rev. Sci. Instrum., 2012, 83(11): 111301.

[43] Hassan M T, Luu T T, Moulet A, et al. Optical attosecond pulses and tracking the nonlinear response of bound electrons[J]. Nature, 2016, 530(7588): 66-70.

[44] Xue B, Tamaru Y, Fu Y, et al. Fully stabilized multi-TW optical waveform synthesizer: toward gigawatt isolated attosecond pulses[J]. Science Advances, 2020, 6(16): eaay2802.

[45] Xue B, Midorikawa K, Takahashi E J. Gigawatt-class, tabletop, isolated-attosecond-pulse light source[J]. Optica, 2022, 9(4): 360-363.

[46] Scrinzi A, Geissler M, Brabec T. Attosecond cross correlation technique[J].Phys. Rev. Lett., 2001, 86(3): 412.

[47] Drescher M, Hentschel M, Kienberger R, et al. X-ray pulses approaching the attosecond frontier[J]. Science, 2001, 291(5510): 1923-1927.

[48] Itatani J, Quéré F, Yudin G L, et al. Attosecond streak camera[J].Phys. Rev. Lett., 2002, 88(17): 173903.

[49] Quéré F, Itatani J, Yudin G, et al. Attosecond spectral shearing interferometry[J].Phys. Rev. Lett., 2003, 90(7): 073902.

[50] Bandrauk A D, Chelkowski S, Shon N H. How to measure the duration of subfemtosecond xuv laser pulses using asymmetric photoionization[J]. Phys. Rev. A, 2003, 68(4): 041802.

[51] Tzallas P, Charalambidis D, Papadogiannis N, et al. Direct observation of attosecond light bunching[J]. Nature, 2003, 426(6964): 267-271.

[52] Mairesse Y, Quéré F. Frequency-resolved optical gating for complete reconstruction of attosecond bursts[J]. Phys. Rev. A, 2005, 71(1): 011401.

[53] Chini M, Gilbertson S, Khan S D, et al. Characterizing ultrabroadband attosecond lasers[J]. Opt. Express, 2010, 18(12): 13006-13016.

[54] Heyl C M, Coudert-Alteirac H, Miranda M, et al. Scale-invariant nonlinear optics in gases[J]. Optica, 2016, 3(1): 75-81.

[55] Takahashi E, Nabekawa Y, Otsuka T, et al. Generation of highly coherent submicrojoule soft X rays by high-order harmonics[J]. Phys. Rev. A, 2002, 66(2): 021802.

[56] Takahashi E, Nabekawa Y, Midorikawa K. Generation of 10-μJ coherent extreme-ultraviolet light by use of high-order harmonics[J]. Opt. Lett., 2002, 27(21): 1920-1922.

[57] Hergott J F, Kovacev M, Merdji H, et al. Extreme-ultraviolet high-order harmonic pulses in the microjoule range[J]. Phys. Rev. A, 2002, 66(2): 021801.

[58] Kühn S, Dumergue M, Kahaly S, et al. The ELI-ALPS facility: the next generation of attosecond sources[J]. J. Phys. B—At. Mol. Opt., 2017, 50(13): 132002.

[59] Major B, Ghafur O, Kovács K, et al. Compact intense extreme-ultraviolet source[J]. Optica, 2021, 8(7): 960.

[60] Yoshitomi D, Nees J, Miyamoto N, et al. Phase-matched enhancements of high-harmonic soft X-rays by adaptive wave-front control with a genetic algorithm[J]. Appl. Phys. B, 2004, 78(3): 275-280.

[61] Takahashi E J, Nabekawa Y, Mashiko H, et al. Generation of strong optical field in soft X-ray region by using high-order harmonics[J]. IEEE J. Sel. Top Quantum Electron., 2004, 10(6): 1315-1328.

[62] Rudawski P, Heyl C M, Brizuela F, et al. A high-flux high-order harmonic source[J]. Rev. Sci. Instrum., 2013, 84(7): 073103.

[63] Wang Y, Guo T, Li J, et al. Enhanced high-order harmonic generation driven by a wavefront corrected high-energy laser[J]. J. Phys. B—At. Mol. Opt., 2018, 51(13): 134005.

[64] Dacasa H, Coudert-Alteirac H, Guo C, et al. Single-shot extreme-ultraviolet wave-front measurements of high-order harmonics[J]. Opt. Express, 2019, 27(3): 2656-2670.

[65] Lan P, Takahashi E J, Midorikawa K. Optimization of infrared two-color multicycle field synthesis for intense-isolated-attosecond-pulse generation[J]. Phys. Rev. A, 2010, 82(5): 053413.

[66] Takahashi E J, Lan P, Mücke O D, et al. Infrared two-color multicycle laser field synthesis for generating an intense attosecond pulse[J]. Phys. Rev. Lett., 2010, 104(23): 233901.

[67] Takahashi E J, Lan P, Mücke O D, et al. Attosecond nonlinear optics using gigawatt-scale isolated attosecond pulses[J].Nat. Commun., 2013, 4(1): 2691.

[68] Matía-Hernando P, Witting T, Walke D J, et al. Enhanced attosecond pulse generation in the vacuum ultraviolet using a two-colour driving field for high harmonic generation[J]. J. Mod. Opt., 2018, 65(5-6): 737-744.

[69] Greening D, Weaver B, Pettipher A J, et al. Generation and measurement of isolated attosecond pulses with enhanced flux using a two colour synthesized laser field[J]. Opt. Express, 2020, 28(16): 23329-23337.

[70] Lindner F, Stremme W, Schätzel M G, et al. High-order harmonic generation at a repetition rate of 100 kHz[J]. Phys Rev A, 2003, 68(1): 013814.

[71] Rothhardt J, Krebs M, Hädrich S, et al. Absorption-limited and phase-matched high

harmonic generation in the tight focusing regime[J]. New J. Phys., 2014, 16(3): 033022.

[72] Sabbar M, Heuser S, Boge R, et al. Combining attosecond XUV pulses with coincidence spectroscopy[J]. Rev. Sci. Instrum., 2014, 85(10): 103113.

[73] Hammerland D, Zhang P, Kühn S, et al. Reconstruction of attosecond pulses in the presence of interfering dressing fields using a 100 kHz laser system at ELI-ALPS[J]. J. Phys. B—At. Mol. Opt., 2019, 52(23): 23LT01.

[74] Ye P, Csizmadia T, Oldal L G, et al. Attosecond pulse generation at ELI-ALPS 100 kHz repetition rate beamline[J]. J. Phys. B—At. Mol. Opt., 2020, 53(15): 154004.

[75] Witting T, Furch F, Osolodkov M, et al. Generation and characterization of isolated attosecond pulses for coincidence spectroscopy at 100 kHz repetition rate[J]. J. Phys. Conf. Ser., 2020, 1412: 072031.

[76] Kern C, Zürch M, Spielmann C. Limitations of extreme nonlinear ultrafast nanophotonics[J]. Nanophotonics, 2015, 4(3): 303-323.

[77] Porat G, Heyl C M, Schoun S B, et al. Phase-matched extreme-ultraviolet frequency-comb generation[J]. Nat. Photonics, 2018, 12(7): 387-391.

[78] Mills A K, Zhdanovich S, Na M X, et al. Cavity-enhanced high harmonic generation for extreme ultraviolet time- and angle-resolved photoemission spectroscopy[J]. Rev. Sci. Instrum., 2019, 90(8): 083001.

[79] Shiner A D, Trallero-Herrero C, Kajumba N, et al. Wavelength scaling of high harmonic generation efficiency[J].Phys. Rev. Lett., 2009, 103(7): 073902.

[80] Wang H, Xu Y, Ulonska S, et al. Bright high-repetition-rate source of narrowband extreme-ultraviolet harmonics beyond 22 eV[J].Nat. Commun., 2015, 6(1): 7459.

[81] Comby A, Descamps D, Beauvarlet S, et al. Cascaded harmonic generation from a fiber laser: a milliwatt XUV source[J]. Opt. Express, 2019, 27(15): 20383-20396.

[82] Klas R, Kirsche A, Gebhardt M, et al. Ultra-short-pulse high-average-power megahertz-repetition-rate coherent extreme-ultraviolet light source[J]. PhotoniX, 2021, 2(1): 4.

[83] Liu Y, Beetar J E, Hosen M M, et al. Extreme ultraviolet time- and angle-resolved photoemission setup with 21.5 meV resolution using high-order harmonic generation from a turn-key Yb:KGW amplifier[J]. Rev. Sci. Instrum., 2020, 91(1): 013102.

[84] Tao Z, Chen C, Szilvási T, et al. Direct time-domain observation of attosecond final-state lifetimes in photoemission from solids[J]. Science, 2016, 353(6294): 62-67.

[85] Yang Z, Cao W, Chen X, et al. All-optical frequency-resolved optical gating for isolated attosecond pulse reconstruction[J]. Optics Letters, 2020, 45(2): 567-570.

[86] Wang X, Wang L, Xiao F, et al. Generation of 88 as isolated attosecond pulses with double optical gating[J]. Chinese Physics Letters, 2020, 37(2): 023201.

[87] 王向林, 徐鹏, 李捷, 等. 利用自研阿秒条纹相机测得 159 as 孤立阿秒脉冲 [J]. 中国激光,2020, 47(4): 0415002.

[88] Shan B, Chang Z. Dramatic extension of the high-order harmonic cutoff by using a long-wavelength driving field[J]. Phys. Rev. A, 2001, 65(1): 011804.

[89] Popmintchev T, Chen M C, Popmintchev D, et al. Bright coherent ultrahigh harmonics in the keV X-ray regime from mid-infrared femtosecond lasers[J]. Science, 2012, 336(6086): 1287.

[90] Cousin S L, Di Palo N, Buades B, et al. Attosecond streaking in the water window: a new regime of attosecond pulse characterization[J]. Phys. Rev. X, 2017, 7(4): 041030.

[91] Johnson A S, Austin D R, Wood D A, et al. High-flux soft X-ray harmonic generation from ionization-shaped few-cycle laser pulses[J]. Science Advances, 2018, 4(5): eaar3761.

[92] Saito N, Ishii N, Kanai T, et al. Attosecond streaking measurement of extreme ultraviolet pulses using a long-wavelength electric field[J]. Sci. Rep., 2016, 6: 35594.

第 12 章　超快激光典型应用

激光是 20 世纪最重要的发明之一，如今已经深入人类生活的各个方面之中，而超快激光更是激光技术的最前沿。随着超快激光技术的发展，少周期飞秒脉冲和阿秒脉冲光源得到了相当的普及，人类能够得到的时间分辨能力有了飞跃式的提升；配合频率变换手段，输出波长可以从远红外到 X 射线调节；配合啁啾脉冲放大 (CPA) 技术和光参量放大 (OPA) 技术，所能得到的场强也已经进入相对论范畴。这样的光源在原子分子物理学、强场物理学、生物学、医学、材料学，乃至工业加工等众多领域开始发挥重要的作用。本章对超快激光的若干应用进行简介。

12.1　时间分辨超快动力学

在基于超快激光的时间分辨探测技术中，使用最广的一种叫作泵浦–探测 (pump-probe) 技术。该技术使用两个具有时间延迟的超短脉冲，其中能量较高、时间较前的作为泵浦光，在样品上产生某种激发或者调制；在一段可调的延迟之后，另一个通常能量较低的超短脉冲作为探测光，通过分析探测光的透过或反射光谱，可以得到样品的某种信息；通过观测不同延时下探测光信号的变换，便可以得到样品在泵浦光作用下产生的激发或调制随时间的变化情况。1999 年诺贝尔化学奖授予了飞秒化学的开创者 A. H. Zewail，他用飞秒泵浦–飞秒探测的方法结合光谱学，在分子吸收泵浦光后的不同延迟下记录探测光的吸收情况，从而推断氰化碘化学键断裂的时间演化大约经历了 180 fs[1,2]。这种探测技术通过使用超短脉冲激光，目前已经可以实现时间分辨率达到数十阿秒的探测，从而在时域上直接解析结构和电子的运动，即在原子核外发生的绝大多数动力学行为。

迄今为止，大多数成功利用孤立阿秒激光脉冲的阿秒泵浦–探测实验都是在原子上进行的。主要的实验技术，也是有史以来第一次用于确定 Kr 俄歇寿命的阿秒泵浦–探测实验，是光电子条纹相机 [3]。在光电子条纹相机实验中，观察在共线传播过程中发射电子的速度变化，红外激光场可以确定电子进入激光场的时间分辨率，该时间分辨率小于红外光场单个周期持续时间 (800 nm 光波对应 2.7 fs)。使用这种技术，发现在被 100 eV 阿秒激光脉冲电离时，Ne 原子 2s 和 2p 电子的发射之间有很小的延迟 (21 as)[4](图 12.1-1)。另一种实验方案是利用强场电离速率的亚周期时间依赖性来测量 Xe 和 Ne 原子的束缚态下的电子动力学 [5]，并引入了阿秒瞬态吸收测量 Kr 原子强场电离的实验 [6]。

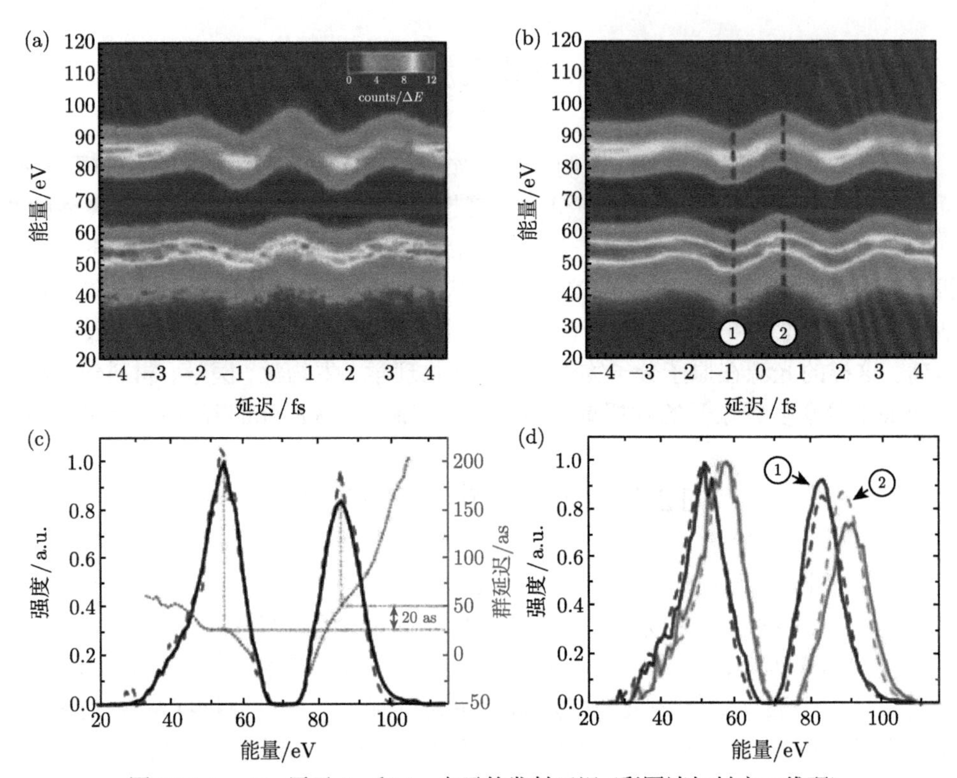

图 12.1-1　Ne 原子 2s 和 2p 电子的发射延迟 (彩图请扫封底二维码)

除了原子价电子之外，阿秒泵浦–探测光谱学还可以研究分子电离过程。在实验中，H_2 和 D_2 分子被孤立阿秒脉冲电离 [7]，并且电离过程受到延迟的少周期红外激光脉冲影响，该脉冲诱导了正在解离的离子中的电子定位，该电子定位通过离子不对称出射分布来测量。图 12.1-2 表明，测得的不对称性取决于孤立阿秒脉冲与红外脉冲之间的延迟阿秒时间分辨率。分析表明存在两种电子局域化机制，一种依靠电子自由度和核自由度的耦合，另一种依靠多个电子自由度的耦合。

当使用光子能量更高的 XUV 波段的阿秒脉冲或阿秒脉冲串时，可以研究内壳层电子的动力学过程。其中一个典型的例子是一种新颖的电子–电子相关效应，即所谓的原子间库仑衰变 (ICD)[8]。如图 12.1-3 所示，这种效应主要在 $(H_2O)_n$、$(HF)_n$ 之类的氢键团簇以及 $(Ne)_n$ 之类的范德瓦耳斯簇中可见。在 ICD 中，团簇原子之一的内壳层电子通过 XUV 光子的吸收而射出。产生的空穴被相同原子的外壳层电子填充，而通过电子–电子相互作用，属于该团簇另一个原子的第二电子被射出。这样加倍电荷的团簇经历库仑爆炸。该过程的时间尺度约为 100 fs。可以在不同碎片和电子之间通过瞬时分辨的重合测量研究其动力学。

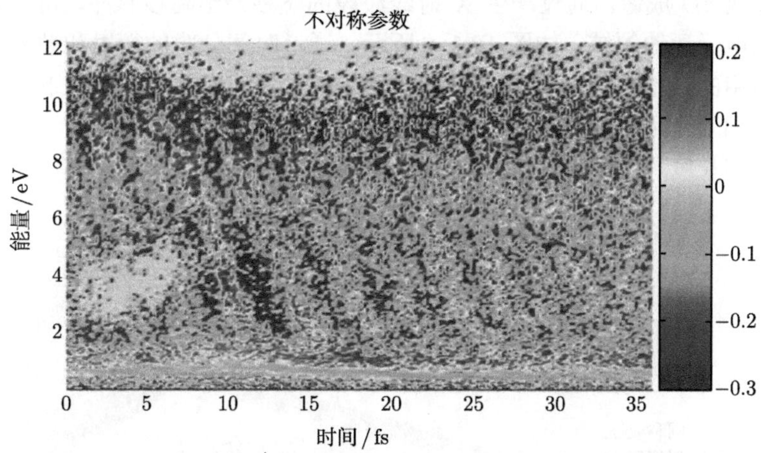

图 12.1-2 D_2 的双色解离电离中 D^+ 的喷射不对称，揭示了依赖电子和核自由度耦合的两种电子定位机制的阿秒级时间依赖性 (彩图请扫封底二维码)

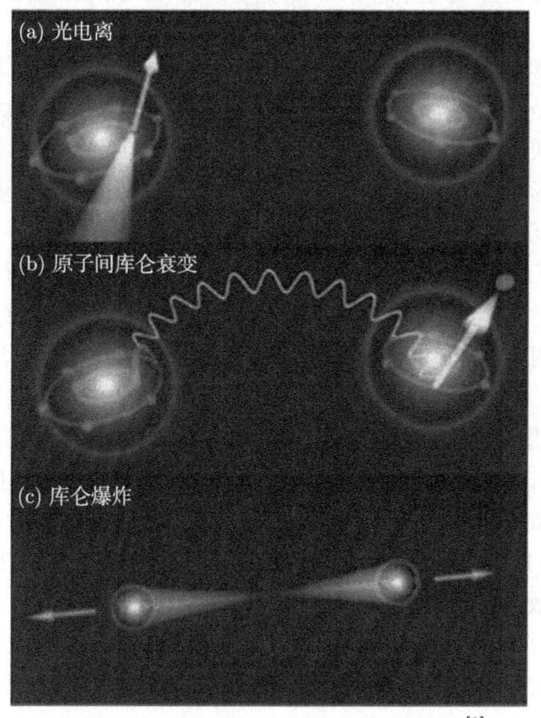

图 12.1-3 霓虹灯中原子间的库仑衰变 [9]

除了光谱学的方式，目前可以通过电子衍射显微镜 [10]、自由电子激光器中的高分辨率“闪光”成像 [11] 等方式以亚皮秒级的时间分辨率观察分子结构和原子运动，实现 4D 成像。通过产生 X 射线波段的飞秒乃至阿秒脉冲，可以将 4D 成像拓展到电子运动领域，如图 12.1-4 所示。通过时间分辨的衍射和散射，光与物质相互作用的最基本的主要过程就可以呈现在阿秒和埃的分辨率之下。这将揭示光与物质相互作用时如何在场与电子相互作用的基本尺度上起作用，以及如何在电子时间和长度尺度上施加控制。

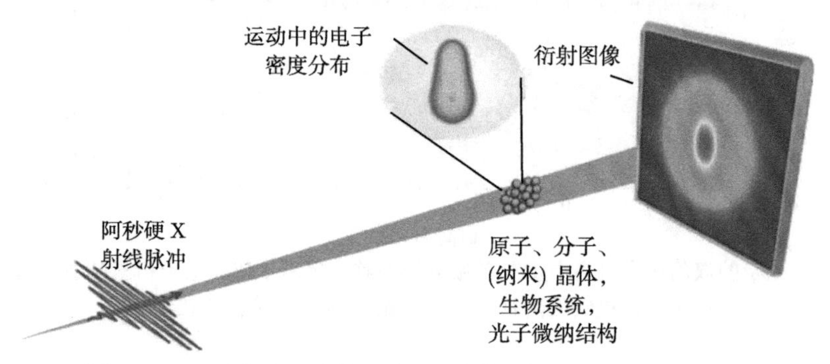

图 12.1-4　对电子运动的阿秒尺度成像 (彩图请扫封底二维码)

在原子分子物理之外，超快激光在磁学中也有着极大的应用潜力。目前信息存储的主要方式是通过磁性物质的磁极反转，通常使用外加磁场来控制，但利用磁光效应结合超快光学进行磁场控制的研究，可能会对数据存储和控制方式、量子计算产生重大影响。并且通过超快磁学研究，人们可能进一步理解光子与电荷、自旋和晶格的相互作用，以及它们之间的动量传递。

将超快激光应用到磁化动力学研究，正是超快激光在时间尺度上优势的体现。如图 12.1-5 所示，磁化动力学的时间尺度跨度很大，而飞秒激光脉冲时间尺度相当于自旋交换相互作用的时间尺度，远小于自旋–轨道相互作用时间 (0.1~1 ps) 和自旋进动时间 (1~1000 ps)[12]，这为新的磁化控制方式提供了可能性。超快磁化动力学研究利用超快激光脉冲，控制电子自旋，2009 年，J. Y. Bigot 等使用 50 fs 的激光脉冲，实现了光脉冲电场相干调制 $CoPt_3$ 和 Ni 膜的磁光响应，并将此效应归结为激光脉冲促进了自旋–轨道相互作用 [13]。同时，利用磁光效应中的逆法拉第效应 (IFE) 进行实验，2005 年，荷兰奈梅亨大学 Th. Rasing 实验组使用圆偏光飞秒激光脉冲观察到了 $DyFeO_3$ 中的磁子激发 [14]，并在 2012 年实现了 GdFeCo 薄膜的磁化反转实验 [15]。这种光诱导有效磁场脉冲的方法使得在极短的时间尺度上实现自旋的激发、调制和相干控制成为可能。

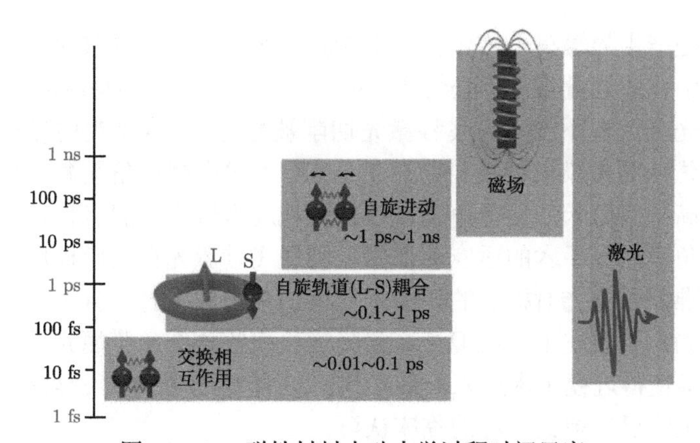

图 12.1-5 磁性材料中动力学过程时间尺度

12.2 超快激光医学

1960 年，第一台激光器建成后很快应用于医学领域，经过半个多世纪的发展，临床应用上已经形成了强激光治疗、光动力治疗、弱激光治疗三大激光治疗技术，同时也形成了包括光学相干层析成像、光声成像、多光子显微成像、拉曼成像等在内的众多高灵敏度和高分辨率的激光诊断技术。飞秒激光因其超短脉冲、高峰值功率输出，从而与生物组织作用时间极短，小于热弛豫时间，减小了热扩散的影响。这些特点使得飞秒激光在生物组织三维层析成像和探测、细胞与组织的精细激光手术方面得到了广泛应用。1985 年发明的 CPA 技术，更是突破了脉冲峰值功率提高中的瓶颈问题，高峰值功率结合光学聚焦，可以只在局部区域产生高于阈值的非线性吸收。超快激光更是在医学应用中展现出巨大潜力，由此带来的一个重要应用就是飞秒激光近视手术。

近视是眼科领域内全球共同面临的公共卫生问题，在美国与欧洲，近视发病率较 50 年前增长一倍，日本、中国都是近视重灾区，其发生率可高达 70%~90%，是亚洲人种面临的最为普遍的视功能损害性疾病。通过手术永久地矫正屈光不正的方法，如光学屈光性角膜成形术 (photorefractive keratoplasty，PRK)、准分子激光原位角膜磨镶术 (laser-assisted in situ keratomileusis，LASIK) 等深受年轻人喜爱，但其为有创的治疗方式，破坏角膜生理结构，使角膜变薄变脆弱，且带来很多术后并发症，更有甚者术后发生角膜扩张症和圆锥角膜，如控制不理想，则将面临角膜移植或人工角膜置换手术，甚至导致不可逆盲 [16]。

2002 年，飞秒激光作为临床中能够使用的最短脉冲激光，应用于眼科角膜屈光手术中，先后发展为利用飞秒激光制瓣的 LASIK 手术和飞秒激光小切口基质透镜取出术 (small incision lenticule extraction, SMILE)。在手术过程中，飞秒激光在焦点处产生的等离子体体积发生膨胀，产生冲击波与气穴效应气泡，气泡在回缩过程中释放能量将焦点处物质击碎。由于分子的热弛豫时间在数皮秒量级，故而飞秒激光全过程不产热，飞秒激光切削被称为“冷激光”的光机械作用。飞秒激光代替传统的角膜机械板层刀在 LASIK 手术中制作角膜瓣，将切削精度从数十微米提高到数微米，使得角膜较薄或近视度数较大的患者也可以进行激光矫正，拓宽了角膜屈光手术的适应症范围。利用飞秒激光在角膜板层中切削凸透镜代替传统的准分子激光对板层的切削，使得切削精度提升，且不再需要制作角膜瓣，减少了如角膜上皮下雾状混浊、角膜瓣丢失等传统角膜屈光手术的主要并发症。激光手术使得近视手术进入微创时代。20 年后的今天，飞秒激光眼科手术的有效性与安全性已经得到广泛的临床认可。

随着人们对飞秒激光及其与生物组织相互作用认识的深入，人们发现了飞秒激光物质相互作用过程除光致破裂效应外的复杂性。2002 年，德国 Vogel 团队发现，围绕着超快激光组织光致破裂主要反应，还存在着化学、热以及机械学效应。飞秒激光在水介质中光致破裂作用的同时，会在光致破裂阈值以下产生低密度等离子体 (low-density plasma，LDP)，导致空间上极端限定的化学、热以及机械学效应，具有高度定位修饰生物组织的可能性。2018 年，美国哥伦比亚大学机械工程与医学中心眼科联合团队发现，利用飞秒激光光致破裂阈值下能量作用于角膜细胞所形成的 LDP[17]，可在生物介质内部形成电离场，而非有破坏作用的声波与冲击波。当作用于胶原组织时，LDP 产生活性氧簇与周围的蛋白发生反应，形成交联，引发机械力学性质的空间改变，从而改变角膜屈光力，实现无创、永久、安全、稳定的近视矫正 (图 12.2-1)。该激光–生物组织相互作用过程避免了光热效应与光致破裂机械学效应，是无创治疗方式，扩大了永久屈光矫正的适应人群范围，

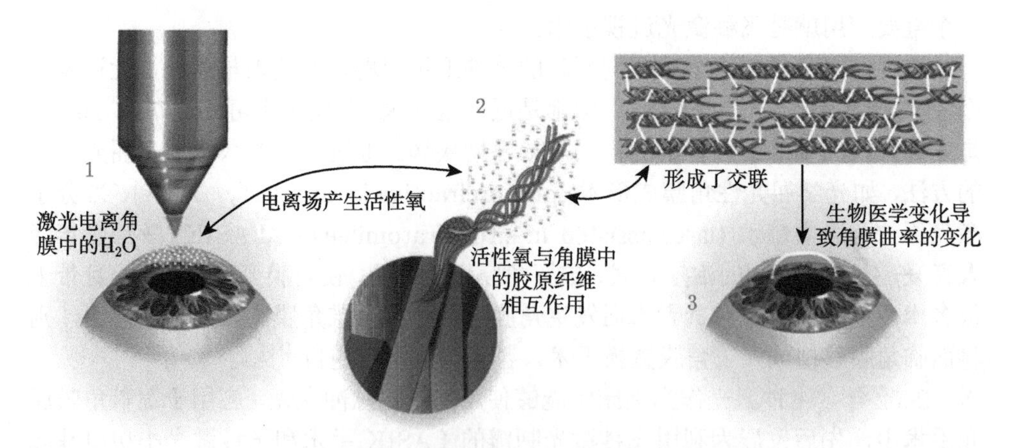

图 12.2-1 飞秒激光无创治疗改变角膜折射率 [17]

同时也避免了现有手术方式的副作用。研究结果显示，对某个区域的角膜基质进行激光治疗可以带来整体角膜曲率的宏观改变，可以借此纠正近视、远视、散光和不规则散光。

除了飞秒激光眼科手术外，利用飞秒激光驱动的多光子显微成像技术有望成为癌症检测的有效手段。癌症是目前世界上死亡率最高的疾病之一，研究发现，如果在癌症早期进行治疗，能大幅度降低死亡率。目前癌症检测依赖于组织病理学检查，然而制备染色切片的繁复流程会极大限制医生的诊断效率，这导致术中的病理评估往往不能兼顾速度与质量。为解决此问题，研究者们发展了基于飞秒激光驱动的多光子显微成像 (MPM)(图 12.2-2) 的虚拟染色成像技术，旨在省略传统染色切片的制备流程，转而借助无标记显微技术和深度学习来获取同样的染色切片图像，以满足术中实时病理诊断的需求。

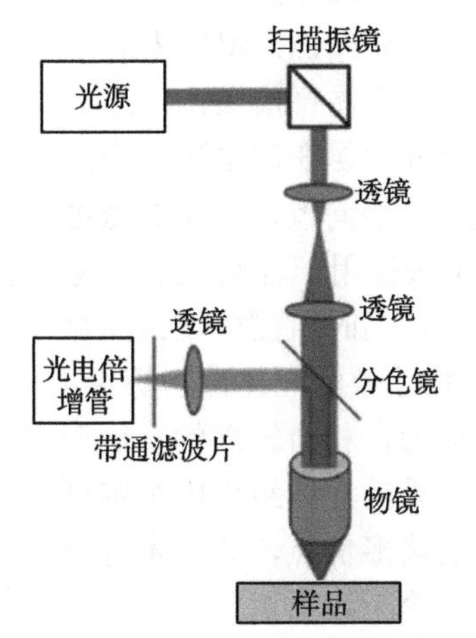

图 12.2-2 多光子显微镜结构示意图

多光子显微镜主要由两部分组成：一台能够产生超短光脉冲的超快激光器和一台扫描显微镜，激光经过物镜聚焦在组织上，产生各种非线性相互作用 [18]，主要包括双光子激发荧光 (TPEF)、三光子激发荧光 (ThPEF)、SHG、THG 以及相干反斯托克斯拉曼散射 (CARS) 等。在双光子激发荧光过程中，两个相同的光子在亚飞秒量级的时间内被荧光团同时吸收，之后再释放出荧光。如果飞秒激光的波长合适，也可以通过吸收三个光子激发荧光团产生荧光。与多光子激发荧光不同，二倍频和三倍频对应的谐波产生是瞬时的非线性相干光散射现象，需要至少两个光子并同时满足相位匹配条件，这种二阶非线性过程发生在二阶磁化率不等于零的介质中。这种过程仅在存在对称性破坏的介质中产生，因此这种介质称为“非中心对称介质”。与多光子荧光相反，二倍频的过程不存在能量吸收，因此，这种现象的产生依赖于激发光的波长。三倍频是三阶非线性过程，仅在具有负相位失配条件的非均匀介质中发生。三倍频过程不要求介质具有非中心对称结构，而是要求介质的折射率或非线性磁化率不均匀。也就是说，在均匀的和各向同性的介质中不会发生三倍频，所以三倍频也经常用于鉴别两种介质。另外一种常见的成像机制是由激发光子和化学键振动产生的相干反斯托克斯拉曼散射, 可以提供关于单个官能团的化学键密度的信息，这种多光子成像方法限制可以激发特定的化学键。

近些年来，多光子显微镜成像已经成为实现虚拟组织切片检查的最重要技术之一 [19,20]，与传统切片检查相比，它具有如下优点：① 可以利用多种成像机制，无须进行染色；② 由于信号主要在物镜焦点上产生，多光子显微镜可以在不同深度扫描激光焦点，具有光学切片能力，可以实现对皮肤组织的三维成像；③ 具有亚微米的光学分辨率，可以获得细胞内部的信息；④ 与单光子显微镜相比，由于使用近红外光作激发，多光子显微镜在组织内的穿透深度更深；⑤ 非侵入性，无须切除可疑的皮肤组织，可在活体直接操作；⑥ 扫描具有低光毒性，使人们可以在没有干扰因素的情况下研究组织在原生环境中的活动过程。

多光子激光扫描显微镜一经问世，由于其低细胞损伤、大成像深度和可用于活细胞长时间三维成像，很快被用于各类高端生物医学研究，例如早期癌症检测、人脑计划等。在活体状态下，同时监测生物组织微环境中多种细胞的动态特性和相互作用，对免疫治疗、药物疗效的在体评价等生物学机制研究具有重大意义。由于多光子成像固有的层析能力，相对较深的穿透深度，以及较低的焦点损伤，多光子生物显微成像提供了优秀的活体组织中细胞事件的高分辨观察能力。正是由于多光子显微镜具有前述的诸多优点，该技术有望实现虚拟组织切片检查，从而实现对早期癌症的活体原位诊断。

12.3　超快激光加工

激光加工由于其易操作、非接触、高柔性、高效率、高质量和节能环保等突出优势，已经广泛应用于材料切割、焊接、表面处理与改性等领域。而超快激光技术的发展，使其具备了传统连续激光和长脉冲激光无法比拟的优势，即超短的脉冲宽度与超高的光强。

传统长脉冲激光在加工过程中会带来很大的热累积，导致加工区周边材料熔化甚至气化并飞溅出去重新凝结，形成粗糙的热影响区，降低了加工质量。对于超短脉冲激光加工来说，由于其单个脉冲持续时间短于材料中电子声子耦合时间 (对于金属材料通常在数皮秒至数百皮秒不等 [21])，所以能够在能量尚未由电子系统耦合至声子系统从而转化为热量之前就全部传递至材料，较好地避免了热致烧蚀熔化物，实现“冷加工”，如图 12.3-1 所示，将加工精度提升至亚微米量级。

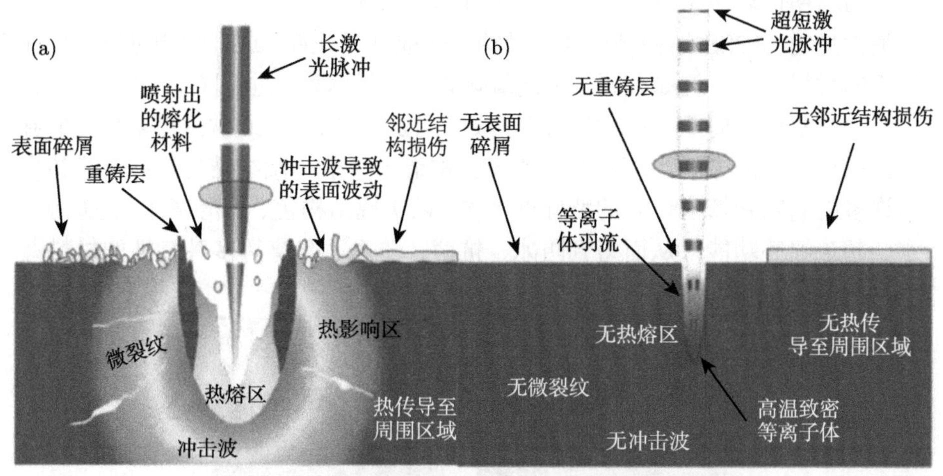

图 12.3-1 超快激光加工与长脉冲激光加工的区别 [22]

并且，由于其超高的光强，当超快激光在透明材料中紧聚焦时，其焦点处的光强可以在材料中产生多光子吸收与电离过程，从而使原本与激光相互作用很弱的透明材料可以与超快激光产生加工作用，并且作用点仅限于焦点处，直接在材料内部进行加工。因此超快激光十分适合用于微纳结构与透明硬脆材料的加工，远远超出了传统机械加工与长脉冲激光加工所能得到的加工精度和表面粗糙度。

根据对材料处理的方式，可以分为减材制造与增材制造。传统的减材制造中，由于超快激光的冷加工特点，在钻孔等微结构刻蚀加工中有着明显光滑的边缘 [23]，如图 12.3-2 所示。并且广泛适用于金属、半导体、玻璃、有机材料、复合材料等材料。

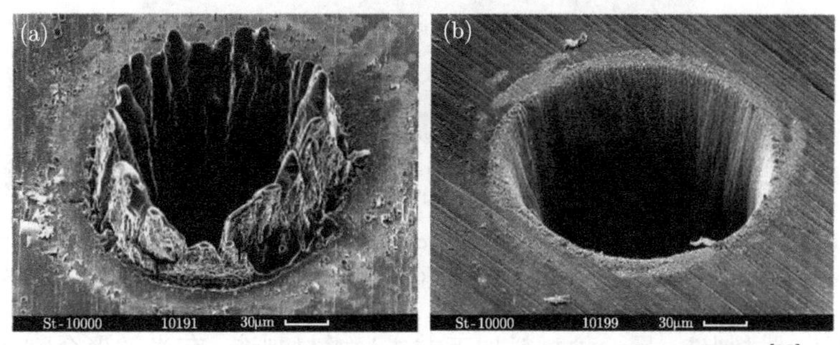

图 12.3-2 纳秒激光 (a) 与飞秒激光 (b) 钻孔的加工效果对比 [23]

除了直接用于加工之外，飞秒激光还可以在材料表面产生周期性结构 (laser induced periodic surface structure，LIPSS)。这一现象在激光诞生之后即被发

现 [24]，但是随着超快激光技术特别是飞秒激光技术的发展，使用飞秒激光操控材料表面的周期性微纳结构目前仍然是十分活跃的研究领域。

最常见的 LIPSS 结构是周期性微纳条纹或纳米光栅，这种结构可以产生在许多种不同材料表面，例如金属、金属氧化物、半导体以及金刚石，如图 12.3-3 所示。另一种常见的周期性结构呈锥形，如图 12.3-4 所示，通常由更多数量的脉冲产生。通过这样的方式，可以在材料表面构造出复杂的微纳结构，并且模仿自然界中许多的动物和植物体表的特殊微结构，以实现结构色、超滑表面、超疏水、超亲水、超疏油等功能，从而得到防冰、抗菌、防腐、防雾等多种特性的材料 [25]。

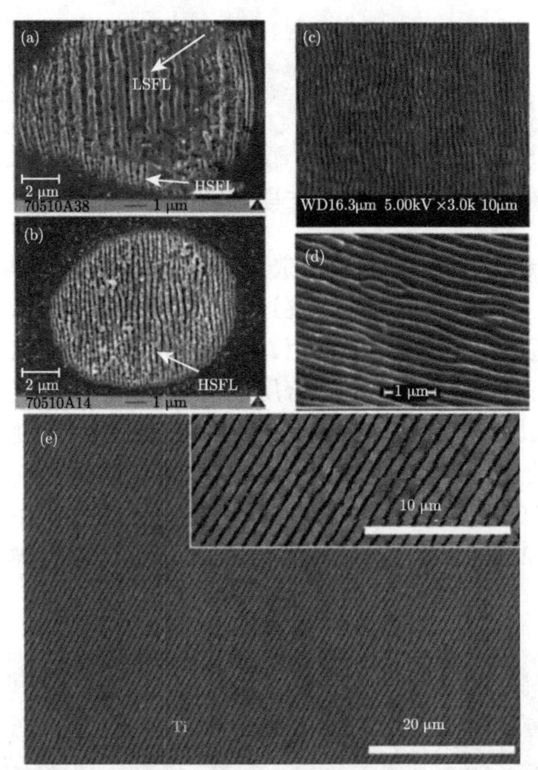

图 12.3-3　不同材料上飞秒激光产生的 LIPSS 结构：(a)、(b) ZnO[26]；(c) 硅；(d) 金刚石 [27]；(e) 钛 [28]

HSFL (high spatial frequency laser induced periodic surface structure)：高频激光诱导周期性结构；LSFL (low spatial frequency laser induced periodic surface structure)：低频激光诱导周期性结构

相对于减材制造，另一种材料加工方式为增材制造。在光敏聚合物溶液中，通过将超快激光紧聚焦，在焦点处发生多光子吸收过程，引发材料固化，称为多光子聚合 (multiphoton polymerization, MPP)。这一方式的最早的代表性成果为双光子聚合制作的 10 μm 长、7 μm 高的微型公牛模型 (图 12.3-5)[33]。除此之外，还可以将超快激光聚焦在金属 [34]、陶瓷 [35] 或玻璃粉末中，通过其超高峰值功率在局域产生高温，瞬间熔化金属粉末并固化，从而制作需要的材料结构。

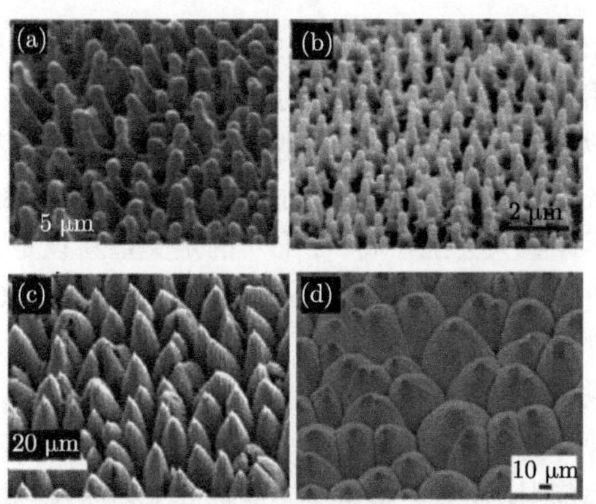

图 12.3-4 不同材料上飞秒激光产生的周期性锥形结构：(a) 硅浸没在 SF6 中 [29]；(b) 硅浸没在水中 [30]；(c) 钛在空气中 [31]；(d) 不锈钢在空气中 [32]

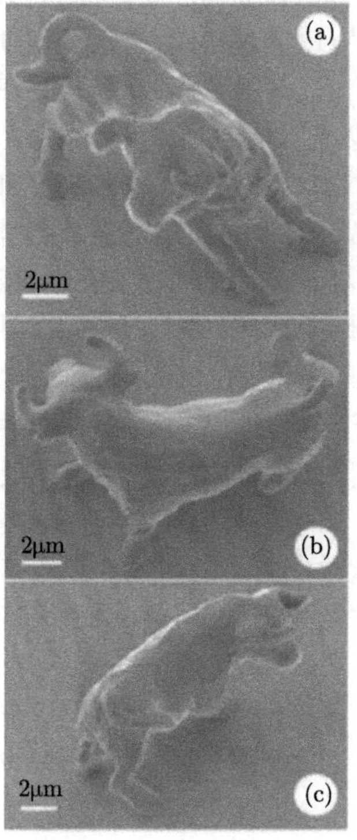

图 12.3-5 通过双光子聚合制作的微型公牛模型 [33]

12.4　超快激光精密测量

“时间” 作为物理学七大基本物理量之一，用以度量事件发生的长度及顺序，与我们的生活息息相关。从三千多年前的 “圭表”，到隋代的 “日晷”，再到 20 世纪的石英晶振，人类对时间的测量精度越来越高。随着现代科技的快速发展，特别是航天、空间技术的出现，人们对时间的测量精度提出了更高的要求。1967 年召开的第 13 届国际计量大会上，将 “1 秒” 的定义重新设定为铯原子 Cs^{133} 基态的两个超精细能级间的跃迁辐射振荡所持时间的 9192631770 倍。经过激光冷却后，铯喷泉原子钟的不确定度达到了 10^{-16} 量级，这是迄今为止最为精准的时间标准，同时也是国际时间频率的基准。

虽然以铯原子钟为代表的原子频标的研究取得长足的发展，但是由于原子钟的工作载波处于微波频率范围，所以严格意义上应称原子频标为 “原子微波频标”。自 20 世纪 60 年代激光出现，尤其是飞秒光学频率梳出现之后，人们便对频率稳定性更高的 “光频标” 产生了浓厚的兴趣。光频标一般包括超稳激光器、光学频率梳、囚禁单离子 (原子团) 系统三部分。超稳激光器一般是将一个窄线宽激光器参考到一个由低膨胀材料制成的法布里–珀罗 (F-P) 腔上，其特点为短时间内频率稳定性可以达到很高 (甚至小于 100 mHz 量级)，但是由于长时间工作后 F-P 腔会受到外界环境变化的影响而导致频率的漂移，所以一般将超稳激光器作为光频标系统中的短期频率参考。由于囚禁态的单离子处于超高真空环境中，从而与空气的碰撞几率很小，大大降低了碰撞加宽 [36]。囚禁态的钙离子虽然短时间内的稳定性较超稳激光器差，但是其长时间的稳定性却很高，因此可以作为光频标系统中的长期频率参考。通过将光学频率梳系统同时参考到超稳定激光器以及离子钟上，便可以将超稳激光器与离子钟的优势相结合，从而实现长时间、高频率稳定度的光频标系统。

目前比较成熟的单离子光频标的工作离子种类主要有镱离子、汞离子、铝离子、铟离子、锶离子及钙离子等。其中频率稳定性最高的光频标系统为镱离子光频标，其不确定性可以达到 10^{-18} 量级，比原子微波频标高出两个量级，因此单离子光频标成为目前世界计量学中主要的研究热点方向之一。我国的许多科研单位也在光频标研究方面做了大量的工作，并获得了很多突出性的成果，国内的研究单位主要包括：中国计量科学研究院、华中科技大学、中国科学院国家授时中心、中国科学院武汉物理与数学研究所等单位。其中，中国科学院武汉物理与数学研究所高克林研究组以 $^{40}Ca^{+}$ 为研究对象，采用激光冷却技术实现了对单个 $^{40}Ca^{+}$ 的囚禁。

在现行的国际基本单位制中，长度单位米的定义是 “光在真空中传播 1/299792458 秒行程的长度”。将长度的测量溯源到精度更高的时间频率基准上可以有效地提升测量的精度。光学频率梳拥有目前最高的频率稳定性，在长度测量特别是绝对距离测量中有着独一无二的优势 [37]。

2000 年，日本学者 K. Minoshima 首次提出了光梳 (激光) 测距的概念，其测量装置如图 12.4-1 所示。探测光源为一个稳定的飞秒锁模光纤激光器，通过分束镜分为本地参考光和传输探测光，通过测量探测光与参考光的相位差计算出探测光传播的长度，测量分辨率为 50 μm。在探测过程中取脉冲的 19 次谐波以提升探测的精度。为了消除大气折射率和机械误差的影响，采用双波长测量的方法进行了校准。最终测量到了 240 m 的传输路径的绝对长度，精度达到 8 ppm[38]。

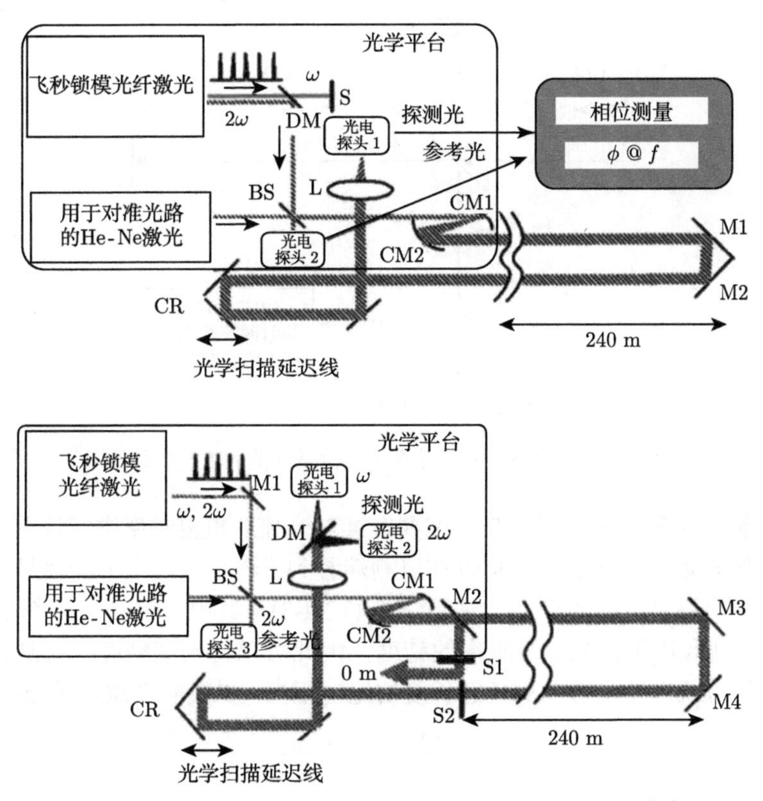

图 12.4-1　高精度距离测量装置以及双色光校正装置 [38]

2004 年，叶军提出了一种飞行时间法和干涉法两种手段相结合的光梳测距方法 [39]。其测量原理如图 12.4-2 所示。测量源是一个锁定的光学频率梳，重复频率可以调谐。光梳输出的脉冲经过一个分束镜分为两束，其中一路经过已知距离 L_1 返回作为参考，另一路通过未知距离 L_2 返回合束端，并假定 $\Delta L = L_2 - L_1$ 作为待测距离。测量时在合束端监测两个脉冲的到达时间延迟以及干涉图样。当

初始重复频率为 f_1 时，对应脉冲间隔为 t_1，探测到的两个脉冲的延迟为 t_1，则脉冲在待测距离走过的时间加上脉冲延迟 t_1 刚好为脉冲间隔的整数倍，可以用式 (12.4-1) 表示。接下来微调重复频率至 f_2，同样可以得到式 (12.4-2)。其中，脉冲间隔和脉冲延迟均可以测量得到。通过解析式 (12.4-1) 和式 (12.4-2) 就可以得到整数 n 的值和距离 ΔL 的粗测值。这种测量方法即为飞行时间法。

$$\frac{2\Delta L}{c} = n\tau_1 - \Delta t_1 \tag{12.4-1}$$

$$\frac{2\Delta L}{c} = n\tau_2 - \Delta t_2 \tag{12.4-2}$$

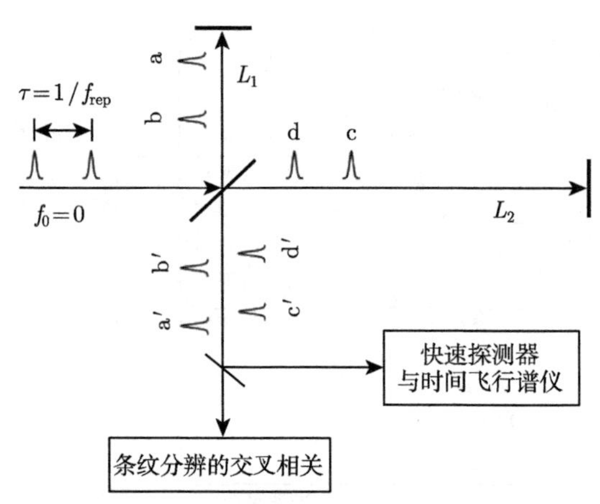

图 12.4-2 结合飞行时间法和干涉测量法的光梳测距装置 [39]

为了获得距离 ΔL 的精确值，需要继续对光梳的重复频率进行调谐。当两个脉冲的时间延迟非常接近时，可以在监测端看到干涉信号。当干涉信号强度最高时，认为两个脉冲完全重合，此时得到式 (12.4-3)。其中，n、c、τ_3 都是已知项，且 τ_3 的精度取决于光梳重复频率的精度，因此可以得到高精度的待测距离测量结果。这种方式理论上可以测任意长度的绝对距离，以及实现波长量级的分辨率。

$$\frac{2\Delta L}{c} = n\tau_3 \tag{12.4-3}$$

2009 年，I. Coddington 等提出了一种新的基于双光梳测距的方式 [40]，使用两个重复频率具有微小差异的光梳作为探测源，分别用作信号光和本地光。首先测量信号光在探测光路的两次反射的时间差计算待测距离的粗测值。然后信号光和本地光合束后发生干涉，通过干涉信号可以反演出两束光的相位差信息以及空气色散引入的光谱相位，从而得到待测距离的精确值。双光梳测距法结合了飞行时间法和迈克耳孙干涉法，可以产生易于测量的频率下转换的干涉图样，测量速度快，测量精度可以达到纳米量级，是目前精度最高的光梳测距方法。

12.5 飞秒激光成丝及等离子通道

随着激光器输出功率的不断提高，人们在研究光与物质相互作用时，激光在介质中的非线性效应愈加突出，激光频率变换、光受激散射，以及光自制行为 (如自聚焦效应、自相位调制、自陡峭效应) 等相继被实验发现。超强飞秒激光脉冲具有极短的脉冲时间和超高的峰值功率，使其在空气中传输时，受到多种线性和非线性效应影响，并出现成丝传输的现象 [41]。光丝 (filament)，也称为等离子体通道 (plasma channel) 或等离子体细丝 (plasma filament)。当飞秒激光在透明介质中传输时，如果其功率超过自聚焦阈值，就会在介质中形成细长的光丝，这种现象称为飞秒激光成丝 (laser filamentation)。飞秒激光在介质中的成丝效应使得激光脉冲能够保持较小的束腰宽度传输远大于瑞利长度的距离，并且光丝内能够维持相对较高的激光强度和等离子体密度。1995 年，A. Braun 等首次发现飞秒激光成丝现象。他们利用 50 mJ、200 fs 的激光脉冲在空气中形成了直径为 80 μm、长达 20 m 的等离子体细丝。之后，通过优化控制成丝条件，人们发现飞秒激光在大气中可以形成长达几百米的等离子体细丝，并控制成丝在十几千米远处 (图 12.5-1)[42]。

图 12.5-1 中国科学院物理研究所于 2003 年将高功率飞秒激光入射到大气中形成的数百米长光丝

超强超短激光脉冲在大气中传输形成光丝的主要物理机制是克尔自聚焦效应和等离子体散焦，以及其他线性、非线性效应之间的动态平衡，其中克尔自聚焦效应和等离子体散焦起着主要作用，如图 12.5-2 所示。

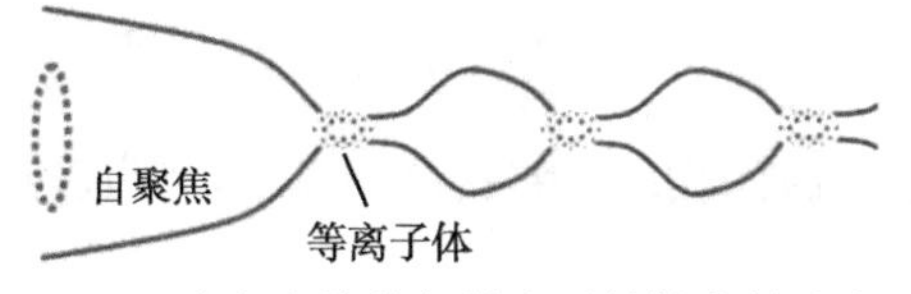

图 12.5-2 克尔自聚焦与等离子体散焦的动态平衡

飞秒激光光束在沿径向的空间分布上具有高斯分布的特点，因而会在介质中引起光学克尔效应，克尔效应克服衍射进而对激光产生聚焦效果，即激光在非线性介质中的自聚焦效应。当飞秒激光脉冲自聚焦后的功率密度足以在介质中引起场致电离 (多光子电离或隧穿电离) 时，将产生等离子体，等离子体区域相对于光斑要小得多，使得激光脉冲后沿散焦，从而反过来抑制光强的进一步增加。当克尔自聚焦效应和电离散焦效应达到平衡时，中心波长为 800 nm 的飞秒激光的光强通常在 1.8×10^{13} W/cm^2。大量的理论研究证明，飞秒激光成丝的光强限制在 $10^{12}\sim10^{14}$W/cm^2，这种现象称为强度钳制效应 [42]。强度钳制效应使得光丝通常只包含激光脉冲总能量的一部分，而其余大部分激光围绕在光丝周围，形成一种能量背景 [43]。当激光脉冲功率继续增加到大于 5 倍自聚焦阈值时，将会出现多根光丝 (multi-filaments) 同时出现的现象 [44]。

飞秒激光成丝的特点，使得它存在许多方面的应用前景：等离子体细丝在外加电场的作用下，可以近似认为是具有一定电导率的电阻，同时结合光丝中电子碰撞理论也能够得到光丝的电导率。结合空气中超长距离的成丝可以定向引导高压放电，激发了人们对激光引雷的兴趣 [42,45]；光丝电离空气时的带电粒子，可以作为凝结核，促进饱和水汽的凝结，从而实现人工降雨降雪 [46]；长距离成丝形成的低密度空气通道，可能作为微波和激光的波导 [47]；除了以上应用之外，飞秒激光成丝中还发现了空气激光 (air lasing) 现象 [48,49]。空气激光的产生是因为等离子体细丝的通道结构能够为激光脉冲与氮气分子、氮气离子、氮原子、氧原子、惰性气体分子等的相互作用提供光增益，进而显著提高受激的辐射量。这也使得空气激光有可观的背向辐射量，所以在远程探测领域有重要的应用 (图 12.5-3)[50]。总之，飞秒激光成丝展现出了丰富的物理基础和应用前景，因此激发了人们不断对其进行研究和发展。

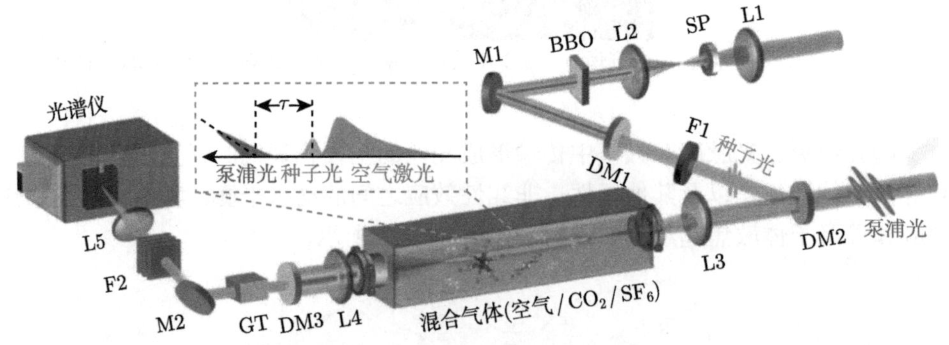

图 12.5-3 利用空气激光实现的高灵敏度气体测量 [50](彩图请扫封底二维码)

12.6　超快太赫兹产生技术

太赫兹 (THz) 辐射是频率介于微波和红外波段之间的电磁辐射，通常定义其频率在 0.1~10THz，在 21 世纪之前，太赫兹波段两侧的红外和微波技术发展相对比较成熟，但是人们对太赫兹波段的认识仍然非常有限，形成了所谓的“太赫兹间隙”，近 20 年来，这个间隙已经在迅速地缩小，光学技术在高频太赫兹波段取得了巨大进步。随着各种太赫兹产生方法的出现，人们发现太赫兹的应用十分广泛，比如在雷达和通信、安全检测、光谱成像、无损检测等领域都有巨大的潜力。而超快激光由于其极高的峰值功率，可以发生丰富的非线性光学效应以产生具有宽频谱、短脉冲、高能量的太赫兹辐射。

超快激光产生太赫兹最典型的是光整流技术 [51]。光整流属于二阶非线性光学效应，可由飞秒激光驱动非线性晶体获得太赫兹脉冲，它是差频产生的一种特殊情况，我们可以将其理解为脉冲内差频，而不是两束输入脉冲之间的差频。角频率为 ω 和 $\omega+\Omega$ 的光脉冲进行差频，从而产生一个角频率为 Ω 的新脉冲，当泵浦脉冲宽度在 30fs~1.5ps 时，其频率 Ω 正好落在太赫兹波段，图 12.6-1 为光谱示意图，每对泵浦频率分量在其差频处产生一个太赫兹光谱分量。

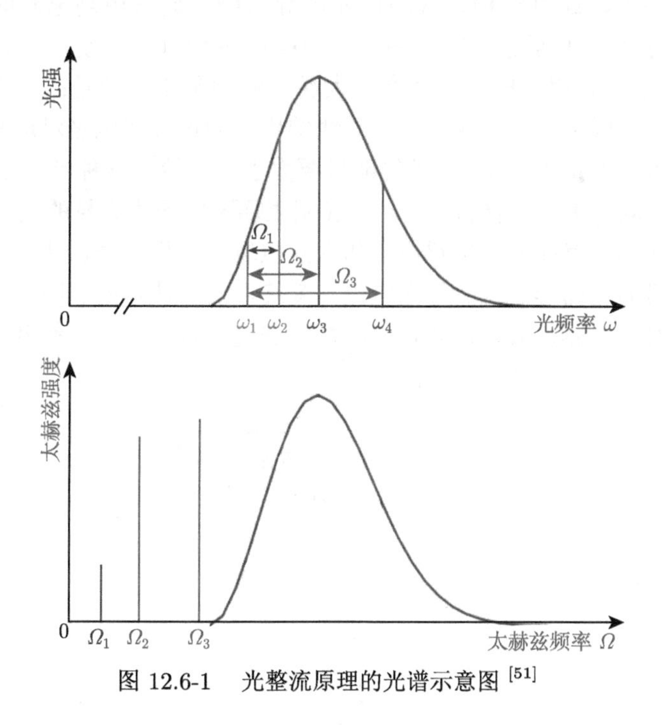

图 12.6-1　光整流原理的光谱示意图 [51]

由于存在色散效应，泵浦光和太赫兹在晶体内的相位不匹配，$\Delta\boldsymbol{k}$ 是两者的

波矢差，其值为 $\Delta k = |\Delta \boldsymbol{k}| = [n(\Omega) - n_{\mathrm{g}}(\omega_0)] \cdot \Omega / c$，为了使光整流效率最高，我们令 $\Delta kL = \pi$，这时的相互作用距离称为相干长度 L_{c}，于是

$$L_{\mathrm{c}} = \frac{c}{2\nu_{\mathrm{THz}} |n_{\mathrm{gr}} - n_{\mathrm{T}}|} \tag{12.6-1}$$

相干长度是相位失配时能够产生非线性作用的最大有效晶体长度，在正常色散的情况下，L_{c} 一般只有几微米至 100μm。

鉴于较小的相干长度限制了太赫兹的输出功率，人们提出了一种相位匹配方法——倾斜脉冲前沿 (TPF)，其核心是在晶体前加入一个衍射光栅，使得泵浦光的脉冲前沿形成一定的角度，脉冲前沿相对于相位前沿的倾斜角为 γ，如果泵浦脉冲前沿以群速度 v_{g} 运动，而相速度以太赫兹的相速度 v_{Ω} 传播，则可以在晶体中不断地形成太赫兹脉冲，以产生高功率太赫兹，TPF 角 γ 应满足如下等式：

$$v(\Omega) = v_{\mathrm{g}}(\omega_0) \cdot \cos\gamma \tag{12.6-2}$$

适合光整流技术的晶体有半导体材料 (CdTe、GaAs、GaP、GaSe 和 ZnTe)，铁电材料 ($LiNbO_3$、$LiTaO_3$)，有机材料 (DAST、OH1、DSTMS、HMQ-TMS) 等。

除了光整流，还有一种方式叫作光电导天线，通常由高电阻的半导体衬底构成，在半导体的表面加入电压偏置，同样用飞秒激光驱动，其结构示意图如图 12.6-2 所示。利用光电导天线产生太赫兹波的基本原理是：在光电半导体材料表面淀积上金属电极，制成偶极子天线结构，通过金属电极对这些半导体材料施加偏置电压，当超快激光 (光子的能量要大于或者等于该种半导体材料的能隙) 打在两电极之间的半导体材料上时，会在其表面瞬间产生大量的电子-空穴对，这些光生自由载流子就在外加偏置电场和内建电场的作用下做加速运动，从而在光电半导体材料的表面形成瞬变的光电流，最终，这种快速的、随时间变化的电流就会向外辐射出太赫兹波。需要指出的是，在这个过程中，太赫兹脉冲的能量来自于偏置场，而不是泵浦激光脉冲。

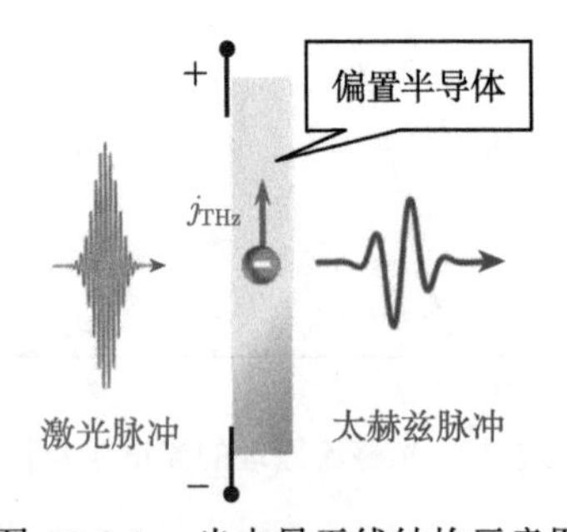

图 12.6-2 光电导天线结构示意图

利用光电导天线方法产生太赫兹波发射系统的性能主要取决于三个因素：光电半导体材料、天线的几何结构和泵浦激光的脉冲宽度。光电半导体材料是产生太赫兹波的关键部件，对于性能良好的光电半导体材料，它应该具有较高的载流子迁移率、较低的载流子寿命和较强的耐击穿能力。随着人们对光电导天线的深入研究，现在已开发出许多适宜的光电半导体材料，如半绝缘砷化镓 (SI-GaAs)、磷化铟 (InP)、低温生长的砷化镓 (LT-GaAs) 等。

光电导天线也可以制作成阵列式结构，这也是提高太赫兹波辐射功率的一种切实可行的方法。光电导天线阵列是将多个太赫兹天线组成阵列，每个阵元可以是偶极子天线，也可以是螺旋天线等，但是每个阵元的类型、尺寸、辐射特性等必须完全相同，这样天线阵列的辐射场才能由各个阵元的辐射场在空间干涉而成。因此天线阵列的优点是可以获得比较大的发射功率和比较好的方向性，其波束方向也可以通过调节各阵元辐射电场相位的方法调节。

空气等离子体产生太赫兹波是由 H. Hamster 于 1993 年首次观测到的 [52]，由于简便性和高转换率而受人们重视。其方法是将超快激光用一个透镜聚焦到空气，当脉冲强度超过电离阈值时 (一般要求大于 10^{12} W/cm^2)，在空气中会形成毫米至厘米长的等离子体通道。空气等离子体中激发的电子由于密度梯度分布而受到有质动力的作用，向电子密度较低的区域移动，由于电子的运动速度不可能比激光束快，等离子体密度在激光的传播方向上保持一致，使电子向后加速，形成沿激光传播方向的偶极子，产生了瞬态光电流，这样辐射出的太赫兹波呈锥形能量分布。

由单束激光诱导的方法叫作单色激发，2000 年，D. J. Cook[53] 发现双色激光诱导等离子体的产生效率明显提高，其方法是在透镜后加入一块 I 型 β-硼酸钡 (BBO) 晶体，以产生二次谐波。这样频率为 ω 的基频光波与频率为 2ω 的二次谐波混合入射空气，基频波和二次谐波叠加的非均匀电场驱动的电离电子产生瞬时光电流，得到的太赫兹效率显著增强。太赫兹辐射强度可通过调谐每束光的偏振和相位来控制，图 12.6-3 给出了双色激光诱导等离子体的示意图。

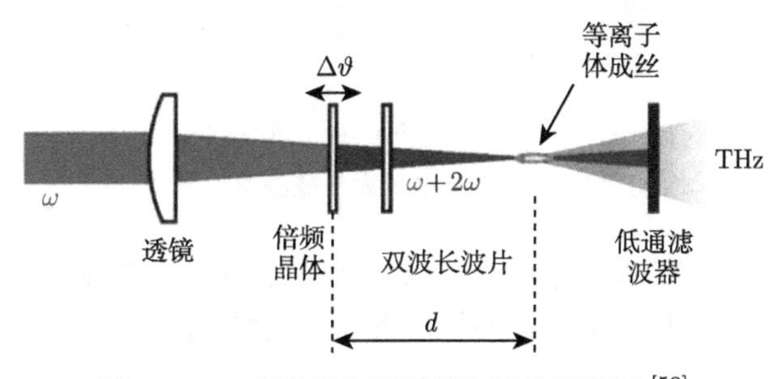

图 12.6-3　双色激光诱导等离子体示意图 [53]

除了激光诱导气体等离子体源，液体和固体也被用于激光诱导产生太赫兹。虽然大多数液体对太赫兹有强烈吸收，但可以通过将液体限制在空间中来限制太赫兹传播，比如形成水膜或水线，这种方法产生的转换效率明显高于气体中的单色激光等离子体，但不如气体中双色激光等离子体产生的太赫兹优异，尤其是其带宽更窄，因此，产生的脉冲持续时间更长。

以上三种方法在频谱、成本和便捷性等方面存在着各自的瓶颈，为了产生超宽带、高效率、低成本、固态便携式的太赫兹脉冲，人们对自旋电子太赫兹源产生了很大兴趣，并取得了一系列成果。

2013 年，T. Kampfrath[54] 等发现通过自旋轨道耦合可实现自旋–电荷流转换，这种自旋电子发射太赫兹的效率显著提高。自旋电子太赫兹源是由铁磁 (FM) 和非铁磁 (NM) 金属薄膜组成的双层结构，其原理如图 12.6-4 所示 [55]。用飞秒激光泵浦铁磁/非铁磁 (FM/NM) 金属纳米薄膜异质结构，致使铁磁层中激发出自旋向上和自旋向下的非平衡载流子，它们向相邻的非磁金属层扩散，由于自旋向上和自旋向下的载流子两者运动速度相差较大, 故形成超快的自旋 (极化) 流 J_s 从铁磁层注入非铁磁层，由自旋轨道耦合作用导致的逆自旋霍尔效应，进入非铁磁层的超快自旋流 J_s 转换为瞬态电荷流 J_c($J_c \propto J_s \times M$，M 为铁磁层磁化强度)，瞬态电荷流 J_c 的时间尺度为亚皮秒量级，从而向外辐射太赫兹脉冲，由于 J_c 总与 M 垂直 (M 与外加磁场 H 平行)，故太赫兹脉冲的偏振方向总与外加磁场 H 垂直。

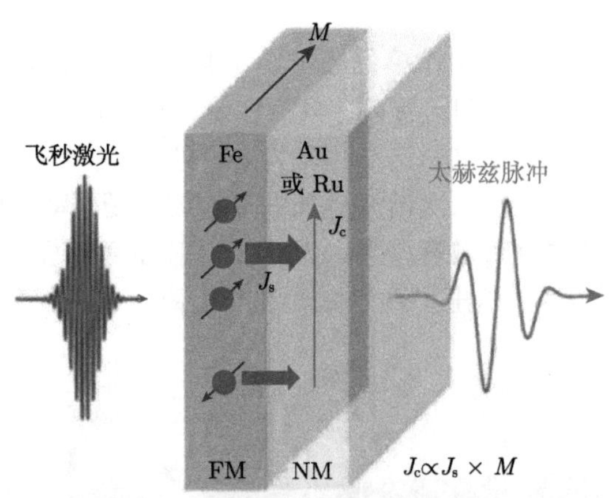

图 12.6-4　自旋电子太赫兹源原理图 [55]

自旋电子太赫兹源具有很多优点，它的结构简单、制备成本低、偏振可调，而且太赫兹频谱宽度大于 10THz，为材料表征、生物医药检测等应用提供了优良的超宽带太赫兹源。

12.7 凝聚态材料的超快电学特性及超快开关

伴随着 1947 年晶体二极管的诞生，人类步入了现代电子纪元。基于场效应管的动态随机存储器 (DRAM) 和微型处理器为个人计算机 (PC) 和高级电子系统奠定了基础，如今电子工业已经成为全球最大的工业，信息处理的速度越来越快，元器件集成度越来越高，然而更快更小依旧是集成电路元器件不断追求的目标 [56]。电子信息产业中电学处理数据使用二进制方法，用于产生信号的电开关的开关速度决定了数据处理的速度。场效应管可以超过 100GHz 的频率控制电流，电子的相互作用限制了场效应管向太赫兹发展。传统集成电路中的热效应不仅阻碍了摩尔定律的兑现，热波动也会引入错误位 (Johnson-Nyquist 噪声)[57,58]。按照芯片发展的规律，其尺寸很快将接近几个原子单位，除了上面提到的电子相互作用和热效应，量子不确定性和电子隧穿引起的电流泄漏也会阻止芯片进一步小型化。高电子迁移率晶体管可实现开关速率太赫兹量级，超快激光脉冲照射的半导体可实现 100THz 的光导开关速率。近年来，不少实验证明，使用载波包络相位锁定的少周期量级激光脉冲可以在光频控制半导体或者电介质的即时、可逆的导电性，这极有可能成为拍赫兹 (PHz) 电子学的开端。在实验工作开展的同时，也有不少理论工作出现，用于解释少周期脉冲作用下电介质或者半导体导电性变化，例如独立粒子模型 [59,60]、绝热能带响应 [61] 和第一性原理时变密度泛函理论 [62]。

2010 年，P. B. Corkum 小组通过研究椭偏飞秒脉冲经过熔石英薄片后偏振方向的改变研究阿秒量级的光吸收 [63]，他们认为光在短时间内将熔石英中价带电子激发到导带上，随着薄片厚度增加，光耗尽使得脉冲强度变弱，不再继续被固体吸收，而当脉冲从几十飞秒改变为上百飞秒时，雪崩电离和逆韧致辐射阻碍了进一步的光吸收。2011 年，A. Baltuska 小组采用双色场泵浦–探测的方法研究熔石英材料的瞬时电离特性 [64]，泵浦光在材料内部电离出光周期调制的自由电子，自由电子密度的周期调制使得探测光经过时产生谐波，修正的 Keldysh 模型可以得出随着泵浦光周期阶梯增长的自由电子密度，并且后续得到的光谱图和实验符合较好。

Bloch 和 Zener 预言 [65]，当给固体材料施加一定强度的光电场时，晶体内的电子在散射之前到达布里渊区边界，布拉格反射使得电子朝反方向布里渊区运动，形成载流子振动，称为布洛赫振动。Wannier 用量子力学的方法 [66] 得出晶体的能带在电场下会分裂成等间距的 Wannier-Stark 态，称为 Wannier-Stark 梯，间距等于布洛赫振动频率，并且不同的态对应空间中不同的位置，当场强达到一定数值，就会有同空间位置的导带和价带的分裂态交叉，此时电子可以通过 Zener

隧穿从价带跃迁到导带，同时价带和导带互换量子数和波函数，形成全满的导带和全空的价带，此时，处于同样位置的低能量价带电子可通过吸收 IR 光子跃迁到全空的价带上，空间相邻的不同能级电子也可实现较弱的跃迁。

2013 年，F. Krausz 小组基于熔石英材料分别报道了两个相关工作，分别是使用电流计测量脉冲通过熔石英纳米薄片后两侧电极流过的电流 [67] 和使用瞬态吸收谱测量实时光场下熔石英内部电子跃迁到导带的情况 [68]。前者为首个直接得出激光脉冲产生宏观电流的实验，与上面两篇文章观点不同的是，他们认为绝缘体到导体的转变并不是有真正意义的流动的载流子，而是高度极化的状态下的电子。如图 12.7-1 所示，他们将入射的少周期 IR 光脉冲分成延迟可调的偏振相互垂直的两路脉冲，分别作为光注入 (偏振方向垂直于两电极相连平面) 和光驱动 (偏振方向平行于两电极相连直线)，通过调节两路光的延迟以及各自的载波包络相位 (CEP) 做了一系列实验，虽然和理论吻合很好，但是没有直接得出光注入随电场强度的即时变化，这是因为驱动光同样是几飞秒的脉冲而非能用来

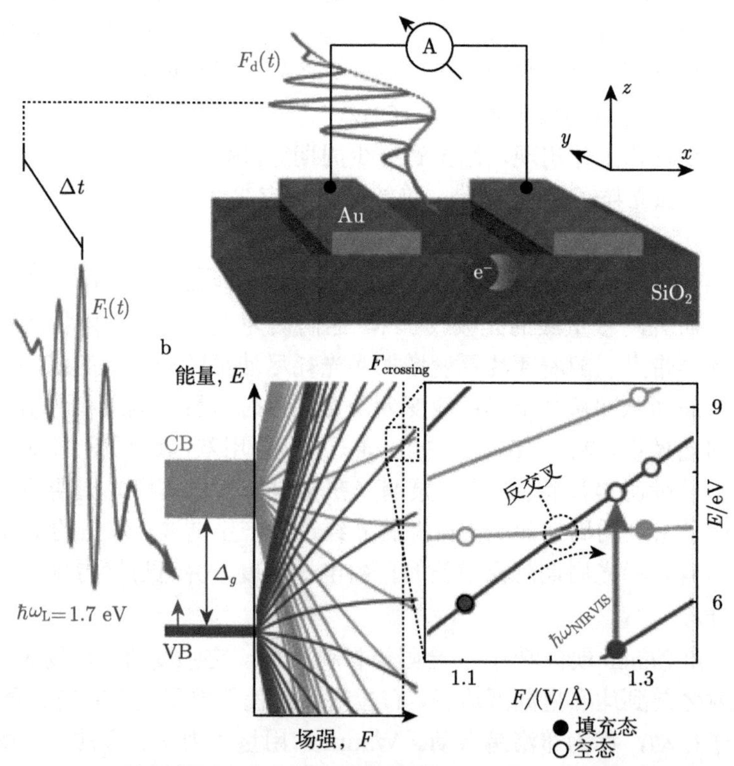

图 12.7-1　F. Krausz 小组使用电流计测量脉冲通过熔石英纳米薄片后两侧电极流过的电流，熔石英带隙约为 9eV，导带宽度约为 10eV。特征场强约为 2V/Å，超过此强度电子可通过 Zener 隧穿到达导带 [67]

扫描飞秒脉冲的阿秒脉冲。后一个实验则补充给出实时的虚导带电子数变化。光调控材料极化特性显然比场效应管中大量电子移动改变沟特性的响应迅速得多。这种虚载流子的产生过程是绝热可逆的，能量最终回到光场，全光处理器没有连接导线的静电场充电过程，因而不会引起热效应，这一点正是限制传统处理器的瓶颈。该小组指出，实际应用中可使用 CEP 锁定的振荡器通过调节延迟操作处理器。

2014 年，M. Schultze 等通过瞬态吸收谱实验研究 Si 在激光场中带宽缩减的现象。实验结果表明，带宽缩减并不只来源于传统认为的晶格调整，少周期激光脉冲将价带电子注入导带后，导带中的电子–电子相互作用使得 XUV 阿秒脉冲的能量微分吸收谱 $\mathrm{d}A/\mathrm{d}E$ 发生明显全局展宽，导带价带带隙变小。100.35eV 处光谱透过率随着即时的少周期激光电场振荡呈现明显阶跃，亚飞秒的上升沿表明了导带电子散射的时间上限。另外 L 边在泵浦探测光重合时有个瞬时的蓝移，也是电子相互作用时间的证明 [69]。

2016 年，D. Kim 小组通过对比石英、白宝石和氟化钙在 CEP 锁定脉冲下的半导体化 [70]，得出了这种电介质到半导体的转变与晶体结构和组成没有太大关系，并且解释了 Zener 方程与实验结果的偏离，即由于没有考虑带内电流，而在强场下带内电流远大于带间电流。2018 年，U. Keller 小组通过瞬态吸收实验系统研究了 GaAs 带内、带间载流子对 XUV 吸收谱的影响，以及载流子注入的实时变化 [71]。GaAs 带隙约 1.42 eV，选择波长满足共振吸收的 IR 脉冲作为泵浦光，使得 IR 加速带内虚拟载流子的过程与 IR 将价带电子泵浦到导带的过程同时进行，通过三能级模型分别模拟带间、带内、带间带内共同作用下的瞬态吸收谱解释实验现象。导带内虚拟载流子随泵浦光实时变化，使得瞬态吸收谱的振荡频率与实验结果相符，而当泵浦光与探测光不重合时振荡消失。带间跃迁对瞬态吸收谱的影响在泵浦光经过后持续表现，而电子空穴复合没有明显放热现象。同时模拟结果表明，原本随 IR 电场振荡增加的载流子变成阶梯增加，带内运动产生的虚拟载流子显著促进了带间载流子跃迁，这一现象在共振多光子泵浦研究中也存在。即使激光可以实现周期内的拍赫兹超快开关动作，这种高频动作也无法捕捉，在实际操作中每次改变处理器位的值需要一发激光脉冲，也就是实际的频率是激光的重复频率。前面提到的少周期脉冲的实验均使用 3 kHz 的脉冲，2020 年，A. Mikkelsen 小组使用了 200 kHz 的高频激光脉冲提高处理频率，采用单路设计，同时将脉冲宽度增加到 6.4 fs 用以减少脉冲通过后的剩余电荷 [72]。在模拟电荷通量时他们采用了 Khurgin 的模型，这个模型认为电荷量可以表示为一系列的电场矢量势奇次方相加，因此需要对电场进行严格的测量。

2018 年，C. M. Kim 小组基于光致电流现象首次提出了存储器应用模型 [73]，分别模拟了整流器、开关、电流放大器、抑制器和存储器。两个异质结和一个电容的组合便可实现激光控制的读取、写入和擦除。如图 12.7-2(b) 所示，用平行于异质结偏振的光场对电容进行充电，作为写入动作，完成以后相当于对另一个反向异质结施加偏置电压，由于此时二极管反向，并不会有电流通过，若对其施加垂直于异质结表面偏振的较微弱的脉冲，如图 12.7-2(c) 所示，则相当于一个瞬时开关，允许电容适量放电，进行读取操作。若这一脉冲较强，则使得电容完全放电，信号被擦除，如图 12.7-2(d) 所示。

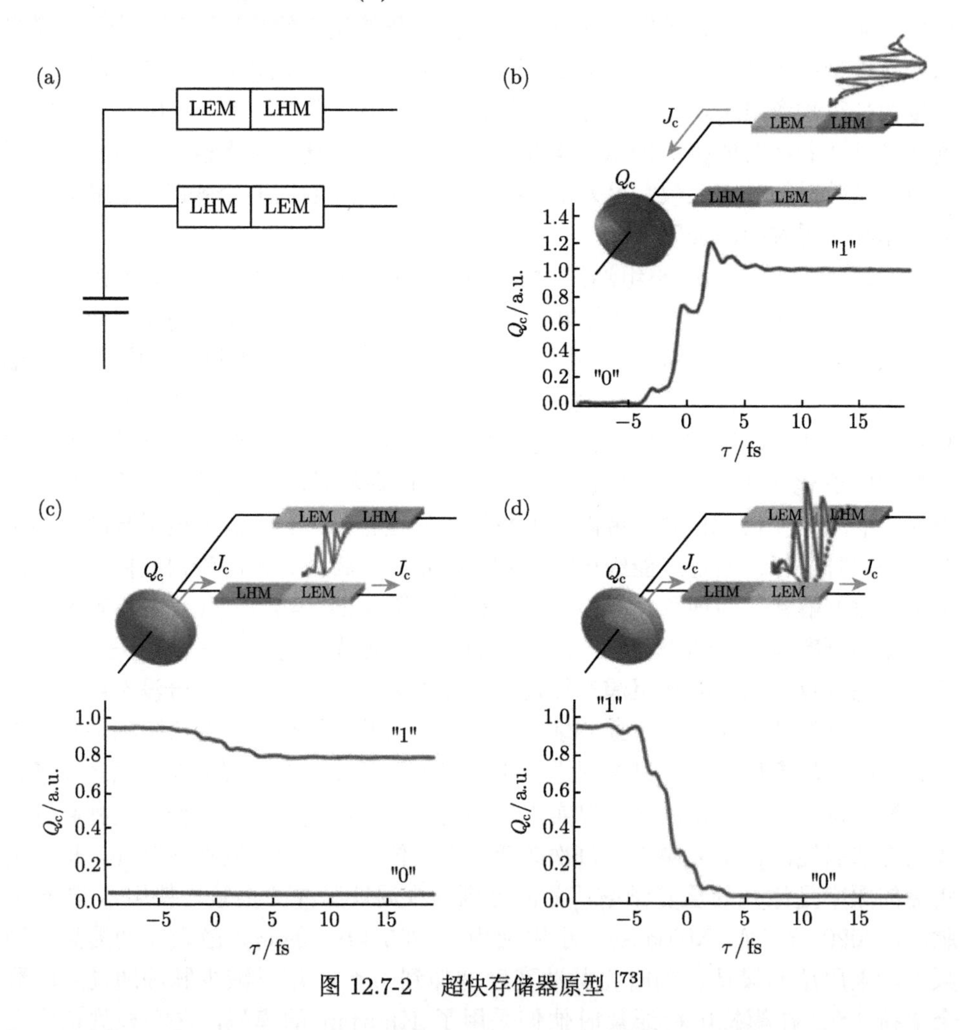

图 12.7-2　超快存储器原型 [73]

激光脉冲可对电介质和半导体实现亚光学周期的导电开关动作，然而电学读取方法依然不能有效利用这一超快特性，超快光开关的应用任重道远。从另一个角度看，超快光开关研究的过程为凝聚态材料特性提供了更加深入的指导，并且推动了固体高次谐波的发展 [74,75]。当人们用激光研究固体材料时，总是希望类比气体的结果给出明确的物理模型，然而固体材料的周期特性为研究带来了很多困难，只能根据实验现象推断假设模型，或者是指出某种效应影响更强。

12.8 飞秒激光尾波场加速及次级辐射

粒子加速器能够产生相对论级别的带电粒子束。传统加速器，比如同步加速器、回旋加速器和直线加速器被广泛应用于各种场合，包括物质表面处理、医学诊断、癌症治疗，以及涉及生物、化学、材料科学、粒子和核物理等方面的科学学术研究。现在世界上最大、能量最高的粒子加速器是欧洲的大型强子对撞机 (Large Hadron Collider)，其位于瑞士和法国交界的侏罗山地下 100 m 深，总长 27 km。虽然此类传统加速器能够产生超高能量的粒子束，但是其巨大的尺寸和造价是目前遇到的最大问题。为了缩减加速器尺寸，基于等离子体的加速器开始被广泛研究。传统加速器依赖由射频 (radio-frequency) 技术提供的加速场，这种加速场维持于金属的加速腔中。当加速场强到达一定值 (50 MV/m) 时，金属腔腔壁会发生击穿 (field-induced breakdown) 现象，这大大限制了加速场的强度。

与传统加速器相比，基于等离子体的电子加速器没有这方面的限制。一般来讲，等离子体加速器可以维持的加速场强度比传统加速器高 3 个量级。等离子体加速器中的加速电场通过等离子体电子的局部密度调制来维持。此类加速器的优势在于，等离子体已经处于电离态，传统加速器所面临的击穿限制将不再存在，对应的加速电场可达 10~100 GV/m 量级 [76]。因此，与传统加速器相比，等离子体加速器可以在非常短的距离内达到目标粒子能量。综上所述，等离子体加速器有极大潜力成为新一代的小型化粒子加速器。其无论是尺寸还是加速效率，比目前已有传统加速器都有很大的提升。

等离子体加速器的概念最早由 T. Tajima 和 J. M. Dawson 于 1979 年提出 [77]。当一束超短超强激光入射到低密度的等离子体中，会在等离子体中激发一个等离子体静电波。这个激发的等离子体波以光速为相速度紧跟在激光脉冲之后，我们将其定义为尾波场 (wakefield)。当有电子通过外部注入或者背景电子被尾波捕获时就会被加速，如图 12.8-1 所示。他们提出，当激光脉冲长度满足 $L = \lambda p/2 = \pi c/\omega p$ 时，尾波的激发是最有效率的。但是当时的激光器远不能满足这个条件，直到啁啾脉冲放大技术的提出，才满足了尾场加速技术对激光装置的需求。

经过超快激光技术的发展，在 2006 年，美国劳伦斯伯克利国家实验室首次利用激光尾波场加速的方式获得了 1 GeV 的单能电子束团 [79]。实验中他们使用长 33 mm、孔径 190~310 μm 的毛细管，内充氢气，通过在两端电极上加高压将毛细管内氢气电离，产生径向密度近抛物线分布的等离子体通道。脉宽 40 fs、峰值功率 40 TW 的激光脉冲被 $f/25$ 的离轴抛物镜 (OAP) 聚焦至 25 μm 后耦合到毛细管中。实验中通过调整气体密度、放电电压与激光之间的延迟来优化加速过程。最终在使用 310 μm 孔径的毛细管中获得了 30 pC、能量为 1 GeV、能散 2.5%的高品质电子束团。之后在 2014 年，利用 0.3 PW 激光与等离子体密度为 7×10^{17} cm^{-3} 的 9 cm 长放电毛细管得到 4.2 GeV 电子束，能散 6%，发散角 0.3mrad[80]。

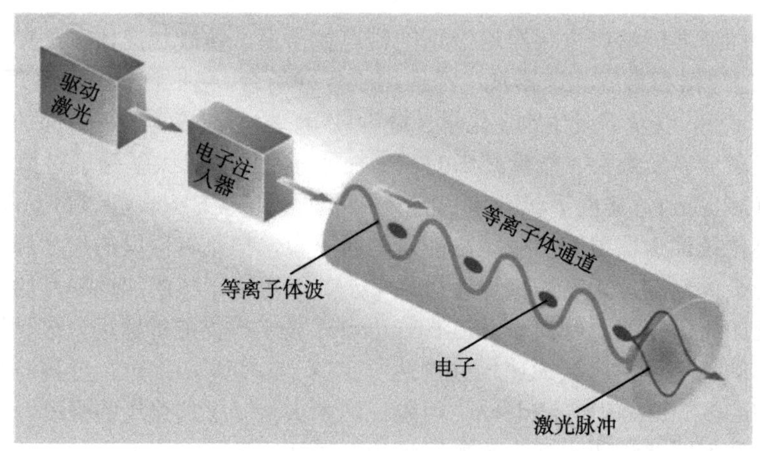

图 12.8-1　激光尾波场加速典型示意图 [78]

而激光尾波场加速得到的电子还可以与传统装置相结合。2021 年，中国科学院上海光学精密机械研究所通过 200 TW 激光稳定注入气体靶产生 500 MeV 的电子束，并将其注入自由电子激光，在国际上首次实现了基于激光尾波场加速的 27 nm 自由电子激光输出 [81](图 12.8-2)。

在近二十年的发展中，激光等离子体尾波场加速 (LWFA) 已经取得巨大的进展，并且已实现稳定、小发散角 (mrad)、能量可调谐、电量达 pC 量级的电子束和其他带电粒子束。基于这样的粒子束，还可以得到不同类型的次级辐射 [82]。类似传统同步辐射的原理，通过对相对论电子施加一个横向力使其产生横向的周期性振荡，可以得到 X 射线甚至更高能的次级辐射。根据带电粒子的振动振幅大小，可将辐射分成两种不同模式，即 Undulator(波荡器) 模式和 Wiggler(扭摆器) 模式 (图 12.8-3)。相对论电子在轨迹上某一点的辐射将沿着其速度的方向集中在 $1/\gamma$ 的立体角内，当电子轨迹的最大偏离角 $\Psi_{\max}$ 远小于辐射立体角 $1/\gamma$，即 $\Psi_{\max}\ll 1/\gamma$ 时，电子在所有位置发出的辐射都会集中在 $1/\gamma$ 的立体角内，对应的是 Undulator 模式。当电子轨迹的最大偏离角 $\Psi_{\max}$ 远大于辐射立体角 $1/\gamma$，即 $\Psi_{\max}\gg 1/\gamma$ 时，辐射的张角将由 $\Psi_{\max}$ 来决定，对应的是 Wiggler 模式。可以通过定义辐射强度参数 $K=\gamma\Psi_{\max}$ 来表征两种模式，当 $K\ll 1$ 时对应 Undulator 模式，而当 $K\gg 1$ 时对应 Wiggler 模式。对于传统的磁铁 Undulator 或 Wiggler，

K 就是归一化的磁场矢势，可以表示为 $K = \lambda_u eB_0/(2\pi mc^2)$。两种模式产生的辐射有着不同的特性，主要体现在能谱、发散角和光子数等方面。

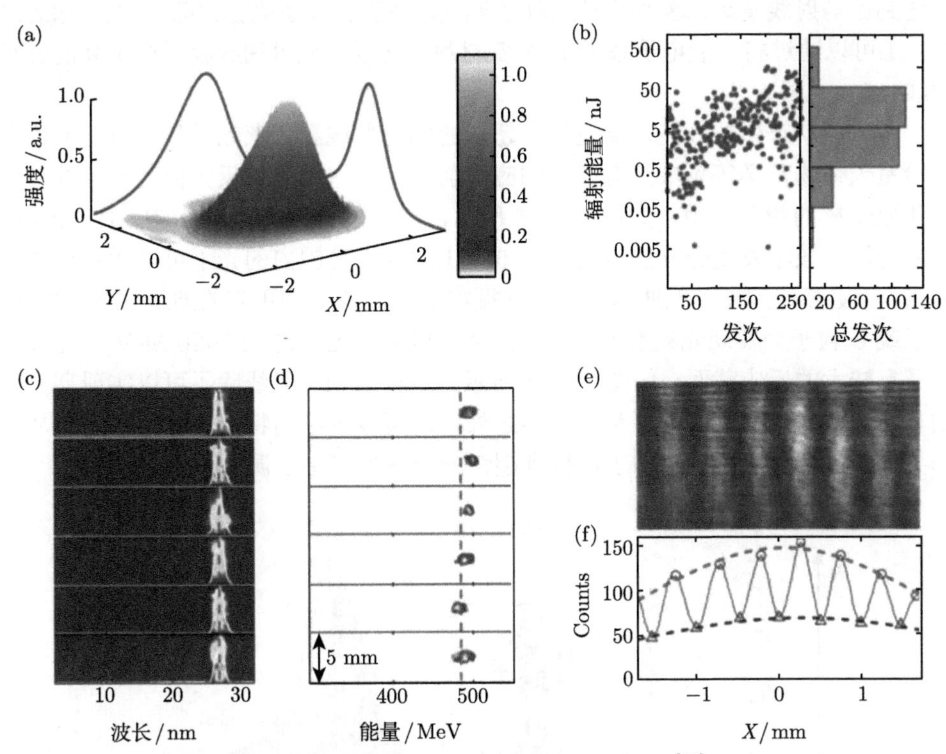

图 12.8-2 国际首次基于激光尾波场加速的自由电子激光输出 [81](彩图请扫封底二维码)

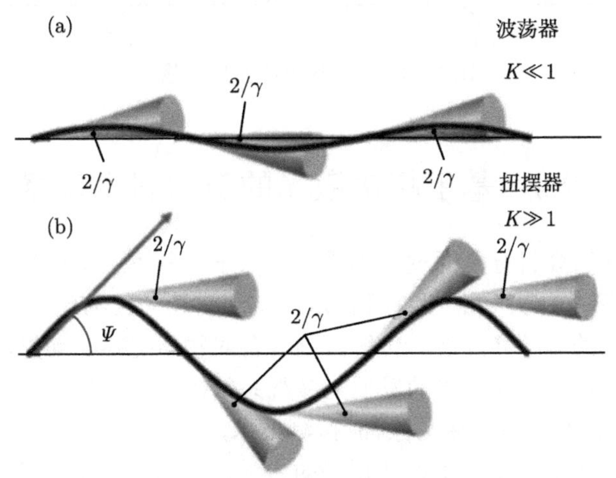

图 12.8-3 两种基于飞秒激光尾波场加速的次级辐射 [83]

如果将相对论电子注入相向传播的激光电场中，类似于使用电磁波作为 Undulator，电子在激光电场中振荡周期可以短到亚微米量级，辐射出的光子能量可以达到伽马射线量级，这个过程称为背向汤姆孙散射或逆康普顿散射 [84]。除此之外，还可以通过将高能电子束轰击高 Z 材料，使电子通过韧致辐射产生高能伽马射线。

激光驱动产生的高能、高通量、超快的伽马射线源在核光子学、放射治疗和实验室天体物理学等领域具有广泛的应用前景。其中，光核反应便是利用伽马光子和原子核的相互作用，如图 12.8-4 所示，较低能量的光子 (例如低于 5 MeV) 只能将原子核激发到分立的能级；在 $5\sim10$ MeV 范围内的光子可以激发核共振荧光；而更高能的光子能通过巨偶极共振将原子核激发到更高的能级并放出中子、质子或 α 粒子而实现光致裂变反应。在巨偶极共振范围内 (10~20 MeV)，光核反应具有较大的反应截面，如图 12.8-4 所示。这样的伽马射线除了可以实现高分辨伽马射线成像、核废料处理和光转换之外，还可以继续与特定的靶材作用，从而诱导光致裂变反应而产生中子，得到超快的光核反应中子源 [85]。

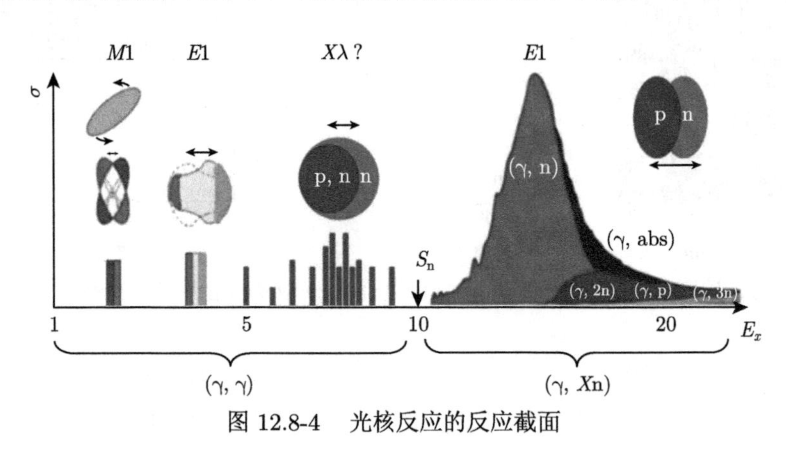

图 12.8-4　光核反应的反应截面

12.9　基于超快激光的新型科学仪器

超快科学的研究目标是通过对物质中的原子、分子、电子等微观粒子的动力学行为进行超高时空分辨测量和控制，从而实现对相关的物理、化学、生物医学等新现象、新机制的理解和发展。传统探测设备对物质能量、动量以及空间分辨进行了深入的研究，而超快激光的发展为微观系统的研究提供了一个新的维度，即时间分辨。结合阿秒脉冲产生与泵浦–探测技术，一些具有超高时间分辨能力的新型科学仪器成为探索原子分子内部超快动力学过程的有力工具 [86]。图 12.9-1 是基于阿秒泵浦–探测技术的测量原理。

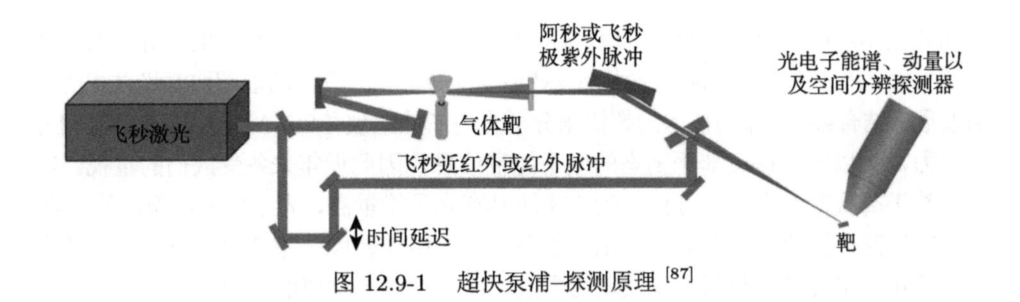

图 12.9-1 超快泵浦–探测原理 [87]

最初应用阿秒泵浦–探测技术的仪器是阿秒瞬态吸收光谱仪和阿秒条纹相机，其结构示例如图 12.9-2 所示。系统整体由飞秒驱动激光、阿秒脉冲产生单元、阿秒脉冲聚焦单元、电子飞行时间谱仪 (TOF) 以及 XUV 平场光谱仪构成。阿秒条纹相机则是测量阿秒脉冲宽度的常用工具。传统的条纹相机首先将光脉冲转换为电子脉冲，然后通过一个随时间线性变化的偏转电场将电子脉冲的时间信息转换为空间信息，通过对空间信息的测量实现了对光脉冲时间信息的测量，其时间分辨率取决于偏转电场的变化速度。阿秒条纹相机由于需要更高的时间分辨率，选择变化极快的激光电场作为偏转电场。首先 XUV 波段的阿秒脉冲对口的惰性气体靶通过单电子电离将其转换为电子脉冲；产生的光电子在强激光场中加速 (或减速)；最后通过 TOF 获得光电子能谱随阿秒和近红外激光脉冲之间延迟的变化，构成一个光电子能谱图，将时间信息转换为能谱信息，从此能谱图反演可以获得阿秒脉冲的脉宽和相位信息 [88]。而阿秒瞬态吸收光谱仪是利用泵浦–探测技术直接测量在不同相对延迟下样品对探测光的吸收光谱，通过后方 XUV 光谱仪或其他对应波段光谱仪实现。通过阿秒条纹相机和瞬态吸收谱仪，可以在飞秒乃至阿秒时间分辨率上研究原子分子的激发与后续弛豫过程 [4,89−91]。

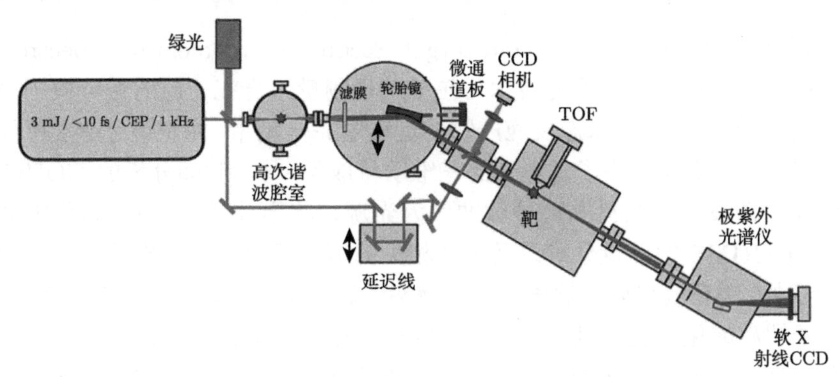

图 12.9-2 阿秒瞬态吸收光谱仪与阿秒条纹相机

角分辨光电子能谱 (ARPES) 技术是当代凝聚态物理和材料科学研究中能直接测量电子结构的最重要的实验手段 [92]。在众多前沿物理问题的研究中，如高温超导体和其他非常规超导体的超导机理、拓扑材料的探索，以及二维材料的超导与奇异物性等方面，角分辨光电子能谱技术都发挥着至关重要的作用。随着超快激光技术的不断发展，结合泵浦–探测技术的超快角分辨光电子能谱仪 (TR-ARPES) 兼具时间分辨能力，可以用来探测非平衡态的电子能带信息，因此近年来备受人们的重视。特别是基于高次谐波产生的 TR-ARPES 还具有光子能量高、光子能量可调谐的优点，使得其探测范围可以覆盖到大范围布里渊区，在电荷密度波 (CDW) 材料、过渡金属二硫化物 (TMD) 材料的超快动力学过程研究中具有重要的作用 [93−95]。

时间分辨的 ARPES 主要由高重频高功率驱动激光、高次谐波产生单元、XUV 单色仪、泵浦–探测光复合聚焦系统以及 ARPES 电子谱仪构成。首先由飞秒驱动激光泵浦高次谐波产生，然后通过单色仪从高次谐波辐射中选出窄带的 XUV 光源，与之同步的红外 (或中红外) 激光作为泵浦光，XUV 光源作为探测光通过扫描延迟实现泵浦探针测量，最后产生的光电子由 ARPES 电子谱仪测量，其结构如图 12.9-3 所示。

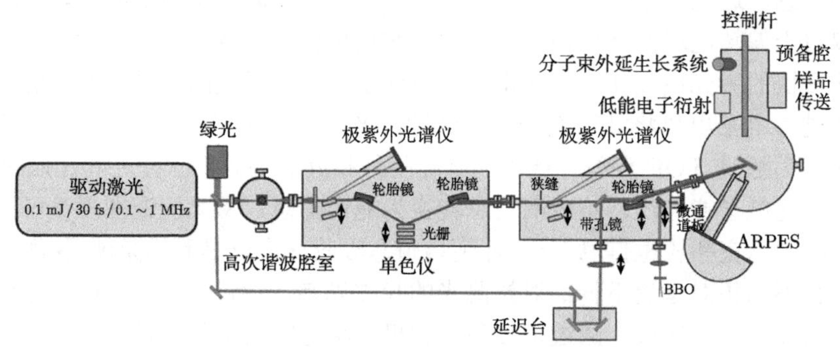

图 12.9-3　TR-ARPES 结构示意图

冷靶反冲动量反应谱仪 (cold-target recoil ion momentum spectroscopy, COLTRIMS) 是将超声速冷靶技术与粒子动量测量结合在一起的带电粒子动量谱测量系统，它能够实现对末态反应产物的运动学完全测量，并能够对单次事件进行符合探测，从而实现对离子及电子的三维动量成像 [96]。时间分辨的 COLTRIMS 是利用高次谐波产生的孤立阿秒脉冲作为光源，将泵浦–探测的时间分辨测量手段与 COLTRIMS 的动量分辨以及多体相关的测量手段结合起来的一种新型测量方法。这种方法在获得分子解离碎片的静态信息的基础上，引入了动力学信息，从而将分子解离或化学反应过程中分子的结构变化完整地记录下来 [97−99]。

时间分辨的 COLTRIMS 主要由飞秒驱动激光、阿秒脉冲产生单元、阿秒脉冲聚焦单元、泵浦–探测干涉仪以及 COLTRIMS 动量谱仪构成。首先由飞秒驱动激光泵浦阿秒脉冲产生，然后经聚焦单元聚焦至动量谱仪反应区，与之同步的红外激光经干涉仪调节延迟后与阿秒脉冲复合并同时聚焦到谱仪反应区，通过扫描延迟实现泵浦–探测，最后产生的离子碎片和光电子由 COLTRIMS 动量谱仪测量，其结构如图 12.9-4 所示。

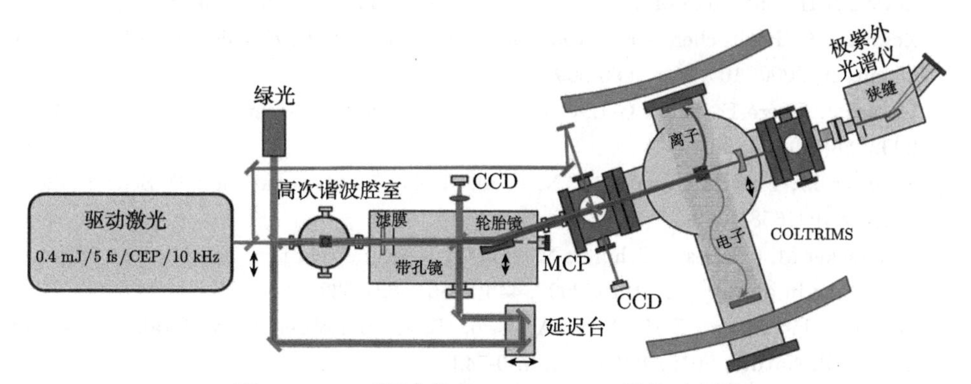

图 12.9-4 时间分辨的 COLTRIMS 结构示意图

光辐射电子显微镜 (photoemission electron microscopy，PEEM) 是 20 世纪 90 年代左右发展起来的一种全新的表面分析技术 [100]。它以紫外光或 X 射线来激发固体表面原子中的电子，采用电子光学透镜系统记录光电子的发射，并进行成像。PEEM 直接用表面光发射电子平行成像，不需要表面扫描过程，从而可以实时地观测固体表面上的动态过程，特别是能够对复杂层状薄膜体系或器件进行实时的成像。时间分辨的光辐射电子显微镜 (TR-PEEM)，其主要思想是通过双光子吸收实现光电子的电离，这样结合泵浦–探测技术就可以为 PEEM 提供前所未有的时间分辨率，同时实现了极端的时空分辨 [101–103]。时间分辨的 PEEM 实验平台主要由高重复频率飞秒激光器、阿秒脉冲产生单元以及 PEEM 等组成，结构如图 12.9-5 所示。

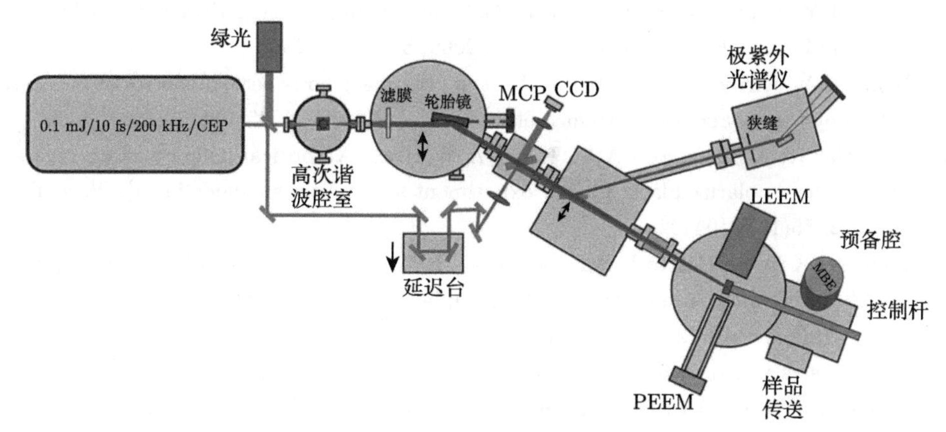

图 12.9-5 时间分辨的 PEEM 结构示意图

参考文献

[1] Zewail A H. The birth of molecules[J]. Scientific American, 1990, 263(6): 76-83.

[2] Zewail A H. Femtochemistry: atomic-scale dynamics of the chemical bond[J]. J. Phys. Chem. A, 2000, 104(24): 5660-5694.

[3] Itatani J, Quéré F, Yudin G L, et al. Attosecond streak camera[J]. Phys. Rev. Lett., 2002, 88(17): 173903.

[4] Schultze M, Fieß M, Karpowicz N, et al. Delay in photoemission[J]. Science, 2010, 328(5986): 1658-1662.

[5] Uiberacker M, Uphues T, Schultze M, et al. Attosecond real-time observation of electron tunnelling in atoms[J]. Nature, 2007, 446(7136): 627-632.

[6] Goulielmakis E, Loh Z H, Wirth A, et al. Real-time observation of valence electron motion[J]. Nature, 2010, 466(7307): 739-743.

[7] Sansone G, Kelkensberg F, Pérez-Torres J F, et al. Electron localization following attosecond molecular photoionization[J]. Nature, 2010, 465(7299): 763-766.

[8] Jahnke T, Czasch A, Schöffler M S, et al. Experimental observation of interatomic Coulombic decay in neon dimers[J]. Phys. Rev. Lett., 2004, 93(16): 163401.

[9] Krasniqi F, Najjari B, Strüder L, et al. Imaging molecules from within: Ultrafast angström-scale structure determination of molecules via photoelectron holography using free-electron lasers[J]. Phys. Rev. A, 2010, 81(3): 033411.

[10] Zewail A H. Four-dimensional electron microscopy[J]. Science, 2010, 328(5975): 187-193.

[11] Chapman H N, Fromme P, Barty A, et al. Femtosecond X-ray protein nanocrystallography[J]. Nature, 2011, 470(7332): 73-77.

[12] Kirilyuk A, Kimel A V, Rasing T. Ultrafast optical manipulation of magnetic order[J]. Rev. Mod. Phys., 2010, 82(3): 2731.

[13] Bigot J Y, Vomir M, Beaurepaire E. Coherent ultrafast magnetism induced by femtosecond laser pulses[J]. Nature Physics, 2009, 5(7): 515-520.

[14] Kimel A V, Kirilyuk A, Usachev P A, et al. Ultrafast non-thermal control of magnetization by instantaneous photomagnetic pulses[J]. Nature, 2005, 435(7042): 655-657.

[15] Vahaplar K, Kalashnikova A M, Kimel A V, et al. All-optical magnetization reversal by circularly polarized laser pulses: experiment and multiscale modeling[J]. Phys. Rev. B, 2012, 85(10): 104402.

[16] Solomon K D, de Castro L E F, Sandoval H P, et al. LASIK world literature review: quality of life and patient satisfaction[J]. Ophthalmology, 2009, 116(4): 691-701.

[17] Wang C, Fomovsky M, Miao G, et al. Femtosecond laser crosslinking of the cornea for non-invasive vision correction[J]. Nature Photon, 2018, 12(7): 416-422.

[18] Jasensky J, Swain J E. Peering beneath the surface: novel imaging techniques to noninvasively select gametes and embryos for ART[J]. Biol. Reprod., 2013, 89(4): 105, 1-12.

[19] Borile G, Sandrin D, Filippi A, et al. Label-free multiphoton microscopy: much more than fancy images[J]. Int. J. Mol. Sci., 2021, 22(5): 2657.

[20] Miller D R, Jarrett J W, Hassan A M, et al. Deep tissue imaging with multiphoton fluorescence microscopy[J]. Curr. Opin. Biomed. Eng., 2017, 4: 32-39.

[21] Förster D J, Jäggi B, Michalowski A, et al. Review on experimental and theoretical investigations of ultra-short pulsed laser ablation of metals with burst pulses[J]. Materials, 2021, 14(12): 3331.

[22] Beauchemin D. Sample Introduction Systems in ICPMS and ICPOES[M]. Newnes: Elsevier, 2020.

[23] Chichkov B N, Momma C, Nolte S, et al. Femtosecond, picosecond and nanosecond laser ablation of solids[J]. Appl. Phys. A, 1996, 63(2): 109-115.

[24] Birnbaum M. Semiconductor surface damage produced by ruby lasers[J]. J. Appl. Phys., 1965, 36(11): 3688-3689.

[25] Yong J, Yang Q, Hou X, et al. Nature-inspired superwettability achieved by femtosecond lasers[J]. Ultrafast Science, 2022, 2022: 9895418.

[26] Dufft D, Rosenfeld A, Das S K, et al. Femtosecond laser-induced periodic surface structures revisited: a comparative study on ZnO[J]. J. Appl. Phys., 2009, 105(3): 034908.

[27] Huang M, Zhao F, Cheng Y, et al. Mechanisms of ultrafast laser-induced deep-subwavelength gratings on graphite and diamond[J]. Phys. Rev. B, 2009, 79(12): 125436.

[28] Gnilitskyi I, Derrien T J Y, Levy Y, et al. High-speed manufacturing of highly regular femtosecond laser-induced periodic surface structures: physical origin of regularity[J]. Sci. Rep., 2017, 7(1): 1-11.

[29] Carey J E, Crouch C H, Mazur E. Femtosecond-laser-assisted microstructuring of silicon surfaces[J]. Opt Photonics News, 2003, 14(2): 32-36.

[30] Shen M Y, Crouch C H, Carey J E, et al. Femtosecond laser-induced formation of submicrometer spikes on silicon in water[J]. Appl. Phys. Lett., 2004, 85(23): 5694-5696.

[31] Nayak B K, Gupta M C, Kolasinski K W. Formation of nano-textured conical microstructures in titanium metal surface by femtosecond laser irradiation[J]. Appl. Phys. A, 2008, 90(3): 399-402.

[32] Li Y, Cui Z, Wang W, et al. Formation of linked nanostructure-textured mound-shaped microstructures on stainless steel surface via femtosecond laser ablation[J]. Applied Surface Science, 2015, 324: 775-783.

[33] Kawata S, Sun H B, Tanaka T, et al. Finer features for functional microdevices[J]. Nature, 2001, 412(6848): 697-698.

[34] Nie B, Yang L, Huang H, et al. Femtosecond laser additive manufacturing of iron and tungsten parts[J]. Appl. Phys. A, 2015, 119(3): 1075-1080.

[35] Ovsianikov A, Chichkov B, Mente P, et al. Two photon polymerization of polymer-ceramic hybrid materials for transdermal drug delivery[J]. Int. J. Appl. Ceram. Tech-

nol., 2007, 4(1): 22-29.

[36] Urabe S, Watanabe M, Imajo H, et al. Observation of Doppler sidebands of a laser-cooled Ca^+ ion by using a low-temperature-operated laser diode[J]. Appl. Phys. B, 1998, 67(2): 223-227.

[37] Kim S W. Combs rule[J]. Nat. Photonics, 2009, 3(6): 313-314.

[38] Minoshima K, Matsumoto H. High-accuracy measurement of 240-m distance in an optical tunnel by use of a compact femtosecond laser[J]. Appl. Opt., 2000, 39(30): 5512-5517.

[39] Ye J. Absolute measurement of a long, arbitrary distance to less than an optical fringe[J]. Opt. Lett., 2004, 29(10): 1153-1155.

[40] Coddington I, Swann W C, Nenadovic L, et al. Rapid and precise absolute distance measurements at long range[J]. Nat. Photonics, 2009, 3(6): 351-356.

[41] Braun A, Korn G, Liu X, et al. Self-channeling of high-peak-power femtosecond laser pulses in air[J]. Opt. Lett., 1995, 20(1): 73-75.

[42] Kasparian J, Rodríguez M, Méjean G, et al. White-light filaments for atmospheric analysis[J]. Science, 2003, 301(5629): 61-64.

[43] Bergé L, Skupin S, Lederer F, et al. Multiple filamentation of terawatt laser pulses in air[J]. Phys. Rev. Lett., 2004, 92(22): 225002.

[44] Méchain G, D'amico C, Andréy B, et al. Range of plasma filaments created in air by a multi-terawatt femtosecond laser[J]. Opt. Commun., 2005, 247(1-3): 171-180.

[45] Zhao X M, Diels J C, Wang C Y, et al. Femtosecond ultraviolet laser pulse induced lightning discharges in gases[J]. IEEE J. Quantum Electron., 1995, 31(3): 599-612.

[46] Rohwetter P, Kasparian J, Stelmaszczyk K, et al. Laser-induced water condensation in air[J]. Nat. Photonics, 2010, 4(7): 451-456.

[47] Jhajj N, Rosenthal E W, Birnbaum R, et al. Demonstration of long-lived high-power optical waveguides in air[J]. Phys. Rev. X, 2014, 4(1): 011027.

[48] Dogariu A, Michael J B, Scully M O, et al. High-gain backward lasing in air[J]. Science, 2011, 331(6016): 442-445.

[49] Zhang Q, Xie H, Li G, et al. Sub-cycle coherent control of ionic dynamics via transient ionization injection[J]. Communications Physics, 2020, 3(1): 1-6.

[50] Zhang Z, Zhang F, Xu B, et al. High-sensitivity gas detection with air-lasing-assisted coherent raman spectroscopy[J]. Ultrafast Science, 2022, 2022: 9761458.

[51] Fülöp J A, Tzortzakis S, Kampfrath T. Laser-driven strong-field terahertz sources[J]. Advanced Optical Materials, 2020, 8(3): 1900681.

[52] Hamster H, Sullivan A, Gordon S, et al. Subpicosecond, electromagnetic pulses from intense laser-plasma interaction[J]. Phys. Rev. Lett., 1993, 71(17): 2725.

[53] Cook D J, Hochstrasser R M. Intense terahertz pulses by four-wave rectification in air[J]. Opt. Lett., 2000, 25(16): 1210-1212.

[54] Kampfrath T, Battiato M, Maldonado P, et al. Terahertz spin current pulses controlled by magnetic heterostructures[J]. Nat. Nanotechnol, 2013, 8(4): 256-260.

[55] 冯正, 王大承, 孙松, 等. 自旋太赫兹源: 性能, 调控及其应用 [J]. 物理学报, 2020, 69(20): 56-67.

[56] Božanić M, Sinha S. Device Scaling: Going from "Micro-" to "Nano-" Electronics[M]// Millimeter-Wave Integrated Circuits. Cham: Springer, 2020: 1-40.

[57] Johnson J B. Thermal agitation of electricity in conductors[J]. Phys. Rev., 1928, 32(1): 97.

[58] Nyquist H. Thermal agitation of electric charge in conductors[J]. Phys. Rev., 1928, 32(1): 110.

[59] Kruchinin S Y, Korbman M, Yakovlev V S. Theory of strong-field injection and control of photocurrent in dielectrics and wide band gap semiconductors[J]. Phys. Rev. B, 2013, 87(11): 115201.

[60] Hawkins P G, Ivanov M Y. Role of subcycle transition dynamics in high-order-harmonic generation in periodic structures[J]. Phys. Rev. A, 2013, 87(6): 063842.

[61] Apalkov V, Stockman M I. Theory of dielectric nanofilms in strong ultrafast optical fields[J]. Phys. Rev. B, 2012, 86(16): 165118.

[62] Wachter G, Lemell C, Burgdörfer J, et al. Ab initio simulation of electrical currents induced by ultrafast laser excitation of dielectric materials[J]. Phys. Rev. Lett., 2014, 113(8): 087401.

[63] Gertsvolf M, Spanner M, Rayner D M, et al. Demonstration of attosecond ionization dynamics inside transparent solids[J]. J. Phys. B—At. Mol. Opt., 2010, 43(13): 131002.

[64] Mitrofanov A V, Verhoef A J, Serebryannikov E E, et al. Optical detection of attosecond ionization induced by a few-cycle laser field in a transparent dielectric material[J]. Phys. Rev. Lett., 2011, 106(14): 147401.

[65] Zener C. Non-adiabatic crossing of energy levels[J]. Proceedings of the Royal Society of London. Series A, Containing Papers of a Mathematical and Physical Character, 1932, 137(833): 696-702.

[66] Wannier G H. Wave functions and effective Hamiltonian for Bloch electrons in an electric field[J]. Physical Review, 1960, 117(2): 432.

[67] Schiffrin A, Paasch-Colberg T, Karpowicz N, et al. Optical-field-induced current in dielectrics[J]. Nature, 2013, 493(7430): 70-74.

[68] Schultze M, Bothschafter E M, Sommer A, et al. Controlling dielectrics with the electric field of light[J]. Nature, 2013, 493(7430): 75-78.

[69] Schultze M, Ramasesha K, Pemmaraju C D, et al. Attosecond band-gap dynamics in silicon[J]. Science, 2014, 346(6215): 1348-1352.

[70] Kwon O, Paasch-Colberg T, Apalkov V, et al. Semimetallization of dielectrics in strong optical fields[J]. Sci. Rep., 2016, 6(1): 1-9.

[71] Schlaepfer F, Lucchini M, Sato S A, et al. Attosecond optical-field-enhanced carrier injection into the GaAs conduction band[J]. Nat. Phys., 2018, 14(6): 560-564.

[72] Langer F, Liu Y P, Ren Z, et al. Few-cycle lightwave-driven currents in a semiconductor at high repetition rate[J]. Optica, 2020, 7(4): 276-279.

[73] Lee J D, Kim Y, Kim C M. Model for petahertz optical memory based on a manipulation of the optical-field-induced current in dielectrics[J]. New J. Phys., 2018, 20(9): 093029.

[74] Ghimire S, Dichiara A D, Sistrunk E, et al. Observation of high-order harmonic generation in a bulk crystal[J]. Nat. Phys., 2011, 7(2): 138-141.

[75] Luu T T, Garg M, Kruchinin S Y, et al. Extreme ultraviolet high-harmonic spectroscopy of solids[J]. Nature, 2015, 521(7553): 498-502.

[76] Esarey E, Schroeder C B, Leemans W P. Physics of laser-driven plasma-based electron accelerators[J]. Reviews of Modern Physics, 2009, 81(3): 1229.

[77] Tajima T, Dawson J M. Laser electron accelerator[J]. Physical Review Letters, 1979, 43(4): 267.

[78] Leemans W, Esarey E. Laser-driven plasma-wave electron accelerators[J]. Phys. Today, 2009, 62(3): 44-49.

[79] Leemans W P, Nagler B, Gonsalves A J, et al. GeV electron beams from a centimetre-scale accelerator[J]. Nat. Phys., 2006, 2(10): 696-699.

[80] Leemans W P, Gonsalves A J, Mao H S, et al. Multi-GeV electron beams from capillary-discharge-guided subpetawatt laser pulses in the self-trapping regime[J]. Phys. Rev. Lett., 2014, 113(24): 245002.

[81] Wang W, Feng K, Ke L, et al. Free-electron lasing at 27 nanometers based on a laser wakefield accelerator[J]. Nature, 2021, 595(7868): 516-520.

[82] Albert F, Thomas A G R. Applications of laser wakefield accelerator-based light sources[J]. Plasma Physics and Controlled Fusion, 2016, 58(10): 103001.

[83] Seryi A. Unifying Physics of Accelerators, Lasers and Plasma[M]. New York: Taylor & Francis, 2016.

[84] Powers N D, Ghebregziabher I, Golovin G, et al. Quasi-monoenergetic and tunable X-rays from a laser-driven Compton light source[J]. Nat. Photonics, 2014, 8(1): 28-31.

[85] Pomerantz I, Mccary E, Meadows A R, et al. Ultrashort pulsed neutron source[J]. Phys. Rev. Lett., 2014, 113(18): 184801.

[86] Bucksbaum P H. Ultrafast control[J]. Nature, 2003, 421(6923): 593-594.

[87] Teng H, He X K, Zhao K, et al. Attosecond laser station[J]. Chinese Physics B, 2018, 27(7): 074203.

[88] Kienberger R, Goulielmakis E, Uiberacker M, et al. Atomic transient recorder[J]. Nature, 2004, 427(6977): 817-821.

[89] Drescher M, Hentschel M, Kienberger R, et al. Time-resolved atomic inner-shell spectroscopy[J]. Nature, 2002, 419(6909): 803-807.

[90] Wang H, Chini M, Chen S, et al. Attosecond time-resolved autoionization of argon[J]. Phys. Rev. Lett., 2010, 105(14):143002.

[91] Goulielmakis E, Loh Z H, Wirth A, et al. Real-time observation of valence electron motion[J]. Nature, 2010, 466(7307):739.

[92] Damascelli A, Hussain Z, Shen Z X. Angle-resolved photoemission studies of the cuprate superconductors[J]. Rev. Mod. Phys., 2003, 75: 473.

[93] Petersen J C, Dean N, Dhesi S S, et al. Clocking the melting transition of charge and lattice order in 1T-TaS_2 with ultrafast extreme-ultraviolet angle-resolved photoemission spectroscopy[J]. Phys. Rev. Lett., 2011, 107(17):177402.

[94] Johannsen J C, Ulstrup S, Crepaldi A, et al. Tunable carrier multiplication and cooling in graphene[J]. Nano Letters, 2015, 15(1):326-331.

[95] Cilento F, Manzoni G, Sterzi A, et al. Dynamics of correlation-frozen antinodal quasiparticles in superconducting cuprates[J]. Sci. Adv., 2018, 4(2): eaar1998.

[96] Dörner R, Mergel V, Jagutzki O, et al. Cold target recoil ion momentum spectroscopy: a 'momentum microscope' to view atomic collision dynamics[J]. Physics Reports, 2000, 330(2-3): 95-192.

[97] Eckle P, Pfeiffer A N, Cirelli C, et al. Attosecond ionization and tunneling delay time measurements in helium[J]. Science, 2008, 322(5907): 1525-1529.

[98] Pfeiffer A N, Cirelli C, Smolarski M, et al. Attoclock reveals natural coordinates of the laser-induced tunnelling current flow in atoms[J]. Nat. Phys., 2012, 8(1): 76-80.

[99] Ma X W, Zhu X L, Liu H P, et al. Investigation of ion-atom collision dynamics through imaging techniques[J]. Sci. Chin. Ser. G: Phys. Mech. Astron., 2008, 51(7): 755-764.

[100] Bauer E. Low energy electron microscopy[J]. Rep. Prog. Phys., 1994, 57(9): 895.

[101] Chew S H, Süßmann F, Späth C, et al. Time-of-flight-photoelectron emission microscopy on plasmonic structures using attosecond extreme ultraviolet pulses[J]. Appl. Phys. Lett., 2012, 100(5): 051904.

[102] Lienau C, Raschke M, Ropers C. Ultrafast Nano-Focusing for Imaging and Spectroscopy with Electrons and Light [M]. New York: John Wiley & Sons, Ltd., 2014: 281-324.

[103] Schmidt J, Guggenmos A, Chew S H, et al. Development of a 10 kHz high harmonic source up to 140 eV photon energy for ultrafast time-, angle-, and phase-resolved photoelectron emission spectroscopy on solid targets[J]. Rev. Sci. Instrum., 2017, 88(8): 083105.